일반(헤어) 재료 · 도구

	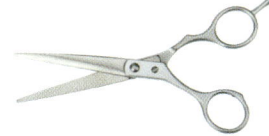	
S 브러시	가위	고무밴드

롤 브러시(열판 부착 제품 금지)	롤러	마네킹

샴푸제 & 린스제	스케일링제 & 볼	아크릴판

우드스틱	위생복	일회용 장갑

탈지면	핀셋	헤어 드라이어

* 세부과제 내용 및 순서는 시행장소, 조별인원에 따라 변경될 수 있습니다.

3과제 | 블로 드라이

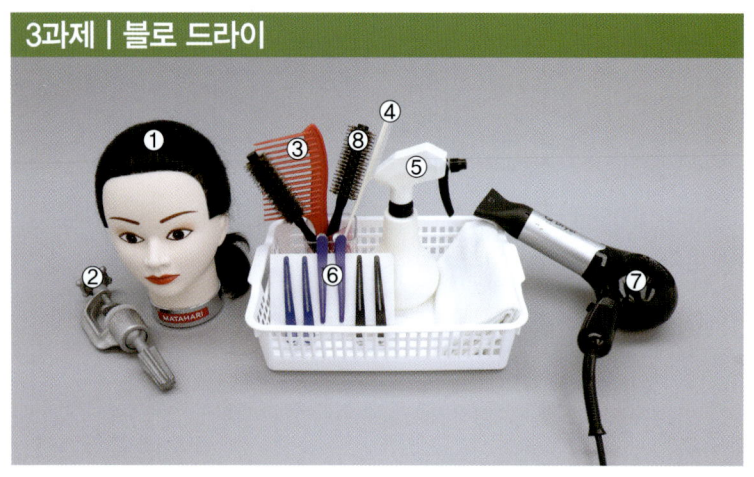

① 마네킹
② 홀더
③ 굵은빗
④ 꼬리빗
⑤ 분무기
⑥ 핀셋(5개 이상)
⑦ 헤어 드라이어
⑧ 롤 브러시(열판 부착 제품 금지)
* 필요시 타월

4과제 | 헤어 퍼머넌트 웨이브

① 마네킹
② 홀더
③ 고무밴드(60개 이상)
④ 꼬리빗
⑤ 분무기
⑥ 로드(55개 이상)
⑦ 엔드 페이퍼(60장 이상)

5과제 | 헤어컬러링

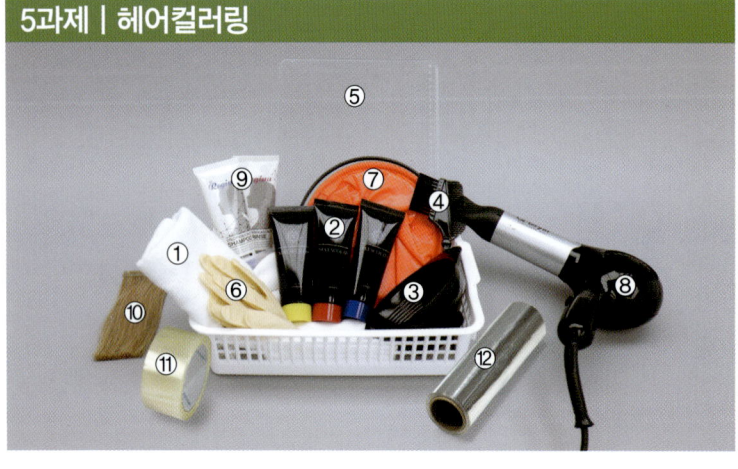

① 타월
② 산성염모제
③ 염색 볼
④ 염색 브러시
⑤ 아크릴판
⑥ 일회용 장갑
⑦ 물통
⑧ 헤어 드라이어
⑨ 샴푸제 & 린스제
⑩ 헤어피스
⑪ 투명 테이프
⑫ 호일
* 필요시 신문지

작업별 재료·도구

1과제 | 두피 스케일링 및 백 샴푸

① S 브러시
② 타월
③ 탈지면(2장 이상)
④ 핀셋(대핀)
⑤ 쿠션 브러시
⑥ 우드스틱(2개 이상)
⑦ 샴푸제
⑧ 린스제
⑨ 스케일링제&볼

2과제 | 헤어커트

① 마네킹
② 홀더
③ 가위
④ S 브러시
⑤ 타월
⑥ 핀셋(대핀)
⑦ 커트 빗
* 쓰레기처리용 위생봉지(투명비닐)

3과제 | 롤 세팅

① 마네킹
② 홀더
③ 롤러(31개 이상)
④ 굵은빗
⑤ 꼬리빗
⑥ 분무기
⑦ 핀셋
⑧ 헤어 드라이어
⑨ 롤 브러시(열판 부착 제품 금지)
⑩ 헤어망
* 필요시 타월

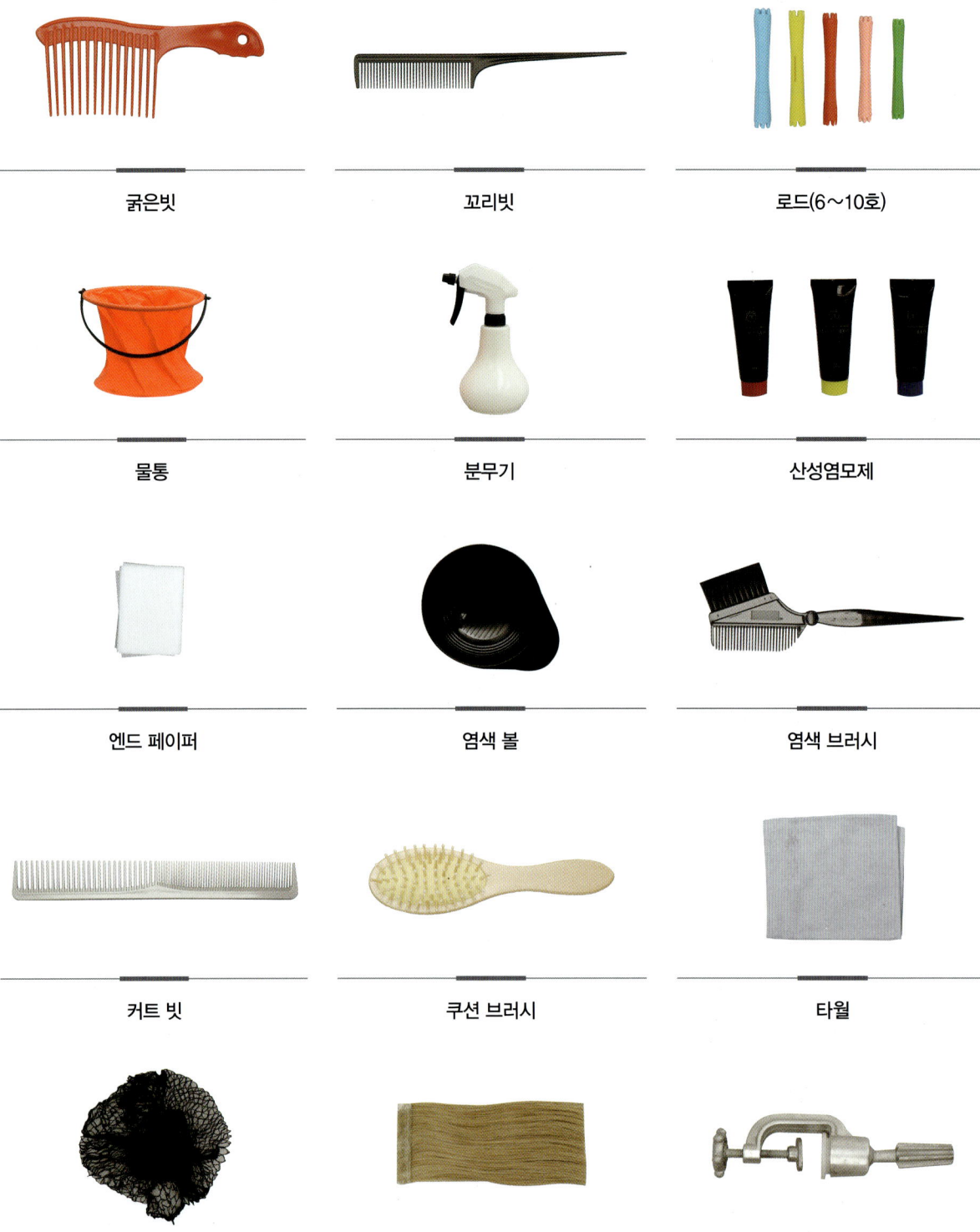

에듀윌이
너를
지지할게
ENERGY

시작하라. 그 자체가 천재성이고,
힘이며, 마력이다.

– 요한 볼프강 폰 괴테(Johann Wolfgang von Goethe)

에듀윌
일반(헤어)미용사

필기 1주끝장 + 무료특강

시험 소개 | 필기 시험

필기 TALK

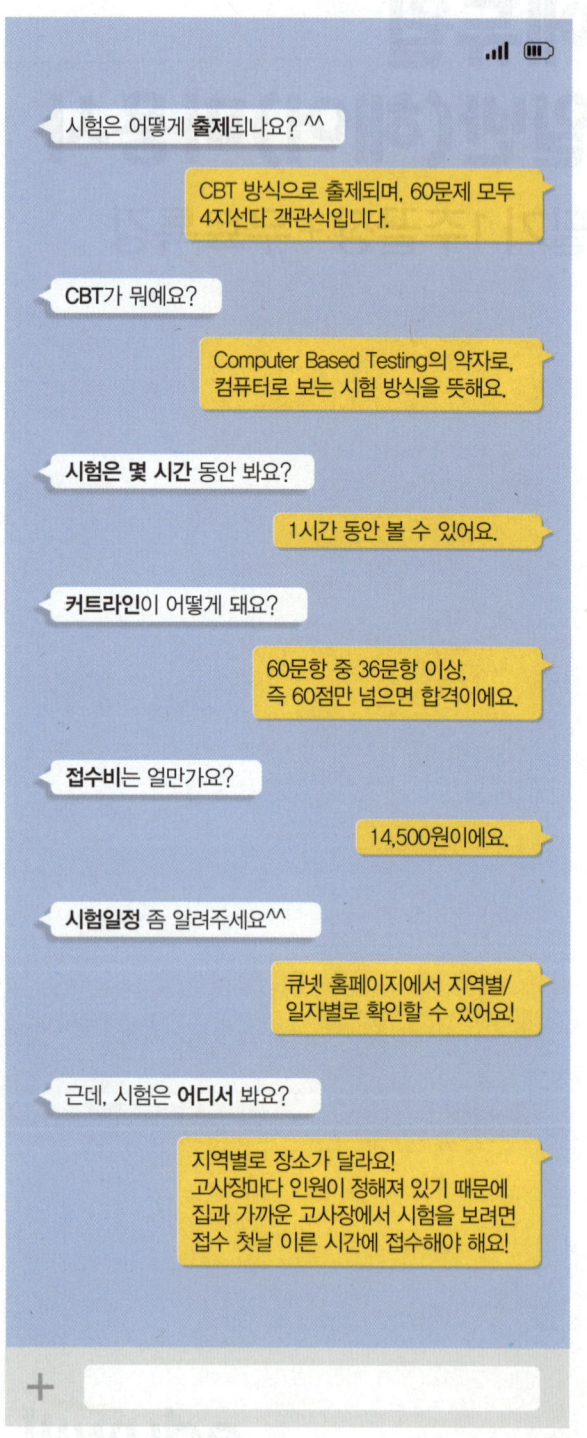

2026년 필기 시험일정

2026년 일정은 2025년 11월 말~12월 중 공지됩니다. 큐넷 홈페이지(www.q-net.or.kr)를 통해 확인 바랍니다.

*실제 시험일은 각 지역마다 다를 수 있습니다. 큐넷 홈페이지에서 지역별 시험일정을 반드시 확인하시기 바랍니다.

시험 접수 TIP

| 접수는 남들보다 빠르게!

원서접수 시간은 접수 첫날 오전 10시부터 마지막 날 오후 6시까지입니다. 하지만 선착순 마감이기 때문에 수험자가 원하는 시험장과 시간을 선택하려면 첫날 10시~11시 사이에 접수하는 것이 좋습니다. 특히 교통편이 좋은 시험장은 인기가 좋은 편이니 빠르게 접수하는 것을 권장합니다.

| 신용카드보다는 무통장입금으로 결제!

결제까지 완료되어야 접수된 것으로 처리하기 때문에 1분이라도 빠르게 시험장을 선점하는 것이 좋습니다. 신용카드 결제는 카드번호를 입력해야 하므로 시간이 오래 걸리는 반면, 무통장입금은 접수 후 결제할 수 있기 때문에 더 빠른 접수가 가능합니다.

시험 화면 미리보기

검색창에 '자격검정 CBT 웹체험 서비스 안내' 또는 주소창에 'www.q-net.or.kr/cbt/index.html'을 입력하면 CBT 웹체험을 할 수 있습니다.

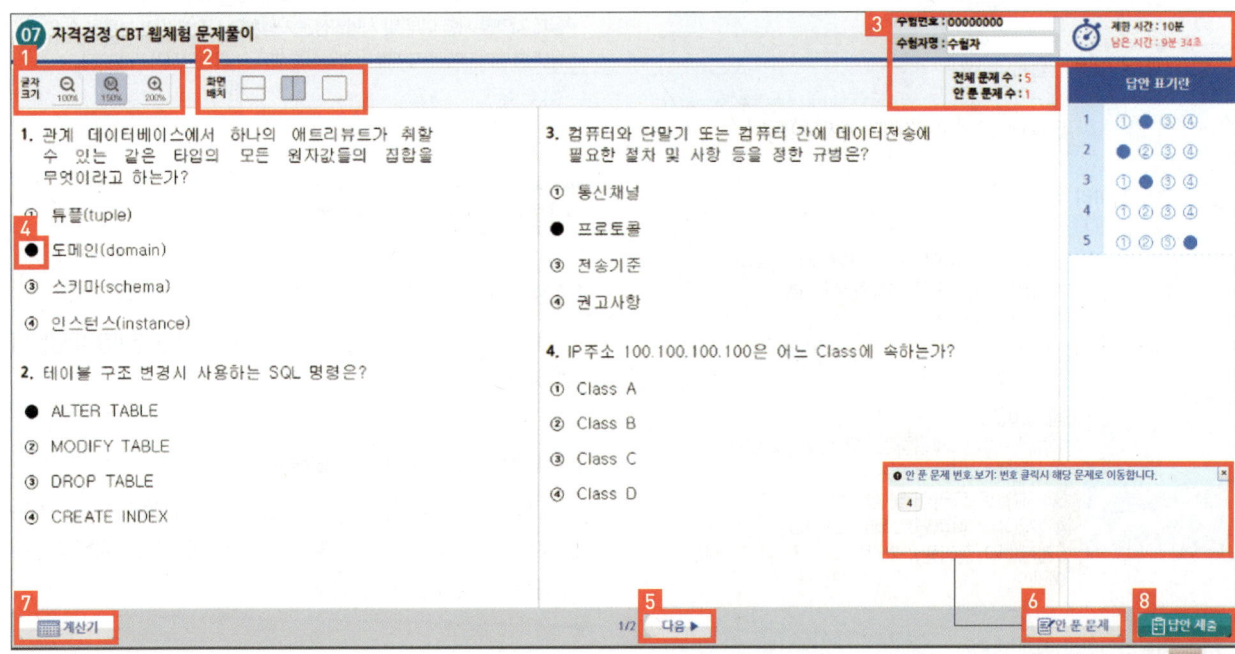

1. **글자크기 조정**: 본인에게 편한 글자 크기로 변경할 수 있습니다.
2. **화면배치 변경**: 화면에 문제가 2개, 2단으로 여러 개, 1개씩 보이도록 변경할 수 있습니다.
3. **정보 확인**: 문제를 풀기 전, [수험번호]와 [수험자명]이 본인의 정보인지 확인합니다.
   문제풀이 시에는 [남은 시간]과 [안 푼 문제 수]를 수시로 체크하며 시간을 분배합니다.
4. **정답체크**: 선택지 번호를 클릭하면 ● 으로 변경되며, 우측 [답안 표기란]에 체크됩니다.
   [답안 표기란]에서 직접 번호를 클릭하셔도 됩니다.
5. **다음▶**: 다음 화면에 있는 문제를 풀고자 할 때 사용합니다.
6. **안 푼 문제**: 3에 있는 [안 푼 문제 수]를 확인하고 해당 버튼을 눌러 안 푼 문제 번호를 클릭하면 해당 문제로 바로 이동할 수 있습니다.
7. **계산기**: 계산이 필요한 문제가 나올 경우 사용할 수 있습니다.
8. **답안제출**: 문제를 모두 푼 후 해당 버튼을 눌러 합격 여부를 확인합니다.

시험 준비물

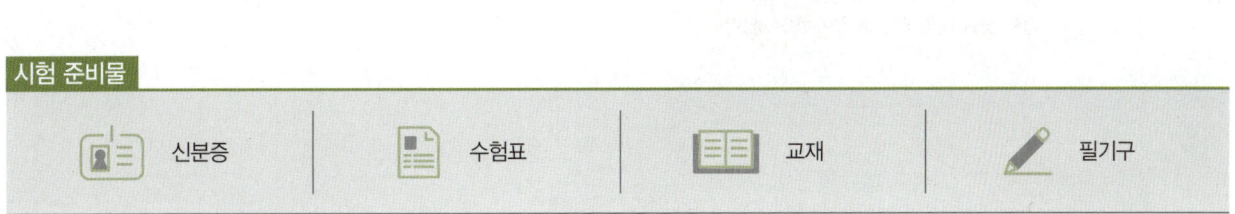

시험 소개 | 실기 시험

실기 TALK

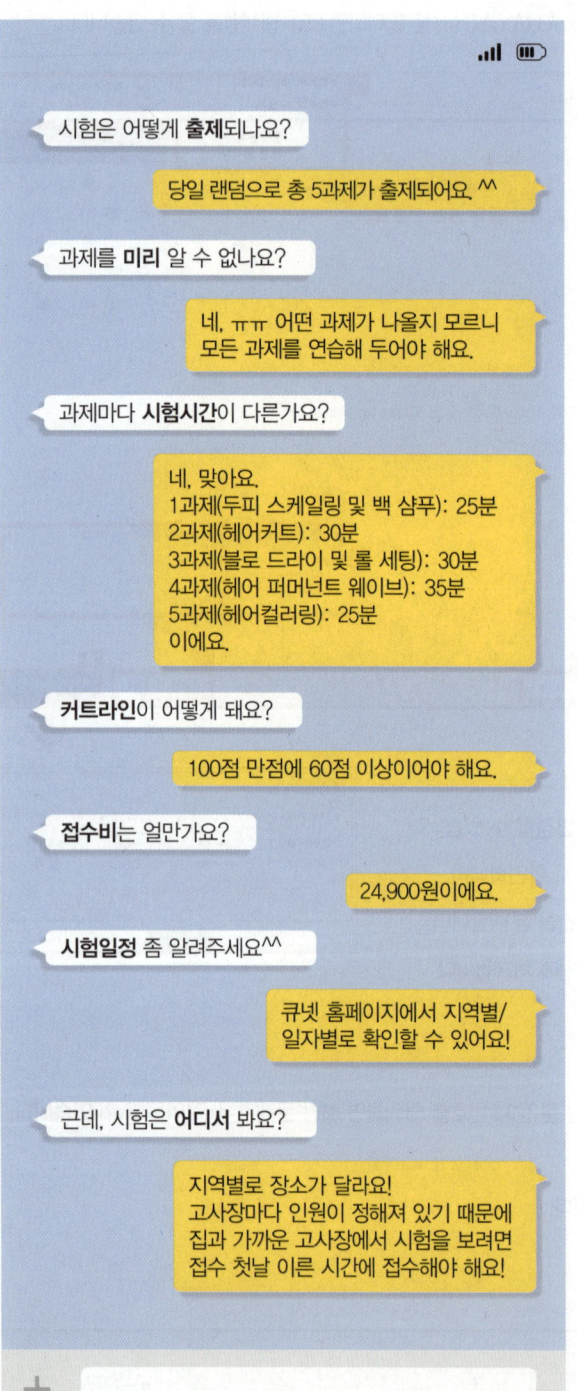

2026년 실기 시험일정

2026년 일정은 2025년 11월 말~12월 중 공지됩니다.
큐넷 홈페이지(www.q-net.or.kr)를 통해 확인 바랍니다.
* 실제 지역별 시행 여부 및 시험일정은 시행처의 사정에 따라 변동될 수 있으니 큐넷 홈페이지에서 지역별 시험일정을 반드시 확인하시기 바랍니다.

시험 전날 유의사항

| 준비물 체크는 필수!

각 과제별 준비물을 시험 전날에 모두 꺼내서 빠진 준비물이 없는지 꼼꼼히 체크해 봅니다.

| 모델에게도 유의사항 미리 알려주기

시험 당일 모델의 역할은 아주 중요합니다. 시행처에서 요구하는 응시조건에 모두 해당하는지 확인하고, 모델의 준비물, 위생상태 등을 최종적으로 체크해야 합니다.

실기 과제유형

1과제	2과제	3과제	4과제	5과제
두피 스케일링 및 백 샴푸	헤어커트 (택1)	블로 드라이 및 롤 세팅 (2과제에 이어)	헤어 퍼머넌트 웨이브 (택1)	헤어컬러링 (택1)
• 두피 스케일링 • 샴푸 • 린스(헤어트리트먼트) • 마무리	• 스파니엘 커트 • 이사도라 커트 • 그래쥬에이션 커트 • 레이어드 커트	• 인 컬(스파니엘 커트 시) • 아웃 컬 • 인 컬(그래쥬에이션 커트 시) • 롤 컬	재커트 15분 후 • 기본형 • 혼합형	• 헤어컬러링(주황) • 헤어컬러링(보라) • 헤어컬러링(초록)

※ 총 5과제로, 2~5과제는 당일에 랜덤으로 정해지며, 시험장소, 조별인원에 따라 과제 순서는 변경될 수 있음
  • 1과제: 공통으로 동일한 과제 실시
  • 2과제: 4가지 커트 과제 중 1개 선정
  • 3과제: 2과제에서 선정된 커트에 알맞은 드라이 또는 세팅을 실시
  • 4과제: 2가지 퍼머넌트 웨이브 과제 중 1개 선정
  • 5과제: 3가지 컬러링 과제 중 1개 선정
   (스파니엘, 이사도라, 그래쥬에이션 커트형만 재커트 시간(15분)이 주어지며, 레이어드 커트형은 재커트 불가)

시험 준비물

| 수험자

신분증

수험표

흰 위생가운 + 긴 바지

헤어 재료 및 도구

| 공통

스톱워치 또는 핸드폰 사용 금지

네일 컬러링 및 디자인 금지

액세서리 착용 금지

| 모델

신분증

흰 상의 + 긴 바지

교재 구성 & 맞춤형 학습법

한 번에 붙고 싶다면?
한방 합격 플랜

STEP 1 | 핵심이론 + 무료특강
어려운 부분은 무료특강의 힘을 빌려요.
특강자료는 복습용 워크북으로 활용하세요.

STEP 2 | 출제 예상문제
이론을 학습한 뒤에는 예상문제를 통해
복습하고, 출제 동향을 파악하세요.

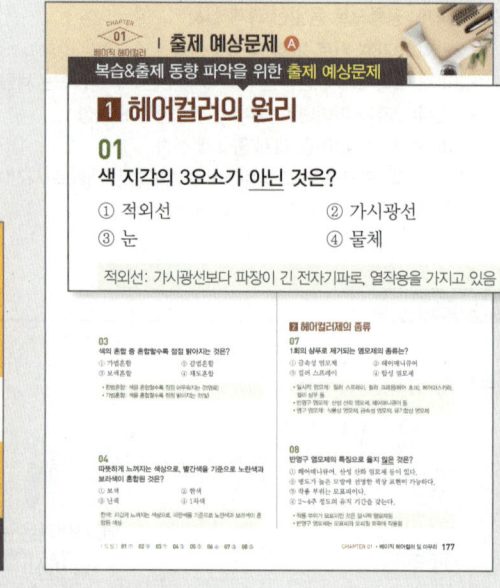

시험이 코앞이라면?
초스피드 합격 플랜

STEP 1 | 특강자료 + 무료특강
무료특강으로 이론 학습을 끝내요.
교재를 보지 않는 대신 '4시간 만에 자동암기' 특강자료는
정독하세요.

⚠️ 공개 기출문제 중 최근 출제범위에 포함되지 않는 유형도 있으니 주의하세요!

STEP 3 | 공개 기출문제

공개된 기출문제를 풀고, 틀린 문제는 외우세요.
카테고리 장치로 해당 이론을 찾아 다시 학습할 수 있어요.

STEP 4 | 비공개 기출 복원문제

시간을 재며 실전처럼 문제를 풀어 보세요.
틀린 문제는 해설을 보고 다시 익히세요.

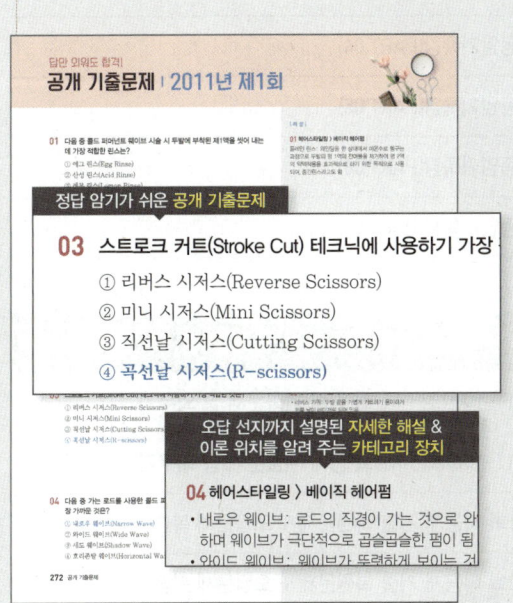

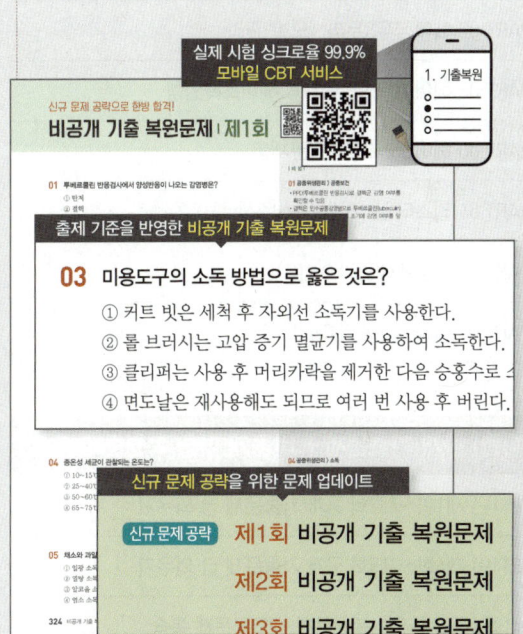

⚠️ 공개 기출문제 중 최근 출제범위에 포함되지 않는 유형도 있으니 주의하세요!

STEP 2 | 공개 기출문제

문제풀이는 NO! 문제와 답만 외우세요.
외우기 어려운 문제는 체크해 두었다가 반복해서 다시 보세요.

STEP 3 | 비공개 기출 복원문제

시간을 재며 실전처럼 문제를 풀어보세요.
60점이 넘지 않는다면 모바일로도 다시 풀어봅니다.

합격 플랜 & 차례

한방 합격 플랜
학습이 끝나면 네모 칸에 체크하세요.

[이론편] 이론 + 자동암기특강 + 출제 예상문제
- [ ] PART 01 미용의 이해(CH.01~CH.02)
- [ ] PART 01 미용의 이해(CH.03~CH.05)
- [ ] PART 02 헤어샴푸&두피·모발 관리
- [ ] PART 03 헤어커트~PART 04 헤어스타일링
- [ ] PART 05 헤어컬러&헤어전문제품
- [ ] PART 06 업스타일&가발&익스텐션
- [ ] PART 07 공중위생관리(CH.01)
- [ ] PART 07 공중위생관리(CH.02~03)

[문제편] 공개 기출문제 + 비공개 기출 복원문제
- [ ] 2011년 제1회~제2회 공개 기출문제 답 외우기
- [ ] 2011년 제4회~제5회 공개 기출문제 답 외우기
- [ ] 제1회 비공개 기출 복원문제 + 오답문제 복습
- [ ] 제2회 비공개 기출 복원문제 + 오답문제 복습
- [ ] 제3회 비공개 기출 복원문제 + 오답문제 복습
- [ ] 제4회 비공개 기출 복원문제 + 오답문제 복습
- [ ] 제5회 비공개 기출 복원문제 + 오답문제 복습
- [ ] 제6회 비공개 기출 복원문제 + 오답문제 복습

초스피드 합격 플랜
학습이 끝나면 네모 칸에 체크하세요.

[이론편] 4시간 만에 자동암기특강 + 특강자료
- [ ] 자동암기특강(PART 01)
- [ ] 자동암기특강(PART 02)
- [ ] 자동암기특강(PART 03)
- [ ] 자동암기특강(PART 04)
- [ ] 자동암기특강(PART 05)
- [ ] 자동암기특강(PART 06)
- [ ] 자동암기특강(PART 07)

[문제편] 공개 기출문제 + 비공개 기출 복원문제
- [ ] 2011년 제1회~제2회 공개 기출문제 답 외우기
- [ ] 2011년 제4회~제5회 공개 기출문제 답 외우기
- [ ] 제1회 비공개 기출 복원문제 + 오답문제 복습
- [ ] 제2회 비공개 기출 복원문제 + 오답문제 복습
- [ ] 제3회 비공개 기출 복원문제 + 오답문제 복습
- [ ] 제4회 비공개 기출 복원문제 + 오답문제 복습
- [ ] 제5회 비공개 기출 복원문제 + 오답문제 복습
- [ ] 제6회 비공개 기출 복원문제 + 오답문제 복습

| 출제 예상 문제 수 | Ⓐ 5~3문제 이상 Ⓑ 3~2문제 Ⓒ 2~1문제
*실제 시험의 출제 문제 수는 위와 다를 수 있습니다.

PART 01 | 미용의 이해 　　　출제비중 22%

- Ⓐ CHAPTER 01　미용의 이해 …… 16
- Ⓐ CHAPTER 02　피부의 이해 …… 29
- Ⓑ CHAPTER 03　화장품 분류 …… 56
- Ⓒ CHAPTER 04　미용 위생 관리 …… 67
- Ⓒ CHAPTER 05　고객 응대 서비스 …… 74

PART 02 | 헤어샴푸&두피·모발 관리 　　　출제비중 8%

- Ⓐ CHAPTER 01　헤어샴푸와 헤어케어 …… 82
- Ⓐ CHAPTER 02　두피·모발 관리 …… 92

PART 03 | 헤어커트 　　　출제비중 8%

- Ⓐ CHAPTER 01　기초 헤어커트 …… 106
- Ⓑ CHAPTER 02　쇼트 헤어커트 …… 122

PART 04 | 헤어스타일링(펌, 드라이) 　　　출제비중 11%

- Ⓐ CHAPTER 01　베이직 헤어펌 …… 134
- Ⓒ CHAPTER 02　매직스트레이트 헤어펌 …… 148
- Ⓐ CHAPTER 03　기초 드라이 …… 153

PART 05 | 헤어컬러&헤어전문제품 　　　출제비중 3%

- Ⓐ CHAPTER 01　베이직 헤어컬러 및 마무리 …… 170
- Ⓒ CHAPTER 02　헤어전문제품 …… 181

PART 06 | 업스타일&가발&익스텐션 　　　출제비중 1%

- Ⓒ CHAPTER 01　베이직 업스타일 …… 190
- Ⓒ CHAPTER 02　가발 헤어스타일 …… 203
- Ⓒ CHAPTER 03　헤어 익스텐션 …… 211

PART 07 | 공중위생관리 　　　출제비중 47%

- Ⓐ CHAPTER 01　공중보건 …… 218
- Ⓐ CHAPTER 02　소독 …… 241
- Ⓐ CHAPTER 03　공중위생관리법규 …… 253

공개 기출문제

- 2011년 제1회 공개 기출문제 …… 272
- 2011년 제2회 공개 기출문제 …… 284
- 2011년 제4회 공개 기출문제 …… 296
- 2011년 제5회 공개 기출문제 …… 308

비공개 기출문제

- 제1회 비공개 기출 복원문제 …… 324
- 제2회 비공개 기출 복원문제 …… 336
- 제3회 비공개 기출 복원문제 …… 348
- 제4회 비공개 기출 복원문제 …… 360
- 제5회 비공개 기출 복원문제 …… 373
- 제6회 비공개 기출 복원문제 …… 386

특강자료

4시간 만에 자동암기

PART 01

HAIR DRESSER

미용의 이해

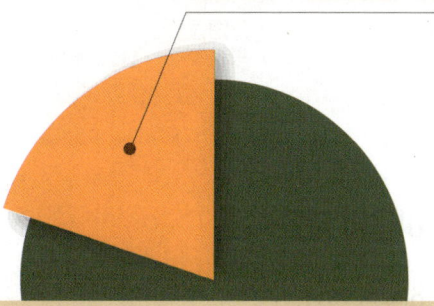

출제비중 22%

|출제 예상 문제 수| Ⓐ 5~3문제　Ⓑ 3~2문제　Ⓒ 2~1문제

- Ⓐ **CHAPTER 01**　미용의 이해
- Ⓐ **CHAPTER 02**　피부의 이해
- Ⓑ **CHAPTER 03**　화장품 분류
- Ⓒ **CHAPTER 04**　미용 위생 관리
- Ⓒ **CHAPTER 05**　고객 응대 서비스

CHAPTER 01

미용의 이해

> **합격 TIP** 미용의 정의, 목적, 절차를 파악하고, 역사는 각 시대별 중요한 키워드 위주로 암기하기 바랍니다.
> 난도가 높지 않으므로 자주 출제된 내용 위주로 살펴보도록 합니다.

1 미용의 개요

(1) 미용의 정의

「공중위생관리법」의 정의	손님의 얼굴, 머리, 피부 등을 손질하여 손님의 외모를 아름답게 꾸미는 일
국가직무능력표준 (NCS)의 정의	고객상담과 분석을 통하여 안정감 있고 위생적인 환경에서 얼굴과 몸매의 피부 및 헤어·네일에 미용기기와 기구 및 화장품을 이용하여 서비스를 제공하고 미용에 대한 업무수행을 기획 및 관리하는 일
일반적 정의	사람의 용모에 물리적·화학적 기교❓를 행하여 외모를 아름답게 꾸미는 일

용어 ▸ 물리적·화학적 기교
- 물리적 기교: 헤어커트, 드라이, 아이론, 두피 마사지 등
- 화학적 기교: 퍼머넌트 웨이브, 스트레이트 펌, 염색, 탈색 등

(2) 미용의 목적
① 표시적 목적: 사회적 신분이나 계급, 결혼 유무, 성별 등을 구분하기 위함
② 본능적 목적: 개인 또는 종족 보존을 위한 본능적인 성적매력을 표현하기 위함
③ 신앙적 목적: 주술적 또는 종교적인 표현 방법
④ 사회적 목적: 단정한 용모로 타인에게 좋은 인상을 남기기 위함
⑤ 미적 목적: 노화를 예방하고 아름다움❓을 지속하기 위함

용어 ▸ 아름다움
시각적으로 느껴지는 형태, 구도, 색감 등이 모여 조화를 이루는 것

(3) 미용의 특수성 [빈출]

의사표현의 제한	고객의 의사가 우선적으로 존중되고 반영되어야 하므로 미용사의 의사표현이 제한됨
소재선정의 제한	고객의 신체를 소재로 하기 때문에 자유롭게 선택하거나 바꿀 수 없음
시간적 제한	고객과 약속한 정해진 시간 내에 스타일을 완성해야 함
부용예술로서의 제한	미용은 자유예술이지만 고객의 신체나 의사에 따라 스타일링에 제한이 있어 부용예술❓에 속함
미적 효과의 고려	고객의 직업, 나이, 패션스타일, 장소, 표정 등에 맞는 스타일을 고려하여 표현해야 함

용어 ▸ 부용예술
건축, 조각, 미용처럼 여러 가지 조건에 제한을 받아 독립적이지 못한 예술

(4) 미용의 절차 [빈출]
미용사가 고객을 대상으로 스타일을 완성하기까지의 과정을 말함
① 소재 파악: 소재란 고객의 신체 일부분을 말하며, 소재의 특성을 파악해야 함
② 구상: 고객의 의견과 소재에 알맞은 디자인을 연구하고 계획해야 함

③ **제작**: 구상한 디자인을 표현하는 단계로 미용사의 재능이 발휘됨
④ **보정**: 제작이 완성된 후 전체적인 스타일을 수정·보완하는 마무리 단계로 고객 만족 여부를 확인해야 함

(5) 미용 작업 시 유의사항
① **연령**: 고객의 나이에 맞는 스타일을 연출해야 함
② **직업**: 직업에 적합한 스타일을 연출해야 함
③ **계절**: 계절에 어울리는 스타일을 연출해야 함
④ **체형**: 얼굴형이나 두상의 모양, 키, 목 길이 등 신체 형태를 고려하여 스타일을 연출해야 함
⑤ **T.P.O**: 시간, 장소, 상황 등 분위기에 맞춰 스타일을 연출해야 함

> **용어 T.P.O**
> • T: Time(시간)
> • P: Place(장소)
> • O: Occasion(상황)

(6) 미용사의 사명
① **미적 측면**: 고객이 만족하는 아름다움을 연출해야 함
② **문화적 측면**: 시대의 풍속과 유행 문화를 건전하게 유도해야 함
③ **위생적 측면**: 신체를 다루는 직업이므로 위생 유지와 안전에 신경써야 함

(7) 미용사의 교양
① 공중위생과 안전에 관한 지식
② 고객에게 어울리는 아름다운 스타일을 제작하기 위한 미적·예술적 감각
③ 고객에게 예의 바르고 신뢰를 얻을 수 있는 서비스 제공을 위한 인격
④ 각계각층의 다양한 고객 서비스를 위한 폭넓고 건전한 지식

(8) 미용사의 올바른 작업 자세 [빈출]

서서 작업할 시	• 다리는 어깨 넓이로 벌리고, 작업 대상이 미용사의 심장 높이 정도가 되도록 함 • 몸의 체중을 양다리에 골고루 분산시키고, 적절하게 힘을 배분하여 안정된 자세를 취하고, 균일한 동작을 하도록 함 • 작업 대상과의 명시 거리는 눈에서 25~30cm 정도의 거리가 되도록 유지함 • 실내 조명은 75Lux 이상을 유지함
의자에 앉아 작업할 시	엉덩이를 의자 뒤에 밀착시키고 등을 곧게 폄
샴푸 시	발을 약 6인치(약 15cm) 정도 벌리고, 등을 곧게 편 상태로 허리를 구부려 고객과의 거리를 조절함

> **용어 Lux(럭스)**
> 조명의 밝은 정도를 나타내는 조명도에 대한 국제실용 단위

(9) 미용과 관련된 인체의 명칭
① 두부의 명칭

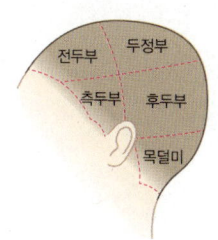
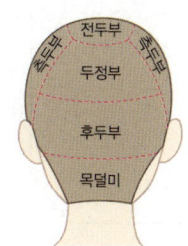

② 두부의 포인트

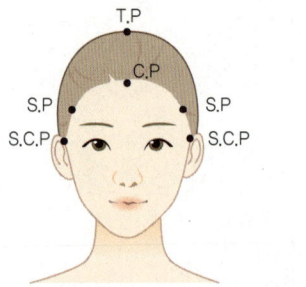 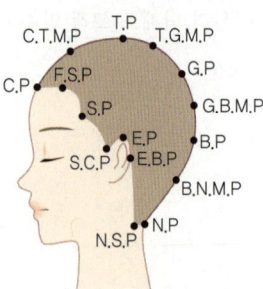

- 이어 포인트(E.P: Ear Point)
- 센터 포인트(C.P: Center Point)
- 톱 포인트(T.P: Top Point)
- 골든 포인트(G.P: Golden Point)
- 백 포인트(B.P: Back Point)
- 네이프 포인트(N.P: Nape Point)
- 프론트 사이드 포인트(F.S.P: Front Side Point)
- 사이드 포인트(S.P: Side Point)
- 사이드 코너 포인트(S.C.P: Side Corner Point)
- 이어 백 포인트(E.B.P: Ear Back Point)
- 네이프 사이드 포인트(N.S.P: Nape Side Point)
- 센터 톱 미듐 포인트(C.T.M.P: Center Top Medium Point)
- 톱 골든 미듐 포인트(T.G.M.P: Top Golden Medium Point)
- 골든 백 미듐 포인트(G.B.M.P: Golden Back Medium Point)
- 백 네이프 미듐 포인트(B.N.M.P: Back Nape Medium Point)

③ 두부의 기본라인

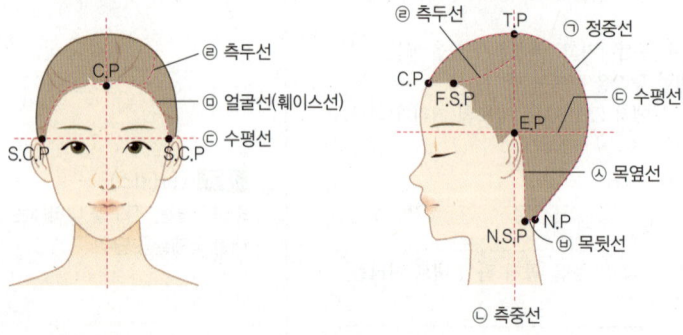

㉠ 정중선	C.P에서 N.P까지 연결하여 두부를 수직으로 2등분하는 선
㉡ 측중선	T.P와 E.P에서 수직으로 내린 선
㉢ 수평선	E.P의 높이에서 수평으로 2등분하는 선
㉣ 측두선	F.S.P에서 측중선까지 연결한 선
㉤ 얼굴선	S.C.P에서 C.P를 지나 반대쪽 S.C.P까지 연결한 선
㉥ 목뒷선	N.S.P에서 반대쪽 N.S.P를 연결한 선
㉦ 목옆선	E.P에서 N.S.P를 연결한 선

2 미용의 역사

(1) 한국의 미용

① 고조선 · 삼한 시대

고조선 시대	• 청동기 문화를 배경으로 세워진 고조선 시대 미용의 실체를 입증할 근거는 희박함 • 뼈 비녀와 그 밖의 유물이 발견되는 것으로 미루어 보아, 지금으로부터 4,000여 년 전에 쪽진 형태와 상투머리 형태가 이용된 것으로 보임

삼한 시대	• 2,000여 년 전 삼한 시대에 미용의 개념이 존재하였음을 후한서나 신당서 등에서 찾아볼 수 있음
	• 철기 시대로 접어들면서 철기 장신구들이 발전함
	• 머리 형태로 신분의 차이를 나타낸 최초의 시대
	  - 일반인: 상투를 틂
	  - 수장: 상투를 틀어 관모를 씀
	  - 포로 · 노예: 머리를 깎아 신분의 차이를 둠
	  - 마한인: 남성은 결혼 후 상투를 틂
	  - 진한인: 넓은 이마를 위해 머리털을 뽑고 눈썹을 진하고 굵게 표현함
	  - 마한인 · 변한인: 피부에 글씨 형태의 문신을 새겨 신분과 계급을 표시함

② 삼국 시대: 삼국 시대의 머리 모양은 벽화를 통해 유추할 수 있음 `빈출`

신라 시대	• 영육일치 사상의 영향으로 남, 여 모두가 외모에 관심이 많았음
	  - 백분, 연지, 눈썹먹 등을 이용한 얼굴화장을 하였고, 남성들도 화장을 하였음
	  - 향수와 향료 등 화장품을 제조하여 사용하였음
	• 중국을 비롯한 다른 나라에까지 신라 가체의 우수성이 알려짐
	• 남성: 상투를 틀거나 머리를 잘라서 팔고 검은 두건을 썼음
	• 여성: 긴 머리에 가체(가발)를 사용하는 장발 처리 기술이 매우 뛰어났고, 땋아서 감아올리고 금, 은, 옥, 비단 등으로 장식(주채장식머리)을 하거나 앞가르마를 뒤에서 타서 쪽을 틀었음

고구려 시대	• 고구려의 미용은 무용총이나 쌍영총 등의 벽화에서 알 수 있음 • 화장술은 입술과 볼을 붉게 하고, 눈썹은 가늘고 둥근 형태를 즐겨하였음 • 남성: 대개 상투를 틀었음 • 여성: 얹은머리, 쪽머리, 푼(풍)기명머리, 중발머리 등 다양한 머리 모양을 하였음
백제 시대	• 지리적 여건으로 고구려나 신라보다 미용이 늦게 시작되었으나 일본에 화장품 제조 기술과 화장법을 전수하였을 정도로 미의식과 미용 문화가 발달함 • 남성: 두발이 길고 아름답게 꾸민 마한인들의 전통을 계승하여 상투를 틀었음 • 여성: 미혼인은 두 갈래로 땋은 두발을 하나의 댕기로 묶은 형태를, 기혼인은 두 갈래로 땋은 두발을 뒤통수에 낮게 틀어 올린 쪽머리를 하였음

용어 가체

잘린 머리카락을 엮어 가발의 형태로 만들어 머리를 장식하거나 숱이 많아 보이게 하는 것으로, 다리 또는 다래라고 함

참고 주채장식머리

참고 고구려 쌍영총 고분벽화 여인상

- 삼국 시대 머리의 형태

상투머리	얹은머리	쪽머리
두발을 머리 위에 감아 올린 형태	두발을 땋아 뒤부터 앞으로 감아 올려 그 끝을 앞머리 중앙에 꽂은 형태	뒤통수에 낮게 머리를 튼 형태

푼(풍)기명머리	중발머리	댕기머리
양쪽 귀 옆에 일부 두발을 늘어뜨린 형태	덜 자란 짧은 두발을 뒤통수에 낮게 묶은 형태	두 갈래로 땋은 두발을 하나의 댕기로 묶은 형태

③ 통일신라 · 고려 시대

통일신라 시대	• 신라 시대의 두발 형태가 다양하게 변화하며 이어졌고, 당나라의 영향으로 남녀의 치장이 매우 화려함 • 장식용 빗이 성행하여 왕족과 귀족들은 전대모빗, 자개장식빗, 대모빗, 소아빗 등을 사용하였고, 평민은 뿔빗, 나무빗을 사용하였음 • 화장품 제조 기술이 발달하여 화장합, 토기분합, 향유병 등을 만들었음 • 두발을 둘로 갈라 두 개의 상투로 틀어 올린 쌍상투머리를 하였음 • 쌍상투와 같은 머리 모양은 미성년자들이 하는 것이었으나, 발해에서는 쌍상투 형식을 빌린 두발 형태를 성인 여성들도 즐겨한 것으로 보임 • 이 시기의 두발 형태는 이후 고려와 조선 시대에도 크게 영향을 미쳤음
고려 시대 빈출	• 고려 시대의 고려도경에 의하면 출가 전의 여성은 홍라(붉은 천)로 묶거나 작은 비녀를 꽂고, 나머지는 뒤에 늘어뜨림 • 귀부녀들의 대표적인 머리 장식품으로는 몽수(쓰개 치마)와 족두리, 화관이 있으며, 족두리는 원나라의 고고리에서 그 유래를 볼 수 있음 • 미혼 남성은 검은 띠로 머리를 묶었음 • 원나라의 침략으로 일부 계층의 남성이 몽골풍의 개체변발을 하였으나, 몽골의 패망과 더불어 상투머리로 되돌아갔음 • 우리나라 최초의 염색으로 고려 말에는 서민까지 염색을 하였음 • 관청에서는 미용 용구를 만드는 거울 제조자와 빗 제조자를 두었음 • 안면용 화장품의 일종인 면약을 사용하였고, 기녀를 중심으로 분대 화장(짙은 화장)을 하였음

용어 **전대모빗**
자라 등껍질에 자개 장식을 한 빗

용어 **대모빗**
장식이 없는 빗

용어 **소아빗**
상아로 만든 장식을 한 빗

용어 **개체변발**
뒷부분의 머리만 남겨 땋아 내리고 나머지는 모두 깎은 형태

참고 **우리나라 염색의 시초**
고려 시대에는 숯, 재, 옻나무 등 천연재료를 이용한 염색을 하였음

④ 조선 시대 빈출
- 조선 시대는 유교 사상이 지배하면서 외모보다는 내면의 미를 중시하였음
- 여성들은 자연스럽고 수수한 스타일을 즐겨하였음
- 두발형은 주로 쪽머리, 얹은머리(둘레머리), 어여머리(큰머리), 조짐머리, 댕기머리 등을 하였음
- 조선 시대 머리의 형태

개수머리	낭자쌍계머리	또야머리
양반가 노부인들의 머리형으로 가체를 크게 땋아서 정수리에 얹은 형태	머리카락을 갈라 정수리 좌우로 끌어올려 묶고 다시 뒤통수에 낮게 갈라 묶은 형태	예장(어여머리)을 하기 위해 다리를 얹기 전 뒤통수에 낮게 머리를 틀어 올린 형태
떠구지머리	대수머리	얹은머리(둘레머리)
떠구지라는 나무로 만든 큰 장신구를 얹은 머리 형태	궁중의 대례 의식용 머리 형태	다리를 머리에 둘러 얹은 커다란 머리 형태
어여머리(큰머리)	종종머리	새앙머리
주로 왕비나 공주 등이 하는 가체를 얹은 머리 형태	어린이의 머리에 가르마를 타 양쪽으로 종종 땋아 귀밑에서 합한 형태	궁중의 어린 나인들이나 상류 계급 규수들이 하던 머리로, 두 갈래로 땋고 다시 틀어 올려 중간을 댕기로 묶은 형태
조짐머리	첩지머리	코머리(트레머리)
외명부가 궁중 출입을 할 때 사용한 가체의 하나로, 다리를 소라 껍데기처럼 크게 틀어 쪽을 진 머리 형태	궁중에서 예장 시 가르마 중앙에 첩지를 얹고 양쪽으로 땋아 머리 뒤에 묶어 쪽을 진 형태	머리카락을 뒤에서 앞으로 감아올려 끝을 가운데에서 맺어 꽂은 형태

용어 **다리**
머리숱이 많아 보이도록 덧넣어 땋은 머리

용어 **트레머리**
코머리와 비슷한 머리 형태로, 가체를 사용하여 더욱 단단하고 풍성함

용어 **외명부**
왕족·종친의 딸과 아내 및 문무관의 아내에게 부여되는 봉작

- 두발 장신구

비녀	뒤꽂이	떨잠
댕기	첩지	떠구지
화관	족두리	아얌

* 본 저작물은 '국립민속박물관'에서 공공누리 제1유형으로 개방한 '소장품 및 민속아카이브'를 이용하였으며, 해당 저작물은 '국립민속박물관, https://www.nfm.go.kr/'에서 무료로 다운받으실 수 있습니다.

첩지는 특히 조선시대 사대부의 예장 때 가르마를 꾸미는 장식품이며, 용(왕비), 봉(비와 빈), 개구리(내외명부) 등과 같이 첩지 모양에 따라 신분을 밝혀주는 중요한 표시이기도 함

- 가체금지령: 가체 장식의 사치가 갈수록 심해지자 가체 사용 금지를 선포함 `빈출`

영조	최초로 가체금지령을 선포하였고, 얹은머리 대신 쪽머리를 하게 하고 족두리 사용을 권장하였으나 계속 사용됨
정조	가체금지령을 다시 시행하였지만, 궁중에서 사람의 머리카락으로 만든 가체를 나무로 대신하여 사용하는 것에 그침
순조	비로소 가체 사용이 거의 사라지게 됨

- 신부화장: 일반인의 신부화장은 밑 화장으로 참기름을 바른 후 닦아내고 분화장을 하였고 눈썹은 실로 밀어낸 다음 따로 그렸으며 뺨 쪽에는 연지, 이마에는 곤지를 찍었음

⑤ 현대 시대
- 우리나라의 근현대 미용산업은 1895년 제3차 을미개혁 이후 단발령이 내려지면서 시작됨
- 1900년대에는 퐁파두르(Pompadour) 스타일의 일명 챙머리가 유행하였으며, 외국 공관의 외교관 부인들과 여선교사들의 퐁파두르 스타일은 일부 유행을 따르는 신여성들 사이에 유행함
- 1910년(한일합방) 이후 현대미용이 활발하게 발달함

1920년대	• 이숙종의 높은머리(일명 다까머리) 유행 [빈출] • 김활란의 단발머리(모던걸) 유행
1930년대	오엽주: 서울 화신백화점 내에 화신미용원 개원(1933년) [빈출]
1940년대	• 김상진: 해방 후 현대 미용학원 설립 • 퍼머넌트 웨이브, 세팅, 아이론 등으로 웨이브를 만들어 머리에 모양을 냄 • 1948년 10월 서울시 위생과가 주관하여 서울 시청에서 제1회 미용사 자격 시험 합격자 발표가 있었음
1950년대	• 로마의 휴일의 햅번 스타일(세실커트)이 유행함 • 권정희: 정화고등기술학교 설립(1952년)
1960년대	• 1960년대 초에는 바가지 머리가 유행함 • 중반에는 업스타일과 함께 상고 단발스타일이 유행함 • 가발 붐이 일기 시작하여 머리 모양을 개성 있게 선택 • 1966년 3월 보건사회부로부터 대한미용사회가 인가를 받아 박계국이 초대 회장으로 추대
1970년대	• 긴 머리를 단순하게 자른다는 개념에서 두발을 각도에 의해 나누어 기하학적으로 자른다는 개념이 정립됨 • 재미교포 홍석남: 블로 드라이 소개
1980년대	• 퍼머넌트 기구가 매우 다양해지고 최신 미용기구를 많이 선보임 • 머리염색에 있어 부분적인 컬러링으로 악센트를 주거나 대담한 컬러링이 나타나기 시작함
1990년대	• 헤어 컬러링이 더욱 다양하고 대담해져 여러 가지 색으로 머리 전체를 염색하기도 하고 몇 가닥만을 블리치 처리하는 등 각자의 취향에 따라 선택됨 • 패션 가발의 유행 • 두발의 건강을 생각하면서 두발 재생의 개념이 생기고 두발 전문 관리실이 등장함
2000년대	• 세계의 네트워크화로 헤어스타일의 유행이 다양하고 빠르게 변화되고 있고, 개개인의 개성에 맞춘 다양한 디자인이 나타남 • 전 세계의 K-pop 유행과 더불어 K-beauty도 유행하고 있음

(2) 외국의 미용

① 중국 [빈출]
- 수하미인도 속 여인은 이마에 액황을 발라 입체감을 더하고, 백분을 바른 후 연지를 덧바르는 홍장을 함
- B.C 2200년경 하나라 시대에는 분을 사용하여 미백효과를 내고, B.C 1150년경 은나라 시대에는 연지 화장을 함
- B.C 247~210년경 진나라 시황제의 아방궁 미희 3천 명은 백분과 연지를 바르고 눈썹을 그림
- 712~756년경(현종) 열 종류의 눈썹 모양을 소개한 십미도는 미인을 평가하는 기준이 됨

[용어] 단발령
고종 32년 김홍집 내각 당시 내려진 성인 남자의 상투를 자르고 서양식 머리를 하라는 내용의 칙령

[용어] 퐁파두르 스타일
올백으로 빗어 프론트 부분은 세워 부풀리고 네이프 부분에 세 가닥 땋기의 댕기머리로 겹쳐 묶는 방법

[참고] 김활란의 단발머리

* 위키미디어, 여성교육가 김활란, 1928

[참고] 세실커트

[용어] 수하미인도
풍요와 다산을 상징하는 동양화로, 고대 벽화나 회화에서 볼 수 있는 그림

② **이집트**: 약 5000년 전 서양 최초로 화장을 한 고대 미용의 발상지 [빈출]

메이크업	• 강렬한 태양빛으로부터 눈을 보호하기 위해 흑색과 녹색의 코올을 발라 눈화장을 함 • 붉은 흙과 사프란(꽃)을 섞어 뺨과 입술에 발라 붉은 색상을 냄
가발	• 무더운 기후로 인해 햇빛가리개, 열가리개로 사용함 • 인모, 양털, 종려나무의 잎 섬유, 종이 등을 이용하여 통풍이 잘 되도록 만듦 • 남녀 모두 사용하였고 왕족, 귀족, 제사장들이 주로 착용함
웨이브 연출	퍼머넌트 웨이브의 시초로, 마른 나뭇가지에 진흙을 발라 머리카락을 둘둘 말고 태양열로 건조시킨 뒤 진흙을 털어내 웨이브를 연출함
염색	헤나라는 나무의 잎을 진흙에 개어 두발에 발라 염모제(붉은색, 갈색)로 사용함

[참고] **코올(Kohl)을 사용한 메이크업**
화장먹(금속가루)으로 눈언저리를 검게 칠해 눈화장(아이섀도) 연출

③ **그리스 · 로마 시대**

그리스 시대	• 후두부에 포인트를 둔 묶은 머리로, 리본이나 망으로 악센트를 준 매우 자연스럽고 고전적인 머리형을 함 • 컬용 아이론을 사용하여 키프로스풍 머리형을 함
로마 시대	• 그리스 시대의 머리형을 표방하였으며, 머리카락을 잿물로 표백(탈색)하고 노란꽃을 으깬 물에 머리를 헹구어 황금색으로 착색하는 것이 유행하였음 • 오일이나 향수로 윤기를 주었으며, 머리뿐만 아니라 몸 전체에도 사용함

[용어] **키프로스풍**
불에 달군 쇠막대를 이용하여 두발에 컬을 만들어 겹겹이 쌓아 겹친 것과 같은 머리형

④ **중세 시대**

비잔틴 시대 (4~15세기)	• 자연스러운 머리의 컬과 웨이브의 미를 중시함 • 터번을 머리에 감거나, 머리에 쓰는 관이나 장식 등이 발전함 • 4세기경 터번과 같이 생긴 특수한 머리장식인 큰 캡이 유행함 • 8세기 이후 머리를 감싸는 천에 보석 장식을 하고 베일 등이 발달함 • 9세기부터 사회적 지위를 나타내는 원형의 베일을 사용함
로마네스크 시대 (11~12세기)	• 머리형에 크게 관심은 없었으나 신분에 따라 관이나 베일(외출 시나 종교적 행사 시 흰색 베일 착용)을 써서 신분을 과시함 • 남성: 주로 짧은 단발형 머리 • 여성: 정면에서 가르마를 타서 머리를 두세 가닥으로 길게 늘어뜨린 머리

고딕 시대
(12~15세기)
	• 신체의 노출을 꺼렸지만 헤어스타일과 장식은 발달
	• 남성: 머리의 중앙을 가른 뒤 컬을 넣어 길게 늘어뜨렸으며, 그 위에 관을 착용함
	• 여성: 고딕 시대에 머리 형태가 본격적으로 발달하기 시작하였으며, 길게 땋거나 목덜미 위에 롤 모양의 머리를 하고 띠를 두르거나 관을 착용함
	  – 미혼 여성: 느슨하게 늘어뜨림
	  – 기혼 여성: 중앙에서 나누어 땋아 양 귀를 덮은 뒤 정돈함
	• 15세기에 헤어스타일과 머리장식을 기이하게 변형하여 에넹(Hennin)을 착용함

[참고] **에넹**
고딕 건축의 뾰족함을 반영한 모자

⑤ 근세 시대

르네상스 시대 (14~16세기)	• 신체를 다루는 의학으로 취급되던 미용이 독립된 전문 직업으로 개발되기 시작함 • 남성: 단발형이거나 짧은 머리형이었고, 보닛이나 캡 형태의 모자를 즐겨 착용함 • 여성: 염색과 머리분을 사용하고, 앞 이마를 드러내고 머리에 꼭 맞는 모자를 착용함
바로크 시대 (16~17세기)	• 프랑스의 캐더린 오프 메디시 여왕에 의해 근대 미용의 기초를 마련함 • 남성: 풍성한 모양의 가발 착용이 유행함 • 여성: 컬을 만들어 머리를 부풀리거나 어깨로 늘어뜨리는 스타일과 리본으로 장식하는 퐁탕주 헤어스타일이 유행함 • 17세기 최초의 남자 결발사인 샴페인이 파리에서 성업
로코코 시대 (18세기)	• 18세기에 들어와서 남성 패션의 가장 중요한 변화는 가발임 • 경쾌하고 우아한 모습으로 머리를 장식하는 것이 유행함 • 웨이브나 컬이 있는 유형과 머리를 땋아 리본으로 묶거나 주머니에 넣는 유형으로 분류됨 • 여성: 루이 14세가 사망한 후 퐁파두르와 같은 낮은 머리형에서 점차 높고 거대한 머리 형태가 유행함 • 머리 위에 장식물(생화, 깃털, 보석 등)을 많이 달았고, 마리 앙투아네트 시대에는 높이와 기교에 있어서 가능성의 극한점까지 도달한 형태임

참고 **퐁탕주**
유럽에서 유행했던 여성의 장식적 캡의 일종으로, 루이 14세의 애첩 퐁탕주가 흐트러진 머리를 가터로 급히 모아 묶은 모습이 계기가 되어 레이스나 린넨 등을 이용하여 장식한 머리 형태

참고 **아폴로 노트(Apollo Knot)**

⑥ 근대 시대 [빈출]

1830년	일류 미용사인 무슈 끄로샤트(프랑스)가 여성스러움을 화려하게 강조한 아폴로 노트 머리형을 창안함
1867년	과산화수소를 원료로 한 블리치(탈색) 제품이 등장함
1875년	마샬 그라또우(프랑스)가 열을 이용하여 웨이브를 만드는 마샬 웨이브를 창안함
1883년	프랑스의 화장품 회사 모네사가 파라페닐렌디아민(흑색 염료)을 이용한 합성 염모제 사용 허가를 받음
1905년	찰스 네슬러(영국)가 스파이럴식 퍼머넌트 웨이브를 창안함
1925년	조셉 메이어(독일)가 크로키놀식 히트 퍼머넌트 웨이브를 창안함
1936년	J.B 스피크먼(영국)이 화학 약품을 이용한 콜드 웨이브를 창안함

용어 **스파이럴식**
와인딩이 두피 쪽에서 두발 끝으로 진행되는 퍼머넌트 말이 방법으로, 나선형의 웨이브 모양 연출

용어 **크로키놀식**
와인딩이 두발 끝에서 두피 쪽으로 진행되는 일반적인 퍼머넌트 말이 방법

CHAPTER 01 미용의 이해

출제 예상문제 A

1 미용의 개요

01
미용의 특수성에 대한 내용으로 옳지 <u>않은</u> 것은?
① 고객과 약속한 정해진 시간 내에 스타일을 완성해야 한다.
② 미용사가 유행에 맞춰 디자인을 구상한다.
③ 미용은 고객의 신체를 대상으로 하기 때문에 소재 선정에 제한이 있다.
④ 미용은 아름다움을 추구하는 부용예술이다.

> 미용사의 의사표현보다 고객의 의사가 우선적으로 존중되고 반영되어야 함

02
미용의 절차를 바르게 나열한 것은?
① 소재 파악 → 구상 → 제작 → 보정
② 소재 파악 → 보정 → 구상 → 제작
③ 구상 → 소재 파악 → 보정 → 제작
④ 구상 → 소재 파악 → 제작 → 보정

> • 소재 파악: 고객의 얼굴형과 두상 등의 특징을 파악함
> • 구상: 고객의 의견과 소재에 맞는 디자인을 계획함
> • 제작: 구상한 디자인을 제작함
> • 보정: 제작 완료 후 고객의 만족 여부에 따라 수정·보완함

03
미용사의 사명에 해당하지 <u>않는</u> 것은?
① 시대의 풍속과 유행 문화를 건전하게 유도한다.
② 공중위생과 안전에 신경을 쓴다.
③ 시간, 장소, 상황 등 분위기에 맞춰 스타일을 연출한다.
④ 고객이 만족하는 아름다움을 연출한다.

> 시간, 장소, 상황에 맞춰 연출하는 것은 미용 작업 시 유의사항에 해당함

04
미용실의 조도(Lux) 기준으로 옳은 것은?
① 50럭스 이상
② 75럭스 이상
③ 100럭스 이상
④ 125럭스 이상

> 이·미용업소의 조도(밝기) 기준은 75Lux 이상을 유지해야 함

05
미용사의 작업 자세로 옳지 <u>않은</u> 것은?
① 작업 대상과의 명시 거리는 눈에서 약 25cm 정도가 적당하다.
② 작업 대상의 위치는 미용사의 심장 높이보다 낮아야 한다.
③ 서서 작업 시 몸의 체중은 양다리에 골고루 분산시켜 안정된 자세를 취한다.
④ 샴푸 시 발은 약 6인치 정도 벌리고 등을 곧게 펴서 작업한다.

> 작업 대상의 위치는 미용사의 심장 높이 정도가 적당함

06
두상의 기본라인 중 코를 중심으로 두부를 수직으로 나눈 선은?
① 얼굴선
② 측중선
③ 목뒷선
④ 정중선

> • 얼굴선: S.C.P에서 C.P를 지나 반대쪽 S.C.P까지 연결한 선
> • 측중선: T.P와 E.P에서 수직으로 내린 선
> • 목뒷선: N.S.P에서 반대쪽 N.S.P를 연결한 선
> • 정중선: C.P에서 N.P까지 연결하여 두부를 수직으로 2등분하는 선

2 미용의 역사

07
우리나라 고대 여성의 머리 형태에 해당하지 <u>않는</u> 것은?
① 높은머리
② 중발머리
③ 얹은머리
④ 푼기명머리

> • 고대(古代)는 일반적으로 고조선 건국 이후부터 고려가 건국되기 이전의 시대를 일컬음
> • 높은머리는 1920년대(현대)에 유행했음

| 정답 | 01 ② | 02 ① | 03 ③ | 04 ② | 05 ② | 06 ④ | 07 ① |

08
삼한 시대의 미용에 관한 설명으로 옳지 않은 것은?
① 노예는 머리를 깎아 신분의 차이를 두었다.
② 수장들은 상투를 틀어 관모를 썼다.
③ 중국의 후한서나 신당서 등에 삼한 시대 미용에 관한 기록이 남아 있다.
④ 일반인은 눈썹을 진하고 굵게 표현했다.

> 눈썹을 진하고 굵게 표현하는 것은 진한인의 특징임

09
삼국 시대의 여성의 머리 형태와 이에 대한 설명이 옳은 것은?
① 얹은머리 – 뒤통수에 낮게 머리를 튼 형태
② 쪽머리 – 두발을 두 갈래로 틀어 올려 양쪽으로 상투를 튼 형태
③ 푼기명머리 – 양쪽 귀 옆에 일부 두발을 늘어뜨린 형태
④ 중발머리 – 두 갈래 땋은 두발을 하나의 댕기로 묶은 형태

> • 얹은머리: 모발을 땋아 뒤부터 앞으로 감아 올려 그 끝을 앞머리 중앙에 꽂은 형태
> • 쪽머리: 뒤통수에 낮게 머리를 튼 형태
> • 중발머리: 덜 자란 짧은 두발을 뒤통수에 낮게 묶은 형태

10
통일신라 시대의 미용에 관한 설명으로 옳지 않은 것은?
① 당나라의 영향으로 남녀 모두 치장이 매우 화려했다.
② 왕족과 귀족들은 장식용 빗으로 전대모빗, 자개장식빗, 소아빗 등을 사용했다.
③ 평민은 뿔빗, 나무빗을 사용했다.
④ 일부 계층의 남성은 몽골풍의 개체변발을 하였다.

> 몽골풍의 개체변발은 고려 시대의 일부 계층에서 나타남

11
조선 시대의 머리 형태 중 가체를 사용한 것이 아닌 것은?
① 어여머리   ② 얹은머리
③ 종종머리   ④ 조짐머리

> • 가체란 잘린 머리카락을 엮어 가발의 형태로 만들어 머리를 장식하거나 숱이 많아 보이게 하는 것으로, 다리 또는 다래라고 함
> • 종종머리: 어린이의 머리형에 가르마를 타 양쪽으로 종종 땋아 귀밑에서 합한 형태

12
비녀를 꽂아 모양을 내는 우리나라 여성의 머리 형태는?
① 조짐머리   ② 새앙머리
③ 트레머리   ④ 얹은머리

> • 새앙머리: 궁중의 어린 나인들이나 상류계급 규수들이 하던 머리로, 두 갈래로 땋고 다시 틀어 올려 중간을 댕기로 묶은 형태
> • 트레머리: 코머리와 비슷한 머리 형태로, 가체를 사용하여 더욱 단단하고 풍성함
> • 얹은머리: 다리(가체)를 머리에 둘러 얹은 커다란 머리 형태

13
조선 시대 가체 장식의 사치 심각성으로 인해 처음 가체금지령을 내린 사람은?
① 세종   ② 정조
③ 순조   ④ 영조

> • 영조: 최초로 가체금지령을 선포하였고, 얹은머리 대신 쪽머리를 하게 하고 족두리 사용을 권장하였으나 계속 사용됨
> • 정조: 가체금지령을 다시 시행하였지만, 궁중에서 사람의 머리카락으로 만든 가체를 나무로 대신하여 사용하는 것에 그침
> • 순조: 비로소 가체 사용이 거의 사라지게 됨

14
현대의 미용 역사에 대한 설명으로 옳은 것은?
① 해방 후 우리나라 최초의 미용교육기관은 정화고등기술학교이다.
② 1920년대에 단발머리를 유행시킨 여성은 김활란이다.
③ 오엽주 여사는 우리나라 최초로 미용학원을 설립하였다.
④ 일본의 단발령에 의해 우리나라의 미용산업은 퇴보되었다.

> • 김상진: 해방 후 1940년대 현대 미용학원 설립
> • 권정희: 1952년에 정화고등기술학교 설립
> • 오엽주: 1933년에 우리나라 최초의 화신미용원 개원
> • 우리나라 근현대 미용산업은 일본의 단발령이 내려지면서 시작됨

15
우리나라의 근현대 미용의 시초가 되는 시기는?
① 조선 시대   ② 을미개혁 이후
③ 해방 이후   ④ 6.25전쟁 이후

> 을미개혁은 친일 개화파 세력이 주도한 개혁으로 개혁 내용에 단발령이 있었고, 단발령 시행 후 우리나라의 근현대 미용업이 발전함

16
중국 고대 미용에 대한 설명으로 옳지 <u>않은</u> 것은?

① 백분과 연지를 사용하여 피부화장을 하였고 이마에는 액황을 발랐다.
② 712~756년경 당나라 시황제의 아방궁 미희 3천 명은 백분과 연지를 바르고 눈썹을 그렸다.
③ B.C 1150년경 은나라 시대에는 연지 화장을 하였다.
④ B.C 2200년경 하나라 시대에 분을 사용하여 미백효과를 내었다.

> B.C 247~210년경 진나라 시황제의 아방궁 미희 3천 명은 백분과 연지를 바르고 눈썹을 그림

17
십미도(十眉圖)에 대한 설명으로 옳은 것은?

① 열 종류의 아름다운 꽃을 소개한 것이다.
② 미의 평가 기준으로 열 명의 미인을 그린 것이다.
③ 열 종류의 눈썹 모양을 그림으로 그린 것이다.
④ 열 가지의 화장 기술을 글과 그림으로 표현한 책이다.

> 십미도는 중국 당나라 현종(712~756년경)이 그리게 한 열 가지의 아름다운 눈썹 화장에 대한 그림임

18
고대 미용의 발상지로 헤나를 모발에 발라 염모제로 사용한 나라는?

① 이집트   ② 그리스
③ 프랑스   ④ 중국

> 이집트는 강렬한 태양빛으로부터 눈을 보호하기 위해 눈언저리를 검게 칠하기도 하고, B.C 5000년 전부터 마른 나뭇가지에 진흙을 발라 머리카락을 둘둘 말고 건조시킨 뒤 진흙을 털어내 웨이브를 만들기도 함

19
다음 설명에 해당하는 시대는?

- 후두부에 포인트를 둔 묶은 머리
- 리본이나 망으로 포인트를 준 매우 자연스러운 머리
- 컬용 아이론을 사용하여 키프로스풍 머리형을 만듦

① 이집트 시대   ② 그리스 시대
③ 로마 시대   ④ 비잔틴 시대

> - 이집트 시대: 미용의 시초로 눈, 뺨, 입술에 화장을 하였고, 진흙으로 웨이브 연출과 헤나로 염색을 하였음
> - 로마 시대: 머리카락을 잿물로 탈색하고 머리와 몸 전체에 오일과 향수를 사용함
> - 비잔틴 시대: 터번을 머리에 감거나 사회적 지위를 나타내는 원형 베일을 사용함

20
다음 빈칸에 들어갈 내용으로 옳은 것은?

> 1883년 프랑스의 화장품 회사 모네사가 흑색 염료인 (　　)을/를 이용한 합성 염모제 사용을 허가받았다.

① 파라페닐렌디아민
② 파라트릴렌디아민
③ 파라아미노페놀
④ 모노니트로페닐렌디아

> - 파라페닐렌디아민(PPD): 흑색 염료인 PPD는 항원성이 매우 강해 알레르기성 접촉피부염, 부종, 탈모 등의 다양한 부작용을 일으키는 성분
> - 파라트릴렌디아민: 다갈색 또는 흑갈색에 들어가는 성분
> - 파라아미노페놀: 갈색에 들어가는 성분
> - 모노니트로페닐렌디아민: 적색에 들어가는 성분

21
1905년 찰스 네슬러가 스파이럴식 웨이브를 발표한 나라는?

① 독일   ② 미국
③ 프랑스   ④ 영국

> - 독일: 1925년 조셉 메이어의 크로키놀식 웨이브
> - 프랑스: 1875년 마샬 그라또우의 마샬 웨이브
> - 영국: 1905년 찰스 네슬러의 스파이럴식 웨이브, 1936년 J.B 스피크먼의 콜드 웨이브

22
화학 약품을 사용하여 콜드 웨이브를 창안한 사람은?

① 마샬 그라또우   ② 찰스 네슬러
③ J.B 스피크먼   ④ 조셉 메이어

> - 마샬 그라또우: 열을 이용한 웨이브인 마샬 웨이브 창안
> - 찰스 네슬러: 스파이럴식 퍼머넌트 웨이브 창안
> - 조셉 메이어: 크로키놀식 히트 퍼머넌트 웨이브 창안

CHAPTER 02
피부의 이해 A

합격 TIP 시험 출제 빈도가 매우 높은 챕터이므로 꼼꼼한 암기가 필요합니다. 특히 피부와 부속기관, 피부유형에 관한 내용을 정독하고 관련 문제를 많이 풀어 보아야 합니다.

1 피부와 피부 부속기관

(1) 피부의 특징
① 피부와 모발의 발생은 외배엽에서 이루어짐
② 피부는 우리 몸을 둘러싸고 있는 가장 큰 기관임
③ 두께는 약 1.5~4mm로 눈 주변이 가장 얇고, 손바닥, 발바닥이 가장 두꺼움
④ 성인 피부 표면을 펼쳤을 때의 면적은 약 $1.6m^2$, 중량은 체중의 16% 정도이며, 성별, 연령, 영양 상태에 따라 차이가 있음
⑤ 피부의 변성물로 모발, 손톱, 발톱이 있음
⑥ 피부 pH는 외부 환경이나 신체 부위에 따라 차이가 있으나, 땀샘에서 분비되는 수분에 의한 영향이 가장 큼

(2) 피부의 pH
① 땀과 피지의 혼합물이 피부 표면을 덮어 산성보호막을 만들고, 이때 측정한 pH 값이 피부의 pH 값임
② 피부의 이상적인 pH 범위는 4.5~6.5임
③ 세안으로 피부의 산성보호막이 일시적으로 제거되어도 일정 시간(피부유형마다 차이가 있으나 약 2시간 정도)이 지나면 다시 회복되는 능력(알칼리 중화능)이 있음

(3) 피부의 기능 [빈출]

보호	• 표피의 산성막은 세균 및 미생물로부터 보호함 • 각질층의 케라틴, 진피층의 교원섬유와 탄력섬유, 피하지방층은 외부의 충격과 압력, 자극으로부터 보호함
체온 조절	땀 분비 조절, 혈관 확장·수축 등으로 외부열을 차단하거나 내부열의 발산을 막음
감각	피부는 외부 자극에 대한 통각, 촉각, 온각, 냉각, 압각을 느낄 수 있음
분비 및 배설	• 피지선: 지방산이 함유된 피지를 분비하여 수분 증발을 방지하고 유해물질의 침투를 막아 줌 • 땀샘(한선): 노폐물 배출과 수분 유지에 관여하며, 피부 표면에서 땀이 증발하며 체온을 조절함
흡수	• 대체로 흡수는 모낭과 피지선을 통해 이루어지나, 투명층 아래에는 레인방어막이 위치하고 있어 이물질의 침입을 막음 • 화장품 도포 시에는 각질세포 자체를 통해 표피, 진피, 모피혈관으로 흡수함
호흡	• 대부분의 호흡은 폐에서 이루어지나, 약 0.6%는 피부에서 이루어짐 • 산소를 흡수하고 이산화탄소를 방출함

참고 외배엽
정자와 난자가 만나 수정이 이루어지면 난할(세포분열)을 거쳐 배아를 이루고, 이때 배아는 외배엽, 내배엽, 중배엽으로 나뉨

외배엽	내배엽	중배엽
피부계 신경계 내분비계	소화기계 호흡기계	근육계 골격계 비뇨계 순환계 생식계

용어 pH
수소 이온 농도를 나타내는 지표

용어 레인방어막(Rein Membrane)
• 수분 증발 저지막
• 외부로부터 이물질의 침입을 막고 물리적 압력 및 화학적 흡수를 저지함
• 체액이나 체내의 필요 성분이 체외로 배출되는 것을 방지함
• 피부 건조와 피부염 발생을 억제함

비타민 D 합성	표피의 각화 과정과 함께 프로비타민 D가 생성되고, 여기에 자외선이 조사되면 비타민 D를 합성함
저장	• 표피와 진피층에 수분과 영양물질을 저장함 • 피하지방 조직은 신체의 가장 큰 저장기관으로 여분의 영양물질을 저장함
재생	표피의 기저세포가 분열되면서 새로운 세포를 각질층으로 올려 보내는 세포 재생작용을 함
면역	표피의 랑게르한스세포와 진피의 대식세포는 피부의 면역과 관련 있음

(4) 피부의 구조

① 표피
- 중층편평상피로 구성되어 있고, 가장 바깥쪽에 있는 층으로 세균이나 유해물질로부터 피부를 보호함

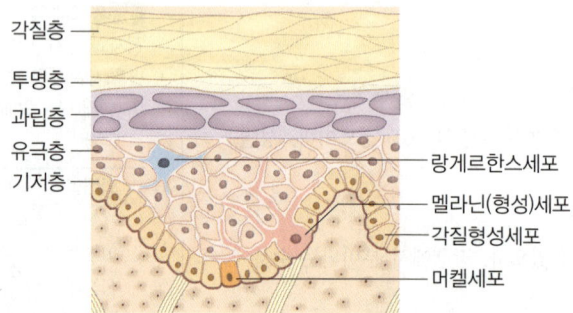

참고 피부와 구조

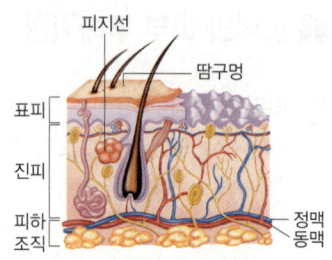

- 표피의 구조 및 기능 [빈출]

각질층	• 표피의 가장 바깥층으로, 외부 자극으로부터 보호하는 장벽 역할을 함 • 케라틴, 세포간 지질, 천연보습인자, 세라마이드가 존재함 • 각질층의 천연보습인자가 10% 이하일 경우 건조하거나 예민해짐
투명층	• 얇고 투명한 무핵의 편평세포층으로, 손바닥이나 발바닥처럼 두꺼운 부위에 존재함 • 반유동성 물질인 엘라이딘이 수분 침투를 방지함
과립층	• 무핵층으로 본격적인 각질화가 일어남 • 케라토히알린(Keratohyalin)이라는 각질유리과립(각화유리질과립)이 존재함 • 투명층과 과립층 사이에 레인방어막이 존재하여 방어막 역할과 수분 유출을 방지함
유극층	• 표피 중 가장 두꺼운 층이며, 5~10층의 다각형 유핵세포층임 • 가시 모양의 돌기가 있어 세포 사이를 연결하는 세포간교를 형성함 • 피부의 면역기능을 담당하는 랑게르한스세포가 존재함 • 세포 사이에는 림프액이 흐르고 있어 물질대사에 관여함
기저층	• 표피의 가장 아래층으로, 단층의 원추상 유핵세포층임 • 진피와 접하고 있으므로 모세혈관으로부터 영양을 공급받고 세포분열을 함 • 각질형성세포와 멜라닌(형성)세포, 머켈세포가 존재하며, 세포분열에 의해 위쪽으로 이동함

용어 **세라마이드(Ceramide)**
- 각질세포의 주성분인 각질세포간 지질의 약 50%를 구성함
- 수분 증발을 억제하고 각질층을 견고하게 유지함

용어 **천연보습인자** [빈출]
(NMF: Natural Moisturizing Factor)
- 각질층에 존재하며 수분을 공급하고 각질층의 건조를 막아주는 수분 물질로, 10~20%가 존재하는 것이 정상임
- 아미노산(40%), 피롤리돈 카르복시산(12%), 젖산(7%), 요소(7%), 암모니아(1.5%) 등으로 구성됨

용어 **엘라이딘(Elaidin)**
투명층에 존재하는 반유동성 단백질 성분의 물질로, 수분 침투를 막고 피부를 윤기 있게 해 줌

- 표피의 구성 세포 [빈출]

각질형성세포 (Keratinocyte)	• 표피의 기저층에 존재하며 세포분열을 통해 새로운 세포를 만들어 냄 • 표피의 주요 구성 성분으로 각화과정(Keratinization)을 통해 교체됨
멜라닌(형성)세포 (Melanocyte)	• 표피의 기저층에 존재하며 피부색을 결정하는 멜라닌색소를 생성함 • 멜라닌색소는 자외선을 흡수하거나 산란시켜 자외선으로부터 피부를 보호하며, 아미노산인 티로신(Tyrosine)의 산화작용에 의해 형성됨 • 유전, 환경, 호르몬 등과 같은 요인에 의해 결정됨
랑게르한스세포 (Langerhans Cell)	• 표피의 유극층에 존재하며, 피부 면역에 관여함 • 외부에서 들어온 이물질인 항원을 면역 담당 세포인 림프구로 전달함
머켈세포 (Merkel Cell)	• 촉각세포로, 주로 기저층 부근에 위치함 • 촉각수용체로, 신경섬유의 말단과 연결되어 있음

[용어] **각화과정(Keratinization)** [빈출]
기저층에 존재하는 각질형성세포가 세포분열을 하면서 각질층에 도달한 후 각질세포가 되어 떨어져 나가는 과정으로, 세포 교체주기는 약 4주임

[참고] **피부색**
- 피부색을 결정하는 색소는 흑색의 멜라닌, 황색의 카로틴, 붉은색의 헤모글로빈이 있음
- 색소의 양과 분포 위치, 각질층의 두께에 따라 피부색이 결정됨

[참고] **림프구**
백혈구의 한 형태로 면역기능에 관하함

② 진피
- 강하고 유연한 결합조직으로 표피와 피하지방층 사이에 위치함
- 피부의 대부분인 약 90%를 차지함
- 경계가 명확하지 않으나 유두층과 망상층으로 나뉨
- 교원섬유와 탄력섬유의 섬유성 단백질과 무정형의 기질로 구성됨
- 피부의 부속기관이 존재함

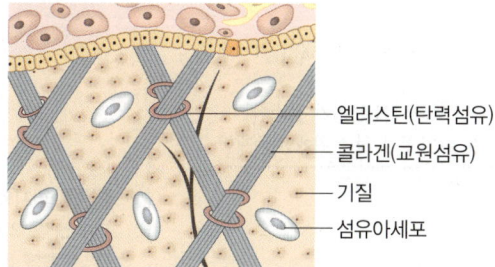

- 진피의 구조 및 기능 [빈출]

유두층	• 진피의 상단 부분으로, 표피 쪽으로 유두 모양의 작은 돌기를 형성함 • 모세혈관, 림프관, 신경종말에 의해 표피로 영양공급, 산소운반, 신경전달이 이루어짐 • 피부의 팽창과 탄력에 관여함
망상층	• 유두층 아래에 위치하며, 진피의 약 80%를 차지함 • 피부의 부속기관인 혈관, 림프관, 신경관, 피지선, 한선, 모발, 입모근(기모근)을 포함하고 있음 • 콜라겐과 엘라스틴이 매우 치밀하게 구성되어 있음 • 피부 탄력과 팽창성이 큰 층임

- 진피의 구성 물질 [빈출]

콜라겐 (교원섬유)	• 진피의 주성분으로 70~90%를 차지하며, 섬유아세포에서 만들어짐 • 엘라스틴과 함께 그물 모양으로 짜여 있어 피부에 탄력성과 신축성을 줌 • 자외선으로부터 피부를 보호하며 수분보유 및 결합원으로 주름을 예방해 줌 • 3중 나선형 구조이며, 화장품 성분에 많이 사용됨
엘라스틴 (탄력섬유)	• 콜라겐에 비해 가늘고 짧은 단백질임 • 탄력성이 뛰어나 원래 길이의 1.5배까지 늘어남 • 수분보유능력이 저하될 경우 피부가 이완되고 주름이 생기게 됨
기질	• 콜라겐과 엘라스틴 및 세포 사이를 채우고 있는 무정형의 세포물질 • 젤 상태로, 화장품의 보습제로 사용되는 히알루론산 성분을 포함하고 있음

[용어] **섬유아세포**
콜라겐과 기질의 전구체로, 콜라겐 세포를 만듦

[용어] **히알루론산** [빈출]
진피의 콜라겐과 엘라스틴 사이에 존재하는 보습물질로, 자신 무게의 100~1,000배까지 수분을 흡수함

③ 피하지방층
- 피부의 가장 아래층에 위치하며, 진피조직보다 매우 두꺼움
- 피하조직의 지방세포는 영양분을 저장하며 체온과 탄력을 유지하고 외부 충격으로부터 보호함
- 피하지방층의 두께와 분포는 여성호르몬과 관계가 있으며, 연령, 영양 상태, 부위에 따라 분포가 다름

(5) 피부의 부속기관 [빈출]

① 한선(땀샘)
- 한선은 진피의 망상층 아래에 존재하며 피부 전체에 분포되어 있음
- 한선은 땀을 만들어 피부 표면에 분비하며 각질층에 보습을 줌
- 종류: 소한선인 에크린선과 대한선인 아포크린선이 있음
- 기능: 체온 조절, 노폐물 배출, 피부보습, 산성보호막 형성

에크린선 (소한선)	• 입술과 생식기를 제외한 전신에 분포되어 있으며 손바닥, 발바닥, 겨드랑이, 이마, 서혜부, 코 부위에 특히 많음 • 에크린선에서 분비되는 약산성의 무색·무취의 맑은 땀은 피지보호막을 형성하여 세균 번식을 억제하고, 우로칸산 성분이 자외선으로부터 어느 정도 피부를 보호함
아포크린선 (대한선)	• 피지선과 함께 개인의 체취를 만들어 내며 단백질 함유량이 많아 박테리아균에 의해 부패되면 악취가 발생함 • 사춘기 이후에 주로 발달하며, 갱년기 이후는 퇴화되어 분비가 감소함 • 겨드랑이, 유두 주위, 배꼽 주위, 생식기, 항문 주위 등 특정 부위에만 존재함

② 피지선(기름샘, 모낭샘)
- 진피층에 위치함
- 손바닥, 발바닥을 제외한 전신에 분포하며, 얼굴의 T존과 목, 가슴 등에는 큰 피지선이 존재함
- 피부 표면에 분비된 피지는 땀과 함께 피부, 모발에 윤기를 줌
- 남성호르몬인 안드로겐은 피지 분비를 증가시키고, 여성호르몬인 에스트로겐은 피지 분비를 억제함
- 하루 피지 분비량은 1~2g이며, 외부로 분출이 원활하지 않을 경우 여드름의 원인으로 작용하기도 함

③ 모발(털)
- 유해한 외부 환경으로부터 피부를 보호함
- 하루 평균 0.2~0.5mm 정도 자라며, 수명은 3~6년임
- 주성분은 80~90%가 케라틴이라는 경단백질이며, 10~15%의 수분과 1~8%의 지질, 3% 미만의 멜라닌색소임
- 건강한 모발의 pH는 4.5~5.5임

④ 조갑(손톱, 발톱)
- 경단백질인 케라틴과 이를 조성하는 아미노산으로 구성됨
- 손톱은 1일 평균 0.1mm, 1개월에 3mm 정도 성장하며, 발톱보다 성장 속도가 빠름
- 손톱과 발톱은 표피의 각질층이 변형된 것으로, 얇게 여러 겹으로 쌓인 3개의 층으로 이루어져 있어 손끝과 발끝을 보호함
- 물건을 집거나 걸음을 걸을 때 중요한 역할을 함

[참고] **피지의 기능**
피부 pH를 약산성으로 유지시켜 살균작용, 노폐물 배출, 피부의 항상성 유지, 미생물이나 이물질 등의 침투로부터 피부를 보호

독립 피지선
모낭이 없어 피지선이 직접 피부 표면으로 연결되어 피지가 분비되는 부위인 입술, 대음순, 성기, 유두, 귀두, 구강과 눈점막, 눈꺼풀 등에 존재함

피지의 성분
트리글리세라이드, 왁스, 콜레스테롤, 스쿠알렌

[참고] **모발(털)**
p.92 참조

건강한 손톱의 조건
• 매끄럽고 광택이 나며 반투명한 핑크빛을 띠어야 함 • 단단하고 탄력이 있으며 둥근 아치를 형성해야 함 • 손톱과 발톱의 뿌리와 끝부분이 단단하게 부착되어 있어야 함

⑤ 유선
- 땀샘이 변형된 피부선임
- 포유류의 유즙을 분비하는 기관임

2 피부유형 분석

(1) 피부상담
① 상담: 고객의 방문 동기와 목적을 문진을 통해 파악하고 효율적인 피부 관리법을 위한 필수적인 절차로, 전문적 지식을 바탕으로 한 상담을 통해 신뢰감을 제공함
② 피부상담 목적
- 고객의 방문 목적을 확인함
- 피부 문제에 관한 원인을 파악함
- 적절한 관리법과 향후 계획을 수립함
- 진행할 관리법과 사용할 제품 및 기기에 관해 설명함

③ 피부상담 방법
- 고객상담을 통해 희망사항을 정확히 파악함
- 고객의 입장에서 경청하고 진행할 관리 방법을 설명함
- 전문적인 지식을 바탕으로 문제 해결을 위한 방안을 제시함

④ 피부상담 효과
- 전문적인 계획 수립으로 효율적인 관리가 가능함
- 고객에게 관리의 필요성을 설명함으로써 신뢰를 높일 수 있음
- 홈케어❼의 필요성과 제품 설명을 함으로써 좀 더 체계적인 관리가 가능함

⑤ 피부상담 시 유의사항 빈출
- 관리 시 발생할 수 있는 여러 경우를 대비하여 고객의 병력이나 약물 복용 여부를 상담하고 기록함
- 문제성 피부 개선을 위한 경우에도 과거 병원 치료 및 약물 치료 경험을 파악하고 기록하여 진행할 관리의 계획 시 참고함
- 기존에 경험했던 관리 내용에 관해 상담하고 기록함
- 현재 사용하고 있는 홈케어 제품을 파악함
- 고객의 개인정보를 보호하도록 함
- 상담 시 다른 고객의 정보를 제공하지 않도록 함
- 관리법과 진행 절차는 전문적인 지식과 경험을 바탕으로 설명함
- 고객과의 사적인 친목은 금하도록 함

용어 **홈케어**
고객이 집에서 스스로 자신의 신체나 건강을 관리하는 것

(2) 피부분석

① 피부분석 내용

피부유형	정상, 지성, 건성, 복합성, 민감성, 색소침착, 노화 등
피부 상태	여드름, 모공, 민감도, 탄력도, 피부질환 등

② 피부유형을 결정하는 요인
- 경피수분손실(TEWL: Trans Epidermal Water Loss)
- 천연보습인자(NMF: Natural Moisturizing Factor)
- 지질
- 수분
- 노화로 인한 진피층의 변화
- 외적 요인: 자외선, 계절, 스트레스, 흡연, 영양 상태, 건강 상태 등

> **용어** 경피수분손실
> 피부의 건조한 상태가 지속되어 피부 표면을 통해 수분이 소실되는 것

(3) 피부분석 방법

① 문진법: 질문을 통해 피부유형을 분석하는 방법

직업	구체적인 직업과 근무환경에 관해 물어 봄
생활습관	수면시간 및 수면패턴에 관해 물어 봄
식습관	인스턴트 음식 섭취와 야식 습관에 관해 물어 봄
의약품 복용	피임약, 수면제, 호르몬제, 항생제, 고혈압약 등 피부 상태에 영향을 줄 수 있는 약물에 관해 파악함
결혼 유무	임신 여부를 체크함
기타	사용하는 화장품과 피부관리 방법, 문제성 피부의 원인 파악, 여성일 경우 생리주기, 알레르기 유무, 질병 유무, 성격, 생활환경, 스트레스 등

② 견진법: 확대경이나 우드램프와 같은 기기를 이용하여 고객의 피부 상태(모공의 크기, 피부결 상태, 각질의 상태, 색소침착 상태, 피지 분비 상태, 수분의 상태, 주름, 모세혈관 확장 유무, 여드름이나 트러블, 안색 등)를 직접 눈으로 분석하는 방법

③ 촉진법: 손으로 고객의 피부를 만지면서 피부유형을 분석하는 방법
- 각질화 정도: 손으로 쓰다듬어 보고 거칠기 정도를 파악함
- 탄력도와 긴장도: 누르거나 끌어올려 봄
- 피부 두께: 피부를 살짝 집어봄
- 유분과 수분의 상태: 손으로 쓰다듬어 보고 유·수분의 정도를 파악함

④ 검진법(기기를 이용한 분석법): 다양한 기기를 이용하여 피부를 분석하는 방법

확대경	피부에 나타나는 다양한 문제들을 육안으로 구분하기 어려운 경우 피부를 확대하여 피부 결함을 찾아내는 기기
우드램프	자외선을 이용한 광학분석기로 육안으로 판별이 어려운 피부 문제점들을 판별함
유분·수분 측정기	피부 표면의 유분과 수분을 측정하는 기기
pH 측정기	피부 표면의 pH를 측정하는 기기

(4) 피부유형별 특징 및 관리 방법 〔빈출〕

① 정상 피부

특징	• 가장 이상적인 피부유형으로, 각질층의 수분이 10~20%로 정상 상태임 • 피부의 저항력이 있어 쉽게 자극받지 않음 • 연령이 높아짐에 따라 민감한 피부로 전환되기 쉬움 • 탄력이 좋고, 약간 홍조를 띤 안정된 피부색이며, T존은 약간 버들거림 • 모공의 크기는 작지만 약간 보이는 상태
관리 방법	• 연령이나 계절에 맞는 화장품을 선택하여 규칙적인 관리를 함 • 화장품은 보습 제품을 사용하여 관리를 함

② 건성 피부

특징	• 피지선과 땀샘의 기능 저하로 표면이 항상 건조하고 윤기가 없음 • 세안 후 피부 당김이 심하며 잔주름과 표정주름이 많음 • 외부 자극에 대해 저항력이 약하며, 염증이나 홍반이 자주 나타남 • 피부 조직이 얇아 색소침착이 쉽게 생기며, 노화 · 민감성 · 모세혈관 확장 피부로 전환되기 쉬움 • 강한 비누의 사용, 지나친 자외선 노출과 같은 후천적 원인에 의해 변화될 수 있는 피부유형임
관리 방법	• 혈액순환과 신진대사를 위해 마사지와 팩을 자주 시행함 • 잦은 세안과 강한 알칼리성 제품은 피하며, 저자극 약산성 세안제를 사용함

③ 표피 수분 부족 피부

특징	• 연령에 관계없이 발생함 • 피부 표피에 수분이 부족한 상태로 수분 손실량이 증가하고 수분 유지 기능이 떨어진 상태 • 피부 조직이 얇게 보이지 않지만 표피성 잔주름이 형성됨
관리 방법	보습 제품과 오일을 함께 사용함

④ 지성 피부

특징	• 모공이 크고 불규칙하며 열려 있는 상태임 • 외부 자극에 대한 저항력이 크므로 쉽게 민감해지지 않음 • 피지선이 발달된 피부로, 피지막이 두꺼워 표면이 번들거림 • 두꺼워진 각질로 모공이 막혀 블랙헤드와 화이트헤드가 쉽게 발생함 • 피부 조직이 두꺼우므로 잔주름이나 표정주름이 눈에 잘 띄지 않음 • 피지 분비량이 많은 젊은 층이나 남성들에게 많이 나타나는 유형임
관리 방법	• 피지를 제거하는 제품을 사용하되 보습 제품을 사용하여 유분과 수분의 밸런스를 유지함 • 주기적인 각질 제거를 통해 피부 표면의 노폐물과 불필요한 각질을 제거함 • 코메도❓ 유발 성분이 함유되지 않은 피지 분비 조절 전용 제품을 사용함

⑤ 복합성 피부

특징	• 두 가지 이상의 피부유형이 한 얼굴에 나타나는 유형임 • T존 부위는 유분이 많고 여드름이나 코메도가 나타나기 쉬움 • T존을 제외한 눈가, 입가, 볼 부위는 점차 건성화되므로 세안 후 당김이 심함
관리 방법	• T존은 피지를 억제하고 수렴효과가 있는 제품을, U존은 유·수분을 공급해 주는 제품을 사용함 • 피부 부위별 상태에 따라 제품을 다르게 사용하는 것이 중요함

> **용어 코메도**
> 피지가 분출되지 않아 피지가 끈적하게 고인 상태를 말하며, 이로 인해 피부의 모공이 막혀 여드름을 유발함

⑥ 민감성 피부

특징	• 유분과 수분이 부족하여 산성보호막이 불안정하며, 물리적·화학적 자극에 예민함 • 홍반, 가려움, 여드름, 모세혈관 확장, 색소침착 등의 증상이 나타날 수 있음 • 피부 조직이 얇고 섬세하며 모공이 작음 • 알코올, 스트레스, 흡연도 원인이 되며, 혈압강하제, 신경안정제, 항생제 등과 같은 약물 복용 후 햇빛을 받아도 과민 증상이 나타날 수 있음
관리 방법	• 보습력이 높은 제품을 사용하되 지나친 유분은 자극이 될 수 있으므로 주의해야 하며, 림프마사지를 하여 면역력을 높여줌 • 피부에 자극이 되는 강한 마사지, 강한 딥클렌징, 석고팩은 피함 • 알코올, 향, 색소, 방부제 성분은 자극이 될 수 있으므로 제품 선택 시 주의해야 함

⑦ 모세혈관 확장 피부

특징	• 선천적으로 모세혈관이 약하고 탄력이 저하된 피부로 피부의 늘어짐을 쉽게 느끼고, 각화과정이 빨라 표피의 각질층이 얇아져 외부 요인에 민감하며, 온도 변화에 쉽게 붉어짐 • 후천적 원인으로는 심한 온도 변화, 여드름 연고나 피부질환 연고의 남용, 갱년기, 스트레스, 갑상선이나 성호르몬 장애 등이 있음 • 주로 여성에게 나타나며, 나이가 들수록 혈관의 노화로 심해지는 경향이 있음
관리 방법	• 피부에 자극을 피하고 보습과 혈관을 강화해 주는 성분인 비타민 C, P, K가 함유된 제품을 사용함 • 자극을 받을 경우 피부를 진정시키는 성분인 아줄렌, 알란토인, 루틴, 판테놀, 알로에 성분이 함유된 제품을 선택함 • 잦은 사우나와 갑작스러운 온도 변화에 주의하고, 알코올, 카페인이 함유된 커피, 맵거나 뜨거운 음식은 혈관 확장에 영향을 주므로 삼가도록 함

⑧ 여드름 피부

특징	• 모피지선의 만성 염증성 질환임 • 얼굴, 등, 가슴과 같이 피지 분비가 많은 부위에 나타남 • 성인성 여드름은 유전적 요인보다 스트레스, 잘못된 화장품 사용 등이 원인임 • 내적 요인: 유전, 내분비 요인, 피지선의 기능 이상, 세균 감염, 호르몬 분비의 이상, 스트레스, 과각질화, 잘못된 식습관 등 • 외적 요인: 잘못된 화장품이나 의약품의 사용, 피부 pH의 알칼리화, 기후와 계절 등
관리 방법	• 약산성 클렌징으로 청결을 유지하고, 피지 분비 억제 성분이 들어간 제품을 사용함(세정력이 강한 알칼리성 세안제는 피부보호막을 파괴하므로 피해야 함) • 염증이 있는 부위는 국소적으로 살균 및 항염효과가 있는 제품을 사용하며, 유분이 많은 화장품은 피하고 보습 제품을 사용함 • 여드름을 손으로 짜거나 만지지 않도록 함

⑨ 색소침착 피부

특징	• 자외선에 자극받은 세포가 멜라닌색소를 과잉 형성하여 나타나게 됨 • 기미는 눈 밑이나 광대뼈 부위에 나타나며 여성호르몬인 에스트로겐이 증가하는 임신, 피임약 복용이나 자외선이 원인임 • 주근깨는 유전적 요인에 의해 발생하며, 5세 전후 소아기부터 나타남 • 검버섯(노인성 반점)은 자외선과 노화가 원인임
관리 방법	• 티로시나아제를 억제시키는 작용을 하는 비타민 C, 알부틴, 감초추출물 등이 함유된 제품을 사용함 • 자외선 차단제를 신경 써서 사용하도록 함 • 여성호르몬이 함유된 경구피임약을 복용하거나 임신 기간에는 색소가 심해질 수 있으므로 주의해야 함

3 피부와 영양

(1) 영양의 이해
① 영양과 영양소
- 영양: 생물이 외부로부터 필요한 에너지원 및 몸을 구성하는 성분을 음식물을 통해 섭취하여 생활 기능을 유지하고 몸을 성장·발육을 하는 과정임
- 영양소: 생물의 성장과 생명 유지를 위해 필요한 물질로, 생활에 필요한 에너지를 제공하거나 생리기능을 조절하는 작용을 함

열량소	조절소	구성소
• 열량 공급작용 • 탄수화물, 지방, 단백질	• 인체의 생리기능 조절작용 • 단백질, 무기질, 비타민, 물	• 신체조직 구성작용 • 단백질, 무기질, 지방, 물, 탄수화물(1% 미만)

참고 영양소

3대 영양소	5대 영양소	6대 영양소
탄수화물, 단백질, 지방	3대 영양소 + 비타민, 무기질	5대 영양소 + 물

② 영양소의 최종 분해 단위
- 탄수화물: 포도당
- 단백질: 아미노산
- 지방: 글리세린, 지방산

③ 피부와 영양소
- 피부 재생을 위한 영양은 혈액에 의해 공급됨
- 영양소의 흡수는 음식 섭취를 통해 이루어지므로 소화와 흡수가 중요함
- 단백질은 피부를 구성하는 주성분이므로 1일 60~100g 정도의 섭취가 필요하며, 1/2은 동물성으로, 1/2은 식물성으로 섭취하는 것이 중요함
- 무기질과 비타민은 인체의 생리작용을 조절함

(2) 피부와 3대 영양소
① 탄수화물

기능		• 혈당 유지, 체온 조절, 중추신경계 활성을 위한 에너지 공급원(1g당 4kcal) • 소화흡수율은 99%에 가까우며, 에너지로 사용되고 남은 탄수화물은 지방으로 전환되어 간과 근육에 글리코겐의 형태로 저장됨
인체에 미치는 영향	과다 섭취	비만과 혈당 상승의 원인이며, 산성 체질로 변하게 됨
	섭취 부족	체중 감소, 성장 저하, 신진대사기능 저하

② 단백질

기능		• 면역세포와 항체를 형성하고 효소와 호르몬 합성, 체내 pH 기능을 유지하는 에너지 공급원(1g당 4kcal) • 피부, 모발, 근육 등 인체의 구성 성분임 • 필수 아미노산인 트립토판으로부터 비타민 B_3인 나이아신을 생성
특징		• 진피의 구성 물질인 콜라겐과 엘라스틴은 단백질 성분임 • 표피 각질세포, 손톱, 발톱도 단백질인 케라틴이 주성분임 • 피부 조직의 재생에 관여함
인체에 미치는 영향	과다 섭취	• 고지혈증, 혈액순환 장애, 심장 질환과 같은 성인병 및 부종, 요독증, 피로 등의 원인이 됨 • 피부의 산성화로 색소침착, 지성 피부 등의 원인이 될 수 있음
	섭취 부족	체중 감소, 성장 저하, 신진대사기능 저하

참고 아미노산

단백질의 최종 가수분해 물질, 즉 단백질을 구성하는 최소단위임

필수 아미노산	체내에서 합성되지 않으므로 식품으로 섭취해야 하는 아미노산 예 아이소루신, 류신, 라이신, 메티오닌, 페닐알라닌, 트레오닌, 트립토판, 발린, 히스티딘, 아르기닌
비필수 아미노산	체내 합성이 가능한 아미노산

③ 지방

기능	• 지용성 비타민의 흡수를 촉진, 내부 장기를 보호, 체온을 조절하는 에너지 공급원(1g당 9kcal) • 피부에 윤기와 탄력을 부여하며 건조를 방지함	
특징	리놀산, 리놀렌산, 아라키돈산 등은 필수지방산으로 화장품 원료로도 사용됨	
인체에 미치는 영향	과다 섭취	비만과 셀룰라이트로 인한 순환장애
	섭취 부족	체중 감소, 피부 건조, 면역기능 저하, 염증이나 습진

(3) 비타민 빈출

기능	• 인체 신진대사의 보조역할을 함 • 세포성장을 촉진하고 면역기능을 강화함
특징	• 인체에서 합성되지 않으므로 음식이나 영양제로 섭취를 해야 하는 유기화합물임 (비타민 D만 피부에서 합성됨) • 에너지를 생산하는 영양소의 대사과정을 위한 효소의 조효소임

① **수용성 비타민**: 섭취 시 필요한 만큼만 사용되고 나머지는 소변을 통해 배출되므로 과잉 복용을 해도 큰 문제가 없음

비타민 B_1 (티아민)	• 탄수화물 대사의 보조효소로 작용함 • 결핍 시 각기병, 식욕부진, 피부부종과 윤기 감소 등의 증상이 나타남
비타민 B_2 (리보플라빈)	• 3대 영양소의 에너지 대사 과정에 도움을 줌 • 건강한 피부 유지에 도움을 주며, 결핍 시 피부 건조 및 질환, 구각염, 구순염 등이 나타남
비타민 B_3 (나이아신)	• 필수 아미노산인 트립토판에서 합성됨 • 결핍 시 펠라그라라는 병이 나타남
비타민 B_6 (피리독신)	• 신경, 피부, 소화기계 건강에 도움을 줌 • 여드름, 피부염 등에 도움을 줌
비타민 B_7 (비오틴)	• Hair를 의미하는 비타민 H로도 불림 • 모발, 피부, 손톱의 건강에 도움을 줌
비타민 B_9 (엽산)	• DNA와 RNA 합성, 아미노산 대사, 적혈구 형성 • 결핍 시 신경성 합병증, 습관성 유산 등의 원인이 될 수 있음
비타민 B_{12} (코발라민)	• DNA 합성과 적혈구 형성에 관여함 • 신경조직의 정상적 기능에 관여함 • 결핍 시 악성빈혈이 나타남
비타민 C (아스코빅애씨드)	• 뼈, 인대, 연골 등 신체의 결합조직 형성과 기능 유지에 도움을 줌 • 항산화와 미백효과가 있음 • 면역기능과 모세혈관 강화에 도움을 줌 • 결핍 시 괴혈병, 잇몸출혈, 빈혈 등이 나타날 수 있음
비타민 P	• 바이오플라보노이드라고도 함 • 자반병, 모세혈관 확장증에 도움이 됨

용어 펠라그라
• 비타민 B_3나 이를 합성하는 트립토판이 부족할 경우 발생하는 병으로, 식욕부진, 피부병 등이 나타남
• 트립토판이 없는 옥수수가 주식인 국가에서 자주 발생함

② **지용성 비타민**: 체내에 축적되므로 영양제로 과잉 섭취 시 부작용이 있음

비타민 A (레티놀)	• 상피세포의 형성에 관여하므로 노화예방 비타민이라고도 불림 • 피부각화의 정상화, 피지 분비기능을 촉진시킴 • 결핍 시 야맹증, 피부 건조, 과다 시 탈모 등의 증상이 나타남
비타민 D (칼시페롤)	• 칼슘과 인의 대사를 조절하여 뼈의 형성과 유지에 도움을 줌 • 자외선에 의해 피부에 합성됨 • 결핍 시 구루병, 골다공증, 피부염, 면역력 저하 등의 증상이 나타남
비타민 E (토코페롤)	• 항산화 기능이 있어 활성산소로부터 세포를 보호하여 노화를 예방함 • 호르몬 생성, 생식기능 및 면역기능 강화에 도움을 줌 • 결핍 시 피부 건조와 노화, 불임과 같은 증상이 나타날 수 있음
비타민 K	• 혈액응고에 관여하여 지혈작용을 도움 • 결핍 시 출혈 및 혈액응고 지연 등의 증상이 나타날 수 있음

(4) 무기질과 물

① **무기질**: 에너지원은 아니고 소량이 필요하지만 생명과 건강 유지에 필수적인 영양소임

기능		• 생체기능 조절 및 효소작용을 촉진함 • 뼈, 근육, 혈액의 주요 성분임 • 산소 운반과 에너지 대사에 관여함 • 피부와 인체의 수분량을 유지함
다량 무기질	칼륨(K)	삼투압 조절, 노폐물 배출, 알레르기 완화에 관여함
	칼슘(Ca)	골격 및 치아의 구성 성분으로, 근육의 수축과 이완, 신경전달 등에 관여함
	나트륨(Na)	체내의 수분 조절과 삼투압 유지, 근육의 탄력 유지 등에 관여함
	마그네슘(Mg)	삼투압과 근육활성을 조절함
	인(P)	칼슘과 함께 치아와 골격을 구성하며, 신체를 구성하는 무기질의 25%를 차지함
미량 무기질	아연(Zn)	성장, 면역, 생식, 단백질 합성, 상처 치유 등에 관여함
	구리(Cu)	철 흡수와 이용, 뼈와 적혈구의 생성에 관여함
	철분(Fe)	혈액의 헤모글로빈을 구성하는 성분으로, 산소와 이산화탄소를 운반하고 결핍 시 빈혈, 면역력 저하, 피로감, 체온 조절에 어려움이 나타남
	요오드(I)	갑상선 호르몬 성분으로, 모세혈관 기능의 정상화, 탈모 예방 등에 관여함

② **물**
- 인체의 70% 정도가 수분으로 이루어짐
- 표피 각질층의 수분 함유량은 10~20%가 정상임
- 체액을 통해 신진대사가 이루어짐
- 신체의 산과 알칼리의 평형을 유지함

4 피부와 광선

(1) 자외선 빈출

① 자외선의 종류

UVA (장파장)	• 길이 320~400nm의 가장 긴 파장으로, 태양광선의 약 1%에 해당함 • 구름과 유리창도 통과하여 비가 오거나 흐린 날에도 피부에 영향을 줌 • 피부 내 진피층까지 도달하여 콜라겐과 엘라스틴을 변성시켜 광노화를 유발함 • 색소침착의 원인으로 작용하여 인공 선탠에 사용됨
UVB (중파장)	• 길이 290~320nm의 파장으로, 표피의 기저층 또는 진피 상부층까지 도달함 • 각질세포를 두껍게 만들고 홍반, 수포와 같은 일광화상과 색소침착을 유발함 • 적당량일 경우 비타민 D 합성, 면역력 강화, 여드름의 살균작용
UVC (단파장)	• 길이 200~290nm의 파장으로, 오존층에 흡수되므로 인체조직까지 영향을 미치지 않음 • 살균작용이 있어 바이러스나 박테리아를 제거하기 위해 사용되기도 하지만, 인체에 영향을 줄 경우 피부암의 원인이 됨

② 피부에 미치는 영향

긍정적 영향	• 비타민 D 합성작용, 살균 및 소독작용, 혈액순환 촉진 등 • 백반증, 건선 피부질환의 치료 및 면역력 강화 • 비타민, 효소, 호르몬 등의 활동 강화, 자율신경계에 이로운 작용
부정적 영향	피부탄력 저하, 일광 화상, 일광 알레르기, 홍반, 색소침착, 광노화, 피부암 등

③ 자외선 차단제(Sunscreen/Suncare 제품)

SPF (Sun Protection Factor)	• 자외선 B(UVB)차단지수 • SPF 뒤에 붙는 숫자(n)는 자외선 차단제를 바를 경우의 자외선 B 흡수량이 바르지 않았을 때의 1/n이라는 뜻임
PFA (Protection Factor of UVA)	자외선 A(UVA)차단지수
PA (Protection Grade of UVA)	• 자외선 A(UVA)차단등급 • PA 뒤에 붙는 + 표시가 많을수록 자외선 A 차단효과가 높음

(2) 적외선

650~1,400nm의 장파장의 광선으로 보이지 않으며, 피부 표면에는 큰 자극이 없으나 피부의 심부까지 침투하며, 열을 운반하여 온열효과를 주어 열선이라고도 함

① 적외선의 종류
- 근적외선: 진피까지 침투하며 자극을 주는 효과가 있음
- 원적외선: 표피까지만 침투하며 진정효과가 있음

② 피부에 미치는 영향
- 근육 및 피부를 이완함
- 통증 완화, 진정, 체온 상승에 효과가 있음
- 혈관을 확장하여 혈액순환과 신진대사를 촉진함

(3) 가시광선

사람 눈에 보이는 전자기파의 범위를 말하며, 파장 범위는 380~780nm이고, 눈에 색채로서 지각되는 범위임

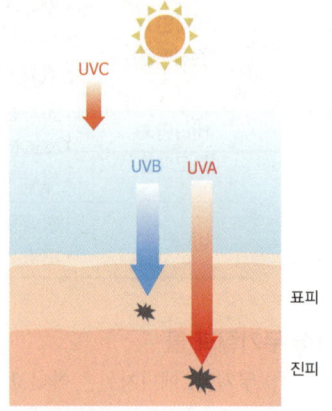

참고 자외선의 종류

용어 건선
만성 염증성 피부질환으로 은백색의 비늘로 덮여 있고 홍반성 구진 및 판이 형성됨

5 피부면역

(1) 면역
특정 질병에 대해 저항성이 생기는 현상으로, 체내로 침입하는 병원균과 화학물질을 공격하거나 대항하는 방어기전임

항원	• 체내로 침입한 병원균 등 면역반응을 일으키는 원인이 되는 물질 • 항원에 의해 면역계는 자극을 받으며 항체 형성이 유도됨
항체 (면역 글로불린)	• 체내로 침입한 항원에 대항하기 위해 만들어지는 물질로, 혈청 성분 중 면역에 중요한 역할을 함 • 체내에서 생성되어 항원과 결합함

(2) 면역의 종류와 작용
① 특이성 면역: 획득면역으로, 체내에서 항체가 작용하여 항원을 제거하는 면역

B 림프구	• 체액성 면역임 • 면역 글로불린이라는 항체를 특정 면역체에 작용시킴
T 림프구	• 세포성 면역으로, 혈액 내 림프구의 70~80% 정도를 차지함 • 체내에서 항체가 작용하여 세포와의 접촉을 통해 직접 항원을 공격함

② 비특이성 면역: 자연면역으로, 태어나면서부터 형성된 면역

제1방어계	• 각질층, 점막, 코털: 기계적 방어벽 • 위산과 소화효소: 화학적 방어벽 • 섬모운동과 재채기: 반사작용
제2방어계	• 대식세포와 단핵구: 식세포작용 • 히스타민 형성: 생리작용 조절, 신경전달 물질로서 염증 및 발열 동반 • 보체와 인터페론: 방어 단백질 • 자연살해세포: 작은 림프구 모양이며, 종양세포나 바이러스에 감염된 세포를 자발적으로 죽이는 작용

참고 피부면역에 관여하는 것
• 각질층의 산성보호막
• 표피 유극층의 랑게르한스세포
• 진피의 대식세포와 비만세포

6 피부노화

(1) 노화 피부의 원인
① 유전적 요인
② 자외선에 의한 광노화
③ 공해물질이나 활성산소로 형성된 과산화지질
④ 스트레스로 인한 신경세포의 피로
⑤ 자가면역질환과 같은 질병
⑥ 콜라겐섬유의 변성
⑦ 텔로미어의 단축

참고 활성산소의 발생 원인
• 환경오염 물질
• 흡연
• 자외선

용어 텔로미어
염색체 끝에 붙어 있는 DNA조각으로, 세포분열 때마다 길이가 짧아지면서 노화가 진행됨

(2) 노화의 가설 빈출

소모설	해로운 자극을 지속적으로 받아 결국 조직이 소모된다는 가설로 유리기설, 교차 결합설, 스트레스 이론 등이 있음
유전자설	수명과 노화는 부모에게 받은 유전자에 의해 결정된다는 가설

신경내분비계 조절설	신경내분비계의 호르몬이 노화를 조절한다는 가설
말단소립자설	텔로미어가 세포핵 속 염색체 말단부에 붙어 염색체가 짧아지지(노화되지) 않게 보호한다는 가설
자기중독설	신체에 유해물질이 축적되어 노화가 발생한다는 가설

(3) 노화 피부의 분류와 특징

① 내인성 노화(생물학적인 자연노화)
- 피지선의 기능 저하로 피부에 윤기가 없고 건조함이 심해짐
- 땀샘의 기능 저하로 체온 조절기능이 저하됨
- 피부 신진대사 저하로 세포 교체주기가 길어지므로 각질층의 두께가 두꺼워짐
- 콜라겐의 양과 질이 감소하여 진피층이 얇아지고 탄력이 저하됨
- 탄력 저하로 모공수축이 잘 되지 않아 모공이 커 보이고 주름이 생김
- 피부 표면이 얇아지므로 보호기능이 저하되고 자극에 쉽게 반응함
- 멜라닌세포 수가 감소하므로 자외선에 대한 방어능력이 떨어지고 색소침착 불균형이 나타나거나 색소침착 현상이 증가할 수 있음
- 랑게르한스세포 수가 감소하여 면역기능이 저하되므로 세균감염 확률이 높아짐

② 외인성 노화(광노화)
- 자외선과 공해 등 환경적 요인에 의해 피부가 노화되는 현상을 말함
- 자연노화가 아니므로 진피층의 두께가 얇아지지는 않음
- 자외선으로부터 피부를 보호하기 위해 표피의 각질층이 두꺼워짐
- 피부 건조와 탄력 저하 및 모세혈관 확장이 동반되기도 함
- 멜라닌세포의 수가 증가하며 자외선으로 인한 색소침착이 나타남
- 섬유아세포 수가 감소하여 콜라겐 생성이 저하되며, UVA는 진피층까지 도달하여 콜라겐과 엘라스틴을 변성시켜 주름이 깊게 나타남

③ 관리 방법
- 자외선 차단제를 잘 바르고, 피부 보호에 신경을 씀
- 스트레스를 잘 관리하고, 흡연과 음주를 피하며, 고른 영양섭취에 신경을 씀
- 활성산소를 차단하는 항산화제인 비타민 A, C, E, SOD(슈퍼옥사이드 디스뮤테이즈), 글루타치온, CAT(카탈라제) 등이 함유된 제품을 사용함
- 피지선의 기능이 저하되어 있으므로 비타민 A, E가 함유된 영양제품을 사용함
- 땀샘의 기능이 저하되어 건조하므로 히알루론산, 세라마이드 등 고보습 제품을 사용함
- 피부탄력과 근육의 이완을 위해 규칙적인 마사지를 해줌

참고 내인성 노화 vs. 외인성 노화

구분	내인성 노화	외인성 노화
각질층의 두께	두꺼워짐	두꺼워짐
진피의 두께	얇아짐	영향 없음
피부면역세포	감소	감소
멜라닌세포	감소	증가
주름	증가	증가 (깊은 주름)

7 피부장애와 질환

(1) 피부장애 빈출

피부에 나타나며 인체의 내·외적 요인에 의해 발생되는 육안적 변화를 발진이라고 함

① 원발진(Primary Lesion): 건강한 피부에 나타나는 1차적 피부장애

반점	• 피부 표면에 융기나 함몰이 만져지지 않음 • 크기와 형태가 다양하고 명확한 피부색 경계가 있음 • 몽고반점, 화염상모반, 홍반, 기미, 주근깨, 자반 등이 이에 속함

면포	• 모공이 막혀 굳어진 피지덩어리를 말하며, 이마, 콧등과 같은 얼굴 전반에 나타나는 비염증성 여드름 • 각질이 덮고 있으면 흰색이며, 공기와 접촉하여 산화된 면포는 검은색임
구진	• 피지선 주위나 땀샘, 모낭에 나타나는 염증성 여드름 1단계 • 직경 0.5~1cm 정도로 피부가 부어 있으며, 통증이 동반됨 • 표피나 진피 상층부에 존재함
농포	• 표피 부위에 고름(농)을 포함하고 있으며, 경계가 뚜렷한 작은 융기 형태의 염증성 여드름 2단계 • 미생물에 의해 발생됨
결절	• 형태는 구진과 같으나 크기는 직경 1cm 이상으로 더 큰 염증성 여드름 3단계 • 구진과 작은 종양 사이의 중간 형태로, 단단하며 진피나 피하지방층에 존재함
낭종	• 염증 물질이 피하지방층까지 침범하여 표면이 융기되어 있는 염증성 여드름 4단계 • 치료 후에도 흉터가 남으며, 심한 통증을 동반함
종양	• 모양과 크기가 다양하며, 직경 2cm 이상의 덩어리 형태임 • 융기되거나 깊게 존재하며, 악성종양과 양성종양으로 구분됨
홍반	• 여러 가지 자극에 의해 모세혈관이 충혈된 상태 • 시간이 경과함에 따라 크기가 변함
팽진	• 속이 단단하고 표면이 돌출된 비교적 큰 발진이며, 소양증이 동반됨 • 크기가 다양하며, 국소적으로 부풀어 오르는 두드러기나 알레르기 증상임
소수포	• 직경 1cm 미만의 물집으로, 맑은 액체인 림프액이나 혈청이 고여 표피 내부에 자리잡고 있는 형태임 • 혈액을 포함한 경우에는 황색이나 적색으로 나타나기도 함 • 화상이나 포진으로 인해 생기며, 대수포 또는 농포를 형성하기도 함
대수포	• 소수포보다 큰 직경 1cm 이상의 수포임 • 표피 내에 얕게 존재하므로 가벼운 손상에도 쉽게 터져 건조되어 얇은 가피를 형성하기도 하지만, 깊게 존재할 경우 궤양과 반흔이 남기도 함

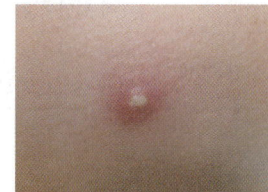

참고 농포

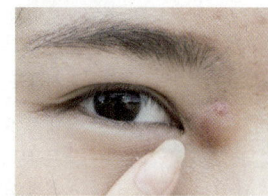

참고 낭종

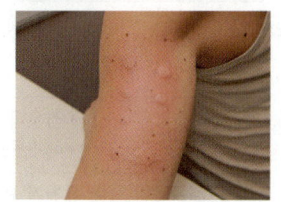

참고 팽진

② 속발진(Secondary Lesion): 원발진이 지속적으로 진행되거나 회복되는 과정에서 변화된 병변

인설 (비듬)	• 표피에서 비듬이나 가루 형태로 떨어져 나오는 각질조각이며 불완전한 각화 과정이 원인임 • 보통 얇고 건조하며 광택이 있는 조각이지만, 피지와 땀이 섞여 있을 경우 번들거리고 불투명한 형태임
찰상	• 손톱으로 긁는 지속적인 마찰과 같은 기계적 외상에 의한 표피박리 현상으로, 소양성 질환에서 비롯되는 경우가 많음 • 대부분 상피에만 생기는 찰과상으로, 흉터 없이 치료됨
균열	• 진피 상부층까지 좁고 깊게 갈라진 틈을 말하며, 피부의 탄력성과 신축성 감소로 나타남 • 피부 건조와 장기간의 염증이 원인이며, 건조한 발뒤꿈치, 손, 입술과 습한 손가락, 발가락 사이에서 주로 발생함
가피	• 혈청과 농 또는 혈액이 말라 굳은 형태임 • 상처나 염증으로 손상된 표피에 나타남
미란	• 단순포진이나 농가진 등의 수포가 터져 표피가 벗겨지고 결손된 상태를 말함 • 가피가 형성될 수도 있으나, 대부분 반흔 없이 치유됨
궤양	• 세포 결손이 진피 또는 피하지방층까지 나타난 것임 • 치유 후에도 반흔이 남음

반흔	• 진피 아래까지 손상된 피부를 새로운 결합조직으로 채우는 과정에서 생성되는 흉터를 말함 • 다양한 형태의 반흔이 있으나, 반흔섬유들이 과다하게 자라면 켈로이드 형태로 나타남
위축	• 표피 세포 수가 감소하거나 진피층이 변성되어 피부가 얇아진 상태임 • 탄력 저하로 주름이 나타나거나 혈관이 보이기도 함
태선화	• 표피 전체와 진피의 일부가 가죽처럼 두꺼워지는 현상을 말함 • 아토피 피부염이나 만성 소양성 질환처럼 장기간 반복적으로 긁는 피부질환이 원인이 됨
켈로이드	피부 손상으로 발생한 상처가 치유되면서 결합조직이 비정상적으로 과다 증식되어 원래 상처보다 크게 표면 위로 융기된 흉터

참고 **태선화**

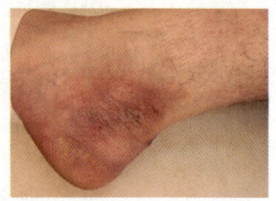

(2) 피부질환

① 여드름(Acne Vulgaris)

특징	• 모피지선의 만성 염증성 질환임 • 얼굴, 등, 가슴과 같이 피지 분비가 많은 부위에 나타남 • 사세포, 세균, 피지, 노폐물 등이 모공을 막아 생김
요인	• 내적 요인: 유전, 내분비 요인, 피지선의 기능 이상, 세균 감염, 호르몬 분비의 이상, 스트레스, 과각질화, 잘못된 식습관 등 • 외적 요인: 잘못된 화장품이나 의약품의 사용, 피부 pH의 알칼리화, 기후와 계절 등

참고 **여드름의 내분비 요인**
남성호르몬인 안드로겐과 테스토스테론이 피지선을 자극하여 피지 생성을 증가시킴

② 색소이상증

• 과색소침착 피부

기미	• 좌우대칭으로 분포하며, 눈 밑이나 광대뼈 부위에 나타나는 갈색 반점임 • 에스트로겐이 증가하는 임신, 피임약 복용, 자외선이 원인임
주근깨	유전적 요인에 의해 발생함
검버섯	• 노인성 반점이라고도 하며, 자외선과 노화가 원인임 • 지루성 각화증의 일종이며, 경계가 뚜렷한 갈색의 원형 모양임
릴 흑색증	화장품, 연고 등이 원인이며, 색소성 접촉피부염이라고도 함

• 저색소침착 피부

백색증	• 멜라닌색소 결핍으로 나타나는 선천적 피부질환임 • 멜라닌세포 수는 정상이나 티로시나아제의 기능 이상으로 멜라닌색소를 만들지 못함
백반증	• 후천적 탈색소질환으로 다양한 원형 및 불규칙한 형태의 백색 반점들이 피부에 나타남 • 눈썹이나 머리카락에 백모증이 나타나기도 함

참고 **백반증**

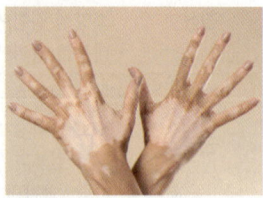

③ 감염성 피부질환

• 세균성 피부질환(박테리아)

농가진	• 포도상구균과 연쇄상구균이 원인이며, 전염성이 매우 강함 • 영아나 소아에게 수포의 형태로 많이 발생함 • 빨리 터지고 진물이 나며 딱지가 생김
농양 (절종, 종기, 옹종)	• 황색포도상구균에 의한 국소감염으로 모낭과 주변 조직에 괴사를 일으킴 • 옹종은 두 개 이상의 절종이 합쳐져 더 크고 깊게 발생한 심한 농양임

참고 **농가진**

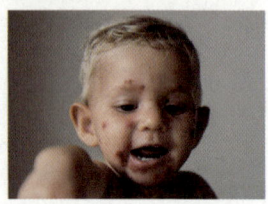

모창 (모낭염)	• 포도상구균에 의한 화농성 염증으로, 면도를 하는 남성에게 주로 나타남 • 수염이 난 부위 외에 눈썹, 속눈썹, 겨드랑이, 치골 부위에 나타나기도 함
봉소염	• 포도상구균과 연쇄상구균이 원인임 • 작은 소수포나 홍반으로 시작하나, 커지면서 통증과 전신 발열이 나타남
간찰진	• 두 피부 면이 겹치는 부위에 발생하는 표층 염증성 피부염 • 주로 비만인 사람들에게 나타나며, 초기에는 가렵거나 가벼운 홍반으로 시작되나 점차 짓무르며 2차 감염이 나타날 수 있음

• 바이러스성 피부질환

단순포진	• 급성 수포성 질환으로, 주로 입술 주위에 나타남 • 면역력이 저하되어 있거나 열, 감기, 피로 증세가 있을 경우 주로 발생함
대상포진	• 수두의 초기 감염 후 신경절에 잠복되어 있던 바이러스가 다시 활성화되어 나타남 • 수포성 발진과 심한 통증이 동반되며, 연령이 높을수록 발생빈도가 높음
수두	• 주로 소아에게 발생되는 흔한 질환으로, 전염력이 매우 강함 • 가려움을 동반한 발진성 수포가 나타남

사마귀	• 인체유두종 바이러스(HPV: Human Papilloma Virus)에 의해 발생되며, 피부의 직접 접촉에 의해 전파됨
	• 종류
	  – 심상성 사마귀: 가장 흔한 사마귀
	  – 편평 사마귀: 얼굴, 턱, 입 주위와 턱에 잘 생기는 사마귀
	  – 족저 사마귀: 손·발에 나타나며, 티눈과 구별이 쉽지 않은 사마귀
	  – 첨규 사마귀: 성기나 항문 주변에 나는 사마귀

홍역	• 주로 소아에게 발생하며, 발열과 발진, 고열과 기침 등의 증상이 나타남 • 전염력이 매우 강하며, 2차 세균 감염 시 항생제 투여가 필요함
풍진	• 어린이에게 흔히 발생하는 감염성 질환임 • 임신 중 감염 시 기형아의 원인이 되므로 항체가 없을 경우 백신을 접종해야 함
수족구병❓	• 주로 10세 이하 어린이의 입, 손과 발에 나타나는 수포성 병변임 • 4~5일의 잠복기 후 발열과 수포, 구진이 나타났다가 자연 치유됨

참고 수족구병

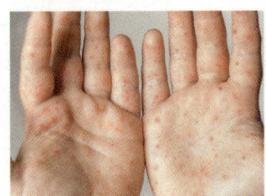

• 진균(곰팡이)감염성 피부질환

백선(무좀)	• 사상균성 진균이 원인이며, 피부 각질이 벗겨지고 가려움증이 동반됨 • 종류에는 두부백선, 족부백선, 체부백선, 수부백선이 있음
완선	• 성인 남성의 서혜부에 나타나며, 회음부와 둔부까지 번지기도 함 • 수족부백선이나 조갑백선에서 전파되는 경우가 많음
칸디다증	칸디다균은 건강한 사람의 구강, 질, 장 등에 서식하는 정상 상재균으로, 면역력이 저하되었을 때 감염성 질환을 유발함

④ 열에 의한 피부질환

화상	• 1도 화상: 피부가 붉게 변하며 홍반, 부종, 통증을 수반함 • 2도 화상: 진피까지 손상되어 홍반, 부종, 통증, 수포가 나타나며, 흉터가 남음 • 3도 화상: 피부 전층이 손상된 상태로, 피부색이 흰색 또는 검은색으로 변하고 피부 신경이 손상되어 통증이 느껴지지 않음 • 4도 화상: 피부 전층과 근육, 신경 및 뼈 조직까지 손상된 상태로, 피부 이식이 필요함

열성홍반	열에 장기간 지속적으로 노출된 후 나타나는 그물 모양의 붉은 반점임
땀띠	• 땀관이나 땀관 구멍의 일부가 폐쇄되어 땀이 원활하게 배출되지 못하고 축적되어 나타남 • 피부가 접히는 부위에 많이 발생하며, 발진과 물집이 생김

⑤ 한랭 피부질환

동창	• 한랭에 의한 국소적 염증 반응을 말함 • 피부의 혈관이 마비되어 열감이나 가려움증, 통증이 나타나기도 함
동상	영하의 심한 한랭에 노출된 후 피부 조직이 얼어 혈액 공급이 되지 않는 질환임
한랭 두드러기	추위에 노출되어 발생하는 두드러기를 말함

⑥ 기계적 손상에 의한 피부질환

굳은살	외부 압력에 의해 나타나는 과다 각화증이며, 압력이 제거되면 자연 소실됨
티눈	• 지속적인 압력과 물리적 자극에 의해 나타나는 각질 비후증으로 통증이 동반됨 • 주로 발가락의 등 쪽이나 발바닥에 나타나며, 압력이 제거되면 자연 소실되기도 함
욕창	일정한 압력을 받는 부위에 나타나는 압력 궤양으로, 혈액순환 저하로 독성대사 물질이 제거되지 않아 발생함
외반모지	• 엄지발가락의 관절이 둘째 발가락 방향으로 구부러지는 증상임 • 족부 변형 증상으로, 앞볼이 좁은 신발 착용이 원인임
마찰성 수포	마찰을 받거나 압력이 가해지는 자극에 의해 발생되는 수포를 말함

참고 **외반모지**
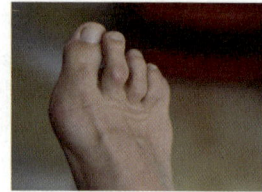

⑦ 기타 피부질환

두드러기	• 급성과 만성이 있으며, 국부적 또는 전신에 나타나기도 함 • 다양한 원인에 의해 발생하며, 피부발적 및 소양감을 동반함
알레르기	• 특정 물질에 접촉했을 때 반응을 일으키는 피부염임 • 히스타민은 외부 자극에 대응하기 위해 분비되는 유기물질로, 알레르기의 원인임
아토피 피부염	• 만성 알레르기성 피부염증 질환으로, 주로 유아기에 많이 발생하므로 소아습진이라고도 함 • 유전, 면역력 저하, 외부 환경 요인 등이 원인임 • 피부가 거칠어지고 심한 소양증을 동반하며 태선화로 발전하기도 함
주사	• 코 주변의 모세혈관이 확장되어 코를 중심으로 양 볼 쪽으로 붉어지는 증상임 • 주로 40~50대에 발생하며, 습관적 음주 또는 피지선의 염증이 원인임
비립종	• 1~2mm 크기의 백색 구진 형태의 각질세포 덩어리 • 눈 아래 모공과 땀구멍에 주로 발생함
한관종	• 1~3mm 크기의 피부 양성종양으로, 피부색의 구진 형태임 • 땀샘의 입구 이상으로 피지 분비가 막혀 생성됨 • 성인 여성에게 흔히 발생하며, 물 사마귀라고도 함
지루성 피부염	• 피지 분비가 많은 부위에 나타나는 피부질환임 • 홍반과 각질, 약간의 가려움증이 동반되기도 함
하지정맥류	• 다리의 혈액순환 이상으로 나타나는 하지정맥 판막 기능장애 • 정맥이 비정상적으로 부풀어 있으며, 검푸른색으로 보임

참고 **비립종**
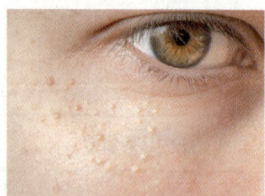

참고 **한관종**
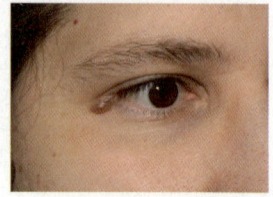

CHAPTER 02 피부의 이해 | 출제 예상문제 A

1 피부와 피부 부속기관

01
성인의 경우 피부가 차지하는 비중은 체중의 약 몇 %인가?
① 7~10%   ② 10~13%
③ 15~17%   ④ 17~20%

> 피부는 체중의 약 16%를 차지함

02
피부의 이상적인 pH 범위는?
① 3.5~4.5   ② 4.5~6.5
③ 6.5~7.0   ④ 7.0~7.5

> 피부의 이상적인 pH 범위는 4.5~6.5 정도임

03
피부 표면에 산성보호막을 만들고, 피부의 pH에 영향을 주는 물질은?
① 땀과 피지   ② 콜레스테롤과 각질
③ 호르몬과 효소   ④ 혈액과 림프

> 산성보호막은 땀과 피지의 혼합물로 각질층 표면을 덮고 있음

04
피부의 구조에 관한 설명으로 옳은 것은?
① 표피를 구성하는 물질은 탄력섬유와 교원섬유이다.
② 진피의 모세혈관이 주변 조직에 영양을 공급한다.
③ 멜라닌세포인 멜라노사이트는 진피에 존재한다.
④ 표피에 존재하는 머켈세포는 면역기능을 담당한다.

> • 탄력섬유와 교원섬유는 진피의 구성 물질임
> • 멜라노사이트는 표피의 기저층에 존재함
> • 머켈세포는 촉각을 감지하는 기능을 담당함

05
표피층을 가장 바깥부터 순서대로 바르게 나열한 것은?
① 각질층 – 유극층 – 과립층 – 투명층 – 기저층
② 각질층 – 과립층 – 투명층 – 유극층 – 기저층
③ 각질층 – 투명층 – 과립층 – 유극층 – 기저층
④ 각질층 – 투명층 – 유극층 – 과립층 – 기저층

> 표피는 가장 바깥부터 각질층, 투명층, 과립층, 유극층, 기저층 순으로 이루어져 있음

06
표피 중 핵이 존재하고 단층이며 진피와 접하고 있는 층은?
① 투명층   ② 과립층
③ 유극층   ④ 기저층

> • 투명층: 얇고 투명한 무핵의 편평세포층으로, 손바닥이나 발바닥에 존재함
> • 과립층: 무핵층으로, 본격적인 각질화가 일어남
> • 유극층: 표피 중 가장 두꺼운 층으로, 5~10층의 다각형 유핵세포층임

07
천연보습인자에 관한 설명으로 옳은 것은?
① NMF는 각질층 내에 존재하는 유분 흡수 기능 성분이다.
② 구성 물질은 케라틴, 콜레스테롤, 세라마이드 등이다.
③ 피부에 수분을 공급하며, 진피층의 건조를 방지한다.
④ 함유량은 10~20% 정도가 정상이며, 10% 이하일 경우 피부가 건조하고 예민해진다.

> • NMF는 각질층에 존재하며, 수분을 공급하고 건조를 막아주는 수분 물질임
> • 구성 물질은 아미노산, 피롤리돈 카르복시산, 젖산, 요소, 암모니아 등임
> • 피부에 수분을 공급하며 표피 각질층의 건조를 방지함

08
표피를 구성하는 세포 중 피부면역을 담당하는 세포는?
① 각질형성세포   ② 멜라닌형성세포
③ 랑게르한스세포   ④ 머켈세포

> • 각질형성세포: 표피의 기저층에 존재, 세포분열을 통해 새로운 세포를 형성
> • 멜라닌(형성)세포: 표피의 기저층에 존재, 피부색을 결정
> • 머켈세포: 촉각세포로, 주로 기저층 부근에 위치, 촉각수용체로서 신경섬유의 말단과 연결되어 있음

| 정답 | 01 ③ | 02 ② | 03 ① | 04 ② | 05 ③ | 06 ④ | 07 ④ | 08 ③ |

09
각질형성세포에 관한 설명으로 옳지 않은 것은?
① 표피의 기저층에 존재한다.
② 세포분열을 통해 새로운 세포를 만든다.
③ 만들어진 세포는 형태가 변화되면서 투명층에 도달한 후 떨어져 나가는 과정이 반복된다.
④ 건강한 피부의 각질세포 교체주기는 보통 4주 정도이다.

기저층에서 세포분열을 통해 만들어진 세포는 각질층에 도달하면 각질세포가 되어 떨어져 나감

10
멜라닌형성세포에 관한 설명으로 옳지 않은 것은?
① 피부색을 결정하는 중요한 역할을 한다.
② 투명층에 존재하며, 자외선을 받으면 활성화된다.
③ 멜라닌색소는 자외선을 흡수하거나 산란시키면서 피부를 보호한다.
④ 유전, 환경, 호르몬 등과 같은 요인에 의해 결정된다.

멜라닌형성세포는 표피의 기저층에 존재함

11
피부의 각화과정(Keratinization)에 관한 설명으로 옳은 것은?
① 세포 교체주기가 지연되어 각질층이 두꺼워지는 과정이다.
② 멜라닌세포를 만들어 각질층으로 올려 보내는 과정이다.
③ 기저층에서 세포분열을 통해 각질층에 도달한 세포가 각질세포가 되어 떨어져 나가는 과정이다.
④ 피부가 각질로 인해 두껍고 거칠어지며 주름이 형성되는 과정이다.

기저층에 존재하는 각질형성세포가 세포분열을 하면서 각질층에 도달한 후 각질세포가 되어 떨어져 나가는 과정을 각화과정이라고 함

12
피부 조직 중 콜라겐과 엘라스틴이 주성분인 층은?
① 표피층
② 진피층
③ 기저층
④ 피하지방층

진피는 콜라겐, 엘라스틴, 기질로 구성되어 있음

13
피하지방층에 관한 설명으로 옳지 않은 것은?
① 진피층 아래에 위치한다.
② 지방세포가 존재하며 몸을 따뜻하게 유지한다.
③ 외부의 충격으로부터 신체 내부의 손상을 막는다.
④ 남성호르몬과 관계가 있으며, 남성의 피하지방층이 여성보다 두껍다.

피하지방층은 여성호르몬과 관련 있으므로 여성이 남성보다 피하지방층이 두꺼움

14
피부에 자외선이 조사되면 합성되는 비타민은?
① 비타민 A
② 비타민 B
③ 비타민 C
④ 비타민 D

피부는 자외선이 조사되면 비타민 D를 합성하는 기능이 있음

15
피부의 부속기관에 해당하지 않는 것은?
① 모발
② 갑상선
③ 피지선
④ 손톱과 발톱

갑상선은 내분비기관으로 목에 위치해 있음

16
한선의 기능에 관한 설명으로 옳지 않은 것은?
① 손바닥, 발바닥을 제외하고 전신에 분포되어 있다.
② 체온을 조절하는 기능을 한다.
③ 땀의 99%는 수분으로 이루어져 있다.
④ 지나친 땀 분비는 미네랄과 영양 손실을 가져온다.

한선은 피부 전체에 분포되어 있으며, 땀을 만들어 피부 표면에 분비하여 각질층에 보습을 줌

17
피지선에 관한 설명으로 옳지 않은 것은?
① 모낭샘이라고도 부르며, 진피층에 위치한다.
② 손바닥과 발바닥에는 피지선이 없다.
③ 에스트로겐 호르몬이 피지 분비를 증가시킨다.
④ 하루 피지 분비량은 1~2g이다.

남성호르몬인 안드로겐이 피지 분비를 증가시키고, 여성호르몬인 에스트로겐은 피지 분비를 억제함

18
피지의 기능에 해당하지 않는 것은?
① 체온 조절
② 피부 보호
③ 살균작용
④ 피부의 항상성 유지

체온 조절은 한선의 기능에 해당함

19
모발의 특징으로 옳지 않은 것은?
① 유해한 외부 환경으로부터 피부를 보호한다.
② 수명은 3~6년이다.
③ 하루 평균 0.2~0.5mm 정도 자란다.
④ 주성분은 콜라겐 단백질로 이루어져 있다.

모발의 주성분은 케라틴이라는 경단백질임

20
손톱과 발톱에 관한 설명으로 옳은 것은?
① 딱딱한 단백질인 콜라겐과 아미노산으로 구성되어 있다.
② 손끝과 발끝을 보호하는 역할을 하며, 표피의 과립층이 굳어진 것이다.
③ 손톱은 개인마다 차이는 있으나 1일 평균 0.3mm 정도 성장한다.
④ 물건을 집거나 걸음을 걸을 때 중요한 역할을 한다.

- 경단백질인 케라틴과 이를 조성하는 아미노산으로 구성됨
- 손톱과 발톱은 표피의 각질 층이 굳어진 것임
- 손톱은 1일 평균 0.1mm 정도 성장함

2 피부유형 분석

21
피부상담의 목적으로 적절하지 않은 것은?
① 피부 문제의 원인을 파악한다.
② 고객의 방문 목적을 파악한다.
③ 사용할 제품과 기기에 관해 설명한다.
④ 고객과의 친근감을 유지하는 것을 우선 목적으로 한다.

친근감 유지는 필요하지만, 피부상담의 우선 목적은 피부 문제를 파악하고 적절한 관리법과 향후 계획을 수립하는 것임

22
피부상담 방법으로 적절하지 않은 것은?
① 고객상담을 통해 희망사항을 정확히 파악하도록 한다.
② 고객의 입장에서 경청하고 진행할 관리 방법을 설명한다.
③ 고객이 사용하는 화장품의 종류를 파악하되 약물 복용 여부는 묻지 않는다.
④ 전문적인 지식을 바탕으로 문제 해결을 위한 방안을 제시하도록 한다.

약물 복용 여부는 피부에 미치는 영향이 크므로 피부관리 계획 수립을 위해 기록하도록 함

23
피부상담의 효과로 옳지 않은 것은?
① 전문적인 계획 수립으로 효율적인 관리가 가능하다.
② 홈케어의 필요성과 제품 설명을 함으로써 좀 더 체계적인 관리가 가능하다.
③ 고객의 사생활에 관한 정보를 파악함으로써 친밀감을 높일 수 있다.
④ 고객에게 관리의 필요성을 설명함으로써 신뢰를 높일 수 있다.

상담 시 고객의 사생활에 관한 정보는 파악하지 않음

24
피부상담 시 유의해야 할 사항으로 옳은 것은?
① 고객이 기존에 사용하던 제품을 파악하기보다 앞으로 사용할 홈케어 제품을 새롭게 소개한다.
② 관리 시 발생할 수 있는 여러 경우를 대비하여 고객의 병력이나 약물 복용 여부를 상담한다.
③ 고객과 친밀감을 갖기 위해 사적인 친목을 도모한다.
④ 다른 고객들의 정보를 공유하며 관리 방법 등을 설명한다.

기존 사용하던 제품과 복용하는 약물의 종류 등을 파악하고 사적인 친목은 피하며, 다른 고객에 대한 정보는 제공하지 않음

25
피부상담 시 고려해야 할 사항으로 적절하지 않은 것은?
① 홈케어 제품을 판매하기 위해 고객이 사용하는 제품을 파악한다.
② 기존에 관리를 받았던 사항들에 관해 상담하고 기록한다.
③ 여드름과 같은 문제성 피부의 경우 과거 병원 치료나 약물 복용 여부를 기록한다.
④ 상담 시 다른 고객에 대한 정보는 제공하지 않는다.

현재 피부 상태를 분석하기 위해 고객이 사용하는 제품을 파악하도록 하되, 홈케어 제품의 판매를 우선순위에 두지 않도록 함

26
피부유형을 분석하는 방법으로 옳지 않은 것은?
① 문진을 통해 연령, 직업, 연봉, 취미, 결혼 유무 등을 세심하게 파악한다.
② 견진을 통해 피부의 유·수분 함유량, 민감도, 투명도, 모공의 크기를 파악한다.
③ 촉진을 통해 유·수분 정도, 각질화 상태, 탄력도, 긴장도를 파악한다.
④ 확대경, 우드램프 등 기기를 통해 좀 더 세심하게 피부 상태를 파악한다.

피부분석 시 지나치게 고객의 사생활까지 파악하는 것은 옳지 않음

27
피부분석 시 문진법으로 파악할 수 있는 사항은?
① 알레르기 유무
② 유분과 수분의 함유량
③ 각질화 상태
④ 모공의 크기

문진법은 질문을 통해 피부유형을 분석하는 방법으로, 직업, 생활습관, 사용하는 화장품, 알레르기 유무, 질병 유무 등을 질문하여 판단함

28
피부분석 시 사용되는 기기가 아닌 것은?
① 확대경
② 적외선램프
③ 우드램프
④ pH 측정기

적외선램프는 피부관리 시 사용되는 기기로, 온열효과를 줌

29
정상 피부의 특징으로 옳지 않은 것은?
① 약간 홍조를 띤 안정된 피부색이며 T존은 약간 번들거린다.
② 모공의 크기는 작으나 약간 보이는 상태이다.
③ 피부의 저항력은 있으나 쉽게 자극을 받는다.
④ 연령이 높아짐에 따라 민감한 경향을 나타내는 피부로 전환되기 쉽다.

정상 피부는 피부 저항력이 있어 쉽게 자극을 받지 않음

30
일반적인 건성 피부의 특징으로 옳지 않은 것은?
① 색소침착이 쉽게 나타나며 외부 자극에 자주 예민해진다.
② 모공이 너무 작아 눈에 띄지 않는다.
③ 잔주름이 많고 눈가나 입 주변의 당김이 심하다.
④ 피지선과 땀샘의 기능이 저하되어 피부의 유분 증발이 쉽게 일어나므로 건조함을 느낀다.

피지선과 땀샘의 기능 저하로 유분과 수분의 양이 적고 표피의 수분 증발이 쉽게 일어나므로 건조함을 느낌

31
다음 설명에 해당하는 피부유형은?

- 선천적 원인도 있으나 강한 비누의 사용, 지나친 자외선 노출과 같은 후천적 원인으로 변화될 수 있는 피부유형이다.
- 노화의 진행이 빠르며 쉽게 민감성 피부나 모세혈관 확장 피부로 전환되기 쉬우므로 많은 주의와 손질을 필요로 하는 피부유형이다.

① 정상 피부
② 여드름 피부
③ 건성 피부
④ 복합성 피부

건성 피부는 피부 조직이 얇아 내적, 외적 요인에 의해 쉽게 노화나 민감성 피부로 변하기 쉬운 피부유형임

32
지성 피부와 건성 피부를 구분하는 피부유형의 분석 기준은?
① 수분의 함유량
② 피부 조직 상태
③ 피지 분비 상태
④ 각질화 정도

건성 피부와 지성 피부를 구분하는 기준은 피지 분비 상태임

33
지성 피부에 관한 설명으로 옳지 않은 것은?
① 피지선의 기능이 발달된 피부로, 젊은층이나 여성들에게 많은 피부유형이다.
② 모공이 크고 불규칙하며 열려 있는 상태이다.
③ 외부 자극에 대한 저항력이 크므로 쉽게 민감해지지 않는다.
④ 부분적으로 코메도나 여드름이 자주 나타난다.

지성 피부는 피지선이 발달된 피부로, 피지 분비량이 많은 젊은층이나 남성들에게 많이 나타나는 피부유형임

34
민감성 피부의 관리 방법으로 옳지 <u>않은</u> 것은?
① 보습효과가 높은 에센스나 팩을 사용하며, 피부의 유분과 수분의 밸런스에 신경 쓴다.
② 림프마사지는 효과적이나, 자극이 될 수 있는 강한 마사지는 피한다.
③ 강한 딥클렌징이나 석고팩은 피한다.
④ 유분이 많은 오일형 제품을 사용한다.

보습력이 높은 제품을 사용하되, 지나친 유분은 자극이 될 수 있으므로 주의해야 함

35
민감성 피부의 특징으로 옳지 <u>않은</u> 것은?
① 피부 조직이 두껍고 모공이 넓다.
② 유분과 수분이 부족하여 산성보호막이 불안정하다.
③ 홍반, 가려움, 색소침착 등의 증상이 나타날 수 있다.
④ 알코올, 스트레스, 흡연이 원인이 될 수 있다.

민감성 피부는 피부 조직이 얇고 섬세하며 모공이 작음

36
모세혈관 확장 피부의 특징으로 옳지 <u>않은</u> 것은?
① 주로 여성에게 나타나며, 연령이 증가할수록 혈관의 노화로 심해지는 경향이 있다.
② 피부 탄력과 긴장감이 저하되어 피부의 늘어짐을 쉽게 느낀다.
③ 각화과정이 빨라 표피의 각질층이 두꺼워지며 외부 요인에 민감한 반응을 보인다.
④ 지성이나 여드름 피부의 경우 여드름이나 피지 압출을 위해 물리적 자극을 가하면 콧방울이나 볼 부위의 모세혈관이 확장될 수 있다.

모세혈관 확장 피부는 각화과정이 빨라 표피의 각질층이 얇아지므로 외부요인에 민감한 반응을 나타냄

37
모세혈관 확장 피부의 원인으로 옳지 <u>않은</u> 것은?
① 심한 기후 변화와 온도 변화
② 지나친 다이어트
③ 여드름 연고나 피부질환 연고의 남용
④ 지나친 음주나 기호식품

지나친 다이어트는 노화 피부의 원인이 될 수 있음

38
여드름 피부의 특징으로 옳지 <u>않은</u> 것은?
① 스트레스, 과각질화, 세균 감염 등 내적 요인으로 발생한다.
② 피부 pH의 알칼리화, 잘못된 화장품 사용 등 외적 요인으로 발생한다.
③ 주로 얼굴, 등, 가슴과 같이 에크린선이 많은 부위에 나타난다.
④ 성인성 여드름은 유전 요인보다는 잘못된 화장품 사용 등이 원인이다.

얼굴, 등, 가슴과 같이 피지 분비가 많은 부위에 나타남

39
색소침착 피부가 되기 쉬운 피부유형에 해당하지 <u>않는</u> 것은?
① 지성 피부   ② 건성 피부
③ 민감성 피부   ④ 노화 피부

지성 피부는 피부가 두꺼우므로 자외선 차단을 잘 할 경우 색소침착이 쉽게 나타나지 않음

3 피부와 영양

40
영양소에 관한 설명으로 옳지 <u>않은</u> 것은?
① 영양소의 흡수는 음식 섭취를 통해 이루어진다.
② 피부 재생을 위한 영양은 혈액에 의해 공급된다.
③ 무기질과 비타민은 인체의 생리작용을 조절한다.
④ 탄수화물은 피부를 구성하는 주성분이다.

피부, 모발, 근육 등 인체를 구성하는 주성분은 단백질임

41
인체에 열량 공급은 하지 않으나 생리기능을 조절하는 영양소는?
① 무기질과 비타민   ② 물과 탄수화물
③ 무기질과 단백질   ④ 단백질과 지방

무기질과 비타민은 에너지원은 아니나, 인체의 생리작용을 조절하는 영양소임

42
3대 영양소에 해당하지 않는 것은?
① 탄수화물　　② 지방
③ 비타민　　　④ 단백질

비타민과 무기질은 5대 영양소에 포함됨

43
탄수화물에 관한 설명으로 옳지 않은 것은?
① 에너지원이며 혈당 및 체온 조절을 한다.
② 에너지로 사용되고 남은 탄수화물은 단백질로 저장된다.
③ 소화흡수율은 99%에 가깝다.
④ 과잉 섭취할 경우 산성 체질로 변하게 된다.

에너지로 사용되고 남은 탄수화물은 지방으로 전환되어 간과 근육에 글리코겐의 형태로 저장됨

44
비타민에 관한 설명으로 옳지 않은 것은?
① 비타민 D는 자외선에 의해 만들어지고 체내에 공급된다.
② 비타민 C는 항산화 효과가 있다.
③ 비타민 A가 부족할 경우 야맹증, 피부 건조 증상이 나타난다.
④ 비타민 E는 칼슘과 인의 대사를 조절하여 뼈의 형성과 유지에 도움을 준다.

• 비타민 E는 항산화 기능이 있어 활성산소로부터 세포를 보호하여 노화를 예방하고 호르몬 생성, 생식기능 및 면역기능 강화에 도움을 줌
• 칼슘과 인의 대사를 조절하여 뼈의 형성과 유지에 도움을 주는 것은 비타민 D임

45
비타민 결핍 시 나타날 수 있는 질병으로 옳지 않은 것은?
① 비타민 A – 야맹증
② 비타민 C – 괴혈병
③ 비타민 D – 각기병
④ 비타민 E – 불임

• 비타민 D가 부족할 경우 골다공증, 구루병, 골연화증이 나타남
• 각기병은 비타민 B_1이 부족할 경우 나타날 수 있음

46
비타민 C의 특징으로 옳지 않은 것은?
① 결핍 시 괴혈병, 빈혈 등이 나타날 수 있다.
② 항산화와 미백효과가 있다.
③ 심장, 폐 등 신체의 결합조직 형성에 도움을 준다.
④ 면역기능과 모세혈관 강화에 도움을 준다.

비타민 C는 뼈, 인대, 연골 등 신체의 결합조직 형성과 기능 유지에 도움을 줌

47
무기질에 관한 설명으로 옳지 않은 것은?
① 에너지원이며 생명과 건강 유지에 필수적인 영양소이다.
② 뼈, 근육, 혈액의 주요 성분이다.
③ 생체기능을 조절하고 효소작용을 촉진한다.
④ 산소 운반과 에너지 대사에 관여한다.

무기질은 에너지원은 아니지만 생명과 건강 유지에 필수적인 영양소임

48
물에 관한 설명으로 옳지 않은 것은?
① 신체의 산과 알칼리의 평형을 유지한다.
② 물을 용매로 생체의 모든 반응은 삼투압 작용을 한다.
③ 체액을 통해 신진대사가 이루어진다.
④ 지용성 비타민의 흡수를 촉진한다.

지용성 비타민의 흡수를 촉진하는 것은 지방임

4 피부와 광선

49
UVA에 관한 설명으로 옳은 것은?
① 생활자외선으로, 비가 오거나 흐린 날에도 피부에 영향을 준다.
② 표피층까지 도달하는 파장이다.
③ 강한 홍반을 일으킨다.
④ 파장이 가장 짧은 자외선이다.

UVA는 가장 긴 장파장으로 진피층까지 도달하며, 색소침착의 원인이지만 강한 홍반을 일으키지는 않음

50
자외선에 관한 설명으로 옳은 것은?
① UVA는 표피의 기저층 또는 진피 상부층까지 도달한다.
② UVB는 광노화와 피부탄력 저하의 원인이다.
③ UVB는 파장이 길기 때문에 구름, 유리창을 통과한다.
④ UVC는 파장이 짧기 때문에 오존층에 의해 차단될 수 있다.

- UVA: 진피층까지 도달하며 광노화와 주름, 탄력 저하의 원인이고, 장파장으로 구름과 유리창도 투과함
- UVB: 표피의 기저층 또는 진피 상부층까지 도달하며 일광화상과 홍반의 원인이고, 중파장으로 구름이나 유리창은 투과하지 못함

51
피부가 자외선으로부터 보호되는 시간의 지속력과 피부보호 정도를 나타내는 수치는?
① MED ② SPF
③ PA ④ MPPD

- MED: 최소홍반량
- PA: 자외선 A차단등급
- MPPD: 최소지속형즉시흑화량

52
강한 자외선에 장시간 노출되었을 때 발생할 수 있는 피부의 문제점에 해당하지 않는 것은?
① 일광 화상 ② 아토피
③ 홍반 ④ 일광 알레르기

- 아토피: 가려움과 피부 건조를 주된 증상으로 하는 만성 염증성 피부질환
- 자외선에 장시간 노출되면 일광 화상, 일광 알레르기, 홍반, 광노화, 피부암, 색소침착 등의 피부 문제가 나타날 수 있음

53
적외선을 피부에 사용했을 때 나타날 수 있는 영향으로 옳지 않은 것은?
① 혈관을 확장시켜 혈액순환에 영향을 미친다.
② 온열작용이 있어 체온 상승에 영향을 미친다.
③ 근육 및 피부이완에 효과가 있다.
④ 바이러스나 박테리아를 제거하는 살균효과가 있다.

적외선이 아닌 UVC(단파장)가 살균작용이 있어 바이러스나 박테리아를 제거함

5 피부면역

54
면역 글로불린이라는 항체를 특정 면역체에 작용시키는 것은?
① B 림프구 ② T 림프구
③ 대식세포 ④ 자연살해세포

- T 림프구: 세포와의 접촉을 통해 직접 항원을 공격함
- 대식세포: 제2방어계로, 식세포작용을 함
- 자연살해세포: 작은 림프구 모양이며, 종양세포나 바이러스에 감염된 세포를 자발적으로 죽이는 작용을 함

55
피부면역에 관한 설명으로 옳지 않은 것은?
① 특이성 면역과 비특이성 면역으로 나뉜다.
② 특이성 면역은 체내에서 항체가 작용하여 항원을 제거하는 면역이다.
③ 비특이성 면역은 림프구에 존재하는 세포성 면역이다.
④ B 림프구와 T 림프구는 특이성 면역이다.

비특이성 면역은 태어나면서부터 형성된 자연면역체계임

56
작은 림프구 모양으로 종양세포나 바이러스에 감염된 세포를 자발적으로 죽이는 작용을 하는 세포는?
① 히스타민 ② 자연살해세포
③ 대식세포 ④ 면역 글로불린

- 히스타민: 생리작용 조절과 신경전달 물질로서의 작용
- 대식세포: 식세포작용을 하는 세포
- 면역 글로불린: 혈청 성분 중 면역에 중요한 역할을 함

57
인체 내로 침입하는 병원균과 화학물질을 공격하거나 대항하는 방어기전은?
① 면역 ② 항원
③ 항체 ④ 림프구

- 항원: 체내로 침입한 병원균 등 면역반응을 일으키는 물질
- 항체: 항원에 대항하기 위해 만들어지는 물질
- 림프구: 백혈구의 한 형태로 면역기능에 관여

| 정답 | 50 ④ 51 ② 52 ② 53 ④ 54 ① 55 ③ 56 ② 57 ① |

6 피부노화

58
노화 피부의 원인과 관련 없는 것은?
① 자외선 ② 피지
③ 활성산소 ④ 공해물질

> 피지는 땀샘에서 분비되는 수분과 함께 피부 표면에 산성보호막을 형성함

59
피부노화의 원인인 활성산소의 발생 요인이 아닌 것은?
① 흡연 ② 환경오염 물질
③ 메이크업 ④ 자외선

> • 활성산소의 발생은 환경오염 물질, 흡연, 자외선 등이 원인임
> • 가벼운 메이크업으로 자외선을 차단하는 것은 피부노화의 예방에 도움이 될 수 있음

60
외인성 노화 현상에 관한 설명으로 옳지 않은 것은?
① 진피층의 두께에는 큰 변화가 없다.
② 땀샘의 기능 저하로 체온 조절기능이 저하된다.
③ 피부 건조와 탄력 저하가 나타난다.
④ 표피의 각질층이 두꺼워진다.

> 땀샘의 기능 저하는 내인성 노화(생물학적인 자연노화) 현상임

61
내인성 노화 현상에 관한 설명으로 옳은 것은?
① 표피 각질층의 두께가 얇아진다.
② 진피의 두께 변화는 크게 나타나지 않는다.
③ 멜라닌세포 수가 감소한다.
④ 피지선의 기능이 저하되므로 모공이 작아진다.

> 내인성 노화의 경우 각질층의 두께는 두꺼워지며 진피의 두께는 얇아지고, 탄력 저하로 모공수축이 잘 되지 않아 모공이 커 보임

7 피부장애와 질환

62
건강한 피부에 나타나는 1차적 피부장애로 피부질환의 초기 병변과 같은 육안적 변화는?
① 원발진 ② 속발진
③ 농가진 ④ 알레르기

> 원발진은 건강한 피부에서 발생되는 피부질환의 초기 증상이며, 이 증상들이 진행되면서 나타나는 병적인 변화를 속발진이라고 함

63
원발진에 해당하는 것은?
① 찰상 ② 인설
③ 결절 ④ 가피

> 원발진: 반점, 면포, 구진, 농포, 결절, 낭종, 종양, 홍반, 팽진, 소수포, 대수포

64
속발진에 해당하는 것은?
① 반점 ② 구진
③ 낭종 ④ 위축

> 속발진: 인설(비듬), 찰상, 균열, 가피, 미란, 궤양, 반흔, 위축, 태선화, 켈로이드

65
피부장애 중 결절에 관한 설명으로 옳지 않은 것은?
① 구진과 작은 종양 사이의 중간 형태이다.
② 염증성 여드름 1단계로, 통증은 있으나 흉터 없이 치유가 가능하다.
③ 형태는 구진과 같으나, 크기는 직경 1cm 이상으로 더 크다.
④ 단단하며, 진피나 피하지방층에 존재한다.

> 결절은 염증성 여드름 3단계로, 통증이 동반되며 흉터가 남음

66
4단계 여드름으로 염증 물질이 피하지방층까지 침범하여 심한 통증을 동반하며 치료 후에도 흉터가 남는 피부장애는?
① 구진 ② 농포
③ 수포 ④ 낭종

> • 구진: 피지선 주위나 땀샘, 모낭에 나타나는 염증성 여드름 1단계
> • 농포: 표피 부위에 고름(농)을 포함하고 있으며, 경계가 뚜렷한 융기 형태의 염증성 여드름 2단계
> • 수포: 맑은 액체인 림프액이나 혈청이 고여 표피 내부에 자리잡고 있는 형태

정답 | 58② 59③ 60② 61③ 62① 63③ 64④ 65② 66④

67
몽고반, 홍반, 기미, 주근깨와 같이 크기와 형태가 다양하고, 명확한 피부색의 경계가 있으며 피부 표면에 융기나 함몰이 만져지지 않는 것은?

① 미란　　　　　② 반점
③ 가피　　　　　④ 홍반

- 미란: 단순포진이나 농가진 등의 수포가 터져 표피가 벗겨지고 결손된 상태로, 속발진에 해당함
- 가피: 혈청과 농 또는 혈액이 말라 굳은 형태이며, 상처나 염증으로 손상된 표피에 나타나는 것으로, 속발진에 해당함
- 홍반: 여러 가지 자극에 의해 모세혈관이 충혈된 상태로, 원발진에 해당함

68
여드름에 관한 설명으로 옳지 않은 것은?

① 모피지선의 만성 염증성 질환이다.
② 사세포, 세균, 피지, 노폐물 등이 모공을 막아 생긴다.
③ 종류에는 면포, 수포, 팽진, 구진이 있다.
④ 얼굴, 등, 가슴과 같이 피지 분비가 많은 부위에 나타난다.

- 여드름은 면포, 구진, 농포, 결절, 낭종으로 구분됨

69
과색소침착 피부에 해당하지 않는 것은?

① 기미　　　　　② 백반증
③ 노인성 반점　　④ 릴 흑색증

- 백반증은 후천적으로 나타나는 저색소침착 피부로, 다양한 원형 및 불규칙한 형태의 백색 반점들이 피부에 나타남

70
바이러스에 의한 피부질환이 아닌 것은?

① 단순포진　　　② 수두
③ 사마귀　　　　④ 백선

- 백선은 사상균성 진균(곰팡이균)이 원인인 피부질환임

71
감염성 피부질환 중 백선의 원인균은?

① 포도상구균　　② 곰팡이균
③ 바이러스균　　④ 박테리아균

- 백선은 사상균성 진균인 곰팡이균이 원인이며, 피부 각질이 벗겨지고 가려움증이 동반됨

72
바이러스성 질환 중 입술 주위에 나타나는 급성 수포성 질환으로, 면역력이 저하되어 있을 때 주로 발생하며 재발이 잘 되는 것은?

① 대상포진　　　② 단순포진
③ 수족구병　　　④ 봉소염

- 대상포진: 수두의 초기 감염 후 신경절에 잠복되어 있던 바이러스가 다시 활성화되어 나타남
- 수족구병: 주로 10세 이하 어린이의 입, 손과 발에 나타나는 수포성 병변임
- 봉소염: 세균성 피부질환으로, 작은 소수포나 홍반으로 시작하나, 커지면서 통증과 전신 발열이 나타남

73
진피층까지 손상되어 홍반과 수포가 발생한 화상의 상태는?

① 1도 화상　　　② 2도 화상
③ 3도 화상　　　④ 4도 화상

- 1도 화상: 피부가 붉게 변하며 홍반, 부종, 통증을 수반함
- 2도 화상: 진피까지 손상되어 홍반, 부종, 통증, 수포가 나타나며, 흉터가 남음
- 3도 화상: 피부 전층이 손상된 상태로, 피부색이 흰색 또는 검은색으로 변하고 피부 신경이 손상되어 통증이 느껴지지 않음
- 4도 화상: 피부 전층과 근육, 신경 및 뼈 조직까지 손상된 상태로, 피부 이식이 필요함

74
기계적 손상에 의한 피부질환이 아닌 것은?

① 동창　　　　　② 욕창
③ 티눈　　　　　④ 외반모지

- 동창은 한랭에 의한 국소적 염증 반응을 말함

| 정답 | 67 ② | 68 ③ | 69 ② | 70 ④ | 71 ② | 72 ② | 73 ② | 74 ① |

CHAPTER 03
화장품 분류 B

합격 TIP 화장품의 정의와 필요성에 대해 파악하고, 계면활성제와 사용 목적에 따른 화장품의 분류 및 기능성 화장품에 대한 문제들을 집중적으로 살펴봅니다.

1 화장품 기초

(1) 화장품의 정의
① 화장품: 인체를 청결·미화하여 매력을 더하고 용모를 밝게 변화시키거나 피부·모발의 건강을 유지 또는 증진하기 위해 인체에 바르고 문지르거나 뿌리는 등 이와 유사한 방법으로 사용되는 물품
② 인체에 대한 작용이 경미함
③ 의약품에 해당하는 것은 제외함
④ 유기농 화장품: 유기농 원료, 동식물 및 그 유래 원료 등을 함유한 화장품으로서 식품의약품안전처가 정하는 기준에 맞는 화장품
⑤ 기능성 화장품: 피부 미백에 도움을 주거나 주름 개선에 도움을 주는 등 식품의약품안전처가 정하는 기능이 인정된 화장품

(2) 화장품의 사용 목적
① 인체를 청결하게 가꿈
② 인체를 아름답게 꾸미고, 매력을 증가시켜 심미적 안정 추구
③ 외부 환경, 자외선, 건조 등으로부터 피부와 두발 보호
④ 수분 공급, 영양 공급, 각질 정리 등 피부와 두발 강화
⑤ 노화 예방과 피부건강 유지

(3) 화장품의 4대 요건 빈출

안전성	피부나 두발 등 인체에 대한 자극, 알레르기, 독성이 없어야 함
안정성	변질, 변색, 변취 등 오염이 없어야 함
사용성	사용이 편리하고, 피부에 매끄럽게 잘 발리고 스며들어야 함
유효성	적절한 보습, 미백, 세정, 노화 억제, 자외선 차단 등의 효과를 부여해야 함

(4) 기능성 화장품 빈출
① 피부의 미백에 도움을 주는 제품
② 피부의 주름 개선에 도움을 주는 제품
③ 피부를 곱게 태워주거나 자외선으로부터 피부를 보호하는 데 도움을 주는 제품
④ 모발의 색상 변화, 제거 또는 영양 공급에 도움을 주는 제품
⑤ 피부나 모발의 기능 약화로 인한 건조함, 갈라짐, 빠짐, 각질화 등을 방지하거나 개선하는 데 도움을 주는 제품

참고 화장품, 의약외품, 의약품 비교

종류	화장품	의약외품	의약품
대상	정상인	정상인	환자
목적	청결, 미화	위생, 예방	치료, 진단
부작용	×	×	△
기간	장기간	장기간	단기간
주요 제품	스킨, 로션, 크림	탈모방지제, 구취제거제, 여성청결제	연고, 항생제

참고 화장품의 피부 흡수
분자량 800 이하의 지용성 성분이 흡수가 잘 됨

(5) 기능성 화장품의 범위
① 피부에 멜라닌색소가 침착하는 것을 방지하여 기미, 주근깨 등의 생성을 억제함으로써 피부의 미백에 도움을 주는 기능을 가진 화장품
② 피부에 침착된 멜라닌색소의 색을 엷게 하여 피부의 미백에 도움을 주는 기능을 가진 화장품
③ 피부에 탄력을 주어 피부의 주름을 완화 또는 개선하는 기능을 가진 화장품
④ 강한 햇볕을 방지하여 피부를 곱게 태워주는 기능을 가진 화장품
⑤ 자외선을 차단 또는 산란시켜 자외선으로부터 피부를 보호하는 기능을 가진 화장품
⑥ 모발의 색상을 변화(탈염, 탈색 포함)시키는 기능을 가진 화장품(다만, 일시적으로 모발의 색상을 변화시키는 제품은 제외)
⑦ 체모를 제거하는 기능을 가진 화장품(다만, 물리적으로 체모를 제거하는 제품은 제외)
⑧ 탈모 증상의 완화에 도움을 주는 화장품(다만, 코팅 등 물리적으로 모발을 굵게 보이게 하는 제품은 제외)
⑨ 여드름성 피부를 완화하는 데 도움을 주는 화장품(다만, 인체세정용 제품류로 한정)
⑩ 피부장벽의 기능을 회복하여 가려움 등의 개선에 도움을 주는 화장품
⑪ 튼살로 인한 붉은 선을 엷게 하는 데 도움을 주는 화장품

2 화장품 제조

(1) 화장품의 원료
① 수성원료

정제수	• 수용성 용매제로, 기초 화장품인 화장수, 로션, 크림 등의 기본 원료임 • 여러 단계의 여과 과정으로 정제된 깨끗한 물 • 피부 보습작용, 유연작용
에탄올 (에틸알코올)	• 물에 녹지 않는 비극성 물질을 녹이는 유기 용매제로, 휘발성, 특이취, 무색임 • 수렴효과 및 청량감 부여, 살균 및 소독작용 • 수렴화장수(아스트린젠트), 여드름용 제품, 헤어토닉, 향수 등에 사용

② 유성원료 빈출
• 오일

구분	종류	효과	특징
식물성 오일	올리브 오일, 피마자 오일, 포도씨 오일, 로즈힙 오일 등	보습효과, 유연효과	• 식물의 꽃·잎·열매·껍질·뿌리 등에서 추출 • 피부 자극이 거의 없음 • 피부 친화성이 좋지만 흡수가 느림 • 공기 접촉 시 산패가 쉽고 안정성이 떨어짐
동물성 오일	난황 오일, 에뮤 오일, 밍크 오일, 라놀린 오일 등	보습효과, 보호효과, 유연효과	• 동물의 피하조직, 장기에서 추출 • 피부 친화성이 좋고 흡수가 빠름 • 안정성이 떨어짐 • 피부 알레르기 유발 가능
광물성 오일	파라핀, 바셀린 등	보습효과, 유연효과, 피막 형성, 수분 증발 억제	• 석유를 정제해서 추출함 • 피부 흡수력이 좋음 • 산화 안정성이 좋음

용어 수렴과 유연
• 수렴: 진정과 수축을 의미하는 것으로, 화장품을 통한 피부진정 및 모공 수축의 기능을 하는 것을 뜻함
• 유연: 피부 유연을 의미하는 것으로, 화장품으로 피부 건조를 막아 피부를 촉촉하게 하는 것을 뜻함

용어 토닉
물질대사를 촉진하고 영양을 도와 튼튼하게 함

참고 동물성 오일의 추출 대상
• 난황 오일: 닭의 난황
• 에뮤 오일: 에뮤새의 가슴살
• 밍크 오일: 밍크의 피하지방
• 라놀린 오일: 양의 털

합성 오일	실리콘 오일	수분 증발 억제	• 화학적 합성 오일 • 산화 안정성이 높고 발수성 우수 • 피부의 촉촉함과 광택감 부여 • 피부·모발의 퍼짐성이 좋음 • 가벼운 사용감으로 선호도가 높음

> **용어** 발수성
> 물이 잘 스며들지 않는 성질

- 왁스

구분	종류	효과	특징
식물성 왁스	카나우바 왁스, 칸데릴라 왁스 등	보습효과, 유연효과	• 고형의 유성성분 • 제품의 고형화 • 제품의 기능과 안정성이 높음 • 사용감 향상과 광택 부여
동물성 왁스	밀랍, 라놀린 등		

> **용어** 카나우바 왁스
> 식물성 왁스 중 경도가 가장 높음(녹는점 80~86℃)

> **용어** 칸데릴라 왁스
> 스틱형 제품의 광택, 내온성 향상(립밤, 립글로스 등)

- 합성원료

구분	종류	효과	특징
고급지방산	라우릭애씨드, 미리스틱애씨드, 팔미틱애씨드, 스테아릭애씨드 등	보습효과, 유연효과	• 유화 제형의 에멀전 안정화에 사용 • 클렌징 폼에서는 가성소다, 가성가리와 병용하여 비누화 반응에 사용
고급알코올	세틸알코올, 스테아릴알코올, 아이소스테아릴알코올 등	보습효과, 유연효과	유화 제형의 에멀전 안정화에 사용
에스테르류	아이소프로필미리스테이트 등	보습효과, 유연효과	• 산과 알코올을 탈수반응하여 얻음 • 사용감이 가볍고 끈적임이 없음 • 흡수성이 좋음

③ 계면활성제: 한 분자에 친수성기와 친유성기를 동시에 갖는 물질로, 수성과 유성 두 물질 사이의 계면에 흡착하여 두 성분이 잘 섞이게 하는 물질 [빈출]

> **참고** 계면활성제의 구조
>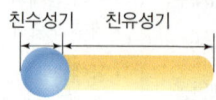
> 친수성기   친유성기

구분	특징	종류
음이온성 −	• 물에 용해될 때 친수부가 음이온(−)으로 해리 • 탈지력이 강해 피부 자극(건조) 유발 • 세정작용, 기포형성작용이 우수함	샴푸, 비누, 클렌징 폼, 보디 워시 등
양이온성 +	• 물에 용해될 때 친수부가 양이온(+)으로 해리 • 피부 자극이 강함 • 살균·소독작용, 대전 방지효과	섬유유연제, 헤어린스, 헤어트리트먼트 등
양쪽성 − +	• 물에 용해될 때 친수부가 양이온(+), 음이온(−)을 모두 가짐 • 세정작용, 피부 자극 적음 • 거품 안정화 및 기포촉진효과	베이비 샴푸, 저자극 샴푸 등
비이온성	• 이온으로 해리되지 않음 • 피부 자극이 적음 • 가용화와 유화제로 사용, 기포 안정성 향상	기초 화장품, 색조 화장품 등

* 피부 자극이 높은 순서: 양이온성 > 음이온성 > 양쪽성 > 비이온성
* 세정력이 높은 순서: 음이온성 > 양쪽성 > 양이온성 > 비이온성

④ 보습제: 피부 건조를 막아 피부를 촉촉하고 유연하게 유지해 주는 성분

폴리올	글리세린, 프로필렌글라이콜, 부틸렌글라이콜, 솔비톨 등
천연보습인자(NMF)	아미노산, 소듐PCA, 젖산(락틱애씨드), 우레아 등
고분자중합체	히알루로닉애씨드, 폴리에틸렌글리콜, 폴리글루타믹애씨드 등

- 보습제가 갖추어야 할 조건
  - 보습능력이 적절하고 지속적일 것
  - 외부적 환경 변화(온도, 습도, 바람 등)에 영향을 쉽게 받지 않을 것
  - 사용감과 피부 친화성이 좋을 것
  - 다른 성분과 혼용하기 좋을 것
  - 응고점이 낮거나 휘발성이 없을 것

⑤ 방부제
- 화장품의 미생물 증식을 억제하여 제품의 변질을 막고 살균작용을 함
- 종류: 파라벤류, 페녹시에탄올, 이미다졸리디닐우레아, 1,2헥산다이올 등
- 방부제가 갖추어야 할 조건
  - 여러 종류의 미생물에 대해 효과가 있어야 함
  - 화장품 성분에 쉽게 용해되어야 함
  - 화장품 효과가 감소하지 않고 지속적으로 안정해야 함
  - 안전성이 높고 피부 자극이 없어야 함
  - 특이취가 없고 무색이어야 함

⑥ 고분자화합물(폴리머): 화장품의 점도증가제와 피막형성제로 구분

점도증가제	• 화장품 유체의 끈적거림의 정도를 조절함 • 종류: 잔탄검, 셀룰로오즈, 카보머, 젤라틴 등
피막형성제	• 화장품 성분이 쉽게 휘발되지 않도록 피부 겉에 막을 형성함 • 종류: 아크릴레이트코폴리머, 비닐클로라이드폴리머, 브이에이코폴리머 등
고분자중합체	종류: 히알루로닉애씨드, 폴리에틸렌글리콜, 폴리글루타믹애씨드 등

⑦ 색소: 화장품을 이용하여 색상을 착색·발색시키기 위해 사용

염료		• 물이나 오일에 잘 녹음 • 시각적 색상효과를 부여하는 기초 화장품(화장수, 로션 등)의 착색제
안료		• 물이나 오일에 잘 녹지 않음 • 빛을 반사하거나 차단함 • 종류: 마이카, 세리사이트, 탈크, 카올린, 무수규산, 이산화티탄, 산화철 등
	무기 안료	• 커버력이 우수하며, 내광·내열성이 양호 • 분류: 체질안료, 착색안료, 백색안료, 진주광택안료❓
	유기 안료	• 착색력, 내광성이 우수 • 색상이 선명하고 색의 종류가 다양하여 색조 화장품에 주로 사용 • 분류: 타르색소, 천연색소
천연색소		• 자연의 동식물에서 유래된 색소 • 종류: 커큐민, 안토시아닌, 베타-카로틴 등
레이크		• 물에 녹기 쉬운 염료에 칼슘, 염, 황산알루미늄, 황산지르코늄 등을 첨가하여 불용화시킨 색소 • 립스틱, 블러셔, 네일 에나멜 등에 사용

> 참고 **진주광택안료**
> 진주펄, 금속광택을 주어 질감 및 색상의 펄 감 광택 부여

⑧ 산화방지제 `빈출`
- 화장품이 공기 중 산소에 의해 산화되어 변색, 변취, 변질되는 것을 방지함
- 유통, 보관, 판매, 사용의 과정에서 안정된 품질을 유지하고자 함
- 종류: 비타민 A, 토코페롤아세테이트, BHT, BHA, EDTA 등

⑨ 금속이온봉쇄제 `빈출`
- 금속이온으로 인한 화장품의 변색 및 산화를 방지함
- 종류: EDTA, 구연산, 글루코닉애씨드, 소듐폴리포스페이트 등

⑩ 향료: 화장품에 좋은 향을 부여하거나 특이한 향을 중화시킴

식물성 향료	라벤더, 쟈스민, 로즈마리 등
동물성 향료	머스크, 시베트, 카스토레움, 앰버그리스 등
합성 향료	벤질아세테이트 등

⑪ 기타 성분

성분명	효과	특징
소듐하이알루로네이트	보습	고분자 중합체로 자신의 무게보다 1,000배 이상의 수분 흡수
세라마이드		• 피부 각질층의 지질 구성 성분으로 50%를 차지함 • 수분 증발 억제 및 유해물질 침투 억제하여 피부 보호
레시틴		• 콩, 달걀 노른자에서 추출하며 리포좀의 원료 • 피부 보습, 유연작용
콜라겐	항산화 및 탄력	• 진피 내 존재하는 고분자의 섬유상 단백질 • 세포조직 결합 및 지탱, 주름 개선, 탄력 부여
엘라스틴		진피 내 존재하며, 피부 탄력 부여
아줄렌	진정	캐모마일에서 추출하며, 진정작용을 하는 파란색 성분
알로에베라		알로에 베라 잎에서 추출하며, 진정 및 보습작용
아하(AHA)	유연	• 5가지 과일산(글리콜릭산-사탕수수, 젖산-우유, 사과산-사과, 주석산-포도, 구연산-오렌지) • 각질 제거 및 유연, 보습기능 • 점막과 피부 자극 유발 가능 • 여드름 피부에 사용 가능
비타민 A (레티놀)	주름 개선	주름을 개선하여 노화 방지효과와 피부 재생에 도움
비타민 E (토코페롤)	항산화	항산화제로 노화 방지와 조직 재생에 도움
비타민 C (아스코빅애씨드)	미백	• 콜라겐 생성에 관여 • 미백과 항산화 효과

`용어` **소듐하이알루로네이트**
히알루론산 유도체로, 천연보습인자인 히알루론산은 피부가 적절하게 수분을 유지하도록 만들어지는 물질임

`용어` **아하(AHA)**
- 화학적 산성 성분으로 각질제거제용 화장품으로 사용함
- 주름을 완화하고 피부의 탄력, 보습, 피부톤 정리 등 거친 피부결을 매끄럽게 가꾸어 줌

(2) 화장품 3대 제조 기술 빈출

① 유화
- 성질이 다른 두 가지 이상의 액체를 균일하게 혼합한 형태
- 물에 오일 성분이 또는 오일에 물 성분이 계면활성제에 의해 우윳빛으로 섞여 있는 상태

구분	형태	특징
O/W (Oil in Water)	수중유형	• 물에 오일이 분산되어 있는 형태 • 촉촉한 사용감, 수분이 유분보다 많음 • 보습과 흡수성이 좋음 예 로션, 크림, 에센스 등
W/O (Water in Oil)	유중수형	• 오일에 물이 분산되어 있는 형태 • 무거운 사용감, 유분이 수분보다 많음 • 유연성과 지속성이 좋음 예 영양크림, 선크림
W/O/W, O/W/O	다중유화	유화 입자 속에 또 다른 입자가 있는 상태

참고 유화

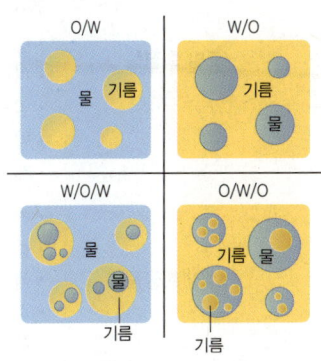

② 가용화
물에 소량의 오일이 계면활성제에 의해 투명하게 용해되어 있는 상태
- 예 투명 또는 반투명의 마이크로에멀전, 화장수, 향수, 에센스 등

③ 분산
물 또는 오일 액체에 미세한 고체 입자가 계면활성제에 의해 균일하게 혼합된 상태
- 예 립스틱, 마스카라, 아이섀도, 파운데이션, 비비크림, 선크림 등

용어 마이크로에멀전
물, 기름, 계면활성제의 혼합계

3 화장품 종류와 기능

(1) 화장품의 분류

법적인 분류	영유아용, 목욕용, 인체 세정용, 눈 화장용, 두발용, 두발 염색용, 색조 화장용, 손발톱용, 면도용, 기초 화장용, 체취 방지용, 체모 제거용, 방향용
사용 부위에 따른 분류	안면용, 전신용, 헤어용, 네일용
사용 목적에 따른 분류	기초 화장품, 메이크업 화장품, 모발 화장품, 보디 화장품, 네일 화장품, 방향 화장품

용어 세정제
- 세정 및 청결을 위해 사용하는 것
- 피부의 생리적 균형에 영향을 미치지 않는 제품으로 사용해야 함
- 일반적인 비누는 알칼리성임
- 비타민E가 첨가된 기능성 세정제는 활성산소로부터 피부를 보호할 수 있음

(2) 화장품의 종류와 기능

기초 화장품	• 세안·세정·청결효과: 클렌징 오일, 클렌징 크림, 아하(AHA), 스크럽제 등 • 피부정돈, 보호, 영양공급효과: 화장수, 마사지크림, 에센스 등
기능성 화장품	• 미백효과: 비타민 C크림 등 • 주름 개선효과: 아이크림, 넥크림 등 • 자외선 차단효과: 자외선 차단 크림, 선쿠션 등 • 태닝효과: 선탠 오일, 선탠 크림 등
색조 화장품	• 매끄러운 피부 표현효과: 파운데이션, 컨실러, 파우더 등 • 색조효과: 아이섀도, 아이라이너, 마스카라, 립스틱 등
보디 화장품	• 세정효과: 보디 클렌저, 비누, 입욕제 등 • 보습효과: 보디 로션, 보디 오일, 핸드 크림 등 • 체취 억제: 데오드란트, 샤워코롱 등

용어 파우더
피부 표면의 유분기를 완화하여 번들거림을 방지하기 위해 사용

모발 화장품	• 세정제: 샴푸, 두피 스케일링제 등 • 트리트먼트제: 헤어로션, 헤어트리트먼트제 등 • 정발제: 무스, 젤, 스프레이, 왁스 등 • 양모·육모제: 스캘프 트리트먼트제 등 • 퍼머넌트 웨이브제: 퍼머넌트 웨이브 1제·2제 등 • 염모제: 염색약, 헤어매니큐어, 헤나, 코팅제 등 • 탈색제: 헤어블리치 등 • 제모제: 제모왁스, 제모젤 등
네일 화장품	• 손톱 강화효과: 네일강화제 등 • 폴리시 착색 방지효과: 베이스코트 등 • 색채효과: 네일 폴리시, 젤 폴리시 등 • 광택효과: 톱 코트 등 • 폴리시 제거효과: 네일 리무버 등
방향용 화장품 (향수류)	• 퍼퓸: 부향률 15~30% 정도로 농도가 가장 진해 소량으로 지속적인 짙은 향을 풍김 • 오데퍼퓸: 부향률 9~12% 정도로 퍼퓸과 오데토일렛의 중간 타입 • 오데토일렛(오데뚜왈렛): 부향률 6~8% 정도로 가장 대중적으로 사용됨 • 오데코롱: 부향률 3~5% 정도로 향수를 처음 사용하는 사람들이 사용하기 적합함 • 샤워코롱: 부향률이 1~3% 정도로 향수 원액이 가장 적게 들어가 있어 지속력이 약 1시간 정도로 짧아 샤워 후 가볍게 사용하기 좋음

용어 정발제
화장품을 이용하여 두발을 고정함으로써 헤어스타일을 정돈시켜 주는 두발용 마무리 화장품

용어 양모제
모근을 자극하여 털의 성장을 돕고, 탈모를 막는 목적으로 사용함

용어 부향률
향수에 포함된 향료의 농도를 말하며, 부향률이 높을수록 향의 지속력이 오래 가고 향이 강함
* 퍼퓸 > 오데퍼퓸 > 오데토일렛(오데뚜왈렛) > 오데코롱 > 샤워코롱

(3) 오일의 종류와 기능 빈출

아로마 오일 (에센셜 오일)	• 티트리: 살균, 소독, 여드름에 효과적(민감성 피부에 사용 주의) • 어성초: 향균, 면역력 강화, 여드름에 효과적 • 병풀추출물: 진정, 재생, 보호, 여드름에 효과적 • 타임: 살균, 소독 • 레몬: 살균, 수렴, 미백효과, 면역력 강화(사용 후 햇빛에 노출 시 색소침착 유발) • 캐모마일: 진정, 항염, 항알레르기(임신 초기 사용 금지) • 라벤더: 화상, 습진, 상처 재생, 진정, 스트레스, 불면증 완화(임산부 사용 금지) • 멘톨: 혈액순환 촉진
캐리어 오일	• 호호바 오일: 쉽게 산화되지 않아 안정성이 우수하고, 인체 피지와 유사한 화학구조로 되어 있어 피부 흡수력이 좋은 논코메도제닉 성분 • 아몬드 오일: 비타민 A, E가 풍부하고 피부 유연 및 탄력, 보습, 염증에 대한 진정효과 • 그 밖에 올리브 오일, 맥아 오일, 아보카도 오일, 코코넛 오일, 로즈힙 오일, 카렌듈라 오일 등이 있음

용어 아로마 오일
• 아로마테라피에 사용되는 오일은 주로 수증기 증류법으로 추출됨
• 공기 중에 쉽게 산화되기 때문에 갈색병에 보관해야 함
• 에센셜 오일을 사용하기 전에 패치 테스트(Patch Test)를 하여 안전성을 확보해야 함

용어 캐리어 오일
• 아로마(에센셜) 오일을 피부에 효과적으로 침투시키기 위해 사용하는 식물성 오일
• 농도가 강한 에센셜 오일을 직접 피부에 바르면 생길 수 있는 다양한 부작용을 예방함

용어 논코메도제닉 성분
• 화장품이 모공 속으로 침투하여 여드름을 유발하지 않는 성분
• 솔비톨, 콜라겐, 글리세린, 호호바 오일 등이 대표적임

(4) 화장품 사용 시 주의사항
① 사용 시 또는 사용 후 직사광선에 의해 사용 부위에 붉은 반점, 부어오름 또는 가려움증 등의 이상 증상이나 부작용이 있는 경우 전문의 등과 상담할 것
② 상처가 있는 부위 등에는 사용을 자제할 것
③ 어린이의 손이 닿지 않는 곳에 보관할 것
④ 직사광선을 피해 보관할 것

CHAPTER 03 화장품 분류 | 출제 예상문제 B

1 화장품 기초

01
화장품의 정의에 관한 설명으로 옳지 않은 것은?
① 질병 예방을 목적으로 사용하는 물품
② 인체에 대한 작용이 경미한 물품
③ 인체에 바르고 문지르고 뿌리는 등의 방법으로 사용
④ 인체를 청결, 미화하여 용모를 밝게 변화시키는 물품

화장품이란 인체를 청결·미화하여 매력을 더하고 용모를 밝게 변화시키거나 피부·모발의 건강을 유지 또는 증진하기 위해 인체에 바르고 문지르거나 뿌리는 등 이와 유사한 방법으로 사용되는 물품으로 인체에 대한 작용이 경미한 것을 말함(단, 의약품에 해당하는 물품 제외)

02
화장품의 사용 목적에 해당하지 않는 것은?
① 청결과 위생의 목적
② 자외선으로부터 보호의 목적
③ 노화 예방과 건강 유지의 목적
④ 불안한 마음을 치료하는 목적

화장품의 사용 목적
• 신체를 청결하게 가꿈
• 신체를 아름답게 꾸미고 매력을 증가시켜 심미적 안정 추구
• 외부 환경, 자외선, 건조 등으로부터 피부와 모발을 보호
• 노화를 방지하고 건강을 유지

03
사용 대상과 목적 및 내용이 바르게 연결된 것은?
① 의약외품 - 정상인, 위생, 부작용이 없어야 함
② 화장품 - 정상인, 청결, 미화, 부작용이 있을 수 있음
③ 의약품 - 환자, 질병 예방, 부작용이 없어야 함
④ 기능성 화장품 - 정상인, 질병 치료, 부작용이 없어야 함

• 화장품: 부작용이 없어야 함
• 의약품: 부작용이 있을 수 있음
• 기능성 화장품: 청결, 미화를 위해 사용함

04
화장품의 4대 요건에 해당하지 않는 것은?
① 안전성 ② 미백성
③ 사용성 ④ 안정성

화장품 4대 요건: 안전성, 안정성, 사용성, 유효성

05
다음 설명에 해당하는 화장품의 종류는?

• 피부의 미백에 도움을 주는 제품
• 피부의 주름 개선에 도움을 주는 제품
• 피부를 곱게 태워주거나 자외선으로부터 피부를 보호하는 데 도움을 주는 제품
• 모발의 색상 변화, 제거 또는 영양 공급에 도움을 주는 제품
• 피부나 모발의 기능 약화로 인한 건조함, 갈라짐, 빠짐, 각질화 등을 방지하거나 개선하는 데 도움을 주는 제품

① 의약 화장품 ② 천연 화장품
③ 기능성 화장품 ④ 유기농 화장품

• 의약품: 환자에게 치료를 목적으로 하는 물품으로, 연고, 항생제 등이 있음
• 천연 화장품: 동식물 및 그 유래 원료 등을 함유한 식품의약품안전처가 정하는 기준에 맞는 화장품
• 유기농 화장품: 유기농 원료, 동식물 및 그 유래 원료 등을 함유한 식품의약품안전처가 정하는 기준에 맞는 화장품

06
기능성 화장품의 범위로 옳지 않은 것은?
① 기미, 주근깨 등의 생성을 억제하여 피부 미백에 도움을 주는 화장품
② 탈모 증상의 치료에 도움을 주는 화장품
③ 강한 햇볕을 방지하여 피부를 곱게 태워주는 기능을 가진 화장품
④ 모발의 색상을 변화시키는 기능을 가진 화장품

• 탈모 증상의 치료가 아닌 완화에 도움을 주는 화장품임
• 화장품은 치료를 목적으로 하지 않음

| 정답 | 01 ① 02 ④ 03 ② 04 ② 05 ③ 06 ②

2 화장품 제조

07
화장품의 원료 중 정제수에 관한 설명으로 옳지 않은 것은?
① 여러 단계의 여과 과정으로 정제된 깨끗한 물이다.
② 피부의 보습작용을 한다.
③ 피부의 유연작용을 한다.
④ 지용성 용매제로 화장수, 로션 등의 기본 원료이다.

> 정제수는 여러 단계의 여과 과정으로 정제된 깨끗한 물로, 수용성 용매제로 기초 화장품인 화장수, 로션, 크림 등의 기본 원료임

08
화장품 원료 중 에탄올의 특성으로 옳지 않은 것은?
① 물에 녹지 않는 비극성 물질을 녹이는 무기 용매제 역할을 한다.
② 피부의 수렴효과 및 청량감이 우수하다.
③ 사용 시 피부의 건조와 자극을 유발할 수 있다.
④ 수렴화장수, 여드름용 제품, 헤어토닉 등에 사용된다.

> 에탄올은 물에 녹지 않는 비극성 물질을 녹이는 유기 용매제임

09
유성원료 중 오일에 대한 설명으로 옳지 않은 것은?
① 식물성 오일 – 식물의 꽃, 잎, 열매, 껍질 등에서 추출하며, 산패가 쉽다.
② 합성 오일 – 피부의 촉촉함과 광택감을 부여하며, 발수성이 낮다.
③ 광물성 오일 – 석유를 정제해서 추출하며 피부 흡수성이 좋다.
④ 동물성 오일 – 흡수가 빠르지만 알레르기 유발 가능성이 있다.

> 합성 오일은 산화 안정성이 높고 발수성이 우수한 화학적 합성 오일로, 촉촉함과 광택감을 부여하며 피부·모발의 퍼짐성이 좋음

10
동물성 오일의 추출 대상으로 옳지 않은 것은?
① 에뮤 오일 – 물소의 가슴살
② 라놀린 오일 – 양의 털
③ 밍크 오일 – 밍크의 피하지방
④ 난황 오일 – 닭의 난황

> 에뮤 오일은 호주에서만 서식하는 타조류인 에뮤새에게서 추출한 천연 오일임

11
계면활성제에 관한 설명으로 옳지 않은 것은?
① 둥근 머리 모양이 친유기이고, 막대꼬리 모양이 친수기이다.
② 수성과 유성 두 물질을 섞이게 한다.
③ 대전 방지효과가 있으며, 헤어린스, 헤어트리트먼트에 사용되는 것은 양이온성 계면활성제이다.
④ 비이온성 계면활성제는 가용화, 유화제, 기포 안정제로 사용된다.

> 둥근 머리 모양이 친수기이고, 막대꼬리 모양이 친유기임

12
세정작용과 기포형성작용이 우수하여 헤어샴푸, 클렌징 폼 등에 사용되는 계면활성제는?
① 음이온성 계면활성제
② 양이온성 계면활성제
③ 양쪽성 계면활성제
④ 비이온성 계면활성제

> • 양이온성 계면활성제: 살균·소독작용, 대전 방지효과(헤어린스, 헤어트리트먼트 등)
> • 양쪽성 계면활성제: 세정작용, 거품 안정화, 피부 자극 적음, 기포촉진효과(베이비샴푸, 저자극 샴푸 등)
> • 비이온성 계면활성제: 가용화, 유화제로 사용, 기포 안정성 향상(기초 및 색조 화장품 등)

13
계면활성제의 세정력이 높은 순서로 옳은 것은?
① 양쪽성 > 비이온성 > 양이온성 > 음이온성
② 양이온성 > 음이온성 > 양쪽성 > 비이온성
③ 음이온성 > 양쪽성 > 양이온성 > 비이온성
④ 비이온성 > 양이온성 > 음이온성 > 양쪽성

> • 세정력: 음이온성 > 양쪽성 > 양이온성 > 비이온성
> • 피부 자극: 양이온성 > 음이온성 > 양쪽성 > 비이온성

| 정답 | 07 ④ | 08 ① | 09 ② | 10 ① | 11 ① | 12 ① | 13 ③ |

14
보습제의 종류가 바르게 연결된 것은?

① 폴리올 - 글리세린, 프로필렌글라이콜, 부틸렌글라이콜, 솔비톨
② 천연보습인자 대체제 - 아미노산, 우레아, 락틱애씨드, 잔탄검
③ 고분자중합체 - 히알루로닉애씨드, 소듐피씨에이, 토코페롤
④ 폴리머 - 벤질알코올, 페녹시에탄올, 셀룰로오즈

- 천연보습인자 대체제: 아미노산, 소듐PCA, 젖산(락틱애씨드), 우레아 등
- 고분자중합체: 히알루로닉애씨드, 폴리에틸렌글리콜, 폴리글루타믹애씨드 등
- 폴리머(고분자화합물): 점증제 및 피막형성제로, 잔탄검, 셀룰로오즈, 젤라틴 등

15
다음 조건을 갖추어야 하는 화장품 원료는?

- 흡습능력이 좋고 지속적일 것
- 흡습력이 외부 환경 변화에 민감하지 않을 것
- 사용감이 좋고 피부 친화성이 좋을 것
- 다른 성분과 혼용이 용이할 것
- 응고점과 휘발성이 낮거나 없을 것

① 계면활성제 ② 보습제
③ 방부제   ④ 금속이온봉쇄제

- 계면활성제: 수성과 유성 두 물질 사이의 계면에 흡착하여 두 성분이 잘 섞이게 하는 물질
- 방부제: 화장품의 미생물 증식을 억제하여 제품의 변질을 막고 살균작용을 하는 물질
- 금속이온봉쇄제: 금속이온으로 인한 화장품의 변색 및 산화를 방지함

16
색소에 대한 설명으로 옳지 않은 것은?

① 염료는 물이나 오일에 잘 녹지 않는다.
② 안료는 빛을 반사하거나 차단한다.
③ 염료는 시각적 색상효과를 부여한다.
④ 안료는 색상이 선명하고 색의 종류가 다양하다.

염료는 물이나 오일에 잘 녹음

17
산화방지제의 종류에 해당하지 않는 것은?

① EDTA   ② 비타민 A
③ 비타민 E   ④ 비타민 C

산화방지제는 화장품이 공기 중 산소에 의해 산화되어 변색, 변취, 변질되는 것을 방지하는 것으로, 비타민 A, 토코페롤아세테이트(비타민 E), BHT, BHA, EDTA 등이 이에 해당함

18
AHA에 대한 설명으로 옳은 것은?

① 화학적 염기성 성분이다.
② 피부 자극이 없어 민감한 피부에 자주 사용할 수 있다.
③ 각질 제거 및 보습, 재생기능이 있다.
④ 콩, 달걀 노른자에서 추출한다.

아하(AHA)는 화학적 산성 성분으로 각질 제거제용 화장품으로 사용하며, 주름을 완화하고 피부의 탄력, 보습, 피부톤 정리 등 거친 피부결을 매끄럽게 가꾸어 줌

19
주름을 개선하여 노화 방지효과와 피부 재생에 도움이 되는 화장품 원료는?

① 알로에베라 ② 비타민 A
③ 레시틴   ④ 비타민 C

- 알로에베라: 진정 및 보습작용
- 레시틴: 피부 보습 및 유연작용
- 비타민 C: 미백 및 항산화 효과

20
화장품 3대 제조 기술에 해당하지 않는 것은?

① 혼합 ② 가용화
③ 분산 ④ 유화

화장품 3대 제조 기술: 유화, 가용화, 분산

| 정답 | 14 ① 15 ② 16 ① 17 ④ 18 ③ 19 ② 20 ①

21

유화 제형 중 수분이 유분보다 많고 로션, 크림, 에센스 등의 화장품에 적합한 것은?

① O/W
② W/O/W
③ O/W/O
④ W/O

- O/W: 촉촉한 사용감, 수분이 유분보다 많음
- W/O: 무거운 사용감, 유분이 수분보다 많음
- W/O/W, O/W/O: 유화 입자 속에 또 다른 입자가 있는 상태

22

다음 설명에 해당하는 화장품 제조 기술은?

- 성질이 다른 두 가지 이상의 액체를 균일하게 혼합한 형태
- 물에 오일 성분이 또는 오일에 물 성분이 계면활성제에 의해 우윳빛으로 섞여 있는 상태

① 마이크로에멀전
② 가용화
③ 압축
④ 유화

- 마이크로에멀전: 물, 기름, 계면활성제의 혼합계
- 가용화: 물에 소량의 오일이 계면활성제에 의해 투명하게 용해되어 있는 상태
- 압축: 물질에 압력을 가해 부피를 줄임

23

분산 기술로 만들어진 화장품에 해당하지 않는 것은?

① 립스틱
② 선크림
③ 파운데이션
④ 샴푸

분산은 물 또는 오일 액체에 미세한 고체 입자가 계면활성제에 의해 균일하게 혼합된 상태로, 립스틱, 마스카라, 아이섀도, 파운데이션, 비비크림, 선크림 등이 있음

3 화장품 종류와 기능

24

화장품 종류와 기능와 연결이 옳지 않은 것은?

① 클렌징 오일 – 피부정돈, 보호, 영양공급효과
② 파운데이션 – 매끄러운 피부 표현
③ 아이섀도 – 색조효과
④ 선탠 오일 – 태닝효과

- 클렌징 오일: 세안·세정·청결효과
- 피부정돈, 보호, 영양공급효과: 화장수, 마사지크림, 에센스 등

25

화장품을 이용하여 두발을 고정함으로써 헤어스타일을 정돈시켜 주는 두발용 마무리 화장품은?

① 양모제   ② 발모제
③ 정발제   ④ 펌제

- 양모제: 모근을 자극하여 털의 성장을 돕고, 탈모를 막는 목적으로 사용
- 발모제: 몸에 털이 나게 하는 목적으로 사용
- 펌제: 두발에 웨이브를 만드는 목적으로 사용

26

사람의 피지 구조와 유사한 성분으로 피부 흡수가 좋고 보습 및 피부 윤택에 우수하며 화장품에 많이 사용되는 오일은?

① 포도씨유   ② 호호바유
③ 로즈힙유   ④ 올리브유

호호바유는 피지와 유사한 성분으로 화장품의 유액, 크림 등에 사용됨

27

화장품 사용 시 주의사항이 아닌 것은?

① 부어오름 또는 가려움증 등의 이상이 있는 경우 전문의와 상담한다.
② 어린이의 손에 닿지 않는 곳에 보관한다.
③ 상처나 피부염 등이 있는 부위에는 사용을 자제한다.
④ 직사광선이 닿는 저온의 장소에 보관한다.

직사광선을 피해 보관해야 함

CHAPTER 04
미용 위생 관리 ⓒ

> **합격 TIP** 고객에게 청결하고 안전한 서비스 제공과 서비스 공간의 청결 관리에 관한 목적 등 개념을 탐색하고 절차를 파악하도록 합니다.

1 미용사 위생 관리

(1) 미용사 위생 관리의 필요성
① 미용업은 「공중위생관리법」에 의해 관리되어야 함
② 위생적인 환경에서 고객의 미적 욕구를 충족시켜 주는 미용 서비스를 제공하여 고객의 삶의 질 향상에 도움을 주어야 함
③ 미용 서비스 제공 시 불특정 다수가 출입하는 공간에서 고객과 가까운 거리를 유지하며, 고객의 신체 일부(두피, 모발, 피부, 손발톱 등)를 접촉하고 대화하기 때문에 감염을 비롯한 각종 질병에 노출되어 있으므로 철저한 위생관리가 필요함

> **참고** 「공중위생관리법」
> 공중이 이용하는 영업의 위생관리 등에 관한 사항을 규정함으로써 위생 수준을 향상시켜 국민의 건강 증진에 기여함을 목적으로 함

(2) 미용사 위생 관리의 종류
① 미용사 손 위생 관리
- 미용 서비스는 고객의 신체 일부와의 접촉이 필수로 이루어지며, 펌제, 염모제, 샴푸제, 에센스, 왁스 등과 같은 다양한 제품들을 사용하므로 위생적인 손 관리가 필요함
- 손 관리에 소홀할 경우 접촉성 피부염에 노출되거나 각종 세균과 바이러스 등 병원균으로 인한 질병 감염의 가능성이 높음
- 미용사는 자신과 고객의 안전 및 위생을 위해 손톱을 손질하고 청결함을 유지하여 고객이 불결함을 느끼지 않도록 하며, 샴푸 및 두피 관리 시 고객의 피부에 상처를 낼 수 있으므로 짧고 청결한 손톱을 유지해야 함

손 씻기	• 세정제와 물을 사용하여 손을 청결하게 하는 행위 • 약제 사용 시 반드시 장갑을 착용, 부득이하게 착용하지 못한 경우 작업 종료와 동시에 세정제로 깨끗하게 씻어낸 후 수건으로 물기를 완전히 제거함 • 건조 후에는 보습효과가 좋은 로션 등을 발라 건조하지 않도록 관리함
손 소독	소독제(소독용 비누, 알코올 세제 등)를 이용하여 미생물 수를 감소시키거나 성장을 억제하는 행위
손 위생	손 소독과 손 씻기를 모두 포함한 것

> **참고** 손 씻기로 예방 가능한 질환
> 적절한 손 씻기만으로도 콜레라, 장티푸스 등 수인성 질환은 50~70%, 급성 감염성 질환은 50%, 급성 감염성 호흡기 질환은 20% 예방이 가능함

② 미용사 체취 및 구취 관리
미용사는 미용 서비스 제공 시 고객과 가까운 위치에서 업무를 수행하므로 고객에게 청결하고 상쾌한 느낌을 주기 위해 체취와 구취를 위생적으로 관리할 필요가 있음

체취 관리	땀 냄새 관리	• 따뜻한 물로 머리를 감고 샤워한 후 물기를 잘 닦아내고, 업무 수행 시 입었던 옷은 매일 세탁하여 청결을 유지함 • 나일론, 폴리에스터와 같은 합성섬유로만 구성된 옷은 통풍이 잘 되지 않으므로 통풍이 잘 되는 천연섬유 소재의 옷을 착용함

	발 냄새 관리	• 세정제와 따뜻한 물을 사용하여 깨끗하고 청결하게 관리함 • 업무 중 통풍이 잘 되고 발이 편한 신발을 착용함
구취 관리	구취 원인	• 식후 및 흡연 직후, 지나친 음주 등 • 입안이 건조하거나 충치 및 잇몸 질환이 있는 경우 • 마늘, 양파, 파 등 향이 강한 음식물 섭취 • 과도한 스트레스 및 긴장 상태
	효과적인 양치법	• 양치질은 하루 3회 이상, 1회에 3분 정도 시간을 할애하여 음식물 찌꺼기를 제거하고 잇몸과 혓바닥까지 닦아 냄 • 치약의 계면활성제가 남으면 세균 번식과 구취 유발의 원인이 되므로 충분히(10회 이상) 헹궈 냄
	관리 도구	칫솔, 치실, 치간 칫솔, 혀 클리너 등

③ 미용사 복장 관리

헤어	미용사의 헤어스타일은 트렌드를 반영하는 스타일을 유지하는 것이 중요
메이크업	깨끗한 피부를 유지하고 메이크업을 연하고 자연스럽게 함
액세서리	미용 서비스 제공 시 액세서리에 모발이 걸리거나 피부에 상처를 낼 수 있으므로 착용하지 않거나, 착용하더라도 작업에 방해가 되는 디자인은 피할 것
기타	• 지정된 유니폼 착용 시 청결하고 단정함을 유지하는 것을 원칙으로 함 • 약제 사용 시 작업용 앞치마를 사용하여 복장에 얼룩이 생기는 것을 방지함

2 미용업소 위생 관리

(1) 미용도구와 기기의 위생 관리 빈출

① 수건
- 미용업소에 많이 사용하는 수건은 샴푸 시 고객의 어깨에 걸쳐 옷이 젖는 것을 방지하고, 샴푸 후 모발의 물기를 닦아내며, 펌제 및 염모제 등 제품으로부터 고객의 옷을 보호하는 용도로 사용함
- 수건은 머리카락과 약품이 묻어 있어 일반 세탁물과 분리 세탁하며, 고객의 신체에 직접 닿는 물건이므로 불쾌한 냄새가 나지 않도록 건조와 보관에 주의해야 함
- 수건은 수분 흡수가 빠르고 먼지가 많이 나지 않으며 쉽게 건조되는 것으로 35cm×75cm 정도 크기에 70~90g 정도 무게의 수건이 적당함

② 가운
- 미용 제품(펌제, 염모제, 스프레이 등)으로부터 고객의 피부와 옷을 보호하는 용도로 사용함
- 세탁이 가능한 소재는 세탁 처리하며, 그렇지 않은 소재는 물수건과 마른 수건으로 닦아내야 함

고객 가운	미용업소에서 장시간 머물며 미용 서비스(펌, 염색 등)를 받는 고객에게 사용
커트 보	헤어커트 시 사용하며, 머리카락이 달라붙지 않는 정전기 방지 및 코팅이 되어 있는 소재를 사용
펌·염색 보	헤어컬러 시 사용하며, 길이가 길고 방수 코팅이 되어 있어 수분이나 약제가 흡수되지 않음
어깨 보	드라이 시 사용하며, 나일론 등과 같은 가벼운 소재를 사용
샴푸 보	수분이 흡수되지 않는 비교적 얇고 부드러운 비닐 재질을 사용

③ 도구 및 기기
- 미용 업무 시 사용하는 소규모 장치를 말함 ⓔ 가위, 빗, 핀셋, 브러시, 펌 로드, 염색 볼 등
- 고객의 신체에 직접 닿았던 도구는 세균 감염의 가능성이 높으므로 사용 후 소독❷하여 보관해야 함

④ 소독 방법
- 물리적 소독 방법

습열 소독	100℃ 물에 20여 분간 끓여 살균하는 방법
건열 소독	수건이나 거즈 같은 면직물 등을 수분 없이 열처리만 하여 살균할 때 사용
자외선 소독	미용업소에서 주로 사용하며, 기구들을 위생적으로 보관하는 데 사용

- 화학적 소독 방법: 확실한 소독 방법으로, 미용업소에서 세균 제거 및 번식 방지용으로 사용하고 있으며, 강한 소독력의 경우 부작용이 있으므로 사용 시 주의해야 함

좋은 소독약의 조건	• 인체에 무해해야 함 • 구입이 편리해야 함 • 피부에 자극이나 손상이 없어야 함 • 냄새가 없어야 함 • 구매 가격이 경제적이어야 함

⑤ 도구 및 기기별 관리 방법

커트 가위	• 머리카락과 물기를 깨끗하게 제거한 후 소독액으로 소독 • 소독 후 기름칠하여 자외선 소독기❷에 보관
빗과 핀셋	• 플라스틱 재질의 빗과 핀셋은 사용 후 비눗물에 담가 소독 • 칫솔 등으로 빗살 사이, 핀셋 내외부를 닦은 후 소독액으로 소독 • 소독 후 자외선 소독기에 보관 • 롤빗의 경우 브러시 사이에 끼인 머리카락을 제거한 후 브러시 클리너나 알코올 스프레이 등으로 소독 후 자외선 소독기에 보관
드라이기와 아이론기	사용 후 알코올 솜으로 깨끗이 닦고 전선이 꼬이지 않게 정리하여 보관
헤어 스티머	사용 후 물통에 물때가 끼지 않도록 깨끗하게 세척하고 지정 위치에 비치
샴푸대	샴푸볼(개수대) 안의 머리카락을 제거하고 수시로 청결 상태 확인

> **참고** 멸균, 살균, 소독, 세정 비교
> - 멸균: 모든 미생물을 제거하여 무균 상태로 만드는 것
> - 살균: 물리적·화학적 방법으로 미생물 중 유익한 것은 남기고 유해한 것만 선택적으로 제거하는 것
> - 소독: 물체의 표면 또는 내부에 분포한 병원균을 죽여 감염력을 없애는 것
> - 세정: 더러운 때를 닦아 내어 깨끗이 하는 것

> **용어** 자외선 소독기
> 건조한 상태에서 자외선을 이용하여 빗, 가위, 핀셋, 브러시 등 미용도구를 살균, 소독하는 기기

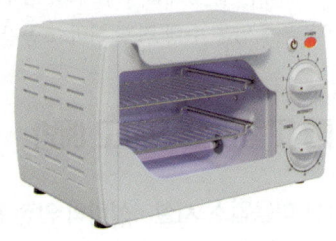

(2) 미용업소의 환경위생

① 환경위생

구분	기온	습도	환기
적정 수준	15.6~20℃	40~70%	1~2시간 주기로 실시

② 업소 위생 관리: 미용업소는 안내 데스크, 고객 대기 공간, 미용 서비스 공간, 제품 보관 공간, 직원 휴게 공간 등 다양한 기능의 공간으로 구성되어 있고, 크게 고객에게 서비스를 준비하는 공간과 서비스를 제공하는 공간으로 나눔

점검 주기	매일	청소 상태, 제품 상태, 수건 및 가운의 수량과 위생 상태 등
	월 1회	유리창, 환풍기 등
	연 1회	간판, 조명, 냉난방기 등

청소 시기	매일	영업 전·후 매장 전체 청소, 서비스 직후 자리 청소 등
	월 1회	안내 데스크, 제품 보관 공관, 직원 휴게실 등
	연 1회	천장의 구성, 벽 및 계단 등

③ 미용업소 폐기물
- 폐기물은 「폐기물관리법」 제2조에 의해 생활 폐기물, 사업장 폐기물, 지정 폐기물, 의료 폐기물로 분류되며, 미용업소 폐기물은 생활 폐기물에 해당함
- 미용업소에서 주로 배출되는 쓰레기는 재활용 분리수거함에 배출하거나 종량제 봉투나 PP 마대를 사용하여 배출해야 함

재활용품	재활용이 되지 않는 품목	PP 마대로 배출할 품목
종이류, 병류, 비닐류, 플라스틱류, 캔류 등	식물성 폐기물, 비닐 코팅된 종이, 머리카락, 휴지 등	깨진 유리, 도자기, 식기 등

- 펌 용제 사용 후 처리는 휴지로 닦아낸 다음 세척해야 수질오염의 우려가 적어짐
- 빈 용기는 분리해서 재활용쓰레기로 분리·배출함
- 고무장갑, 비닐 캡은 재사용이 불가능하면 재활용쓰레기로 분리·배출함

④ 미용업소 환경 위생 관리의 절차
- 출입문을 열고 업장 내 조명을 켠 뒤, 출입문 주변을 청소함
- 안내 데스크를 정리정돈하고 청소함
- 경대 및 유리창 상태를 점검하고 고객용 의자 및 주변을 청소함
- 고객 판매용 제품 진열대와 고객 대기 공간을 청소함
- 타월 상태를 점검하고, 샴푸실 거름망, 샴푸대를 청소함
- 업무 수행 직후 서비스 공간을 청소함

> **용어** 폐기물
> 쓰레기, 연소재, 폐유, 동물의 사체 등으로서 사람의 생활이나 활동에 필요하지 아니하게 된 물질

3 미용업 안전사고 예방

(1) 미용업소 시설·설비의 안전 관리
① 미용업소 전기 안전지식

합선 및 누전 예방	• 적합한 용량의 전기 기기를 사용해야 함 • 피복이 벗겨지지 않았는지 수시로 확인해야 함 • 바닥이나 문틀을 지나는 전선이 손상되지 않도록 보호관을 설치하는 것이 좋음 • 열이나 외부의 충격에 노출되지 않도록 주의해야 함
과열 및 과부하 예방	• 하나의 콘센트에 여러 기기의 플러그를 동시에 꽂아 사용하지 않음 • 전기 용량 및 전압에 적합한 전선을 사용해야 함 • 기기 사용 후 콘센트와 플러그를 분리해야 함
감전사고 예방	• 젖은 손으로 만지지 않음 • 플러그를 뽑을 때 전선을 잡아당겨 뽑지 않음 • 콘센트에 이물질이 들어가지 않도록 함 • 전선의 상태를 확인함 • 기기의 고장 여부를 확인함

② 소방 안전지식

화재 시 대피 방법	• 화재가 나면 가장 먼저 발견한 사람이 큰소리로 외쳐 다른 사람들에게 알려 대피할 수 있도록 함 • 화재 정보 비상벨을 누른 후 119에 신고함 • 화재 시 엘리베이터 사용은 피하고 계단을 이용해야 함 • 낮은 자세를 유지하고 물에 적신 담요나 수건을 두름 • 아래층으로 피할 수 없는 경우 옥상으로 대피하여 바람이 불어오는 쪽에서 구조를 기다림
소화기 관리 및 사용	• 눈에 잘 띄고 통행에 지장을 주지 않는 곳에 둠 • 습기가 적고 서늘한 장소에 비치해야 함 • 정기적으로 점검해야 함

(2) 미용업소 안전사고 예방 및 응급조치

① 예방

전기 사고 예방	전기 기기, 전열기 등의 상태를 수시로 점검
화재 사고 예방	가온기, 난방기 등의 상태를 수시로 점검
낙상 사고 예방	바닥에 떨어진 물기나 제품 등 이물질을 수시로 제거

② 응급조치

화상	• 물이나 자극성이 없는 비누로 깨끗이 씻고 건조시켜 화상 부위를 깨끗하게 함 • 얼음물 등으로 차갑게 해주고, 얼음이 환부에 직접 닿지 않도록 함 • 수포가 생겨 터졌을 경우 소독 후 항생제 연고를 바름 • 화상 부위가 광범위하면 지체 없이 병원에서 치료를 받음
약품	• 눈에 약품이 들어간 경우 즉시 흐르는 물에 눈을 헹구고 병원으로 감 • 눈을 감고 눈물이 나오도록 하거나 식염수로 씻어 냄 • 이물질이 들어간 경우 젖은 면봉이나 거즈를 이용하여 제거하거나, 제거하지 못한 경우 눈을 비비지 말고 병원으로 감
출혈	• 커트 가위나 레이저 등에 의한 출혈 시 출혈 부위를 흐르는 물로 씻어 냄 • 출혈이 심한 경우 10분 이상 압박하여 지혈함 • 상처 부위를 소독한 후 지혈제를 바르고 밴드나 붕대로 감싸줌 • 출혈이 멈추지 않거나 상처가 광범위하면 지체 없이 병원에서 치료를 받음
감전	• 감전자 주변의 전선이나 기기 등의 전원을 차단함 • 고무장갑, 고무장화 등을 착용한 후 감전자를 전선이나 기기에서 떼어 놓음 • 감전자의 의식, 맥박, 호흡을 확인하고 119에 신고함
실신	• 고객이나 동료가 실신, 발작 등 무의식 상태인 경우 기도가 막히지 않도록 얼굴을 옆으로 돌리고 옷이 끼지 않도록 단추나 벨트를 풀어 놓음 • 실신자의 의식, 맥박, 호흡을 확인하고 119에 신고함 • 심정지 시 심폐소생술을 실시함
화재	• 화재 발견 시 큰소리로 외쳐 다른 사람에게 알리고, 화재경보기를 울림 • 119에 신고하고 계단을 이용하여 대피함 • 연기가 들어오면 담요나 수건, 양말 등을 물에 적셔 코와 입을 막음

출제 예상문제

1 미용사 위생 관리

01
미용사 위생 관리에 관한 설명으로 옳은 것은?
① 미용업은 「공중위생관리법」에 의해 관리된다.
② 위생적인 환경에서 고객의 미적 욕구를 충족시켜 삶의 질을 저하시킨다.
③ 미용 서비스 제공 시 고객과 먼 거리를 유지하고 있어 질병에 노출되지 않는다.
④ 미용업은 미용 면허를 취득하지 않아도 업무를 진행할 수 있다.

- 미용은 고객의 미적 욕구를 충족시켜 삶의 질 향상에 도움을 줌
- 미용 서비스 제공 시 고객과 가까운 거리를 유지하고 있어 질병에 노출되어 있음
- 「공중위생관리법」상 미용업은 미용 면허 취득자로 제한하고 있음

02
미용사가 해야 하는 위생 관리와 거리가 먼 것은?
① 칫솔과 치실을 이용한 구취 관리
② 알코올 세제를 이용한 손 소독
③ 손톱 손질
④ 젤 네일 아트

미용 서비스는 고객의 신체 일부를 다루기 때문에 손 씻기, 손 소독, 구취 관리, 체취 관리 등 청결함을 유지하고, 손톱을 손질하여 샴푸 및 두피 관리 시 고객의 피부에 상처를 내지 않도록 주의함

03
미용사의 복장 관리로 적절하지 않은 것은?
① 메이크업 – 연하고 자연스럽게 함
② 헤어 – 트렌드를 반영하는 스타일 유지
③ 액세서리 – 트렌드를 반영하는 스타일 착용
④ 유니폼 – 청결하고 단정함 유지

액세서리를 착용한 채로 미용 서비스를 제공할 경우 모발이 걸리거나 피부에 상처를 낼 수 있으므로 착용하지 않거나, 착용하더라도 작업에 방해가 되는 디자인은 피해야 함

2 미용업소 위생 관리

04
수건의 위생 관리로 적절하지 않은 것은?
① 약제가 묻은 세탁물과 분리 세탁한다.
② 일반 세탁물과 함께 세탁한다.
③ 수분 흡수가 빠르고 쉽게 건조되는 제품을 사용한다.
④ 먼지가 나지 않으며 80g 정도 무게가 적당하다.

수건은 머리카락이나 약품이 묻어 있을 수 있으므로 일반 세탁물과 분리하여 세탁해야 함

05
다음 설명에 해당하는 미용 보는?

- 무릎 아래까지 내려오는 긴 길이
- 방수 코팅으로 수분이나 약제가 흡수되지 않음
- 고객의 피부와 옷을 보호하는 용도

① 커트 보 ② 어깨 보
③ 샴푸 보 ④ 염색 보

- 커트 보: 머리카락이 달라붙지 않는 정전기 방지 및 코팅이 되어 있음
- 어깨 보: 드라이 시 사용하며, 나일론 등과 같은 가벼운 소재로 되어 있음
- 샴푸 보: 비교적 얇고 부드러운 비닐 소재로 되어 있음

06
다음 중 용어에 대한 설명으로 옳지 않은 것은?
① 멸균 – 모든 미생물을 제거하여 무균 상태로 만드는 것
② 세정 – 더러운 때를 닦아 냄
③ 소독 – 물체의 표면 또는 내부에 분포한 병원균 중 유해한 것만 제거함
④ 살균 – 물리적·화학적 방법으로 미생물을 제거하는 것으로 유익한 미생물은 남김

소독은 물체의 표면 또는 내부에 분포한 병원균을 죽여 감염력을 없애는 것을 말함

| 정답 | 01 ① | 02 ④ | 03 ③ | 04 ② | 05 ④ | 06 ③ |

07
수건이나 거즈 같은 면직물 등을 수분 없이 열처리만 하여 살균하는 방법은?

① 건열 소독　　② 자외선 소독
③ 세정 소독　　④ 습열 소독

- 자외선 소독: 미용업소에서 주로 사용하며, 기구들을 위생적으로 보관하는 데 사용
- 세정: 세정제와 수분을 이용하여 때를 제거
- 습열 소독: 100℃ 물에 20여 분간 끓여 살균하는 방법

08
좋은 소독약의 조건으로 옳지 않은 것은?

① 인체에 무해해야 함
② 피부에 자극이나 손상이 약해야 함
③ 구입이 편리해야 함
④ 냄새가 없어야 함

소독약은 피부에 자극이나 손상이 없어야 함

09
미용도구의 관리 방법으로 옳은 것은?

① 커트 가위 – 머리카락과 물기를 수건으로 제거한 후 보관한다.
② 샴푸대 – 개수대 안 머리카락은 하루 업무가 끝난 후 일괄적으로 제거한다.
③ 헤어 스티머 – 한 달에 한 번 물통을 깨끗하게 세척한다.
④ 빗 – 비눗물에 담가 소독 후 칫솔 등으로 빗살 사이를 닦아 낸다.

- 커트 가위: 머리카락과 물기를 깨끗하게 제거한 후 소독액으로 소독 후 자외선 소독기에 보관
- 샴푸대: 수시로 샴푸볼(개수대) 안의 머리카락을 제거하고 청결 상태 확인
- 헤어 스티머: 사용 후 물통에 물때가 끼지 않도록 깨끗하게 세척하고 지정 위치에 비치

10
미용업소의 적절한 환경위생 상태는?

① 기온: 15℃ / 습도: 20% / 환기: 1시간 간격
② 기온: 18℃ / 습도: 40% / 환기: 5시간 간격
③ 기온: 20℃ / 습도: 50% / 환기: 2시간 간격
④ 기온: 22℃ / 습도: 80% / 환기: 8시간 간격

기온: 15.6~20℃ / 습도: 40~70% / 환기: 1~2시간 간격이 적절함

3 미용업 안전사고 예방

11
미용업소의 전기 안전 관리로 옳지 않은 것은?

① 적합한 용량의 전기 기기를 사용한다.
② 피복이 벗겨지지 않았는지 수시로 확인한다.
③ 플러그를 뽑을 때 전선을 잡아당겨 뽑지 않는다.
④ 하나의 콘센트에 여러 개의 기기를 동시에 꽂아 사용한다.

하나의 콘센트에 여러 기기의 플러그를 동시에 꽂아 사용할 경우 화재의 위험성이 있음

12
미용업소의 소방 안전 관리로 옳지 않은 것은?

① 화재가 나면 큰소리로 알려 사람들이 대피할 수 있도록 한다.
② 화재 경보 비상벨을 누른 후 119에 신고한다.
③ 재빠른 대피를 위해 엘리베이터를 사용한다.
④ 눈에 잘 띄고 통행에 지장을 주지 않는 곳에 소화기를 비치해야 한다.

화재 시 엘리베이터 사용은 피하고 계단을 이용해야 함

13
다음 중 응급조치로 옳은 것은?

① 화상 – 물이나 자극성이 없는 비누로 깨끗이 씻고 건조시켜 화상 부위를 깨끗하게 한다.
② 감전 – 재빠르게 손으로 감전자를 전선이나 기기에서 떼어 놓는다.
③ 출혈 – 출혈이 멈추지 않는 경우 지혈제를 이용하여 최대한 지혈을 한다.
④ 약품 – 눈에 약품이 들어가면 즉시 눈을 비벼 씻어낸다.

- 감전: 감전자 주변의 전선이나 기기를 고무장갑을 착용한 뒤 떼어 놓음
- 출혈: 출혈이 멈추지 않는 경우 지체 없이 병원에서 치료를 받아야 함
- 약품: 눈에 약품이 들어가면 즉시 흐르는 물에 눈을 헹구고 병원으로 감

CHAPTER 05
고객 응대 서비스

합격 TIP 고객 응대 방법과 상담 방법 등 개념을 탐색하고 절차를 파악해야 합니다. 난도가 어렵지 않고 적은 내용이지만 다양하게 출제될 수 있습니다.

1 데스크 안내 업무하기

(1) 고객 응대의 중요성

① 고객의 정의
- 일반적으로 상품과 서비스를 제공받는 사람
- 기업과 직간접적으로 거래하고 관계를 맺는 사람

② 고객과의 접점 관리
- 고객 접점: 고객과 접하는 모든 순간으로, 진실의 순간이라고도 하며, 최초의 15초간의 고객 응대 서비스가 얼마나 중요한지를 의미함

대면 접점	고객과 직접 얼굴을 마주함
비대면 접점	얼굴을 마주하지 않고 목소리, 글 등으로 만남 ㉠ 전화, 메시지, SNS, 이메일, 홈페이지 게시판 등

- 고객 접점에서의 서비스 매너
  - 고객에게 호감을 줄 수 있는 표정과 말씨를 사용하고 신뢰감을 줄 수 있는 바른 자세하기
  - 단정한 용모와 복장 갖추기
  - 고객의 입장을 이해하는 역지사지 자세와 공감 능력 갖추기
  - 고객과 상호 신뢰할 수 있도록 노력하기
  - 비대면 접점에서는 신속·정확하고 친절하게 응대하기

③ 고객 응대 대화법
- 대화는 고객과 마주하여 이야기를 주고받는 것으로 단순한 메시지 교류뿐만 아니라 지식, 감정, 정보 등을 교환하여 고객과 관계를 이어주는 수단임
- 대화의 3요소

시각적 요소	표정, 시선, 몸짓, 복장 등
청각적 요소	목소리 톤, 크기, 발음, 속도 등
언어적 요소	공손한 어휘, 상냥한 어휘 등

- 기본적인 화법

긍정 화법	감사합니다/ 행복합니다/ 좋아요
YES 화법	네, 알겠습니다/ 그렇게 하겠습니다
권유 화법	도와주시겠어요?/ 부탁해도 될까요?
쿠션 화법	실례합니다만/ 죄송합니다만/ 양해해 주신다면

용어 역지사지
다른 사람의 처지나 입장에서 먼저 생각하고 이해하라는 뜻의 한자성어

(2) 내점 고객 응대 방법

① **데스크에서의 안내**: 고객이 미용실에 방문하면 어떤 고객인지 파악하여 고객 유형에 맞게 안내함
② **라커룸으로 안내**: 고객의 의복과 소지품을 개인 보관함에 넣고, 헤어 서비스의 종류에 따라 가운 착용을 도움
③ **대기 공간으로 안내**: 담당 디자이너를 기다려야 할 경우 대기석으로 안내하여 대기 시간을 알려주고, 신규 고객일 경우 회원 카드 작성을 안내함
④ **서비스 공간으로 안내**
  - 이동 목적을 알리고, 방향을 손동작으로 가리키며, 고객 옆에 1~2걸음 비스듬히 앞에 서서 고객과 함께 이동함
  - 계단을 이용하여 올라갈 때에는 고객의 뒤에서, 내려갈 때에는 고객의 앞에서 걸어 고객보다 높은 위치가 되지 않도록 함(단, 남성 직원이 여성 고객을 안내할 때에는 계단을 오를 때 고객의 앞에서 이동함)

(3) 전화 응대 방법

① **전화 응대의 기본 원칙**
  - 전화 고객 응대 시 고객의 표정, 동작, 감정 등을 볼 수 없으므로 올바른 어휘 선택을 통해 상대방이 나를 보고 있는 것처럼 느낄 수 있도록 배려해야 함
  - 좋은 표정과 바른 자세, 예의바른 말투와 상냥한 목소리가 전화 응대의 기본 매너임

신속성	• 벨이 3번 이상 울리기 전에 받을 것 • 늦게 받았을 경우 정중히 사과하고 통화할 것
정확성	• 고객의 통화 내용 중 요점을 메모할 것 • 통화 내용을 요약 및 복창하여 확인할 것
친절성	• 예의바른 어휘와 상냥한 목소리로 고객의 요구를 충족시킬 것 • 미소 띤 얼굴로 통화할 것

② **비대면 고객 응대**
  - 2000년대에 들어서면서 온라인 서비스가 활발하게 이루어지고 있고, 최근 많은 미용실들이 SNS 계정을 만들어 운영하고 있음
  - 젊은 세대를 중심으로 온라인 고객 응대가 증가하고 있고, 온라인에서의 평가(후기, 댓글, 개인 SNS 업로드 등)에 따라 자연스러운 홍보효과가 발생하고 있음
  - 온라인상 고객 응대 시 고객이 요구하는 접점을 파악하여 신속한 회신과 정중한 문구를 사용하여 응대해야 함

2 대기 고객 응대하기

(1) 대기 고객 응대 방법

① 고객이 기다리는 동안 편안한 마음으로 휴식을 취할 수 있어야 함
② 대기 시간이 지루하거나 아깝다는 생각이 들지 않고 대접을 받았다는 느낌이 들도록 친절하고 세심한 서비스를 제공해야 함
③ 대기 공간이 편안하고 의미 있는 활동이 될 수 있도록 다양한 부가서비스를 제공하여 고객이 만족하도록 응대해야 함

> **참고 대기 고객 부가서비스**
> 대기 중인 고객이 지루하지 않도록 패션 잡지, 헤어스타일 북, 컴퓨터, 휴대폰 충전기 등 고객이 편히 이용할 수 있는 물품과 기기를 비치함

(2) 다과 및 부가서비스 제공 방법

① 다과 및 부가서비스의 종류

따뜻한 음료	주로 겨울철이나 고객이 따뜻한 음료를 원할 때 제공
시원한 음료	주로 여름철이나 고객이 시원한 음료를 원할 때 제공
다과류	• 음료와 곁들여 먹을 수 있는 간단한 스낵류, 견과류 등 • 유통기한 확인 및 신선도 유지
부가서비스	패션잡지, 헤어스타일 북, 휴대폰 충전기 등을 비치

② 제공 시 응대 매너

응대 전 점검 사항	• 서비스 하는 직원의 복장 상태 확인 • 손의 청결 상태 확인 • 음료 잔의 청결 상태 확인 • 고객이 원하는 음료의 온도 확인 • 음료의 양은 이동 시 넘치지 않도록 잔의 3분의 2만 채움 • 음료와 곁들일 다과의 신선도 확인
응대 시 유의할 점	• 고객 수에 맞는 음료와 다과 준비 • 쟁반이나 접시에 음료와 다과를 받쳐 이동하며, 고객 테이블에 조심스럽게 내려 놓음 • 고객에게 가벼운 목례 후 고객의 오른쪽에 놓고, 잔을 들 때 입이 닿지 않는 부분을 잡음

3 고객 관리하기

(1) 고객정보 수집

① 회원 가입 신청서: 고객의 동의하에 이름, 성별, 생년월일, 전화번호 등을 회원 가입 신청서 등을 통해 수집할 수 있음

② 고객 관리 차트
- 사용 이유: 고객과의 관계를 지속적으로 유지하는 경영 기법으로, 고객의 정보를 정확하게 파악하고 고객에게 맞는 서비스를 제공하기 위함임
- 효과: 고객의 개인정보부터 모발 및 두피 상태, 이전 시술 내역, 방문 빈도, 사후 관리 정보 등을 알 수 있으며, 이 자료를 바탕으로 업무의 효율성 및 지속성을 증대시켜 매출로 연결할 수 있음

(2) 「개인정보 보호법」

① 개인정보: 개인에 관한 정보로서 이름, 주민등록번호, 사진, 영상 등을 통해 개인을 알아볼 수 있는 정보를 말함

② 개인정보의 처리 및 보호에 관한 사항을 법으로 정함으로써 개인의 자유와 권리를 보호함

③ 「개인정보 보호법」(제15조 개인정보의 수집·이용)

> ① 개인정보 처리자는 다음 각 호의 어느 하나에 해당하는 경우에는 개인정보를 수집할 수 있으며 그 수집 목적의 범위에서 이용할 수 있다.
> 1. 정보 주체의 동의를 받은 경우
> 2. 법률에 특별한 규정이 있거나 법령상 의무를 준수하기 위하여 불가피한 경우
> 3. 공공기관이 법령 등에서 정하는 소관 업무의 수행을 위하여 불가피한 경우
> 4. 정보주체와 체결한 계약을 이행하거나 계약을 체결하는 과정에서 정보주체의 요청에 따른 조치를 이행하기 위하여 필요한 경우
> 5. 명백히 정보주체 또는 제3자의 급박한 생명, 신체, 재산의 이익을 위하여 필요하다고 인정되는 경우
> 6. 개인정보 처리자의 정당한 이익을 달성하기 위하여 필요한 경우로서 명백하게 정보 주체의 권리보다 우선하는 경우. 이 경우 개인정보 처리자의 정당한 이익과 상당한 관련이 있고 합리적인 범위를 초과하지 아니하는 경우에 한한다.
> 7. 공중위생 등 공공의 안전과 안녕을 위하여 긴급히 필요한 경우
> ② 개인정보 처리자는 제1항 제1호에 따른 동의를 받을 때에는 다음 각 호의 사항을 정보 주체에게 알려야 한다. 다음 각 호의 어느 하나의 사항을 변경하는 경우에도 이를 알리고 동의를 받아야 한다.
> 1. 개인정보의 수집·이용 목적
> 2. 수집하려는 개인정보의 항목
> 3. 개인정보의 보유 및 이용 기간
> 4. 동의를 거부할 권리가 있다는 사실 및 동의 거부에 따른 불이익이 있는 경우에는 그 불이익의 내용
> ③ 개인정보 처리자는 당초 수집 목적과 합리적으로 관련된 범위에서 정보 주체에게 불이익이 발생하는지 여부, 암호화 등 안전성 확보에 필요한 조치를 하였는지 여부 등을 고려하여 대통령령으로 정하는 바에 따라 정보 주체의 동의 없이 개인정보를 이용할 수 있다.

CHAPTER 05 고객 응대 서비스

출제 예상문제 C

1 데스크 안내 업무하기

01
비대면 접점에 관한 설명으로 옳은 것은?
① 전화, SNS, 이메일 등이 해당한다.
② 고객과 직접 얼굴을 마주하는 것이다.
③ 고객과 만나는 모든 접점이 해당한다.
④ 고객 대기실에서 이루어진다.

- 비대면 접점: 얼굴을 마주하지 않고 목소리, 글 등으로 만나는 것으로, 전화, 메시지, SNS, 이메일, 홈페이지 게시판 등이 이에 해당함
- 대면 접점: 고객과 직접 얼굴을 마주하는 것을 뜻함
- 고객 접점: 고객과 접하는 모든 순간으로, 진실의 순간이라고도 함

02
내점 고객 응대 방법으로 적절하지 <u>않은</u> 것은?
① 고객이 미용실에 방문하면 어떤 고객인지 파악하여 고객 유형에 맞게 안내한다.
② 고객의 의복과 소지품을 개인 보관함에 넣고, 헤어 서비스의 종류에 따라 가운 착용을 도와준다.
③ 계단을 이용하여 올라갈 때에는 고객의 앞에서 안내하여 고객보다 높은 위치에 선다.
④ 담당 디자이너를 기다려야 할 경우 대기석으로 안내하여 대기 시간을 알려주고, 신규 고객일 경우 회원 카드 작성을 안내한다.

계단을 이용하여 올라갈 때에는 고객의 뒤에서, 내려갈 때에는 고객의 앞에서 걸어 고객보다 높은 위치가 되지 않도록 하며, 남성 직원이 여성 고객을 안내할 경우에는 계단을 오를 때 고객의 앞에서 이동함

03
전화 응대의 기본 원칙으로 옳지 <u>않은</u> 것은?
① 대면성　　② 정확성
③ 신속성　　④ 친절성

전화는 비대면 접점이며, 신속성, 정확성, 친절성이 기본 원칙임

2 대기 고객 응대하기

04
대기 고객 응대 방법으로 옳지 <u>않은</u> 것은?
① 음료를 제공하는 경우 고객의 왼편에 놓는다.
② 대기 시간이 지루하거나 아깝다는 생각이 들지 않고 대접을 받았다는 느낌이 들도록 친절하고 세심한 서비스를 제공해야 한다.
③ 음료 및 다과 등을 제공한다.
④ 패션잡지, 헤어스타일 북 등을 비치한다.

음료나 다과는 고객의 오른편에 놓아야 하며, 음료 잔을 들 때 입이 닿지 않는 부분을 잡아야 함

05
음료 및 다과 제공 시 응대 매너로 적절하지 <u>않은</u> 것은?
① 손의 청결 상태 확인
② 고객이 원하는 음료의 온도 확인
③ 잔에 음료가 가득 채워졌는지 확인
④ 음료와 곁들일 다과의 신선도 확인

음료의 양은 이동 시 넘치지 않도록 잔의 3분의 2만 채움

3 고객 관리하기

06
미용 서비스 고객정보 수집에 대한 설명으로 옳은 것은?
① 고객 관리 차트는 고객이 동의하지 않더라도 고객의 시술 정보를 기입할 수 있다.
② 고객의 담당 미용사는 고객의 동의 없이 이름, 성별, 나이 등 기본적인 정보를 수집해도 된다.
③ 고객 관리 차트의 고객정보는 여러 사람과 공유할 수 있다.
④ 개인정보 보호 관련 법령 등에 따라 미용사는 고객 동의 하에 회원 가입 신청서를 작성할 수 있다.

고객정보 수집 시 고객의 동의하에 개인정보를 수집해야 하며, 고객의 동의 없이 타인과 공유할 수 없다.

| 정답 | 01 ① | 02 ③ | 03 ① | 04 ① | 05 ③ | 06 ④ |

에듀윌이
너를
지지할게

ENERGY

한계는 없다.
도전을 즐겨라.

– 칼리 피오리나(Carly Fiorina)

PART

02

HAIR DRESSER

헤어샴푸 & 두피·모발 관리

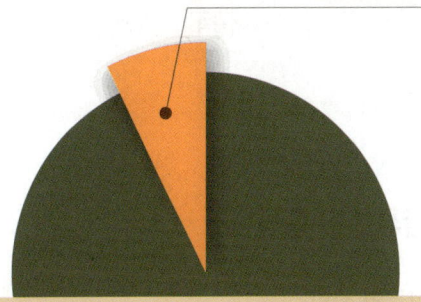

출제비중 **8%**

|출제 예상 문제 수| Ⓐ 5~3문제 Ⓑ 3~2문제 Ⓒ 2~1문제

Ⓐ **CHAPTER 01** 헤어샴푸와 헤어케어
Ⓐ **CHAPTER 02** 두피·모발 관리

CHAPTER 01

헤어샴푸와 헤어케어

합격 TIP 헤어샴푸와 헤어트리트먼트는 샴푸제와 트리트먼트제를 종류별, 유형별로 나누어서 파악해야 합니다.

1 샴푸제의 종류

(1) 샴푸의 정의
'머리를 씻다.'라는 의미로, 샴푸제(합성세제)나 비누 등을 이용하여 두피와 두발에 묻은 각종 이물질을 깨끗하게 제거해 주는 것을 말함

(2) 샴푸의 목적
① 두피와 두발에 묻은 각종 이물질을 깨끗하게 세정함(단, 세정력이 강한 알칼리 샴푸의 지속적인 사용은 두피의 건조와 두발의 손상을 줄 수 있음)
② 샴푸 시 적당한 자극으로 혈액순환을 촉진하여 모근 강화와 두발 성장에 도움을 줌
③ 모든 미용 시술의 기초 작업으로 두발 손질을 용이하게 함

(3) 샴푸제 구비 시 고려사항
① 헤어샴푸는 비누보다 거품이 풍부하고 적절한 세정력을 가지고 있어야 함
② 세정 시 마찰에 의한 두발의 손상이 없어야 함
③ 두피와 두발에 붙어 있는 피지 및 노폐물이 제거돼야 함
④ 세정 후 두발에 뻣뻣한 느낌이 없어야 함
⑤ 두피·두발·눈 등에 자극이 없어야 함

(4) 샴푸제의 종류
① 물의 사용 여부에 따른 분류

웨트 샴푸제 (물 사용 ○)	플레인 샴푸제	일반적인 샴푸제
	스페셜 샴푸제	손상된 두발에 사용하는 다양한 샴푸제
드라이 샴푸제 (물 사용 ×)	파우더 드라이 샴푸제	• 질환 등으로 웨트 샴푸제를 사용할 수 없을 때 사용하는 샴푸제 • 보통 산성 백토에 탄산마그네슘, 카오린, 붕사 등을 섞은 분말을 두피에 뿌려 사용함
	리퀴드 드라이 샴푸제	주로 가발(위그)의 세정에 사용하는 샴푸제

참고 파우더 드라이 샴푸제

② pH에 따른 분류

산성 샴푸제	• pH 4.5~6 정도이며, 손상된 두발이나 염색 두발의 색 유지, 펌 두발의 웨이브 유지에 적합함 • 두발과 두피에 남아 있는 약제를 제거하고 펌·염색 시술로 인해 민감해진 모발과 두피를 진정시킴 • 장기간 사용 시 두발의 색을 퇴색시킬 수 있음
중성 샴푸제	pH 7 정도이며, 헤어펌이나 염색 시술 전에 사용함
알칼리성 샴푸제	pH 7.5~8.5 정도이며, 일반적으로 사용하는 합성세제로 세정력이 가장 강함

> **참고** 산성 샴푸, 알칼리성 샴푸
> 샴푸제로 사용하는 것은 pH가 강한 것이 아니므로 '약산성 샴푸, 약알칼리성 샴푸'라고 부름

③ 시술 순서에 따른 분류 [빈출]

프레 샴푸제	• 오염이 심한 모발(피지 누적, 헤어스타일링 제품 사용 등)이 펌제나 염모제의 작용을 방해하지 않도록 펌, 염색, 탈색, 헤어트리트먼트 등의 시술 전에 사용하는 샴푸 • 보통 중성 샴푸제나 약알칼리성 샴푸제를 사용
애프터 샴푸제	• 펌, 염색, 탈색 등 화학적 시술 후에 사용하는 샴푸 • 보통 산성 샴푸제를 사용하여 알칼리제로 인해 민감해진 모발과 두피를 진정시킴 • 염색 후에는 유화(에멀전) 샴푸를 한 뒤 산성 샴푸로 세척함

> **참고** 유화(에멀전) 샴푸 [빈출]
> 염색 후 발색 및 유지력을 높이기 위해 사용하는 샴푸 방법으로, 샴푸제를 사용하지 않고 소량의 물과 두피에 남아 있는 염모제를 이용하여 3~5분 정도 손가락으로 부드럽게 마사지하여 남은 염모제를 제거함

④ 기능에 따른 분류 [빈출]

지성모용 샴푸제	세정력을 높이는 음이온성 계면활성제와 피지 분비를 조절하거나 세균 번식을 억제하는 성분이 포함되어 있음
건성모용 샴푸제	비이온성과 양쪽성 계면활성제가 포함되어 있음
손상모용 샴푸제	• 모발 보습제, 항산화제, pH 조절제 등을 포함하고 있음 • 뉴트리티브 샴푸: 영양 공급용 샴푸 • 브라이언트 샴푸: 두발 광택용으로 헤나를 첨가한 샴푸 • 리컨디셔닝 샴푸: 손상 회복 샴푸 • 소프트터치 샴푸: 두발 유연용으로 오일 합성물이 포함된 샴푸 • 프로테인 샴푸: 다공성 두발용으로 단백질을 함유하여 두발의 탄력과 강도를 높여주는 샴푸로, 누에고치에서 추출한 성분과 난황 성분을 함유함 • 논 스트리핑 샴푸(스트립 샴푸): 손상모나 염색 모발용으로 저자극성, pH가 낮은 약산성 샴푸 • 드라이 프리벤티브 샴푸: 건조를 방지하여 손상모에 적합한 샴푸
약용 샴푸제	• 항균성이 있어 비듬이나 가려움증, 피지 과다 분비를 방지함 • 라이치리스 샴푸: 가려움증을 완화해 주는 샴푸 • 안티 댄드러프 샴푸(항비듬성 샴푸): 약용 샴푸로서 징크피리치온이나 기타 비듬 방지 성분이 함유되어 가려움증과 비듬을 방지함(샴푸제를 도포한 후 두피를 2~3분간 마사지하고 약 5분 정도 방치하여 약액이 스며들게 한 다음 헹구는 방법으로, 플레인 샴푸 사용 후에 하면 더욱 효과적임) • 댄드러프 리무버 샴푸: 유화셀린이 첨가되어 노화된 각질을 용해하는 효과가 있어 비듬 제거에 용이한 샴푸 • 저미사이드 샴푸: 소독·살균용 샴푸 • 프리벤테이션 샴푸: 탈모 방지용 샴푸 • 데오드란트 샴푸: 악취 제거용으로 살균제나 탈취제가 배합된 샴푸
컬러 샴푸제	• 컬러 샴푸: 일시적인 염색효과를 주는 샴푸 • 컬러 픽스 샴푸: pH 밸런스를 조절하여 탈색을 방지하는 컬러 고정용 샴푸

> **용어** 다공성
> 펌이나 염색 등으로 두발이 손상되어 두발 내부에 있는 단백질이 빠져나가 그 부분에 구멍이 생긴 것을 말함

2 샴푸제의 성분

(1) 계면활성제 빈출
수상층(물)과 유상층(오일)의 경계면을 활성화시켜 두 물질을 잘 섞이게 하는 것으로 분자 구조상 물과 친화력이 있는 친수성기와 기름과 친화성이 있는 친유성기(소수성기)를 지니고 있음

① 수용성 계면활성제: 물과 같은 수용액에서 녹거나 계면이 활성화되는 성질을 가진 계면활성제(흔히 제품으로 사용됨)

② 유용성 계면활성제: 수용액에서 녹지 않는 성질을 가진 계면활성제로 친유성기를 띠고 있음(제품으로 많이 사용하지는 않음)

③ 계면활성제의 분류

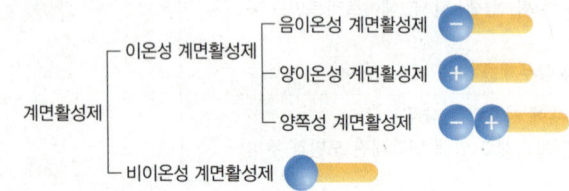

음이온성 계면활성제	• 물에 녹으면 친수성 부분이 음이온화됨 • 세정작용, 기포형성작용 우수 • 비누, 샴푸, 클렌징 폼, 보디 클렌저 등에 사용됨
양이온성 계면활성제	• 물에 녹으면 친수성 부분이 양이온화됨 • 항균성, 살균·소독작용, 대전 방지효과(정전기 발생 억제) • 헤어린스, 헤어컨디셔너, 헤어트리트먼트에 사용됨
양쪽성 계면활성제 (양성 계면활성제)	• 물에 녹으면 친수성 부분이 pH에 따라 산성 영역에서는 양이온이, 알칼리성 영역에서는 음이온이 됨 • 세정작용, 피부 자극이 적음 • 베이비 샴푸, 저자극 샴푸에 사용됨
비이온성 계면활성제	• 물에서 이온화되지 않음 • 피부 자극이 적고 안정성이 높아 주로 기초 화장품에 사용됨 • 화장수의 가용화제, 크림이나 로션의 유화제, 샴푸나 비누의 분산제, 클렌징 크림의 세정제로 사용됨

④ 계면활성제의 역할: 계면활성제의 친유기가 기름때에 달라붙은 뒤, 기름때와 모발 사이를 파고들어가 감싸면서 모발로부터 때를 완전히 분리시킴

⑤ 계면활성제의 성질을 이용한 물질

유화제	물과 기름을 섞이게 하고 일정 기간 동안에 다시 분리되지 않도록 안정화시키는 물질
가용화제	빛을 통과시킬 수 있는 투명한 액체로 만들어 주는 물질
세정제	액체의 세정력을 증가시키는 물질
분산제	고체 입자를 물에서 균일하게 분산(흩어짐)시켜 주는 물질
습윤제	물 또는 수용액이 다른 액체의 표면장력을 낮추어 내부로 침투하기 용이하게 해 주는 물질
기포제	거품이 잘 생기도록 하는 물질

참고 계면활성제의 역할 빈출

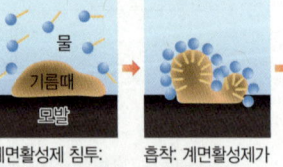

계면활성제 침투: 미셀(거품)을 형성함

흡착: 계면활성제가 때에 흡착함

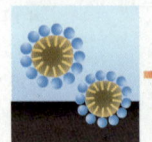

유화: 모발과 때를 분리함

분산: 때가 모발에 다시 붙지 않게 하며, 헹굼으로 떨어져 나감

(2) 기타 첨가제

기포 증진제	기포를 활성화함
증점제	점도를 증가시킴
금속이온봉쇄제	경수에 미량 포함되어 있는 금속이온으로 인한 산화 촉진, 변색 및 변취를 방지함
pH 조절제	pH 유지 및 제품 안정화

3 샴푸 방법

(1) 샴푸의 시술 순서
① 샴푸 전에 사전 브러싱을 하고 고객을 샴푸대로 안내함
② 샴푸대에 눕힌 다음 안면 가리개(수건 사용 가능)를 사용하여 얼굴에 물이 튀지 않도록 함
③ 물 온도(38~40℃)를 확인한 후 의복과 얼굴 등에 물이 튀지 않도록 시행함
④ 손바닥으로 샴푸제를 충분히 거품낸 후 두발 전체에 골고루 도포함
⑤ 샴푸의 진행 방향은 전두부, 측두부, 두정부, 후두부 순으로 함
⑥ 다양한 샴푸테크닉을 사용하여 두피를 문지르며 마사지함
⑦ 샴푸제가 남아 있지 않도록 페이스 라인, 목 뒤, 귀 등을 깨끗하게 헹굼

(2) 사전 브러싱
① 샴푸 전 브러싱의 목적
- 브러싱을 통해 헝클어진 두발을 풀기 위함
- 두피나 두발에 부착된 비듬, 스타일링제와 같은 노폐물 등을 제거하기 위함
- 두피를 적당히 자극하여 혈액순환을 원활히 하고 분비선의 기능을 활성시키기 위함

② 올바른 브러싱 방법
- 빗살 끝이 둥근 브러시로 빗살의 두께나 길이가 균일하며 간격이 좁지 않은 것을 선택함
- 두피에서 시작해서 두발 끝으로 빗어 주어 머릿결의 손상을 예방함
- 긴 두발의 경우 두발 끝에 엉킨 부분을 풀어 준 다음 두피 쪽부터 두발의 흐름대로 빗어 줌
- 여러 부위를 골고루 빗질함
- 젖은 두발에 빗질을 하면 두발이 손상되므로 가급적 피함

(3) 샴푸제의 선택
염색 두발, 다공성 두발, 비듬성 두발 등에 따라 알맞은 샴푸제를 선택하고 적당량을 사용해야 함

(4) 샴푸테크닉
두상의 부위별로 샴푸테크닉이 다르지만, 주로 지그재그하기, 굴려주기, 튕겨주기, 양손 교차 사용하기 방법으로 함

지그재그하기	손가락의 지문을 사용하여 지그재그로 비빔
굴려주기	손가락의 지문을 사용하여 둥글게 원을 그리듯이 비빔
튕겨주기	손가락 끝 부위로 가볍게 튕기거나 두드림
양손 교차 사용하기	양손을 교차하여 지문 부분으로 비빔

(5) 스페셜 샴푸제와 드라이 샴푸제의 사용 방법

스페셜 샴푸제		• 핫오일 샴푸: 식물성 오일(아몬드유, 올리브유 등)을 따뜻하게 데워 두피와 두발에 충분히 침투시키는 방법으로, 건조한 두피와 두발에 효과적이며, 플레인 샴푸로 세척함 • 에그 샴푸: 달걀을 사용하여 두발을 마사지한 다음 샴푸하는 방법으로, 흰자는 세정작용이 있어 비듬, 때, 노폐물 제거에 용이하며, 노른자는 지나치게 건조한 두발, 염색·탈색으로 인해 손상된 두발, 노화된 두발, 염증이 일어나기 쉬운 두피에 영양과 광택을 부여함
드라이 샴푸제	파우더 드라이 샴푸제	• 파우더 드라이 샴푸: 두발에 분말가루를 뭉치지 않게 골고루 뿌리고 약 20~30분 정도 경과한 후에 브러싱하고 남은 가루는 탈지면이나 수건 등에 헤어토닉을 묻혀 닦아내거나 털어냄 • 에그 파우더 드라이 샴푸(화이트 에그 파우더 샴푸): 달걀 흰자를 거품내서 두발에 바른 후 건조시켜 브러싱으로 제거함
	리퀴드 드라이 샴푸제	가발 전용 샴푸제로, 벤젠이나 알코올에 약 12~24시간 담가둔 후 그늘진 곳에서 건조함

(6) 샴푸 시 주의사항 [빈출]
① 물의 온도(38~40℃)는 손목 안쪽에 대고 확인함
② 손톱은 짧아야 하며 액세서리는 하지 않음
③ 손톱으로 두피를 긁지 않도록 하며 손가락의 지문 부위를 사용함
④ 고객의 요구에 따라 샴푸테크닉의 강도를 조절함
⑤ 헤어펌이나 염색 전에 하는 샴푸는 두피를 자극하지 말아야 함(염색 전에는 샴푸를 하지 않는 것이 좋지만, 과다한 스타일링제 사용으로 유분기가 많을 시에는 가볍게 헹구고 수분기를 제거해야 함)
⑥ 두피와 두발 상태, 작업 목적에 따라 샴푸 방법을 다르게 해야 함

4 헤어케어 제품

헤어펌과 염·탈색을 한 두피 및 두발은 손상되기 쉽거나 손상된 상태이므로 샴푸 후 애프터케어로 헤어케어 제품을 사용하여 두발을 보호해야 함

(1) 린스(컨디셔너)
① '씻다, 헹구다'의 의미로 샴푸 후 건조해진 두발에 유분과 수분을 공급함
② 기능
• 양이온성 계면활성제가 두발 표면에 얇은 피막을 형성하여 유연성(부드러움), 정전기 방지(대전 방지), 윤기를 부여하며 엉킴을 방지하여 빗질하기 좋게 함
• 샴푸 후 모발에 남아 있는 금속성 피막, 불용성 알칼리 성분을 제거함(샴푸의 잔여물을 중화함)
• 화학적 시술로 인해 알칼리화된 두발의 pH를 중화시킴

[참고] **헤어케어 제품**
헤어케어 제품은 제형의 농도와 주성분에 따라 린스, 컨디셔너, 트리트먼트로 판매되고 있으며, 린스와 컨디셔너의 효능은 같지만 우리나라에서는 린스로 불리고 외국에서는 주로 컨디셔너로 불리고 있음

[용어] **중화**
정상 두발(pH 4.5~5.5)의 상태로 되돌리는 작업

③ 린스의 종류 [빈출]

플레인 린스 (중간 린스)	• 물로 두발을 헹구는 것 • 헤어펌 시술 중 펌1제를 씻어내기 위해 사용됨 • 물의 온도는 38~40℃ 정도의 연수 사용이 좋음
유성 린스	• 화학적 시술로 인해 건조해진 두발에 적당한 유분(지방)을 공급하는 목적으로 사용함 • 크림 린스: 가장 일반적인 린스로 대전 방지, 유연성(부드러움), 빗질의 용이함 등의 효과가 있음 • 오일 린스: 올리브유 등을 따뜻한 물에 섞어 두발을 헹구어 내는 방법
산성 린스	• pH 3~4 정도의 산성으로 화학적 시술 후에 알칼리 성분을 중화시키는 목적으로 사용됨 • 펌 시술 전에는 사용하지 않음 • 레몬 린스: 레몬즙을 따뜻한 물에 5~6배 정도 희석하여 사용함 • 구연산 린스: 구연산 1.5g을 따뜻한 물 0.5L에 섞어 사용하는 것으로, 레몬 린스 대용으로 사용함 • 비니거 린스: 지방성 두발에 사용하는 것으로, 식초를 물에 타거나 초산을 10배 정도 희석하여 사용함
약용 린스	• 살균과 소독작용이 있는 성분을 첨가하여 만듦 • 비듬, 가려움증, 두피 질환에 효과적임
컬러 린스	컬러 샴푸와 유사한 것으로 샴푸 전까지 일시적으로 두발의 색을 강조하거나 보완하는 효과를 줌

④ 린스제의 주성분
- 대전방지제
- 유지류❓
- 습윤제❓
- 양이온성 계면활성제 등

용어 유지류(유성 성분)
두발에 매끄러운 느낌을 주기 위해 첨가하는 기름 성분

용어 습윤제
두발에 부드럽고 촉촉한 느낌을 주기 위해 첨가하는 물질

(2) 트리트먼트
① '치유, 치료, 처치' 등을 뜻하지만, 미용업에서는 영양 공급의 의미로 사용됨
② 기능
- 펌과 염·탈색으로 인한 두발 내부의 유실된 간충물질에 그와 유사한 성분의 제품을 사용하여 두발에 영양을 공급함
- 정전기 발생 방지효과, 두발 표면을 보호하고 윤기를 부여함
- 두발의 물리적 특성을 강화시켜 줌
③ 물 사용 여부에 따른 분류

헹궈내는 타입	• 양이온성 계면활성제, 유성 성분이 많이 배합됨 • 손상된 두발의 간충물질을 채워주고 손상을 방지함 • 건조한 두피에 스캘프 매니플레이션을 함께 사용하면 모공을 막고 있는 비듬과 각질 등을 제거하는 데 효과적임
헹궈내지 않는 타입	• 샴푸 후 타월 드라이❓로 적당량의 수분을 남긴 후 손상된 두발 위주로 트리트먼트 성분이 고르게 침투하도록 도포한 다음 원하는 스타일로 손질함 • 필요 이상으로 사용하면 세트한 것이 풀리거나 두발이 두피 쪽으로 달라붙음 • 유성 성분의 배합에 제한을 둠 • 두발의 손상을 방지함

용어 타월 드라이
타월(수건)을 사용하여 물기를 제거하는 동작

④ 트리트먼트제의 유형

두발용	자외선(일광, 햇볕)에 의한 손상을 예방하고 화학적 시술 후 두발의 퇴색을 방지함
손상모용	컨디셔너에 단백질을 첨가하여 두발의 탄력을 강화시킴
크림(팩)	일반적으로 많이 사용하는 유형으로, 유성 성분을 첨가하여 두발에 유분과 수분을 주어 손상을 방지함
로션	고분자 실리콘과 휘발성 유분을 첨가하여 코팅효과를 줌
액상	고농도의 폴리펩타이드를 첨가한 것으로, 가늘거나 손상된 두발에 사용하고 주로 전처리용으로 사용함
앰플	고농도의 폴리펩타이드를 배합하여 가늘고 건조한 두발에 탄력을 줌
오일	점도가 낮은 오일류를 첨가하여 유연성과 광택을 줌
스프레이 (분사형)	실리콘과 폴리펩타이드를 첨가한 것으로, 두발에 광택을 줌

⑤ 트리트먼트제의 주성분: 린스제의 주성분과 PPT, LPP 등이 있음

PPT	• Protein Polypeptide(프로틴 폴리펩타이드)의 약자로, 분자량이 커 고분자 PPT라고 함 • 주로 전처리용으로 쓰이며, 모표피를 강화함
LPP	• Low Molecular PPT(로우 몰레큘러 PPT)의 약자로, PPT 중 분자량이 작은 것을 저분자 LPP라고 함 • 주로 후처리용으로 쓰이며, 두발의 내부를 강화함

용어 폴리펩타이드
• 펩타이드는 아미노산 2~50개 미만으로 연결·구성되며, 50개 이상의 아미노산이 펩타이드 결합으로 이루어진 것이 폴리펩타이드임
• 케라틴 단백질의 아미노산은 50개 이상으로 구성되어 있고, 두발은 18종의 아미노산으로 구성되며 18종 중 시스틴 아미노산의 비율이 가장 큼

용어 전처리용
미용 시술을 하기 전(또는 중간)에 사용하여 화학적 불균형을 막아주고 모발을 보호하는 용도

용어 후처리용
미용 시술을 끝낸 후에 하는 것

5 헤어케어 방법

(1) 시술 순서
① 샴푸 후에 두피와 두발에 맞는 헤어케어 제품을 선택함
② 두발에 전체적으로 도포함
  • 린스는 두피에 닿지 않게 도포함
  • 두피용 헹궈내는 타입의 트리트먼트는 두피와 두발에 영양분이 전달될 수 있도록 도포함
  • 두발용 헹궈내는 타입의 트리트먼트는 모표피에 유·수분과 단백질 성분이 고르게 침투할 수 있도록 꼼꼼하게 도포함
③ 다양한 스캘프 매니플레이션 테크닉을 사용하여 문지르며 마사지함
④ 헤어케어 제품이 남아 있지 않도록 페이스 라인, 목 뒤, 귀 등을 꼼꼼하게 헹굼
⑤ 타월 드라이 후에 샴푸대 주변을 깨끗하게 정리함

참고 스캘프 매니플레이션 테크닉
p.100 참조

(2) 헤어케어 제품의 선택

① 두피 유형에 따른 분류 빈출

정상	플레인 스캘프 트리트먼트를 사용함
건성	헤어 제품의 남용으로 인해 두피에 지방이 부족해져 건조한 두피는 드라이 스캘프 트리트먼트를 사용함
지성	피지가 과잉 분비된 두피에는 오일리 스캘프 트리트먼트로 피지를 제거함
비듬성	댄드러프 스캘프 트리트먼트와 같은 항균성이 있는 제품으로 비듬과 가려움증, 과다한 피지 분비를 방지함

② 두발 유형에 따른 분류

정상모	유성 린스나 컨디셔너제로 두발을 가볍게 코팅함
건성모	두발의 엉킴 방지와 광택을 주기 위해 양이온성 계면활성제와 습윤제가 첨가된 크림이나 로션, 오일 유형의 트리트먼트제를 사용함
손상모	오일 린스나 컨디셔너제, 손상모용 트리트먼트, LPP를 사용하여 손상되어 건조해진 두발에 유분과 영양을 줌
비듬성	약용 린스를 사용하여 두발을 살균·소독함

③ 작업 목적에 따른 분류

펌 작업 전	산성 린스(레몬 린스, 비니거 린스, 구연산 린스)는 pH 3~4 정도로 낮아 모표피를 단단하게 해 주기 때문에 피함
펌 작업 중	플레인 린스(중간 린스)를 함
펌 작업 후	펌 시술로 인한 다공성모에 단백질을 채워줄 수 있는 액상 유형이나 손상모용 트리트먼트제 또는 오일 린스로 유분을 공급함
염색 작업 후	컬러 린스로 염색한 두발의 색이 더욱 선명하게 보일 수 있게 함

(3) 헤어케어 시 주의사항

① 두발 전용으로 나온 제품은 두피에 닿지 않게 사용함
② 두피와 두발의 상태를 확인한 후 헤어케어의 유형과 작업 목적에 따라 선택함
③ 트리트먼트와 린스(컨디셔너)를 모두 사용할 경우 트리트먼트를 먼저 사용해서 두발에 영양을 공급한 다음 린스를 사용하여 코팅효과를 줌
④ 린스나 헹궈내는 타입의 트리트먼트는 두발에 흡수될 수 있도록 10~20분 정도 방치하는 것이 좋음
⑤ 헤어케어 제품을 헹굴 때의 물의 온도는 샴푸와 동일한 38℃가 적당함

CHAPTER 01 헤어샴푸와 헤어케어

출제 예상문제 A

1 샴푸제의 종류

01
샴푸의 목적으로 옳지 않은 것은?
① 두발 손질을 용이하게 만들기 위함이다.
② 두피와 두발을 깨끗하게 하기 위함이다.
③ 매일 아침, 저녁으로 샴푸를 하여 용모를 더욱 돋보이게 하기 위함이다.
④ 샴푸 시 적당한 자극으로 두피의 생리 활성을 높여주기 위함이다.

- 아침, 저녁으로 샴푸를 하는 것은 지성 두피에 해당하는 내용임
- 샴푸는 용모를 돋보이게 하기 위함보다 기본적으로 청결을 위해 함

02
드라이 샴푸에 해당하지 않는 것은?
① 파우더 드라이 샴푸   ② 프로테인 샴푸
③ 리퀴드 드라이 샴푸   ④ 에그 파우더 드라이 샴푸

프로테인 샴푸는 다공성모에 적합한 샴푸제로, 물을 사용해야 하는 웨트 샴푸임

03
다공성모에 적합한 샴푸제는?
① 산성 샴푸   ② 핫오일 샴푸
③ 프로테인 샴푸   ④ 알칼리성 샴푸

- 산성 샴푸: 손상된 두발이나 염색 두발의 색 유지, 펌 두발의 웨이브 유지에 적합함
- 핫오일 샴푸: 건조한 두발에 유분을 공급함
- 알칼리성 샴푸: 일반적인 샴푸제로, 세정력이 강하며 손상된 두발에는 자극을 주므로 피하는 것이 좋음

04
염색한 두발에 적합하지 않은 샴푸제는?
① 산성 샴푸   ② 에그 샴푸
③ 논 스트리핑 샴푸   ④ 알칼리성 샴푸

화학적 시술을 한 두발은 알칼리화가 되어 있어 적은 자극에도 민감하게 반응하므로 알칼리성 샴푸제가 아닌 산성 샴푸제나 염색 전용 샴푸제를 사용하여 자극을 최소화해야 함

2 샴푸제의 성분

05
샴푸제의 성분이 아닌 것은?
① 증점제   ② 계면활성제
③ 금속이온봉쇄제   ④ 유지류

유지류는 기름 성분으로 두발에 매끄러운 느낌을 주기 위해 린스, 컨디셔너, 트리트먼트에 첨가됨

06
샴푸의 주성분인 계면활성제의 성질을 이용하여 물과 기름의 경계면을 잘 섞은 것으로, 장시간 방치해도 두 개의 층으로 분리되지 않고 유백색의 액상으로 유지할 수 있는 것을 뜻하는 것은?
① 유화   ② 가용화
③ 분산   ④ 습윤

- 가용화: 물에 기름을 넣고 믹싱하는(섞는) 과정에서 투명한 상태가 되는 것으로, 화장품 중 스킨이 대표적임
- 분산: 고체 입자를 물속에서 고르게 흩어지게 하는 것
- 습윤: 다른 액체나 고체의 표면장력을 낮게 만들어 줌

07
음이온성 계면활성제의 설명으로 옳지 않은 것은?
① 살균·소독작용이 있다.
② 기포형성작용이 우수하다.
③ 비누나 샴푸 등에 사용된다.
④ 물에 잘 녹는다.

양이온성 계면활성제는 살균·소독작용, 대전 방지효과가 있어 린스, 컨디셔너, 트리트먼트 등에 사용됨

3 샴푸 방법

08
샴푸 방법으로 옳지 않은 것은?
① 샴푸 시 물 온도는 38℃가 적당하다.
② 샴푸제를 손바닥에 덜어 거품을 낸 후 두발에 도포한다.
③ 고객이 편안함을 느낄 수 있도록 후두부부터 진행한다.
④ 샴푸 시 고객의 의복에 물이 튀지 않도록 주의한다.

샴푸는 전두부에서 시작해서 측두부, 두정부, 후두부 순으로 함

| 정답 | 01 ③ | 02 ② | 03 ③ | 04 ④ | 05 ④ | 06 ① | 07 ① | 08 ③ |

09
브러싱 방법으로 옳지 않은 것은?
① 젖은 머리보다 마른 머리에 하는 것이 좋다.
② 브러시 선택 시 빗살의 두께는 일정해야 하나 빗살의 간격은 일정하지 않은 것으로 선택한다.
③ 두피에서 시작하고 두발 끝으로 빗어 내린다.
④ 여러 부위를 골고루 빗질한다.

> 브러시의 빗살은 두께나 길이가 균일하며 간격이 좁지 않은 것으로 선택함

10
가발을 벤젠이나 알코올에 담가두고 난 다음 그늘에 말리는 샴푸 방법을 사용하는 샴푸제는?
① 리퀴드 드라이 샴푸
② 안티 댄드러프 샴푸
③ 화이트 에그 파우더 샴푸
④ 핫오일 샴푸

> • 안티 댄드러프 샴푸: 항비듬성 샴푸로 샴푸제를 두피에 도포한 다음 약액이 흡수될 수 있도록 일정 시간 방치한 후 세척함
> • 화이트 에그 파우더 샴푸: 달걀 흰자를 거품내서 두발에 바른 후 건조시켜 브러싱으로 제거함
> • 핫오일 샴푸: 식물성 오일을 따뜻하게 데워 두피와 두발에 침투시키는 방법으로 플레인 샴푸로 세척함

11
샴푸 시 주의사항으로 옳지 않은 것은?
① 손가락의 끝으로 두피를 문지르며 샴푸테크닉의 강도를 조절한다.
② 펌 시술 전 불용성 알칼리 성분을 제거하기 위해 산성 샴푸를 사용한다.
③ 고객이 불편하지 않은지 살펴보면서 샴푸테크닉의 강도를 조절한다.
④ 샴푸 방법은 펌이나 염색 시술에 따라 달라진다.

> 산성 샴푸는 모표피를 단단하게 하는 작용이 있으므로 헤어펌 시술 전에는 사용하지 않음

4 헤어케어 제품

12
산성 린스에 해당하지 않는 것은?
① 레몬 린스
② 올리브유 린스
③ 구연산 린스
④ 비니거 린스

> 올리브유 린스는 오일 린스로, 유성 린스에 해당함

13
알칼리성 샴푸로 세척한 두발에 사용하면 좋은 린스는?
① 구연산 린스
② 오일 린스
③ 플레인 린스
④ 컬러 린스

> • 알칼리성 샴푸를 사용하면 모표피가 팽윤되므로 pH 밸런스를 맞추기 위해 산성 린스(레몬·구연산·비니거 린스 등)를 사용하여 들뜬 모표피를 닫아줌
> • 오일 린스: 두발에 적당한 유분을 공급함
> • 플레인 린스: 물로 세척하는 것
> • 컬러 린스: 일시적으로 두발이 린스의 색을 띠게 하는 것

14
헤어트리트먼트의 사용 목적으로 옳지 않은 것은?
① 모표피를 보호하고 윤기를 주기 위해 사용한다.
② 두발을 부드럽게 하기 위해 사용한다.
③ 두피와 두발의 세정효과를 높이기 위해 사용한다.
④ 두발의 물리적인 특성을 강화하기 위해 사용된다.

> 세정효과가 있는 것은 샴푸임

5 헤어케어 방법

15
두피 타입에 알맞은 헤어케어 제품이 아닌 것은?
① 정상 두피 – 플레인 스캘프 트리트먼트
② 건성 두피 – 드라이 스캘프 트리트먼트
③ 지성 두피 – 오일리 스캘프 트리트먼트
④ 비듬성 두피 – 핫 오일 스캘프 트리트먼트

> 비듬성 두피는 댄드러프 스캘프 트리트먼트와 같은 항균성이 있는 제품을 사용해야 함

16
헤어트리트먼트에 대한 설명으로 옳지 않은 것은?
① 두발 전용과 두피 전용을 구분하여 사용한다.
② 두발에 흡수가 잘 되도록 일정 시간 방치해 둔다.
③ 샴푸와 마찬가지로 물의 온도는 38℃ 정도가 적당하다.
④ 두피에 잘 흡수시키고 적당히 마사지한다.

> 트리트먼트제는 두피와 두발의 상태, 사용 목적에 따라 구분해서 사용하고, 코팅효과가 있는 두발 전용 트리트먼트제는 두피에 닿지 않게 주의해야 함

CHAPTER 02

두피 · 모발 관리

합격 TIP 두피 · 모발 관리 챕터는 시험 출제 빈도가 매우 높은 챕터로, 꼼꼼한 암기가 필요합니다. 기출문제와 출제 예상문제를 많이 풀어보도록 합니다.

1 두피 · 모발 관리 준비

(1) 모발의 이해
① 모발의 정의
- 전신에 분포되어 있는 체모를 순우리말로는 '털'이라고 하고, 한자로는 '모(毛)', 혹은 모발(毛髮)'이라고 부름
- 피부의 변성물인 모발은 케라틴(Keratin)이라는 경단백질로 되어 있음
- 우리 신체의 털은 약 130~140만 개이고, 그중 두발은 8~13만 개 정도임
- 자연적으로 탈락하는 두발은 매일 80~100개 전후로, 100개 이상 탈락 시 탈모로 간주함
- 모발은 하루에 평균 0.2~0.5mm 정도 자라남

② 모발의 발생: 태아 9~12주 때 모낭 형성, 12~14주 때 모발이 생성됨

전모아기	모낭 생성을 위한 모포 형성
↓	
모아기	피부 함몰 시작
↓	
모항기	기둥 모양으로 진피층까지 깊게 피부 함몰이 이루어짐
↓	
모구성 모항기	피지선과 기모근, 모유두 형성 시작
↓	
모낭 완성	모발을 만들어 낼 수 있는 성숙한 모낭이 만들어짐

③ 모발의 기능

보호	물리적 마찰과 화학적 자극으로부터 신체를 보호함
배출	체내의 중금속, 땀, 피지, 노폐물 등을 외부로 배출함
감각	모근에 연결된 신경을 통해 외부 자극을 감지함
장식	아름다운 헤어스타일을 통해 자신의 개성을 표현하거나 신분이나 계급 등을 나타냄

④ 모발의 구조

모근	피부 안쪽에 보이지 않는 부분
모간	피부 바깥에 있어 눈에 보이는 부분

참고 **모발과 두발**

모발	두발
전신에 존재하는 털	두상에 존재하는 털

참고 **모발 구성 성분**
- 단백질(80~90%)
- 수분(10~15%)
- 멜라닌(3% 이하)
- 지질(1~8%)
- 미량원소(1~6%)

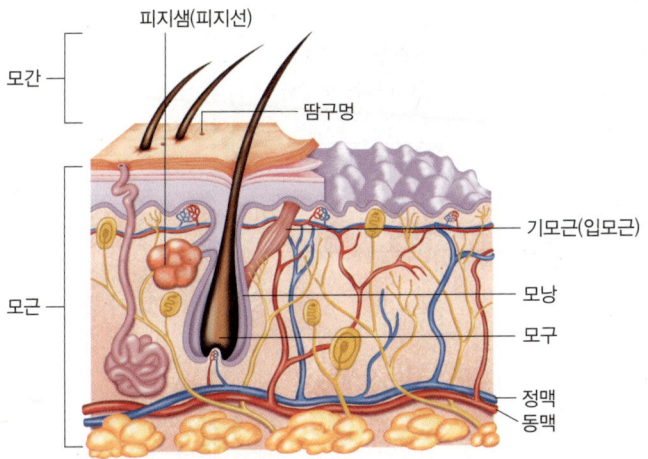

- 모근의 구조 빈출

모낭	모근부를 감싸는 주머니
모구	모낭 하단의 둥근 부분으로, 모유두, 모모세포, 멜라닌 등이 존재함
모모세포 (모기질세포)	모유두에서 영양을 공급받아 세포분열하여 모표피, 모피질, 모수질로 분화되어 모근을 형성함
멜라닌	흑갈색 색소로, 모모세포(모피질세포) 사이에 존재하며 모발의 색을 부여함
기모근 (입모근)	추위나 공포를 느낄 때 수축하여 털을 세움
피지샘 (피지선)	• 피지를 만들어 모발을 따라 배출하며, 모발의 윤기 부여 및 정전기 방지 • pH 4.5~5.5의 약산성인 피지막(천연보호막)을 형성함
모세혈관	모낭(모유두)에 영양분과 산소 공급
신경	촉각, 통각 등 감각의 기능

- 모간의 구조 빈출

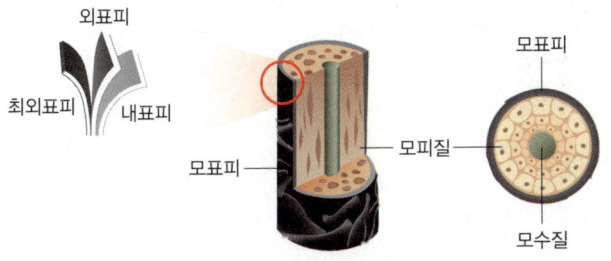

모표피
(Cuticle)
	• 모발의 가장 바깥쪽으로 10~15%를 차지함
	• 외부의 물리적, 화학적 자극으로부터 보호하는 역할
	• 5~15겹으로 물고기 비늘 또는 기왓장 모양으로 쌓여 있음
	• 1겹은 최외표피(Epicuticle), 외표피(Exocuticle), 내표피(Endocuticle)로 구성됨
	  – 최외표피: 시스틴 함량이 적고, 경케라틴으로 마찰에 의해 쉽게 부서지며, 기계적 작용에 약하고 화학약품에 대한 저항성이 강함
	  – 외표피: 시스틴 함량이 많음
	  – 내표피: 세포막 복합체(CMC: Cell Membrane Complex)가 모피질과 모표피를 접착시킴

참고 모표피

- 건강모

- 탈색모

모피질 (Cortex)	• 모발의 85~90%를 차지함 • 모발의 유연성, 탄력성 등 물리적인 특성과 화학적 특성(펌, 염색 등)에 관여함 • 피질세포, 간충물질(기질 및 천연보습인자), 멜라닌색소 등 모발을 구성하는 주요 성분들로 이루어짐
모수질 (Medulla)	• 모발의 가장 안쪽에 위치함 • 연모나 미성숙한 모발의 경우 없을 수 있음 • 벌집 모양의 형태로, 공기층으로 이루어져 있으며, 보온 역할을 함

⑤ 모발의 성장 속도
- 여성이 남성보다 빠름
- 봄·여름이 가을·겨울보다 빠름
- 밤이 낮보다 빠름

⑥ 모발의 성장 주기 빈출

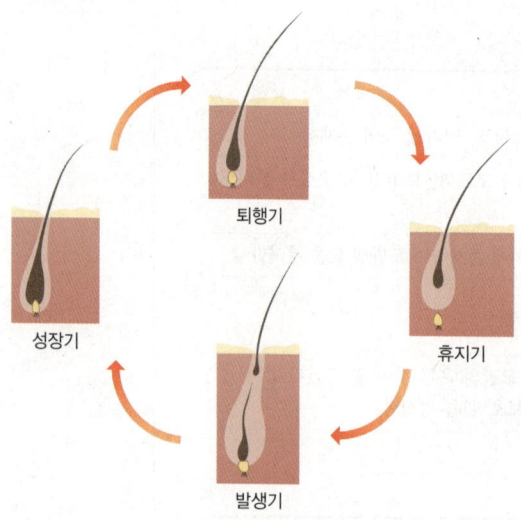

성장기	• 모세혈관은 모유두에 영양을 활발히 공급하고, 모유두는 모모세포(모기질세포)에 전달하여 모모세포의 세포분열이 왕성하여 모발이 잘 자라는 시기 • 기간은 3~6년, 전체 모발의 80~90%를 차지함
퇴행기	• 모유두와 모발의 분리가 시작되고, 모구가 수축하면서 모모세포(모기질세포)의 세포분열이 줄어드는 시기 • 기간은 3~4주, 전체 모발의 1~2%를 차지함
휴지기	• 모낭과 모유두가 완전히 분리되어 모발 성장이 멈추고 모발이 점차 밀려 올라가는 상태로 브러싱이나 샴푸 등에 의해 모발이 쉽게 탈락하는 시기 • 기간은 3~4개월, 전체 모발의 10%를 차지함
발생기	• 모낭과 모유두가 다시 연결되어 영양 공급을 받게 되고 모모세포(모기질세포)의 세포분열이 일어나 새로운 모발이 생성되는 시기 • 성장기로 가는 매우 짧은 단계임

⑦ 모발의 형태

직모	파상모	축모
• 모모세포 간 세포분열이 동일하게 이루어지고 모낭의 구조가 곧으며, 굵기가 굵고 모발 단면이 원형의 형태를 나타냄 • 일반적으로 동양인에게 많이 나타남	• 굵기가 가늘고 약간 곱슬거리는 웨이브를 가지며, 모발 단면이 타원형의 형태를 나타냄 • 일반적으로 유럽인종에게 많이 나타남	• 곱슬모로 모낭이 피부 표면으로 굽어진 모양이며, 모발 단면이 납작함 • 일반적으로 아프리카인종에게 많이 나타남

⑧ 모발의 물리적 특성

- 밀도: 머리숱의 정도를 말하며 모발의 밀도는 약 8~12만 정도로, 금발은 약 13만 개, 갈색모는 약 11만 개, 흑모는 약 10만 개, 적모는 약 8만 개 정도로 봄
- 탄력성: 정상인의 모발은 탄력성이 우수하며 물에 젖어 있을 경우에는 원래 길이의 1.7배 정도 늘어나지만, 건성 모발은 탄력성이 적어 약 1.25배 정도 늘어남
- 인장강도: 건강모는 모발을 당겼을 때 끊어지지 않고 견디는 힘이 강하지만, 손상모는 강도가 약함
- 신장: 건강모는 모발이 늘어나는 정도가 40~50%이고, 물에 젖었을 때에는 60~70%임
- 팽윤성: 모발은 액체류를 흡수하면 길이, 굵기, 중량이 증가하는 성질이 있음
- 다공성: 건강모는 모표피가 규칙적이므로 염·탈색제, 펌제가 과다하게 흡수되지 않으나, 손상모는 염색, 탈색, 펌 등의 화학 처리로 인해 머리카락의 피질층을 채우고 있는 간충물질이 소실되어 모발 조직 중 빈 공간이 많아 화학 제품이 과다 흡수되어 심하게 손상될 우려가 있음
- 습윤성(흡습성): 모발은 공기 중 습도가 높으면 수분을 흡수하고 건조하면 수분을 빼앗기는 성질을 가지는데, 모발의 수분 함유량은 10~15%일 때 가장 이상적이며, 손상모는 10% 이하임
- 열변성: 120℃ 전후에서는 단백질의 변성으로 모발의 부피가 커지며, 130~150℃ 전후에서 모발의 변색이 시작되고 270~300℃가 되면 타서 분해됨
- 광변성: 적외선의 과도한 열은 모발의 케라틴을 파괴하여 모발을 손상시키며 강한 자외선은 모발의 시스틴 함량을 줄게 하고, 멜라닌을 파괴하여 모발 손상과 탈색을 초래함
- 대전성: 마찰로 인해 전기가 발생하는 성질이 있어 모발끼리 엉키거나 스타일링이 잘 이루어지지 않는 경우 유·수분을 보충하거나 헤어스타일링 제품을 사용함
- 색: 모발의 색은 모피질의 멜라닌색소의 양과 분포 정도에 따라 결정됨 〔빈출〕

멜라닌색소	
• 모발의 색을 결정하는 것으로, 유멜라닌과 페오멜라닌으로 구분됨 • 피부의 기저층과 모구의 모모세포 사이에 존재함	
유멜라닌	페오멜라닌
• 과립형 • 흑색, 갈색, 적갈색 등을 나타냄 • 동양인이나 아프리카인종에게 많음	• 분사형 • 황색, 밝은 적색 등을 나타냄 • 유럽인종에게 많음

참고 모발 탈색 시 색의 변화
입자가 큰 유멜라닌부터 파괴되어 '흑색 – 갈색 – 적갈색 – 붉은색 – 황색' 순으로 보임

⑨ 모발의 화학적 특성 빈출

모발은 아미노산이 세로로 강하게 결합되어 있는 주쇄 결합과, 주쇄 결합을 가로로 연결하는 측쇄 결합으로 이루어짐

주쇄 결합		• 펩타이드 결합이라고도 하며, 화학적인 처리에도 영향을 적게 받는 강한 결합 • 모발이 잘 끊기지 않음
측쇄 결합	수소 결합	수분에 의해 절단되었다가 건조하면 재결합되는 성질로, 이를 이용하여 드라이나 아이론을 함
	시스틴 결합	두 개의 황(S) 원자 사이에 형성되는 화학적 반응으로, 이를 이용하여 퍼머넌트 웨이브를 함
	이온 결합	염 결합이라고도 하며, 폴리펩타이드 내의 아미노산 중 음극(-)을 띤 화학기와 양극(+)을 띤 화학기 사이의 정전기적 결합

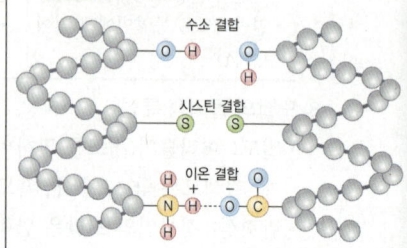

참고 측쇄 결합

(2) 두피의 이해

① 두피의 정의
- 두피란 뇌를 포함한 두부(頭部)를 보호하고 있는 피부 조직을 말함
- 외부의 물리적 자극이나 화학적 자극을 완충시켜 두부 내부를 유지하고 보호함

② 두피의 기능 빈출

보호	• 외부의 물리적·화학적 작용으로부터 뇌를 포함한 두부를 보호하는 기능을 함 • 약산성인 두피는 세균 증식을 억제하고 멜라닌색소는 피부 세포가 자외선에 의해 손상되는 것을 막아주는 색소 방어막 역할을 함
흡수	제품 도포 시 각질층의 경로와 피부 부속기관을 통해 흡수가 이루어짐
호흡	인체는 폐를 통해 호흡이 97% 이루어지지만, 1~3%는 피부 조직을 통한 외부로부터의 산소 공급이 이루어지고, 피부 조직의 하나인 두피 또한 이러한 피부 호흡의 기능에 관여함
배출	피지를 분비하는 피지선과 땀을 분비하는 한선이 존재하며, 중금속 등의 유해물질을 체외로 배출하는 기능을 함
감각	외부의 자극을 뇌에 전달하여 촉각, 압각, 통각, 온각, 한각, 소양감 등을 느낄 수 있음
비타민 D 생성	자외선을 받으면 생체 내에서 비타민 D가 생성되어 뼈와 치아의 형성에 도움을 줌
영양분 저장	피하조직 내 지방은 우리 몸의 저장 기관으로 각종 영양분과 수분을 보유 및 저장함
체온 조절	• 인체는 항상 36.5℃를 유지하는 항상성을 지니고, 피부에서 분비되는 땀은 체온 유지에 도움을 줌 • 피부 조직의 모세혈관은 발한작용을 통해 체온을 일정하게 유지해 줌

③ 두피의 손상 요인

내적 요인		잘못된 식습관, 수면 부족, 스트레스, 호르몬 불균형, 과도한 다이어트로 인한 영양 부족
외적 요인	물리적	잘못된 샴푸 방법, 과도한 브러싱, 드라이와 아이론에 의한 건조
	화학적	퍼머넌트 웨이브, 염색과 탈색
	환경적	대기오염, 강한 자외선

④ 두피의 유형에 따른 특징 및 관리 방법

정상 두피	특징	• 연한 살색이나 연한 청백색으로 맑고 투명한 톤 • 피지선의 분비가 원활하여 수분량과 피지막이 적당하게 분포 • 28일의 두피세포 각화주기가 정상적으로 진행되어 노화된 각질이나 피지산화 응고물이 거의 없는 상태 • 모공이 열려 있으며 모공 주변이 깨끗한 상태 • 한 모공에 2~3가닥의 모발이 두상 전체에서 50% 이상을 차지함
	관리 방법	두피의 개선보다 두피 이상화의 예방과 정상 두피 상태를 유지하는 데 초점을 둠
건성 두피 빈출	특징	• 유·수분이 부족 또는 증발하여 건조해진 상태 • 비듬을 유발하여 모발은 가늘어지고 탄력이 감소하며 심한 경우 탈모로 진행될 가능성이 있음 • 3일 정도 샴푸하지 않아도 유분이 많지 않음 • 잦은 샴푸, 부적절한 헤어드라이, 펌·염색 등의 잦은 미용 시술로 인해 두피 및 모발이 자극을 받아 건조해질 수 있음
	관리 방법	두피 스케일링과 두피 마사지를 시행하고, 건성 두피용 샴푸제를 사용하여 샴푸 후 찬바람으로 말려 주며, 건성 두피용 토닉으로 유·수분 공급 및 두피를 진정하는 데 초점을 둠
지성 두피 빈출	특징	• 모낭의 피지선에서 정상보다 더 많은 양의 피지를 분비하여 두피 표면에 피지가 보이며 투명감이 없고 탁함 • 피지 분비의 과잉으로 과산화지질 등이 생성되어 모발의 성장이나 발모에 지장을 주어 탈모로 진행될 가능성이 있음 • 모공 주위가 피지와 그 응고물들로 막혀 있어 모공에 물이 고여 있는 것처럼 보임 • 피부 본래의 세균에 대한 보호기능이 약화되어 세균이 쉽게 번식하고 염증이 잘 생김
	관리 방법	매일 샴푸를 하며, 두피 스케일링과 샴푸를 통해 피지 응고물을 제거하여 두피를 청결하게 하고, 지성 두피용 샴푸 및 토닉으로 두피의 pH를 조절하여 약산성 상태를 유지하는 데 초점을 둠
민감성 두피 빈출	특징	• 유전, 스트레스, 수면 불량, 각종 세균 및 화학제품으로 인한 두피 자극, 영양의 불균형 등으로 발생함 • 피부가 얇으며 모세혈관이 드러나 보여 두피 표면이 붉은색을 띰 • 손톱이나 스패튤러로 긁으면 금방 붉은 빛을 띠고, 쉽게 부어 오름 • 세균 감염으로 인해 두피에 염증이 나타나기도 하며, 심한 경우 지루성 두피로 전환되기도 함
	관리 방법	두피를 민감하게 하는 스트레스를 줄이고, 두피에 물리적·화학적 자극을 주지 않도록 하며, 민감성 샴푸나 두피 진정용 토닉을 사용하여 두피를 진정시켜주는 데 초점을 둠

지루성 두피	특징	• 비듬균의 이상 증식과 과도한 피지 분비 및 피지 산화가 두피를 자극하여 염증을 유발하고, 각질의 생성을 촉진하여 발생함 • 남녀노소 누구에게나 생길 수 있고, 재발의 확률이 높으며, 피지선이 발달한 얼굴, 가슴, 두피 등에 발생하여 탈모를 동반함 • 샴푸 후 3시간이 지나면 다시 두피에 기름이 지기 시작하며, 가려움증이 나타나기 시작하고 두피 냄새가 남 • 두피에 노랗게 끓는 곪은 염증이 나타남
	관리 방법	• 아침, 저녁으로 약용 샴푸 또는 비듬 샴푸를 이용하여 샴푸하고, 피지 분비 조절을 위해 비타민 B_2, B_6 등이 풍부한 식품을 섭취하며, 스트레스를 풀어 주고, 화학적 시술을 가급적 피함 • 증상이 심하면 반드시 병원 치료를 받아야 함
복합성 두피	특징	• 두피는 지성이면서 모발은 건성인 상태 • 피지선의 활동은 지성 두피를 형성하나, 펌이나 염색 등의 잦은 화학시술로 인해 모발은 건성임 • 두피가 단단해지면서 모근에 압박이 가해져 혈액순환이 원활하게 이루어지지 못해 모발에 영양 공급이 되지 않음
	관리 방법	두피 유형에 맞는 샴푸를 사용하며, 모발에는 영양을 주는 트리트먼트를 하는 데 초점을 둠
비듬성 두피	특징	• 각질층의 건조 또는 각질세포의 이상 증식으로 비듬이 쌓이고, 가려움이 동반되는 두피로, 피지 분비 항진과 세균 번식이 원인임 • 건성 비듬성: 각질층의 건조, 각질세포의 이상 증식에 의해 어깨나 머리에 떨어지는 하얀 가루 형태의 비듬 • 지성 비듬성: 모공 주위에 피지·땀·오염물질과 함께 각질이 엉겨 붙어 누렇고 끈적한 상태
	관리 방법	• 건성 비듬성: 잦은 파마나 염색과 같은 화학적 시술을 자제하고 두피에 유·수분을 공급하는 데 초점을 둠 • 지성 비듬성: 비듬 전용 샴푸를 사용하여 과도하게 분비된 피지를 조절해 주고, 비듬균을 살균·소독하며, 주 2~3회 두피 스케일링과 마사지를 하여 적절한 유·수분을 공급하는 데 초점을 둠
탈모 두피	특징	• 일반적으로 1일 50~100개 정도의 모발 탈락을 정상적인 탈모로 보고, 그 이상으로 진행될 때 이상 탈모로 간주함 • 두피 경화 현상과 모발 연모가 나타나며, 특히 앞 이마 라인이나 정수리의 모발이 더 가늘어지고 숱이 없어짐
	관리 방법	두피 스케일링과 샴푸를 시행하고 두피 토닉과 영양제를 도포하며, 뭉친 근육을 풀고 단백질·비타민·무기질의 영양소를 충분하게 섭취하며, 자극적인 음식, 즉석식품, 음주, 흡연 등을 자제함

⑤ 탈모의 종류 빈출

남성형 탈모	• 유전적 요인으로 발생 • 남성호르몬 안드로겐 과잉 분비는 모낭 세포의 단백질 합성을 지연시키고, 휴지기의 모발이 많아지면서 영양 공급 기간이 단축되고 점점 모발이 가늘어짐 • 탈모를 늦추기 위해 두피를 청결하게 유지하고, 두피 관리를 통한 영양 공급이 필요함
여성형 탈모	• 대부분 헤어라인이 보존되고 두상 중간 부위에서 탈모가 시작됨 • 유전적 경향이 강하며, 남성호르몬 안드로겐과 관련 있어 유전적으로 남성호르몬이 많이 분비되거나 남성호르몬 작용이 있는 약물을 복용하는 것 등이 원인임

참고 남성형 탈모 과정

참고 여성형 탈모 과정

원형 탈모	• 탈모 부위가 원형이고 경계가 뚜렷함 • 한 군데 또는 여러 군데에서 발생함 • 탈모 부위가 반질반질한 상태
노인성 탈모	• 모낭 소실로 인해 두피 전체 모발량이 감소하는 노화 현상에 의한 탈모 • 두피에 영양이 부족해지면서 모발이 가늘어지고 윤기가 없어지면서 탈모 현상이 나타남
지루성 탈모	피지의 과잉 분비로 인해 모근으로 피지가 역류하면서 모발과 모낭의 결속력을 약하게 하여 성장기의 기간을 단축시킴으로써 탈모를 유발함
비강성 탈모	• 비듬을 동반하는 탈모 • 비듬균이 정상적인 두피보다 2배 이상 증식하여 모공을 막아 모공 안에서 조직의 손상과 모낭의 위축을 가져와 탈모를 유발함

⑥ 탈모의 원인

내부적 원인	유전, 호르몬, 영양 장애, 스트레스, 질병, 노화 등
외부적 원인	물리적·화학적 자극, 계절적 요인, 샴푸 미숙 등

2 두피·모발 관리

(1) 두피·모발 유형 분석

문진	고객과 묻고 답하는 상담으로 샴푸 방법, 식습관, 가족력, 복용 약 등을 파악함
시진	두피·모발 상태, 광택, 피지량, 비듬 유무, 염증 유무 등을 육안으로 확인함
촉진	손의 촉각으로 두피의 경직된 정도나 탄력, 발열 상태 등을 확인하고, 모발을 만져 유수분 정도를 확인하거나 견인검사❓를 진행함
검진	두피·모발 진단기를 사용하여 두피 색상, 각질 상태, 모발 밀도 등을 정밀하게 확인함

> **용어 견인검사**
> 모발을 20~30여 가닥을 잡아 당겼을 때 빠지는 양을 확인하여 5가닥 이상 뽑히면 탈모를 의심할 수 있음

(2) 두피·모발 관리에 필요한 기기 및 도구

① 두피·모발 진단기: 렌즈 배율을 조절하여 두피와 모발을 촬영하며, 두피의 색상과 각질 상태, 염증 유무, 모발 밀집도, 모발 굵기 등을 확인함
② 광학 현미경: 렌즈를 이용하여 물체의 미세한 부분을 관찰하는 것으로, 모낭충❓, 비듬균, 모표피의 겉면 등을 확인함
③ pH 측정기: 두피·모발의 산성도와 알칼리도를 확인함
④ 적외선램프: 피부 심부 4cm까지 침투하여 온열작용으로 모세혈관 확장, 혈액순환 촉진, 피부 노폐물 배출 등의 효과가 있고 두피 제품의 흡수를 높여줌
⑤ 스팀기(미스트기): 미립자의 수증기를 이용하여 각질과 노폐물 등을 불려 쉽게 제거하고, 부족한 수분을 공급함
⑥ 스캘프펀치(워터펀치): 분당 1,000~2,400회 물의 파동을 이용하여 두피와 모공의 각질, 노폐물, 미세먼지 등을 제거하고, 혈액순환을 돕고 영양물질 흡수를 촉진함
⑦ 그 밖에 샴푸, 헤어 밴드, 타월, 면봉 등의 소모품이 필요함

> **용어 모낭충**
> • 사람의 머리나 얼굴에 기생하는 기생충으로, 모낭과 피지선에 들어가 노폐물을 통해 영양분을 섭취함
> • 모낭충은 여드름과 탈모 등을 유발할 수 있음

(3) 두피·모발 관리에 필요한 재료

스케일링제	두피의 각질과 노폐물 등을 제거하기 위해 사용
샴푸	스케일링 후 두피·모발에 남아 있는 각질과 노폐물 등을 제거하기 위해 사용
토닉	에탄올 용액 60~90%의 액상 타입으로 두피의 염증을 완화하고 혈액순환을 도움
앰플	샴푸 후 두피·모발에 영양을 공급하거나 두피를 진정시키기 위해 사용

(4) 두피·모발 관리 방법

① 일반적인 관리 방법: 상담 → 진단 → 두피·모발 관리 방법 선택 → 릴랙싱 마사지 → 스케일링 → 스티머 → 두피·모발 세정 → 영양 공급 → 열처리 → 마무리 → 홈케어 조언의 순서로 진행함

② 스캘프 매니플레이션
- 손과 손가락을 통해 두피에 자극을 주는 동작
- 두피의 혈액순환 촉진 및 두피의 근육 자극

경찰법(쓰다듬기)	손바닥 또는 손가락 바닥면을 이용하여 피부를 가볍게 쓰다듬는 동작
강찰법(문지르기)	손바닥 또는 손가락 끝으로 피부를 강하게 문지르는 동작
유연법(주무르기)	부드럽고 가볍게 주무르는 동작
고타법(두드리기)	손바닥 또는 손가락 끝, 손등, 주먹 등으로 두드리는 동작
진동법(떨기)	손이나 기계로 피부에 진동을 주는 동작

3 두피·모발 관리 마무리

(1) 두피 상태에 따른 홈케어

건성 두피	• 두피가 건조하므로 2~3일에 한 번 건성 두피용 샴푸로 샴푸 • 두피에 보습제를 사용하여 유·수분 보충
지성 두피	• 지성 두피용 샴푸로 매일 샴푸를 하며, 세정에 중점을 두고 관리 • 샴푸 후 피지를 조절하고 세균을 억제할 수 있는 토닉을 사용
민감성 두피	• 건성이면서 민감한 두피는 2~3일에 한 번, 지성이면서 민감한 두피는 저자극성 샴푸제로 매일 샴푸 • 두피 진정용 토닉 사용
탈모 두피	• 탈모 전용 샴푸제로 샴푸 • 토닉과 영양 앰플을 사용하여 두피에 영양 공급 • 균형 잡힌 식습관 관리

(2) 모발 상태에 따른 홈케어

손상 모발	• 모표피의 심한 손상으로 모피질의 간충물질이 유실되어 다공성이 된 모발로, 과도한 물리적·화학적 자극을 자제할 필요가 있음 • 영양 앰플을 꾸준히 사용
가는 모발	• 가는 모발은 볼륨이 가라앉기 쉽고 헤어스타일 지속력이 부족하므로 근본적인 모발 건강을 위해 평소 바른 식생활과 생활 태도가 중요 • 영양 앰플을 꾸준히 사용

CHAPTER 02 두피·모발 관리
출제 예상문제 A

1 두피·모발 관리 준비

01
사람의 두발의 수는?
① 100만 개   ② 50만 개
③ 10만 개   ④ 5만 개

- 전신의 털은 약 130~140만 개
- 두발은 8~13만 개

02
모발의 발생 과정으로 옳은 것은?
① 전모아기-모아기-모항기-모구성 모항기
② 전모아기-모항기-모아기-모구성 모항기
③ 모항기-모구성 모항기-전모아기-모아기
④ 모구성 모항기-모항기-전모아기-모아기

- 모발의 발생 과정은 '전모아기-모아기-모항기-모구성 모항기-모낭 완성'임

03
모발의 성분이 아닌 것은?
① 단백질   ② 지질
③ 수분   ④ 탄수화물

- 모발의 구성 성분에는 단백질, 수분, 멜라닌, 지질, 미량원소가 있음

04
모발의 기능이 아닌 것은?
① 보호   ② 저장
③ 배출   ④ 감각

- 모발의 기능: 보호, 배출, 감각, 장식

05
피부 바깥에 있어 눈에 보이는 털의 명칭은?
① 모근   ② 모간
③ 모낭   ④ 모구

- 모근: 피부 안쪽에 보이지 않는 부분
- 모낭: 모발을 감싸는 주머니
- 모구: 모낭 하단의 둥근 부분

06
다음 설명에 해당하는 모근 부위는?

- 모유두로부터 영양을 공급 받음
- 세포분열을 통해 모발 발생 및 성장 관여
- 멜라닌색소와 함께 성장하여 모발의 색 부여

① 모모세포   ② 피지샘
③ 모낭   ④ 모구

- 피지샘: 피지를 배출하여 모발의 윤기 부여 및 정전기 방지
- 모낭: 모발을 감싸는 주머니
- 모구: 모낭 하단의 둥근 부분

07
다음 중 설명이 옳은 것은?
① 멜라닌색소 – 세포 분열을 하여 모발을 발생시킨다.
② 신경 – 모유두에 영양공급을 한다.
③ 기모근 – 공포를 느낄 때 수축하여 털을 세워준다.
④ 모세혈관 – 모발의 색상을 부여한다.

- 멜라닌색소: 모발의 색상 부여
- 신경: 촉각, 통각 등 감각의 기능
- 모세혈관: 모낭(모유두)에 영양분과 산소 공급

08
다음 중 설명이 옳지 <u>않은</u> 것은?
① 모근 – 피부 안쪽에 보이지 않는 부분이다.
② 모표피 – 5~15겹의 케라틴 물고기 비늘 모양으로 쌓여있다.
③ 모피질 – 모발의 85~90%를 차지한다.
④ 모수질 – 피질세포, 간충물질, 멜라닌색소 등으로 구성되어 있다.

- 모수질: 모발의 가장 안쪽에 위치하며, 연모나 미성숙한 모발의 경우 없을 수 있고, 벌집 모양 형태의 공기층으로 이루어져 있음
- 피질세포, 간충물질, 멜라닌색소 등으로 구성되어 있는 것은 모피질임

09
모발의 성장 주기로 옳은 것은?
① 성장기-휴지기-퇴행기-발생기
② 발생기-성장기-휴지기-퇴행기
③ 휴지기-발생기-성장기-퇴행기
④ 성장기-퇴행기-휴지기-발생기

- 모발의 성장 주기는 '성장기-퇴행기-휴지기-발생기'임

|정답| 01 ③ 02 ① 03 ④ 04 ② 05 ② 06 ① 07 ③ 08 ④ 09 ④

10
다음 설명에 해당하는 모발의 형태는?

> • 굵기가 가늘고 약간 곱슬거리는 웨이브 형태
> • 모발 단면이 타원형임
> • 일반적으로 유럽인종에게 많이 나타남

① 파상모　　　　　② 축모
③ 탈색모　　　　　④ 직모

• 축모: 곱슬모, 모낭이 피부 표면으로 굽어진 모양으로, 모발 단면이 납작하며, 일반적으로 아프리카인종에게 많이 나타남
• 탈색모: 탈색제 처리로 명도가 높아진 모발
• 직모: 모모세포 간 세포분열이 동일하게 이루어지고 모낭의 구조가 곧으며, 굵기가 굵고 모발 단면이 원형의 형태로, 일반적으로 동양인에게 많이 나타남

11
다음 중 설명이 옳지 않은 것은?

① 팽윤성 – 모발의 길이, 굵기, 중량이 증가하는 것이다.
② 신장 – 모발을 당겼을 때 끊어지지 않고 견디는 힘이다.
③ 탄력성 – 모발을 잡아당겼다가 놓았을 때 원래 상태로 돌아가려는 성질을 말한다.
④ 밀도 – 모발의 수에 의해 결정된다.

• 신장: 모발이 늘어나는 정도
• 인장강도: 모발을 당겼을 때 끊어지지 않고 견디는 힘

12
유멜라닌의 특징으로 옳은 것은?

① 분사형 색소이다.
② 모낭 상부에 위치한다.
③ 동양인에게 많다.
④ 황색, 밝은 적색의 색을 낸다.

• 유멜라닌: 과립형으로, 흑색, 갈색, 적갈색을 나타내고, 동양인이나 아프리카인종에게 많음
• 페오멜라닌: 분사형으로, 황색, 밝은 적색을 나타내고, 유럽인종에게 많음

13
모발의 화학적 특성 중 두 개의 황(S) 원자 사이에 형성되는 결합으로, 화학적 반응을 일으키는 것을 이용하여 퍼머넌트 웨이브가 이루어지는 것은?

① 시스틴 결합　　　② 펩타이드 결합
③ 이온 결합　　　　④ 수소 결합

• 펩타이드 결합: 주쇄 결합으로 모발이 잘 끊기지 않음
• 이온 결합: 음극의 화학기와 양극의 화학기 사이 정전기적 결합
• 수소 결합: 수분에 의해 절단되었다가 건조하면 재결합되는 성질을 가짐

14
두피의 기능으로 옳지 않은 것은?

① 보호의 기능　　　② 호흡의 기능
③ 체온 조절의 기능　④ 비타민 E 생성의 기능

두피의 기능: 보호, 흡수, 호흡, 배출, 감각, 비타민 D 생성, 영양분 저장, 체온 조절

15
두피의 외적 손상 요인이 아닌 것은?

① 과도한 다이어트　② 잘못된 샴푸 방법
③ 퍼머넌트 웨이브　④ 강한 자외선

• 내적 요인: 잘못된 식습관, 수면 부족, 스트레스, 호르몬 불균형, 과도한 다이어트 등
• 외적 요인: 잘못된 샴푸 방법, 과도한 브러싱, 드라이와 아이론에 의한 건조, 퍼머넌트 웨이브, 염색과 탈색, 대기오염, 강한 자외선 등

16
다음 설명에 해당하는 두피 유형은?

> • 두피 표면에 피지가 보이며 투명감이 없고 탁함
> • 두피 스케일링과 샴푸를 통해 피지 응고물 제거가 필요함
> • 두피의 pH를 조절하여 약산성 상태를 유지하는 데 관리의 초점을 두어야 함

① 정상 두피　　　　② 건성 두피
③ 지성 두피　　　　④ 지루성 두피

• 정상 두피: 연한 살색이나 청백색의 맑고 투명한 톤, 유·수분량과 피지막이 적당히 분포, 정상 두피 상태를 유지하는 데 관리의 초점을 둠
• 건성 두피: 유·수분이 부족하여 건조한 상태, 비듬을 유발하고 모발이 가늘어짐, 유·수분 공급 및 두피를 진정하는 데 관리의 초점을 둠
• 지루성 두피: 비균균의 이상 증식과 과도한 피지 분비 및 피지 산화가 두피를 자극하여 염증 발생. 두피에 노랗게 끓는 곪은 염증이 나타나며 가려움증이 심함. 증상이 심하면 반드시 병원 치료를 받아야 함

17
두피 유형과 관리 방법의 연결이 옳지 않은 것은?

① 민감성 두피 – 스트레스를 줄이고, 두피에 물리적·화학적 자극을 주지 않도록 한다.
② 건성 두피 – 샴푸와 스케일링을 자주 하여 수분을 집중적으로 공급한다.
③ 지루성 두피 – 약용 샴푸 또는 비듬 샴푸를 이용하여 샴푸하고 화학적 시술을 가급적 피하며, 증상이 심하면 병원 치료를 받는다.
④ 복합성 두피 – 잦은 화학적 시술을 피하고, 두피 유형에 맞는 샴푸를 사용하며, 모발에는 영양을 주는 트리트먼트를 사용한다.

건성 두피는 잦은 샴푸를 할 경우 두피 및 모발이 자극을 받아 건조해질 수 있으므로, 건성 두피용 토닉으로 유·수분 공급 및 두피를 진정하는 데 관리의 초점을 둠

정답　10 ①　11 ②　12 ③　13 ①　14 ④　15 ①　16 ③　17 ②

18
다음 설명에 해당하는 탈모 유형은?

- 탈모 부위가 원형이고 경계가 뚜렷함
- 한 군데 또는 여러 군데에서 발생하고 탈모 부위가 반질반질한 상태

① 여성형 탈모　　② 노인성 탈모
③ 원형 탈모　　　④ 비강성 탈모

- 여성형 탈모: 대부분 헤어라인이 보존되고 두상 중간 부위에서 탈모가 시작되며, 유전적 경향이 강함
- 노인성 탈모: 모낭 소실로 인해 두피 전체 모발량이 감소하는 노화 현상에 의한 탈모
- 비강성 탈모: 비듬균이 정상적인 두피보다 2배 이상 증식하여 모공을 막아 모공 안에서 조직의 손상과 모낭의 위축을 가져와 탈모를 유발함

19
탈모의 내부적 원인이 아닌 것은?

① 호르몬　　② 질병
③ 노화　　　④ 스케일링

- 내부적 원인: 유전, 호르몬, 영양 장애, 스트레스, 질병, 노화 등
- 외부적 원인: 물리적·화학적 자극, 계절적 요인, 샴푸 미숙 등

2 두피·모발 관리

20
두피·모발 분석 방법이 아닌 것은?

① 방진　　② 검진
③ 문진　　④ 시진

- 두피·모발 분석 방법: 문진, 시진, 촉진, 검진
- 방진: 진동이나 떨림을 전달하는 방법

21
두피·모발 관리에 필요한 기기에 대한 설명으로 옳지 않은 것은?

① 적외선램프 – 피부 심부에 침투하여 온열작용을 하며, 모세혈관 확장, 혈액순환 촉진 등의 효과가 있다.
② 스팀기 – 미립자의 수증기를 이용하여 각질, 노폐물 등을 불려 쉽게 제거할 수 있다.
③ 스캘프펀치 – 물의 파동을 이용하여 각질, 노폐물 등을 효과적으로 제거한다.
④ 두피·모발 진단기 – 렌즈를 이용하여 물체의 미세한 부분을 관찰하는 것으로 모낭충, 비듬균, 모표피의 겉면을 확인한다.

- 두피·모발 진단기: 렌즈 배율을 조절하여 두피와 모발을 촬영하며, 두피의 색상과 각질 상태, 염증 유무, 모발 밀집도, 모발 굵기 등을 확인함
- 광학 현미경: 렌즈를 이용하여 물체의 미세한 부분을 관찰하는 것으로, 모낭충, 비듬균, 모표피의 겉면 등을 확인함

22
다음 설명에 해당하는 두피·모발 관리에 필요한 재료는?

- 에탄올 용액 60~90%의 액상 타입
- 두피의 염증 완화
- 혈액순환을 도움

① 토닉　　② 샴푸
③ 앰플　　④ 스케일링제

- 샴푸: 두피·모발의 각질과 노폐물 제거에 사용
- 앰플: 샴푸 후 두피·모발에 영양을 공급하거나 두피 진정에 사용
- 스케일링제: 두피의 각질과 노폐물 제거에 사용

23
스캘프 매니플레이션에 대한 설명으로 옳지 않은 것은?

① 고타법 – 두드리기　　② 강찰법 – 문지르기
③ 경찰법 – 떨기　　　　④ 유연법 – 주무르기

- 경찰법: 쓰다듬기로, 손바닥 또는 손가락 바닥면을 이용하여 피부를 가볍게 쓰다듬는 동작

3 두피·모발 관리 마무리

24
두피 상태에 따른 홈케어 방법으로 옳은 것은?

① 탈모 두피 – 2~3일에 한 번 샴푸하고 두피에 보습제를 사용하여 유분을 보충한다.
② 민감성 두피 – 건성이면서 민감한 두피는 2~3일에 한 번, 지성이면서 민감한 두피는 저자극성 샴푸제로 매일 샴푸한다.
③ 건성 두피 – 매일 샴푸하며, 세정에 중점을 두고 샴푸 후 토닉을 사용한다.
④ 지성 두피 – 토닉과 영양 앰플을 사용하여 두피에 영양을 공급하고 샴푸 후 토닉을 사용한다.

- 탈모 두피: 토닉과 영양 앰플을 사용하여 두피에 영양을 공급하고 균형 잡힌 식습관 관리가 필요함
- 건성 두피: 2~3일에 한 번 샴푸하고 두피에 보습제를 사용하여 유·수분을 보충함
- 지성 두피: 매일 샴푸하며, 세정에 중점을 두고 샴푸 후 토닉을 사용함

25
손상 모발의 홈케어 방법으로 옳지 않은 것은?

① 모발에 화학적 자극을 자제한다.
② 영양 앰플을 꾸준히 사용한다.
③ 모발에 물리적 자극을 준다.
④ 과도한 브러싱을 자제한다.

- 손상모는 모표피의 심한 손상으로 모피질의 간충물질이 유실되어 다공성이 된 모발로, 과도한 물리적·화학적 자극은 자제하고 영양 앰플을 꾸준히 사용해야 함

| 정답 | 18 ③　19 ④　20 ①　21 ③　22 ①　23 ③　24 ②　25 ③

PART

03

HAIR DRESSER

헤어커트

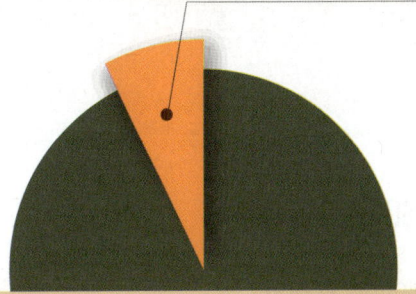

출제비중 **8%**

| 출제 예상 문제 수 | Ⓐ 5~3문제　Ⓑ 3~2문제　Ⓒ 2~1문제

Ⓐ **CHAPTER 01**　기초 헤어커트
Ⓑ **CHAPTER 02**　쇼트 헤어커트

CHAPTER 01

기초 헤어커트

합격 TIP 헤어커트는 같은 기법을 웨트·드라이 커트로 할 수 있고, 사용하는 도구에 따라 방법이 달라집니다. 또한 헤어커트는 외곽선 형태에 따라 종류가 다르므로 그 형태를 파악해야 합니다.

1 헤어커트의 이해

(1) 헤어커트의 정의
헤어 셰이핑(Hair Shaping)이라고도 하며, 두발의 형태를 정돈하여 머리 모양과 얼굴 형태의 장단점을 보완시켜 주는 것을 의미함

용어 헤어 셰이핑 빈출
- 두발을 다듬어 모양을 내는 것으로, 모든 헤어스타일의 실루엣을 결정함
- 헤어커팅의 의미와 헤어세팅의 의미를 가지고 있음

(2) 헤어커트의 종류 빈출

웨트 커트 (Wet Cut)	젖은 두발에 커트하는 방법으로, 완성될 때까지 두발에 물기가 있어야 하며, 정확한 가이드라인이 형성됨
드라이 커트 (Dry Cut)	• 마른 두발에 커트하는 방법으로, 수정 커트나 손상모를 제거할 때 함 • 수정 시 지나치게 두발의 길이를 변화시키지 않아야 함 • 웨트 커트보다 두발에 손상을 줌
프레 커트 (Pre Cut)	• 퍼머넌트 웨이브 등의 시술 전에 원하는 스타일보다 1~2cm 길게 커트하는 것을 말함 • 펌 시술에서의 프레 커트는 와인딩하기 편하게 커트해야 함
애프터 커트 (After Cut)	퍼머넌트 웨이브 등의 시술 후에 디자인에 맞춰 커트하는 것을 말함

(3) 기초 헤어커트의 도구와 재료
① 가위: 두발을 커트하는 데 사용하는 도구로, 길이는 4~8인치 정도로 다양하며, 양날의 견고함이 동일하고 날 끝으로 갈수록 약간 내곡선인 것이 좋은 가위임
- 모양에 따른 분류

직선날 가위 (Cutting Scissors)	• 양날이 매끄럽고 날카로운 가위로, 일반적으로 가장 많이 사용하는 가위 • 두발을 커트하고 모양을 내는 데 사용함
곡선날 가위 (R-scissors)	• R자 모양으로 생긴 가위로, 날은 직선이지만 가위의 끝이 굽어 있음 • 스트로크 커트(Stroke Cut) 테크닉에 사용하기 좋음
티닝 가위 (Thinning Scissors)	길이를 자르는 용도가 아닌 질감 처리(두발의 양 감소)에 사용하는 가위
리버스 가위 (Reverse Scissors)	• 한쪽 날이 레이저로 되어 있는 가위 • 두발 끝을 가볍게 커트하기에 용이함
미니 가위 (Mini Scissors)	4~5인치 정도로 크기가 작아 정밀한 커트에 용이한 가위

참고 가위의 구조

동인 · 협신부 · 정인 · 피벗

참고 가위 끝 모양에 따른 분류

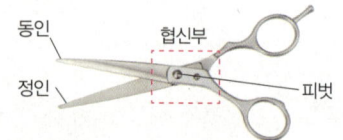

| 직선날 가위 |
| 곡선날 가위 |
| 티닝 가위 |
| 리버스 가위 |

- 재질에 따른 분류

착강 가위	• 협신부와 날이 서로 다른 재료로 만들어진 가위로 협신부는 연강, 날은 특수강으로 만들어짐 • 대부분의 가위가 착강 가위임
전강 가위	가위 전체가 특수강으로 만들어진 가위

② 레이저(Razor) [빈출]
- 면도날을 사용하는 커트 도구이며, 반드시 웨트 커트로 해야 함
- 빠른 시간 내에 커트가 가능하며, 가벼운 질감 처리나 두발 끝을 가늘게 하기 용이함
- 레이저 선택 시 레이저의 날 등과 날 끝, 두께가 균일하고 날 선이 대체로 둥근 곡선으로 된 것이 좋고, 솜털을 깎을 때에는 외곡선상의 오디너리 레이저가 좋음

오디너리(일상용, Ordinary) 레이저	셰이핑(Shaping) 레이저
• 칼날 전체를 사용하여 빠르고 섬세한 작업이 가능하며, 숙련자가 사용하기 적합함 • 샤기 커트에 적합함	오디너리 레이저에 안전커버 또는 덧날이 있어 초보자가 사용하기 적합함

③ 커트 빗

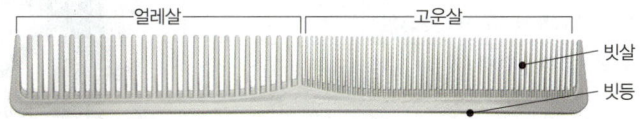

- 머리카락을 정돈하거나 커트 시 디자인을 내기 용이하게 함
- 빗살 간격이 넓으면 모발의 당김(텐션)이 적음
- 얼레살로 블로킹, 섹션, 슬라이스 등을 나누고, 고운살로 스트랜드를 빗질하고 커트함

④ 클립: 커트 디자인에 따라 두부(두상)를 구분하거나 두발을 나누는 데 사용함

(4) 헤어커트 기법과 질감 처리 방법

① 헤어커트 기법 [빈출]

블런트 커트 (Blunt Cut) 또는 클럽 커트 (Club Cut)	• 커트의 형태(원랭스, 그래쥬에이션, 레이어, 스퀘어 등)를 만들 때 사용하는 커트 용어임 • 두발의 길이만 제거하기 때문에 부피감은 줄어들지 않음 • 질감 처리를 하지 않으므로 두발의 손상이 적고 잘린 부분이 명확히 보여 뭉뚝한 느낌이 듦 • 입체감을 내기 쉬움
싱글링 (Shingling)	• 커트 빗에 가위를 대고 연속적으로 자르는 방법 • 쇼트 헤어커트의 방법 중 하나임
트리밍 (Trimming)	• 'trim'은 불필요한 부분을 잘라내고 정돈한다는 의미로, 커트가 완성된 후 두발 선을 최종적으로 정리하는 것을 말함 • 가위, 레이저, 클리퍼 등을 사용하여 다듬음
클리핑 (Clipping)	• 가장자리를 잘라낸다는 뜻으로, 손상되어 두발 끝이 갈라진 두발이나 불필요하게 삐져나온 두발 끝을 가위로 잘라내어 정리·정돈하는 것 • 헤어 클리퍼를 사용하여 두발을 제거하는 작업을 말하기도 함

[용어] **협신부**
가위의 몸체에 해당하는 부위로, 촉점이라고도 함

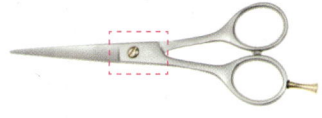

[용어] **텐션**
- 커트 시 빗질에 의한 힘의 강약
- 모발이 당겨지는 힘

[용어] **슬라이스**
섹셔닝한 것에서 더 작게 나누는 것

[용어] **스트랜드**
슬라이스를 떠서 잡은 두발로, 패널, 모다발, 머릿단과 같은 말임

[참고] **클립**

[참고] **트리밍**
드라이 커트로 트리밍하는 모습

나칭 (Notching)	• 두발의 잘린 면이 블런트 커트에 비해 뭉툭하지 않음 • 가위 끝을 약 45° 정도로 비스듬히 하여 커트함
포인팅 (Pointing)	• 가위 끝의 각도를 45°보다 높게 들어 커트함 • 두발의 잘린 면이 나칭 커트보다 섬세하고 가벼우며 불규칙적임 • 포인팅, 나칭, 블런트 순으로 잘린 면이 가벼움
신징 (Singeing)	• 불필요한 두발을 불꽃으로 태워 제거하는 기법 • 온열 자극에 의해 두부의 혈액순환이 촉진됨 • 잘린 부위 또는 손상되어 갈라진 두발의 모피질에서 영양물질이 흘러 나오는 것을 막음 • 불필요한 두발을 제거함으로써 두발의 발육을 순조롭게 함

참고 나칭

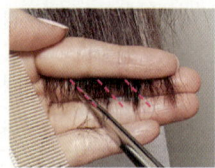

② 모량 조절 및 질감 처리 방법 빈출

블런트 커트로 커트의 형태를 만든 다음 질감 처리를 하여 두발에 볼륨감, 방향성, 율동성을 주며, 질감 처리는 보통 가위나 레이저를 이용함

스트로크 커트 (Stroke Cut)	• 가위를 이용한 테이퍼링 기법으로 두발의 길이와 모량(모발의 양) 감소를 동시에 하는 기법으로 샤기 헤어스타일에 적합함 • 직선날·곡선날 가위 모두 사용 가능하나 곡선날 가위가 더욱 효과적임 • 커트 동작 시 가위를 두발 끝에서 두피(모근) 쪽으로 향하게 하여 미끄러지듯이 자르는 방법임 • 쇼트 스트로크: 커트 동작 시 가위 각도가 0~10° 정도임 • 미디엄 스트로크: 커트 동작 시 가위 각도가 10~45° 정도임 • 롱 스트로크: 커트 동작 시 가위 각도가 45~90° 정도임
틴닝 (Thinning)	• 틴닝 가위를 이용하여 두발의 길이에는 변화를 주지 않고 모량만 감소시키는 기법 • 일반적인 가위로 숱을 감소시키는 기법은 '슬리더링(Slithering)'이라고 하며, 모근을 향해 움직일 때에는 가위를 닫으면서 모발을 자르고, 모발 끝으로 갈 때에는 가위를 벌리면서 자름
슬라이싱 (Slicing)	• 가윗날을 벌려 두발의 표면을 따라 미끄러지듯 커트함 • 슬라이싱 기법은 커트 기법인 동시에 핀컬이나 롤러 세팅 시 꼬리빗으로 슬라이스 섹션을 얇게 나누어 잡는 과정을 말하기도 함
테이퍼링 (Tapering) 또는 페더링 (Feathering)	• 틴닝 가위와 레이저를 이용하여 커트된 모발선을 자연스럽게 하는 기법 • 테이퍼링할수록 두발의 끝이 점점 붓 끝처럼 가늘어짐 • 레이저로 테이퍼링 시 웨트 커트로 해야 모발 손상을 줄일 수 있으며, 두피 부분에서 약 2.5~5cm 정도 간격을 두고 해야 함 • 커트 도구가 스트랜드의 어느 위치에 있느냐에 따라 딥, 노멀, 엔드로 나뉨

참고 레이저 테이퍼링 빈출

딥 테이퍼링

• 스트랜드의 2/3 정도에서 약 10~15°의 각도로 테이퍼링함
• 각도가 높을수록 모량이 많이 감소하기 때문에 딥 테이퍼링 시 각도를 높게 하지 않음
• 모발의 양이 많을 때 사용함

노멀 테이퍼링

스트랜드의 1/2 정도에서 약 20~30°의 각도로 테이퍼링함

엔드 테이퍼링

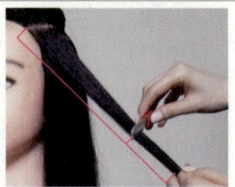

• 스트랜드의 1/3 정도에서 약 40~45°의 각도로 테이퍼링함
• 모발의 양이 적을 때 사용함

(5) 블로킹(Blocking)

디자인을 만들기 위해 크게 구획을 나누는 것을 말함

4등분	5등분	6등분
측중선, 정중선	프린지	수평선
정중선(센터 파트)과 측중선(이어 투 이어)으로 4등분으로 나눔	4등분에서 앞머리를 커트하기 위해 프린지 부분을 추가한 것	4등분에서 수평선(네이프)을 추가한 것

> **참고** 이어 투 이어(Ear to ear)
>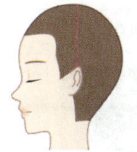
>
> **참고** 프린지(Fringe)
>
>
> **참고** 네이프(Nape)
>

(6) 섹션(Section)

블로킹한 부분이나 그보다 더 작게 나누는 것을 말하며, 섹션을 나눠 생긴 선을 섹션 라인이라고 함

가로(Horizontal, 호리존탈) 섹션	세로(Vertical, 버티컬) 섹션	방사형(Radial, 레이디얼 또는 Pivot, 피벗) 섹션
• 일정한 간격으로 가로로 나눔 • 무거운 느낌 연출	• 일정한 간격으로 세로로 나눔 • 가벼운 느낌 연출	하나의 꼭짓점에서 사방으로 방향을 다르게 나눔

사선(Diagonal, 다이애거널) 섹션	
• 다이애거널 포워드(전대각: A라인) • 얼굴 앞쪽으로 향하는 대각선	• 다이애거널 백(후대각: U라인, V라인) • 얼굴 뒤쪽으로 향하는 대각선

(7) 각도(Angle) [빈출]

자연 시술 각도	두상 시술 각도
	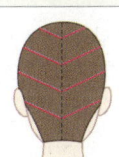
• 중력으로 인해 자연스럽게 두발이 아래로 떨어진 상태가 0°이고 이를 기준으로 한 각도 • 천체 축으로 보면 0°, 45°, 90°, 180° 등 여러 각도가 생김	• 두상의 곡면을 따라 생기는 각도 • 두상 시술 각도 90°로 커트하면 두발의 길이가 모두 같아지고, 이를 유니폼 레이어 커트라고 함

> **용어** 각도
> 자연 각도와 두상 각도가 일치하는 부분
> • 톱 포인트: 자연 각도 180°와 두상 각도 90°
> • 백 포인트: 자연 각도 90°와 두상 각도 90°

(8) 베이스(Base) 빈출

온 더 베이스	사이드 베이스	오프 더 베이스
• 스트랜드의 중심과 직각이 되는 것 • 두상과 같은 라인을 표현할 때 사용함	• 스트랜드를 어느 한쪽 방향으로 당긴 것 • 두발의 길이가 점차 길어지거나 짧아짐	• 스트랜드가 슬라이스 뜬 곳을 벗어난 것 • 두발의 길이가 급격하게 길어지거나 짧아짐

※ 프리 베이스: 스트랜드가 온 더 베이스와 사이드 베이스 사이에 위치한 것. 자연스러운 커트 연결선을 만들 때 사용

> **용어 베이스(Base)**
> • 기본, 기준, 토대를 말하는 것으로, 커트, 펌, 드라이, 핀컬 등을 시작할 때 섹션 또는 슬라이스를 나눈 두피 쪽 두발의 뿌리 부분을 말함
> • 좌우의 형태를 만드는 데 사용됨

2 기초 헤어커트

(1) 원랭스 커트(One Length Cut)

① 원랭스 커트의 특징
- 자연 시술 각도 0°로 커트하여 네이프의 길이가 짧고 톱으로 갈수록 길어짐
- 층 없이 동일 선상으로 커트하여 같은 길이가 됨
- 계획된 커트의 형태에 따라 섹션 라인이 결정됨
- 다른 커트(그래쥬에이션, 레이어)에 비해 두발의 형태인 외곽선이 무거움
  - 원랭스 > 그래쥬에이션 > 레이어 순으로 무거움

② 원랭스 커트의 종류 빈출

커트라인에 따라 평행 보브(패럴렐), 스파니엘, 이사도라 등으로 나뉨

평행 보브 (패럴렐)	• 아웃라인이 수평(Parallel)인 스타일 • 앞쪽 머리와 뒤쪽 머리의 길이가 평행
스파니엘	• 아웃라인이 콘케이브(Concave)형으로, 무거움보다 예리하고 산뜻함 • 얼굴 앞쪽 머리가 길고 뒤쪽 머리가 짧은 스타일로 전대각 커트임 • 커트 후 완성된 아웃라인 형태가 알파벳 A 형태로 보여 A라인 커트라고도 함
이사도라	• 아웃라인이 콘벡스(Convex)형 • 얼굴 앞쪽 머리가 짧고 뒤쪽 머리가 긴 스타일로 후대각 커트임 • 커트 후 완성된 아웃라인 형태가 알파벳 V 또는 U 형태로 보여 V라인, U라인 커트라고도 함
머시룸	전체적인 모양이 양송이버섯 모양으로, 일명 바가지 머리라고 부름

평행 보브(패럴렐)	스파니엘	이사도라

> **참고 원랭스 커트의 형태**
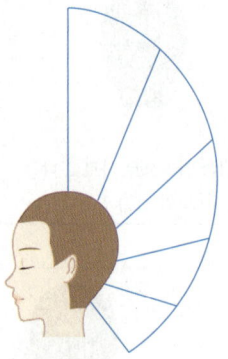

> **참고 아웃라인**
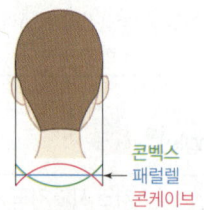
콘벡스 / 패럴렐 / 콘케이브

> **참고 머시룸 커트**

머시룸 스타일 / 그래쥬에이션 각도

③ 원랭스 커트 방법
- 두발의 수분 함량을 조절함
- 4등분 블로킹을 함
- 네이프에서 약 1.5~2cm 폭의 슬라이스❓로 나눔

평행 보브(패러렐)	스파니엘	이사도라
― 라인	A라인	V라인

- 자연 시술 각도 0°로 두발을 들지 않고 그대로 커트함
- 커트가 완성되면 빗질로 마무리함(콤 아웃)

> 참고 **슬라이스**
> - 슬라이스: 선의 간격(폭)
> - 슬라이스 라인: 두발을 커트하기 위해 얇게 가른 선

(2) 그래쥬에이션 커트(Gradation Cut)❓

① 그래쥬에이션 커트의 특징
- 그래쥬에이션 커트는 그라데이션 커트라고도 함
- 네이프에서 백으로 올라가며 점점 길어지게 커트하여 두발 길이에 작은 단차❓를 줌
- 두발의 길이에 변화를 주어 무게감이 점차 증가함
- 시술 각도에 따라 두발의 길이가 조절되면서 형태가 만들어짐
- 자연 시술 각도와 두상 시술 각도 모두 사용 가능함
- 그래쥬에이션 커트의 기본 각도는 45°임

② 그래쥬에이션의 3가지 각도 [빈출]
- 자연 시술 각도에서 1~89° 사이의 시술각을 말하며, 시술 각도에 따라 낮은(Low), 중간(Medium), 높은(High) 그래쥬에이션으로 나눔
- 헤어커트 디자인의 의도와 특징에 따라 시술 각도를 선택하여 사용함

낮은 시술각 (1°~30°)	중간 시술각 (31°~60°)	높은 시술각 (61°~89°)
무게 선에 의한 볼륨이 낮은 위치에 생김	무게 선에 의한 볼륨이 중간 또는 중간보다 낮은 위치에 생김	무게 선에 의한 볼륨이 높은 위치에 생김

> 참고 **그래쥬에이션 커트의 형태**
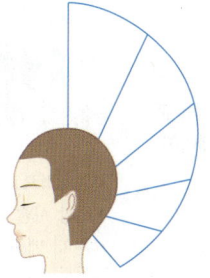

> 참고 **단차(층)**
> - 층, 높낮이의 차이를 뜻함
> - 그래쥬에이션 커트를 하면 두발이 겹쳐지면서 층이 점점 쌓여 레이어 커트보다 단차가 작게 생김

네이프와 백 부분을 중간 시술각으로 커트한 모습

③ 그래쥬에이션 커트 방법
- 두발의 수분 함량을 조절함
- 4~5등분 블로킹을 함
  - 미용사(일반) 자격증에서는 5등분으로 블로킹함
- 네이프에서 약 2~3cm 폭의 슬라이스로 디자인에 맞춰 섹션을 나눔
  - 가로 섹션과 세로 섹션 두 가지 모두 사용할 수 있지만, 기본 섹션은 사선 섹션임
- 스트랜드를 디자인에 맞는 각도로 들어 커트함
- 섹션의 한 면이 끝나면 크로스 체크로 완성도를 높임
- 커트가 완성되면 빗질로 마무리함(콤 아웃)

용어 크로스 체크(Cross Check)
가로로 슬라이스를 떠 커트를 한 경우 세로로 확인하면서 커트하는 것

(3) 레이어 커트(Layer Cut)

① 레이어 커트의 특징
- 네이프에서 톱 부분으로 올라가면서 모발의 길이가 점점 짧아짐
- 두발이 겹치는 부분이 없어 무게감이 없음
- 90° 이상의 높은 시술 각도로 커트함
- 전체적으로 층이 골고루 남

② 레이어 커트의 종류 [빈출]

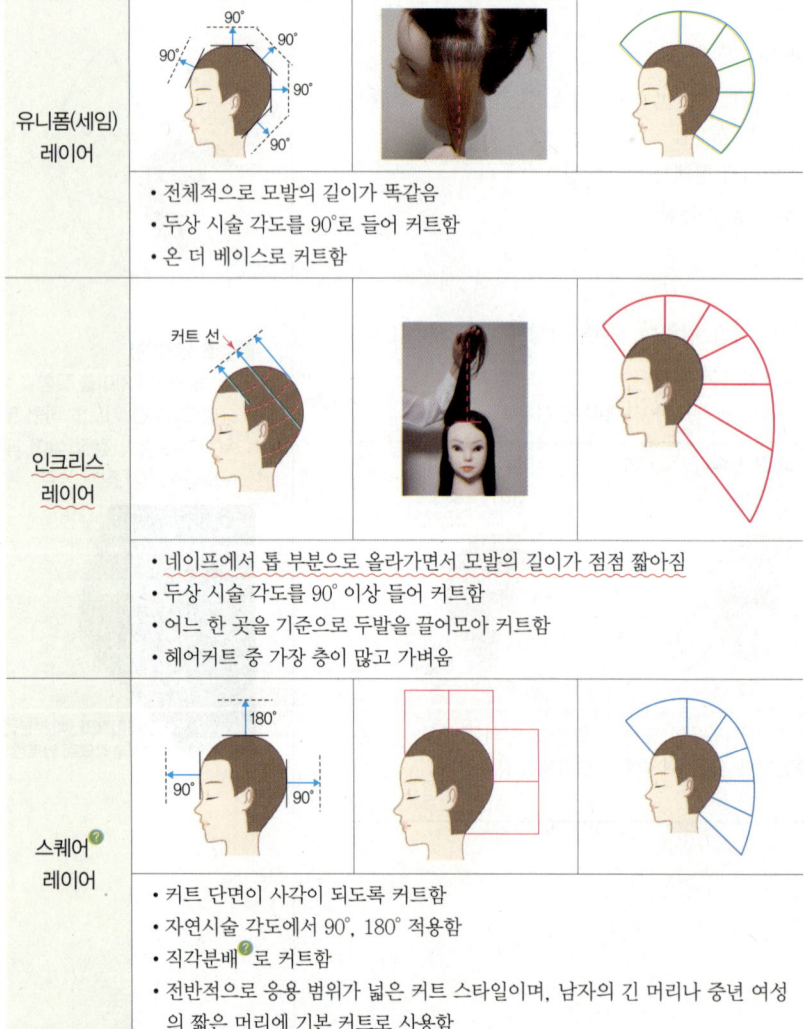

유니폼(세임) 레이어
- 전체적으로 모발의 길이가 똑같음
- 두상 시술 각도를 90°로 들어 커트함
- 온 더 베이스로 커트함

인크리스 레이어
- 네이프에서 톱 부분으로 올라가면서 모발의 길이가 점점 짧아짐
- 두상 시술 각도를 90° 이상 들어 커트함
- 어느 한 곳을 기준으로 두발을 끌어모아 커트함
- 헤어커트 중 가장 층이 많고 가벼움

스퀘어 레이어
- 커트 단면이 사각이 되도록 커트함
- 자연시술 각도에서 90°, 180° 적용함
- 직각분배로 커트함
- 전반적으로 응용 범위가 넓은 커트 스타일이며, 남자의 긴 머리나 중년 여성의 짧은 머리에 기본 커트로 사용함

용어 스퀘어 커트
커트선의 단면을 직선으로 자르는 것

용어 직각분배와 변이분배
- 직각분배: 섹션에서 직각으로 패널을 빗질하는 방법
- 변이분배: 섹션의 모양을 무시하고 자유롭게 빗질하는 방법

③ 레이어 커트 방법
- 두발의 수분 함량을 조절함
- 4~5등분 블로킹을 함
  - 미용사(일반) 자격증에서는 5등분으로 블로킹함
- 네이프에서 약 2cm 폭의 슬라이스로 디자인에 맞춰 섹션을 나눔
  - 가로 섹션과 세로 섹션 두 가지 모두 사용할 수 있음
- 디자인에 맞게 각도와 베이스를 조절하여 커트한 후 크로스 체크를 함
- 커트가 완성되면 빗질로 마무리함(콤 아웃)

(4) 기초 헤어커트의 수정 및 보완 방법
① 블런트 커트가 끝난 후에 좌·우, 아웃라인 등을 확인하고 맞지 않는 경우 수정 커트를 해야 하며, 단발처럼 짧은 길이로 커트한 경우 고객의 머리를 숙이게 하여 정리함
② 고객의 만족도와 보완점을 파악하여 보정 작업을 함
③ 수정·보완 커트 후 얼굴과 목 등에 남아 있는 머리카락을 제거함
④ 가위를 이용하여 모량 감소 작업을 함
- 틴닝을 이용한 모량 감소: 수분기가 있으면 많이 잘림
- 레이저를 이용한 모량 감소: 반드시 젖은 상태로 커트함
⑤ 헤어드라이어를 사용하여 두발을 말린 뒤 블로 드라이를 함
(이때 완성된 두발 선을 정돈하기 위해 마른 모발에서 가볍게 트리밍 커트를 할 수 있음)
⑥ 커트 형태에 어울리는 스타일로 연출함
- 고객의 만족도를 높이기 위해 고객의 요구사항을 반영하여 스타일을 연출함
- 짧은 길이의 레이어는 볼륨 C컬 드라이로 연출함
⑦ 시술이 모두 끝난 다음 손을 깨끗이 씻고 도구와 주변 정리를 함

> **용어** 블로 드라이
> 롤 브러시나 다른 브러시 도구를 사용하여 드라이 하는 것

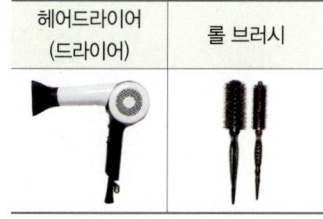

| 헤어드라이어 (드라이어) | 롤 브러시 |

(5) 기초 헤어커트 도구의 보관 및 마무리
① 헤어커트 시술이 끝난 다음 손을 깨끗이 씻어 미생물 전파를 방지함
② 사용한 도구를 정리하고 주변을 깨끗하게 정리함
③ 재질에 변질이 없도록 헤어커트 후 도구에 묻어 있는 머리카락, 물기 등을 닦은 다음 보관해야 함

가위	가윗날에 남아 있는 머리카락과 물기를 가위 전용 가죽이나 헝겊 등을 이용하여 닦아내고 오일(oil)을 발라 보관함
커트 빗, 브러시 등	• 빗살 사이에 남아 있는 머리카락은 솔로 제거한 다음 보관함 • 오염이 심할 경우 석탄산수, 크레졸 비누액, 역성비누 등을 사용하여 소독한 후 물로 헹구고 물기를 제거한 다음 보관해야 함 • 세정을 하지 못하는 재질의 브러시는 자외선 소독을 함
레이저	• 레이저의 면도날은 재사용하지 않고 사용 후 분리 배출하여 고객마다 새로 소독한 면도날을 사용함 • 레이저의 몸체는 70%의 알코올을 적신 솜으로 소독 후 사용함
헤어 드라이어	전선을 뽑아 선을 정리한 다음 보관 장소(작업대, 서랍장)에 보관함

④ 고객 가운, 어깨보, 커트보 등이 젖었거나 오염됐을 경우 깨끗하게 세탁한 후 건조해야 함

> **용어** 역성비누
> 양이온성 계면활성제를 말하며, 살균·소독작용이 있음

(6) 기초 헤어커트 시 유의사항

① 고객의 취향을 우선적으로 파악함
② 두부 골격 형태, 목 굵기, 신장(키) 등을 파악함
③ 두발의 성장 방향인 모류, 카우릭❓ 등의 흐름을 파악함
④ 두발의 질(모질)과 상태를 파악함
⑤ 길이 설정 시(가이드라인) 고객이 원하는 길이로 정확히 해야 함

> **용어** 카우릭(Cowlick)
> 소가 혀로 핥아 뻣뻣하게 일어선 머리 모양으로, 다른 두발의 성장 방향과 다르게 난 두발을 뜻함

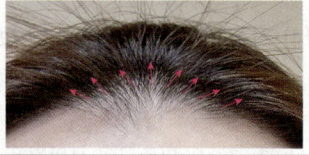

이마 헤어라인에서의 카우릭 모양

CHAPTER 01 기초 헤어커트

출제 예상문제 A

1 헤어커트의 이해

01
블런트 커트(Blunt Cut)에 대한 설명으로 옳지 <u>않은</u> 것은?
① 커트의 형태를 만들 때 사용하는 기법이다.
② 클럽 커트에 해당한다.
③ 잘린 부분이 명확하고 두발 손상이 적다.
④ 길이와 부피감 제거를 동시에 할 수 있다.

- 블런트 커트는 두발의 길이만 제거하므로 부피감이 줄지 않음
- 질감 처리로 부피감을 제거하려면 스트로크, 틴닝, 슬라이싱, 테이퍼링 등의 기법으로 커트해야 함

02
프레 커트에 대한 설명으로 옳은 것은?
① 정확한 가이드라인을 만들 때 사용한다.
② 수정 커트나 손상모를 제거하기 위해 마른 두발에 커트하는 방법이다.
③ 퍼머넌트 웨이브 등의 시술 전에 하는 커트로 와인딩하기 편하게 커트하는 것을 말한다.
④ 퍼머넌트 웨이브 등의 시술 후에 디자인에 맞춰 하는 커트이다.

- 웨트 커트: 젖은 두발에 하는 커트로, 정확한 가이드라인이 형성됨
- 드라이 커트: 트리밍과 같은 수정 커트를 할 때 마른 두발에 하는 커트
- 애프터 커트: 퍼머넌트 웨이브 등의 시술 후 디자인에 맞추어 하는 커트

03
클럽 커트(Club Cut) 기법에 해당하는 것은?
① 스퀘어 커트(Square Cut)
② 트리밍 커트(Trimming Cut)
③ 나칭 커트(Notching Cut)
④ 클리핑(Clipping)

- 클럽 커트는 블런트 커트라고도 하며, 헤어커트 시 커트의 형태(원랭스, 그래쥬에이션, 레이어, 스퀘어 등)를 만드는 것을 뜻함
- 스퀘어 커트: 커트의 단면을 직선으로 자른 것으로, 두상 전체를 네모난 박스 형태로 자르면 스퀘어 레이어 커트가 됨
- 트리밍 커트: 완성된 커트에서 튀어나온 부분을 정리하는 기법
- 나칭 커트: 두발의 잘린 면이 뭉툭하지 않게 45° 정도로 비스듬하게 커트하는 기법으로, 블런트 커트보다 가벼운 느낌을 줌
- 클리핑: 손상된 두발 끝을 잘라내어 정리하는 기법으로, 클리퍼를 사용하여 두발을 제거하는 것을 말하기도 함

04
헤어커트에 관한 설명으로 옳지 <u>않은</u> 것은?
① 웨트 커트는 정확한 가이드 라인을 만들 때 사용한다.
② 헤어 셰이핑이라고도 한다.
③ 프레 커트는 완성된 커트를 다듬을 때 한다.
④ 드라이 커트는 수정 커트나 손상모를 제거할 때 한다.

프레 커트는 퍼머넌트 웨이브 등의 시술 전에 와인딩하기 편하게 자르는 것을 말함

05
스트로크 커트에 적당한 가위는?
① 직선날 가위(Cutting Scissors)
② 곡선날 가위(R-scissors)
③ 틴닝 가위(Thinning Scissors)
④ 리버스 가위(Reverse Scissors)

- 직선날 가위: 가장 많이 사용하는 일반적인 가위 형태임
- 틴닝 가위: 두발의 길이를 자르는 용도가 아닌 질감 처리(두발의 양 감소)에 사용함
- 리버스 가위: 한쪽 날이 레이저로 되어 있는 가위

06
서로 다른 재료로 만든 가위로, 협신부는 연강이고 날은 특수강으로 만든 가위는?
① 레이저
② 틴닝 가위
③ 착강 가위
④ 전강 가위

- 레이저: 면도날을 사용하는 커트 도구로 협신부가 없음
- 틴닝 가위: 착강 가위와 전강 가위로 나눌 수 있음
- 전강 가위: 가위 전체를 특수강으로 만든 가위

| 정답 | 01 ④ 02 ③ 03 ① 04 ③ 05 ② 06 ③

07
오디너리 레이저와 셰이핑 레이저에 대한 설명으로 옳은 것은?

① 셰이핑 레이저는 오디너리 레이저보다 절삭률이 높다.
② 셰이핑 레이저는 일상용 레이저이다.
③ 오디너리 레이저는 섬세한 작업이 가능하여 숙련자가 사용하기 적합하다.
④ 오디너리 레이저는 안전하게 사용할 수 있다.

- 오디너리 레이저: 일상용 레이저로, 칼날 전체를 사용하여 두발이 잘리는 양을 조절할 수 있어 섬세한 작업이 가능하므로 숙련자가 사용하기에 적합함
- 셰이핑 레이저: 안전커버가 부착되어 있어 초보자가 사용하기 좋고 두발이 잘리는 양은 오디너리 레이저보다 적음

08
다음 그림에 맞는 블로킹은?

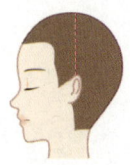

① A라인
② 프린지(Fringe)
③ 센터 파트(Center Part)
④ 이어 투 이어(Ear To Ear)

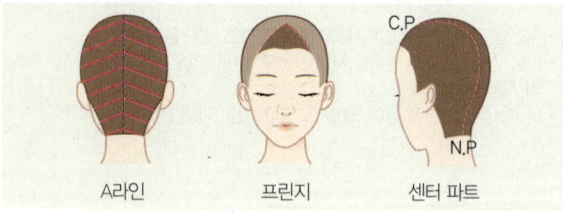

A라인   프린지   센터 파트

09
커트 기법 중 가위로 튀어나온 머리카락을 자르는 것은?

① 트리밍　　② 싱글링
③ 블런트　　④ 포인팅

- 싱글링: 커트 빗에 가위를 대고 연속적으로 자르는 방법으로, 쇼트 헤어 커트 기법 중 하나임
- 블런트: 직선으로 자르는 기법으로, 원랭스, 그래쥬에이션, 레이어와 같은 커트 형태를 만들 때 사용함
- 포인팅: 두발의 잘린 면이 직선이 되지 않게 불규칙적으로 자르는 기법으로, 나칭 커트보다 섬세하고 가벼움

10
커트 도구 중 레이저(Razor)에 대한 설명으로 옳지 않은 것은?

① 레이저는 날 등과 날 끝이 균일한 것이 좋다.
② 잘린 면이 가벼워 커트 형태를 만드는 작업보다는 질감 처리에 적합하다.
③ 다른 커트 도구에 비해 작업 속도가 빠르다.
④ 레이저 사용 시 반드시 웨트 커트로 해야 한다.

레이저로 커트 시 잘린 면이 가벼워 형태를 만듦과 동시에 질감 처리가 가능함

11
커트 빗에 대한 설명으로 옳지 않은 것은?

① 커트 전 머리카락을 정돈한다.
② 빗살 간격이 좁으면 모발의 당김이 적다.
③ 커트 시 모발을 빗어 올려 각도를 맞춘다.
④ 얼레살로 블로킹, 섹션 등을 나눈다.

빗살의 간격이 좁으면 빗질 시 텐션(당겨지는 힘)이 커지므로 커트 시에는 얼레살로 블로킹을 나누고 고운살로 커트해야 할 부분의 스트랜드를 빗질해야 함

12
섹션에 대한 설명으로 옳은 것은?

① 다이애거널 포워드 섹션 - 대각선 방향이 얼굴 앞쪽으로 향하게 한다.
② 방사형 섹션 - 가벼운 느낌을 연출하고자 할 때 사용한다.
③ 가로 섹션 - 얼굴 뒤쪽으로 향하게 섹션을 긋는다.
④ 세로 섹션 - 무거운 느낌을 연출하고자 할 때 사용한다.

- 방사형 섹션: 하나의 꼭짓점에서 사방으로 방향을 다르게 나눔
- 가로 섹션: 무거운 느낌을 연출하고자 할 때 사용함
- 세로 섹션: 가벼운 느낌을 연출하고자 할 때 사용함

13
다음 그림에 맞는 섹션의 종류는?

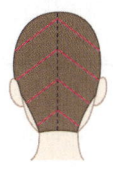

① 호리존탈 섹션
② 다이애거널 포워드 섹션
③ 레이디얼 섹션
④ 버티컬 섹션

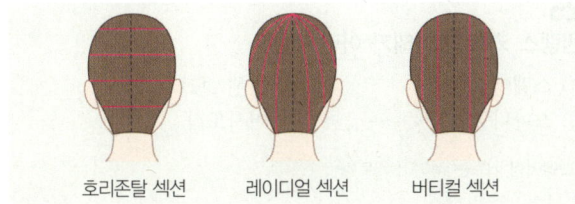

호리존탈 섹션   레이디얼 섹션   버티컬 섹션

14
가위를 이용한 테이퍼링 기법으로 두발의 길이와 모량을 동시에 감소하는 기법은?

① 틴닝
② 슬라이싱
③ 블런트 커트
④ 스트로크 커트

- 틴닝: 두발의 길이에는 변화를 주지 않음
- 슬라이싱: 모량 감소의 목적으로 두발의 표면을 미끄러지듯 커트하는 기법
- 블런트 커트: 두발의 길이에만 변화를 줌

15
슬라이싱 기법에 대한 설명으로 옳은 것은?

① 모량만 감소시키는 기법이다.
② 커트 동작 시 가위를 두발 끝에서 두피 쪽으로 향하게 하여 자르는 기법이다.
③ 가위를 벌려 두발의 표면을 따라 미끄러지듯이 커트하는 기법이다.
④ 두발의 절단면이 뭉툭하지 않게 가위 끝을 비스듬히 하여 커트하는 기법이다.

- 틴닝: 두발의 길이에는 변화를 주지 않고 모량만 감소시키는 기법
- 스트로크: 커트 동작 시 가위를 두발 끝에서 두피 쪽으로 향하게 하여 미끄러지듯이 자르는 기법
- 나칭: 두발의 잘린 면이 뭉툭하지 않게 가위 끝을 비스듬히 하여 커트하는 기법

16
모발의 양이 많을 때 사용하는 테이퍼링 방법은?

① 딥 테이퍼링
② 노멀 테이퍼링
③ 엔드 테이퍼링
④ 프리 테이퍼링

모발의 양이 적을 때에는 스트랜드의 끝부분 위주로 모량을 감소시키는 엔드 테이퍼링을 하고, 많을 때에는 딥 테이퍼링을 함

17
일반적인 가위로 틴닝과 같은 효과를 주는 기법은?

① 트리밍
② 스트로크
③ 테이퍼링
④ 슬리더링

- 트리밍: 커트가 완성된 두발 선을 정돈하는 목적으로 가볍게 다듬음
- 스트로크: 주로 곡선날 가위를 사용하며, 두발의 길이와 모량을 동시에 감소시키는 커트 기법임
- 테이퍼링: 모발선의 끝을 자연스럽고 가늘게 커트하는 기법임

18
테이퍼링 기법에 대한 설명으로 옳지 않은 것은?

① 커트된 모발선이 자연스럽다.
② 길이만 제거하여 부피감은 줄어들지 않는다.
③ 가위와 레이저를 이용한 질감 처리 기법이다.
④ 페더링이라고도 한다.

- 테이퍼링은 모량을 조절할 수 있는 기법이므로 부피 변화가 있음
- 길이만 제거하는 기법은 블런트 커트임

19
테이퍼링 방법 중 스트랜드의 약 1/3 정도에서 하는 기법은?

① 노멀 테이퍼링
② 딥 테이퍼링
③ 엔드 테이퍼링
④ 프리 테이퍼링

- 노멀 테이퍼링: 스트랜드의 1/2 정도에서 함
- 딥 테이퍼링: 스트랜드의 2/3 정도에서 함

20
두발의 길이에는 변화를 주지 않으면서 모량만 감소하는 기법은?
① 클리핑
② 틴닝
③ 나칭
④ 싱글링

- 클리핑: 손상된 두발의 끝이나 갈라진 두발을 정리하는 기법임
- 나칭: 가위 끝을 45° 정도로 비스듬하게 커트하는 기법임
- 싱글링: 쇼트 헤어커트 기법 중 하나임

21
가위나 레이저로 두발의 끝부분을 붓 끝처럼 가늘게 커트하는 것은?
① 테이퍼링
② 클리핑 커트
③ 틴닝 커트
④ 싱글링 커트

- 테이퍼링을 하면 할수록 두발의 끝이 가늘어져 그 모양이 마치 붓 끝처럼 보임
- 클리핑 커트: 손상된 두발을 정리하거나 튀어나온 두발의 끝을 정리하는 작업 또는 헤어 클리퍼 기기를 이용하여 커트하는 작업을 말함
- 틴닝 커트: 틴닝 가위로만 하는 커트임
- 싱글링 커트: 가위를 사용하여 하는 커트임

22
반드시 웨트 커트로 하는 질감 처리 기법은?
① 클리퍼를 이용한 블런트
② 가위를 이용한 슬리더링
③ 틴닝을 이용한 질감 처리
④ 레이저를 이용한 테이퍼링

레이저를 이용하여 커트 시 젖은 머리에 해야 두발의 손상을 줄일 수 있음

23
스트랜드 뿌리의 중심에서 직각을 만들어 커팅하는 베이스는?
① 사이드 베이스
② 온 더 베이스
③ 오프 더 베이스
④ 프리 베이스

- 사이드 베이스: 스트랜드를 좌·우 어느 한쪽으로 당긴 것
- 오프 더 베이스: 스트랜드가 슬라이스 뜬 곳을 벗어난 것
- 프리 베이스: 온 더 베이스와 사이드 베이스 사이

2 기초 헤어커트

24
원랭스 커트에 대한 설명으로 옳지 않은 것은?
① 완성된 커트를 빗으로 빗어 내려 보면 하나의 선이 된다.
② 다른 커트에 비해 무거운 느낌이 든다.
③ 네이프의 길이가 짧고 톱으로 갈수록 길어진다.
④ 자연 시술 각도 0°로 커트하여 단차가 생긴다.

원랭스 커트는 자연 시술 각도 0°로 동일 선상에서 커트하여 단차(층)가 생기지 않아 무거운 느낌이 듦

25
원랭스 커트의 형태가 아닌 것은?
① 스퀘어
② 평행 보브
③ 스파니엘
④ 이사도라

스퀘어형 커트는 레이어 커트임

26
원랭스 커트의 아웃라인에 해당하지 않는 것은?
① 버티컬(Vertical)
② 콘케이브(Concave)
③ 콘벡스(Convex)
④ 패럴렐(Parallel)

커트에서 버티컬(Vertical)은 세로, 수직이란 말로 섹션이나 슬라이스 선을 그을 때 사용하는 용어임

27
다음 그림에 맞는 커트는?

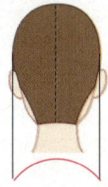

① 패럴렐 커트
② 스파니엘 커트
③ 이사도라 커트
④ 스퀘어 커트

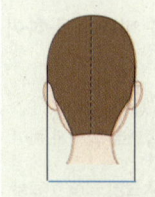 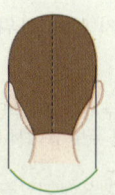 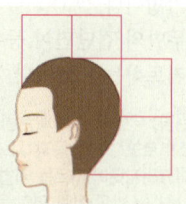

패럴렐(평행 보브) 커트　　이사도라 커트　　스퀘어 레이어 커트

28
헤어커트 시 유의사항으로 옳지 않은 것은?

① 고객의 키와 목 굵기, 두부의 골격 등을 파악하여 어울리는 커트 형태를 찾는다.
② 두발의 성장 방향의 흐름과 모질을 파악하여 커트한다.
③ 가이드라인은 고객이 원하는 길이로 한다.
④ 유행하는 스타일로 커트하여 고객 만족도를 높인다.

> 유행보다 고객의 취향을 파악하는 것을 우선으로 해야 함

29
원랭스 커트를 하기 위한 각도에 대한 설명으로 옳은 것은?

① 자연 시술 각도 90°로 커트한다.
② 일반 시술 각도로 커트한다.
③ 두상의 곡면을 따라 생기는 각도로 커트한다.
④ 중력으로 인해 자연스럽게 바닥으로 떨어지는 각도로 커트한다.

> • 원랭스 커트는 자연 시술 각도 0°로 커트함
> • 자연 시술 각도 90°로 커트하면 스퀘어 커트인 레이어가 됨
> • 일반 시술 각도는 두상 각도와 같은 말로 원랭스 커트에 사용하지 않음
> • 두상 시술 각도는 두상의 곡면을 따라 생기는 각도임

30
그래쥬에이션 커트에 대한 설명으로 옳은 것은?

① 그래쥬에이션 커트의 기본 각도는 90°이다.
② 네이프에서 백으로 올라가며 점점 길어지게 커트하여 단차가 생긴다.
③ 동일 선상에서 커트한다.
④ 전체적으로 층이 골고루 난다.

> • 그래쥬에이션 커트의 기본 각도는 45°임
> • 층 없이 동일 선상에서 하는 커트는 원랭스 커트임
> • 전체적으로 층이 골고루 나는 커트는 레이어 커트임

31
다음 도면과 같은 커트를 했을 때, 이에 대한 설명으로 옳지 않은 것은?

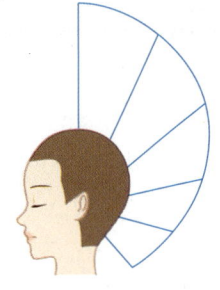
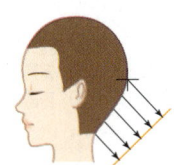

① 두발에 길이 변화를 주면서 커트하여 무게감이 점차 증가한다.
② 시술 각도에 두발의 길이가 조절되면서 다양한 커트 형태가 만들어진다.
③ 두상 시술 각도로 커트하면 층이 많이 생겨 자연 시술 각도로 커트해야 한다.
④ 두발 길이에 단차가 생긴다.

> 그래쥬에이션 커트는 자연 시술 각도와 두상 시술 각도 모두 사용 가능함

32
그래쥬에이션 커트의 각도에 대한 설명으로 옳지 않은 것은?

① 자연 시술각에서 1°~89° 사이의 시술각으로 커트한다.
② 로우 그래쥬에이션의 각도는 1°~30° 사이이다.
③ 미듐 그래쥬에이션의 각도는 31°~60° 사이이다.
④ 하이 그래쥬에이션의 각도는 61°~90° 사이이다.

> 하이 그래쥬이션의 각도는 높은 시술 각도로 61°~89° 사이임

33
그래쥬에이션 커트의 기본 슬라이스 라인 및 각도는?

① 사선 45°
② 사선 20°
③ 가로 0°
④ 가로 20°

> • 그래쥬에이션 커트의 기본 각도는 45°이며, 사선 섹션으로 슬라이스를 떠서 커트함
> • 가로 0° 커트는 원랭스 커트임

34
그래쥬에이션 커트 시 무게 선에 의한 볼륨이 높은 위치에 만들어지게 할 때 커트 각도로 옳은 것은?

① 낮은 시술각인 10°로 커트한다.
② 중간 시술각인 45°로 커트한다.
③ 높은 시술각인 60°로 커트한다.
④ 높은 시술각인 70°로 커트한다.

- 낮은 시술각(1°~30°): 볼륨이 낮은 위치에 생김
- 중간 시술각(31°~60°): 볼륨이 중간 또는 중간보다 낮은 위치에 생김
- 높은 시술각(61°~89°): 볼륨이 높은 위치에 생김

35
커트가 끝난 후 원랭스 커트의 수정·보완에 대한 설명으로 옳지 않은 것은?

① 커트가 끝난 후 아웃라인과 좌우의 밸런스를 맞추어 수정 커트를 한다.
② 단발처럼 짧은 길이의 커트는 머리를 뒤로 젖혀 정리한다.
③ 고객의 만족 여부를 살펴보고 보완점을 파악하여 수정 커트를 한다.
④ 완성된 두발 선을 정리하기 위한 트리밍 커트를 한다.

짧은 길이의 커트는 네이프 부분의 머리를 다듬기 위해 고객의 머리를 숙이게 하여 정리해야 함

36
커트가 끝난 후 도구의 정리 방법으로 옳지 않은 것은?

① 가위에 남아 있는 머리카락과 물기를 가죽이나 헝겊으로 닦아낸 후 오일을 바른다.
② 레이저에 남아 있는 머리카락을 제거하고 석탄산수로 세척한다.
③ 커트 빗에 남아 있는 머리카락을 제거하고 역성비누로 세척한다.
④ 헤어 드라이어는 전선을 정리하여 작업대에 보관한다.

레이저의 면도날은 사용 즉시 폐기하고 몸체는 70%의 알코올을 적신 솜으로 닦아냄

37
목덜미에서 후두부 쪽으로 갈수록 두발의 길이에 가장 작은 단차가 생기는 커트는?

① 스퀘어 레이어 커트   ② 레이어 커트
③ 원랭스 커트   ④ 그래쥬에이션 커트

- 레이어 커트: 두발의 길이에 단차가 크게 생김
- 원랭스 커트: 두발의 길이에 단차가 생기지 않음

38
가로 섹션으로 커트 후 세로로 확인하며 커트하는 것을 무엇이라고 하는가?

① 슬라이스 라인   ② 방사형 체크
③ 다이애거널 백   ④ 크로스 체크

- 슬라이스 라인: 두발을 커트하기 위해 얇게 가른 선
- 다이애거널 백: 얼굴 뒤쪽으로 향하는 대각선으로 커트 후에 U라인의 후대각 라인이 만들어짐

39
중년 여성이 짧은 길이로 레이어 커트를 했을 경우 마무리 드라이로 적절한 것은?

① 굵은 S컬로 드라이를 한다.
② 차분한 I컬로 드라이를 한다.
③ 볼륨 C컬로 드라이를 한다.
④ 얇고 자잘한 S컬로 드라이를 한다.

짧은 길이의 레이어는 볼륨감이 있는 C컬이 적절함

40
모발의 양이 많은 고객을 윗머리가 짧고 아래로 갈수록 길게 커트하고, 레이저를 사용하여 질감 처리를 할 때 적절한 시술 방법은?

① 원랭스 커트 후 엔드 테이퍼링
② 그래쥬에이션 커트 후 엔드 테이퍼링
③ 유니폼 레이어 커트 후 딥 테이퍼링
④ 인크리스 레이어 커트 후 딥 테이퍼링

- 모발의 양이 많을 때 모량을 감소하려면 딥 테이퍼링을 해야 함
- 원랭스 커트와 그래쥬에이션 커트의 형태는 윗머리가 길고 아랫머리가 짧음
- 유니폼 레이어 커트는 전체적으로 모발의 길이가 같아짐

41
스퀘어 레이어의 특징으로 옳지 않은 것은?

① 두상 시술각을 90°로 커트한다.
② 커트 단면이 사각이 되게 커트한다.
③ 중년 여성의 짧은 머리에 기본 커트로 사용된다.
④ 직각분배로 커트한다.

두상 시술각 90° 커트는 유니폼 레이어가 대표적임

|정답| 34 ④ 35 ② 36 ② 37 ② 38 ④ 39 ③ 40 ④ 41 ①

42
다음 도면과 같은 커트를 했을 때, 이에 대한 설명으로 옳지 않은 것은?

 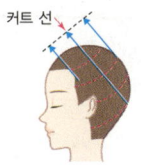

① 전체적으로 온 더 베이스, 두상 시술각을 90°로 커트했다.
② 전두부 방향에서 두상 시술각을 135° 기준으로 전체 두발을 커트했다.
③ 헤어커트 중 가장 가벼운 느낌이 난다.
④ 헤어커트 중 층이 가장 많이 난다.

- 두상 시술각을 90°, 온 더 베이스로 커트하면 유니폼 레이어가 됨
- 도면은 인크리스 레이어임

43
유니폼 레이어에 대한 설명으로 옳지 않은 것은?
① 전체적으로 모발의 길이가 같아진다.
② 남자의 긴 머리에 기본 커트로 사용한다.
③ 두상 시술각을 90°로 커트한다.
④ 베이스는 온 더 베이스로 한다.

남자의 긴 머리나 중년 여성의 짧은 머리에 기본 커트로 사용하는 것은 스퀘어 레이어임

44
레이어 커트의 특징으로 옳은 것은?
① 두발의 절단면이 동일 선상에 있다.
② 두발의 길이 변화를 주어 무게감이 점차 증가한다.
③ 주로 4등분 블로킹으로 커트한다.
④ 전체적으로 층이 골고루 난다.

- 층 없이 동일 선상으로 커트하여 두발의 절단면이 같은 곳에 위치하는 것은 원랭스 커트임
- 무게감이 점차 증가하는 것은 그래쥬에이션 커트임
- 레이어 커트의 기본 블로킹은 5등분임

45
레이어 헤어커트의 종류에 해당하지 않는 것은?
① 인크리스 레이어
② 블런트 레이어
③ 유니폼 레이어
④ 스퀘어 레이어

레이어 커트의 종류는 유니폼(세임) 레이어, 인크리스 레이어, 스퀘어 레이어로 나눔

46
레이어 커트에 해당하지 않는 것은?

① 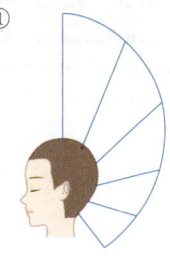 ②

③ 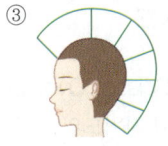 ④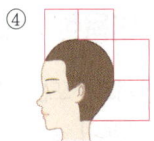

① 원랭스 커트의 형태에 해당함
② 인크리스 레이어의 형태에 해당함
③ 유니폼 레이어의 형태에 해당함
④ 스퀘어 레이어의 형태에 해당함

47
인크리스 레이어 커트의 특징으로 옳지 않은 것은?
① 레이어 커트 종류 중 가장 층이 많이 난다.
② 네이프에서 톱 부분으로 올라가면서 모발의 길이가 점점 짧아진다.
③ 어느 한 곳을 기준으로 두발을 끌어모아 커트한다.
④ 베이스는 온 더 베이스로만 커트한다.

인크리스 레이어는 다양한 베이스의 사용이 가능함

48
레이어 커트의 특징으로 옳지 않은 것은?
① 두발이 겹치는 부분이 없어 무게감이 없다.
② 두상 시술각 90° 이상으로 커트한다.
③ 네이프에서 백 부분으로 올라가면서 모발의 길이가 점점 길어진다.
④ 커트 형태가 가벼워 다양한 스타일을 연출할 수 있다.

네이프에서 백으로 올라가며 점점 길어지게 커트하여 두발의 길이에 단차를 주는 커트는 그래쥬에이션 커트임

| 정답 | 42 ① 43 ② 44 ④ 45 ② 46 ① 47 ④ 48 ③

CHAPTER 02

쇼트 헤어커트

합격 TIP 헤어커트 시 사용하는 도구와 커트 기술의 종류를 파악하도록 합니다.
출제 난도가 높지 않으므로 출제 예상문제 위주로 살펴보도록 합니다.

1 장가위를 이용한 싱글링 헤어커트

(1) 싱글링 헤어커트 또는 시저 오버 콤(Scissor Over Comb) 빈출
① 쇼트 헤어커트의 한 방법으로, 네이프와 사이드의 모발을 짧게 커트하는 방법임
② 커트 작업 시 모발을 손으로 잡지 않고, 가위와 빗을 이용하여 아래에서 위쪽으로 올라갈수록 길어지게 커트함
③ 빗으로 커트할 모발을 들어 올리고 가위의 정인은 빗 위에 고정하여 동인만 개폐시켜 커트하는 기법임

참고 싱글링 헤어커트

(2) 싱글링 헤어커트 도구

장가위	틴닝 가위	커트 빗
일반 가위보다 날 길이가 긴 가위로, 총길이가 6인치 이상의 긴 가위를 말함	• 모발의 양(숱)을 조절하거나 커트의 형태를 보정하기 위해 사용하는 가위를 말함 • 가윗날의 크기나 발수에 따라 절삭되는 모량이 결정되므로 커트 디자인 시 선택적으로 사용해야 함	• 모발을 골고루 분배(빗질)하거나 블로킹, 섹션 등 구역을 나눌 때 사용함 • 싱글링 커트 시 모발을 들어 올려 고정시키고, 가이드라인을 결정하거나 각도를 줄 때 사용함

참고 틴닝 가위의 발수
모량을 잘라내는 양을 결정함

발수	절삭률	특징
10발	50~70%	빠른 작업 활용
16발	50~60%	빠른 작업 활용
26발	30~40%	기본 작업 활용
40발	10~20%	초보자 사용

2 싱글링 헤어커트 진행 방법

(1) 쇼트 헤어커트 디자인
① 얼굴형에 따른 디자인

둥근 얼굴형	• 윗머리의 볼륨을 살리고, 옆머리의 볼륨은 낮춰 산뜻하게 연출함 • 앞머리는 옆 가르마를 이용하여 페이스 라인으로 내리고, 옆머리는 귀를 덮지 않도록 하여 얼굴선이 길어 보이는 효과를 줌
긴 얼굴형	• 앞머리로 이마를 가려 얼굴형이 짧아 보이게 연출함 • 앞머리 연출 시 눈을 덮을 정도로 길이가 길면 긴 얼굴을 강조할 수 있으므로 주의함
역삼각 얼굴형	옆머리와 뒷머리를 짧게 올려 자르면 양쪽 귀 사이의 폭이 넓어 보일 수 있으므로 주의함
사각 얼굴형	윗머리의 볼륨을 살리고, 이마 부분에 형태를 주어 시선을 분산시킴

② 모발의 특징에 따른 디자인 [빈출]
- 쇼트 헤어커트 시 모류의 특징을 이해하고 완성도 높은 커트를 진행해야 함
- 주로 골든 포인트, 네이프 포인트 주변에 모류가 흩어지거나 뭉치는 현상이 있음

모류의 유형		정리 방법
	순류	• 무거운 부분을 가볍게 정리 • 전체적으로 균형미 있게 진행
	좌측·우측 흘림 모류	• 좌측이나 우측으로 흘러가는 모류를 흐름의 반대 방향으로 밀어주듯이 정리 • 모류를 네이프 포인트로 몰고 아래로 떨어지게 정리
	좌측·우측 다발성 모류	• 모발이 다발성으로 뭉쳐 있는 경우 틴닝 가위를 이용하여 네이프 부분의 모류를 70% 정도 정리 • 역류하는 모류는 최대한 뿌리 가까운 부분을 정리
	중앙 쏠림 모류 (일명 '제비추리')	틴닝 가위를 이용하여 주변 모량과 비슷하게 정리

(2) 싱글링 헤어커트 기술

① 싱글링 헤어커트 기술

다운 싱글링	기장(머리 길이)이 긴 형태를 만들 때 사용하는 기법으로, 위에서 아래로 내려오는 싱글링 커트임
업 싱글링	다운 싱글링과 반대로 아래에서 위로 올라가면서 커트하는 기법으로, 주로 커트선을 연결할 때 사용함
연속 싱글링	섹션을 타지 않고 아래에서 위로 올라가면서 연속해서 커트하는 방법으로, 일반적인 싱글링 커트 기법임

② 트리밍 헤어커트 기술
- 트리밍이란 완성된 커트 상태에서 튀어나온 두발 끝을 정리하는 기법을 말함
- 장가위의 정인 날을 손가락의 엄지나 중지에 대어 동인을 움직여 좌우 또는 상하로 움직이며 모발을 정리함

(3) 쇼트 헤어커트의 모량 조절 및 질감 처리 방법 [빈출]

티닝 (Tinning)	• 모발의 길이는 유지하고 양(숱)을 감소하고자 할 경우 사용함 • 쇼트 헤어커트에서는 사선 티닝, 곡선 티닝, 수평 티닝 기법을 사용함
테이퍼링 (Tapering)	• 티닝에 의한 테이퍼링: 모발의 길이는 유지하고 끝을 가볍게 할 경우 사용함 • 가위에 의한 테이퍼링: 모발의 길이와 모량을 함께 제거할 때 사용함 • 테이퍼링 후 모발의 모양이 말꼬리처럼 점점 가늘어짐 • 딥 테이퍼링, 노멀 테이퍼링, 엔드 테이퍼링❓이 있음
포인팅 (Pointing)	• 모발을 들어 올린 후 가윗날을 세워 모발 끝을 불규칙하게 커트하는 기법임 • 가윗날이 세워질수록 질감 처리되는 모량이 적어지고, 사선으로 누울수록 질감 처리되는 모량이 많아짐
슬라이싱 (Slicing)	• 가윗날을 벌린 상태에서 모발의 표면을 미끄러지듯 C자 형태를 그리면서 움직이며 모량을 조절함 • 평균적으로 1/3만큼 벌린 상태로 작업하고, 가윗날이 벌어질수록 질감 처리가 많이 됨

(4) 싱글링 헤어커트 진행 방법
① 장가위를 사용하여 고객에게 어울리는 싱글링 헤어커트를 계획함
② 도해도❓를 작성하고 분석함
③ 모발의 수분 함량을 조절하고 크레스트❓를 중심으로 블로킹함
④ 엑스테리어의 백, 톱, 사이드 부분을 일반가위를 이용하여 커트함
⑤ 싱글링 헤어커트가 필요한 인테리어 부분은 드라이어로 모발을 건조함
⑥ 장가위와 빗을 이용하여 싱글링 커트함
⑦ 필요시 전체적으로 아웃라인 정리와 모양을 조절하는 질감 처리를 함
⑧ 샴푸 후 트리밍 커트하여 완성함

3 클리퍼의 구조와 기능

(1) 클리퍼의 이해
① 1870년경 프랑스 기계 제작 회사인 바리캉 마르의 창립자 바리캉에 의해 발명됨
② 2개의 톱날이 좌우로 교차되어 모발을 절삭하는 기계로, 주로 쇼트 헤어커트 전용 기계로 사용함
③ 모발을 아주 짧고 고르게 커트할 때 사용함

(2) 클리퍼의 구조와 기능

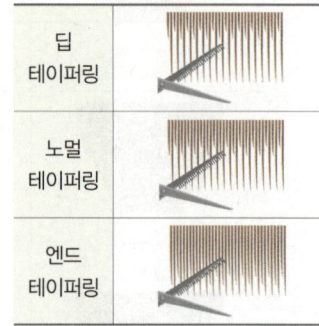

[참고] 테이퍼링 [빈출]

딥 테이퍼링	
노멀 테이퍼링	
엔드 테이퍼링	

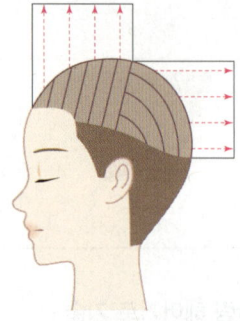

[참고] 도해도

헤어커트 과정을 도식화(도면)한 것으로, 커트의 시작점과 블로킹, 섹션, 슬라이스, 빗질 방향, 각도, 베이스 등을 파악하여 정확한 커트를 진행할 수 있음

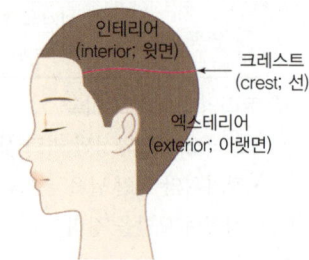

[참고] 크레스트

① 클리퍼날	고정날(밑날)	이동날에 비해 길고 간격이 넓으며, 모발의 정돈을 용이하게 함
	이동날(윗날)	고정날에 의해 정돈된 모발을 이동날이 커트함
② 몸체		• 클리퍼를 손으로 잡을 수 있는 부분 • 몸체의 크기가 매우 다양하므로 손의 크기, 몸체를 잡았을 때 손의 편안함 등에 맞춰 선택하는 것이 좋음
③ 전원 스위치		클리퍼의 전원을 켜고 끌 수 있는 스위치
④ 청소 브러시		머리카락 털이개라고도 하며, 헤어커트 후 클리퍼날 사이에 낀 모발을 털어내기 위해 사용함
⑤ 전기선		클리퍼에 전기를 공급하는 장치로, 전선이 꺾이지 않게 보관해야 함
⑥ 4mm 부착날		클리퍼날 위에 덧씌우는 부착날(덧날)로, mm 수가 작을수록 모발을 짧게 커트하고, 클수록 모발을 길게 커트할 수 있음
⑦ 8mm 부착날		
⑧ 12mm 부착날		

(3) 클리퍼의 선정과 관리

① 디자이너의 체형과 손에 맞고, 잡았을 때 무게감과 안정감을 고려함
② 너무 무거울 경우 피로감을 줄 수 있고, 너무 가벼울 경우 착용감이 떨어져 떨림 현상이 있을 수 있음
③ 클리퍼의 날을 위에서 보았을 때, 윗날과 밑날이 똑같이 겹쳐 있어야 좋음
④ 클리퍼 사용 방법을 충분히 숙지하여 헤어커트 시 균일한 모발 길이 조절을 해야 함
⑤ 커트하지 않을 모발 길이에 맞춰 부착날을 끼워 사용할 수 있음
⑥ 작업 후 날을 본체와 분리하여 청소 브러시를 이용하여 남아 있는 모발을 제거하고 클리퍼용 오일을 발라 보관함

(4) 클리퍼 사용 방법

① 클리퍼날이 위로 향하게 세운 뒤 엄지손가락을 날 위에 얹고, 클리퍼 몸체의 뒷면에 손가락을 대고 지지함
② 모발에 가해지는 힘이 고르게 분배되어야 모발이 균일하게 커트되므로 빠르고 정확하게 쳐 올리는 기법을 충분히 훈련해야 함
③ 클리퍼를 사용하여 커트 시 일반적으로 후두부부터 커트함

4 클리퍼를 이용한 쇼트 헤어커트 진행 방법

① 클리퍼를 사용하여 고객에게 어울리는 쇼트 헤어커트를 계획함
② 도해도를 작성하고 분석함
③ 모발의 수분 함량을 조절하고 크레스트를 중심으로 블로킹함
④ 빗과 클리퍼를 잡음(부착날 필요시 끼우고 잡음)
⑤ 헤어스타일에 맞는 빗의 각도와 방향을 잡음

헤어스타일의 종류	빗의 각도
패럴렐 커트	0°
로우 그래쥬에이션 커트	1~30°(대표각: 30°)
미디엄 그래쥬에이션 커트	31~60°(대표각: 45°)
하이 그래쥬에이션 커트	61~89°(대표각: 65°)
레이어 커트	90°

⑥ 네이프 주변, 네이프에서 이어 포인트 가장자리, 이어 포인트 주변 등 아웃라인을 정리함
⑦ 클리퍼 헤어커트 종료 후 필요시 싱글링 헤어커트를 진행함

5 쇼트 헤어커트의 수정 · 보완

(1) 보정 커트

① 커트의 마지막 단계로, 균형미와 정확성을 부여함
② 커트 섹션의 반대 위치에서 행해지는 것으로, 예를 들어 수평 섹션으로 커트를 했다면 보정 커트의 섹션은 수직으로 진행함

(2) 드라이 커트

① 커트 후 모발에 남아 있는 수분을 드라이기로 말려 건조시킨 후 진행하는 커트 방법임
② 고객에게 어울리는 커트형이 나타나도록 트리밍 커트(질감 처리)와 아웃라인 정리를 진행함

질감 처리	모발에 볼륨감이나 방향성을 주어 율동감이 생김
아웃라인 정리	헤어라인을 정리하여 커트 형태를 정확하게 나타냄

> **참고** 보정 커트
>
>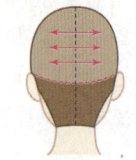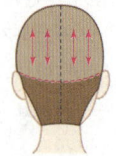
>
> 메인 커트 선   보정 커트 선

6 헤어커트 도구별 관리와 보관법

(1) 헤어커트 도구의 소독

① 「공중위생관리법」상 미용실 시설 및 설비 기준에 의거하여 소독을 한 기구와 소독을 하지 않은 기구는 분리하여 보관해야 함
② 소독기, 자외선 살균기 등 미용도구의 소독을 위한 기구를 갖추어야 함
③ 미용사는 고객과 자신을 바이러스, 세균 등 감염으로부터 보호해야 할 의무가 있으므로 항상 청결을 유지해야 함

소독 대상	소독 방법	
브러시, 가위, 레이저 몸체, 클립	자외선 소독법	• 자외선 소독기에 넣고 20분 동안 처리함 • 침투력이 약하여 표면에서만 살균작용이 일어남
레이저 몸체, 클립	알코올 소독법	• 70% 알코올로 소독함 • 살균작용에 효과적임
빗, 브러시, 가위, 레이저 몸체, 클립	크레졸 소독법	크레졸수 3% 수용액에 10분간 담가 둠

> **참고** 이용 · 미용기구의 소독기준 및 방법
> • 자외선 소독: 1㎠당 85㎼ 이상의 자외선을 20분 이상 쬐어 줌
> • 건열 멸균 소독: 섭씨 100℃ 이상의 건조한 열에 20분 이상 쐬어 줌
> • 증기 소독: 섭씨 100℃ 이상의 습한 열에 20분 이상 쐬어 줌
> • 열탕 소독: 섭씨 100℃ 이상의 물속에 10분 이상 끓여 줌
> • 석탄산수 소독: 석탄산수(석탄산 3%, 물 97%)에 10분 이상 담굼
> • 크레졸 소독: 크레졸수(크레졸 3%, 물 97%)에 10분 이상 담굼
> • 에탄올 소독: 에탄올 수용액(에탄올이 70%인 수용액)에 10분 이상 담가두거나 에탄올 수용액을 머금은 면 또는 거즈로 기구의 표면을 닦아 줌

(2) 헤어커트 도구의 보관
① 가위는 날을 벌려 남아 있는 모발을 깨끗이 제거하고, 날 안쪽과 선회축(피벗) 부위에 오일을 발라 서늘하고 건조한 곳에 보관함
② 클리퍼는 날을 본체와 분리하여 청소 브러시를 이용하여 남아 있는 모발을 제거하고 클리퍼용 오일을 발라 서늘하고 건조한 곳에 보관함
③ 빗은 청소 브러시를 이용하여 남아 있는 모발을 제거하고 서늘하고 건조한 곳에 보관함

(3) 시술 후 정리 정돈
① 경대 주변의 머리카락은 빗자루로 쓸어 분리 배출함
② 사용한 도구는 다음 시술을 위해 소독 후 정리함
③ 바이러스, 세균 등 감염 방지를 위해 개인위생 관리(손 씻기 등)에 신경을 써야 함

7 헤어스타일링 제품

헤어스타일을 형성하고 유지하는 기능이 있는 제품으로, 주로 마무리 작업 시 사용되는 제품임

헤어 스프레이 (Hair Spray)	• 헤어스타일을 유지하고 고정하는 기능이 있는 제품 • 세팅력이 우수하고 쉽게 사용할 수 있는 장점이 있지만, 강한 세팅력으로 인해 헤어스타일 수정이 어려운 단점이 있음 • 세팅력에 따라 하드 스프레이와 소프트 스프레이, 광택 스프레이 등 종류가 다양함
헤어 젤 (Hair Gel)	• 헤어스타일 형성과 변환, 고정하는 기능이 있는 제품 • 세팅력은 스프레이보다 다소 약하지만, 촉촉함과 광택을 줄 수 있음
헤어 왁스 (Hair Wax)	• 헤어스타일 형성과 정돈(굳지 않는 고정력), 윤기를 부여하는 기능이 있는 제품 • 제형에 따라 손으로 덜어 사용하는 제품과 스틱형으로 모발에 직접 바르는 형태의 제품이 있음
헤어 무스 (Hair Mousse)	• 끈적임이 적고 헤어스타일에 볼륨과 웨이브의 탄력을 주는 기능이 있는 제품 • 세팅력에 따라 하드 무스와 소프트 무스가 있음
헤어 포마드 (Hair Pomade)	• 반고체의 왁스(기름) 성분으로 모발의 방향을 조절하고 광택을 내는 기능이 있는 제품 • 주로 쇼트 헤어커트 스타일링 제품으로 많이 사용함

CHAPTER 02 쇼트 헤어커트 | 출제 예상문제 Ⓑ

1 장가위를 이용한 싱글링 헤어커트

01
싱글링 헤어커트의 특징으로 옳지 <u>않은</u> 것은?
① 쇼트 헤어커트의 기법으로 사이드 모발을 짧게 하는 방법이다.
② 장가위, 틴닝 가위, 빗을 이용한다.
③ 손으로 네이프 모발을 잡아 짧게 커트하는 방법이다.
④ 시저 오버 콤이라고도 한다.

> 싱글링 헤어커트는 모발을 손으로 잡지 않고, 가위와 빗을 이용하여 아래에서 위쪽으로 올라갈수록 길어지게 커트함

02
다음 설명에 해당하는 싱글링 헤어커트 도구는?

> • 모발의 양(숱)을 조절할 때 사용
> • 커트의 형태를 보정하거나 트리밍 시 사용
> • 가윗날의 크기나 촘촘함에 따라 절삭되는 모량이 결정됨

① 장가위　　　　② 레이저
③ 클리퍼　　　　④ 틴닝 가위

> • 장가위: 총길이가 6인치 이상의 긴 가위
> • 레이저: 헤어커트에 사용하는 날과 몸체인 손잡이로 이루어진 커트 도구
> • 클리퍼: 2개의 톱날이 좌우로 교차되어 모발을 절삭하는 커트 기계

03
틴닝 가위의 발수에 따른 특징이 바르게 연결된 것은?
① 40발 - 절삭률 10~20% - 빠른 작업 활용
② 26발 - 절삭률 30~40% - 기본 작업 활용
③ 16발 - 절삭률 50~60% - 초보자 사용
④ 10발 - 절삭률 50~70% - 초보자 사용

> • 40발 - 절삭률 10~20% - 초보자 사용
> • 16발 - 절삭률 50~60% - 빠른 작업 활용
> • 10발 - 절삭률 50~70% - 빠른 작업 활용

2 싱글링 헤어커트 진행 방법

04
다음 쇼트 헤어커트 디자인에 어울리는 얼굴형은?

> • 윗머리의 볼륨을 살리고, 옆머리의 볼륨은 낮춰 산뜻하게 연출한다.
> • 앞머리는 옆 가르마를 이용하여 페이스 라인으로 내린다.
> • 옆머리는 귀를 덮지 않도록 한다.

① 긴형　　　　　② 둥근형
③ 사각형　　　　④ 역삼각형

> • 긴형: 앞머리로 이마를 가려 내려 얼굴형이 짧아 보이게 연출함
> • 사각형: 윗머리의 볼륨을 살리고, 이마 부분에 형태를 주어 시선이 분산되게 연출함
> • 역삼각형: 옆머리와 뒷머리는 길이감이 있게 커트하여 양쪽 귀 사이의 폭이 넓어 보이지 않게 연출함

05
모류의 유형과 정리 방법이 옳지 <u>않은</u> 것은?
① 순류 - 무거운 부분을 가볍게 정리하고 균형미 있게 진행한다.
② 역류 - 최대한 뿌리 가까운 부분을 정리한다.
③ 다발성 모류 - 뭉쳐 있는 곳은 틴닝 가위를 이용하여 70% 정도 정리한다.
④ 우측 흘림 모류 - 모류가 흐르는 방향으로 밀어주듯이 정리한다.

> 좌측·우측 흘림 모류: 좌측이나 우측으로 흘러가는 모류를 흐름의 반대 방향으로 밀어주듯이 정리함

06
섹션을 타지 않고 아래에서 위로 올라가면서 연속해서 커트하는 방법은?
① 연속 싱글링　　② 딥 페이퍼링
③ 슬라이싱　　　④ 트리밍

> • 딥 테이퍼링: 모발의 모양이 말꼬리처럼 점점 가늘어지며, 모발의 양이 많을 때 사용하는 기법
> • 슬라이싱: 가윗날을 벌린 상태에서 모발 표면을 미끄러지듯이 커트하는 기법
> • 트리밍: 가볍게 다듬는 것으로 완성된 커트 상태에서 튀어나온 두발 끝을 정리하는 기법

정답 | 01 ③　02 ④　03 ②　04 ②　05 ④　06 ①

07
모량 조절 및 질감 처리 방법이 옳지 않은 것은?

① 틴닝 – 모발의 길이는 유지하고 양을 감소하고자 할 경우 사용한다.
② 포인팅 – 모발 끝을 불규칙하게 커트할 경우 사용한다.
③ 테이퍼링 – 모발의 길이를 조절하고 끝을 무겁게 할 경우 사용한다.
④ 슬라이싱 – 가윗날을 벌린 상태에서 모발의 표면을 미끄러지듯 C자 형태를 그리면서 모량을 조절할 때 사용한다.

- 틴닝에 의한 테이퍼링: 모발의 길이는 유지하고 끝을 가볍게 할 경우 사용함
- 가위에 의한 테이퍼링: 모발의 길이와 모량을 함께 제거할 때 사용함

3 클리퍼의 구조와 기능

08
클리퍼의 특징으로 옳지 않은 것은?

① 1870년경 미국의 클리퍼에 의해 발명되었다.
② 2개의 톱날이 좌우로 교차되어 모발을 절삭한다.
③ 커트하지 않을 모발 길이에 맞춰 부착날을 끼울 수 있다.
④ 모발을 아주 짧고 고르게 커트할 때 사용한다.

클리퍼는 1870년경 프랑스 기계 제작 회사인 바리캉 마르의 창립자 바리캉에 의해 발명됨

09
클리퍼의 구조에 대한 설명으로 옳지 않은 것은?

① 청소 브러시 – 커트 후 클리퍼날 사이에 낀 모발을 털어내기 위해 사용한다.
② 고정날(밑날) – 이동날에 비해 길고 간격이 넓으며, 모발의 정돈을 용이하게 한다.
③ 몸체 – 클리퍼를 손으로 잡을 수 있는 부분으로 손의 크기, 몸체를 잡았을 때 손의 편안함 등에 맞춰 선택한다.
④ 부착날(덧날) – 커트할 모발의 길이에 맞춰 부착날을 선택한다.

부착날(덧날): 커트하지 않을 모발 길이에 맞춰 부착날을 끼워 사용할 수 있음

10
클리퍼의 윗날에 비해 길고 간격이 넓으며, 모발의 정돈을 용이하게 하는 것은?

① 이동날　　② 부착날
③ 고정날　　④ 브러시

- 고정날(밑날): 이동날에 비해 길고 간격이 넓으며, 모발의 정돈을 용이하게 함
- 이동날(윗날): 고정날에 의해 정돈된 모발을 이동날이 커트함

11
클리퍼의 관리 방법으로 옳은 것은?

① 클리퍼날을 분리하여 물로 깨끗이 세척하여 보관한다.
② 모발을 털어내고 클리퍼용 오일을 발라 보관한다.
③ 모발을 털어내고 클리퍼날을 분리하여 소독용 알코올에 담궈 보관한다.
④ 모발을 털어내고 직사광선이 닿는 건조한 곳에 보관한다.

작업 후 날을 본체와 분리하여 청소 브러시를 이용하여 남아 있는 모발을 제거하고 클리퍼용 오일을 발라 보관함

4 클리퍼를 이용한 쇼트 헤어커트 진행 방법

12
클리퍼를 이용한 헤어스타일 작업 시 헤어스타일의 종류와 이에 따른 빗의 각도가 올바르게 연결된 것은?

① 패럴렐 커트 – 90°
② 미디엄 그래쥬에이션 커트 – 45°
③ 레이어 커트 – 0°
④ 하이 그래쥬에이션 커트 – 30°

- 패럴렐 커트: 0°
- 레이어 커트: 90°
- 하이 그래쥬에이션 커트: 65°

13
클리퍼를 이용한 헤어커트 도해도를 작성하는 이유로 가장 적절한 것은?

① 디자이너가 바쁘기 때문에 빠른 커트를 진행하기 위해
② 고객에게 어울리는 디자인을 계획할 수 있어서
③ 커트 요금을 높일 수 있기 때문에
④ 커트의 시작점과 섹션, 슬라이스, 각도 등을 파악하여 정확한 커트를 진행하기 위해

도해도는 헤어커트 과정을 도식화(도면)한 것으로, 커트의 시작점과 블로킹, 섹션, 슬라이스, 빗질 방향, 각도, 베이스 등을 파악하여 정확한 커트를 진행할 수 있음

정답 07 ③　08 ①　09 ④　10 ③　11 ②　12 ②　13 ④

5 쇼트 헤어커트의 수정·보완

14
보정 커트의 방법으로 가장 적절한 것은?
① 커트 후 모발에 남아 있는 수분을 드라이기로 건조시킨 후 진행한다.
② 트리밍 커트와 아웃라인 정리를 진행한다.
③ 메인 커트 선과 반대 방향의 선으로 커트를 진행한다.
④ 수평 섹션으로 커트를 진행했다면 보정 커트의 섹션은 수평으로 진행한다.

> 보정 커트: 커트의 마지막 단계로 균형미와 정확성을 부여하는 커트로, 섹션의 반대 위치에서 행함. 예를 들어 수평 섹션으로 커트를 했다면 보정 커트의 섹션은 수직으로 진행함

15
드라이 커트 방법 중 질감 처리를 하는 이유로 옳은 것은?
① 모발의 숱이 많아 보이게 하기 위해
② 모발에 볼륨감이나 방향성을 주기 위해
③ 손상된 모발을 개선시키기 위해
④ 헤어라인을 정리하기 위해

> • 질감 처리: 모발에 볼륨감이나 방향성을 주어 율동감이 생김
> • 아웃라인 정리: 헤어라인을 정리하여 커트 형태를 정확하게 나타냄

6 헤어커트 도구별 관리와 보관법

16
소독 대상과 방법이 옳지 않은 것은?
① 브러시 - 자외선 소독법: 자외선 소독기에 넣고 20분 동안 처리
② 가위 - 크레졸 소독법: 크레졸수 3% 수용액에 10분간 담가 둠
③ 클립 - 알코올 소독법: 70% 알코올로 소독
④ 레이저 몸체 - 알코올 소독법: 알코올 3% 수용액에 10분간 담가 둠

> 레이저 몸체 - 알코올 소독법: 70% 알코올로 소독

17
헤어커트 도구의 보관 방법으로 옳지 않은 것은?
① 빗은 남아 있는 모발을 제거하고 직사광선이 드는 습한 곳에 보관한다.
② 가위는 날을 벌려 남아 있는 모발을 깨끗이 제거해야 한다.
③ 클리퍼는 남아 있는 모발을 제거하고 클리퍼용 오일을 발라 보관한다.
④ 가위는 서늘하고 건조한 곳에 보관한다.

> 빗은 청소 브러시를 이용하여 남아 있는 모발을 제거하고 서늘하고 건조한 곳에 보관함

7 헤어스타일링 제품

18
헤어스타일링 제품 중 성질이 다른 것은?
① 헤어 염모제   ② 헤어 왁스
③ 헤어 젤   ④ 헤어 포마드

> • 헤어 염모제: 모발에 색상을 부여하는 제품
> • 헤어스타일링 제품: 스프레이, 젤, 왁스, 무스, 포마드 등

19
다음 설명에 해당하는 헤어스타일링 제품은?

> • 헤어스타일을 유지하고 고정하는 기능이 있는 제품
> • 세팅력이 우수하고 쉽게 사용할 수 있는 장점이 있지만, 강한 세팅력으로 인해 헤어스타일 수정이 어려운 단점이 있음
> • 세팅력에 따라 하드 타입, 소프트 타입, 광택 타입으로 나뉨

① 헤어 젤   ② 헤어 스프레이
③ 헤어 무스   ④ 헤어 포마드

> • 헤어 젤: 헤어스타일 형성과 변환, 고정하는 기능이 있는 제품으로, 세팅력은 스프레이보다 다소 약하지만 촉촉함과 광택을 줄 수 있음
> • 헤어 무스: 끈적임이 적고 헤어스타일에 볼륨과 웨이브의 탄력을 주는 기능이 있는 제품임
> • 헤어 포마드: 반고체의 왁스(기름) 성분으로 모발의 방향을 조절하고 광택을 내는 기능이 있는 제품임

에듀윌이
너를
지지할게

ENERGY

작은 문제를 해결해 나가면
큰 문제는 저절로 해결될 것이다.

– 디어도어 루빈

PART
04
HAIR DRESSER

헤어스타일링(펌, 드라이)

출제비중 **11%**

| 출제 예상 문제 수 | Ⓐ 5~3문제　Ⓑ 3~2문제　Ⓒ 2~1문제

Ⓐ **CHAPTER 01**　베이직 헤어펌
Ⓒ **CHAPTER 02**　매직스트레이트 헤어펌
Ⓐ **CHAPTER 03**　기초 드라이

베이직 헤어펌

> **합격 TIP** 베이직 헤어펌은 기존 헤어 퍼머넌트 웨이브에서 분류된 것으로 콜드 펌에 해당합니다. 콜드 펌을 하기 위한 도구의 사용 목적과 시술 과정을 꼼꼼하게 살펴보도록 합니다.

1 베이직 헤어펌 준비

(1) 퍼머넌트 웨이브의 의미
물리적 방법❶ 또는 화학적 방법❷으로 두발의 구조와 상태를 웨이브로 변화시키는 것

> **용어 물리적 방법**
> 펌 로드, 밴드와 같은 도구에 의한 것

> **용어 화학적 방법**
> 펌제나 염·탈색제와 같은 화학적 제재에 의한 것

(2) 펌 시술의 종류 빈출

콜드 펌	• 전기를 이용한 기기를 사용하지 않고 하는 펌 • 실온 또는 상온에서 펌제를 사용하여 웨이브를 만듦 • 시스틴 결합을 이용한 펌 • 1936년 영국의 J.B 스피크먼이 창안함
히트 펌	콜드 펌이 유행하기 전에 사용한 펌으로, 알칼리성 수용액과 열(105~110℃)을 가해 웨이브를 만듦

머신 웨이브	• 1905년 영국의 찰스 네슬러가 스파이럴식 전열 펌을 창안함
	  – 붕사와 같은 알칼리성 수용액을 펌제로 사용하고, 전열식 기기로 열을 가해 펌을 함
	• 1925년 독일의 조셉 메이어가 크로키놀식 전열 펌을 창안함
	  – 붕사 대신 암모니아와 탄산암모늄을 사용함

머신리스 웨이브	특수 금속의 열기구인 히팅 클립과 특수 용제의 화학작용을 이용하여 펌을 함
케미컬 웨이브	붕산과 아유산염 등과 같은 특수 약품의 화학적 발열반응을 이용하여 펌을 함
열 펌	• 아이론기, 디지털기, 세팅기 등을 통해 두발에 열을 가하는 펌 방식 • 펌 1액의 환원작용 후 물로 세척한 다음 아이론기 등을 이용하여 물리적 작용으로 펌을 함 • 수소 결합을 이용한 펌 • 자연스럽고 탄력 있는 웨이브 연출 • 곱슬머리 교정이나 굵은 웨이브 스타일에 적합

(3) 헤어펌 도구와 재료

	• 퍼머넌트 웨이브 1액과 2액 • 약액, 제1제, 제2제 등으로 다양하게 부름	
펌제		퍼머넌트 웨이브제
		• 두발을 웨이브 형태로 만들거나 기존의 웨이브 펌을 변경하기 위해 사용하는 제품 • 두피와 눈에 자극을 일으킬 가능성이 있음
		헤어 스트레이트너제
		• 곱슬머리를 곧게 만들기 위해 사용하는 펌제로, 스트레이트 헤어펌을 할 때 사용함 • 두피와 눈에 자극을 일으킬 가능성이 있음
로드		• 웨이브 굵기와 종류에 따라 호수와 로드 모양이 다르며 웨이브 크기를 결정함 • 주로 네이프 부분에는 작은 로드, 사이드 부분에는 중형 로드, 톱과 크라운 부분에는 큰 로드를 사용함
엔드 페이퍼		• 파마지, 파지, 습지 등으로 다양하게 부름 • 와인딩 시 두발의 흐트러짐을 막아 줌 • 두발 끝에 펌제가 지나치게 흡수되는 것을 방지함
꼬리빗		블로킹이나 와인딩 시 두발을 빗질하고 베이스를 조절함
고무밴드		• 와인딩 후 로드를 고정시킴 • 밴드 처리 모양에 따라 11자 기법, X자 기법, 혼합 X자 기법 등 다양함
헤어 밴드		펌제 처리 시 고객의 얼굴이나 목 등에 펌제가 흘러내리는 것을 방지함
펌 스틱		고무밴드에 끼우는 스틱으로, 두피 부분의 두발이 고무밴드에 의한 눌림으로 손상되거나 끊어지는 것을 방지함
비닐 캡		• 펌 1액(환원제) 도포 후 일정 시간 방치하는 동안 씌움 • 두피의 열을 이용하여 펌 작용을 촉진함 • 공기 접촉을 차단하여 산화되는 것을 방지함
미용장갑		• 펌을 시술하는 동안 시술자의 손을 보호함 • 펌제가 묻은 도구의 미끄러짐을 방지함
중화 받침대		펌 2액(산화제) 처리 시 고객의 가운이나 옷, 목, 어깨 등에 약액이 흘러내리는 것을 방지함

(4) 헤어펌 기기

모발 가온기	열처리기 (벽걸이용)	히팅 캡 (전기모자)	• 펌제의 화학작용을 활성화시켜 두발에 도포한 약액의 침투를 도움 • 시술 시간 단축의 목적 • 모발 가온기 종류에는 열처리가 가능한 기기, 적외선 가열기, 가정용 히팅 캡 등이 있음

2 베이직 헤어펌 방법

(1) 퍼머넌트 웨이브제의 구성 [빈출]

1액 (환원제 또는 프로세싱 솔루션)		• 알칼리제로 암모니아, 모노에탄올아민 성분을 사용함 • 알칼리제가 두발을 팽윤·연화시켜 모표피가 열리게 하고 모피질 안으로 환원제를 침투시킴 • 주성분
	티오글리콜산 (치오글리콜산)	• 무색의 맑은 액체 타입, 자극적인 냄새가 있음 • 환원작용이 강해 두발의 손상도가 시스테인보다 높고 공기 중 산화되기 쉬움 • 버진 헤어, 경모 등에 사용함 • 휘발성으로 알칼리 성분이 남지 않음
	시스테인	• 사람의 두발, 새의 깃털을 원료로 가수분해하여 추출한 것에 시스틴을 환원시켜 수소(H)를 첨가한 것 • 부드럽고 자연스러운 웨이브를 형성함 • 장시간 공기(O_2)와 접촉하면 시스틴으로 변화되어 결정이 생김 • 단백질을 구성하는 아미노산이 들어 있어 손상모, 염색모, 연모 등에 사용하기 적당함 • 비휘발성으로 두발에 잔류하는 성분이 있음
2액 (산화제, 중화제 또는 뉴트럴라이저)		• 절단된 시스틴 결합을 재결합하는 역할 • 주성분
	과산화수소	• 멜라닌색소를 산화시켜 두발의 색을 밝게 만들 수 있음(탈색됨) • 두발 끝의 웨이브가 약해질 수 있음 • 알칼리에서 불안정함 • 열 펌에 주로 사용함 • 산화 속도가 빨라 중화 시 두 번 도포해야 함 • 소요 시간은 약 5~10분 정도
	브롬산 염류	• '냄새가 난다.'는 취소(Br)의 뜻으로 취소산 염류라고도 함 • 브롬산나트륨과 브롬산칼륨으로 구성 • 적정 농도는 3~5% • 중화 속도가 느려 두 번 도포해야 함 • 시스테인 펌에 주로 사용함 • 소요 시간은 약 10~20분 정도

[용어] 환원
산소(O)를 잃거나 수소(H)와 결합하는 것, 원자나 이온이 전자를 얻는 것

[용어] 버진 헤어
화학적인 처리(펌, 염색 등)를 하지 않은 자연 두발

[참고] 연모와 경모

연모	• 모발의 굵기가 0.05mm 이하의 얇은 모발 • 모수질이 없음 • 멜라닌색소 부족으로 갈색임 • 탈모진행형 두발에서도 볼 수 있음
경모	• 모발의 굵기가 0.15~0.2mm 정도로 연모에 비해 굵음 • 연모에 비해 색이 진함 • 30대 이후에 점차 연모화됨

[용어] 도포
약액을 펴서 바름

(2) 퍼머넌트 웨이브의 원리 [빈출]

1액의 환원작용	• 1액의 주성분인 알칼리 성분에 의해 모표피가 팽윤하고 연화되며 환원제의 성분 중 수소(H)가 시스틴 결합을 절단함 • 시스틴 결합인 |-S-S-| 사이에 수소(H)가 들어가서 |-SH HS-| 형태로 환원 작업을 함
2액의 산화작용	• 2액의 주성분이 환원제에 의해 절단된 시스틴 결합을 다시 새롭게 재결합함 • 산화제의 성분 중 산소(O)가 |-SH HS-|의 수소(H)와 결합하여 다시 시스틴 결합인 |-S-S-|가 됨

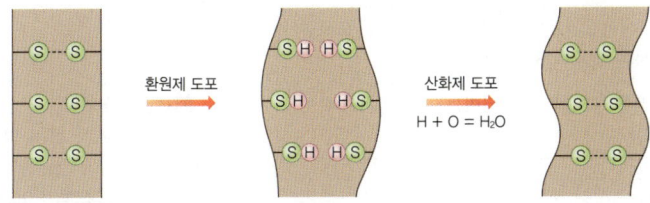

펌 1액 도포 전 → • 알칼리로 인해 팽윤된 두발 / • 수소(H)에 의해 시스틴 결합이 절단된 상태 → 산소(O)에 의해 시스틴이 재결합 하여 웨이브가 된 상태

(3) 헤어펌 방법

펌 준비 (전처리)	상담 및 두피·모발 진단 → 프레 샴푸 → 타월 드라이 → 프레 커트 및 사전 처리
웨이브 과정 (본처리)	약액 및 로드 선정 → 블로킹 → 섹션 나누기 → 와인딩 → 펌 1액 도포 및 프로세싱 타임 → 테스트 컬 → 중간 린스 → 펌 2액 도포 → 로드 아웃 → 헹굼
마무리 (후처리)	타월 드라이 → 리세트 → 마무리

[용어] **프로세싱(Processing) 타임**
방치 시간, 처리 시간

① 펌 준비(전처리)

- 상담 및 두피·모발 진단
  - 상담을 하면서 고객이 원하는 스타일을 파악하여 고객의 얼굴형과 체형 등에 어울리게 스타일을 제시함(두피에 상처나 염증 및 피부질환으로 치료를 받고 있을 경우 그 치료가 끝날 때까지 펌 시술을 하지 않음)
  - 두발의 상태에 맞는 펌제 및 프로세싱 타임을 결정해야 함

손상모	• 다공성 모발, 모피질의 간충물질이 빠져나가 보습작용을 하기 어려워 펌 시술 후 건조해지기 쉬움 • 펌제의 흡수가 빨라 프로세싱 타임을 짧게 해야 함 • 시스테인 펌제 사용
저항성모	모표피가 촘촘하게 밀착되어 있어 솔루션이 흡수되기 힘든 모발로, 프로세싱 타임을 길게 두거나 티오글리콜산 펌제를 사용함
강모, 경모, 버진 헤어	펌을 하기 힘든 모발로 티오글리콜산 펌제를 사용함
극손상모	손상 정도가 심한 모발로 산성 펌제를 사용함

[용어] **솔루션**
펌제 용액

- 프레 샴푸: 펌 시술 전에 가볍게 두피와 두발에 묻은 이물질을 제거함
- 타월 드라이: 프레 샴푸 후 타월로 수분을 제거함

- 프레 커트 빈출
  - 셰이핑이라고도 함
  - 펌 시술 전에 원하는 스타일보다 1~2cm 길게 커트하는 것으로, 와인딩하기 편하게 커트하는 것을 말함
- 사전 처리
  - 두발 상태에 따라 트리트먼트를 사용하여 펌 시술 과정에서 손상되는 것을 줄여주거나 펌제의 흡수가 어려운 두발은 특수 활성제를 사용하여 팽윤·연화를 촉진함
  - 젖은 두발에 와인딩한 다음 펌 1액을 도포하는 것을 워터래핑이라고 함

손상모, 극손상모	두발의 손상 정도에 따라 헤어트리트먼트(PPT, LPP) 등을 도포한 다음 모발 가온기를 이용하여 열처리 후 세척함
발수성모, 저항성모	알칼리 성분의 특수 활성제를 도포한 후 스티머를 사용(열처리)하여 두발의 팽윤·연화를 촉진함

> **용어 발수성모**
> 버진 헤어에서 많이 보이며, 모표피에 지방분이 많아 수분을 밀어내는 성질이 강해 약액의 침투가 어려운 두발

② 웨이브 과정(본처리)
- 약액 및 로드 선정: 두피·모발 진단을 통해 결정된 펌제와 로드의 크기 등을 선정함
- 블로킹: 펌 시술에서의 블로킹은 작업을 보다 편하고 정확하게 하기 위해 하는 것으로, 펌 시술 시 와인딩 방향과 종류에 따라 가로 또는 세로 5~10등분으로 다양함

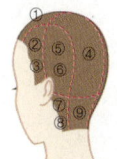 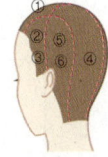 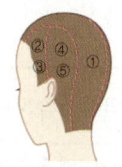 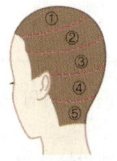

세로 9등분 세로 6등분 세로 5등분 가로 5등분

- 섹션 나누기: 블로킹 후 로드의 크기, 모질과 모발의 밀도, 완성한 컬의 방향 등에 따라 섹션을 나눔

가로 섹션	세로 섹션	사선 섹션
• 볼륨이 크고, 탄력적인 웨이브 형성 • 짧은 길이, 납작한 두상, 숱이 적고 가는 두발에 적당함	• 자연스러운 웨이브 형성 • 긴 길이, 숱이 많은 두발에 적당함	• 불규칙적인 웨이브 형성 • 발랄한 이미지와 자연스러운 웨이브 연출에 적당함

> **용어 텐션**
> - 펌에서의 텐션은 와인딩을 하면서 두발이 당겨지는 것을 말함
> - 강한 텐션은 두발의 손상을 초래하거나 퍼머넌트 웨이브 1액이 두발에 흡수되는 것을 방해하여 웨이브 형성이 잘 되지 않음

- 와인딩: 적당한 텐션으로 와인딩함
  - 섹션과 로드의 관계 빈출

기본	기본적으로는 섹션 폭과 로드의 직경을 동일하게 하여 사용함
굵은 두발, 경모, 숱이 많은 두발	섹션 폭은 좁게, 로드의 직경은 작은 것을 선택함
가는 두발, 숱이 적은 두발	섹션 폭은 넓게, 로드의 직경은 큰 것을 선택함

> **용어 섹션 폭**
> 섹션 폭을 미용사(일반) 자격증 시험에서는 '베이스 폭, 블로킹, 스트랜드'라고도 표현함

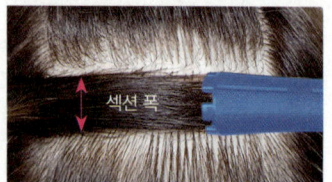

> **참고 로드의 직경과 길이**

– 로드 굵기에 따른 웨이브 형성 `빈출`

내로우 웨이브 (Narrow Wave)	• 로드의 직경이 짧은 것(로드가 가는 것)으로 와인딩함 • 웨이브 폭이 좁고 작음 • 웨이브가 강하게 형성됨
와이드 웨이브 (Wide Wave)	• 웨이브가 내로우와 섀도의 중간 정도로 형성됨 • 웨이브가 뚜렷하게 보임
섀도 웨이브 (Shadow Wave)	• 웨이브가 느슨하게 형성됨 • 웨이브가 뚜렷하지 않음
프리즈 웨이브 (Frizz Wave)	모근 쪽은 느슨하고 두발 끝 쪽으로 갈수록 강한 웨이브가 나옴

– 엔드 페이퍼(파마지, 파지, 습지)의 종류 및 특징

한 겹 사용 (Single End Paper, 단면 사용)		• 일반적으로 많이 사용하는 방법임 • 와인딩할 모발의 패널(Panel) 윗면에 페이퍼를 올려 놓는 방법임
두 겹 사용 (Double End Paper, 양면 사용)		• 더블 랩이라고도 함 • 모발의 패널 위·아래 면에 겹쳐지게 놓고 와인딩함 • 테이퍼링된 모발이나 두발 끝의 길이에 차이가 날 때 사용함 • 손상모 또는 열 펌 시 두발을 보호하기 위해 사용함
겹 사용 (Book End Paper, 접기 사용)		• 와인딩할 두발을 감싸듯이 페이퍼를 접어 사용하는 방법임 • 두발의 길이에 차이가 날 때 사용하는 것으로, 두 겹 사용 와인딩과 같은 효과를 줄 수 있음 • 스파이럴 와인딩할 때 주로 사용함
쿠션 랩 (Cushion End Paper)		• 패널 위에 페이퍼를 올려 놓고 텐션 없이 와인딩함 • 층이 많이 나있거나 짧은 두발을 와인딩할 때 두발이 빠져나가는 것을 방지하기 위함

- 와인딩 기법 [빈출]

크로키놀 와인딩 (Croquignole Winding)	• 가장 일반적인 기법으로, 두발의 끝부터 시작해서 두피 쪽으로 와인딩하는 방법임 • 컬(Curl)은 두발의 끝보다 두피 쪽의 컬이 굵어짐 • 두발의 길이에 상관없이 사용하지만, 콜드 펌에서는 긴 길이보다 짧은 길이에 효과적임 • 1925년 독일의 조셉 메이어에 의해 창안됨
스파이럴 와인딩 (Spiral Winding)	• '소용돌이, 나선'의 뜻으로, 세로 섹션, 사선 섹션으로 와인딩함 • 두발의 끝에서 두피 쪽으로 와인딩하는 방법과 두피 쪽에서 두발의 끝으로 와인딩하는 방법이 있음 • 두발이 겹치지 않게 회전하여 동일한 웨이브를 형성함 • 1905년 영국의 찰스 네슬러에 의해 창안됨
압착식 (Compression)	• 압착식 로드를 사용함 • 로드 사이에 두발을 끼워 넣고 압착하여 로드 모양 그대로 웨이브가 생김

[참고] 압착식 로드

- 와인딩 방향 [빈출]

인 컬	얼굴 안쪽으로 컬이 형성됨
아웃 컬	얼굴 바깥쪽으로 컬이 형성됨
포워드 컬	얼굴 방향으로 컬이 형성됨
리버스 컬	얼굴 반대 방향으로 컬이 형성됨

[참고] 와인딩 방향

• 인 컬

• 아웃 컬

• 포워드 컬

• 리버스 컬

- 섹션 베이스에 따른 시술 각도 [빈출]

온 베이스	하프 오프 베이스	오프 베이스
• 두상 각도 120~135° • 로드가 섹션 베이스의 중앙에 위치함 • 두피 부위에 최대한의 볼륨 형성 • 온 베이스로 로드를 감아 와인딩하면 논 스템이 됨	• 두상 각도 90° • 로드가 섹션 베이스의 절반(½)에 위치함 • 두피 부위에 자연스러운 볼륨 형성 • 하프 오프 베이스로 로드를 감아 와인딩하면 하프 스템이 됨	• 두상 각도 45° • 로드가 섹션 베이스에서 벗어남 • 두피 부위에 볼륨이 생기지 않음 • 주로 네이프 부분에 사용함 • 오프 베이스로 로드를 감아 와인딩하면 롱 스템이 됨

- 고무밴딩 기법: 와인딩한 로드를 고정하기 위해 고무밴드로 고정하는 기법

11자형	X자형	혼합 X자형

- 펌 1액 도포 및 프로세싱 타임: 와인딩이 끝난 후 헤어 밴드를 두른 다음 1액을 도포함

약액 침투가 쉬운 경우	• 손상모나 극손상모와 같이 다공성이 큰 두발 • 사전 처리 없이 워터래핑한 후 펌 1액을 도포함
약액 침투가 어려운 경우	• 발수성모, 저항성모, 강모 등 • 사전 처리 또는 펌 1액을 도포한 다음 와인딩 후 다시 펌 1액을 재도포함

  – 비닐 캡을 씌운 다음 프로세싱 타임을 정함
  – 콜드 펌의 일반적인 프로세싱 타임은 10~15분 정도임

오버 프로세싱	• 적정 시간보다 오래 방치했을 경우를 말함 • 두발이 젖어 있을 때에만 웨이브가 나와 보이고, 건조시키면 웨이브가 잘 나오지 않음 • 두발의 끝이 심하게 손상됨
언더 프로세싱	• 적정 시간보다 짧게 방치했을 경우를 말함 • 웨이브가 디자인한 것보다 잘 안 나오고 쉽게 풀림

- 테스트 컬(중간 테스트) `빈출`
  – 와인딩된 로드를 풀어 웨이브의 형성 상태를 확인함
  – 웨이브가 디자인한 것보다 나오지 않았을 경우(언더 프로세싱) 방치 시간을 조금 더 둠
  – 웨이브가 디자인한 것보다 강하게 나왔을 경우 굵은 로드로 교체함
- 중간 린스(플레인 린스) `빈출`
  – 와인딩을 한 상태에서 미온수로 헹구는 과정으로, 두발의 펌 1액의 잔여물을 제거하여 펌 2액의 약액 작용을 효과적으로 하기 위함
  – 중간 린스 후 타월이나 거즈 등으로 물기를 제거함
- 펌 2액 도포
  – 중화 받침대 착용 후 펌 2액을 도포함
  – 환원제 사용으로 절단된 시스틴 결합을 재결합하는 과정으로, 두발의 상태, 펌 2액의 성분에 따라 처리 시간과 도포 횟수를 달리함
- 로드 아웃(로드 오프): 로드를 제거하는 과정으로 로드 제거 방향은 아래(네이프)에서 위로 진행함
- 헹굼: 산성 린스를 사용하여 미온수에 깨끗하게 헹굼
  – 깨끗하게 헹구지 않았을 경우 두발이 손상됨(경화, 푸석거림 등)
  – 펌으로 알칼리화된 두발을 산성 린스를 사용하여 모발의 등전점으로 되돌림

(4) 헤어펌의 시술 시 주의사항 `빈출`

① 와인딩 시 로드의 길이보다 넓게 섹션을 뜨면 로드 밖으로 두발이 빠져나가 엉키고 밴드 처리 시 두발이 끊어짐
② 펌 1액의 도포 후 반드시 비닐 캡을 씌움
  • 체온에 의한 환원제 작용의 촉진
  • 펌 1액의 알칼리가 휘발되는 것을 방지함
  • 두피의 열을 일정한 온도로 유지하며, 약액의 건조를 방지함
③ 펌 직후 염색(헤어 다이)을 하면 두피가 민감해지므로 최소 일주일 후에 하는 것이 좋음

> **참고** 모발의 등전점(등전대)
> pH 4.5~5.5(약산성) 정도에서 모발이 가장 안정화됨

> **참고** 섹션의 적정 너비
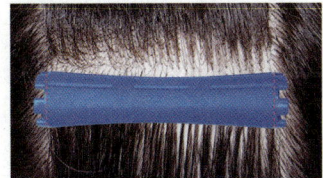

3 베이직 헤어펌 마무리

(1) 타월 드라이
로드 아웃 후 타월 드라이로 수분을 제거함

(2) 리세트 빈출
펌의 완성도에 따라 수정·보완 후 리세트함

① 컬이 안 나온 경우

원인	• 언더 프로세싱인 경우 또는 큰 로드로 와인딩한 경우 • 펌 2액 처리가 부족한 경우 • 로드에 비해 베이스 섹션 폭이 넓을 경우 • 와인딩 시 텐션이 고르지 못한 경우
해결 방법	건강모라면 약한 펌제를 사용하여 펌 시술을 다시 함

② 과도하게 웨이브가 나온 경우

원인	• 로드의 지름이 작은 것을 사용한 경우 • 두발의 상태보다 강한 펌제를 사용한 경우 • 오버 프로세싱인 경우
해결 방법	• 건강모라면 펌 1액으로 웨이브를 풂 • 컨디셔너제를 충분히 바름

③ 웨이브의 탄력이 없는 경우

원인	• 산화가 제대로 되지 않은 경우 • 펌 후 과도한 텐션을 준 경우
해결 방법	두발의 상태를 확인한 후 펌 시술을 다시 함

④ 컬이 쉽게 풀리는 경우

원인	펌 2액의 방치 시간이 부족한 경우
해결 방법	건강모라면 펌 시술을 다시 함

⑤ 두발의 끝이 까칠한 경우

원인	• 두발의 상태보다 강한 웨이브제를 사용한 경우 • 과도한 텐션을 준 경우 • 잦은 화학 제품을 사용한 경우 • 오버 프로세싱인 경우
해결 방법	• 손상된 두발을 커트함 • 트리트먼트제로 유·수분을 공급함

⑥ 두피에서 비듬이 생긴 경우

원인	• 두피에 펌제가 묻은 경우 • 두피가 과도하게 건조한 경우
해결 방법	• 두피에 묻은 펌제를 제거하고 충분히 헹굼 • 오일을 이용한 두피 마사지를 함

⑦ 헤어라인이 부은 경우

원인	헤어 밴드에 펌제가 과도하게 침투되어 피부에 장시간 접촉된 경우
해결 방법	차가운 물로 깨끗하게 헹구고 심한 경우 의사 처방이 필요함

⑧ 핸드 드라이를 하면서 펌 디자인에 맞는 스타일링 작업을 함
  • 얼레살과 같이 빗살의 간격이 큰 빗으로 빗으면서 스타일링을 할 수도 있음
⑨ 와인딩의 각도, 방향 등을 고려하여 빗과 손으로 진행함
⑩ 필요시 애프터 커트(After Cut)로 펌 디자인에 맞춰 커트함
⑪ 마른 두발에 웨이브 모양을 고정시키는 기능을 가진 로션, 크림을 도포함
⑫ 펌 후 손상이 심한 두발의 경우 수분이 남아 있는 상태에서 가벼운 제형의 세럼, 에센스, 트리트먼트 등으로 유·수분 밸런스를 맞춤

(3) 마무리
① 고객에게 홈 케어 방법을 설명하여 평상시에도 두발 관리를 할 수 있도록 함
② 펌 도구와 재료 등을 세척·소독한 다음 정리함
  • 사용한 빗은 이물질을 제거한 다음 재질에 따라 소독함
  • 고무장갑, 로드, 엔드 페이퍼, 비닐 캡 등을 재사용 시 비눗물로 깨끗하게 세척하여 사용함
  • 사용 후 남은 펌제는 휴지로 닦아낸 다음 세척함
  • 빈 용기, 고무장갑, 비닐 캡은 재활용쓰레기로 분리·배출함

용어 핸드 드라이
브러시 도구를 사용하지 않고 드라이어를 사용하여 손으로 머리를 말리거나 스타일링하는 것

CHAPTER 01 베이직 헤어펌 | 출제 예상문제 A

1 베이직 헤어펌 준비

01
콜드 펌과 열 펌에 대한 설명으로 옳지 <u>않은</u> 것은?
① 콜드 펌은 시스틴 결합을 이용한 펌이다.
② 곱슬머리를 교정하기 위해서는 콜드 펌으로 한다.
③ 열 펌은 수소 결합을 이용한 펌이다.
④ 자연스럽고 탄력있는 펌을 하기 위해서는 열 펌을 선택한다.

> 곱슬머리 교정이나 굵은 웨이브 스타일은 열 펌이 적합함

02
펌의 종류 중 열 펌에 대한 설명으로 옳은 것은?
① 영국의 J.B 스피크먼이 창안했다.
② 상온에서 약제를 사용하는 방법이다.
③ 아이론기, 세팅기를 이용한 펌이다.
④ 이온 결합의 원리로 펌이 된다.

> • J.B 스피크먼이 창안한 것으로 실온 또는 상온에서 펌제를 사용하여 웨이브를 만드는 것은 콜드 펌임
> • 열 펌은 시스틴 결합의 원리로 펌이 됨

03
펌 시술 도구의 사용 이유로 옳지 <u>않은</u> 것은?
① 헤어 밴드 – 펌제의 지나친 흡수를 방지하고 와인딩 시 두발을 잡아 준다.
② 펌 스틱 – 고무밴드에 의한 눌림 자국을 방지한다.
③ 비닐 캡 – 두피의 열을 이용해서 펌 작용을 촉진한다.
④ 히팅 캡 – 펌제의 화학작용을 활성화시켜 약액의 침투를 도와준다.

> • 엔드 페이퍼를 사용하면 두발 끝에 펌제가 지나치게 흡수되는 것을 방지하고 와인딩을 쉽게 할 수 있게 두발을 잡아 줌
> • 헤어 밴드는 펌제가 얼굴, 목 등으로 흘러내리는 것을 방지함

04
펌 시술 시 공기 접촉을 차단해서 환원제가 산화되는 것을 방지하는 목적으로 사용되는 도구는?
① 히팅 캡   ② 비닐 캡
③ 열처리기   ④ 고무밴드

> • 히팅 캡과 열처리기와 같은 모발 가온기는 펌제의 시술 시간을 단축하기 위해 사용함
> • 고무밴드는 와인딩 후 로드를 고정하기 위해 사용함

2 베이직 헤어펌 방법

05
퍼머넌트 웨이브의 원리로 옳지 <u>않은</u> 것은?
① 1제의 알칼리제에 의해 팽윤·연화된다.
② 2제의 산화작용으로 시스틴을 재결합한다.
③ 물리적 작용으로 펌을 한다.
④ 1제의 환원제 성분 중 수소가 시스틴 결합을 절단한다.

> 헤어펌은 물리적·화학적 작용으로 함

06
시스테인 펌제에 대한 설명으로 옳지 <u>않은</u> 것은?
① 손상모, 염색모, 연모에 사용한다.
② 아미노산의 일종인 시스테인으로 만들어졌다.
③ 장시간 공기와 접촉하면 시스틴으로 변한다.
④ 휘발성으로 두발에 잔류성분이 남지 않는다.

> 시스테인은 비휘발성으로 두발에 잔류하는 성분이 있음

07
펌제 중 1액의 주성분으로 옳은 것은?
① 과산화수소   ② 취소산나트륨
③ 브롬산칼륨   ④ 시스테인

> 펌제의 2액 성분: 과산화수소와 브롬산 염류(취소산 염류, 브롬산나트륨=취소산나트륨, 브롬산칼륨=취소산칼륨)

08
손상모나 염색모에 사용하기 적당한 환원제는?
① 시스테인   ② 티오글리콜산
③ 히트 펌   ④ 과산화수소

> • 시스테인은 사람의 두발에서 추출한 것으로 만들어져 아미노산이 들어 있어 손상모, 염색모, 연모와 같이 약한 두발에 사용하기 적당함
> • 두발은 아미노산(단백질을 구성하는 분자)으로 구성됨

| 정답 | 01 ② | 02 ③ | 03 ① | 04 ② | 05 ③ | 06 ④ | 07 ④ | 08 ① |

09
버진 헤어나 경모에 적당한 펌제의 1액은?
① 시스테인 ② 과산화수소
③ 티오글리콜산 ④ 산화제

> 처음 펌을 시술하는 버진 헤어나 모질이 단단한 경모의 경우 환원작용이 잘 되지 않아 시스테인보다 강한 티오글리콜산을 사용해야 함

10
펌제 2액의 주성분인 과산화수소의 특징으로 옳지 않은 것은?
① 멜라닌색소를 밝게 만든다.
② 시스테인 펌에 주로 사용한다.
③ 열 펌에 주로 사용한다.
④ 알칼리에서 불안정하다.

> 시스테인 펌에서는 브롬산(취소산) 염류를 사용함

11
퍼머넌트 웨이브에서의 프로세싱 솔루션에 해당하는 것은?
① 1액인 산화제 ② 2액인 환원제
③ 2액인 산화제 ④ 1액인 환원제

> 펌 1액은 환원제로 '프로세싱 솔루션'이라고 부르고, 펌 2액은 산화제로 중화제 또는 '뉴트럴라이저'라고 부름

12
콜드 펌의 2액의 작용은?
① 산화작용 ② 환원작용
③ 전처리 작용 ④ 후처리 작용

> 펌제의 1액은 환원작용, 2액은 산화작용을 함

13
펌 시술 전 상담을 통해 알 수 있는 내용으로 옳지 않은 것은?
① 고객의 얼굴과 체형에 어울리는 스타일을 제시할 수 있다.
② 두피에 상처가 있거나 치료를 받고 있는지 알 수 있다.
③ 두발의 상태에 맞는 펌제의 프로세싱 타임을 결정할 수 있다.
④ 모질에 맞는 테스트 컬을 확인할 수 있다.

> 테스트 컬은 와인딩 후 웨이브가 나왔는지 확인하는 작업임

14
펌 시술에서 전처리 과정에 대한 설명으로 옳지 않은 것은?
① 상담을 하면서 고객이 원하는 스타일과 얼굴형 등을 파악한다.
② 펌을 하기 전에 하는 샴푸는 두피와 두발에 자극이 가지 않도록 가볍게 이물질을 제거한다.
③ 펌 전에 원하는 스타일로 커트를 하여 펌 후 웨이브의 형성 여부를 바로 확인할 수 있게 한다.
④ 두발의 손상 정도에 따라 사전 처리로 트리트먼트 처리를 한다.

> 프레 커트는 펌 시술 전에 원하는 길이보다 1~2cm 길게 커트하는 것임

15
펌 시술에서 사전 처리 방법으로 옳은 것은?
① 저항성모는 알칼리 성분의 특수 활성제를 도포한 후 스티머를 사용한다.
② 손상모는 알칼리 성분의 특수 활성제를 사용한다.
③ 발수성모는 헤어트리트먼트를 사용한 다음 열처리한다.
④ 극손상모는 워터래핑으로 한다.

> - 손상모와 극손상모는 두발의 손상 정도에 따라 헤어트리트먼트 등을 도포한 다음 열처리함
> - 발수성모, 저항성모와 같이 펌제의 흡수가 어려운 경우 알칼리 성분의 특수 활성제를 도포한 후 스티머를 사용하여 두발의 팽윤·연화를 촉진함

16
펌 시술 준비 과정으로 옳은 것은?
① 상담 → 프레 커트 → 타월 드라이 → 프레 샴푸 및 사전 처리
② 상담 → 프레 샴푸 → 타월 드라이 → 프레 커트 및 사전 처리
③ 상담 → 프레 샴푸 → 프레 커트 및 사전 처리 → 타월 드라이
④ 상담 → 프레 커트 및 사전 처리 → 프레 샴푸 → 타월 드라이

> 펌 시술 전에 먼저 상담 및 두피·모발 진단을 한 다음 프레 샴푸 → 타월 드라이 → 프레 커트 및 사전 처리 순으로 진행함

| 정답 | 09 ③ 10 ② 11 ④ 12 ① 13 ④ 14 ③ 15 ① 16 ② |

17
모질에 따른 펌제의 선택이 옳지 않은 것은?

① 손상모 – 시스테인 펌제
② 저항성모 – 시스테인 펌제
③ 강모 – 티오글리콜산 펌제
④ 극손상모 – 산성 펌제

- 저항성모는 모표피가 촘촘하게 밀착되어 있어 환원제의 흡수가 어려운 모발로, 프로세싱 타임을 길게 두거나 티오글리콜산 펌제를 이용함

18
물에 적신 두발을 와인딩한 후 펌 1제를 도포하는 방법은?

① 블로킹
② 워터래핑
③ 프레 샴푸
④ 테스트 컬

- 블로킹: 펌 작업을 편하게 하기 위해 5~10등분으로 나눠 놓은 것
- 프레 샴푸: 펌 시술 전에 가볍게 두피와 두발에 묻은 이물질을 제거하는 것
- 테스트 컬: 와인딩된 로드를 풀어 웨이브의 형성 상태를 확인하는 것

19
펌 시술 시 세로 섹션으로 와인딩할 경우 웨이브의 형태는?

① 다른 섹션에 비해 자연스럽다.
② 볼륨을 크게 형성할 수 있다.
③ 규칙적이지 않은 웨이브가 형성된다.
④ 다른 섹션에 비해 웨이브가 탄력적이다.

- 가로 섹션: 볼륨이 크고 탄력적임
- 사선 섹션: 불규칙한 웨이브를 형성함

20
펌 시술 시 납작한 두상에 적당한 섹션은?

① 가로 섹션
② 세로 섹션
③ 사선 섹션
④ 방사 섹션

- 납작한 두상에 볼륨을 주기 위해 가로 섹션을 사용함

21
펌 시술 시 굵고 숱이 많은 두발의 로드 선택으로 적절한 것은?

① 섹션 폭은 넓게 하고 로드의 직경은 큰 것으로 와인딩한다.
② 섹션 폭은 넓게 하고 로드의 직경은 작은 것으로 와인딩한다.
③ 섹션 폭은 좁게 하고 로드의 직경은 작은 것으로 와인딩한다.
④ 섹션 폭은 좁게 하고 로드의 직경은 큰 것으로 와인딩한다.

- 섹션 폭은 좁게 하고 로드의 직경이 작은 것: 굵은 두발, 경모, 숱이 많은 두발
- 섹션 폭을 넓게 하고 로드의 직경이 큰 것: 가는 두발, 숱이 적은 두발

22
펌 와인딩 시 로드의 직경이 짧은 것을 선택해서 나온 결과로, 웨이브가 강하고 폭이 좁게 보이는 웨이브는?

① 내추럴 웨이브
② 섀도 웨이브
③ 와이드 웨이브
④ 내로우 웨이브

- 섀도 웨이브: 웨이브가 느슨하고 뚜렷하지 않음
- 와이드 웨이브: 내로우와 섀도의 중간 정도의 웨이브 모양임

23
스파이럴로 와인딩하는 펌 시술 시 엔드 페이퍼의 방법은?

① 한 겹 사용 페이퍼
② 두 겹 사용 페이퍼
③ 쿠션 랩 페이퍼
④ 겹 사용 페이퍼

- 한 겹 사용 페이퍼: 일반적으로 많이 사용하는 방법
- 두 겹 사용 페이퍼: 두발 끝의 길이가 차이가 나거나 손상모의 두발을 보호하기 위해 사용하는 방법
- 쿠션 랩 페이퍼: 주로 층이 많이 나있거나 짧은 두발을 와인딩할 때 두발이 빠져나가는 것을 방지하기 위해 사용하는 방법

24
펌 시술 시 와인딩 방향에 따른 웨이브 모양에 대한 설명으로 옳은 것은?

① 인 컬 – 얼굴 반대 방향으로 컬이 형성된다.
② 아웃 컬 – 얼굴 바깥쪽으로 컬이 형성된다.
③ 포워드 컬 – 얼굴 안쪽으로 컬이 형성된다.
④ 리버스 컬 – 얼굴 방향으로 컬이 형성된다.

- 인 컬: 얼굴 안쪽으로 컬이 형성됨
- 포워드 컬: 얼굴 방향으로 컬이 형성됨
- 리버스 컬: 얼굴 반대 방향으로 컬이 형성됨

| 정답 | 17 ② | 18 ② | 19 ① | 20 ① | 21 ③ | 22 ④ | 23 ④ | 24 ②

25
콜드 펌의 일반적인 프로세싱 타임은?

① 5~10분
② 10~15분
③ 15~20분
④ 20~30분

> 와인딩이 끝난 후 일반적인 프로세싱 타임은 10~15분이고, 손상 정도에 따라 시간을 조정함

26
펌 시술 시 시술 각도와 볼륨에 대한 설명으로 옳은 것은?

① 두상에서 120°로 들면 자연스러운 볼륨이 형성된다.
② 두상에서 90°로 들면 최대한의 볼륨이 형성된다.
③ 두상에서 45°로 들면 볼륨이 생기지 않는다.
④ 두상에서 135°로 들면 볼륨이 거의 생기지 않는다.

> • 두상 각도 120~135°: 최대한의 볼륨이 형성됨
> • 두상 각도 90°: 자연스러운 볼륨이 형성됨

27
펌 시술에서 베이스와 시술 각도의 관계에 대한 설명으로 옳지 않은 것은?

① 온 베이스로 와인딩하면 로드가 베이스 중앙에 위치한다.
② 오프 베이스로 와인딩하면 로드가 베이스에서 벗어난다.
③ 하프 오프 베이스로 와인딩하면 두피 부위에 볼륨이 최대한으로 생긴다.
④ 오프 베이스로 와인딩하면 두피 부위에 볼륨이 생기지 않는다.

> • 하프 오프 베이스는 두상에서 90°로 와인딩하는 것으로 로드가 베이스의 절반에 위치하여 두피 부위에 자연스러운 볼륨이 생김
> • 최대한으로 볼륨이 생기는 것은 온 베이스로 와인딩할 경우임

28
오버 프로세싱에 관한 설명으로 옳지 않은 것은?

① 두발이 젖었을 때만 웨이브가 나온다.
② 두발의 끝이 심하게 손상된다.
③ 웨이브가 쉽게 풀린다.
④ 방치 시간이 적정 시간보다 길었을 때를 의미한다.

> 방치 시간이 적정 시간보다 부족한 언더 프로세싱의 경우 디자인한 것보다 컬이 잘 안 나오고 쉽게 풀림

29
펌 시술 시 테스트 컬을 봤을 때 웨이브가 원하는 디자인보다 나오지 않았을 경우 이에 대한 대처 방법으로 옳은 것은?

① 중간 린스를 충분히 한다.
② 약한 펌제를 사용하여 펌 시술을 다시 한다.
③ 얇은 로드로 교체한다.
④ 프로세싱 타임을 조금 더 둔다.

> 원하는 디자인보다 컬이 나오지 않을 경우(언더 프로세싱) 방치 시간을 조금 더 둠

30
펌 시술 시 주의사항으로 옳지 않은 것은?

① 와인딩 시 섹션의 길이는 로드의 길이를 넘지 않아야 한다.
② 1액 도포 후에 비닐 캡을 씌운다.
③ 시술 시간을 단축하기 위해 펌과 헤어 다이를 같이 한다.
④ 펌 시술 전에 프레 샴푸를 한다.

> 펌 직후 염색을 하면 두피가 민감해지므로 최소 일주일 후에 하는 것이 좋음

3 베이직 헤어펌 마무리

31
헤어펌 마무리 시 리세트하는 방법으로 옳지 않은 것은?

① 핸드 드라이를 하면서 펌 디자인에 맞는 스타일링을 연출한다.
② 필요시 애프터 커트를 한다.
③ 필요시 프레 샴푸를 한다.
④ 손상이 심한 경우 수분이 있는 상태에서 헤어 제품을 사용하여 유·수분 밸런스를 맞춘다.

> 프레 샴푸는 펌 시술 전에 하는 샴푸로, 리세트 시 적절한 방법이 아님

32
헤어펌 시술 후 컬이 느슨하게 나온 원인으로 옳지 않은 것은?

① 언더 프로세싱인 경우
② 두발의 상태보다 강한 펌제를 사용한 경우
③ 큰 로드로 와인딩한 경우
④ 로드에 비해 베이스 섹션 폭이 넓을 경우

> 두발의 상태보다 강한 펌제를 사용하면 강한 웨이브가 형성됨

| 정답 | 25 ② | 26 ③ | 27 ③ | 28 ① | 29 ④ | 30 ③ | 31 ③ | 32 ② |

CHAPTER 02
매직스트레이트 헤어펌

> **합격 TIP** 매직스트레이트는 헤어펌을 하는 과정은 베이직 헤어펌과 유사하므로 베이직 헤어펌과 다른 점들을 집중적으로 암기하도록 합니다.

1 매직스트레이트 헤어펌

전열식 아이론을 사용하여 곱슬한 두발을 스트레이트(Straight) 형태로 곧게 만들거나 두발 끝을 C컬로 만드는 열 펌을 말함

> **용어 전열식 아이론**
> 전기를 사용하는 아이론

(1) 매직스트레이트 헤어펌의 종류

매직스트레이트 펌	볼륨매직 펌
플랫 아이론(Flat Iron)을 이용하여 두발을 곧게 펴주는 펌	반원형 아이론(Half Round Iron)을 이용하여 두발을 C커브로 만들면서 두발 끝부분을 인 컬(안으로 맒)로 하는 펌

(2) 매직스트레이트 헤어펌의 도구

플랫 아이론	반원형 아이론
• 아이론기의 발열판이 평평함 • 판의 크기에 따라 대, 중, 소가 있음	• 아이론기의 발열판이 반원형 모양임 • 주로 두피 쪽에 볼륨을 주거나 두발의 끝부분에 C컬을 만들 때 사용함

> **용어 발열판**
> 열이 나는 판

(3) 매직스트레이트 헤어펌 방법

매직스트레이트 헤어펌의 준비 과정(전처리)과 마무리는 베이직 헤어펌과 동일함

① 연화 처리
- 블로킹을 나눠 네이프(목덜미)에서부터 제1제를 도포함
  - 약액은 두피에 닿지 않게 두피에서 0.5cm 정도 띄고 바름
  - 약액이 도포된 두발끼리 붙어 있지 않게 두피 쪽에 공간을 만듦
- 열 펌을 하기 위해 선정된 제1제를 두발에 도포하고 일정 시간 방치함

건강모 (신생모)	제1제를 도포한 다음 비닐 캡을 씌운 후 두발의 상태에 따라 열처리 유무를 선택해서 방치 시간을 조절함(5~20분)
손상모	제1제를 도포한 다음 두발의 상태에 따라 열처리 유무를 선택해서 방치 시간을 조절함(1~10분)

> **용어 연화(Softening)**
> 1제로 인하여 모표피가 느슨해져 약액의 침투가 쉽게 된 상태

> **참고 비닐 캡**
> • 긴 두발은 랩으로 덮어 놓음
> • 두발이 비닐 캡이나 랩에 의해 눌리지 않도록 주의함

② 연화 상태 점검: 베이직 헤어펌에서 테스트 컬을 보는 목적과 같이 스트레이트 펌이 될 수 있는지의 여부를 확인함

③ 중간 린스(연화 처리 후 헹굼)
- 펌제가 남지 않도록 미온수로 헹굼
- 타월 드라이를 충분히 함
- 헤어트리트먼트제를 두발의 상태에 맞게 도포한 후 다시 타월 드라이를 함
- 드라이어의 열풍으로 90% 정도 말리고 나머지는 냉풍으로 완전 건조함(기법에 따라 두발의 수분을 약간 남기는 경우도 있음)

④ 프레스 작업
- 일반적인 아이론기의 온도

건강모	160~180℃	손상모, 극손상모	120~140℃	저항성모, 발수성모	180~200℃

온도가 높아 피부에 화상을 입을 수 있으므로 주의하고, 약한 화상을 입었을 때에는 찬물로 충분히 식힌 후 바셀린 연고나 항생제를 발라 응급처치함
- 블로킹: 5~6등분으로 하고 네이프(목덜미) → 후두부 → 측두부 순으로 진행함
- 섹션의 폭: 가로 5~7cm 간격(발열판을 넘지 않게), 세로는 1.5cm 내외로 나눔
- 프레스 방법: 두부의 위치에 따라 각도 변화를 주어 아이론에 의한 눌림 자국이 생기지 않게 함

두부의 위치에 따른 시술 시 각도 변화			
네이프	45°→0°	백	90°→45°→0°
골든	135°→90°→45°→0°	톱	180°→90°→45°→0°

- 프레스 작업 속도: 일정해야 하며, 한 부분에 1초 이상 멈춰 있으면 두발이 손상됨
- 볼륨매직 시 프레스 방법: 두피 쪽에서 아이론기를 90° 회전시켜 천천히 내려오고, 두발 끝부분에 C컬을 만들기 위해 다시 아이론기를 90° 이상 회전시켜 천천히 작업함

⑤ 제2제 도포
- 제2제를 꼼꼼하게 도포함(크림 타입의 중화제는 네이프에서부터 도포함)
- 절단된 시스틴 결합을 재결합하는 과정으로 두발의 상태, 제2제의 성분에 따라 처리 시간을 달리할 수 있음

⑥ 사후 샴푸: 미온수에서 산성 샴푸로 세척한 후 트리트먼트로 헹굼(모발의 등전점으로 되돌리고 정전기 방지와 윤기를 부여함)

2 매직스트레이트 헤어펌 마무리

(1) 매직스트레이트 헤어펌 마무리
　① 타월 드라이를 충분히 함
　② 헤어트리트먼트제를 도포하고 드라이어로 두발을 건조시킴
　　• 매직스트레이트 펌은 일반 펌에 비해 손상이 큼
　　• 펌이 끝난 후에 헤어트리트먼트제를 도포하여 두발에 영양을 공급하고 유·수분과 윤기를 부여함
　③ 건조 후 드라이 또는 플랫 아이론으로 펌 스타일을 잡아 줌
　④ 두발 끝에 헤어에센스 또는 헤어오일 등을 발라 줌

(2) 홈케어 방법
　① 펌 시술 후 2~3일 정도는 헤어핀이나 고무줄을 이용한 헤어스타일은 금함
　② 사우나와 같은 고온에 장시간 노출하지 않도록 함
　③ 펌 후 손상된 두발은 손상모용 샴푸제 또는 산성 샴푸제를 사용하는 것이 좋음
　④ 샴푸나 타월 드라이 시 두발을 비비지 않도록 주의함
　⑤ 샴푸 후 헤어트리트먼트로 영양을 공급함
　⑥ 두발 건조 시에 일어나는 손상을 예방하기 위해 가급적 자연 건조가 바람직함
　⑦ 스타일링을 하기 위해 아이론기와 같은 전열식 드라이 도구를 젖은 두발에 사용하면 손상이 매우 크므로 반드시 건조된 두발에 사용해야 함
　⑧ 헤어오일, 헤어에센스, 헤어세럼 등의 스타일링제로 차분하게 정돈함

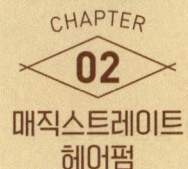

출제 예상문제 C

1 매직스트레이트 헤어펌

01
매직스트레이트 헤어펌의 도구에 대한 설명으로 옳은 것은?

① 반원형 아이론은 주로 매직스트레이트 펌을 하기 위한 도구이다.
② 반원형 아이론은 발열판 크기에 따라 대, 중, 소가 있다.
③ 플랫 아이론은 주로 두발 끝부분에 C컬을 만들 때 사용한다.
④ 플랫 아이론은 발열판이 평평한 것을 말한다.

- 반원형 아이론은 볼륨매직 펌을 하기 위한 도구로, 두발 끝부분에 C컬을 만들 때 사용함
- 플랫 아이론은 발열판의 크기에 따라 대, 중, 소가 있으며, 두발을 곧게 펴는 펌을 할 때 사용함

02
플랫 아이론에 대한 설명으로 옳은 것은?

① 발열판의 크기에 따라 대, 중, 소가 있다.
② 플랫 아이론은 화열식 아이론이다.
③ 플랫 아이론으로 펌을 하면 두발 끝부분이 자연스럽게 인컬이 된다.
④ 플랫 아이론의 발열판은 반원형 모양이다.

- 플랫 아이론은 전열식 아이론으로 두발을 곧게 펴주는 도구로, 발열판이 평평함
- 화열식이란 불에 직접 달궈 사용하는 방식을 말함

03
반원형 아이론에 대한 설명으로 옳지 않은 것은?

① 플랫 아이론보다 쉽게 C컬을 만들 수 있다.
② 전열식 아이론기이다.
③ 매직스트레이트 헤어펌 시 사용하면 두발이 곧게 펴진다.
④ 플랫 아이론보다 쉽게 두피 쪽에 볼륨을 만들 수 있다.

반원형 아이론은 발열판이 반원형 모양으로 볼륨매직 헤어펌을 하기 위한 도구임

04
매직스트레이트 헤어펌의 연화 처리 방법으로 옳지 않은 것은?

① 약액이 두피에 닿지 않게 도포한다.
② 두발의 상태에 맞춰 열처리 유무를 결정한다.
③ 손상모 부분부터 도포한 다음 건강모 부분을 도포한다.
④ 블로킹을 나눈 다음 네이프에서부터 도포한다.

손상모는 다공성이 되어 있어 약액의 침투가 빠르므로 새로 자란 건강모부터 약액을 도포함

05
일반적인 매직스트레이트 헤어펌 프레스 작업 시 적절한 아이론기 온도는?

① 발수성모는 60~90℃로 한다.
② 건강모는 100~120℃로 한다.
③ 손상모는 120~140℃로 한다.
④ 극손상모는 180~200℃로 한다.

- 손상모, 극손상모: 120~140℃
- 건강모: 160~180℃
- 저항성모, 발수성모: 180~200℃

06
볼륨매직 펌 시술 중 부주의로 인해 손가락에 화상을 입었을 때 응급처치 물품으로 가장 적절한 것은?

① 바셀린 연고 ② 알코올
③ 과산화수소 ④ 시스테인

약한 화상을 입었을 때에는 찬물 또는 얼음물에서 식힌 후 바셀린 연고나 항생제를 바름

| 정답 | 01 ④ | 02 ① | 03 ③ | 04 ③ | 05 ④ | 06 ① |

07
매직스트레이트 헤어펌에 대한 설명으로 옳지 않은 것은?
① 섹션의 가로 폭은 발열판을 넘지 않도록 한다.
② 두부 위치에 따라 각도에 변화를 주어 프레스 작업을 한다.
③ 크림 타입의 중화제는 네이프에서부터 도포한다.
④ 중간 린스 작업 시 산성 린스를 사용하여 헹군다.

중간 린스는 '플레인 린스'라고 하며, 헤어펌 시술 시 제1제를 미온수로 씻어내는 것을 말함

08
매직스트레이트 헤어펌의 시술 방법으로 옳은 것은?
① 두발 끝은 손상되어 있으므로 프레스 작업 시 가볍게 훑어준다.
② 중간 린스 후에 드라이어로 두발을 70% 정도 건조한다.
③ 연화 처리 시 비닐 캡을 두피에 밀착시켜 공기를 차단한다.
④ 5등분 블로킹으로 첫 시작은 네이프에서 한다.

- 프레스 작업의 속도는 일정해야 함
- 기법에 따라 다르지만 프레스 작업 전의 수분은 열풍으로 90% 정도, 냉풍으로 나머지 수분을 완전히 건조함
- 펌 1액 도포 후 비닐 캡이 두발을 누르지 않도록 주의함

09
매직스트레이트 헤어펌 시술 시 두피 부위에 따른 시작 각도로 옳은 것은?
① 톱 부위 – 95°   ② 골든 부위 – 135°
③ 백 부위 – 45°   ④ 네이프 부위 – 180°

- 톱 부위: 180°
- 백 부위: 90°
- 네이프 부위: 45°

10
매직스트레이트 헤어펌의 프레스 작업 시 골든이나 톱 부분의 각도를 90° 이상으로 하는 이유는?
① 발열판이 두피 부분에 들어갈 자리를 확보하기 위함이다.
② 아이론에 의한 눌림 자국을 방지하기 위함이다.
③ 고무밴드를 쉽게 처리하기 위함이다.
④ 두피 부분의 두발이 고무밴드에 의해 손상되는 것을 방지하기 위함이다.

각도가 낮으면 두발에 아이론에 의한 눌림 자국이 생김

2 매직스트레이트 헤어펌 마무리

11
매직스트레이트 헤어펌 시술 후 마무리 방법으로 옳은 것은?
① 두발 끝부분에는 헤어크림, 헤어왁스로 스타일링을 한다.
② 시술 후에는 플랫 아이론을 사용하지 않는다.
③ 타월 드라이를 하면 두발이 손상되므로 손으로 가볍게 털어준다.
④ 헤어트리트먼트제를 사용한 후 젖은 두발을 건조한다.

- 차분한 스타일에는 헤어오일, 헤어에센스 등을 사용함
- 시술 후에 블로 드라이나 플랫 아이론으로 펌 스타일을 잡아주는 것이 좋음
- 타월 드라이를 충분히 한 다음 드라이어로 건조함

12
매직스트레이트 헤어펌의 홈케어 방법으로 옳지 않은 것은?
① 펌 시술 후 2~3일은 헤어핀 사용을 하지 않는다.
② 펌을 한 후에는 알칼리 샴푸를 사용하는 것이 좋다.
③ 타월 드라이 시 타월로 두발을 누르듯이 수분을 제거한다.
④ 젖은 두발에는 전열식 드라이 도구를 사용하지 않도록 한다.

헤어펌 후 샴푸제는 산성 샴푸를 사용하는 것이 좋음

| 정답 | 07 ④ 08 ④ 09 ② 10 ② 11 ④ 12 ②

CHAPTER 03

기초 드라이

> **합격 TIP** 헤어스타일링의 중요 요소인 헤어 세팅과 기초 드라이는 출제 빈도가 매우 높은 부분입니다.
> 오리지널 세트와 리세트 기초 이론, 드라이의 원리에 대한 집중적인 암기 및 기출문제 풀이가 필요합니다.

1 헤어 세팅의 기초 이론

(1) 헤어 세팅

헤어 세팅이란 모발형을 만들어 마무리하는 것을 말함

오리지널 세트 (기초 세트)	• 최초의 기초 세트 • 헤어 파팅, 셰이핑, 컬링, 롤링, 웨이빙
리세트 (마무리 세트)	• 마무리가 되는 정리 세트 • 브러시 아웃(아웃 브러싱), 콤 아웃, 백콤(백코밍)

(2) 헤어 파팅

모발을 가르거나 나누는 것으로, 헤어 디자인이나 얼굴형, 모발의 흐름 등에 따라 다양한 종류로 나누어짐

센터 파트	사이드 파트	사이드 라운드 파트
전두부의 헤어라인 중심(C.P)에서 두정부를 향한 직선의 중앙 가르마(5 : 5파트)	헤어라인의 왼쪽이나 오른쪽에서 시작하여 뒤쪽으로 향하는 옆 가르마(6 : 4, 7 : 3, 8 : 2파트)	사이드 파트의 선을 둥글려 곡선으로 나누는 가르마
브이 파트	스퀘어 파트	카우릭 파트
이마의 양쪽 끝과 두정부 중심을 V자로 나누는 가르마	이마의 양쪽 끝과 두정부에서 이마와 헤어라인에 수평이 되도록 직사각형으로 나누는 가르마	두정부 가마를 기준으로 방사상으로 모발의 흐름에 따라 나누는 가르마

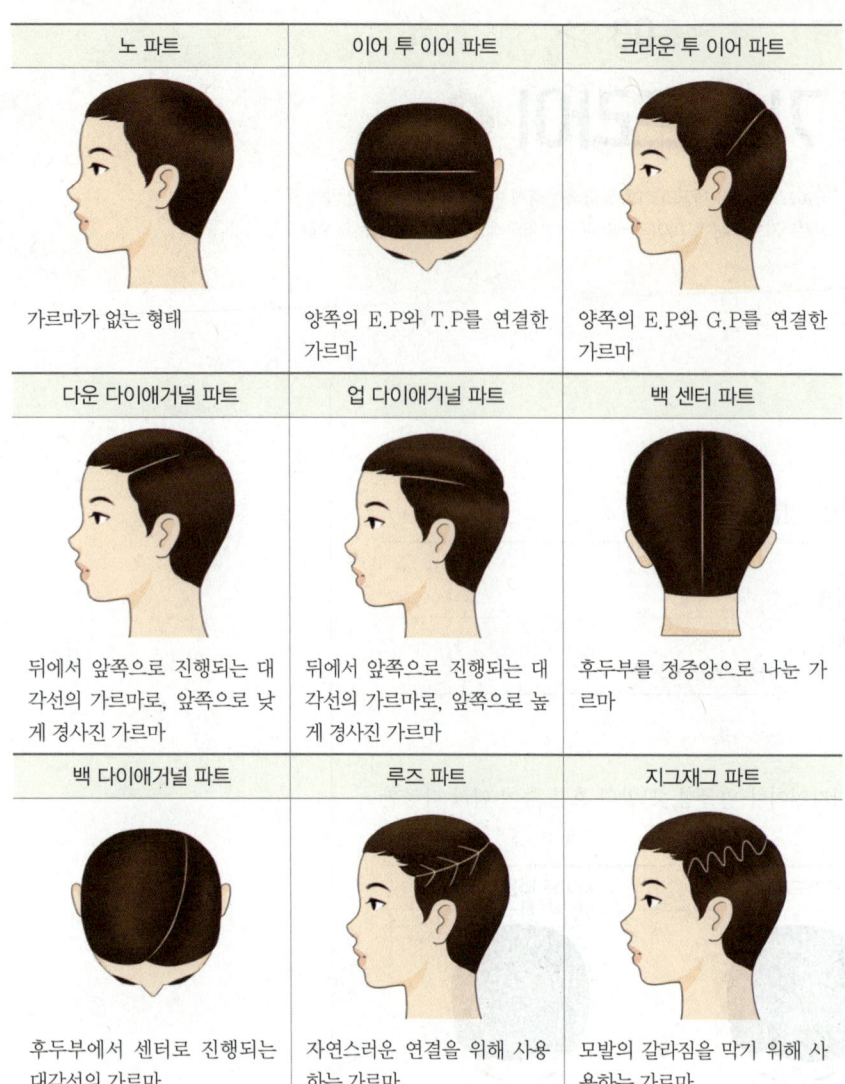

노 파트	이어 투 이어 파트	크라운 투 이어 파트
가르마가 없는 형태	양쪽의 E.P와 T.P를 연결한 가르마	양쪽의 E.P와 G.P를 연결한 가르마

다운 다이애거널 파트	업 다이애거널 파트	백 센터 파트
뒤에서 앞쪽으로 진행되는 대각선의 가르마로, 앞쪽으로 낮게 경사진 가르마	뒤에서 앞쪽으로 진행되는 대각선의 가르마로, 앞쪽으로 높게 경사진 가르마	후두부를 정중앙으로 나눈 가르마

백 다이애거널 파트	루즈 파트	지그재그 파트
후두부에서 센터로 진행되는 대각선의 가르마	자연스러운 연결을 위해 사용하는 가르마	모발의 갈라짐을 막기 위해 사용하는 가르마

(3) 헤어 셰이핑 빈출
① 모발의 흐름(결), 모양(직선, 곡선 등)을 만드는 것으로, 커트와 빗질을 의미함
② 헤어 셰이핑 시 빗은 흐트러진 모발을 정리하기 용이한 것을 사용함

업 셰이핑	모발을 위로 빗어 올리는 것
다운 셰이핑	모발을 아래로 빗어 내리는 것

(4) 헤어 컬링
① 컬링(컬)의 정의: 한 묶음의 모다발이 둥글게 말려 고리 모양의 형태를 이루는 것을 말함
② 컬링(컬)의 목적: 모발에 볼륨감, 움직임 등을 주고 모발 끝에 변화를 주기 위함

웨이브(Wave)	플러프(Fluff)	볼륨(Volume)
모발에 움직임을 줌	모발 끝에 변화를 줌	모발 전체에 공기감을 줌

③ 컬의 명칭 빈출

베이스(Base)	모근 부위의 컬 스트랜드의 근원
스템(Stem)	베이스에서 피벗 포인트까지의 줄기 부분
피벗 포인트(Pivot Point)	컬이 말리는 시작점
루프(Loop)	원형으로 말린 컬 부분
엔드 오브 컬(End of Curl)	컬의 가장 끝(모발의 끝) 부분

용어 컬의 명칭

컬의 3요소
베이스(Base), 스템(Stem), 루프(Loop)

- 베이스(Base)

스퀘어 베이스	오블롱 베이스	트라이앵귤러 베이스	아크 베이스
정사각형의 베이스로 평균적인 컬링을 만들 때 사용	직사각형의 베이스로 측두부에 주로 사용	삼각형의 베이스로 콤 아웃 시 모발이 갈라지는 것을 방지하며 주로 헤어라인에 사용	둥근형의 베이스로 후두부에 주로 사용

- 스템(Stem) 빈출

풀 또는 롱(Full/Long) 스템	하프(Half) 스템	논(Non) 스템
루프가 베이스에서 완전히 벗어난 형태로, 컬의 움직임(굽실거림)이 가장 큼	루프가 베이스에 반쯤 걸쳐 있는 형태로, 컬의 움직임이 적당함	루프가 베이스에 들어가 있는 형태로, 컬의 움직임이 가장 적고 컬이 오래 지속됨

④ 컬의 종류 빈출
- 스탠드 업 컬(Stand up Curl): 루프가 두피에 90°로 세워진 컬로, 볼륨을 내기 위해 사용함
- 리프트 컬(Lift Curl): 루프가 두피에 45°로 세워진 컬로, 적당한 볼륨을 내거나 스탠드 업 컬과 플랫 컬을 연결할 때 사용함
- 플랫 컬(Flat Curl): 루프가 두피에 0°로 눕혀진 컬로, 볼륨을 내지 않음

스컬프쳐 컬(Sculpture Curl)	메이폴 컬(Maypole Curl) 또는 핀 컬(Pin Curl)
모발 끝이 루프의 중심이 되는 컬로, 모발 끝으로 갈수록 웨이브 폭이 좁아짐	모근이 루프의 중심이 되고, 모발 끝이 루프의 바깥쪽에 위치하며, 모발 끝으로 갈수록 웨이브 폭이 넓어짐

• 컬의 방향에 따른 명칭

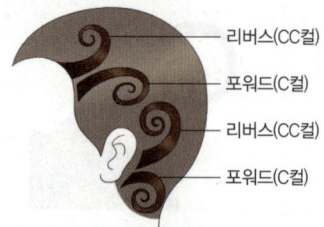
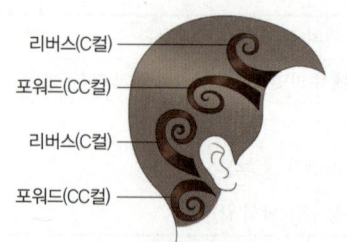

시계 방향 기준	귓바퀴 방향 기준
• C컬(Clockwise Wind Curl, 클록와이즈 와인드 컬): 시계 방향으로 말리는 컬 • CC컬(Counter Clockwise Wind Curl, 카운터 클록와이즈 와인드 컬): 시계 반대 방향으로 말리는 컬	• 포워드 컬(Forward Curl): 귓바퀴 방향으로 말리는 컬(얼굴 쪽으로 쏟아지는 방향) • 리버스 컬(Reverse Curl): 귓바퀴 반대 방향으로 말리는 컬(후두부 쪽으로 넘어가는 방향)

⑤ 컬 핀닝: 완성된 컬을 핀이나 클립 등으로 적당한 위치에 고정시키는 것을 말함

사선 고정	수평 고정	교차 고정
핀이나 클립을 사선으로 꽂아 고정한 형태로, 가장 일반적으로 사용함	핀이나 클립을 수평으로 꽂아 고정한 형태	핀이나 클립을 서로 교차하여 고정한 형태

(5) 롤러 컬 [빈출]

둥근 원통형의 롤러를 이용하여 모발에 자연스럽고 부드러운 웨이브를 연출하고 볼륨을 살릴 때 사용함

논 스템(Non Stem) 롤러 컬	하프 스템(Half Stem) 롤러 컬	롱 스템(Long Stem) 롤러 컬
• 전방 45°의 각도로 와인딩 • 볼륨이 가장 크고, 컬의 움직임이 적으며 오래 지속됨	• 두상에서 90° 각도로 와인딩 • 볼륨과 컬의 움직임이 적당함	• 후방 45°의 각도로 와인딩 • 볼륨이 가장 적고 컬의 움직임이 큼

(6) 헤어 웨이빙

헤어스타일의 선 형태가 S형의 물결 모양을 이루었을 때 이를 웨이브라고 하며, 이러한 모양을 만드는 작업을 웨이빙이라고 함

① 웨이브의 명칭

> **참고** 웨이브의 3요소
> 크레스트(정상), 리지(융기점), 트로프(골)

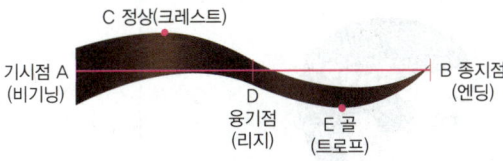

비기닝(기시점)	웨이브의 시작 지점
엔딩(종지점)	웨이브가 끝나는 지점
크레스트(정상)	가장 높은 지점
트로프(골)	가장 낮은 지점
리지(융기점)	정상과 골이 교차되는 지점

② 웨이브 형성에 따른 구분 [빈출]

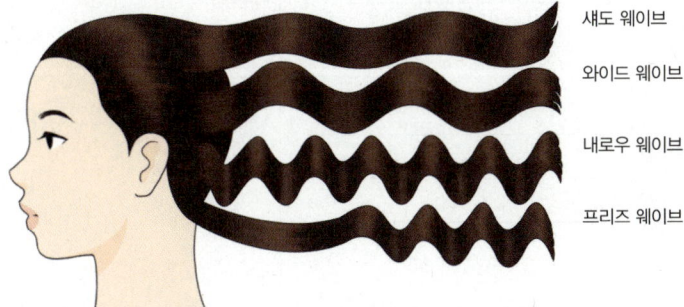

섀도(Shadow) 웨이브	크레스트가 뚜렷하지 않고 굽실거리는 정도의 웨이브
와이드(Wide) 웨이브	크레스트가 뚜렷한 웨이브
내로우(Narrow) 웨이브	크레스트가 가장 뚜렷하며 극단적으로 강하게 형성된 웨이브로, 리지의 폭이 좁고 급함
프리즈(Frizz) 웨이브	크레스트가 모근부에는 없고 모발 끝으로 갈수록 점차 형성되는 웨이브로, 모발 끝에만 웨이브가 있는 형태

③ 웨이브 형성 방향에 따른 구분

버티컬(Vertical) 웨이브	호리존탈(Horizontal) 웨이브	다이애거널(Diagonal) 웨이브
웨이브의 리지(Ridge)가 수직 방향으로 형성된 것	웨이브의 리지가 수평 방향으로 형성된 것	웨이브의 리지가 사선 방향으로 형성된 것

④ 핑거(Finger) 웨이브 빈출

세팅로션 또는 물을 이용하여 모발을 적신 후 세팅 빗과 손가락에 의해 형성된 웨이브

• 핀컬 조합에 따른 구분

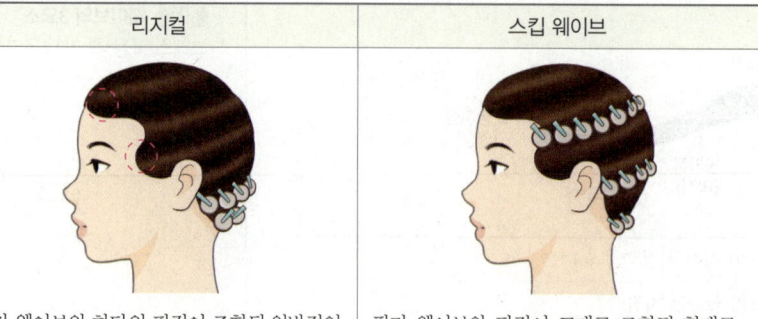

리지컬	스킵 웨이브
핑거 웨이브와 하단의 핀컬이 조합된 일반적인 형태로, 양 옆에 2개씩 총 4개의 뱅이 있음	핑거 웨이브와 핀컬이 교대로 조합된 형태로, 폭이 넓고 부드럽게 흐르는 웨이브를 만들 때 사용함

• 핑거 웨이브 모양에 따른 구분

스윙 웨이브	큰 움직임을 보는 듯한 웨이브
스월 웨이브	물결이 소용돌이치는 듯한 웨이브
로우 웨이브	리지가 낮은 웨이브
하이 웨이브	리지가 높은 웨이브
덜 웨이브	리지가 뚜렷하지 않고 느슨한 웨이브
올 웨이브	가르마가 없이 만든 웨이브

(7) 뱅과 플러프

① 뱅(Bang) 빈출

이마를 장식하기 위해 자른 앞머리로, 헤어스타일에 맞게 적절한 분위기를 연출할 수 있음

플러프(Fluff) 뱅	롤(Roll) 뱅	웨이브(Wave) 뱅
컬이 부드럽고 자연스러운 볼륨을 주는 뱅	롤을 이용하여 둥글게 굴린 뱅	풀 웨이브 또는 하프 웨이브를 앞이마에 만든 뱅

프렌치(French) 뱅	프린지(Fringe) 뱅
뱅 부분의 모발을 위로 빗어 올려 모발 끝을 부풀린 뱅	가르마 가까이에 작게 낸 뱅

② 플러프(Fluff) 빈출

모발 끝에 모양을 주는 것으로, 웨이브나 너울거리는 느낌, 부드러운 보풀이 일어난 느낌 등을 의미함

라운드 플러프	덕 테일 플러프	페이지 보이 플러프
• 모발 끝이 원형 또는 반원형의 형태 • 질서 없이 위쪽으로 구부러진 것을 업 라운드 플러프라고하고, 아래쪽으로 구부러진 것을 다운 라운드 플러프라고 함	모발 끝이 오리의 꼬리처럼 위로 구부러진 형태	모발 끝이 갈고리 모양으로 한 번 구부러졌다가 다시 원형의 플러프로 끝나는 형태

(8) 리세트(Reset) 빈출

브러싱(Brushing)	브러시를 이용하여 모발을 가지런히 빗어 마무리하는 기법
코밍(Combing)	브러시로 표현되지 않는 부분을 빗으로 마무리하는 기법
백코밍(Back Combing)	빗을 베이스(모근) 쪽을 향해 빗질하여 모발을 세우는 기법
콤 아웃(Comb Out)	빗을 이용해 원하는 모양의 헤어스타일로 모발을 매만지는 기법

2 스트레이트 드라이

(1) 드라이 도구

① 아이론을 이용한 마샬 웨이브
- 1875년 마샬 그라또우에 의해 창안된 아이론은 열을 이용하여 일시적으로 모발에 변화를 줌
- 아이론을 이용한 웨이브 연출(물결 모양)을 마샬 웨이브라고 함
- 헤어 아이론은 자연스럽고 부드러운 웨이브를 균일하게 표현하기 쉽고 웨이브의 흐름을 연속적으로 연출할 수 있음
- 아이론의 적정 온도: 120~150℃ 빈출

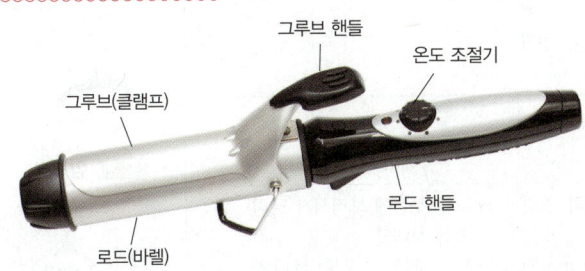

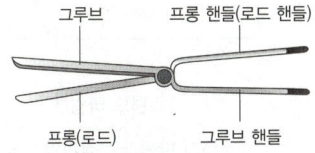

참고 마샬 아이론

마샬 아이론 선택 시 주의사항
- 프롱과 그루브의 접촉면이 요철 없이 부드러워야 함
- 비틀리거나 구부러져 있지 않아야 함
- 열이 고르게 전달돼야 함

- 아이론의 종류

판넬 형태에 따른 종류		
플랫 아이론(Flat Iron)	컬 아이론(Curl Iron)	반 컬(삼각) 아이론
열판의 모양이 평평한 형태로 제작되어 모발을 스트레이트로 펴고자 할 때 사용함	열판의 모양이 동그란 롤 형태로 제작되어 모발을 웨이브의 형태로 만들고자 할 때 사용함	열판의 모양이 반원의 형태로 제작되어 모발의 두피 부분에 볼륨을 주거나 모발 끝쪽에 C컬의 볼륨을 만들 목적으로 사용함

열 공급 방식에 따른 종류 빈출		
화열식	전열식	축열식
• 아이론 기기를 직접 불에 달궈 사용하는 방식 • 자동 온도 조절 장치가 없어 사용 시 주의가 필요함 • 지나치게 과열된 아이론은 물을 뿌리기보다 아이론을 회전시켜 식혀줌	• 전기를 이용하여 달궈 사용하는 방식 • 자동 온도 조절 장치가 있어 화열식에 비해 사용이 용이함 • 아이론에 눌러 붙은 모발은 긁어내기보다 젖은 수건으로 문질러 제거함	• 전기로 충전하거나 소형 가스통을 부착하여 사용하는 방식 • 공간의 제약이 적어 이동하면서 사용할 때 편리함

- 작동법: 그루브가 위에 있고 로드가 아래에 있는 상태에서 그루브 핸들을 엄지손가락으로 잡고 로드 핸들을 잡은 약지와 소지를 움직여 사용함

② 헤어 드라이어를 이용한 블로 드라이
- 모발에 열풍을 가해 젖은 모발을 건조시키거나 일시적으로 모발에 변화를 줌
- 온풍, 냉풍, 열풍 등 바람의 온도나 세기를 조절할 수 있음
- 블로 드라이 시 적정 온도: 60~90℃ 빈출
- 드라이어의 종류

바람 순환 방식에 의한 분류	
블로 타입	후드 타입
• 형성된 바람이 공중으로 흩어지는 형태임 • 열 효율성이 낮으므로 건조 속도가 느린 편임 • 소음 발생이 적음	• 형성된 바람이 통 안에 모아지는 형태임 • 열 효율성이 높아 건조 속도가 빠른 편임 • 통 안의 소음이 커 고객이 불편할 수 있음

사용 방식에 의한 분류		
스탠드 타입❓	암 타입❓	핸드 타입
• 대개 바퀴가 부착되어 이동이 편리함 • 고객의 이동을 최소화할 수 있어 고객이 편함 • 별도의 공간을 차지하므로 공간 효율성이 낮음	• 벽걸이로 이동이 불가능함 • 별도의 공간이 필요하지 않아 공간 효율성이 좋은 편임 • 고객이 드라이어가 부착된 곳으로 이동해야 하는 번거로움이 있음	• 손으로 잡고 작업함 • 헤어스타일 연출에서 가장 많이 사용함

기타 분류		
소프트 후드	적외선램프	에어 브러시
• 블로 드라이와 연결하여 사용함 • 보관과 이동이 편하지만, 열 조절이 어렵고 소음이 큼	• 바람 없이 적외선의 열만 발생하는 형태임 • 퍼머넌트 웨이브 서비스 직후 모발 날림을 최소화하여 드라이할 때 좋음	• 노즐 부분에 브러시가 달려 있는 형태임 • 브러시가 고정된 형태와 탈·부착이 가능한 형태가 있음

참고 스탠드 타입

참고 암 타입

- 작동법
  - 핸들을 잡는 방법과 보디를 잡는 방법이 있음
  - 핸들을 잡으면 손놀림이 자유롭고 각도의 폭이 넓어져 다양한 헤어스타일 연출이 가능하고, 보디를 잡으면 손목이나 어깨에 무리는 덜 가지만 스위치 조작이나 드라이어의 사용이 제한적임

(2) 스트레이트 드라이 방법

① 고객과 헤어스타일 상담을 진행함
② 스트레이트 드라이 실행에 필요한 도구를 준비함
③ 고객에게 어깨보를 착용하고 고객의 의자 높낮이를 조정함
④ 엉켜 있는 모발을 브러시로 빗어 주고, 분무기를 이용하여 수분량을 조절함
⑤ 두상을 4등분 블로킹함
⑥ 드라이어 또는 아이론

드라이어 사용 시	롤 브러시의 지름과 너비를 고려하여 슬라이스하고, 두피 쪽에서부터 텐션을 주면서 모발 끝부분까지 고르게 펴 줌
아이론 사용 시	발열판의 폭과 크기를 고려하여 슬라이스하고, 두피 쪽에서부터 텐션을 주면서 모발 끝부분까지 고르게 펴 줌

⑦ 헤어스타일 연출 제품을 사용하여 마무리함

3 C컬 드라이

(1) C컬과 S컬 비교

(2) 드라이 시행 시 고려사항

① 브러시(또는 아이론) 회전수와 컬의 형태
- 롤 브러시(또는 아이론)에 감는 모발의 회전 바퀴 수에 따라 웨이브 주기가 달라짐
- I컬(스트레이트)은 브러시나 아이론이 회전하지 않고, C컬은 1~1.5바퀴 이내로 감아야 하며, 2바퀴 이상 감을 시 S자 웨이브 형태가 나올 수 있음
- 인 컬은 두상 쪽을 향해 안으로 감아 주고, 아웃 컬은 밖을 향해 감아 줌
- 롤 브러시(또는 아이론)의 굵기가 굵을수록 컬도 굵어짐

② 베이스 너비 빈출
- 두상의 베이스 너비는 롤 브러시(또는 아이론) 너비의 80% 정도가 적당함
- 너무 넓으면 작업 과정에서 모발이 브러시나 아이론 밖으로 튀어 나가 세팅력이 떨어지고 엉키기 쉬우며, 너무 좁으면 작업 시간이 그만큼 길어질 수 있음

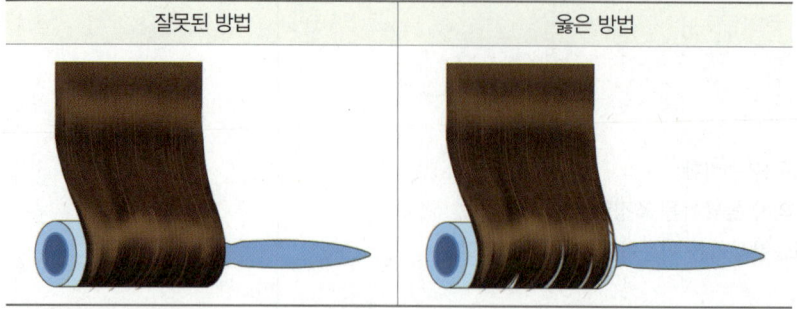

| 잘못된 방법 | 옳은 방법 |

③ 각도 빈출
- 오프 베이스: 모발을 90° 이하로 들고 롤 브러시를 넣어 시술하는 것으로, 볼륨이 작고 움직임이 제한적임
- 오버 베이스: 모발을 120° 이상으로 들고 롤 브러시를 넣어 시술하는 것으로, 볼륨이 크고 움직임이 자유로움

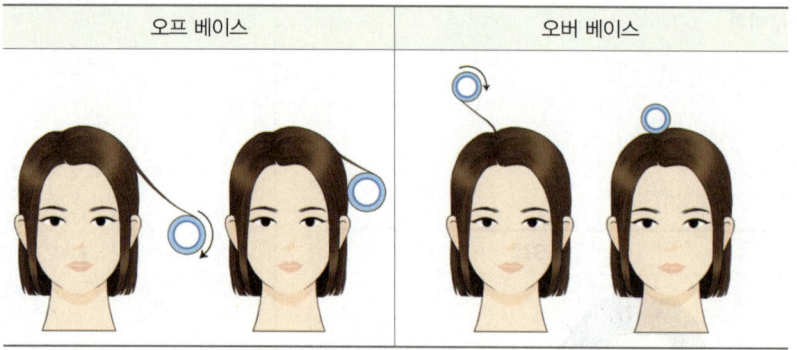

| 오프 베이스 | 오버 베이스 |

④ 속도
- 고객의 모발 상태나 연출하려는 스타일에 따라 속도의 완급이 필요함
- 모발이 두껍거나 곱슬기가 있는 모발은 천천히 뜸을 들이고, 손상된 모발은 신속하게 시술하는 것이 좋음
- 슬라이스한 모발을 균일한 속도로 작업해야 웨이브의 탄력과 모양을 일정하게 연출할 수 있음

⑤ 텐션
- 모발을 당겨주는 일정한 힘을 의미함
- 텐션이 없으면 드라이가 잘 되지 않고, 모발의 윤기가 떨어짐
- 텐션이 지나치면 드라이 시 고객이 불쾌할 수 있으므로 주의해야 함

⑥ 온도 빈출
- 일반적인 모발에 사용하는 온도는 블로 드라이의 경우 60~90℃, 헤어 아이론의 경우 120~150℃가 적당함
- 연출하고자 하는 헤어스타일 또는 모발의 손상도에 따라 온도 조절이 필요함

⑦ 수분
- 드라이와 가장 밀접한 모발의 화학적 결합은 수소 결합으로, 수분에 의해 절단되고 수분의 증발과 동시에 재결합되는 원리임
- 블로 드라이 시술 전 프리 드라이를 통해 모발의 수분을 20~30% 정도 남겨 놓은 상태에서 시술해야 함
- 수분이 너무 많거나 건조된 상태에서 드라이를 시술하면 수소 결합이 원활하게 이루어지지 않아 헤어스타일을 연출하는 데 어려움이 있음

(3) C컬 드라이 방법
① 고객과 헤어스타일 상담을 진행함
② C컬 드라이 실행에 필요한 도구를 준비함
③ 고객에게 어깨보를 착용하고 고객의 의자 높낮이를 조정함
④ 엉켜 있는 모발을 브러시로 빗어 주고, 분무기를 이용하여 수분량을 조절함
⑤ 두상을 4등분 블로킹함
⑥ 드라이어 또는 아이론

드라이어 사용 시	• 롤 브러시 너비의 80% 가량의 모발을 슬라이스하고 모발 끝이 꺾이지 않게 주의하며 브러시에 감음 • 회전 바퀴는 1.5바퀴 이내가 되도록 하며, 열을 준 부분에 찬바람 또는 자연풍으로 열을 식힌 후 풀어 주며 C컬을 만듦
아이론 사용 시	• 모발의 길이와 웨이브 굵기를 고려하여 플랫 또는 원형의 아이론을 정하고, 아이론을 두피 쪽에서 모발 끝으로 당기듯 천천히 훑어준 뒤 모발 끝을 아이론에 감음 • 회전 바퀴는 1.5바퀴 이내가 되도록 하며, 잠시 뜸을 주고 식힌 후 풀어 주며 C컬을 만듦

⑦ 헤어스타일 연출 제품을 사용하여 마무리함

CHAPTER 03 기초 드라이
출제 예상문제 A

1 헤어 세팅의 기초 이론

01
오리지널 세트 중 모발의 흐름이나 모양을 만드는 것으로 커트나 빗질을 의미하는 것은?
① 컬링 ② 파팅
③ 셰이핑 ④ 웨이빙

- 컬링: 한 묶음의 모다발이 둥글게 말려 고리 모양의 형태를 이루는 것
- 파팅: 모발을 가르거나 나누는 것
- 웨이빙: 헤어스타일의 선 형태를 S형의 물결 모양으로 만드는 작업

02
파팅의 종류 중 헤어라인의 왼쪽이나 오른쪽에서 시작하여 뒤쪽으로 향하는 옆 가르마는?
① 센터 파트
② 사이드 라운드 파트
③ 사이드 파트
④ 노 파트

- 센터 파트: 전두부의 헤어라인 중심(C.P)에서 두정부를 향한 직선의 중앙 가르마
- 사이드 라운드 파트: 사이드 파트의 선을 둥글려 곡선으로 나누는 가르마
- 노 파트: 가르마가 없는 형태

03
파팅의 종류 중 뒤에서 앞쪽으로 진행되는 대각선의 가르마로, 앞쪽으로 낮게 경사진 가르마는?
① 업 다이애거널 파트
② 다운 다이애거널 파트
③ 카우릭 파트
④ 브이 파트

- 업 다이애거널 파트: 뒤에서 앞쪽으로 진행되는 대각선의 가르마로, 앞쪽으로 높게 경사진 가르마
- 카우릭 파트: 두정부 가마를 기준으로 방사상으로 모발의 흐름에 따라 나누는 가르마
- 브이 파트: 이마의 양쪽 끝과 두정부 중심을 V자로 나누는 가르마

04
컬의 목적이 아닌 것은?
① 웨이브 ② 플러프
③ 볼륨 ④ 파팅

- 파팅: 모발을 가르거나 나누는 것

05
컬의 3요소가 아닌 것은?
① 엔드 오브 컬 ② 베이스
③ 스템 ④ 루프

- 엔드 오브 컬: 모발의 끝 부분으로, 3요소는 아님

06
원형으로 말린 컬 부분의 명칭은?
① 피벗 포인트 ② 베이스
③ 루프 ④ 스템

- 피벗 포인트: 컬이 말리는 시작점
- 베이스: 모근 부위의 컬 스트랜드의 근원
- 스템: 베이스에서 피벗 포인트까지의 줄기 부분

07
루프가 두피에 45°로 세워진 컬로 적당한 볼륨을 낼 때 사용하는 컬은?
① 플랫 컬 ② 스탠드 다운 컬
③ 스탠드 업 컬 ④ 리프트 컬

- 플랫 컬: 루프가 두피에 0°로 눕혀진 컬
- 스탠드 업 컬: 루프가 두피에 90°로 세워진 컬

| 정답 | 01 ③ 02 ③ 03 ② 04 ④ 05 ① 06 ③ 07 ④

08
모근이 루프의 중심이 되고 모발 끝이 루프의 바깥쪽에 위치하는 플랫 컬의 종류는?

① 리프트 컬
② 메이폴 컬
③ 스컬프쳐 컬
④ 스탠드 업 컬

- 리프트 컬: 루프가 두피에 45°로 세워진 컬
- 스컬프쳐 컬: 모발 끝이 루프의 중심이 되는 컬
- 스탠드 업 컬: 루프가 두피에 90°로 세워진 컬

09
귓바퀴 반대 방향(후두부 쪽으로 넘어가는 방향)으로 말리는 컬은?

① 리버스 컬
② 메이폴 컬
③ 포워드 컬
④ 리프트 컬

- 메이폴 컬: 모근이 루프의 중심이 되는 컬
- 포워드 컬: 귓바퀴 방향(얼굴 쪽으로 쏟아지는 방향)으로 말리는 컬
- 리프트 컬: 루프가 두피에 45°로 세워진 컬

10
시계 방향으로 말리는 컬은?

① 포워드 컬
② 리버스 컬
③ 카운터 클록와이즈 와인드 컬
④ 클록와이즈 와인드 컬

- 포워드 컬: 귓바퀴 방향으로 말리는 컬
- 리버스 컬: 귓바퀴 반대 방향으로 말리는 컬
- 카운터 클록와이즈 와인드 컬: 시계 반대 방향으로 말리는 컬

11
일반적으로 많이 사용하는 핀닝 기법으로 핀이나 클립을 사선으로 꽂아 고정한 것은?

① 원형 고정
② 수평 고정
③ 교차 고정
④ 사선 고정

- 수평 고정: 핀이나 클립을 수평으로 꽂아 고정한 형태
- 교차 고정: 핀이나 클립을 서로 교차하여 고정한 형태

12
롤러 컬에 대한 설명으로 옳지 않은 것은?

① 롱 스템 롤러 컬은 후방 45°로 와인딩하는 것이다.
② 롤러 컬은 원통형의 롤러를 이용하여 모발에 자연스럽고 부드러운 웨이브를 연출한다.
③ 논 스템 롤러 컬은 후방 45°로 와인딩하는 것이다.
④ 하프 스템 롤러 컬은 두상에서 90°로 와인딩하는 것이다.

논 스템 롤러 컬: 전방 45°로 와인딩하며, 볼륨이 가장 크고 컬의 움직임이 적으며, 오래 지속됨

13
웨이브의 3요소가 아닌 것은?

① 비기닝
② 크레스트
③ 트로프
④ 리지

비기닝(기시점): 웨이브의 시작 지점으로, 3요소는 아님

14
프리즈 웨이브에 대한 설명으로 옳은 것은?

① 크레스트가 뚜렷하지 않고 굽실거리는 정도의 웨이브를 말한다.
② 크레스트가 가장 뚜렷하며 극단적으로 강하게 형성된 웨이브로, 리지의 폭이 좁고 급하다.
③ 크레스트가 모근부에는 없고 모발 끝으로 갈수록 점차 형성되는 웨이브로, 모발 끝에만 웨이브가 있는 형태를 말한다.
④ 크레스트가 뚜렷한 웨이브를 말한다.

- 섀도(Shadow) 웨이브: 크레스트가 뚜렷하지 않고 굽실거리는 정도의 웨이브
- 내로우(Narrow) 웨이브: 크레스트가 가장 뚜렷하며 극단적으로 강하게 형성된 웨이브로, 리지의 폭이 좁고 급함
- 와이드(Wide) 웨이브: 크레스트가 뚜렷한 웨이브

15
웨이브의 리지가 수직 방향으로 형성된 웨이브는?

① 호리존탈 웨이브
② 버티컬 웨이브
③ 카우릭 웨이브
④ 다이애거널 웨이브

- 호리존탈 웨이브: 웨이브의 리지가 수평 방향으로 형성된 것
- 다이애거널 웨이브: 웨이브의 리지가 사선 방향으로 형성된 것

16
스킵 웨이브에 대한 설명으로 옳은 것은?
① 핑거 웨이브와 로드를 이용하여 웨이브를 만든다.
② 핑거 웨이브와 하단의 핀컬이 조합된 일반적인 형태이다.
③ 핑거 웨이브와 아이론 컬이 교대로 조합된 형태이다.
④ 핑거 웨이브와 핀컬이 교대로 조합된 형태이다.

- 리지컬: 핑거 웨이브와 하단의 핀컬이 조합된 일반적인 형태

17
뱅의 특징으로 옳지 않은 것은?
① 롤 뱅 – 롤을 이용하여 둥글게 굴린 뱅
② 플러프 뱅 – 뱅 부분의 모발을 위로 빗어 올려 모발 끝을 부풀린 뱅
③ 프린지 뱅 – 가르마 가까이에 작게 낸 뱅
④ 웨이브 뱅 – 풀 웨이브 또는 하프 웨이브를 앞이마에 만든 뱅

- 플러프 뱅: 컬이 부드럽고 자연스러운 볼륨을 주는 뱅
- 프렌치 뱅: 뱅 부분의 모발을 위로 빗어 올려 모발 끝을 부풀린 뱅

18
플러프에 대한 설명으로 옳지 않은 것은?
① 플러프는 모발 전체에 볼륨과 모양을 주는 것이다.
② 라운드 플러프는 모발 끝이 원형 또는 반원형의 형태이다.
③ 덕 테일 플러프는 모발 끝이 위로 구부러진 형태이다.
④ 페이지 보이 플러프는 모발 끝이 갈고리 모양으로 한 번 구부러졌다가 다시 원형의 플러프로 끝나는 형태이다.

- 플러프는 모발 끝에 모양을 주는 것임

19
리세트에 해당하지 않는 것은?
① 셰이핑   ② 백콤(백코밍)
③ 콤 아웃   ④ 브러시 아웃

- 리세트: 브러시 아웃, 콤 아웃, 백콤(백코밍)
- 오리지널 세트: 헤어 파팅, 셰이핑, 컬링, 롤링, 웨이빙

20
리세트의 종류 중 빗을 모발 끝부터 모근 쪽으로 빗질하여 모발을 세우는 기법은?
① 브러싱   ② 뱅
③ 백콤(백코밍)   ④ 코밍

- 브러싱: 브러시를 이용하여 모발을 가지런히 빗어 마무리하는 기법
- 뱅: 이마를 장식하기 위해 자른 앞머리
- 코밍: 브러시로 표현되지 않는 부분을 빗으로 마무리하는 기법

2 스트레이트 드라이

21
아이론의 적정 온도는?
① 60~90℃   ② 160~190℃
③ 90~120℃   ④ 120~150℃

- 드라이어의 적정 온도: 60~90℃
- 아이론의 적정 온도: 120~150℃

22
열판의 모양이 반원의 형태로 제작되어 모발의 두피 부분에 볼륨을 주는 아이론은?
① 원형 아이론   ② 플랫 아이론
③ 반 컬(삼각) 아이론 ④ 컬 아이론

- 플랫 아이론: 열판의 모양이 평평한 형태로, 스트레이트 연출에 사용
- 컬 아이론: 열판의 모양이 동그란 롤의 형태로 제작되어 웨이브 연출에 사용

23
직접 불에 달궈 사용하는 방식의 아이론은?
① 수열식   ② 축열식
③ 화열식   ④ 전열식

- 축열식: 전기로 충전하거나 소형 가스통을 부착하여 사용
- 전열식: 전기를 이용하여 달궈 사용

24
블로 드라이 시 적정 온도는?
① 40~70℃   ② 60~90℃
③ 90~120℃   ④ 120~150℃

- 아이론의 적정 온도: 120~150℃
- 드라이어의 적정 온도: 60~90℃

| 정답 | 16 ④ | 17 ② | 18 ③ | 19 ① | 20 ③ | 21 ④ | 22 ③ | 23 ③ | 24 ② |

25
후드 타입 드라이어의 특징으로 옳지 않은 것은?

① 열 조절이 쉽고 소음이 적다.
② 형성된 바람이 통 안에 모아지는 형태이다.
③ 열 효율성이 높아 건조가 빠르다.
④ 드라이어의 적정 온도는 60~90℃이다.

> 후드 타입 드라이어는 열 조절이 어렵고 소음이 커 고객이 불편할 수 있음

26
드라이어의 사용 방식에 의한 분류 중 대개 바퀴가 부착되어 이동이 편리하지만 별도의 공간을 차지하는 드라이어는?

① 블로 타입　　② 핸드 타입
③ 암 타입　　　④ 스탠드 타입

> • 핸드 타입: 손으로 잡고 작업하는 형태
> • 암 타입: 벽걸이 형태로 이동이 불가능한 형태

27
드라이어를 이용한 스트레이트 드라이 방법으로 옳지 않은 것은?

① 빠른 작업을 위해 모발 슬라이스를 롤 브러시의 지름보다 넓게 한다.
② 엉켜 있는 모발을 브러시로 빗어 주는 사전 작업이 필요하다.
③ 고객과 헤어스타일 상담은 필수로 진행해야 한다.
④ 헤어스타일 연출 제품을 사용하여 깔끔하게 마무리한다.

> 롤 브러시의 지름과 굵기를 고려하여 슬라이스하고, 두피 쪽에서부터 텐션을 주면서 모발 끝부분까지 고르게 펴 줌

3 C컬 드라이

28
블로 드라이를 이용한 C컬 드라이 시 적절한 브러시 회전 수는?

① 0.5바퀴　　② 0.5~1바퀴
③ 1~1.5바퀴　④ 1.5~2바퀴

> • S컬: 2바퀴 이상
> • C컬: 1~1.5바퀴 이내

29
블로 드라이 시 적정 베이스의 크기는?

① 브러시 지름의 60%　② 브러시 지름의 80%
③ 브러시 너비의 60%　④ 브러시 너비의 80%

> 두상의 베이스 너비는 롤 브러시(또는 아이론) 너비의 80% 정도가 적절함

30
블로 드라이 시 볼륨이 크고 움직임이 자유로운 각도는?

① 오버 베이스 - 모발을 80° 이상 들고 롤 브러시를 넣는다.
② 오버 베이스 - 모발을 120° 이상 들고 롤 브러시를 넣는다.
③ 오프 베이스 - 모발을 80° 이상 들고 롤 브러시를 넣는다.
④ 오프 베이스 - 모발을 120° 이상 들고 롤 브러시를 넣는다.

> • 오프 베이스: 모발을 90° 이하로 들고 롤 브러시를 넣어 시술하는 것으로, 볼륨이 작고 움직임이 제한적임
> • 오버 베이스: 모발을 120° 이상으로 들고 롤 브러시를 넣어 시술하는 것으로, 볼륨이 크고 움직임이 자유로움

31
모발의 윤기를 조절할 수 있는 것으로 모발을 당겨주는 일정한 힘을 의미하는 것은?

① 속도　　② 온도
③ 텐션　　④ 수분

> • 속도: 모발이 두껍거나 곱슬기가 있는 모발은 천천히 뜸을 들이고, 손상된 모발은 신속하게 시술하는 것이 좋음
> • 온도: 일반적인 모발에 사용하는 온도는 블로 드라이의 경우 60~90℃, 헤어 아이론의 경우 120~150℃가 적절함
> • 수분: 블로 드라이 시술 전 프리 드라이를 통해 모발의 수분을 20~30% 정도 남겨 놓은 상태에서 시술해야 함

32
블로 드라이 시술 전 프리 드라이를 하는 이유로 적절한 것은?

① 모발의 수분을 20~30% 정도 남겨 두기 위해
② 미리 모발에 뜸을 들여 신속한 드라이를 하기 위해
③ 모발을 완전히 건조하게 만들어 수소 결합을 원활하게 하기 위해
④ 엉켜 있는 모발을 풀어 주기 위해

> 수분이 너무 많거나 건조된 상태에서 드라이를 시술하면 수소 결합이 원활하게 이루어지지 않아 헤어스타일을 연출하는 데 어려움이 있으므로 프리 드라이를 통해 모발의 수분을 20~30% 정도 남겨 놓고 시술함

| 정답 | 25 ① | 26 ④ | 27 ① | 28 ③ | 29 ④ | 30 ② | 31 ③ | 32 ① |

PART 05

HAIR DRESSER

헤어컬러 & 헤어전문제품

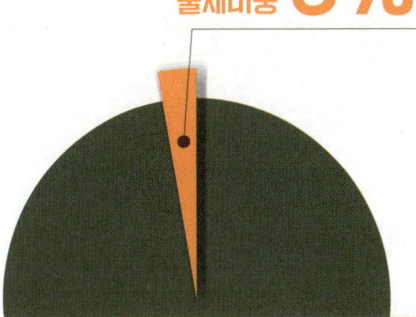

| 출제 예상 문제 수 | Ⓐ 5~3문제　Ⓑ 3~2문제　Ⓒ 2~1문제

Ⓐ **CHAPTER 01**　베이직 헤어컬러 및 마무리
Ⓒ **CHAPTER 02**　헤어전문제품

CHAPTER 01

베이직 헤어컬러 및 마무리

> **합격 TIP** 헤어컬러는 출제 빈도가 높은 부분으로, 컬러의 정의와 목적 등 개념을 이해하고 컬러 방법을 파악해 두어야 합니다. 염모제의 종류와 특징을 확실하게 암기하고, 기출문제에 자주 출제된 내용 위주로 살펴보도록 합니다.

1 헤어컬러의 원리

(1) 색채의 이해

① 색 지각의 3요소

빛	태양광의 가시광선(380~780nm) 파장이 색을 느끼게 함
물체	빛이 물체 표면에 닿아 흡수, 반사, 투과 등을 거쳐 우리 눈에 들어오면 색을 인지하게 됨
눈	눈을 통해 들어온 빛은 망막을 자극하여 색을 볼 수 있음

참고 스펙트럼(색)

② 색의 3요소

색상	빨강, 노랑, 파랑처럼 다른 색과 구별되는 색의 이름으로, 유채색만 지닌 속성이며, 난색과 한색으로 나뉨
명도	시각적으로 느낄 수 있는 색의 밝고 어두운 정도로, 흰색에 가까울수록 명도가 높고 검정색에 가까울수록 명도가 낮음
채도	색의 순도로 맑고 탁한 정도로, 아무 것도 섞지 않은 순색에 가까울수록 채도가 높고 다른 색상과 섞일수록 채도가 낮음

용어 유채색과 무채색
- 유채색: 빨강, 노랑, 파랑처럼 색상이 있는 색으로, 무채색을 제외한 모든 색
- 무채색: 흰색, 회색, 검정색처럼 밝고 어두운 정도로 구분되는 색

③ 색의 혼합

1차색(Primary Colors)	2차색(Secondary Colors)	3차색(Tertiary Colors)
빨강, 노랑, 파랑으로 어떤 색으로 혼합되지 않는 순수한 색을 말함	1차색의 혼합으로 만들어진 색을 말함	1차색과 2차색의 혼합으로 만들어진 색을 말함

- **보색**: 색상환에서 서로 마주보고 있는 색으로 혼합 시 어두운 무채색이 됨 〔빈출〕
- **가법혼합**: 색을 혼합할수록 점점 밝아지는 것(빛)
- **감법혼합**: 색을 혼합할수록 점점 어두워지는 것(염료)

참고 염색에서의 보색(보색 중화)
두발에 남아 있는 잔여 색상을 색상환의 반대색을 이용하여 제거하는 작업

참고 색상환

- **난색(Warm Colors)**: 따뜻하게 느껴지는 색상으로, 빨간색을 기준으로 노란색과 보라색이 혼합된 색상을 난색으로 구분함
- **한색(Cold Colors)**: 차갑게 느껴지는 색상으로, 파란색을 기준으로 노란색과 보라색이 혼합된 색상을 한색으로 구분함

(2) 염색의 정의와 목적

① **염색의 정의**: 두발에 인위적으로 색을 입히거나 빼는 것으로, 염료의 착·발색으로 색상을 입히는 것을 염색이라고 함

② **염색의 목적** 빈출
- 과거에는 종교적인 의미 또는 계급의 표시를 위해
- 흰 머리를 기존의 모발 색상과 맞추기 위해
- 직업, 복장, 분위기 등에 맞춰 모발 색에 변화를 주기 위해
- 개인의 개성과 아름다움을 위해

> **용어 착색과 발색**
> - 착색: 물질에 색을 물들이거나 빛깔이 나게 함
> - 발색: 물질의 색깔이 두드러지는 정도

(3) 염색제의 번호체계

4/07   7-55   13.33

① 염모제를 살펴보면 다양한 번호가 부여되어 있는 것을 확인할 수 있음
② 앞자리는 명도, 뒷자리는 반사색을 뜻하며, 뒷자리의 첫 번째 숫자는 1차 반사색, 두 번째 숫자는 2차 반사색을 뜻함
③ 제품 회사마다 반사 색상의 숫자가 다르므로 사용설명서를 살펴봐야 함

(4) 탈색의 정의와 목적

① **탈색의 정의**: 모발의 멜라닌색소나 염색된 모발의 염료를 파괴시켜 색을 제거하는 것을 말함

② **탈색의 목적**
- 선명한 색상의 염색을 위해
- 너무 검거나 탁한 색상의 모발을 밝고 연하게 하기 위해
- 직업, 복장, 분위기 등에 맞춰 모발 명도에 변화를 주기 위해
- 개인의 개성과 아름다움을 위해

2 헤어컬러제의 종류

(1) 염모제의 종류 빈출

구분	일시적 염모제	반영구 염모제	영구 염모제
유지 기간	샴푸 1~2회	2~4주	• 색상: 4~6주 이상 • 명도: 영구적
pH	산성	산성	알칼리성
염료	유성염료, 산성염료	산성염료	산화염료
작용 부위	모표피	모표피+모피질 외각	모피질

> **참고 영구 염모제의 종류** 빈출
>
> | | |
> |---|---|
> | 식물성 염모제 | • 주로 식물의 꽃잎, 뿌리, 줄기 등을 이용하여 만듦
• 모발 손상이 적음
• 염색 시간이 오래 걸리고 색상이 다양하지 않음 |
> | 금속성 염모제 | • 철, 납, 은, 니켈 등에 질산은, 식초산염 등을 혼합하여 사용함
• 독성이 있고 금속피막을 형성하여 펌 등의 다른 시술을 방해함 |
> | 유기 합성 염모제 | • 가장 일반적인 염모제로, 1제와 2제를 혼합하여 사용함
• 1제는 염료와 알칼리제로 구성되어 있고, 2제는 과산화수소로 구성되어 있음 |

구분	일시적 염모제	반영구 염모제	영구 염모제
작용 원리	염료 분자가 커 모발 내부에 침투하지 못하고 모표피에 일시적으로 붙어있게 됨	이온 결합을 이용하여 음이온(-)을 지닌 염료가 양이온(+)으로 대전된 모발에 흡착됨	1제의 알칼리제가 모표피를 팽윤시키고 염료와 2제의 과산화수소가 모피질로 침투하여 멜라닌색소를 탈색시키고 염료를 착·발색시킴
도포 방법	특별한 기술 없이 모발에 도포함	두피와 피부에 묻지 않도록 주의하여 도포함	원 터치, 투 터치, 쓰리 터치 등 모발 상태나 톤업, 톤 다운에 따라 도포 방법이 다양함
장점	원하는 부분만 염색하는 데 효과적임	명도가 높은 모발에 선명한 색상 표현이 가능함	다양한 밝기와 색상 표현이 가능함
단점	염료가 날려 옷이나 피부 등에 묻을 수 있고, 부자연스러움	명도가 낮은 모발에 선명한 색상 표현이 불가능함	모발이 손상됨
종류	컬러 스프레이, 컬러 크레용(헤어 초크), 헤어마스카라, 컬러 샴푸 등	산성 산화 염모제, 헤어 매니큐어 등	식물성 염모제, 금속성 염모제, 유기합성 염모제 등

(2) 영구 염모제의 구성 성분과 작용 원리 _{빈출}

① 1제 구성 성분

산화염료	명도에 영향을 주는 염료로, p-페닐렌디아민, p-아미노페놀 등이 있음
색소 중간체	채도에 영향을 주는 염료로, 레졸신, m-아미노페놀, m-페닐렌디아민, 하이드로퀴논 등이 있음
알칼리제	모발을 팽윤시켜 색소 침투를 쉽게 하는 것으로, 암모니아수, 계면활성제 등이 있음
기타	산화방지제(환원제), 안정제(금속이온에 의한 과산화수소의 분해 방지), 아미노 화합물(모발 손상 방지), 정제수 등

② 2제 구성 성분

과산화수소	제1제의 알칼리제와 혼합되어 산소를 방출하고 멜라닌색소를 파괴하여 모발의 명도를 높임
기타	안정제, pH조절제(과산화수소를 안정시킴), 계면활성제(색소 분산), 정제수 등

> **참고** 염모제 알레르기 유발 성분
> - p-페닐렌디아민
> - p-페닐렌디아민설페이트
> - m-아미노페놀
> - m-페닐렌디아민
> - p-메칠아미노페놀
> - 2-메칠-5-히드록시에칠아미노페놀
> - 톨루엔-2
> - 5-디아민

③ 염색의 원리 빈출

염색 순서	사전 준비 → 1제+2제 혼합 → 도포 → 프로세싱 타임(염색 작용 시간) → 컬러 테스트 → 샴푸
작용 원리	1) 염모제의 1제와 2제를 혼합하여 모발에 도포함 2) 1제의 알칼리제가 모표피를 팽윤시키고 팽윤된 모표피 사이로 염료와 과산화수소가 모피질 내로 침투함 3) 알칼리제와 혼합된 과산화수소는 산소를 방출하여 멜라닌색소를 탈색(분해)하고, 염료와 산화중합반응(염료 분자가 산소와 결합하여 커짐)을 일으킴 4) 모피질의 멜라닌색소는 탈색되어 옥시멜라닌(분해되어 색이 없는 멜라닌)화 되고, 염료의 크기가 커져 착·발색이 됨

④ 염색 전 사전 준비 빈출
- 패치 테스트: 염색 전 알레르기 반응을 확인하기 위한 것으로, 염색약을 귀 뒤나 팔 안쪽에 동전 크기만큼 바르고 24~48시간 후의 반응을 확인함
- 스트랜드 테스트: 염색 전 원하는 색상이 모발에 잘 표현되는지 여부와 소요 시간을 확인하기 위해 목덜미 안쪽 모발에 확인하는 것으로, 1cm 모다발을 잡아 염색약 도포 후 20분 정도 방치 후 닦아 내어 착·발색되는 컬러를 확인함
- 모발 연화: 저항성모나 지성모 등 모표피가 두껍고 단단한 모발에 염모제 침투를 용이하게 하기 위해 진행함

(3) 탈색제의 종류 빈출

구분	분말(파우더)형	크림형	오일형
특징	일반적으로 사용하는 형태로, 분말형의 1제와 과산화수소가 함유된 2제를 혼합하여 사용함	주로 튜브에 들어 있어 간편하게 사용할 수 있음	과산화수소에 유황유를 혼합한 것
장점	탈색 속도가 빠르고, 높은 명도로 탈색할 수 있으며, 가격이 저렴함	모발 손상이 비교적 적고, 약제를 바르기 편하며, 잘 건조되지 않음	모발 손상이 비교적 적고, 두피 자극이 거의 없으며, 잘 건조되지 않음
단점	모발 건조 등의 손상이 있고, 지나치게 탈색될 수 있음	높은 명도까지 탈색하기 어렵고, 샴푸하기가 힘듦	높은 명도까지 탈색하기 어렵고, 탈색 속도가 느림

(4) 탈색제의 구성 성분과 작용 원리 빈출
① 1제 구성 성분
- 알칼리제: 모표피를 팽윤시켜 탈색제가 모피질까지 침투할 수 있도록 하고, 과산화수소의 산화작용을 활발하게 촉진시킴
- 붕산나트륨, 과황산나트륨, 과황산칼륨, 과황산암모늄, 암모니아, 모노에탄올아민 등이 있음

② 2제 구성 성분
- 과산화수소: 산소를 발생시켜 모발 내 멜라닌색소를 파괴하여 옥시멜라닌화 시킴

참고 **프로세싱 타임(염색 작용 시간)**
- 영구 염모제는 도포 후 30~40분 이내에 멜라닌색소의 탈색과 염료의 착·발색이 이루어짐
- 열기구를 사용할 경우 모표피를 빠르게 팽윤시키고 과산화수소의 산소 방출량을 높여 작용 시간을 단축할 수 있으나, 손상도가 높아지고 지속력이 감소할 수 있음

참고 **컬러 테스트**
염색약 도포 후 약 20분 정도 방치 후 두피에서 지름 1cm 정도의 모발 다발을 잡아 수건으로 닦아 내어 컬러의 착·발색이 잘 이루어졌는지를 확인함

③ 2제의 종류 [빈출]

농도	산소 방출량	특징
3%	10Volume	• 주로 백모 커버, 톤 다운, 세임 톤 작업에 사용 • 모발의 명도를 1레벨 올릴 수 있음
6%	20Volume	• 주로 멋내기 작업에 사용하며, 알칼리(암모니아) 28%와 함께 가장 많이 사용하는 산화제 농도임 • 모발의 명도를 1~2레벨 올릴 수 있음
9%	30Volume	• 주로 멋내기 작업에 사용 • 모발의 명도를 2~3레벨 올릴 수 있음
12%	40Volume	• 주로 멋내기 작업에 사용 • 모발의 명도를 3~4레벨 올릴 수 있음 • 두피 화상의 위험이 있으므로 주의가 필요함
15%	50Volume	• 두피 화상의 위험이 높아 인체에 사용을 금지함 • 주로 가발 작업에 사용

④ 탈색의 원리

탈색 순서	사전 준비 → 1제+2제 혼합 → 도포 → 프로세싱 타임(작용 시간) → 명도 테스트 → 샴푸
작용 원리	1) 탈색제의 1제와 2제를 혼합하여 모발에 도포함 2) 1제의 알칼리제가 모표피를 팽윤시키고 팽윤된 모표피 사이로 과산화수소가 모피질 내로 침투함 3) 알칼리제와 혼합된 과산화수소는 산소를 방출하여 멜라닌색소를 탈색(분해)시킴 4) 모피질의 멜라닌색소는 탈색되어 옥시멜라닌(분해된 멜라닌)화 되고, 모발의 명도가 높아짐

3 헤어컬러 방법

(1) 염모제를 이용한 톤 다운

① 백모 염색 [빈출]
- 백모가 많은 곳부터 바름
- 염색 솔을 15~30°로 눕혀 약액을 충분히 바름

② 원 터치 기법
- 주로 톤 다운(어두운 명도로 염색)이나 세임 톤(같은 명도로 염색) 염색 시 사용함
- 모근부터 모발 끝까지 한 번에 도포함

(2) 염모제를 이용한 톤 업

① 다이 터치 업: 염색 후 새로 자라난 신생모를 염색 색상과 맞춰서 재염색하는 방법
② 블리치 터치 업: 염색 또는 탈색 후 새로 자라난 신생모를 탈색(블리치)으로 명도를 높이는 방법
③ 투 터치 기법
- 주로 염색 후 새로 자란 부분을 염색하는 리터치나 멋내기 염색에 효과적임
- 두피에서 1~1.5cm를 띄고 염모제를 도포한 뒤 프로세싱 타임 후 나머지 모근 부위를 도포함
- 톤 업 작업 시 원 터치로 도포할 경우 두피의 열감으로 두피와 가까운 부분은 1~2레벨 정도의 명도 차이가 발생할 수 있으므로 이를 방지하기 위해 투 터치 기법을 사용함

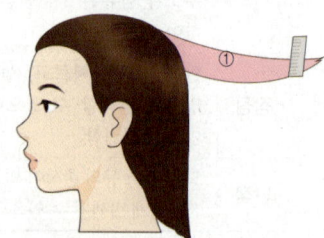

[참고] 원 터치 기법

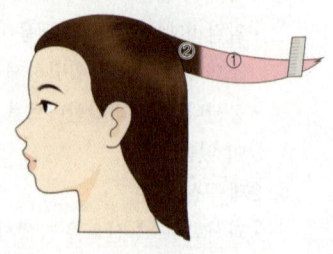

[참고] 투 터치 기법

④ 쓰리 터치 기법

- 주로 손상된 모발에 효과적임
- 두피에서 1~1.5cm를 띄고, 모발 끝(손상된 부분)을 남기고 중간에만 도포함
- 프로세싱 타임 후 모발 끝에 염모제를 도포한 뒤, 다시 프로세싱 타임 후 두피와 가까운 부분에 도포함
- 모발 손상에 따라 모근 부위를 먼저 도포하고 모발 끝을 마지막에 도포하기도 함
- 25cm 이상의 긴 모발을 처음 염색하는 경우 단단한 모발 끝을 먼저 도포하고 중간, 모근 부위의 순서로 도포하기도 함

> 참고 쓰리 터치 기법
>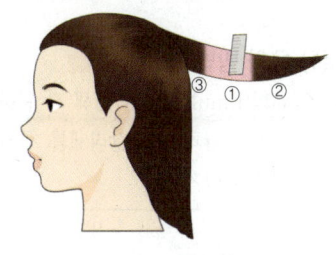

(3) 탈색제를 이용한 톤 업

① 신생부(모근부) 모발이 3cm 미만인 경우 원 터치 도포함
② 모발이 3cm 이상인 경우 두피에서 1~1.5cm를 띄고 탈색제를 도포한 뒤 프로세싱 타임 후 나머지 모근 부위를 도포함

(4) 탈색제를 이용한 호일워크

① 호일워크: 모발을 가닥가닥 나누어 탈색약을 바른 뒤 호일로 감싸는 방법을 말함
② 호일을 사용하는 이유
- 모발을 나눠 감싸기 편리함
- 탈색제가 건조되지 않도록 함
- 일정한 온도를 유지함

위빙	슬라이싱
꼬리빗으로 스트랜드를 위아래로 위빙(교차)하여 탈색제를 도포하는 기법	스트랜드를 나눠 하나는 탈색제를 도포하고 하나는 도포하지 않음을 반복적으로 행하는 기법

(5) 염·탈색 시 주의사항

① 상처나 질병이 있는 고객은 시술하지 않음
② 염·탈색제 제조회사의 사용설명서에 따라 시술함
③ 미용사는 장갑을 착용하고, 고객은 염색보와 두피 보호제 등을 사용함
④ 염·탈색제로 인한 알레르기 반응을 확인하기 위해 패치 테스트를 실시함
⑤ 고객이 원하는 컬러가 잘 표현되는지 확인하기 위해 스트랜드 테스트를 실시함
⑥ 염·탈색제는 사용 직전에 혼합하고 사용 후 남은 염·탈색제는 폐기함
⑦ 금속성의 용기나 빗, 핀셋 등은 과산화수소로 인한 부식의 위험이 있으므로 사용하지 않음
⑧ 염·탈색약이 피부에 묻었을 경우 즉시 닦고, 눈에 들어갔을 경우 흐르는 물에 헹구어 내고(비비지 않음) 병원에 가야 함
⑨ 탈색 시 모근부는 온도가 높아 빠르게 탈색되므로 가장 늦게 탈색제를 도포해야 함
⑩ 펌과 염색을 같이 할 경우 펌제로 염색 색상이 퇴색될 수 있으므로 펌을 먼저 하고 염색을 함

4 헤어컬러 마무리 방법

(1) 유화 방법과 기능 [빈출]

유화(Emulsion)란 염색 시 원하는 색상이 나왔을 때 샴푸 전 실시하는 것으로, 모발과 두피에 잔류하는 알칼리제를 제거하고 염료의 착·발색을 높여주며 염색으로 인한 두피 트러블을 방지함

유화 방법	• 샴푸 전 모발에 수분을 공급한 뒤 헤어라인과 두피에 묻은 염모제를 엄지손가락으로 원을 그리듯 문지름 • 전체적으로 두피를 부드럽게 문지르고 모발을 아래 방향으로 여러 번 쓸어줌
유화 기능	• 모표피가 정리되고, 두피와 모발에 잔류하는 알칼리제와 염료 등이 제거되어 두피 트러블을 예방하며, 반사 빛이 좋아져 모발에 윤기를 부여함 • 모발의 모표피에 겉도는 염료를 제거하고, 모피질에 색소 정착을 촉진함

(2) 헤어컬러 전용 샴푸와 트리트먼트

① 두피와 모발에 남아 있는 염모제의 잔여물을 제거함
② 염모제로 인해 알칼리화된 모발의 pH 밸런스를 도움
③ 변색을 방지하는 영양 및 보습을 제공하여 색상을 선명하고 오랫동안 유지함
④ 염색 및 탈색으로 손실된 단백질을 보충함
⑤ 두피의 건조 예방 및 윤기 제공과 모발의 정전기를 예방함

(3) 헤어컬러 리무버

① 헤어컬러 시 피부에 묻은 염모제를 제거하기 위해 사용하는 제품임
② 종류

크림형	• 원하는 부분에 정확하게 도포할 수 있음 • 염모제가 지워지는 데 오랜 시간이 걸리고, 피부에 자극이 있음
액상형	• 피부 자극이 적고 빠르게 지워짐 • 흘러내리기 쉬움
티슈형	• 사용이 쉽고 간편함 • 염모제가 잘 지워지지 않음

CHAPTER 01 베이직 헤어컬러 및 마무리

출제 예상문제 A

1 헤어컬러의 원리

01
색 지각의 3요소가 아닌 것은?
① 적외선   ② 가시광선
③ 눈   ④ 물체

> 적외선: 가시광선보다 파장이 긴 전자기파로, 열작용을 가지고 있음

02
색의 3속성이 아닌 것은?
① 색상   ② 채도
③ 명도   ④ 보색

> 보색: 색상환에서 서로 마주보고 있는 색

03
색의 혼합 중 혼합할수록 점점 밝아지는 것은?
① 가법혼합   ② 감법혼합
③ 보색혼합   ④ 채도혼합

> • 감법혼합: 색을 혼합할수록 점점 어두워지는 것(염료)
> • 가법혼합: 색을 혼합할수록 점점 밝아지는 것(빛)

04
따뜻하게 느껴지는 색상으로, 빨간색을 기준으로 노란색과 보라색이 혼합된 것은?
① 보색   ② 한색
③ 난색   ④ 1차색

> 한색: 차갑게 느껴지는 색상으로, 파란색을 기준으로 노란색과 보라색이 혼합된 색상

05
염색의 목적이 아닌 것은?
① 과거에는 종교적인 목적
② 모발의 건강을 위한 목적
③ 직업, 복장, 분위기 등에 맞추기 위한 목적
④ 개인의 개성과 아름다움을 위한 목적

> 알칼리제를 이용한 화학적 시술(염색, 펌 등)은 모발 손상을 초래함

06
탈색의 목적이 아닌 것은?
① 유멜라닌을 옥시멜라닌으로 만들기 위한 목적
② 탁한 색상의 모발을 밝고 연하게 하기 위한 목적
③ 선명한 색상의 염색을 위한 목적
④ 모발의 새치커버나 톤 다운을 위한 목적

> • 염색: 톤 다운, 톤 업, 멋내기를 위한 목적
> • 옥시멜라닌: 탈색으로 분해되어 색이 없는 멜라닌

2 헤어컬러제의 종류

07
1회의 샴푸로 제거되는 염모제의 종류는?
① 금속성 염모제   ② 헤어매니큐어
③ 컬러 스프레이   ④ 합성 염모제

> • 일시적 염모제: 컬러 스프레이, 컬러 크레용(헤어 초크), 헤어마스카라, 컬러 샴푸 등
> • 반영구 염모제: 산성 산화 염모제, 헤어매니큐어 등
> • 영구 염모제: 식물성 염모제, 금속성 염모제, 유기합성 염모제

08
반영구 염모제의 특징으로 옳지 않은 것은?
① 헤어매니큐어, 산성 산화 염모제 등이 있다.
② 명도가 높은 모발에 선명한 색상 표현이 가능하다.
③ 작용 부위는 모표피이다.
④ 2~4주 정도의 유지 기간을 갖는다.

> • 작용 부위가 모표피인 것은 일시적 염모제임
> • 반영구 염모제는 모표피와 모피질 외곽에 작용함

|정답| 01 ① 02 ④ 03 ① 04 ③ 05 ② 06 ④ 07 ③ 08 ③

09
영구 염모제의 작용 원리로 옳은 것은?

① 염료 분자가 모표피에 붙어 착·발색한다.
② 이온 결합을 이용하여 음이온의 염료가 양이온의 모발에 흡착하여 착·발색한다.
③ 시스틴 결합을 이용하여 환원작용과 산화작용으로 착·발색한다.
④ 1제의 알칼리제가 모표피를 팽윤시키고 염료와 2제의 과산화수소가 모피질로 침투하여 착·발색한다.

- 일시적 염모제: 염료 분자가 모표피에 붙어 착·발색함
- 반영구 염모제: 이온 결합을 이용하여 음이온의 염료가 양이온의 모발에 흡착하여 착·발색함

10
영구 염모제의 종류와 특징이 아닌 것은?

① 식물성 염모제 – 모발 손상이 적지만 염색 시간이 오래 걸린다.
② 금속성 염모제 – 금속피막을 형성하고 펌 등의 다른 시술 효과를 높인다.
③ 유기합성 염모제 – 1제와 2제를 혼합하여 사용한다.
④ 유기합성 염모제 – 알칼리제가 모표피를 팽윤시키고 염료와 과산화수소가 모피질로 침투한다.

금속성 염모제는 금속피막을 형성하여 펌 등의 다른 시술을 방해함

11
영구 염모제 1제의 구성 성분이 아닌 것은?

① p-페닐렌디아민
② 과산화수소
③ 산화방지제
④ 하이드로퀴논

2제 구성 성분: 과산화수소, 안정제, pH조절제, 계면활성제, 정제수 등

12
염색 전 사전 작업으로 알레르기 반응을 확인하기 위해 진행하는 것은?

① 모발 연화
② 유화 샴푸
③ 패치 테스트
④ 스트랜드 테스트

- 모발 연화: 모표피가 두껍고 단단한 모발에 염모제의 침투를 용이하게 하기 위해 진행함
- 유화 샴푸: 염색 후 염료의 착·발색을 돕고 두피 트러블을 예방함
- 스트랜드 테스트: 원하는 색상이 잘 표현되는지 여부와 소요 시간을 확인하기 위해 진행함

13
염색 순서로 옳은 것은?

① 1제+2제 혼합 – 사전 준비 – 도포 – 프로세싱 타임 – 샴푸
② 패치 테스트 – 1제+2제 혼합 – 도포 – 프로세싱 타임 – 컬러 테스트 – 샴푸
③ 1제+2제 혼합 – 사전 준비 – 도포 – 컬러 테스트 – 샴푸
④ 패치 테스트 – 1제+2제 혼합 – 도포 – 프로세싱 타임 – 샴푸 – 컬러 테스트

염색 시 사전 작업(패치 테스트, 스트랜드 테스트, 모발 연화 등) 후 도포 직전에 약제를 혼합하여 모발에 도포하고, 도포 후에는 프로세싱 타임을 갖고 컬러 테스트 시 착·발색이 잘 이루어졌으면 샴푸함

14
다음 설명에 해당하는 탈색제의 종류는?

- 모발 손상이 비교적 적음
- 두피 자극이 거의 없음
- 높은 명도까지 탈색하기 어려움
- 탈색 속도가 느림

① 오일형
② 젤형
③ 크림형
④ 분말형

- 크림형: 모발 손상이 비교적 적고, 약제를 바르기 편하며, 잘 건조되지 않고, 높은 명도까지 탈색하기 어려우며, 샴푸하기가 힘듦
- 분말형: 탈색 속도가 빠르고, 높은 명도로 탈색할 수 있으며, 가격이 저렴하고, 모발 건조 등의 손상이 있으며, 지나치게 탈색될 수 있음

정답 | 09 ④ 10 ② 11 ② 12 ③ 13 ② 14 ①

15
탈색제 1제의 구성 성분이 아닌 것은?
① 모노에탄올아민
② 과황산나트륨
③ 암모니아
④ 과산화수소

- 1제: 붕산나트륨, 과황산나트륨, 과황산칼륨, 과황산암모늄, 암모니아, 모노에탄올아민
- 2제: 과산화수소

16
다음 설명에 해당하는 과산화수소의 농도는?

- 주로 멋내기 작업에 사용함
- 모발의 명도를 1~2레벨 올릴 수 있음
- 20Vol의 산소를 방출함

① 1%   ② 3%
③ 6%   ④ 9%

- 3%: 주로 백모 커버, 톤 다운, 세임 톤 작업에 사용하며, 모발의 명도를 1레벨 올릴 수 있고, 10Vol의 산소를 방출함
- 9%: 주로 멋내기 작업에 사용하며, 모발의 명도를 2~3레벨 올릴 수 있고, 30Vol의 산소를 방출함

3 헤어컬러 방법

17
백모 염색의 특징으로 옳은 것은?
① 네이프를 시작으로 톱에서 마무리한다.
② 백모가 많은 곳부터 바른다.
③ 약액을 평소보다 적게 바르고 수시로 확인한다.
④ 두피에서 1~1.5cm 띄고 도포한 후 나머지 모근 부위를 도포한다.

백모 염색은 백모가 많은 곳부터 바르고 염색 솔을 15~30°로 눕혀 약액을 충분히 바름

18
다음 설명에 해당하는 염색 방법은?

- 주로 리터치나 멋내기 염색에 효과적임
- 두피에서 1~1.5cm를 띄고 염모제를 도포한 뒤 프로세싱 타임 후 나머지 모근 부위를 도포함

① 백모 염색   ② 원 터치 염색
③ 투 터치 염색   ④ 쓰리 터치 기법

- 원 터치 염색: 주로 톤 다운(어두운 명도로 염색)이나 세임 톤(같은 명도로 염색) 염색 시 사용하며, 모근부터 모발 끝까지 한 번에 도포함
- 쓰리 터치 염색: 주로 손상된 모발에 효과적이고, 두피에서 1~1.5cm를 띄고, 모발 끝(손상된 부분)을 남기고 중간에만 도포한 뒤 프로세싱 타임 후 모발 끝에 염모제를 도포하고, 다시 프로세싱 타임 후 두피와 가까운 부분에 도포함

19
탈색제를 이용한 톤 업 방법으로 옳은 것은?
① 모발이 3cm 이상인 경우 두피에서 1~1.5cm를 띄고 탈색제를 도포한 뒤 프로세싱 타임 후 나머지 모근 부위를 도포한다.
② 모발이 5cm 이상인 경우 두피에서 2~2.5cm를 띄고 탈색제를 도포한 뒤 프로세싱 타임 후 나머지 모근 부위를 도포한다.
③ 신생부(모근부) 모발이 5cm 미만인 경우 원 터치 도포한다.
④ 신생부(모근부) 모발이 10cm 미만인 경우 원 터치 도포한다.

탈색제를 이용한 톤 업 시 신생부(모근부) 모발이 3cm 미만인 경우 원 터치 도포함

20
호일워크 중 꼬리빗으로 스트랜드를 위아래로 교차하여 탈색제를 도포하는 기법은?

① 원 터치   ② 슬라이싱
③ 위빙   ④ 투 터치

슬라이싱: 스트랜드를 나누어 하나는 탈색제를 도포하고, 하나는 도포하지 않음을 반복적으로 행하는 기법

21
염색 시 주의사항으로 옳지 않은 것은?
① 염모제는 사용 직전에 혼합하고 남은 염모제는 냉장보관하여 사용한다.
② 상처나 질병이 있는 고객은 시술하지 않는다.
③ 펌과 염색을 같이 할 경우 펌제로 염색 색상이 퇴색될 수 있으므로 펌을 먼저 하고 염색을 한다.
④ 염모제 제조회사의 사용설명서에 따라 시술한다.

염모제는 사용 직전에 혼합하고 사용 후 남은 염모제는 폐기함

22
탈색 시 주의사항이 아닌 것은?
① 미용사는 장갑을 착용하고, 고객은 염색보와 두피 보호제 등을 사용한다.
② 금속성의 용기나 빗, 핀셋 등을 사용한다.
③ 탈색약이 피부에 묻었을 경우 즉시 닦아낸다.
④ 모근부는 온도가 높아 빠르게 탈색되므로 가장 늦게 탈색제를 도포해야 한다.

금속성의 용기나 빗, 핀셋 등은 과산화수소로 인한 부식의 위험이 있으므로 사용하지 않음

4 헤어컬러 마무리 방법

23
헤어컬러 마무리를 위한 유화 방법과 기능으로 옳지 않은 것은?
① 염색 시 원하는 색상이 나왔을 때 샴푸 전에 실시한다.
② 모발과 두피에 잔류하는 알칼리제를 제거한다.
③ 반사 빛이 좋아지고 모발에 윤기를 부여한다.
④ 수분이나 샴푸제를 사용하지 않은 상태에서 엄지손가락으로 원을 그리듯이 문지른다.

유화 샴푸 시 수분을 공급한 후 엄지손가락으로 원을 그리듯이 문지르는데, 수분을 공급하지 않을 경우 염색제가 굳어 모발이 엉키거나 당겨져 고객에게 통증을 줄 수 있음

24
헤어컬러 전용 제품을 사용하는 이유로 옳지 않은 것은?
① 모발의 알칼리화를 유지시켜 색상을 오랫동안 유지한다.
② 두피와 모발에 남아 있는 염모제의 잔여물을 제거한다.
③ 염색 및 탈색으로 손실된 단백질을 보충한다.
④ 두피의 건조 예방 및 윤기 제공과 모발의 정전기를 예방한다.

헤어컬러 전용 샴푸와 트리트먼트 제품은 염모제로 인해 알칼리화된 모발의 pH 밸런스를 도움

25
다음 설명에 해당하는 헤어컬러 리무버의 종류는?

- 원하는 부분에 정확하게 도포할 수 있음
- 염모제가 지워지는 데 시간이 오래 걸리고, 피부에 자극이 있음

① 액상형　　　② 크림형
③ 젤형　　　　④ 티슈형

- 액상형: 피부 자극이 적고 빠르게 지워지지만, 흘러내리기 쉬움
- 티슈형: 사용이 쉽고 간편하지만, 염모제가 잘 지워지지 않음

26
액상형 리무버의 특징으로 옳은 것은?
① 원하는 부분에 정확하게 도포할 수 있다.
② 사용이 쉽고 간편하지만, 잘 지워지지 않는다.
③ 피부 자극이 적고 빠르게 지워지지만, 흘러내리기 쉽다.
④ 빠르게 지워지지만, 피부에 자극이 있다.

- 크림형: 원하는 부분에 정확하게 도포할 수 있음
- 액상형: 피부 자극이 적고 빠르게 지워지지만, 흘러내리기 쉬움
- 티슈형: 사용이 쉽고 간편하지만, 염모제가 잘 지워지지 않음

| 정답 | 21 ① | 22 ② | 23 ④ | 24 ① | 25 ② | 26 ③ |

CHAPTER 02 헤어전문제품 ⓒ

합격 TIP 화장품, 기능성화장품, 의약외품으로 사용되는 제품의 사용 범위와 종류가 다르므로 주의해서 파악해 두도록 합니다.

1 헤어전문제품 정의

헤어미용 전문제품은 일반 화장품과 기능성 화장품의 성격을 가지고 있음

(1) 일반 화장품의 범위
① 일시적으로 두발의 색상을 변화시키는 일시적 염모제
② 코팅과 같이 물리적으로 두발을 굵게 보이게 하는 제품
③ 피지, 각질, 먼지, 화장품 찌꺼기 등을 세정하는 제품
④ 헤어미용 목적의 스타일링제와 펌제

(2) 기능성 화장품의 범위
① 두발의 색상을 변화하는 화장품
- 탈염 · 탈색제
- 염모제의 산화제 또는 탈색제 · 탈염제의 산화제 포함

② 영양 공급에 도움을 주는 화장품
헤어토닉, 기능성 샴푸, 기능성 헤어트리트먼트제

③ 탈모의 증상 완화에 도움을 주는 화장품

2 헤어전문제품의 종류

세정 및 케어용	• 헤어샴푸 • 헤어린스(컨디셔너) • 헤어트리트먼트
정발용❼ (스타일링용)	• 유성 타입: 헤어오일, 헤어왁스, 포마드 • 유화 타입: 헤어로션, 헤어그림 • 액체 타입: 헤어리퀴드 • 고분자피막 타입: 헤어스프레이, 헤어무스, 헤어젤, 세팅로션
양모 · 육모용	헤어토닉
염모용	• 일시적 염모제 • 영구 염모제 • 반영구 염모제 • 탈색제
펌제용	• 퍼머넌트 웨이브제 • 헤어 스트라이트너제

참고 정발용
- 제형과 제조 방식에 따라 타입이 나뉨
- 시판되는 헤어에센스는 헤어오일과 헤어세럼으로 불리고, 제형에 따라 이름이 달라짐

(1) 정발제

정발제는 스타일링제품을 말하는 것으로, 두발을 세정한 다음 마무리할 때 사용하거나 원하는 스타일로 연출하기 위해 윤기를 주거나 고정(Setting)하기 위해 사용함

① 영양 · 윤기 · 보습제품

헤어오일	• 두발에 유분을 공급하여 유연성과 두발의 정돈을 쉽게 함 • 두발을 보호하는 기능이 있으며, 헤어세럼보다 지속력이 있음 • 차분한 느낌이 필요한 스타일, 웨이브 두발, 숱이 많은 두발, 손상이 심한 두발에 사용함 • 건조된 두발에 사용함 • 성분별로 식물성, 광물성❷, 동물성으로 나누고, 식물성과 광물성을 혼합한 것도 있음	
	식물성	아르간오일, 올리브유, 동백오일, 해바라기씨유, 아보카도유, 호호바오일 등
	광물성	유동 파라핀(미네랄 오일)
	동물성	라놀린, 콜라겐
헤어세럼	• 헤어오일보다 수분감이 있고 오일의 무게감이 적어 볼륨감이 필요한 헤어스타일에 적합함 • 보습감과 부드러움을 동시에 줌 • 손상이 적은 두발, 연모나 힘 없는 두발에 사용함 • 수분이 있는 상태에서 사용한 다음 드라이어로 건조하면서 스타일링을 함	
헤어로션	• 주로 O/W형으로 되어 있음 • 수분 함유량이 많아 촉촉하고 자연스러운 느낌을 줌 • 건조된 두발에 사용함	
헤어크림	• 유화 형태에 따라 O/W형, W/O형으로 나눔 • O/W형은 끈적임이 적고 산뜻한 사용감을 줌(수분 타입) • W/O형은 오일감이 많고, 윤기와 정발력이 O/W형에 비해 좋음(오일 타입) • 헤어로션에 비해 유분양이 많아 두발에 윤기가 부족할 경우 사용함 • 건조된 두발에 사용함	
헤어리퀴드	• 보습제인 합성 폴리에테르유에 에탄올을 투명하게 가용화한 것임 • 화장수와 비슷한 외관의 정발제로, 산뜻하고 끈적임이 없음 • 헤어리퀴드를 두발 표면에 고르게 분사하여 원하는 스타일로 손질함 • 분사 시 제품이 고객에게 튀지 않도록 얼굴 가리개를 사용하거나 손으로 제품이 튀지 않게 막으면서 분사함	

[용어] 광물성 오일
• 미네랄 오일(Mineral Oil)은 석유에서 정제하여 얻은 물질로, 두발에 사용하는 미네랄 오일은 화이트 미네랄 오일임
• 화이트 미네랄 오일은 고도로 정제된 오일로, 타르 성분이 함유되지 않아 피부를 통해 체내로 흡수될 확률이 거의 없어 인체에 유해하지 않음

② 세팅제품

헤어왁스	• 웨이브나 자연스러운 헤어스타일 연출에 사용 • 유성 성분(바셀린)이 많이 함유되어 있는 크림 타입의 소프트 왁스는 하드 왁스에 비해 세팅력이 강하지 않음	
	소프트 왁스	• 세팅력이 거의 없으며 에센스 대용으로 사용하기도 함 • 두발의 끝만 살짝 정리할 때 사용함 • 크림 타입
	하드 왁스	• 세팅력이 강함 • 매트 왁스에 비해 내추럴한 느낌이 듦 • 크림 타입, 스틱 타입
	검(화이바) 왁스	• 크림 타입과 드라이 타입 왁스의 중간 형태 • 손바닥에 녹여 사용하며 거미줄처럼 늘어남 • 소프트 왁스에서 하드 왁스까지 종류가 다양함

	매트 왁스	• 세팅력이 강함 • 인위적인 느낌의 연출이 가능함 • 발림성과 세정력이 좋지 않음 • 드라이 타입	
	사용 방법	원하는 타입을 선택하여 적당량을 손바닥 위에 덜어 건조된 두발 표면에 고르게 도포한 다음 원하는 헤어스타일로 연출함	
포마드	• 두발에 광택을 부여하고 헤어스타일을 정돈함 • 발림성과 세정력이 좋음 • 깔끔한 스타일, 촉촉하게 물에 젖은 듯한 스타일 연출에 좋음 • 성분별로 식물성, 광물성이 있음		
	식물성	• 주성분은 피마자유, 올리브유 등이 배합됨 • 반투명하고 광택이 있음 • 점착성과 퍼짐성이 좋아 굵고 딱딱한 두발을 정발하기에 적당함	**용어** 점착성 두발에 달라붙는 정도
	광물성	• 주성분은 바셀린, 유동파라핀이 배합됨 • 식물성에 비해 점착성이 약해 정발력이 부족함 • 끈적임이 없고 산뜻한 느낌이 듦	
	사용 방법	• 적당량을 손바닥 위에 덜어 두발 표면에 고르게 도포한 다음 원하는 헤어스타일로 연출함 • 건조된 두발, 젖은 두발 모두 사용 가능하지만, 약간 젖은 두발에 사용하는 것이 스타일링하기에 편함 • 한꺼번에 많은 양을 사용하지 않도록 함	
헤어 스프레이	• 세팅한 두발에 헤어스프레이를 분사하면 건조되면서 두발 표면에 필링을 형성하며 고정됨 • 압축가스나 에어로졸 형태의 스프레이와 헤어리퀴드처럼 펌프식 스프레이인 헤어미스트(Hair Mist)가 있음 • 구성 성분은 분사제로 액화석유가스를 사용하고, 용제로 에탄올, 피막형성제로 고분자물질이 들어가며, 그 밖에 고급알코올과 실리콘오일이 함유되어 있음		
	사용 방법	• 원하는 스타일로 만든 다음 볼륨을 주고자 하는 곳이나 고정이 필요한 곳에 분사함 • 사용 전에 충분히 흔들어 주고 두발에서 약 30~35cm가량 거리를 두고 분사함(특정 부분을 고정할 경우 10cm 근접거리에서 분사 가능) • 분사 시 제품이 고객에게 튀지 않도록 얼굴 가리개를 사용하거나 손으로 제품이 튀지 않게 막으면서 분사함 • 블로 드라이의 미열로 제품을 굳힘	
헤어무스	• 불어로 '거품'을 뜻하며, 공기 중에 거품 형태로 부풀려져 헤어폼(Hair Foam)이라고도 함 • 세팅력과 광택을 동시에 줌 • 구성 성분은 고분자물질과 계면활성제, 분사제가 기본적으로 들어가고, 제품에 따라 첨가제와 비율을 다르게 배합함		
	사용 방법	• 손바닥 위에 적당량을 분사한 다음 두발 표면에 골고루 도포함 • 원하는 스타일로 세팅한 다음 블로 드라이의 미열을 사용하면 정발력이 좋아짐 • 완성된 스타일의 수정 시 소량의 수분을 공급한 다음 다시 세팅함	

헤어젤		• 헤어스타일을 유지하기 위해 고정용으로 사용하는 것으로, 점도가 높음 • 헤어스프레이나 헤어무스에 비해 촉촉하고 자연스러운 정발효과가 있음 • 정제수에 수용성 고분자물질을 용해하여 투명한 젤(Gel) 상태임 • 헤어젤의 성분 중 폴리머가 두발에 희뿌연 막을 형성하면서 굳게 함
	사용 방법	• 적당량을 덜어 젖은 두발에 골고루 도포해야 하며, 적당량 보다 많이 사용하면 두발에 하얀 가루가 묻는 것과 같은 플레이킹(Flaking) 현상이 생김 • 두발을 가볍게 쥐었다 놓았다 하는 동작을 반복하면서 스타일링함 • 블로 드라이를 사용하여 열풍으로 건조하면 강한 세팅력이 형성됨
세팅로션		• 헤어젤과 같은 기능을 가지고 있음 • 투명한 젤 상태로 고분자물질에 에탄올을 녹인 것임 • 미용 기술 중 핑거 웨이브(Finger Wave) 시술할 때 많이 사용함
	사용 방법	• 두발에 적당량의 수분을 분무한 다음 세팅로션을 바르고 빗을 이용하여 원하는 스타일로 웨이브를 만듦 • 블로 드라이로 건조하면 고정력이 생김

③ 웨이브, 길이, 모질에 따른 정발제 선택

웨이브에 따른 선택	• 웨이브 펌 스타일: 헤어오일, 헤어젤, 헤어크림, 헤어무스 • 스트레이트 펌 스타일: 헤어오일, 헤어세럼 등의 에센스류
두발 길이에 따른 선택	• 짧은 길이: 헤어왁스, 포마드, 헤어젤 • 중간 길이: 헤어로션, 헤어무스, 포마드 • 긴 길이: 헤어리퀴드, 헤어오일, 헤어세럼 등의 에센스류
모질에 따른 선택	• 가늘고 힘이 없는 연모: 헤어세럼을 사용하고 헤어스프레이로 볼륨을 고정함 • 굵고 뜨는 강모: 헤어오일, 헤어세럼 등으로 차분하게 연출함 • 곱슬모인 파상모나 축모: 곱슬머리 전용 헤어로션, 헤어크림 등으로 두발의 표면을 정돈함

(2) 양모 · 육모제

① 헤어토닉

특징	• 대표적인 양모 · 육모제로, 두피와 두발에 영양을 공급해 주는 것을 목적으로 함 • 보통 약한 모근을 강화하는 동시에 문제성 두피를 개선하는 기능을 가지고 있어 의약외품이 많음 • 살균력이 있어 두피 사용 시 비듬과 가려움을 제거하는 기능이 있음 • 정제수와 알코올에 청량감을 느낄 수 있는 성분이나 컨디셔닝 성분을 배합하여 사용 시 두피에 상쾌한 느낌이 듦 • 보습제가 함유되어 있어 두피의 염증 완화 및 두피 건조를 억제하고 두발에 보습 및 유연효과를 부여함
사용 방법	• 깨끗하게 샴푸를 한 다음 두정부에 2회, 측두부에 각 3회 정도 분무함 • 두피와 모근에 영양이 전달될 수 있도록 스캘프 매니플레이션을 함 • 헤어토닉 사용 후 약 3~5시간 정도는 샴푸 사용을 금함 • 하루 2회 정도 사용하면 효과적임

② 양모제 · 육모제 · 발모제의 차이

양모제	• 모근부에 영양을 공급하여 가는 두발(연모)을 탄력있고 건강한 두발(경모)로 자라게 도와주는 제품 • 화장품으로 분류되어 육모제나 발모제에 비해 안전성이 높음
육모제	• 두피의 혈액순환을 촉진하여 탈모를 예방하는 제품 • 모근부에 영양을 공급하여 두발 성장에 도움을 주고 탈모를 예방하는 제품 • 의약외품으로 분류됨
발모제	• 의약품으로 전문의 처방이 필요함(치료제로 사용하는 것은 헤어미용제품에 해당하지 않음) • 탈모증 치료제로, 모근부에 영양을 공급하여 두발이 자라나게 함

CHAPTER 02 헤어전문제품 | 출제 예상문제 ⓒ

1 헤어전문제품 정의

01
헤어전문 기능성 화장품에 해당하지 않는 것은?
① 펌제
② 염모용 산화제
③ 탈색제
④ 헤어토닉

> 펌제는 헤어전문 일반 화장품으로 분류됨

02
헤어전문 일반 화장품에 해당하지 않는 것은?
① 체모를 제거할 수 있는 제모제
② 일시적으로 두발의 색을 바꿀 수 있는 염모제
③ 피지, 각질, 먼지 등을 제거하는 세정제
④ 헤어미용 목적의 스타일링제

> 체모를 제거할 수 있는 제모제는 기능성 화장품으로, 헤어화장품이 아닌 피부화장품에 해당함

03
기능성 화장품에 해당하지 않는 것은?
① 두발의 색상을 변하게 하는 제품
② 코팅과 같이 두발을 굵게 보이게 하는 제품
③ 두발의 갈라짐을 방지하거나 개선에 도움되는 제품
④ 탈모 증상 완화에 도움을 주는 제품

> 코팅과 같이 모표피층에 물리적으로 붙어 두발을 굵게 보이게 하는 제품은 일반 화장품 범위에 해당함

04
일반 화장품에 해당하는 제품이 아닌 것은?
① 일시적 염모제
② 세정제
③ 산화염모제
④ 정발제

> 산화염모제는 영구적으로 두발의 색을 바꾸는 염모제로, 염모제용 산화제(제2제)를 사용하는 기능성 화장품임

05
건조한 두피와 두발에 영양을 공급하는 제품으로 기능성 화장품에 해당하는 것은?
① 헤어트리트먼트제
② 헤어샴푸
③ 세팅로션
④ 헤어 스트레이트너

> • 헤어샴푸: 세정용으로 일반 화장품에 해당함
> • 세팅로션: 정발용으로 일반 화장품에 해당함
> • 헤어 스트레이트너: 펌용으로 일반 화장품에 해당함

2 헤어전문제품의 종류

06
정발용 제품에 해당하지 않는 것은?
① 헤어오일
② 헤어토닉
③ 헤어무스
④ 포마드

> 헤어토닉은 양모·육모제로, 약한 모근을 강화하고 문제성 두피를 개선하는 기능을 가짐

07
헤어오일과 헤어세럼에 대한 설명으로 옳지 않은 것은?
① 정발용 제품이다.
② 헤어세럼은 헤어오일보다 수분감이 있는 제품이다.
③ 헤어오일은 수분이 있는 상태의 두발에 사용하고, 헤어세럼은 건조된 두발에 사용한다.
④ 손상이 적은 두발에는 헤어세럼을 사용하고, 손상이 심한 두발에는 헤어오일을 사용한다.

> 헤어오일은 건조된 두발에 사용하고, 헤어세럼은 수분이 있는 상태의 두발에 사용함

| 정답 | 01 ① 02 ① 03 ② 04 ③ 05 ① 06 ② 07 ③ |

08
헤어스타일링 제품별 사용 방법으로 옳은 것은?

① 헤어스프레이 – 두피와 두발에 고르게 분사하여 원하는 스타일로 연출한다.
② 헤어무스 – 두발의 표면에 고르게 분사하여 원하는 스타일로 연출한다.
③ 헤어젤 – 두발의 표면에 고르게 분사하고 미열로 고정한다.
④ 헤어리퀴드 – 두발의 표면에 고르게 분사한다.

- 헤어스프레이: 두발용 제품으로, 원하는 스타일로 만든 다음 볼륨을 주고자 하는 곳이나 고정이 필요한 곳에 분사함
- 헤어무스: 손바닥에 적당량을 분사한 다음 두발 표면에 골고루 도포하여 원하는 스타일로 세팅함
- 헤어젤: 손바닥에 적당량을 덜어 내어 젖은 두발에 고르게 도포한 다음 원하는 스타일로 연출함

09
헤어오일의 성분별 종류의 연결이 옳지 않은 것은?

① 식물성 – 호호바오일
② 식물성 – 아르간오일
③ 광물성 – 라놀린
④ 동물성 – 콜라겐

- 식물성: 아르간오일, 올리브유, 동백오일, 해바라기씨유, 아보카도유, 호호바오일 등
- 광물성: 유동 파라핀(미네랄 오일)
- 동물성: 라놀린, 콜라겐

10
헤어왁스의 타입에 대한 설명으로 옳지 않은 것은?

① 하드 왁스 – 세팅력이 강하다.
② 소프트 왁스 – 세팅력이 거의 없다.
③ 매트 왁스 – 발림성과 세정력이 좋지 않다.
④ 매트 왁스 – 하드 왁스보다 내추럴한 느낌을 연출할 수 있다.

- 매트 왁스: 세팅력이 강하고 인위적인 느낌을 연출할 수 있음
- 하드 왁스: 매트왁스에 비해 내추럴한 느낌을 연출할 수 있음
- 소프트 왁스: 다른 왁스에 비해 세팅력이 약해 두발의 끝만 살짝 정리할 때 사용함

11
정발제에 대한 설명으로 옳지 않은 것은?

① 두발의 형태를 고정해 주는 세팅제이다.
② 화학적 시술로 인해 두발 내부의 소실된 간충물질을 채워 주는 제품이다.
③ 두발을 원하는 형태로 만드는 스타일링제이다.
④ 두발에 유·수분을 공급하여 유연과 함께 정돈하기 쉽게 하는 제품이다.

화학적 시술로 인해 다공성이 생겨 손상된 두발에 영양을 주는 제품은 헤어트리트먼트제와 같은 헤어케어제품을 말하며, 이는 기능성 화장품에 해당함

12
비에 젖은 듯한 촉촉한 스타일로 연출하기에 적절한 헤어 전문제품은?

① 헤어오일 ② 헤어토닉
③ 포마드 ④ 헤어스프레이

- 헤어오일: 차분한 느낌이 필요한 스타일 연출
- 헤어토닉: 두피와 두발에 영양을 공급하여 탈모를 예방하는 제품
- 헤어스프레이: 가늘고 힘이 없는 두발에 볼륨을 주거나 연출된 스타일을 고정하기 위해 사용함

13
두발의 길이가 길고 두발의 끝이 손상되어 영양을 주고 싶을 때 사용하는 헤어미용제품은?

① 헤어오일 ② 헤어왁스
③ 포마드 ④ 헤어젤

- 헤어왁스: 주로 짧은 길이의 두발에 세팅용으로 사용함
- 포마드: 짧거나 중간 길이의 두발에 세팅용으로 사용함
- 헤어젤: 주로 짧은 길이의 두발에 세팅용으로 사용함

14
헤어토닉의 사용 방법으로 옳지 않은 것은?

① 두피에 닿지 않도록 신경 써서 두발에 도포한다.
② 모근부에 영양이 공급될 수 있도록 마사지를 한다.
③ 헤어토닉 사용 후 4시간 정도는 샴푸를 하지 않는다.
④ 깨끗하게 세정한 다음 사용한다.

헤어토닉은 양모·육모제로, 모근부에 영양을 공급하여 두발을 건강하게 자라게 해 주고 탈모를 예방하는 제품으로 두피에 사용함

| 정답 | 08 ④ 09 ③ 10 ③ 11 ② 12 ③ 13 ① 14 ① |

PART 06

HAIR DRESSER

업스타일 & 가발 & 익스텐션

출제비중 **1%**

| 출제 예상 문제 수 | Ⓐ 5~3문제 Ⓑ 3~2문제 Ⓒ 2~1문제 |

Ⓒ **CHAPTER 01** 베이직 업스타일
Ⓒ **CHAPTER 02** 가발 헤어스타일
Ⓒ **CHAPTER 03** 헤어 익스텐션

CHAPTER 01
베이직 업스타일

합격 TIP 업스타일을 하기 위한 사전 준비와 세트롤러, 업스타일 도구 및 업스타일 방법을 숙지해 두도록 합니다.

1 베이직 업스타일 준비

모발 상태와 헤어 디자인에 따른 사전 준비를 해야 함

(1) 헤어 디자인의 정의
① 두발의 스타일을 구성하는 것
② 고객에게 어울리는 스타일을 표현하는 것
③ 장점은 강조하고, 결점은 드러나지 않도록 함
④ 고객의 얼굴형이나 신체, 직업, 나이, 분위기, 라이프 스타일 등을 고려하여 조화미 있게 구성함

(2) 헤어 디자인의 3대 요소
① 형태(Form)　　② 질감(Texture)　　③ 색상(Color)

(3) 헤어 디자인의 법칙

균형(Balance)	시각적 무게 균형이 평형을 이루는 것
조화(Harmony)	유사한 것을 배열하여 통일성을 이루는 것
부조화(Discord)	유사하지 않은 것을 배열하여 통일성을 이루지 않는 것
대조(Contrast)	반대되는 디자인을 배치시켜 극적인 효과를 형성하는 것
율동(Rhythm)	연속적인 움직임이 있는 형태
진행(Progressing)	크기나 무게 등이 점차 증가하거나 줄어드는 움직임을 이루는 것
강조(Dominance)	관심을 집중시키거나 초점을 형성하는 것
반복(Repetition)	동일한 디자인을 배열시키는 것
교대(Alternation)	2개 이상의 다른 디자인을 배열시키는 것

(4) 얼굴형에 따른 헤어 디자인 빈출

① 달걀형	• 이상적인 얼굴형(가로, 세로의 비율이 1:1.5) • 모든 형태의 헤어스타일이 잘 어울림 • 윤곽을 살려 헤어 디자인을 진행함
② 원형	• 가로, 세로의 비율이 1:1에 가까운 둥근 얼굴형 • 전두부의 뱅을 높게 디자인하고, 양 사이드의 볼륨을 낮춤 • 헤어 파트는 센터 파트나 곡선형의 파트는 피하고, 사이드 파트를 함
③ 장방형	• 가로, 세로의 비율이 1:2에 가까운 긴 얼굴형 • 전두부를 낮게 하고 옆선이 강조되도록 양 사이드의 볼륨을 높임 • 이마에 웨이브 뱅을 만들어 얼굴선이 짧아 보이게 함
④ 사각형	• 턱선에 각이 있는 얼굴형 • 곡선적(웨이브)인 느낌을 주는 헤어 디자인을 진행함 • 헤어 파트는 곡선형의 라운드 사이드 파트를 함
⑤ 삼각형	• 이마 부분이 좁고 턱이 넓은 얼굴형 • 좁은 이마를 감출 수 있는 넓은 뱅 연출과 측두부에는 볼륨감을 줌 • 헤어 파트는 다운 다이애거널 파트를 함
⑥ 역삼각형	• 이마 부분이 넓고 턱이 좁은 얼굴형 • 큰 뱅으로 이마를 좁아 보이게 연출함 • 헤어 파트는 센터 파트를 함
⑦ 마름모형	• 양 볼의 광대뼈가 튀어나온 얼굴형 • 상부와 하부에 볼륨감을 주어 넓어 보이게 연출함 • 헤어 파트는 사이드 파트를 함

(5) 얼굴 측면 형에 따른 헤어 디자인

일직선 형	• 이마와 턱이 일직선상에 위치한 얼굴형 • 모든 헤어스타일이 잘 어울림
오목한 형	• 이마와 턱을 연결한 선보다 눈, 코, 입이 오목하게 들어간 얼굴형 • 전두부는 볼륨 있는 뱅을 연출하고 얼굴 가까이 웨이브로 볼륨을 주어 튀어나온 턱을 완화함 • 이마를 드러내거나 턱선에서 끝나는 스타일은 이마와 턱을 강조하게 되므로 피해야 함
볼록한 형	• 이마와 턱을 연결한 선보다 눈, 코, 입이 볼록하게 튀어나온 얼굴형 • 이마 쪽으로 컬이나 뱅을 내려 늘어뜨림 • 네이프와 사이드에 웨이브를 연출하여 얼굴 윤곽과 균형을 맞춤 • 머리를 뒤로 묶는 형은 앞을 더 강조하게 되므로 피해야 함

(6) 목의 형태에 따른 헤어 디자인

짧은 목	• 전체적으로 너무 많은 볼륨감을 주지 않도록 함 • 톱 부분에 높이감 있는 디자인을 함
굵은 목	호리존탈 웨이브는 피하고, 다이애거널 웨이브를 연출함
길고 가는 목	목 부분에 웨이브를 넣어 목을 감싸는 형태를 함

(7) 업스타일의 정의
① 모발을 묶거나 땋아 위로 틀어 올려 목덜미를 드러낸 형태를 말함
② 두상의 곡면 위에 모발을 묶거나 땋아 입체적으로 표현한 헤어스타일
③ 고객의 두상, 얼굴형, 나이, 분위기와의 조화가 다르기 때문에 디자인에 대한 기초 지식이 필요함
④ 업스타일에서 작품의 질을 결정하는 것은 디자이너의 창조력임

(8) 업스타일 디자인 구성 요소
① 점   ② 선   ③ 면(형)

2 헤어 세트롤러

(1) 헤어 세트롤러의 종류
① 재질에 의한 분류

플라스틱	• 젖은 모발에 와인딩한 후 열풍으로 건조하는 방식을 사용함 • 건조하는 시간이 오래 걸려 사용 빈도가 낮으나, 모발 손상이 거의 없음
벨크로	• 일명 '찍찍이'라고 부르는 롤러로, 젖은 모발이나 마른 모발에 와인딩한 후 열풍으로 건조하는 방식을 사용함 • 짧은 헤어 퍼머넌트 웨이브 모발에 효과적임
고무	스파이럴 컬에 효과적이고, 별도의 고정 장치 없이 사용 가능함

② 형태에 의한 분류

원형	보편적인 형태로 웨이브나 볼륨을 형성할 때 사용함
원추형	한쪽은 좁고 다른 쪽은 넓은 지름으로, 곡선형 또는 서로 다른 굵기의 웨이브를 형성할 때 사용함
스파이럴형	긴 모발에 균일한 웨이브를 형성할 때 사용함

③ 열에 의한 분류 빈출

일반 세트롤러	젖은 모발에 와인딩하여 완전 건조 후 롤을 풀어 스타일을 연출함
전기 세트롤러	마른 모발에 사용하고, 비교적 짧은 시간에 웨이브 연출이 가능하며, 감전과 화상에 유의해야 함

(2) 헤어 세트롤러의 고정 도구

핀	주로 전기 세트롤러를 고정할 때 사용하며, 핀 자국이 보이지 않도록 주의가 필요함
꽂이	일반 세트롤러를 고정할 때 사용하며, 세트롤러의 구멍에 맞추어 꽂이를 통과시켜 고정함
덮개	세트롤러 위에 집게로 집듯이 고정하며, 사용이 편리함

참고 벨크로 세트롤러

참고 일반 세트롤러

참고 전기 세트롤러

참고 세트롤러 덮개
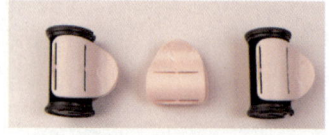

(3) 헤어 세트롤러 활용 기법

롤러의 지름	롤러의 지름이 클수록 컬이 굵어지고, 지름이 작을수록 컬이 작아짐
베이스 너비와 폭	베이스의 세로 폭은 롤러 지름의 80%, 베이스의 가로 폭은 롤러의 너비와 1:1이 적절함(베이스 폭이 좁으면 와인딩 시간이 오래 걸리고, 넓으면 모발이 롤러 밖으로 넘쳐 균일한 세팅이 되지 않음)
각도와 볼륨	각도가 높아질수록 볼륨이 커지고, 각도가 낮아질수록 볼륨이 작아짐
텐션	일정한 힘으로 와인딩하여 모발 끝이 꺾이지 않고 탄력 있는 웨이브가 형성될 수 있도록 하고, 고객이 통증을 느낄 만큼 강하게 당기지 않도록 주의함

(4) 세트롤러별 사용 방법

일반 세트롤러	전기 세트롤러
① 고객에게 어깨보를 두른 후 모발의 수분 상태를 조절함	① 고객에게 어깨보를 두른 후 모발의 수분 상태를 조절함
② 웨이브 크기에 따라 롤러의 크기를 선택함	② 웨이브 크기에 따라 롤러의 크기를 선택하고, 플러그를 콘센트에 꽂아 전원을 켬
③ 5등분 블로킹 후 T.P에서 N.P로 향하게 와인딩함	③ 5등분 블로킹 후 T.P에서 N.P로 향하게 와인딩함
④ 톱 - 후두부 - 후두부 양쪽 측면 - 전두부 양쪽 측면 순으로 와인딩함	④ 탑 - 후두부 - 후두부 양쪽 측면 - 전두부 양쪽 측면 순으로 와인딩함
⑤ 모발 끝이 꺾이지 않도록 와인딩하고 적당한 텐션을 줌	⑤ 모발 끝이 꺾이지 않도록 와인딩하고 적당한 텐션을 줌
⑥ 와인딩 후 세트롤러 핀을 이용하여 고정시킴	⑥ 와인딩 후 세트롤러 핀 또는 덮개를 이용하여 고정시킴
⑦ 와인딩을 완료하면 헤어 드라이어로 수분을 완전히 건조시킴	⑦ 와인딩을 완료하면 전기 롤러의 열이 식을 때까지 최소 15분 이상 처리 시간을 둠
⑧ 건조 후 세트롤러를 모발에서 제거함	⑧ 열이 식은 후 세트롤러를 모발에서 제거하고, 열이 남아 있을 경우 컬이 흐트러지지 않게 모양을 갖추어 식힘
⑨ 작업 공간을 정리함	⑨ 작업 공간을 정리함

3 업스타일 도구의 종류 및 특징

(1) 브러시의 종류와 특징

① 재질에 의한 분류

돈모	• 성선기가 발생하지 않고 모발을 일정한 방향으로 정리하는 데 사용함 • 백콤 후 겉면을 다듬기 적합함
플라스틱	• 빗살 간격이 엉성하여 주로 마무리용으로 사용함 • 열에 약하여 열처리 작업 시 사용하지 않음
금속	열 전도성이 높아 빠른 세팅효과를 원할 때 사용함

참고 돈모 브러시

② 형태에 의한 분류

원형	컬이나 웨이브 연출 시 사용함
반원형	볼륨 형성이나 모류 교정 및 방향성 부여 시 사용함

참고 금속 브러시

(2) 빗의 종류와 특징

① 재질에 의한 분류

플라스틱	일반적으로 사용하는 빗으로, 가격이 저렴하고 가벼움
나무 또는 동물 뼈	내열성❓이 높아 아이론이나 드라이 같은 열처리 작업에 사용함

용어 **내열성**
고온을 견디는 능력

② 형태에 의한 분류

꼬리빗	• 빗 꼬리가 얇고 긴 형태로, 일반적으로 가장 많이 사용함 • 가격이 저렴하고 가벼우며, 다양한 용도(업스타일, 퍼머넌트 웨이브, 드라이·아이론 등)로 사용함
빗살 간격이 넓은 빗	블로킹, 파트 등 선을 나눌 때 사용하거나 웨이브 모발 또는 엉킨 모발을 정돈할 때 사용함
빗살 간격이 좁은 빗	모발을 곱게 빗을 때 사용함
스타일링 빗❓	백콤을 넣거나 완성된 상태의 형을 잡을 때 사용하며, 오발 빗이라고도 함

참고 **스타일링 빗(오발 빗)**

(3) 업스타일 핀의 종류와 특징

핀셋	블로킹을 하거나 형태를 임시로 고정할 때 사용함
핀컬핀	핀셋보다 작은 형태로, 부분적으로 임시 고정할 때 사용함
웨이브 클립	웨이브의 리지를 강조할 때 리지 간격을 고려하여 집게로 집듯이 사용함
대핀❓	강하게 고정하거나 많은 모량을 고정할 때 사용함
실핀	일반적으로 가장 많이 사용함
유핀(U핀)❓	U자 모양으로, 임시로 고정하거나 면과 면을 연결할 때 사용함

참고 **대핀**

참고 **실핀**

참고 **유핀**

(4) 그 외 소품

고무줄	모발을 묶을 때 사용함
패딩(싱)	• 볼륨감을 넣고 싶을 때 사용함 • 나일론 재질 또는 버려지는 모발을 비비고 부풀려 활용함
망	긴 모발을 업스타일할 때 사용함
패드❓	• 둥근 형태의 스타일 또는 볼륨감을 표현할 때 사용함 • 일명 '도넛'이라고 부름

참고 **패드**

4 모발 상태와 디자인에 따른 업스타일 방법

(1) 업스타일 사전 작업 [빈출]

블로 드라이 세팅	• 모발 숱이 적고 층이 있는 모발에 적합함 • 손상된 모발이나 퍼머넌트 웨이브가 있는 모발에도 사용함 • 드라이어와 롤 브러시로 웨이브를 형성함
헤어 아이론 세팅	플랫 아이론 또는 원형 아이론으로 웨이브를 형성함
헤어 세트롤러 세팅	• 전기 세트롤러를 주로 사용함 • 롤러를 와인딩하여 웨이브를 형성함

(2) 업스타일 기초 작업

① 블로킹
- 두상과 모발을 큰 구역으로 나누어 정확하고 신속한 작업이 가능함
- 업스타일 디자인을 정확하게 구상하고 블로킹을 진행하며, 균형이 맞지 않는 경우 업스타일 형태가 조화롭지 않을 수 있음

② 백콤(백코밍) [빈출]
- 오른손의 빗이 패널에 닿음과 동시에 부드럽게 베이스 쪽으로 라운딩 빗질하여 모발 전체에 빠르게 볼륨을 넣을 때 사용되는 기법임
- 전체적으로 느슨하고 풍성한 볼륨을 원할 때에는 브러시를 사용하여 백콤을 넣는 것이 좋음
- 백콤의 효과와 작업 방법

볼륨 형성	모발을 90~120°로 든 상태에서 모발의 뿌리부터 백콤 처리함
방향 부여	원하는 방향으로 모발을 당겨 주며 백콤 처리함
갈라짐 방지	갈라지는 면과 면을 같이 잡고 백콤 처리함

- 백콤 시 유의사항
  - 깨끗한 표면 처리를 원할 때에는 백콤을 넣을 때 표면 밖으로 빗살이 나오지 않게 함
  - 균일한 백콤이 들어가도록 손목과 빗에 힘을 적절하게 배분해야 함
  - 두피 쪽 모발이 갈라지는 것을 방지하기 위해 백콤의 베이스는 벽돌쌓기(Zigzag) 모양으로 진행해야 함

③ 묶기
- 효과: 묶는 작업은 토대를 만들거나 두발의 양과 실루엣을 조절할 수 있으며, 핀의 고정을 원활하게 함
- 작업 방법
  - 일반적으로 고무밴드를 사용하여 진행함
  - 끈 고무줄은 모량이 많고 힘을 많이 받는 모발을 묶을 때 사용함
  - 장시간 묶기를 해야 할 경우 고무줄에 핀을 넣어 고무줄로 모발을 모아 돌리고 핀을 베이스 부분에 넣어 단단하게 고정시키는 방법을 사용함
- 묶기 시 유의사항
  - 모발을 묶을 때 끈이나 고무줄이 모발과 엉키거나 당겨 고객에게 불쾌감 또는 통증을 주지 않도록 유의함
  - 끈이나 고무줄이 오래된 경우 잘 끊어질 수 있으므로 상태를 확인하고 사용해야 함

④ 토대 빈출
- 업스타일 작업을 할 때 중심축, 즉 지지대 역할을 하는 것이 토대임
- 토대를 만드는 목적은 두발의 양을 조절할 수 있고 정확히 고정시킬 수 있으며 볼륨을 형성하기 위함임
- 디자인의 기초가 되는 부위로, 시술을 용이하게 하고 완성된 스타일을 장시간 안정되게 유지할 수 있도록 함
- 두상과 모량, 모질, 원하는 디자인을 고려하여 토대의 넓이, 높이, 위치를 결정하는 것이 좋음
- 토대의 효과
  - 크라운: T.P와 G.P 중간 정도의 위치이며, 활동적이고 젊은 동적인 느낌 연출에 적합함
  - 네이프: B.P와 N.P 중간 정도의 위치이며, 우아하고 성숙한 정적인 느낌 연출에 적합함
  - 프론트: 페이스 라인 뒤 2~3cm의 위치이며, 얼굴형에 따른 높낮이 조절과 개성 있는 연출에 적합함
  - 모발의 양과 두상의 크기, 얼굴형에 따라 토대를 조절하여 업스타일의 크기를 조절할 수 있음
  - 토대를 이용하여 핀처리 시 모발을 단단하게 고정할 수 있음
- 토대의 작업 방법: 모발을 베이스 가까이 묶거나 모발을 꼬거나 땋은 형태로 모아 베이스 가까이 고정시켜 토대를 형성함
- 토대 시 유의사항: 토대의 위치와 개수에 따라 이미지를 다양하게 표현할 수 있으므로 디자인을 충분히 구상하여 진행해야 함

⑤ 패딩(싱)
- 헤어 패딩(싱)은 토대를 만들거나 모량을 보충하여 부족한 높이와 넓이를 만들어 형태를 보강하고 두상의 볼륨 등 밸런스를 유지할 때 사용함
- 패딩(싱)의 효과: 효과적이고 빠른 시간 안에 입체적으로 연출할 수 있음
- 패딩(싱)의 작업 방법
  - 패딩(싱)은 디자인이나 입체적인 실루엣 표현, 핀의 고정력을 고려하여 선택하는 것이 좋음
  - 백콤으로 볼륨감을 표현하기 어려울 때 디자인에 맞는 보조 머리(가모)를 만들어 베이스에 고정시킴
- 패딩(싱)의 종류: 도넛형, 초승달형, 원형, 삼각형, 삼각뿔형 등이 있음
- 패딩(싱) 시 유의사항: 패딩(싱)의 크기나 모양에 따라 이미지를 다양하게 표현할 수 있으므로 디자인을 충분히 구상하여 진행해야 함

⑥ 핀처리
- 업스타일의 고정을 위해 필요한 기초 작업임
- 핀처리의 효과와 작업 방법

강하게 고정	대핀이나 실핀을 주로 사용하며, 모발 흐름과 90° 각도로 꽂아야 효과적임
임시로 고정	U핀이나 핀셋을 주로 사용하며, 작업 도중 머리 형태를 유지하기 위해 임시로 사용함
감추며 정돈	실핀이나 작은 U핀을 주로 사용하며, 완성 후 2개 이상의 디자인(테크닉)을 연결하거나 마무리를 위해 사용함

- 핀처리 시 유의사항
  - 벌어지거나 녹슨 핀은 고정력이 없고 비위생적이므로 사용하지 않음
  - 업스타일 작업 시 사용하는 핀의 개수는 제한이 없으나, 너무 많은 양을 사용하면 고객이 무게감을 느껴 불편할 수 있으므로 적정 개수를 사용함
  - 사용된 핀이 보이지 않게 효과적으로 사용하는 것이 좋음

(3) 업스타일 기본 기법 `빈출`

땋기(Braid)	꼬기(Twist)
가장 일반적인 방법은 세 가닥 땋기로, 세 가닥 중 가운데 가닥 위로 좌우 가닥이 교차하면서 올라가는 형태임	2개의 스트랜드를 오른쪽 또는 왼쪽 방향으로 교차하며 꼬아가는 형태임

매듭(Knot)	말기(Rolls)
2개의 스트랜드를 서로 교차하여 묶는 형태임	패널로 면을 만들고 모발 끝을 잡아 베이스 방향으로 말아 주는 형태임

겹치기(Over lap)	고리(Loops)
2개 이상의 스트랜드를 교차하는 형태로, 생선 가시 모양과 비슷하다고 하여 피시본 헤어라고도 함	스트랜드를 구부려 둥글게 감아 루프를 만드는 형태임

5 베이직 업스타일 마무리

(1) 헤어스타일링 제품의 종류 및 특징

업스타일 작업의 마무리 단계에서 형태를 고정하거나 광택을 부여하기 위해 사용함

고정용 스프레이	세팅력이 우수한 스프레이로, 주로 에어로졸 타입을 사용함
광택용 스프레이	모발 표면에 광택을 부여하기 위해 사용하며, 부분적인 고정도 가능함
왁스	볼륨용, 웨이브용, 광택용, 아웃컬용 등 사용 용도에 적합한 제품을 선택하여 사용함
에센스	모발에 윤기와 광택, 부드러움을 부여하고, 업스타일을 자연스럽게 만들어 줌

(2) 업스타일 디자인

내추럴 이미지	모던 이미지	클래식 이미지
굵은 웨이브를 활용한 자연스러운 스타일로, 부드러운 이미지를 연출하는 디자인	웨이브를 거의 사용하지 않은 심플하고 깔끔한 스타일로, 도시적인 이미지를 연출하는 디자인	기본 기법만 활용한 단아한 스타일로, 고전적인 이미지를 연출하는 디자인

엘레강스 이미지	로맨틱 이미지
기본 기법을 응용한 성숙하고 화려한 스타일로, 다양한 액세서리, 소품 등을 활용한 디자인	뱅을 연출하거나 볼륨을 형성하는 귀엽고 사랑스러운 스타일로, 여성미를 표현할 수 있는 디자인

CHAPTER 01 베이직 업스타일 | 출제 예상문제

1 베이직 업스타일 준비

01 헤어 디자인의 정의로 옳지 않은 것은?
① 고객의 얼굴형이나 신체, 직업, 나이 등을 고려하여 조화미 있게 구성하는 것
② 장점은 강조하고 결점은 드러나지 않게 하는 것
③ 고객에게 어울리는 스타일을 표현하는 것
④ 두피의 건강을 도모하는 것

> 헤어 디자인은 두발의 스타일을 구성하는 것임

02 헤어 디자인의 3대 요소가 아닌 것은?
① 보색 ② 형태
③ 색상 ④ 질감

> 보색: 색상환에서 서로 마주보고 있는 색

03 헤어 디자인의 9대 원칙이 아닌 것은?
① 혼합 ② 조화
③ 대조 ④ 반복

> 헤어 디자인의 법칙: 균형, 조화, 부조화, 대조, 율동, 진행, 강조, 반복, 교대

04 다음 설명에 해당하는 얼굴형은?

> • 전두부를 낮게 하고 옆선이 강조되도록 양 사이드의 볼륨을 높임
> • 이마에 웨이브 뱅을 만들어 얼굴선이 짧아 보이게 함

① 원형 ② 장방형
③ 달걀형 ④ 마름모형

> • 원형: 전두부의 뱅을 높게 디자인하고 양 사이드의 볼륨은 낮추며 사이드 파트를 함
> • 달걀형: 모든 형태의 헤어스타일이 잘 어울리는 형으로, 윤곽을 살려 헤어 디자인을 진행함
> • 마름모형: 상부와 하부에 볼륨감을 주어 넓어 보이게 연출하고 사이드 파트를 함

05 곡선적인 느낌을 주는 헤어 디자인을 진행하고 헤어 파트는 곡선형의 라운드 사이드 파트를 해야 하는 얼굴형은?
① 역삼각형 ② 삼각형
③ 사각형 ④ 마름모형

> • 역삼각형: 큰 뱅으로 이마를 좁아 보이게 하고 센터 파트를 함
> • 삼각형: 넓은 뱅을 연출하고 다운 다이애거널 파트를 함
> • 마름모형: 상부와 하부에 볼륨감을 주고 사이드 파트를 함

06 얼굴 측면이 오목한 형에 어울리는 헤어 디자인은?
① 이마를 드러내거나 턱선에서 끝나는 스타일을 한다.
② 이마 쪽으로 컬이나 웨이브가 있는 뱅을 늘어뜨린다.
③ 네이프와 사이드에 웨이브를 연출한다.
④ 전두부는 볼륨 있는 뱅을 연출하고 얼굴 가까이 웨이브로 볼륨을 준다.

> • 오목한 형: 이마를 드러내거나 턱선에서 끝나는 스타일은 이마와 턱을 강조하게 되므로 피해야 함
> • 볼록한 형: 이마 쪽으로 컬이나 뱅을 내리고 네이프와 사이드에 웨이브를 연출하여 얼굴 윤곽과 균형을 맞춤

07 짧은 목에 어울리는 헤어 디자인은?
① 호리존탈 웨이브는 피하고 다이애거널 웨이브를 연출한다.
② 목 부분에 웨이브를 넣어 목을 감싸는 형태를 한다.
③ 톱 부분을 최대한 낮추는 디자인을 한다.
④ 전체적으로 너무 많은 볼륨감을 주지 않도록 한다.

> • 굵은 목: 호리존탈 웨이브는 피하고 다이애거널 웨이브를 연출함
> • 길고 가는 목: 목 부분에 웨이브를 넣어 목을 감싸는 형태를 함
> • 짧은 목: 톱 부분에 높이감 있는 디자인을 함

08 업스타일에 대한 설명으로 옳지 않은 것은?
① 모발을 묶거나 땋아 위로 틀어 올려 목덜미를 드러낸 형태이다.
② 업스타일에서 작품의 질을 결정하는 것은 사용 제품이다.
③ 두상의 곡면 위에 모발을 묶거나 땋아 입체적으로 표현한 스타일이다.
④ 고객의 두상, 나이, 분위기 등과 조화를 이루어야 한다.

> 업스타일에서 작품의 질을 결정하는 것은 디자이너의 창조력임

| 정답 | 01 ④ 02 ① 03 ① 04 ② 05 ③ 06 ④ 07 ④ 08 ②

09
업스타일 디자인의 구성 요소가 아닌 것은?
① 점 ② 선
③ 색 ④ 면

- 업스타일 디자인의 구성 요소: 점, 선, 면(형)
- 헤어 디자인의 3대 요소: 형태, 질감, 색상

2 헤어 세트롤러

10
젖은 모발에 와인딩한 후 열풍으로 건조하는 방식의 헤어 세트롤러로 건조하는 데 시간이 걸려 사용 빈도가 낮은 것은?
① 플라스틱 세트롤러 ② 벨크로 세트롤러
③ 고무 세트롤러 ④ 전기 세트롤러

- 벨크로 세트롤러: 젖은 모발이나 마른 모발에 와인딩한 후 열풍으로 건조하는 방식을 사용하며, 짧은 헤어 퍼머넌트 웨이브 모발에 효과적임
- 고무 세트롤러: 스파이럴 컬에 효과적이고, 별도의 고정 장치 없이 사용 가능함
- 전기 세트롤러: 마른 모발에 사용하고, 비교적 짧은 시간에 웨이브 연출이 가능하며, 감전과 화상에 유의해야 함

11
곡선형 또는 서로 다른 굵기의 웨이브를 형성할 때 사용하는 세트롤러는?
① 원형 세트롤러 ② 원추형 세트롤러
③ 스파이럴형 세트롤러 ④ 일반 세트롤러

- 원형 세트롤러: 보편적인 형태로, 웨이브나 볼륨을 형성할 때 사용함
- 스파이럴형 세트롤러: 긴 모발에 균일한 웨이브를 형성할 때 사용함
- 일반 세트롤러: 젖은 모발에 와인딩하여 완전 건조 후 롤을 풀어 스타일을 연출함

12
헤어 세트롤러의 고정 도구에 해당하지 않는 것은?
① 핀 ② 덮개
③ 고무줄 ④ 꽂이

고무줄: 주로 퍼머넌트 웨이브 로드 고정에 사용함

13
헤어 세트롤러 사용 시 베이스 너비와 폭으로 옳은 것은?
① 베이스의 세로 폭은 롤러 지름의 90%, 가로 폭은 롤러의 너비와 1:2이 적절하다.
② 베이스의 세로 폭은 롤러 지름의 80%, 가로 폭은 롤러의 너비와 2:1이 적절하다.
③ 베이스의 세로 폭은 롤러 지름의 80%, 가로 폭은 롤러의 너비와 1:1이 적절하다.
④ 베이스의 세로 폭은 롤러 지름의 70%, 가로 폭은 롤러의 너비와 1:1이 적절하다.

베이스 폭이 좁으면 와인딩 시간이 오래 걸리고, 넓으면 모발이 롤러 밖으로 넘쳐 균일한 세팅이 되지 않음

14
헤어 세트롤러 와인딩 시 일정한 힘으로 텐션을 주는 이유로 옳은 것은?
① 텐션이 높아질수록 볼륨이 커지기 때문
② 텐션을 주면 컬이 작아지기 때문
③ 텐션을 적게 주면 모발 끝이 꺾일 수 있기 때문
④ 텐션을 주면 탄력 있는 웨이브가 형성되기 때문

텐션: 일정한 힘으로 와인딩하여 모발 끝이 꺾이지 않고 탄력 있는 웨이브가 형성될 수 있도록 하며, 고객이 통증을 느낄 만큼 강하게 당기지 않도록 주의해야 함

3 업스타일 도구의 종류 및 특징

15
업스타일에 사용하는 브러시 중 열 전도성이 높아 빠른 세팅효과를 원할 때 사용하는 브러시는?
① 돈모 브러시 ② 플라스틱 브러시
③ 금속 브러시 ④ 나무 브러시

- 돈모 브러시: 백콤 후 겉면을 다듬기에 적합함
- 플라스틱 브러시: 열에 약하여 열처리 작업 시 사용하지 않음

16
업스타일에 사용하는 브러시 중 볼륨 형성이나 모류 교정 및 방향성 부여 시 사용하는 브러시는?
① 사각형 브러시 ② 반원형 브러시
③ 원형 브러시 ④ 삼각형 브러시

원형 브러시: 컬이나 웨이브 연출 시 사용함

| 정답 | 09 ③ 10 ① 11 ② 12 ③ 13 ③ 14 ④ 15 ③ 16 ②

17
오발 빗의 특징으로 옳은 것은?
① 빗 꼬리가 얇고 긴 형태로, 일반적으로 많이 사용한다.
② 블로킹, 파트 등 선을 나눌 때 사용한다.
③ 엉킨 모발을 정돈할 때 사용한다.
④ 백콤을 넣거나 완성된 상태의 형을 잡을 때 사용한다.

- 꼬리빗: 빗 꼬리가 얇고 긴 형태로, 일반적으로 가장 많이 사용하며, 가격이 저렴하고 가벼워 다양한 용도로 사용함
- 빗살 간격이 넓은 빗: 블로킹, 파트 등 선을 나눌 때 사용하거나 웨이브 모발 또는 엉킨 모발을 정돈할 때 사용함

18
업스타일 핀의 종류 중 임시로 형태를 고정하거나 면과 면을 연결할 때 사용하는 것은?
① 유핀　　　　② 실핀
③ 대핀　　　　④ 핀컬핀

- 실핀: 일반적으로 가장 많이 사용함
- 대핀: 강하게 고정하거나 많은 모량을 고정할 때 사용함
- 핀컬핀: 핀셋보다 작은 형태로, 부분적으로 임시 고정할 때 사용함

19
업스타일에 사용하는 소품 중 볼륨감을 넣고 싶을 때 사용하고 나일론 재질 또는 버려지는 모발을 비비고 부풀려 활용하는 것은?
① 싱　　　　② 망
③ 패드　　　④ 웨프트

- 망: 긴 모발을 업스타일할 때 사용함
- 패드: 둥근 형태의 스타일 또는 볼륨감을 표현할 때 사용함
- 웨프트: 헤어피스의 종류 중 하나임

4 모발 상태와 디자인에 따른 업스타일 방법

20
업스타일 사전 작업 중 블로 드라이 세팅에 적합한 모발은?
① 모발 숱이 적고 층이 있는 모발
② 모발 숱이 많고 층이 있는 모발
③ 스트레이트 퍼머넌트 웨이브의 직모 모발
④ 퍼머넌트 웨이브가 있는 강모 모발

- 블로 드라이: 모발 숱이 적고 층이 있는 모발이나 손상된 모발, 퍼머넌트 웨이브가 있는 모발에 사용함

21
백콤의 방법으로 옳은 것은?
① 패널에 빗을 넣고 모발 끝으로 라운딩 빗질한다.
② 패널에 빗을 넣고 텐션을 주지 않은 상태로 베이스 쪽으로 수직 빗질한다.
③ 패널에 빗을 넣고 텐션을 준 상태에서 베이스 쪽으로 라운딩 빗질한다.
④ 패널에 빗을 넣고 0°로 베이스 쪽으로 수평 빗질한다.

- 백콤: 오른손의 빗이 패널에 닿음과 동시에 부드럽게 베이스 쪽으로 라운딩 빗질하여 모발 전체에 빠르게 볼륨을 넣을 때 사용되는 기법임

22
백콤의 효과가 아닌 것은?
① 볼륨 형성　　　② 음영 부여
③ 방향 부여　　　④ 갈라짐 방지

- 백콤의 효과: 볼륨 형성, 방향 부여, 갈라짐 방지
- 음영 부여와 같은 업스타일의 형태 형성에 관여하는 것은 기초 작업(블로킹, 백콤, 묶기 등)이 아닌 기본 기법(땋기, 꼬기, 말기 등)임

23
업스타일의 기초 작업인 묶기의 효과와 작업 방법으로 옳지 않은 것은?
① 일반적으로 고무밴드를 사용하여 진행한다.
② 핀의 고정을 원활하게 하기 위해 사용한다.
③ 두발의 양과 실루엣을 조절하고자 할 때 사용한다.
④ 모발을 묶을 때 최대한 텐션을 주고 당겨 쉽게 풀리지 않게 한다.

- 모발을 묶을 때 끈이나 고무줄이 모발과 엉키거나 당겨 고객에게 불쾌감 또는 통증을 주지 않도록 유의해야 함

24
업스타일의 기초 작업인 토대에 대한 설명으로 옳지 않은 것은?
① 토대는 넓이나 높이가 두정부로 고정되어 지지대 역할을 한다.
② 업스타일 작업을 할 때 중심축이 된다.
③ 디자인의 기초가 되는 부위로 시술을 용이하게 한다.
④ 스타일을 장시간 안정되게 유지해 준다.

- 두상과 모량, 모질, 원하는 디자인을 고려하여 토대의 넓이나 높이, 위치를 결정하는 것이 좋음

|정답| 17 ④　18 ①　19 ①　20 ①　21 ③　22 ②　23 ④　24 ①

25

업스타일의 기초 작업인 패딩(싱)의 효과와 작업 방법으로 옳은 것은?

① 과한 볼륨감을 줄이기 위해 사용한다.
② 핀의 고정을 원활하게 하기 위해 사용한다.
③ 부족한 모량이나 볼륨을 만들어 업스타일 형태를 보강한다.
④ 싱을 사용하면 입체적인 실루엣 표현이 어렵다.

패딩(싱): 백콤으로 볼륨감을 표현하기 어려울 때 디자인에 맞는 보조 머리를 만들어 사용하여 효과적이고 빠른 시간 안에 입체적으로 연출할 수 있음

26

업스타일의 핀처리 시 유의사항으로 옳지 <u>않은</u> 것은?

① 녹슨 핀은 위생적이지 않으므로 사용하지 않는다.
② 업스타일에 사용된 핀이 보이지 않게 효과적으로 사용한다.
③ 핀의 사용 개수는 제한이 없으므로 최대한 많이 사용하여 탄탄하게 고정한다.
④ 벌어진 핀은 고정력이 떨어지므로 사용하지 않는다.

업스타일 작업 시 사용하는 핀의 개수는 제한이 없으나, 너무 많은 양을 사용하면 고객이 무게감을 느껴 불편할 수 있으므로 적정 개수를 사용함

27

업스타일 기법 중 스트랜드를 구부려 둥글게 감아 원의 형태를 만드는 기법은?

① 땋기   ② 고리
③ 겹치기   ④ 꼬기

- 땋기: 세 가닥 중 가운데 가닥 위로 좌우 가닥이 교차하면서 올라가는 형태임
- 겹치기: 2개 이상의 스트랜드를 교차하는 형태로, 생선 가시 모양과 비슷하다고 하여 피시본 헤어라고도 함
- 꼬기: 2개의 스트랜드를 오른쪽 또는 왼쪽 방향으로 교차하며 꼬아가는 형태임

28

업스타일 기법 중 패널로 면을 만들고 모발 끝을 잡아 모근 방향으로 말아주는 기법은?

① 겹치기   ② 매듭
③ 고리   ④ 말기

- 겹치기: 2개 이상의 스트랜드를 교차하는 형태로, 생선 가시 모양과 비슷하다고 하여 피시본 헤어라고도 함
- 매듭: 2개의 스트랜드를 서로 교차하여 묶는 형태임
- 고리: 스트랜드를 구부려 둥글게 감아 루프를 만드는 형태임

5 베이직 업스타일 마무리

29

업스타일 형태 고정 시 세팅력이 우수하고, 주로 에어로졸 타입의 제품은?

① 왁스   ② 고정용 스프레이
③ 에센스   ④ 광택용 스프레이

광택용 스프레이: 모발 표면에 광택을 부여하기 위해 사용하며, 부분적인 고정도 가능함

30

업스타일 시 모발에 윤기와 광택, 부드러움을 부여해 주고, 스타일을 자연스럽게 만들 때 사용하는 제품은?

① 에센스   ② 왁스
③ 고정용 스프레이 ④ 헤어 젤

- 왁스: 볼륨용, 웨이브용, 광택용, 아웃컬용 등 사용 용도에 적합한 제품을 선택하여 사용함
- 헤어 젤: 두발을 고정함으로써 헤어스타일을 정돈시켜 주는 두발용 마무리 화장품

31

업스타일 디자인 중 웨이브를 거의 사용하지 않은 심플하고 깔끔한 스타일로 도시적인 이미지를 연출하는 디자인은?

① 엘레강스 이미지   ② 클래식 이미지
③ 모던 이미지   ④ 내추럴 이미지

- 엘레강스 이미지: 기본 기법을 응용한 성숙하고 화려한 스타일로, 다양한 액세서리, 소품 등을 활용한 디자인
- 클래식 이미지: 기본 기법만 활용한 단아한 스타일로, 고전적인 이미지를 연출하는 디자인
- 내추럴 이미지: 굵은 웨이브를 활용한 자연스러운 스타일로, 부드러운 이미지를 연출하는 디자인

32

업스타일 디자인 중 뱅을 연출하거나 볼륨을 형성하는 귀엽고 사랑스러운 스타일로, 여성미를 표현할 수 있는 디자인은?

① 클래식 이미지   ② 모던 이미지
③ 내추럴 이미지   ④ 로맨틱 이미지

모던 이미지: 웨이브를 거의 사용하지 않은 심플하고 깔끔한 스타일로, 도시적인 이미지를 연출하는 디자인

| 정답 | 25 ③ | 26 ③ | 27 ② | 28 ④ | 29 ② | 30 ① | 31 ③ | 32 ④

가발 헤어스타일 ⓒ

합격 TIP 가발은 형태와 소재에 따라 특성이 다르고, 인모와 인조모에 따라 특징이 다르므로 각각 구분하여 암기해 두도록 합니다.

1 가발의 종류와 특성

(1) 형태에 따른 분류 [빈출]

위그 (Wig)		• 두부 전체를 덮는 가발임 • 일반적으로 두부에 90~100%를 덮어 본발❓이 드러나지 않음 • 전체적으로 두발의 숱이 적은 경우, 넓은 남성형 탈모, 원형 탈모, 항암치료 환자 등이 착용하면 효과적임 • 미용사(일반) 자격증 취득 시 사용하는 가발임 • 영화·드라마에서 배우의 두발의 형태를 변화하기 위해 사용함
헤어피스 (Hair Piece)		• 두부의 일부분을 덮는 가발(부분 가발)로, 헤어스타일을 다양하게 연출하기 위해 사용함 • 탈모용 맞춤 가발도 헤어피스에 속함
	폴❓ (Fall)	짧은 길이의 두발을 길게 보이게 하기 위해 사용함
	스위치❓ (Switch)	• 두발의 길이가 보통 20cm 이상임 • 1~3가닥으로 땋거나 스타일링하기 쉽게 만들어짐 • 여성스러운 느낌을 부여함
	위글렛❓ (Wiglet)	• 두부의 어느 한 부위에 볼륨을 주기 위해 사용함 • 톱(Top) 부분에 볼륨을 주기 위해 컬이 있는 상태로 사용함
	캐스케이드❓ (Cascade)	폭포수처럼 풍성하고 긴 헤어스타일을 원할 때 사용함
	웨프트❓ (Weft)	머리카락이 줄에 일렬로 이어 붙어 있는 것

용어 본발
가발 착용자의 (본인)모발

참고 폴

참고 스위치

참고 위글렛

참고 캐스케이드

참고 웨프트

(2) 소재에 따른 분류

인모		사람의 두발로 만든 것
	장점	• 드라이를 이용한 스타일링이 가능함 • 펌, 염·탈색 등 화학적 시술이 가능함 • 착용감이 가장 자연스러움
	단점	• 샴푸 후 빗질을 하지 않으면 엉키고 끊어질 수 있음 • 인조모에 비해 수명이 짧음 • 긴 두발은 구하기 힘듦 • 물, 땀 등에 의해 볼륨, 웨이브가 풀림 • 가격이 비쌈

		아크릴, PVC 등 인모와 유사한 합성섬유로 만든 것
인조모	장점	• 인모에 비해 수명이 긺 • 잦은 세척에도 볼륨 및 컬이 유지됨 • 쉽게 퇴색되지 않음 • 색상이 다양하고 가격이 저렴함
	단점	• 펌, 염·탈색 등 화학적 시술이 불가능하여 헤어스타일의 변화를 주기가 어려움 • 열이나 마찰에 쉽게 엉키고 엉킨 것을 풀기 어려움 • 정전기가 잘 남 • 빛을 흡수하지 못해 햇빛에 반짝거림 • 머리카락이 거친 느낌이 남
동물모		동물의 털 중 장모를 선별하여 만든 것(산양, 앙고라, 야크 등)
	장점	• 사람의 두발처럼 샴푸나 화학적 시술을 하지 않고 자연 그대로의 상태이므로 질이 좋음 • 드라이, 펌, 염·탈색 등 화학적 시술이 가능함
	단점	열에 약해 높은 온도의 아이론 펌은 불가능하지만, 약 80℃ 정도에서는 가능함
합성모		인모와 인조모를 일정 비율로 섞어 가공한 것
	장점	인모의 비율에 따라 다르지만 드라이가 가능하고, 어느 정도 염색이 가능함
	단점	온도와 취급 방법이 달라 관리하기 어려움

(3) 가발의 구성

① 파운데이션(Foundation)
- 인조 두피를 말하는 것으로, 딱 맞거나 조이는 느낌이 없어야 함
- 사용 재료는 면, 견, 혼합인조(인조+면)로, 신축성이 있어야 함

② 네팅(Netting): 머리카락 심기

손뜨기	• 손으로 정교하게 두발을 심는 방법 • 가마와 가르마의 위치를 고려하여 모류의 방향을 결정함 • 심는 방법에 따라 이름이 다양함(V네팅, 반싱글, 싱글 등) • 헤어라인 주위를 정교하게 작업할 수 있음
기계뜨기	• 기계로 두발을 심는 방법 • 모류의 방향이 정해져 있어 파팅을 다르게 변경하기 어려움 • 인위적인 느낌이 나지만 다양한 색상과 스타일이 있음 • 가격이 저렴함

(4) 인모와 인조모의 구별 방법

구분	불로 태워 구별하는 방법	육안으로 구별하는 방법
인모	• 연소되는 속도가 느림 • 단백질이나 유황이 타는 냄새가 남 • 거의 완전 연소되어 형태가 남지 않음	인조모에 비해 빛에 반사가 덜 됨
인조모	• 연소되는 속도가 빠름 • 플라스틱 타는 냄새가 남 • 연기, 그을음이 많이 생김 • 불완전 연소되어 뭉친 것과 같은 딱딱한 잔여물이 남음	• 빛에 반사가 잘 되며 반짝거림 • 메마르고 건조한 느낌이 듦

(5) 가발 선택 방법 [빈출]
① 통풍이 잘 되고 가벼워야 함
② 두피와의 밀착도와 착용감이 좋아야 하고 쓰고 벗기가 편해야 함
③ 얼굴형과 피부톤을 고려하여 어울리는 것으로 선택해야 함
④ 세척 후에도 스타일의 변형이 없어야 함
⑤ 드라이를 하지 않아도 스타일이 나와야 함
⑥ 눈, 비, 운동, 수영 등의 활동에 불편함이 없어야 함
⑦ 장시간 착용하는 고정식 가발의 경우 두피에 피부염과 같은 증상이 없어야 함
⑧ 사후 관리가 편해야 함

2 가발의 손질과 사용법

(1) 가발 치수 재기
줄자를 사용하여 두부의 각 부위에 해당하는 곳을 잼

머리 길이	• 두부의 기본 라인 중 정중선에 해당하며, C.P에서 G.P를 지나 N.P까지의 길이 • 풀이: 이마의 헤어라인에서 정중선을 따라 네이프의 움푹 들어간 지점까지의 길이
머리 높이	• 두부의 기본 라인 중 측중선에 해당하며, E.P에서 T.P 반대편 E.P까지의 길이 • 풀이: 좌측 이어 포인트에서 우측 이어 포인트까지의 길이
머리 둘레	• 두부의 기본 라인 중 얼굴선 → 목뒷선 → 목옆선을 연결한 길이 • 풀이: 페이스 라인 시작점부터 네이프 전체의 둘레 길이
이마 폭	• 두부의 기본 라인 중 얼굴선에 해당하며, S.C.P에서 반대편 S.C.P까지의 길이 • 풀이: 페이스 라인의 길이
네이프 폭	• 두부의 기본 라인 중 목뒷선에 해당하며, N.S.P에서 N.S.P의 길이 • 풀이: 네이프 라인의 길이

[참고] 머리 길이

[참고] 머리 높이
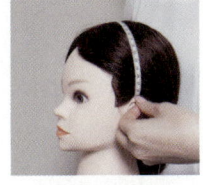

[참고] 머리 둘레

[참고] 이마 폭
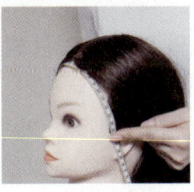

[참고] 네이프 폭
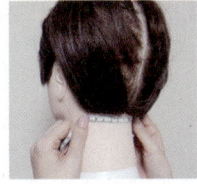

(2) 헤어피스의 착용 방법
① 고정식
- 가발을 두피에 물리적인 방법으로 고정하는 방법
- 일반적으로 부착되어 있는 기간은 15~25일 정도임
- 젊은층에서 선호함

결속식	고객의 튼튼한 머리카락과 가발을 결속하여 접착제 한 방울을 떨어뜨려 고정함	
	장점	• 잘 벗겨지지 않음 • 제모를 하지 않음 • 목욕, 운동, 수영 등 일상생활에 제약이 없음
	단점	• 결속한 부분 중 일부분이 떨어져도 스스로 수정할 수 없어 전문 숍에 방문해야 함 • 결속한 부분에 견인성 탈모가 생길 수 있음 • 탈모 주변의 두발이 건강해야 시술이 가능함(약한 두발에는 사용을 금함) • 부착 기간이 길어 갑갑함을 느낌

특수 접착식		• 탈모 주위의 머리카락을 밀고 가장자리 부분에 테이프와 접착제를 이용하여 고정함 • 두피 상태에 따라 유지 기간에 차이가 남
	장점	• 잘 벗겨지지 않음 • 목욕, 운동, 수영 등 일상생활에 제약이 없음 • 두피에 밀착되어 있어 들뜸 없이 자연스러움
	단점	• 결속한 부분 중 일부분이 떨어지면 부분 수정이 안 됨 • 접착된 부분에 염증 반응이 생길 수 있어 피부가 약한 사람은 주의해야 함 • 부착 기간이 길어 갑갑함을 느낌

② 착탈식(탈부착식)
- 필요할 때마다 착용할 수 있음
- 장년층에서 선호함

클립식		• 착탈식을 원하지만 제모에 대한 거부감이 있는 고객에게 사용함 • 뒷머리와 옆머리 가발은 클립식으로 고정함
	장점	• 제모를 하지 않음 • 필요할 때에만 착용 가능 • 위생상의 문제가 생기지 않음 • 다른 착용 방법의 가발보다 수명이 긺
	단점	• 클립으로 고정하기 때문에 불안함을 느낌 • 두피에 밀착되지 않음 • 클립으로 인한 견인성 탈모가 생길 수 있음 • 금속 알레르기가 있는 사람은 주의해야 함 • 심한 운동을 할 경우 부착력이 떨어짐
테이프식		보통 앞부분의 가발은 테이프식으로 고정함
	장점	• 테이프의 강도가 세지 않아 탈모가 악화되지 않음 • 두피에 밀착되어 있음 • 일상생활에 제약이 거의 없음 • 테이프가 떨어지면 스스로 수정할 수 있음 • 테이프를 매일 교체하면 들뜸 없이 자연스러움
	단점	• 가발이 안착되는 부분에 제모가 필요함 • 땀이 많은 사람은 부착되어 있는 기간이 짧음 • 심한 운동을 할 경우 부착력이 떨어짐

(3) 헤어피스의 관리 및 보관 방법

① 자주 빗질을 하여 노폐물을 제거함
② 바닷물에 노출될 경우 머리카락이 뻣뻣해지므로 빠른 시간 안에 세척해야 하며, 오랜 시간 동안 세척하지 않았을 때에는 두발이 거칠어지고 끊어질 수 있음
③ 고열의 드라이 사용 시 머리카락이 손상되므로 주의함
④ 장기간 착용하지 않을 시 가발용 스탠드(위그 걸이)에 올려 모양을 오래도록 유지하도록 하고, 보관 시에는 반드시 세척해야 함

참고 가발용 스탠드(위그 걸이)

(4) 가발 세척 방법 [빈출]

샴푸	• 보통 인모는 2~4주에 한 번, 인조모는 3개월에 한 번 세척함
	• 알코올이나 벤젠 등 휘발성 용제로 되어 있는 리퀴드 드라이 샴푸에 약 12분 이상 담가둔 후 그늘에서 건조함
	• 리퀴드 드라이 샴푸가 없을 경우 플레인 샴푸도 가능함
	  – 약 38℃ 정도의 미지근한 물에 중성세제(샴푸제)를 풀어 넣고 가발을 가볍게 흔들며 세척함
	  – 인조모의 경우 찬물에서 세척함
	  – 장시간 물에 담그지 않도록 함
	• 가발이 엉키지 않도록 강하게 비비거나 문지르지 않음
	• 엉켰을 경우 얼레빗으로 머리카락이 빠지지 않도록 두발의 끝에서 두피 쪽으로 차근차근 올라가며 천천히 빗질함
	• 샴푸 후 컨디셔너를 사용하여 가발에 윤기를 줌

컨디셔너	• 가발용 스탠드에 고정한 후 스프레이 타입의 컨디셔너를 분무함
	• 컨디셔너 도포 후 얼레빗으로 부드럽게 빗질함
	  – 스프레이가 없으면 얼레빗으로 컨디셔너를 골고루 도포함
	  – 두발에만 컨디셔너를 도포하고 파운데이션에는 닿지 않게 함
	• 두발이 빠지지 않도록 두발의 끝에서 두피 쪽으로 차근차근 올라가며 천천히 빗질함
	• 수분이 남아 있으면 타월로 감싼 다음 눌러 주면서 제거함

출제 예상문제 ⓒ

1 가발의 종류와 특성

01
위그에 대한 설명으로 옳지 않은 것은?
① 헤어피스라고도 한다.
② 전체 가발이다.
③ 넓은 남성형 탈모일 때 사용하면 효과적이다.
④ 착용자 본인의 두발이 보이지 않는다.

> 헤어피스는 부분 가발로, 위그와 다름

02
가발의 종류에 관한 설명으로 옳지 않은 것은?
① 위그는 전체 가발을 말한다.
② 숱이 적은 두발에는 위그를 선택한다.
③ 헤어피스는 부분 가발을 말한다.
④ 항암치료 환자는 위그보다 헤어피스를 착용하는 것이 효과적이다.

> 숱이 적은 경우, 남성형 탈모가 많이 진행된 경우, 원형 탈모, 항암치료 환자와 같이 부분적으로 가리지 못하는 경우 위그를 선택함

03
헤어피스에 대한 설명으로 옳은 것은?
① 폴은 짧은 길이의 두발을 길게 보이게 한다.
② 웨프트는 여성스러운 느낌을 준다.
③ 위글렛은 머리카락이 빨랫줄에 걸린 것과 같이 일렬로 붙어 있다.
④ 스위치는 두부의 어느 한 부분에 볼륨을 주기 위해 사용한다.

> • 웨프트: 머리카락이 줄에 일렬로 이어 붙어 있음
> • 위글렛: 두부의 어느 한 부분에 볼륨을 주기 위해 컬이 있는 상태로 사용함
> • 스위치: 두발의 길이가 보통 20cm 이상으로 여성스러운 느낌이 듦

04
인조모의 장점으로 옳지 않은 것은?
① 컬이 오래 간다.
② 볼륨이 항상 살아 있다.
③ 염색이 가능하다.
④ 색상이 다양하다.

> 인조모는 펌, 염·탈색 등 화학적 시술이 불가능함

05
인조모의 장점으로 옳은 것은?
① 펌·염색이 자유롭다.
② 착용감이 가장 자연스럽다.
③ 드라이를 이용한 스타일링이 쉽다.
④ 잦은 세척에도 볼륨감이 유지된다.

> • 펌, 염·탈색 등 화학적 시술이 불가능함
> • 빛을 흡수하지 못해 햇빛에 반짝거림
> • 열이나 마찰에 쉽게 엉키며 엉킨 것을 풀기 어려움

06
인모의 장점으로 옳지 않은 것은?
① 착용감이 가장 자연스럽다.
② 탈색 시술이 가능하다.
③ 색상이 다양하다.
④ 아이론 펌을 할 수 있다.

> 인모는 사람의 두발로 만든 것으로, 색상이 다양하지 않음

07
인모와 인조모에 대한 설명으로 옳은 것은?
① 인모 – 물과 땀에 웨이브가 풀리지 않는다.
② 인모 – 불에 태웠을 때 연소되는 속도가 느리다.
③ 인조모 – 수명이 짧다.
④ 인조모 – 동물의 털 중 장모로 만든다.

> • 인모: 사람의 두발로 만든 것으로, 그 성질이 같아 물과 땀에 웨이브와 볼륨이 쉽게 풀림
> • 인조모: 아크릴, PVC 등의 합성섬유로 만든 것으로, 인모에 비해 수명이 길고 쉽게 퇴색되지 않음
> • 동물모: 산양, 앙고라, 야크 등 동물의 털 중 장모를 선별하여 만듦

| 정답 | 01 ① 02 ④ 03 ③ 04 ① 05 ④ 06 ③ 07 ②

08
파운데이션에 대한 설명으로 옳은 것은?
① 딱 맞아야 한다.
② 약간 조이는 느낌이 들어야 한다.
③ 신축성이 있어야 한다.
④ 머리카락을 심는 작업이다.

- 파운데이션은 딱 맞거나 조이는 느낌이 없어야 함
- 머리카락을 심는 작업은 네팅이라고 함

09
가발 선택 시 고려해야 하는 조건이 아닌 것은?
① 통풍이 잘 되어야 한다.
② 머리카락에서 반짝거리는 윤기가 나야 한다.
③ 세척 후에도 스타일의 변형이 없어야 한다.
④ 가벼워야 한다.

- 인모에 비해 인조모는 질이 떨어지고 머리카락에서 반짝거리는 윤기가 남

2 가발의 손질과 사용법

10
위그 치수를 잴 때 헤어라인 중앙에서 네이프의 움푹 들어간 부분까지를 무엇이라고 하는가?
① 이마 폭   ② 머리 둘레
③ 머리 높이   ④ 머리 길이

- 이마 폭: 페이스 라인의 길이를 말하며, 두부의 기본 라인 중 얼굴선에 해당함
- 머리 둘레: 페이스 라인 시작점부터 네이프 전체 둘레의 길이를 말하며, 두부의 기본 라인 중 얼굴선 → 목뒷선 → 목옆선을 연결한 길이에 해당함
- 머리 높이: 좌측 이어 포인트에서 우측 이어 포인트까지의 길이를 말하며, 두부의 기본 라인 중 측중선에 해당함

11
위그의 치수를 잴 때 필요하지 않은 것은?
① 네이프 폭   ② 이마 폭
③ 머리 높이   ④ 머리 폭

- 가발 치수 재기: 머리 길이, 머리 높이, 머리 둘레, 이마 폭, 네이프 폭

12
약한 두발을 가지고 있는 사람에게 적절하지 않은 가발 착용 방법은?
① 특수 접착식   ② 결속식
③ 테이프식   ④ 클립식

- 결속식 부착 방법은 본발(고객 본인 두발)과 가발을 엮는 방법으로, 두발이 튼튼해야 함

13
헤어피스 착용 방법 중 착탈식에 해당하는 것은?
① 결속식   ② 특수 접착식
③ 클립식   ④ 고정식

- 착탈식: 클립식, 테이프식
- 고정식: 결속식, 특수 접착식

14
착탈식(탈부착식) 가발을 해야 하는 사람은?
① 취미가 수영인 사람
② 두피가 예민한 사람
③ 격한 운동을 많이 하는 사람
④ 금속 알레르기가 있는 사람

- 두피가 예민한 사람들은 부착 기간이 긴 고정식 가발을 피해 착용해야 함

15
피지와 땀이 많은 사람에게 적절한 가발 착용 방법은?
① 결속식   ② 특수 접착식
③ 클립식   ④ 테이프식

- 클립식은 필요시 탈착하여 이물질을 쉽게 제거할 수 있음
- 결속식과 특수 접착식은 부착 기간이 길고, 테이프식은 땀에 의해 떨어질 우려가 있음

16
제모에 대한 거부감이 있는 사람에게 적절한 가발 착용 방법은?
① 고정식   ② 특수 접착식
③ 클립식   ④ 테이프식

- 클립식과 결속식을 제외하고는 부착 부분에 어느 정도 제모를 해야 함

| 정답 | 08 ③ 09 ② 10 ④ 11 ④ 12 ② 13 ③ 14 ① 15 ③ 16 ③

17
결속식 가발로 부착 후 시간이 어느 정도 지났을 때 손질을 해야 하는가?
① 1~7일　　② 7~10일
③ 15~25일　　④ 2달

> 결속형의 부착 기간은 15~25일 정도임

18
헤어피스 착용 방법 중 고정식에 해당하는 것은?
① 클립식　　② 테이프식
③ 결속식　　④ 착탈식

> • 고정식: 결속식, 특수 접착식
> • 착탈식: 클립식, 테이프식

19
반드시 숍에 방문하여 부착한 부분을 수정해야 하는 헤어피스의 착용 방법은?
① 결속식　　② 클립식
③ 테이프식　　④ 착탈식

> 고정식인 결속식과 특수 접착식은 고정시킨 가발의 일부분이 떨어져도 스스로 수정이 불가능함

20
가발 손질법으로 옳지 않은 것은?
① 두발이 빠지지 않도록 두피 부위에서 두발 끝으로 서서히 빗질한다.
② 스프레이용 컨디셔너가 없을 경우 얼레빗을 이용하여 컨디셔너를 바른다.
③ 강한 열은 두발의 결이 변형되어 윤기가 없어지므로 주의한다.
④ 파운데이션에 닿지 않게 두발에만 컨디셔너를 바른다.

> 빗질을 할 때에는 두발 끝부분에서 두피 쪽으로 차근차근 올라가며 천천히 빗질을 해야 엉키지 않음

21
가발의 관리 방법으로 옳지 않은 것은?
① 자주 빗질하여 노폐물을 제거한다.
② 매일 샴푸하여 청결을 유지한다.
③ 바닷물에 들어 갔다 나온 즉시 세척한다.
④ 장기간 사용하지 않을 때에는 세척 후 보관한다.

> 가발의 세척 주기는 보통 인모의 경우 2~4주에 한 번, 인조모의 경우 3개월에 한 번씩 함

22
가발 세척 시 사용하는 샴푸는?
① 댄드러프 샴푸
② 리퀴드 드라이 샴푸
③ 에그 샴푸
④ 플레인 샴푸

> • 댄드러프 샴푸: 비듬 제거용 샴푸
> • 에그 샴푸: 달걀을 이용한 샴푸
> • 플레인 샴푸: 일반적인 샴푸로, 리퀴드 드라이 샴푸가 없을 때 사용함

23
가발 세척 방법으로 옳은 것은?
① 알코올, 벤젠 등의 휘발성 용제로 드라이 샴푸한다.
② 린스로만 세척한다.
③ 샴푸로만 세척한다.
④ 물의 온도는 38℃ 이상에서 세척해야 한다.

> 가발은 벤젠과 같은 휘발성인 리퀴드 드라이 샴푸가 가장 좋으며, 플레인 샴푸를 사용할 경우 중성세제로 약 38℃ 정도의 미지근한 물에서 세척함. 단, 인조모의 경우 찬물에서 함

정답 | 17 ③　18 ③　19 ①　20 ①　21 ②　22 ②　23 ①

CHAPTER 03

헤어 익스텐션 ⓒ

합격 TIP 익스텐션을 하는 이유를 파악하고 종류와 방법을 살펴보며, 그에 맞는 관리 방법을 이해해 두도록 합니다.

1 헤어 익스텐션 방법

(1) 헤어 익스텐션의 정의
인모나 인조모를 이용하여 기존의 두발을 원하는 길이로 연장하여 볼륨을 풍성하게 하는 헤어스타일을 말함

(2) 헤어 익스텐션 두발의 분류

길이(Length)	롱, 미디엄, 쇼트
질감(Textures)	스트레이트(Straight Hair), 굵은 웨이브(Wavy Hair), 컬(Curly Hair)
색(Color)	색상, 명도, 채도에 따라 다양

(3) 헤어 익스텐션 방법에 따른 종류

붙임머리	테이프	헤어피스의 테이프 부분을 두발에 부착하고 손으로 누르거나 열을 주어 고정하는 방법
	클립	클립이 부착된 헤어피스를 두발에 부착하는 방법
	링	전용 집게를 이용하여 작은 링을 두발에 부착하는 방법
	실리콘	글루(단백질/실리콘)를 이용하여 헤어피스를 두발에 고정하는 방법
	땋기	본발과 헤어피스를 2~4가닥으로 서로 교차하며 땋는 방법
특수머리	콘로우(Cornrow)	• '옥수수 밭길' 같다고 하여 붙여진 명칭으로, 두피 쪽에 골이 파인 것처럼 깔끔하게 시술하는 것 • 흑인이 많이 하는 헤어스타일
	브레이즈(Braids)	다양한 종류의 원사를 본발과 함께 땋는 스타일
	드레드 락(Dreadlocks)	곱슬 모발에 가모를 연장하여 코바늘을 이용해서 로프처럼 엉킨 다발로 연출하는 스타일
증모		• 두발의 양을 늘리고 싶은 부위에 고객의 두발 한 가닥을 잡아 증모 피스를 엮어 주는 방식 • 증모 피스는 보통 두 가닥에서 네 가닥으로 만들어져 있음

참고 콘로우

참고 브레이즈

참고 드레드 락

(4) 헤어 익스텐션 시술 방법

① 헤어 익스텐션 준비

사전 준비	• 헤어피스는 고객의 두발 색과 비슷한 것으로 준비함 • 곱슬머리이면 익스텐션 헤어도 웨이브가 있는 것으로 준비하고, 스트레이트 모발이면 익스텐션도 스트레이트 헤어로 준비하여 익스텐션한 모발이 자연 모발처럼 보이게 하는 것이 필요함 • 고객이 펌이나 염색을 해야 하면 익스텐션 전에 미리 해야 하며, 펌·염색 시술 후 1~2일 정도 간격을 두고 익스텐션을 시술함
두발 커팅	• 익스텐션 전에 고객이 원하는 스타일로 커트하며, 너무 짧은 길이에서는 익스텐션을 할 수 없음 • 고객의 두발 끝이 뭉툭하게 잘려 있으면 테이퍼링을 해서 익스텐션 헤어와 고객의 두발이 자연스럽게 섞일 수 있게 함
샴푸	• 피지, 스타일링제와 같은 이물질은 접착력에 영향을 미칠 수 있으므로 익스텐션 전에 샴푸로 제거함 • 샴푸 후에는 충분하게 건조시켜야 함 • 젖은 두발에 실리콘, 테이프 등 접착하는 방법의 익스텐션을 하면 두발이 건조되면서 수축하므로 접착한 익스텐션 헤어가 떨어질 수 있음

② 헤어 익스텐션 시술

붙임머리		• 준비한 헤어피스에 맞춰 붙임머리를 시술함 • 고객의 두발의 길이가 길게 보이게 하거나 고객의 두발을 완벽 커버하여 다른 스타일로 연출하려면 간격을 두지 않고 연속적으로 이어 익스텐션함 • 자연스러운 움직임을 주고 싶을 때에는 익스텐션과 고객의 두발 사이에 0.2~0.5cm 간격을 두고 시술하면 뿌리 부분이 들어 올려져 볼륨감과 두께감을 동시에 표현할 수 있음 • 하이라이트 효과와 볼륨감을 주기 위해서는 익스텐션 사이의 간격을 0.5~1cm로 시술함
특수머리	콘로우	• 본발을 소량 잡아 세 가닥으로 땋으면서 새로운 두발을 집어 땋기를 함 • 일정한 텐션을 유지하면서 두상의 곡면을 따라 시술함
	브레이즈	섹션을 뜬 두발을 가로 2등분한 다음 그 사이에 색실을 넣어 서로 교차하며 땋아 줌
	드레드 락	• 스타일에 따라 시술 전에 아프로 펌(철사를 이용한 펌)을 하기도 함 • 스타일에 따라 종류와 만드는 방법이 다양함 • 사각 섹션을 뜬 모다발과 드레드 싱을 일정하게 2가닥으로 나눠 잡음 • 코바늘로 드레드 싱을 넓게 펴서 본발을 놓고 시계 방향으로 돌려 감으면서 드레드 가닥 안으로 넣음

③ 시술 시 주의사항

붙임머리	• 본발을 모아 붙이면 빗질 시 끊어질 수 있으므로 장방형으로 섹션을 떠 시술해야 함 • 글루를 이용하여 시술 시 두피에서 0.5cm 이하로 떨어뜨려 시술해야 함 • 헤어피스를 두피에서 약 15° 정도로 높지 않은 각도에서 붙여야 함 • 글루를 과하게 사용하면 매듭이 거칠고 뭉쳐 불편할 수 있으므로 글루의 양은 익스텐션 헤어의 분량과 동일한 정도로 적게 함 • 링 사용 시 집게로 링을 세게 누르면 두발이 끊길 수 있고, 집어주는 힘이 느슨하면 두발에서 링이 빠져 나오므로 적당한 힘으로 누름

특수머리	• 콘로우 시술 시 텐션은 일정하게 유지해야 함 • 브레이즈는 사각 섹션으로 텐션 없이 시술해야 함 • 텐션이 강하면 두피가 당겨 불편하고 견인성 탈모를 유발할 수 있음

(5) 헤어 익스텐션 샴푸 방법

① 집에서 샴푸할 경우 서서 해야 함
② 특수머리는 시술 방법에 따라 샴푸 방법이 조금씩 다름

붙임머리	① 샴푸 전 스트랜드를 빗질한 후 전체적으로 물을 적심
	② 턱선 아래 두발에 린스(컨디셔너)를 도포하여 두발의 엉킴을 방지함
	③ 샴푸는 손가락으로 두피에 넣는다는 느낌으로 위에서 아래로 샴푸함
	   - 위아래로 왔다 갔다 비비면 두발이 엉키므로 주의함
	④ 전체적으로 꼼꼼하게 헹궈냄
	⑤ 다시 한번 턱선 아래 두발에 린스를 골고루 도포한 다음 깨끗하게 헹궈냄
	   - 유분기가 남아 있으면 익스텐션 헤어의 접착이 떨어질 수 있음
	⑥ 스트랜드를 타월로 감싼 다음 눌러 가면서 수분기를 최대한 많이 제거함
	⑦ 스트랜드 부분에 에센스나 헤어오일을 도포함
	⑧ 두피 쪽은 찬바람으로 드라이를 하고 스트랜드 쪽은 냉풍과 열풍을 섞어 가며 건조시킴
	   - 수분이 남아 있으면 접착 성분이 수분을 흡수하여 유지 기간이 짧아짐
	⑨ 턱선 아래 두발에 에센스를 도포하면서 정돈함

특수머리	① 샴푸 전 핑거 브러시로 엉킨 두발을 정리함
	② 익스텐션한 두발 사이에 물이 충분히 닿게 함
	   - 수압이 센 샤워기로 두피만 헹궈도 이물질은 어느 정도 제거됨
	③ 익스텐션한 두발 사이로 샴푸제를 골고루 도포하여 2~3분간 가볍게 문지름
	④ 미온수로 샴푸제와 이물질 등이 남지 않도록 여러 번 행굼
	⑤ 타월로 눌러 가며 최대한 수분기를 제거함
	⑥ 타월 드라이를 충분히 한 다음 익스텐션한 헤어 사이를 찬바람이나 미지근한 바람으로 두피 쪽부터 건조하면서 스타일을 연출함
	   - 두피를 충분히 건조하지 않으면 두피에서 냄새가 남

용어 핑거 브러시
빗 대신 손가락을 이용하여 쓸어 주는 방법

2 헤어 익스텐션 관리 방법

붙임머리	• 유지 기간은 보통 3개월 정도이며, 리터치가 가능함
	• 수시로 빗질을 하여 두발이 엉키지 않게 함
	• 빗질을 할 때 헤어에센스나 헤어오일을 발라주면 익스텐션한 두발이 엉키지 않음
	• 두피 쪽 브러시은 꼬리빗으로 각도 없이 눕혀 빗질함
	• 스트랜드 쪽 브러싱은 정전기가 생기지 않는 가발 전용 브러시로 텐션 없이 빗질함
	   - 인모: 당기면 살짝 늘어남
	   - 고열사 인조모: 당기면 늘어나면서 꼬불거리는 현상이 생김
	• 취침 시 양 갈래로 묶어 수면 중에 두발이 엉키지 않게 함

특수머리	• 관리 방법에 따라 유지 기간이 달라짐 • 콘로우는 두발이 자라면서 지저분해져 유지 기간이 2~3주 정도로 짧고, 보수하기 어려움 • 브레이즈나 드레드 락의 유지 기간은 보통 2~3개월 정도이고, 리터치를 하면 유지기간이 연장됨 • 유지 기간이 길어질수록 두피에 당기는 느낌과 무게감이 커짐 • 두피에 밀착된 스타일은 두피에 자극이 생기므로 두피 보호 제품을 사용하여 관리함 • 두발의 수분이 완전히 건조되기 전에 에센스, 컨디셔너, 트리트먼트 등과 같이 두발을 보호할 수 있는 제품을 사용함

용어 리터치
• 시술한 것을 수정하는 것
• 붙임머리에서 리터치란 시술 후 떨어진 헤어피스를 새롭게 붙여 주는 것

CHAPTER 03 헤어 익스텐션

출제 예상문제 Ⓒ

1 헤어 익스텐션 방법

01
단백질 글루를 이용하여 헤어피스를 두발에 고정하는 익스텐션 방법은?
① 실리콘   ② 링
③ 클립   ④ 콘로우

- 링: 전용 집게를 이용하여 작은 링을 두발에 부착하는 방법
- 클립: 클립이 부착된 헤어피스를 두발에 부착하는 방법
- 콘로우: 흑인이 많이 하는 헤어스타일로, 두피 쪽이 마치 옥수수 밭길처럼 보이게 만드는 방법

02
일부러 곱슬 두발로 보이게 하고 로프를 만드는 헤어 익스텐션의 종류는?
① 콘로우   ② 드레드 락
③ 브레이즈 ④ 붙임머리

- 콘로우: 두피 쪽 두발을 마치 옥수수 밭길처럼 보이게 하는 스타일
- 브레이즈: 다양한 종류의 원사를 본발과 함께 땋는 스타일
- 붙임머리: 헤어피스를 본발과 두발 사이에 붙여 만드는 스타일

03
헤어 익스텐션 종류 중 본발에 헤어피스를 붙이는 방법은?
① 브레이즈   ② 콘로우
③ 드레드 락 ④ 링

브레이즈, 콘로우, 드레드 락은 헤어피스를 땋거나 엮는 방법

04
헤어 익스텐션의 사전 준비로 옳지 않은 것은?
① 사용할 헤어피스는 고객의 두발 색과 비슷한 것으로 준비한다.
② 염색을 해야 하는 고객은 익스텐션 시술 전에 미리 한다.
③ 익스텐션 시술 전에 샴푸를 하면 두피에 자극이 생긴다.
④ 펌 시술이 필요한 고객은 익스텐션 시술 전에 미리 한다.

피지, 스타일링제는 접착성을 약하게 하고 두피 건강에 좋지 않으므로 시술 전에 샴푸를 하여 제거하는 것이 좋음

05
헤어 익스텐션의 준비 과정으로 옳지 않은 것은?
① 익스텐션 전에 원하는 스타일로 커트해야 한다.
② 염색이 필요한 고객은 먼저 염색을 한 다음 1~2일 후에 익스텐션을 한다.
③ 고객이 원랭스 커트를 한 경우 두발의 끝이 뭉툭할 수 있으므로 틴닝 가위로 숱을 친다.
④ 실리콘 붙임머리 시술 시 젖은 두발에 해야 유지 기간이 길어진다.

두발은 젖었다가 건조되면 수축하는 성질이 있으므로 접착 방법이 실리콘이나 테이프 방법인 경우 시술 후 떨어질 수 있음

06
붙임머리 샴푸 시 주의사항으로 옳지 않은 것은?
① 유분기가 남아 있으면 익스텐션 헤어가 떨어질 수 있다.
② 샴푸 전에 스트랜드 부분에 린스를 도포한다.
③ 집에서는 고개를 숙여 샴푸해야 두피에 있는 이물질이 잘 제거된다.
④ 드라이 전에 타월로 수분을 최대한 많이 제거한다.

붙임머리 시술 후에는 서서 샴푸해야 두발이 엉키지 않음

2 헤어 익스텐션 관리 방법

07
붙임머리의 관리 방법으로 옳지 않은 것은?
① 리터치가 가능하며 유지 기간은 보통 3개월 정도이다.
② 두발이 자라면서 지저분해지므로 2~3주마다 리터치한다.
③ 두발의 엉킴을 방지하기 위해 수시로 빗질한다.
④ 빗질을 할 때 헤어에센스를 바르면 두발의 엉킴을 방지할 수 있다.

두피에 밀착해서 스타일을 만드는 콘로우는 두발이 자라면 들뜨므로 2~3주마다 리터치해야 함

| 정답 | 01 ① | 02 ② | 03 ④ | 04 ③ | 05 ④ | 06 ③ | 07 ② |

에듀윌이 너를 지지할게

ENERGY

꿈을 끝까지 추구할 용기가 있다면
우리의 꿈은 모두 실현될 수 있다.

– 월트 디즈니(Walt Disney)

PART 07
HAIR DRESSER

공중위생관리

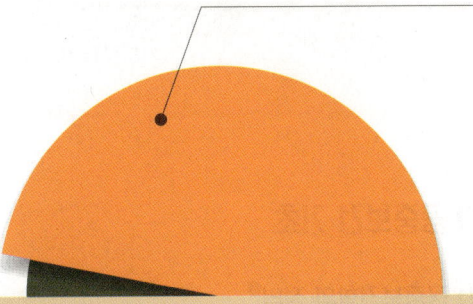

출제비중 **47%**

| 출제 예상 문제 수 | Ⓐ 5~3문제 Ⓑ 3~2문제 Ⓒ 2~1문제

- Ⓐ **CHAPTER 01** 공중보건
- Ⓐ **CHAPTER 02** 소독
- Ⓐ **CHAPTER 03** 공중위생관리법규

CHAPTER 01 공중보건 A

합격 TIP 공중보건은 자주 출제되는 부분이니 반드시 중요 키워드 위주로 학습해 두도록 합니다. 기출문제 풀이 후 자주 출제되었던 이론을 중심으로 살펴보며 암기하도록 합니다.

1 공중보건 기초

(1) 공중보건학의 정의
① 윈슬로우(Winslow, 1920): 조직적이고 체계적인 지역사회의 노력을 통해 질병을 예방하고 수명을 연장하여 신체적·정신적 효율을 증진시키는 기술이며 과학임
② 공중보건의 대상: 개인이 아닌 지역사회의 전체 주민
③ 공중보건 사업의 최소 단위: 지역사회

> **참고** 공중보건학의 목적
> 질병 예방, 수명 연장, 신체적·정신적 건강과 효율의 증진

(2) 공중보건학의 범위

환경보건 분야	환경위생, 식품위생, 환경오염, 산업보건
질병관리 분야	감염병 관리, 역학, 기생충 관리, 성인병 관리, 비감염병 관리
보건관리 분야	보건행정, 보건교육, 모자보건, 가족보건, 학교보건, 의료보장 제도, 보건영양, 보건통계, 정신보건, 사고관리, 가족계획

(3) 건강과 질병
① 건강의 정의: 단순히 질병이 없거나 허약하지 않은 상태만을 의미하는 것뿐만 아니라 신체적(육체적)·정신적·사회적으로 안녕한 상태(세계보건기구 헌장 인용)
② 한 국가의 건강 수준을 나타내는 대표적인 지표: 영아사망률 〔빈출〕
③ 한 지역이나 국가의 보건 수준을 나타내는 3대 지표: 영아사망률, 비례사망지수, 평균수명
④ 국내 암 사망률 순위
  • 1위: 폐 및 기관, 기관지
  • 2위: 간 및 간내 담관
  • 3위: 결장, 직장 및 항문
  • 4위: 위
  • 5위: 췌장
⑤ 질병의 개념: 인체의 조직이나 기관에 문제가 생겨 정상적인 기능을 하지 못하는 상태
⑥ 질병 발생 원인 3요소 〔빈출〕

병인	• 질병을 일으키는 필수적 요소임 • 병원체의 독성이나 병원체의 수를 의미함
숙주	• 병원체가 기생하는 대상임 • 영양물질 탈취 및 조직 손상 등을 당함
환경	질병 발생에 영향을 주는 외적 요인임

> **용어** 세계보건기구(WHO, World Health Organization)
> • 보건·위생 분야의 국제적인 협력을 위해 설립한 UN 전문 기구
> • 우리나라는 서태평양지역위원회, 북한은 동남아시아지역위원회에 소속되어 있음

⑦ 질병 예방 단계

1차 예방	질병 발생 전 단계로, 생활환경 개선, 건강관리, 예방접종 등을 통해 질병 발생의 억제가 필요한 단계
2차 예방	질병 감염 단계로, 조기검진, 건강검진, 악화 방지 등을 통해 치료가 필요한 단계
3차 예방	중증 장애 최소화 단계로, 재활, 적응, 재발 방지 등을 통해 사회 복귀 활동이 필요한 단계

(4) 인구보건 및 보건지표

① 인구 증가의 양적 문제 [빈출]

3P	인구(Population), 공해(Pollution), 빈곤(Poverty)
3M	영양실조(Malnutrition), 질병의 증가(Morbidity), 사망의 증가(Mortality)

> [참고] 인구 증가 [빈출]
> 인구 증가=자연 증가+사회 증가
> • 자연 증가: 출생인구−사망인구
> • 사회 증가: 전입인구−전출인구

② 인구 증가의 질적 문제: 성별·연령별·계층별 인구 구성 비율 불균형, 열성 유전인자의 전파 등의 문제 발생

③ 인구 구성 형태(5대 기본형) [빈출]

피라미드형(인구 증가형)	종형(인구 정지형)	항아리형(인구 감소형)
출생률과 사망률이 높은 인구형으로, 14세 인구가 65세 이상 인구의 2배를 초과함	14세 이하 인구가 65세 이상 인구의 2배로, 출생률과 사망률이 낮은 이상적인 인구형	출생률이 사망률보다 낮아 평균수명이 높은 선진국형

별형(인구 유입형)	호리병형(인구 유출형)
생산인구(15~49세)가 유입되는 도시형으로, 생산인구가 전체 인구의 50% 이상임	생산인구가 유출되는 농촌형으로, 생산인구가 전체 인구의 50% 미만임

④ 보건지표 [빈출]

비례사망지수	한 국가의 건강 수준을 나타내는 지표로, 50세 이상 사망자 수를 백분율로 나타낸 지수{(50세 이상 사망자 수/연간 전체 사망자 수)×100}
평균수명	생후 1년 미만(0세) 아기의 생명표상 기대수명을 말함
조사망률	인구 1,000명당 1년간 발생하는 사망자 수를 나타낸 지수
영아사망률	출산아 1,000명당 1세 이전에 사망하는 아기 수를 나타낸 지수{(출생 후 1년 미만의 사망아 수/1년간 출생아 수)×1,000}

2 질병관리

(1) 역학

① 역학의 정의
- 인간 집단 내에서 발생하는 질병의 원인을 규명하는 학문임
- 질병 예방과 관리에 기여함

② 역학의 역할 빈출
- 질병의 원인 규명
- 질병의 발생과 유행 감시
- 지역사회의 질병 규모 파악
- 질병의 예후 파악과 예방
- 질병관리 방법의 효과에 대한 평가 및 보건정책 수립의 기초 마련

③ 역학의 4대 현상

주기 변화 (순환 변화)	• 주기적으로 질병 발생이 반복되는 경우임 • 백일해 2~4년, 홍역 2~3년, 인플루엔자A형 2~3년 등
추세 변화 (장기 변화)	• 수십 년간 질병 발생이 반복되거나 증가 또는 감소의 경향을 보이는 경우임 • 장티푸스 30~40년, 디프테리아 10~24년 등
계절적 변화	• 1년을 주기로 질병이 발생하는 경우임 • 여름: 소화기계, 겨울: 호흡기계
불규칙 변화	• 외래 전파에 의한 돌발적인 경우임 • 콜레라, 페스트, 황열, 인플루엔자 등

④ 감염병의 발생 단계: 병원체 → 병원소 → 병원소로부터 병원체 탈출 → 병원체의 전파 → 새로운 숙주로 침입 → 감수성 있는 숙주의 감염

용어 **감수성**
외부 자극을 받아들이고 느끼는 성질

(2) 병원체와 병원소

① **병원체**: 감염증을 일으키는 기생생물 빈출

병원체	소화기계	호흡기계	피부 점막계
세균	장티푸스, 콜레라, 세균성 이질, 파라티푸스, 파상열	결핵, 백일해, 디프테리아, 나병, 폐렴, 수막구균성 수막염	매독, 임질, 파상풍, 연성하감, 페스트
바이러스	폴리오, 유행성 간염	홍역, 유행성 이하선염, 두창	에이즈, 일본뇌염, 광견병
리케차	Q열	Q열	발진티푸스, 발진열, 쯔쯔가무시증
원충류	아메바성 이질	-	말라리아

② **병원소**: 병원체가 증식, 생활, 생존을 계속하여 인간에게 전파될 수 있는 상태로 저장되는 곳 빈출

- 인간 병원소

회복기 보균자 (병후 보균자)	질병에 걸린 후 치료가 되었으나 몸 안에 병원균이 남아 있는 사람
잠복기 보균자 (발병 전 보균자)	병원체에 감염되었으나 질병의 증상이 아직 나타나지 않은 사람
건강 보균자	병원체에 감염되었으나 감염된 증상이 전혀 없고 병원체를 배출하는 사람(감염병 관리가 가장 어려운 경우임)

- 동물 병원소

소	결핵, 탄저, 살모넬라증, 보툴리눔독소증, 파상열
돼지	일본뇌염, 탄저, 살모넬라증, 렙토스피라증

양	Q열, 탄저, 보툴리눔독소증
개	광견병, 톡소플라스마증
고양이	살모넬라증, 톡소플라스마증
말	유행성 뇌염, 탄저, 살모넬라증
쥐	페스트, 쯔쯔가무시증, 유행성 출혈열, 발진열, 살모넬라증, 렙토스피라증
토끼	야토병

- 곤충 병원소

파리	콜레라, 이질, 장티푸스, 결핵, 파라티푸스, 트라코마
모기	일본뇌염, 말라리아, 뎅기열, 황열
바퀴벌레	콜레라, 이질, 장티푸스
벼룩	페스트, 발진열
이	발진티푸스, 재귀열
빈대	재귀열

- 흙, 먼지, 토양: 파상풍

③ 병원소로부터 병원체 탈출

호흡기계에서 탈출	기침, 재채기, 대화 → 결핵, 감기, 천연두, 수두, 폐렴, 백일해 등
소화기계에서 탈출	분변, 토사물 → 콜레라, 이질, 장티푸스, 폴리오 등
비뇨, 생식기관에서 탈출	소변, 성기 분비물 → 매독, 임질 등
상처 부위에서 직접 탈출	신체 표면(피부병) → 농양, 파상풍 등
기계적 탈출	주사기, 곤충의 흡혈 → 말라리아, 발진티푸스, 간염 등

(3) 전파
① 직접 전파
- 숙주 간 직접적인 접촉에 의한 감염: 나병, 성병
- 신체의 일부가 토양 등에 접촉하여 생기는 감염: 파상풍, 탄저, 구충증
- 재채기, 기침 등 비말에 의한 감염: 홍역, 인플루엔자, 결핵

② 간접 전파
- 중간 매개체에 의한 간접적 전달로, 병원체가 병원소 밖으로 탈출 시 일정 기간 생존 능력이 있을 때 가능한 전파 방식임
- 개달물에 의한 전파: 안질(눈병), 트라코마
- 식품, 물에 의한 전파: 콜레라, 이질, 장티푸스, 파라티푸스, 폴리오

(4) 면역 [빈출]

선천적 면역		종족, 인종, 개인의 특성에 따라 변함
후천적 면역	능동면역	• 항원의 자극에 의해 항체가 생성되는 것 – 자연능동면역: 감염병에 감염된 이후 형성되는 면역 – 인공능동면역: 예방접종으로 얻는 면역
	수동면역	• 다른 숙주에 의해 면역체를 받아 면역력이 생성되는 것 – 자연수동면역: 모체의 태반이나 수유를 통해 얻는 면역 – 인공수동면역: 다른 사람의 혈청 또는 항체 주사 후 획득한 면역

[참고] **위생해충의 구제방법**
파리, 모기, 바퀴, 이, 벼룩 등의 위생해충을 구제(박멸)하는 방법은 분무 소독, 연막 소독 등의 방법이 있으나, 발생원을 제거하는 것이 가장 효과적임

[용어] **트라코마**
수건을 철저하게 소독하지 않았을 경우 생길 수 있는 감염병

[용어] **숙주**
기생체 또는 공생하는 생물에게 영양분과 서식지를 제공하는 개체

[용어] **개달물**
물, 공기 등을 제외한 병원체를 운반하는 수단 매개체로 작용하는 모든 것(수건, 의복, 서적 등)

[참고] **감염으로 얻는 면역**
- 영구면역: 홍역, 백일해, 장티푸스, 페스트
- 일시면역: 디프테리아, 폐렴, 인플루엔자, 세균성 이질

[참고] **예방접종으로 얻는 면역**
- 생균백신: 두창, 탄저, 광견병, 결핵, 황열, 폴리오, 홍역
- 사균백신: 콜레라, 장티푸스, 파라티푸스, 이질, 일본뇌염, 백일해
- 순화독소: 디프테리아, 파상풍

(5) 감염병

① 법정 감염병의 종류 빈출

제1급 감염병	정의	• 생물테러감염병 또는 치명률이 높거나 집단 발생 우려가 커 높은 수준의 환자 격리가 필요한 감염병 • 발생 또는 유행 즉시 신고하고 음압격리가 필요한 감염병
	종류	에볼라바이러스병, 마버그열, 라싸열, 크리미안콩고출혈열, 남아메리카출혈열, 리프트밸리열, 두창, 페스트, 탄저, 보툴리눔독소증, 야토병, 신종감염병증후군, 중증급성호흡기증후군(SARS), 중동호흡기증후군(MERS), 동물인플루엔자인체감염증, 신종인플루엔자, 디프테리아
제2급 감염병	정의	전파 가능성을 고려하여 발생 또는 유행 시 24시간 이내에 신고하고 격리가 필요한 감염병
	종류	결핵, 수두, 홍역, 콜레라, 장티푸스, 파라티푸스, 세균성 이질, 장출혈성대장균감염증, A형간염, 백일해, 유행성 이하선염, 풍진, 폴리오, 수막구균 감염증, b형헤모필루스인플루엔자, 폐렴구균 감염증, 한센병, 성홍열, 반코마이신내성황색포도알균(VRSA) 감염증, 카바페넴내성장내세균목(CRE) 감염증, E형간염
제3급 감염병	정의	발생 또는 유행 시 24시간 이내에 신고하고 발생을 계속 감시할 필요가 있는 감염병
	종류	파상풍, B형간염, 일본뇌염, C형간염, 말라리아, 레지오넬라증, 비브리오패혈증, 발진티푸스, 발진열, 쯔쯔가무시증, 렙토스피라증, 브루셀라증, 공수병, 신증후군출혈열, 후천성면역결핍증(AIDS), 크로이츠펠트-야콥병(CJD) 및 변종크로이츠펠트-야콥병(vCJD), 황열, 뎅기열, 큐열, 웨스트나일열, 라임병, 진드기매개뇌염, 유비저, 치쿤구니야열, 중증열성혈소판감소증후군(SFTS), 지카바이러스 감염증, 엠폭스, 매독
제4급 감염병	정의	제1급~제3급 감염병 외에 유행 여부를 조사하기 위해 표본감시 활동이 필요한 감염병으로 7일 이내 신고해야 함
	종류	인플루엔자, 회충증, 편충증, 요충증, 간흡충증, 폐흡충증, 장흡충증, 수족구병, 임질, 클라미디아감염증, 연성하감, 성기단순포진, 첨규콘딜롬, 반코마이신내성장알균(VRE) 감염증, 메티실린내성황색포도알균(MRSA) 감염증, 다제내성녹농균(MRPA) 감염증, 다제내성아시네토박터바우마니균(MRAB) 감염증, 장관감염증, 급성호흡기감염증, 해외유입기생충감염증, 엔테로바이러스감염증, 사람유두종바이러스 감염증, 코로나바이러스감염증-19

참고 **감염병 검역질병관리 검역 감시 기간(감염병의 최장 잠복 기간)**

콜레라	120시간
페스트	144시간
황열	144시간
중증급성호흡기증후군	240시간

필수예방접종이 필요한 질병
- 디프테리아
- 폴리오
- 백일해
- 홍역
- 파상풍
- 결핵
- B형간염
- 유행성이하선염
- 풍진
- 수두
- 일본뇌염
- b형헤모필루스인플루엔자
- 폐렴구균
- 인플루엔자
- A형간염
- 사람유두종바이러스 감염증
- 그룹 A형 로타바이러스 감염증
- 그 밖에 질병관리청장이 감염병의 예방을 위하여 필요하다고 인정하여 지정하는 감염병

② 주요 감염병의 특징 빈출

소화기계	콜레라		• 수인성 감염병으로 경구 감염됨 • 구토, 설사, 탈수 증상을 보임
	장티푸스		• 수인성 감염병으로 경구 감염됨 • 주로 파리에 의해 전파됨 • 고열, 식욕 감퇴, 피부발진 증상을 보임
	이질		• 주로 여름철에 발생함 • 위생 상태가 불량한 음료, 음식물 등에 의해 감염됨
	파라티푸스		• 보균자의 대변에 오염된 육류, 우유, 조개 등의 음식물을 매개로 감염됨 • 질병 완치 시 면역력을 갖게 되어 재감염이 되지 않음
	폴리오 (소아마비)		• 중추신경계 손상에 의한 영구 마비가 발생함 • 호흡기계 분비물, 분변 및 음식물을 매개로 감염됨
호흡기계	디프테리아		• 심한 인후염을 일으키고 독소를 분비하여 신경염이 발생함 • 환자나 보균자의 콧물, 가래, 피부 상처 등을 통해 감염됨
	백일해		• 심한 기침이 발생함 • 호흡기 분비물이나 비말을 통한 호흡기 전파를 통해 감염됨
	결핵		• 기침, 객혈, 흉통이 발생함 • 출생 후 4주 이내에 BCG 백신 예방접종을 실시함
	홍역		• 호흡기 분비물을 통해 감염됨 • 질병 완치 시 면역력을 갖게 되어 재감염이 되지 않음
	유행성 이하선염		• 비말, 직접 접촉을 통해 감염됨 • 볼거리라고도 하며, 주로 어린이에게서 발생함
동물 매개	광견병		개에게 물리면서 개의 침에 있는 병원체에 의해 감염됨
	탄저		양모, 모피공장의 오염된 공기 등으로 감염됨
	렙토스피라증		들쥐의 배설물을 통해 감염됨
절지동물 매개	페스트		쥐, 벼룩에 의해 감염됨
	발진티푸스		• 발열, 근육통, 발진이 발생함 • 이의 흡혈로 생긴 상처를 통해 감염됨
	말라리아		• 세계적으로 가장 많이 이환되는 질병임 • 모기를 매개로 감염됨
	쯔쯔가무시증		• 오한, 발열, 두통, 복통이 발생함 • 들쥐나 털진드기에 의해 감염됨
	일본뇌염		• 우리나라에서는 8~10월에 주로 발생함 • 작은빨간집모기에 의해 감염됨
기타	성병		성 접촉에 의한 것으로, 세균의 침입으로 합병증을 유발함
		매독	침, 정액, 혈액, 질 분비물 등이 피부 점막을 통해 감염됨
		임질	불임이나 성불구자가 될 수 있으며, 요도를 통해 감염되어 배뇨 시 통증이 발생함
	파상풍		녹슨 못이나 토양을 통해 감염됨
	B형 간염		• B형간염 바이러스에 감염되어 발생하는 간의 염증성 질환 • 면도날, 주사기 등을 다수의 사람에게 사용할 경우 감염될 수 있음

(6) 기생충 질환 빈출

① **선충류**: 주로 소화기, 근육, 혈액 등에 기생

회충	• 복통, 빈혈, 식욕 감퇴, 구토, 발열이 발생함 • 대변을 통해 배출되며, 불결한 손, 파리에 의한 음식물 오염 등으로 감염됨
요충	• 항문 부위의 소양증, 피부 발적, 피부염, 구토, 복통, 설사가 발생함 • 항문 주위로 기어 나와 산란하고, 손이나 음식물을 통해 감염됨 • 산란과 동시에 감염능력이 있으며, 건조에 저항성이 커서 집단감염이 가장 잘 됨
십이지장충	• 발적, 구진, 가려움증, 기침, 가래가 발생함 • 토양이나 풀 또는 채소를 통해 경피, 경구에 침입하여 감염됨
편충	• 불면증, 두드러기, 복통, 변비, 요통이 발생함 • 대표적인 토양 매개성 기생충으로, 오염된 채소, 불결한 손을 통해 감염됨
말레이사상충	• 잠복기에는 증상이 전혀 없음 • 급성기에는 고열, 근육통, 림프관염이 발생함 • 모기에 의해 감염기 유충이 인체로 들어와 감염됨

② **흡충류**: 주로 간, 폐 등에 기생

간흡충 (간디스토마)	• 제1중간 숙주: 쇠(왜)우렁이 → 제2중간 숙주: 잉어, 붕어, 피라미 → 사람 • 간비대, 황달, 빈혈, 소화 장애가 발생함
폐흡충 (폐디스토마)	• 제1중간 숙주: 다슬기 → 제2중간 숙주: 가재, 게 → 사람 • 흉통, 기침, 객혈, 국소마비, 시력 장애가 발생함
요코가와흡충	• 제1중간 숙주: 다슬기 → 제2중간 숙주: 은어, 숭어, 황어 → 사람 • 설사, 복통, 무력감, 빈혈이 발생함

③ **조충류**: 주로 소화기관에 기생

유구조충 (갈고리촌충)	• 돼지 → 사람 • 설사, 구토, 식욕 감퇴가 발생함
무구조충 (민촌충)	• 소 → 사람 • 복통, 설사, 구토, 소화 장애가 발생함
광절열두조충 (긴촌충)	• 물벼룩 → 담수어(연어, 송어) → 사람 • 복통, 설사, 구토, 빈혈이 발생함

> **참고** 기생충 질환의 예방대책
> 유행지역의 역학조사, 위생 상태의 개선, 식생활 개선, 소독 실시

3 가족 및 노인보건

(1) 가족보건

① **가족계획(WHO)**: 근본적으로는 산아제한을 의미하는 것으로, 원하지 않는 아이의 출산을 방지하고, 출산의 시기 및 간격을 조절하여 출생 자녀 수를 제한하고 불임증 환자를 진단 및 치료하는 것을 말함
② **가족계획의 필요성**: 모체의 건강 상태, 경제력, 자녀의 알맞은 터울 등을 고려하고 우수하고 튼튼한 자녀를 갖도록 임신의 시기를 조절함
③ **가족계획의 내용**: 결혼 조절, 초산 연령 조절, 출생 횟수 조절, 출생 간격 조절, 임신 중 태아 관리 및 출산 전후의 모성관리, 영·유아의 건강관리까지 확대된 의미로 가족계획은 계획 출산을 의미함

> **참고** 조출생률
> 국가나 특정 지역의 출산 수준을 나타내는 기본적인 지표로, 연간 총출생아 수를 당해 연도의 총인구(한 해의 중간인 7월 1일)로 나눈 것에 1,000을 곱한 것을 말함

④ 가족계획의 방법(피임 방법)

생존 기간	난자 24시간, 정자 2~3일
피임 조건	피임효과, 안전성, 복원성, 수용성, 경제성
영구 피임	난관수술, 정관수술
일시적 피임	콘돔 착용, 월경 주기법, 기초체온법, 경구피임법

(2) 모자보건
① 모자보건의 목적: 모성의 생명과 건강을 관리하고 건전한 자녀 출산과 양육을 도모하여 국민보건 향상을 목적으로 함
② 모자보건의 대상: 출생, 성장, 발달의 성장 과정을 거치는 6세 이하의 어린이와 2차 성징이 나타나는 시기에서 폐경기에 이르는 모든 여성이 해당함
③ 모자보건의 내용
  • 임산부의 산전관리와 분만관리, 응급처치
  • 영·유아의 건강관리와 예방접종
  • 피임 시술 및 피임 약제의 보급에 관한 사항
  • 부인과 관련 질병 예방 및 치료
  • 장애 아동 발생 예방 및 건강관리
④ 임산부 사망의 원인
  • 임신, 분만, 산욕 등의 합병증으로 야기되는 사망
  • 고혈압성 질환, 출혈성 질환, 감염증 등에 의한 사망

(3) 노인보건
① 노인보건의 목적: 65세 이상 노인의 건강에 관한 문제를 다루는 것으로 알맞은 건강검진사업을 통한 신체적·정신적 기능 상태의 하락을 최소화하고 노후생활 안정 및 신체적 기능 상태를 증진함
② 노인보건의 중요성
  • 고령화 사회로 진입하면서 노인 인구가 현저히 증가하고 있음
  • 노화의 기전이나 유전적 조절 등에 관심이 높음
  • 노인 인구의 급증으로 노인성 질환의 비중이 점차 증가함
  • 노인성 질환은 장기 치료가 필요하므로 국민 총의료비가 증가함
③ 노인의 3대 문제: 경제능력 부족, 질병, 소외
④ 노인의 사망 원인: 암, 당뇨병, 심장 질환, 뇌혈관 질환 등
⑤ 노인보건의 방안: 의료 보장, 복지시설 확충, 사회활동 보장, 기본소득 보장

4 환경보건

(1) 환경보건의 정의 및 범위
① 환경보건의 정의
  • 환경위생의 범위를 넘어 모든 자연적 및 인공적 환경과 관련된 분야의 과학과 기술로써 인간의 건강을 증진하고자 하는 노력임
  • 세계보건기구(WHO)에서 말하는 환경보건이란 인간의 발육·건강·생존에 나쁜 영향을 미칠 수 있는 모든 환경 요인을 관리하는 것임

참고 **예방접종** 빈출
• DPT(디프테리아, 백일해, 파상풍): 생후 2, 4, 6개월(요즘은 DTaP를 사용)
• BCG(결핵): 생후 1개월(4주) 이내
• MMR(홍역, 볼거리, 풍진): 생후 12~15개월 1차, 만 4~6세 2차
• PPD(투베르쿨린 반응검사): 결핵균 감염 여부를 확인할 수 있는 검사

참고 **임신중독증의 3대 증상**
고혈압, 부종, 단백뇨

② 환경보건의 범위: 인간과 환경의 상호관계를 연구하는 분야로, 인간의 육체적·정신적 건강을 유지하기 위해 필요한 공기, 물, 주거 위생, 폐기물 처리, 토양오염 등의 모든 분야를 의미함

(2) 환경오염
인간의 활동에 의해 발생한 대기·수질오염, 주거환경에서의 오염, 소음과 진동, 악취·공해, 식품오염 등으로 인해 사람의 건강과 환경에 피해를 주는 것을 의미함

> **참고 공해 발생원인**
> 공장의 폐수 및 폐유 방류, 자동차의 배기 가스, 공사장의 분진 발생, 벌목 등

(3) 기후와 건강
① 기후의 3대 요소: 기온, 기습, 기류 [빈출]
- 기온: 실내 쾌적 기온은 18±2℃임
- 기습(습도): 쾌적 기습은 40~70%임
- 기류(바람)

쾌적 기류	불감 기류
• 실내: 0.2~0.3m/sec • 실외: 1.0m/sec 정도	0.5m/sec 이하 (인간이 느끼는 기류의 최저 속도)

② 기후의 4대 온열 요소: 기온, 기습, 기류, 복사열
③ 체감온도(감각온도): 인간이 기온, 기습, 기류 등을 통해 감각으로 느끼는 온도
④ 보건적 실내온도와 습도 [빈출]
- 실내온도: 병실은 21±2℃, 침실은 15±1℃, 거실은 18±2℃임
- 습도: 쾌적한 습도는 40~70%이며, 15℃일 때 70~80%, 18~20℃일 때 60~70%, 24℃ 이상일 때 40~60%임

⑤ 불쾌지수: 기온과 기습에 따라 느끼는 불쾌감의 정도

불쾌지수 공식(DI, Discomfort Index)	불쾌지수
(건구온도 ℃ + 습구온도 ℃) × 0.72 + 40.6	• D ≥ 70이면 10% 정도가 불쾌 • D ≥ 75이면 50% 정도가 불쾌 • D ≥ 80이면 거의 모두 불쾌 • D ≥ 85 이상이면 거의 모두 매우 불쾌

> **용어 기온 측정**
> - 실내 측정 시: 통풍이 잘 되는 곳에서 측정, 수은주 높이와 측정자 눈의 높이가 같아야 함
> - 평균 기온: 높이에 비례하여 하강(고도 11,000 이하에서는 100m당 0.5~0.7도)
> - 기온이 가장 낮을 때: 일출 직후
> - 기온이 가장 높을 때: 오후 2~3시경
> - 저온에 노출될 경우: 참호족, 동상, 전신체온 하강

> **용어 복사열**
> 발열체로부터 나오는 열로 실제 온도보다 더 큰 온도감을 느낌

(4) 대기오염
① 공기
- 공기의 주요 성분: 질소(N_2) 78.1%, 산소(O_2) 20.9%, 아르곤(Ar) 0.9%, 이산화탄소(CO_2) 0.03%
- 성인의 1일 필요 공기량: 약 13kℓ

산소(O_2)	• 공기 중 21%를 차지함 • 산소량 10% 이하면 호흡 곤란, 7% 이하면 질식사함 • 산소 결핍을 저산소증이라고 하고, 과잉을 산소중독증이라고 함
질소(N_2)	• 공기 중 가장 많은 양을 차지하며, 잠함병과 관련 있음 • 고기압 상태에서는 중추신경계 마취작용을 함
이산화탄소(CO_2)	• 무색·무취의 비독성가스로 물체 연소 시 발생하며 군집독과 관련 있음 • 실내 공기오염지표로 사용함 • 실내 공기의 위생학적 허용 기준: 0.1%(1,000ppm)

> **용어 잠함병**
> 고압 환경에서 빠른 시간 안에 혈압이 보통 기압으로 돌아오면서 생기는 여러 가지 장애로, 잠수부나 해녀들에게서 많이 발생함

> **용어 군집독** [빈출]
> - 환기가 불량한 좁은 공간에 많은 사람들이 밀집해 있으면 실내 기후가 물리적·화학적으로 변화하면서 불쾌감, 두통, 현기증 등이 생기는 현상
> - 온도, 습도, 구취, 일산화탄소, 이산화탄소와 관련 있음

② 대기오염: 대기 중에 인위적으로 배출하는 오염물질로, 분진, 가스상의 유해물질로 인하여 다수의 지역주민에게 불쾌감을 일으키거나 인간의 생활이나 생물의 성장을 방해하고 경제적 손실을 주는 것을 말함

기온역전	고도가 상승함에 따라 하부보다 상부의 기온이 낮아야 하지만 반대로 고도가 높아질수록 기온이 상승하여 상부의 기온이 하부의 기온보다 높아지는 현상임
열섬 현상	• 도로포장의 영향으로 복사열이 많이 방출되고 대형건물이 바람을 차단하여 상공의 찬 공기가 눌려지면서 움직이지 않아 다른 지역보다 기온이 높아지는 현상으로, 주로 도시에서 발생함 • 도심의 먼지로 오염된 경우 먼지지붕(Dust Dome)이 형성됨

• 물리적 성상에 따른 분류

가스상 물질	일산화탄소(CO), 질소산화물(NO_x), 황산화물(SO_x) 등
입자상 물질	먼지, 매연, 연무 등

• 생성기전에 따른 분류

	배출원으로부터 직접 배출된 오염물질	
1차 오염물질	일산화탄소 (CO)	• 배출량이 가장 많은 대기오염물질임 • 무색 · 무취의 맹독성 가스, 불완전 연소 시 많이 발생함 • 헤모글로빈과 친화성이 높아 산소결핍증을 유발함
	질소산화물 (NO_x)	• 공기 중 질소와 산소가 자동차 엔진 내부의 고온에 반응하여 생성되며 산성비와 스모그의 원인 물질임 • 호흡기 질환, 눈 질환이 발생함
	황산화물 (SO_x)	• 대기오염의 측정지표(SO_2)로, 화학연료에 황(S)이 포함된 것임 • 산성비와 스모그의 원인 물질로, 식물의 엽록소를 파괴함
	1차 오염물질이 태양광선의 광화학 반응에 의해 생성됨	
2차 오염물질	스모그	• 대기 중 안개 모양의 대기오염 상태임 • 안개가 없는 지역에서 광화학작용에 의해 스모그가 형성됨
	오존 (O_3)	• 자외선과 1차 오염물질인 질소산화물로부터 생성됨 • 오존은 소독작용을 하므로 적당량이 존재할 경우 살균 · 탈취작용을 함 • 오존의 농도가 높아지면 호흡기 질환, 폐 기능 저하 등이 발생함

> 용어 SO_2(아황산가스)
> 대표적인 대기오염의 측정지표

• 대기오염에 의한 기상 변화

지구온난화	• 대기 중에 배출된 이산화탄소, 메탄 등이 층을 형성하면서 지표에서 복사된 적외선을 흡수하여 열의 방출을 막고 지상으로 다시 복사해 지구의 기온이 높아지는 현상임 • 온실효과가 나타남
산성비	• pH가 5.6 이하인 비가 내리는 것 • 질소산화물과 황산화물(아황산가스)이 물과 결합하면서 각각 질산, 황산이 되어 내리는 것을 말함 • 생태계 파괴, 금속의 부식, 토양의 산성화로 식물들의 성장 저하 등이 발생함
오존층 파괴	• 오존층은 태양의 자외선을 막아 지구의 생태계를 유지하는 층임 • 자외선 증가로 생태계가 파괴되고, 피부암, 백내장 등이 발생함

(5) 수질오염

오염물질이 자연수와 섞이면서 물의 자정능력이 상실되거나 생물체에 좋지 않은 영향을 미칠 수 있는 상태임

① **수질오염의 지표**: 상수도 수돗물의 잔류염소는 0.2~0.4ppm 정도로 유지하며, 0.5ppm이 넘으면 물에서 소독약 냄새가 남

- 일반적인 지표 〔빈출〕

BOD (생화학적 산소요구량)	• 하수오염의 대표 지표로, 물 속의 유기물질이 호기성 미생물에 의해 분해될 때 필요한 산소요구량 • 유기물질을 20℃에서 5일 동안 측정함 • BOD가 높으면 오염도가 높음
DO (용존산소량)	• 물에 녹아 있는 산소의 양 • BOD가 높으면 DO가 낮음 • 용존산소 부족 시 메탄가스 및 악취 발생
COD (화학적 산소요구량)	물 속의 오염물질이 산화제에 의해 분해될 때 필요한 산소요구량
대장균군	• 분변성 오염의 지표로, 상수(음용수)의 일반적인 오염지표로 사용함 • 병원성 미생물의 존재 가능성을 알 수 있음
SS (부유물질)	• 물질의 입자 크기가 2mm 이하인 물 속에서 녹지 않는 현탁한 고형물질임 • 탁도가 높으면 빛의 투과율이 저하되어 조류의 광합성을 저해함 • 점토, 세균, 유기물, 미세한 입자 등
pH (수소이온농도)	물 속에 산성 또는 알칼리성 오염물질의 유입을 판단하는 지표로 사용함

② 수질오염에 따른 인체 질환

이타이이타이병	• 카드뮴에 의한 지하수의 오염으로 생기는 질환 • 호흡기 장애, 칼슘 부족, 골절, 골연화증, 신장 기능 장애, 피로감 등이 발생함 • '아파아파'라는 의미로, 일본의 도야마현의 진즈 강 하류에서 발생함
미나마타병	• 수은 중독에 의한 질환으로, 메틸수은에 오염된 조개 및 어패류 섭취 시 생기는 질환 • 신경계(뇌, 말초신경, 척수)에 발생하며, 근육 위축, 청력 장애, 언어 장애, 안구운동 장애, 손발의 떨림 등이 발생함

[용어] 메탄가스
- 주로 하수도시설과 복개하천에서 발생하는 혐기성 유해물질임
- 쓰레기 매립지는 메탄가스로 인해 폭발의 위험성이 있음

[용어] 조류
강이나 바다, 연못과 같은 물 속에 사는 작은 생물 예 녹조류, 홍조류

5 식품위생과 영양

(1) 식품위생의 정의 및 목적

① **식품위생의 정의**: 식품의 생산에서 제조를 거쳐 사람에게 섭취될 때까지의 모든 과정에 걸친 식품의 위생적인 안전성·건전성 및 완전 무결성을 유지하는 데 필요한 모든 수단을 말함

② 식품위생의 목적
- 식품영양의 질적 향상을 위해 유해식품을 배제하고 식품의 안전성을 지키는 데 있음
- 안정성 확보 방법: 원료, 식품취급시설 및 식품취급자에 대한 위생관리

(2) 식품의 위생관리

① 가공식품 등의 해썹(HACCP)제도: 식품안전관리인증기준(HACCP: Hazard Analysis and Critical Control Point)이란 원료부터 유통의 전 과정에 대한 관리를 종합적이고 위생적으로 하는 것을 말함

② 식품의 변질과 보존

- 식품의 변질

부패	단백질이 미생물에 의해 분해되어 악취와 유해물질을 생성하는 것
변패	미생물이 탄수화물, 지방을 분해하는 것
변질	식품의 영양물질 등이 파괴되어 먹을 수 없는 상태로 부패·변패된 상태
발효	• 탄수화물이 미생물에 의해 분해되어 유기산, 알코올 등을 생성하는 상태 • 간장, 된장, 고추장, 김치, 치즈 등의 절임식품
산패	불포화지방산이 산화되면서 악취나 독성물질이 발생하는 것

- 식품의 보존 방법

물리적 처리법	저온저장법	• 상품가치의 저하를 막아주고, 열처리에 비해 상품의 손상이 적으며, 처리가 단순함 • 대부분의 세균은 10℃ 이하의 온도에서 번식이 어렵고, −10℃ 이하에서는 번식하지 않음 • 저온저장: −2~10℃ 범위로 저장 • 냉동저장: −18℃ 이하로 저장
	가열처리법	• 가열하여 미생물을 사멸하는 방법으로, 효소도 불활성화 시킴 • 저온살균법: 60~70℃로 가열하는 방법으로, 저온살균 우유, 맥주, 청주 등이 해당함 • 고온살균법: 100℃ 이상으로 가열하는 방법으로, 통조림 식품에 이용함 • 고온단시간살균법: 식품의 영양이나 품질이 손상되지 않는 방법으로, 70~95℃에서 20초 내외로 가열 후 급랭하는 것으로 우유, 과즙의 살균에 이용함
	건조법	탈수하여 미생물의 발육 및 효소작용에 필요한 수분을 제거하는 방법임
	방사선 조사	방사선을 조사하여 야채, 과일 등의 보존성을 높이는 방법임
	병·통조림	밀봉하여 가열하는 방법임
화학적 처리법	염장법	삼투압으로 탈수하는 방법으로, 소금을 이용하여 육류, 수산물, 채소 등에 이용함
	설탕절임법	설탕이 50% 이상의 농도에서는 삼투하는 원리를 이용하여 미생물의 증식을 억제하고 보존하는 것으로, 젤리, 잼에 이용함
	식초절임법	pH 4.0 이하에서 미생물의 발육이 억제되므로 pH가 낮은 초산이나 젖산을 이용하여 저장함
	훈연법	벚나무, 참나무, 떡갈나무 등의 연기가 식품의 조직에 침투하여 살균·건조되는 동시에 향미를 증진하는 방법
	가스저장법	CO_2, N_2가스로 호기성 부패 세균의 번식을 억제하는 방법으로, 어류, 육류, 야채 저장에 이용함

> **참고** 저온저장과 상온저장
> • 저온저장: −2~10℃
> • 상온저장: 10℃ 이상

생물학적 처리법	세균·효모	식품에 유익한 세균이나 효모를 발육시켜 풍미를 증진하는 보존 방법으로, 치즈, 된장, 간장 등의 발효식품이나 절임식품에 이용함
	곰팡이	식품에 있는 특정 곰팡이를 발육시켜 유해한 미생물의 성장을 저해하고 식품의 성분을 더욱 안전하게 변화시키는 방법으로, 치즈 등에 이용함

(3) 식중독

① 식중독의 정의: 일반적으로 오염된 식품의 섭취로 인해 생기는 급성위장염 증상

② 식중독의 분류 빈출

세균성	감염형	살모넬라균	• 발병률이 75% 정도로 매우 높으나, 치명률은 낮음 • 감염된 사람, 개, 고양이, 가축·가금류의 식육, 가금류의 알 등에서 감염됨 • 주요 증상은 발열, 두통, 구토, 설사 등임
		장염비브리오균	• 7~9월 사이에 주로 발생됨 • 어패류가 주원인임
		병원성 대장균	• 생간, 육회 등을 덜 익혀 먹거나 오염된 조리도구를 사용할 경우 생김 • 주요 증상은 설사, 복통 등임
	독소형	보툴리누스균	• 식중독 중 치명률(25%)이 가장 높은 신경 독소임 • 통조림, 레토르트 식품을 섭취하는 사람들에게 생김 • 보톡스(Botox): 이 독을 희석해서 만든 상품
		황색포도상구균	• 육류 및 가공 식품, 우유, 치즈, 버터 등과 관련 있으며, 식품 취급 전에 손을 깨끗이 씻고, 조리 기구를 청결히 하고 남은 음식은 5℃ 이하에 냉장 보관하면 예방할 수 있음 • 주요 증상은 위경련, 구토, 미열, 설사 등임 • 면도나 손톱을 깎을 때 상처가 나면 모공을 통해 침투하기도 함
		장구균	• 사람의 대장에 항상 있어 위생지표세균으로 이용되고 있음 • 거의 모든 대장균은 냉동시킬 경우 사멸하지만, 장구균은 사멸하지 않음
		웰치균	생독소형으로 사람의 분변, 수육 제품이 원인임
자연독	식물성	솔라닌	감자
		무스카린	버섯
		에르고톡신	맥각균(보리)
		아미그달린	청매실
		시큐톡신	독미나리
	동물성	테트로도톡신	복어
		베네루핀	모시조개(바지락), 굴 등
		삭시톡신	검은 조개, 섭조개(홍합), 대합조개 등
		테트라민	고둥

> **참고** 세균성 식중독
> • 일반적으로 잠복기가 짧음
> • 2차 감염이 거의 없음
> • 감염형은 세균이 체내에 증식하여 발병함
> • 독소형은 세균 독소에 의해 발병함

바이러스성	노로바이러스	익히지 않은 어패류 · 해산물(겨울철에 많이 생김)
화학성	첨가물, 농약, 유해중금속과 같은 화학물질이 식품에 혼입되어 생김	
곰팡이성	황변미, 아플라톡신과 같이 곰팡이의 기생에 의한 것임	

6 보건행정

(1) 보건행정의 정의
공중보건의 목적(국민의 수명 연장, 질병 예방 등)을 달성하기 위해 보건과 행정을 하나로 묶은 공적인 행정활동을 말함

(2) 보건사업의 범위

환경관리 분야	환경위생, 식품위생, 환경오염, 산업보건
질병관리 분야	감염병 관리, 비감염병 관리, 기생충 관리, 역학
보건관리 분야	보건관계 기록의 보존, 보건교육, 모자보건, 보건행정, 학교보건, 가족계획, 의료보장제도, 약물남용

(3) 보건행정의 특성
① 공공성과 사회성: 사회경제적 특성상 공공재적 성격의 서비스
② 봉사성: 국민의 건강을 향상하기 위해 적극적인 서비스 제공
③ 조장성(권장, 장려)과 교육성: 지역주민 교육에 참여 분위기 조성
④ 과학성과 기술성: 지식과 기술 필요

(4) 보건행정의 분류

일반보건행정	• 질병 예방을 주 업무로 하는 행정 • 예방보건, 보건위생행정, 환경위생행정
의무행정	자격시험 및 양성, 보건의료인의 면허, 의료기관 관리
약무행정	• 의약품, 의료용구 등의 생산, 배급, 판매 • 대마, 각성제, 독극물 등의 관리

(5) 보건기획 과정
전제를 세워 → 예측을 하고 → 목표를 설정(재설정)하며 → 구체적 행동계획을 세우는 과정

전제	대상 주민의 건강 상황에 직 · 간접적으로 영향을 미치는 요인을 파악하여 건강 상태를 향상시키기 위한 설계
예측	과거와 현재에 대한 정보를 수집 · 분석하여 미래를 예측함
목표 설정	현황 분석 및 장래 추세를 예측하여 파악된 문제점 등을 고려하여 전반적으로 목표를 설정하거나 재설정함
구체적 행동계획	달성하려는 목표를 구체화함

(6) 우리나라 보건행정
① 중앙 보건행정조직

보건복지부	• 중앙 보건조직은 보건복지부에서 관장함 • 보건위생, 방역, 의정, 약정, 생활보호, 자활 지원, 여성복지, 아동, 노인, 장애인 및 사회보장에 관한 사무를 관장함	
	핵심정책	저출산·고령화 대응, 의료급여, 사회서비스, 약제적정화 방안임
	소속기관	질병관리청, 국립의료원, 한국장기이식관리센터, 중앙응급의료센터가 속함
식품의약품안전처	식품·의약품의 규격과 사용 기준 등 안전을 위한 사무를 관장함	

② 지방 보건행정조직

시·도 보건행정조직	시·도마다 약간의 차이가 있으나 보통 보건복지여성국 안에 복지정책과(아동복지, 보육지원), 장애인복지과, 여성청소년가족과, 방역총괄과, 방역대응과 등이 있음	
	보건소	시·군·구 보건행정조직
	보건지소	읍·면 보건행정조직
	보건진료소	리 단위의 도서·벽지 보건행정조직

③ 보건소의 주요 업무
- 방문건강관리사업: 전 지역주민을 대상으로 포괄적인 보건의료 서비스 제공
  - 실질적으로 주민이 느끼는 보건행정은 보건소를 통해 이루어짐
- 국민건강증진, 보건교육, 구강건강 및 영양개선
- 감염병의 예방, 관리 및 진료
- 모자보건 및 가족계획사업
- 노인보건사업: 노인층 인구에 가장 적절한 보건교육방법은 개별접촉으로, 만 65세 이상 독거노인 가구나 만 75세 이상 노부부 가구 등을 중심으로 가정방문 서비스를 제공함
- 공중위생 및 식품위생
- 의료인 및 의료기관에 대한 지도 등에 관한 사항
- 농어촌 등 보건의료를 위한 특별조치법에 의한 공중보건의사, 보건진료원 및 보건진료
- 정신보건에 관한 사항
- 보건에 관한 실험 또는 검사에 관한 사항
- 장애인 재활사업 기타 보건복지부령이 정하는 사회복지사업

(7) 사회보장제도

사회보험	의료보장	건강보험(구 의료보험), 산재보험
	소득보장	산재보장, 연금보험, 고용보험
공공부조	소득보장	기초생활보장
	의료보장	의료급여
사회복지서비스		상담, 재활, 직업 소개 및 지도, 사회 복지시설 제공

> **참고** 건강보험(구 의료보험)
> - 1989년 전 국민 의료보험 달성
> - 국내에 거주하는 국민(외국인 포함)은 건강보험의 가입자 또는 피부양자가 됨
> - 저소득층 암환자에 대한 치료비 지원함

출제 예상문제 A

1 공중보건 기초

01
윈슬로우(Winslow, 1920)의 공중보건학에 대한 정의로 옳은 것은?

① 질병을 치료하고 수명을 연장하는 기술이며 과학이다.
② 질병을 예방하고 사회적 효율을 증진시키는 기술이며 과학이다.
③ 질병을 치료하고 신체적 · 정신적 효율을 증진시키는 기술이며 과학이다.
④ 질병을 예방하고 신체적 · 정신적 효율을 증진시키는 기술이며 과학이다.

공중보건학이란 조직적이고 체계적인 지역사회의 노력을 통해 질병을 예방하고 수명을 연장하여 신체적 · 정신적 효율을 증진시키는 기술이며 과학임

02
세계보건기구(WHO)의 건강에 대한 정의로 옳은 것은?

① 건강이란 질병이 없거나 허약하지 않은 상태만 말한다.
② 신체적으로 안녕한 상태를 말한다.
③ 신체적 · 정신적 · 사회적으로 안녕한 상태를 말한다.
④ 신체적 · 정신적으로 안녕한 상태를 말한다.

건강이란 단순히 질병이 없거나 허약하지 않은 상태만을 의미하는 것이 아니라 신체적 · 정신적 · 사회적으로 모두 안녕한 상태를 말함

03
한 국가의 건강 수준을 나타내는 대표적인 지표는?

① 영아사망률
② 감염병 관리
③ 환경위생
④ 질병 예방

보건 수준을 나타내는 대표적인 3대 지표: 영아사망률, 비례사망지수, 평균수명

04
질병의 발생 요인이 아닌 것은?

① 병인
② 숙주
③ 환경
④ 예방접종

예방접종: 감염성 질환의 발생을 예방하기 위해 실시함

05
질병의 예방 단계로 재활, 적응, 재발 방지 등을 통해 사회 복귀 활동이 필요한 단계는?

① 1차 예방
② 2차 예방
③ 3차 예방
④ 4차 예방

- 1차 예방(질병 발생 전 단계): 생활환경 개선, 건강관리, 예방접종 등을 통해 질병 발생의 억제가 필요한 단계
- 2차 예방(질병 감염 단계): 조기검진, 건강검진, 악화 방지 등을 통해 치료가 필요한 단계

06
인구 증가의 양적 문제로 성격이 다른 것은?

① 인구
② 질병의 증가
③ 빈곤
④ 공해

- 3P: 인구(Population), 공해(Pollution), 빈곤(Poverty)
- 3M: 영양실조(Malnutrition), 질병의 증가(Morbidity), 사망의 증가(Mortality)

07
출생률이 사망률보다 낮아 평균수명이 높은 선진국형인 인구의 구성 형태는?

①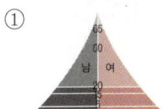
②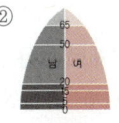
③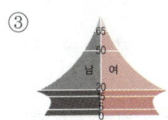
④

- 피라미드형(인구 증가형): 출생률과 사망률이 높은 인구형으로, 14세 인구가 65세 이상 인구의 2배를 초과함
- 종형(인구 정지형): 14세 이하 인구가 65세 이상 인구의 2배로, 출생률과 사망률이 낮은 이상적인 인구형임
- 별형(인구 유입형): 생산인구(15~49세)가 유입되는 도시형으로, 생산인구가 전체 인구의 50% 이상임

| 정답 | 01 ④ | 02 ③ | 03 ① | 04 ④ | 05 ③ | 06 ② | 07 ④ |

08
보건지표에 대한 설명으로 옳지 않은 것은?

① 비례사망지수: 한 국가의 건강 수준을 나타내는 지표로, 50세 이상 사망자 수를 백분율로 나타낸 지수{(50세 이상 사망자 수/연간 전체 사망자 수)×1,000}
② 영아사망률: 출산아 1,000명당 1세 이전에 사망하는 아기 수를 나타낸 지수{(출생 후 1년 미만의 사망아 수/1년간 출생아 수)×1,000}
③ 평균수명: 생후 1년 미만(0세) 아기의 생명표상 기대수명
④ 조사망률: 인구 1,000명당 1년간 발생하는 사망자 수를 나타낸 지수

> 비례사망지수: 한 국가의 건강 수준을 나타내는 지표로, 50세 이상 사망자 수를 백분율로 나타낸 지수{(50세 이상 사망자 수/연간 전체 사망자 수)×100}

2 질병관리

09
역학의 정의로 옳은 것은?

① 질병 치료와 관리에 기여한다.
② 인간 개인에게 발생하는 질병의 원인을 규명하는 학문이다.
③ 질병 예방과 관리에 기여한다.
④ 예방접종을 통해 질병을 예방하고 치료하기 위한 학문이다.

> 인간 집단 내에서 발생하는 질병의 원인을 규명하는 학문임

10
역학의 4대 현상으로 옳지 않은 것은?

① 주기 변화
② 숙주 변화
③ 불규칙 변화
④ 계절적 변화

> 추세 변화: 수십 년간 질병 발생이 반복되거나 증가 또는 감소의 경향을 보이는 경우임

11
감염병의 발생 단계로 옳은 것은?

① 병원소 → 병원체 → 병원체로부터 병원소 탈출 → 병원체의 전파
② 병원체 → 병원소 → 병원소로부터 병원체 탈출 → 새로운 숙주로 침입
③ 병원체 → 병원소 → 병원체로부터 병원체 탈출 → 새로운 숙주로 침입
④ 병원체 → 병원소 → 병원소로부터 병원체 탈출 → 병원체의 전파

> 감염병의 발생 단계: 병원체 → 병원소 → 병원소로부터 병원체 탈출 → 병원체의 전파 → 새로운 숙주로 침입 → 감수성 있는 숙주의 감염

12
소화기계의 병원체 중 성격이 다른 병원체는?

① 폴리오
② 장티푸스
③ 콜레라
④ 이질

> • 세균: 장티푸스, 콜레라, 세균성 이질, 파라티푸스, 파상열
> • 바이러스: 폴리오, 유행성 간염
> • 리케차: Q열
> • 원충류: 아메바성 이질

13
질병에 걸린 후 치료가 되었으나 몸 안에 병원균이 남아있는 사람은?

① 건강 보균자
② 잠복기 보균자
③ 회복기 보균자
④ 숙주

> • 건강 보균자: 병원체에 감염되었으나 감염된 증상이 없고 병원체를 배출하는 사람으로, 감염병 관리가 가장 어려운 경우를 말함
> • 잠복기 보균자: 병원체에 감염되었으나 질병의 증상이 없는 경우를 말함

14
동물 병원소 중 소에 의한 감염병에 해당하지 않는 것은?

① 결핵
② 살모넬라증
③ 탄저
④ 유행성 뇌염

> 말: 유행성 뇌염, 탄저, 살모넬라증

15
곤충 병원소 중 모기에 의한 감염병에 해당하는 것은?

① 콜레라
② 일본뇌염
③ 재귀열
④ 이질

> • 파리: 콜레라, 이질, 장티푸스, 결핵, 파라티푸스, 트라코마
> • 이: 발진티푸스, 재귀열
> • 바퀴벌레: 콜레라, 이질, 장티푸스

| 정답 | 08 ① | 09 ③ | 10 ② | 11 ④ | 12 ① | 13 ③ | 14 ④ | 15 ② |

16
병원소로부터 병원체의 탈출에 대한 설명으로 옳은 것은?
① 호흡기계로부터 탈출 - 소변, 성기 분비물 → 매독, 임질
② 소화기계로부터 탈출 - 분변, 토사물 → 콜레라, 이질, 장티푸스, 폴리오 등
③ 비뇨, 생식기관으로부터 탈출 - 주사기, 곤충의 흡혈 → 말라리아, 발진티푸스, 간염
④ 상처 부위에서 직접 탈출 - 기침, 재채기, 대화 → 결핵, 감기, 천연두, 백일해, 수두, 폐렴, 백일해 등

- 호흡기계로부터 탈출: 기침, 재채기, 대화 → 결핵, 감기, 천연두, 수두, 폐렴, 백일해 등
- 비뇨, 생식기관으로부터 탈출: 소변, 성기 분비물 → 매독, 임질 등
- 상처 부위에서 직접 탈출: 신체 표면(피부병) → 농양, 파상풍 등
- 기계적 탈출: 주사기, 곤충의 흡혈 → 말라리아, 발진티푸스, 간염 등

17
숙주에서 다른 숙주로 병원체가 직접적으로 전달되는 질병은?
① 성병   ② 파상풍
③ 홍역   ④ 결핵

- 숙주 간 직접적인 접촉에 의한 감염: 나병, 성병
- 신체의 일부가 토양 등에 접촉하여 생기는 감염: 파상풍, 탄저, 구충증
- 재채기, 기침 등 비말에 의한 감염: 홍역, 인플루엔자, 결핵

18
콜레라, 장티푸스, 결핵 등의 예방접종과 관련 있는 면역 방법은?
① 자연수동면역   ② 인공수동면역
③ 자연능동면역   ④ 인공능동면역

예방접종으로 얻는 면역은 인공능동면역에 해당함

19
제1급 감염병에 해당하지 않는 것은?
① 에볼라바이러스병   ② 야토병
③ 디프테리아   ④ 콜레라

제2급 감염병: 결핵, 수두, 홍역, 콜레라, 장티푸스, 파라티푸스, 세균성 이질, 장출혈성대장균감염증, A형간염, 백일해, 유행성 이하선염, 풍진, 폴리오, 수막구균 감염증, b형헤모필루스인플루엔자, 폐렴구균 감염증, 한센병, 성홍열, 반코마이신내성황색포도알균(VRSA) 감염증, 카바페넴내성장내세균목(CRE) 감염증, E형간염

20
호흡기계 감염병의 특징으로 옳지 않은 것은?
① 홍역: 주로 파리에 의해 전파됨
② 디프테리아: 환자나 보균자의 콧물, 가래, 피부 상처 등을 통해 감염됨
③ 결핵: 출생 후 4주 이내에 예방접종을 실시함
④ 유행성 이하선염: 볼거리라고도 하며, 주로 어린이에게서 발생함

홍역: 호흡기 분비물을 통해 감염되고, 질병 완치 시 면역력을 갖게 되어 재감염이 되지 않음

21
절지동물을 매개로 한 감염병이 아닌 것은?
① 페스트   ② 말라리아
③ 파상풍   ④ 쯔쯔가무시증

- 절지동물 매개: 페스트, 발진티푸스, 말라리아, 쯔쯔가무시증, 일본뇌염
- 파상풍: 녹슨 못이나 토양을 통해 감염됨

22
주로 소화기, 근육, 혈액에 기생하는 기생충은?
① 유구조충   ② 간흡충
③ 요코가와흡충   ④ 요충

- 선충류: 소화기, 근육, 혈액에 기생하며, 회충, 요충, 십이지장충 등이 있음
- 흡충류: 간흡충, 폐흡충, 요코가와흡충
- 조충류: 유구조충, 무구조충, 광절열두조충

23
주로 소화기관에 기생하고 돼지에서 사람으로 감염되며 설사, 구토, 식욕 감퇴를 일으키는 기생충은?
① 광절열두조충   ② 유구조충
③ 무구조충   ④ 간흡충

- 광절열두조충: 물벼룩 → 담수어 → 사람, 복통, 설사, 구토, 빈혈이 발생함
- 무구조충: 소 → 사람, 복통, 설사, 구토, 소화 장애가 발생함

| 정답 | 16 ② | 17 ① | 18 ④ | 19 ② | 20 ① | 21 ③ | 22 ④ | 23 ② |

3 가족 및 노인보건

24
가족계획의 필요성에 따른 고려사항으로 옳지 <u>않은</u> 것은?

① 모체의 건강 상태　② 질병 치료
③ 경제력　④ 자녀의 알맞은 터울

> 모체의 건강 상태, 경제력, 자녀의 알맞은 터울 등을 고려하고 우수하고 튼튼한 자녀를 갖도록 임신의 시기를 조절함

25
모자보건의 내용으로 옳지 <u>않은</u> 것은?

① 장애 아동 발생 역학
② 부인과 관련 질병 예방
③ 임산부의 산전관리와 분만관리
④ 피임 시술 및 피임 약제의 보급

> 모자보건의 내용: 장애 아동 발생 예방 및 건강관리, 영·유아의 건강관리와 예방접종 등

26
노인보건의 중요성으로 옳은 것은?

① 노인 인구가 현저히 줄어들고 있다.
② 노인성 질환의 비중이 점차 낮아지고 있다.
③ 노화의 기전이나 유전적 조절 등에 관심이 높아지고 있다.
④ 국민 총의료비가 감소하고 있다.

> • 고령화 사회로 진입하면서 노인 인구가 현저히 증가하고 있음
> • 노인 인구의 급증으로 노인성 질환의 비중이 점차 증가함
> • 노인성 질환은 장기 치료가 필요하므로 국민 총의료비가 증가함

4 환경보건

27
기후의 3대 요소가 <u>아닌</u> 것은?

① 기온　② 기습
③ 기류　④ 복사열

> 복사열은 발열체로부터 나오는 열로, 4대 온열 요소에 해당함

28
하수오염의 지표로 사용하는 것은?

① BOD　② DO
③ 대장균　④ pH

> • DO: 물 속에 녹아 있는 산소의 양
> • 대장균: 상수의 일반적인 오염지표
> • pH: 물 속에 산성 또는 알칼리성 오염물질의 유입을 판단하는 지표

29
산성비에 대한 설명으로 옳지 <u>않은</u> 것은?

① pH가 5.6 이하이다.
② 자외선의 증가로 인해 발생한다.
③ 질소산화물과 아황산가스가 물과 결합한 것이다.
④ 금속을 부식시키고 토양의 산성화를 가져온다.

> 오존층은 태양의 자외선을 막아 지구의 생태계를 유지하는 층으로, 자외선의 증가로 오존층이 파괴되면 피부암, 백내장 등이 발생함

30
잠함병과 관련된 대기오염에 대한 설명으로 옳은 것은?

① 무색·무취의 비독성가스로 물체 연소 시 발생한다.
② 실내 공기오염지표로 사용한다.
③ 부족하면 저산소증이 발생한다.
④ 질소와 관련 있다.

> • 잠함병은 고기압 상태에서는 중추신경계를 마비시킬 수 있는 성분 중 하나인 질소(N_2)로 인해 생기는 질병으로, 잠수부들이 물 속의 고압 환경에서 수면 위로 빠르게 올라오면서 생김
> • 이산화탄소(CO_2): 무색·무취의 비독성가스로, 실내 공기오염지표로 사용함
> • 산소(O_2): 산소 결핍을 저산소증, 과잉을 산소중독증이라고 함

31
대기오염의 대표적인 측정지표에 해당하는 성분은?

① O_3　② SS
③ BOD　④ SO_2

> • O_3(오존): 자외선과 질소산화물로부터 생성됨
> • SS(부유물질): 물 속에서 녹지 않은 현탁한 고형물질(점토, 미세한 입자, 세균 등)
> • BOD(생화학적 산소요구량): 하수오염의 대표 지표

32
오염이 심할수록 BOD는 어떻게 되는가?

① 변화가 없다.
② 수치가 높아진다.
③ 수치가 낮아진다.
④ 수치가 높아졌다가 낮아진다.

> BOD는 대표적인 하수오염의 지표로, BOD가 높으면 오염도가 높은 것이고 DO의 수치는 낮음

33
이 · 미용업소의 쾌적한 실내 기온은?

① 14±2℃   ② 16±2℃
③ 18±2℃   ④ 20±2℃

> 실내에서 느끼는 쾌적한 기온은 18±2℃임

34
하수 처리에서 발생하는 유해물질로 가장 문제가 되는 것은?

① 메탄가스 발생   ② 일산화탄소 중독
③ 베네루핀 중독   ④ 삭시톡신 마비

> - 일산화탄소 중독은 도시가스 제조 과정에서 발생하며, 자동차 배기가스, 연탄의 연소 시 발생함
> - 베네루핀과 삭시톡신은 식중독의 하나임

35
불쾌지수를 산출하는 데 필요한 요소는?

① 기류와 기습   ② 온도와 기류
③ 기온과 기습   ④ 복사열과 기온

> 불쾌지수 공식
> DI=(건구온도 ℃ + 습구온도 ℃) × 0.72 + 40.6

36
음용수에 적용하는 일반적인 오염지표는?

① BOD   ② SO_2
③ DO   ④ 대장균수

> - BOD(생화학적 산소요구량): 하수오염의 대표 지표
> - SO_2(아황산가스): 대표적인 대기오염 측정지표
> - DO(용존산소량): 물 속에 녹아 있는 산소의 양

37
공기의 주요 성분이 아닌 것은?

① 질소   ② 산소
③ 아르곤 ④ 카드뮴

> 카드뮴은 중금속의 하나로, 이타이이타이병을 유발함

38
수질오염으로 생기는 질환과 원인을 바르게 연결한 것은?

① 이타이이타이병 – 납
② 미나마타병 – 수은
③ 쯔쯔가무시증 – 비소
④ 페스트병 – 카드뮴

> - 이타이이타이병: 카드뮴에 의한 질환
> - 쯔쯔가무시증: 털진드기의 유충에 물림
> - 페스트병: 쥐에 기생하는 벼룩에 물림

39
이 · 미용업소의 실내에서의 쾌적한 습도 범위는?

① 10~25%   ② 25~40%
③ 40~70%   ④ 70~80%

> 기습(습도)은 공기 중에 포함된 수분의 양으로, 인간이 쾌적하게 느낄 수 있는 기습은 40~70%임

40
대기오염에 의한 기후의 변화로 생긴 현상이 아닌 것은?
① 오존층 유지
② 지구온난화
③ 스모그 현상
④ 산성비

> 오존층은 태양의 자외선을 막아 지구 생태계를 유지하는 중요한 층으로, 자외선이 증가하면 오존층이 파괴됨

41
환경오염의 범위에 해당하지 않는 것은?
① 대기
② 산업보건
③ 수질
④ 주거환경

> 환경오염은 인간이 활동하면서 발생하는 전반적인 오염으로, 대기오염, 수질오염, 주거환경에서의 오염, 소음과 진동, 악취·공해, 식품오염 등이 있음

42
일반적인 수질오염의 지표에 해당하지 않는 것은?
① DO
② BOD
③ CO
④ COD

> CO(일산화탄소)는 대기오염 물질로, 다량 흡입 시 산소결핍증을 유발함

43
생화학적 산소요구량을 의미하는 것은?
① DO
② BOD
③ COD
④ pH

> • DO: 용존산소량
> • COD: 화학적 산소요구량
> • pH: 수소이온농도

44
오염지표의 연결이 옳지 않은 것은?
① 상수오염지표 – 대장균수
② 대기오염 측정지표 – SO_2
③ 실내 공기오염지표 – O_2
④ 하수오염지표 – BOD

> 실내 공기오염지표로는 CO_2를 사용함

45
군집독의 원인에 대한 설명으로 옳은 것은?
① 산소의 부족으로 생긴다.
② 실내 공기가 물리적·화학적으로 변화하여 생긴다.
③ 이산화탄소의 부족으로 생긴다.
④ 상부의 기온이 하부보다 높아 생긴다.

> 군집독은 환기가 불량한 좁은 공간에 많은 사람들이 밀집해 있으면 실내 기후가 물리적·화학적으로 변하여 불쾌감, 두통, 현기증 등의 증상이 생기는 것으로, 이산화탄소 증가와 관련 있음

5 식품위생과 영양

46
식중독의 분류가 바르게 연결된 것은?
① 세균성 – 바이러스성 – 화학성 – 수인성
② 세균성 – 화학성 – 수인성 – 바이러스성
③ 세균성 – 자연독 – 화학성 – 곰팡이성
④ 세균성 – 자연독 – 바이러스성 – 수인성

> 수인성 감염병: 병원성 미생물에 오염된 물에 의해 매개되는 감염병

47
식중독에 대한 설명으로 옳은 것은?
① 근육통을 동반하는 증상이 일반적이다.
② 식품 섭취 후 잠복기가 있어 수일 후에 나타난다.
③ 주로 감염으로 인해 나타나는 증상이다.
④ 식품을 섭취하고 나타난 급성위장염 증상이다.

> 식중독은 일반적으로 오염된 음식(병원성 미생물)을 섭취한 후 바로 증상이 나타나고 감염에 의한 세균성 외에 자연독, 바이러스성, 화학성, 곰팡이성 등 다양하게 나타남

정답 | 40 ① 41 ② 42 ③ 43 ② 44 ③ 45 ② 46 ③ 47 ④

48
버섯에 의한 식중독에 해당하는 것은?
① 솔라닌 ② 무스카린
③ 에르고톡신 ④ 아미그달린

- 솔라닌: 감자
- 에르고톡신: 맥각균(보리)
- 아미그달린: 청매실

49
식중독을 예방할 수 있는 저장 방법 중 살균효과가 있는 것은?
① 저온저장법 ② 가열처리법
③ 건조법 ④ 염장법

- 저온저장법: 저온에 저장하는 방법
- 건조법: 수분을 탈수하여 저장하는 방법
- 염장법: 삼투압의 원리로 탈수하여 저장하는 방법

50
솔라닌이 발생 원인인 식중독 유발 식품은?
① 감자 ② 버섯
③ 복어 ④ 독미나리

- 버섯: 무스카린
- 복어: 테트로도톡신
- 독미나리: 시큐톡신

51
감염형 식중독에 해당하지 않는 것은?
① 병원성 대장균 ② 장염비브리오균
③ 살모넬라균 ④ 포도상구균

포도상구균은 독소형 식중독에 해당함

52
원료부터 유통의 전 과정에 대한 관리를 종합적으로 하는 식품안전관리인증기준은?
① 유해식품안정기준 ② HACCP
③ BOD ④ DI

- BOD: 생화학적 산소요구량
- DI: 불쾌지수 공식의 약자(Discomfort Index)

53
이·미용업과 관련 있는 식중독균은?
① 황색포도상구균 ② 살모넬라균
③ 에르고톡신 ④ 아미그달린

- 살모넬라: 발병률은 높지만 치사율이 낮은 균으로, 감염된 사람, 개, 고양이 등에서 감염됨
- 에르고톡신: 맥각균(보리)에서 발생하고 0.5%의 맥각이 혼입되면 독성을 보임
- 아미그달린: 청매실 등 핵과류 과일의 씨앗에 있는 독성분으로, 혈압 상승, 두통 등을 일으킴

54
식중독 중 치사율이 가장 높으며 통조림을 섭취하는 사람에게서 생기는 것은?
① 장구균 ② 웰치균
③ 황색포도상구균 ④ 보툴리누스균

- 장구균: 사람의 대장에 있는 것으로, 위생지표세균으로 이용함
- 웰치균: 생독소형으로, 사람의 분변에 있음
- 황색포도상구균: 육류 및 가공식품, 우유, 치즈 등에서 발생함

55
신경 독소가 원인이 되는 식중독은?
① 장염비브리오균 ② 병원성 대장균
③ 보툴리누스균 ④ 살모넬라균

감염형 식중독: 장염비브리오균, 병원성 대장균, 살모넬라균

56
일반적으로 식품의 부패는 무엇이 분해되는 것인가?
① 지방 ② 단백질
③ 탄수화물 ④ 비타민

> 부패: 단백질이 미생물에 의해 분해되어 악취와 유해물질을 생성하는 것

57
독소형 식중독에 해당하는 것은?
① 병원성 대장균 ② 포도상구균
③ 살모넬라균 ④ 장염비브리오균

> 병원성 대장균, 살모넬라균, 장염비브리오균은 감염형 식중독에 해당함

58
저온저장법의 효과로 옳지 않은 것은?
① 미생물의 번식을 억제할 수 있다.
② 영양가의 손실이 적다.
③ 처리가 단순하여 손쉽게 할 수 있다.
④ 살균효과가 있다.

> 살균효과는 가열처리법과 관련 있으며, 저온·고온살균처리법이 가열처리법에 해당함

6 보건행정

59
시·군·구에 위치한 보건행정조직 기구는?
① 보건소 ② 보건지소
③ 보건진료소 ④ 보건복지부

> • 보건지소: 읍·면 보건행정조직
> • 보건진료소: 리 단위의 도서·벽지 보건행정조직
> • 보건복지부: 중앙 보건조직

60
식품에 들어간 첨가물의 규격과 사용 기준을 정하는 사람은?
① 읍·면의 보건지소장
② 시·군·구의 보건소장
③ 보건복지부장관
④ 식품의약품안전처장

> 식품의약품안전처에서 식품과 의약품의 안전을 중심적으로 구축하고 운영함

61
보건행정의 정의에 해당하지 않는 것은?
① 국민의 수명 연장 목적
② 대기의 안전과 관리활동
③ 질병 예방 목적
④ 공적인 행정활동

> 보건행정의 정의는 공중보건의 목적(국민의 수명 연장, 질병 예방 등)을 달성하기 위해 보건과 행정을 하나로 묶은 공적인 행정활동을 말함

62
보건기획 과정으로 옳은 것은?
① 전제 → 예측 → 목표 설정 → 구체적 행동계획
② 예측 → 전제 → 목표 설정 → 구체적 행동계획
③ 전제 → 예측 → 구체적 행동계획 → 목표 달성
④ 예측 → 목표 설정 → 전제 → 목표 달성

> 보건기획 과정은 전제를 세워 예측을 하고 목표를 설정하거나 재설정하면서 구체적 행동계획을 세우는 과정임

63
보건사업의 범위에 해당하지 않는 것은?
① 환경관리 분야 ② 질병관리 분야
③ 보건관리 분야 ④ 산업발전 분야

> 산업발전 분야는 산업통상자원부에서 시행하는 것으로, 보건사업과 관련 없음

64
보건행정에 대한 설명으로 옳은 것은?
① 개인보건의 목적을 달성하기 위해 공적으로 하는 행정활동
② 공중보건의 목적을 달성하기 위해 개인의 책임하에 하는 행정활동
③ 공중보건의 목적을 달성하기 위해 공적으로 하는 행정활동
④ 국가 간의 보건사업을 달성하기 위해 공적으로 하는 행정활동

> 보건행정이란 공중보건의 목적을 달성하기 위해 공공의 책임하에 수행하는 행정활동을 말함

CHAPTER 02 소독

합격 TIP 소독은 출제 빈도가 높고 암기해야 할 내용이 많은 부분입니다. 미생물의 종류와 특징, 물리적·화학적 소독 방법 등 중요한 키워드 위주로 암기하고, 기출문제에 자주 출제된 내용을 꼼꼼히 살펴보도록 합니다.

1 소독의 정의 및 분류

(1) 소독 관련 용어의 정의 [빈출]

소독	인체에 유해한 병원성 미생물의 생활력을 파괴 또는 제거하여 감염의 위험성을 없애는 것으로, 포자까지는 작용하지 않음
살균	생활력을 가진 미생물을 물리적·화학적 방법으로 제거하여 감염력을 없애는 것으로, 포자는 잔존할 수 있음
멸균	병원성 또는 비병원성 미생물과 포자까지 전부 제거하여 감염력을 없애는 것
방부	병원성 미생물의 발육을 제거하거나 정지시켜 음식의 부패나 발효를 방지하는 것

① 소독력의 세기: 멸균 > 살균 > 소독 > 방부
② 소독에 영향을 미치는 인자: 온도, 수분, 시간

용어 **포자(아포)** [빈출]
세균이 어느 조건하에 세포 내에 형성하는 소체로, 일반적으로 열이나 화학약품에 저항력이 강하고 장기간 생존이 가능함

(2) 소독약의 농도 표시

퍼센트(%)	소독액 100mL 속에 포함된 소독약의 양
퍼밀리(‰)	소독액 1,000mL 속에 포함된 소독약의 양
피피엠(ppm)	소독액 1,000,000mL 속에 포함된 소독약의 양

(3) 소독의 기전 [빈출]

① 산화작용: 과산화수소, 염소, 오존, 과망간산칼륨
② 균체 단백의 응고: 석탄산, 크레졸, 포르말린, 알코올, 승홍
③ 균체 효소의 불활성화 작용: 석탄산, 알코올, 중금속염
④ 가수분해작용: 강산, 강알칼리, 중금속염
⑤ 탈수작용: 식염, 알코올, 설탕
⑥ 중금속염의 형성: 승홍, 머큐로크롬, 질산은
⑦ 핵산에 작용: 자외선, 방사선, 포르말린, 에틸렌옥사이드
⑧ 세포막의 삼투성 변화 작용: 석탄산, 중금속염, 역성비누

(4) 소독법의 분류
① 자연 소독법

태양광선	UVC는 미생물을 죽이는 효과가 있어 태양광선을 이용하여 살균, 소독작용을 함
한랭	세균의 발육을 저지시키지만, 사멸되지는 않음
희석	살균효과는 없으나, 균수를 감소시켜 일차적으로 청결하게 세척하는 소독 방법임

② 물리적 소독법 빈출

건열에 의한 방법	화염 멸균법	• 소독 대상의 표면을 불꽃(화염)으로 직접 태워 멸균하는 방법 • 불에 타지 않는 금속류, 유리류, 도자기류 등에 사용함
	건열 멸균법	• 건열 멸균기(Dry Heat Sterilizer)를 이용하여 170℃에서 1~2시간 멸균하는 방법 • 금속류, 유리류, 도자기류, 주사기, 분말 등에 사용함
	소각 소독법	• 병원체를 불꽃으로 태워 멸균하는 방법 • 오염된 가운, 수건, 쓰레기, 환자의 배설물 등 재생가치가 없는 물품에 사용함
습열에 의한 방법	자비(열탕) 소독법	• 100℃의 끓는 물에서 15~20분간 가열하는 방법 • 유리류, 소형기구, 도자기류, 수건 등에 사용함 • 소독 효과를 높이기 위해 탄산나트륨(1~2%), 붕소(2%), 석탄산(5%), 크레졸 비누액(2~3%) 등을 넣어 주기도 함 • 아포형성균, B형간염 바이러스에는 부적합함
	저온 소독법	• 프랑스의 세균학자 파스퇴르가 고안함 • 61~65℃에서 30분간 가열하는 방법으로 포자를 형성하지 않는 세균(결핵균, 살모넬라균 등)의 멸균을 목적으로 함 • 우유, 과즙 등에 사용함
	유통 증기 소독법	• 밀폐된 용기가 아닌 뚜껑이 달린 용기에 물을 넣어 끓인 후 발생하는 증기로 멸균하는 방법 • 식기, 조리 기구, 행주 등에 사용함
	간헐 멸균법	• 1일 1회씩 3일간 유통 증기 속에서 30~60분간 멸균시킨 다음 20℃ 이상의 실온에서 24시간 방치하는 방법 • 아포를 형성하는 미생물 멸균에 사용함
	고압 증기 멸균법	• 100~135℃의 수증기로 미생물뿐만 아니라 포자까지 멸균시키는 방법으로, 가장 빠르고 효과적인 방법 • 10lbs(파운드): 115.5℃에서 30분 가열 • 15lbs(파운드): 121.5℃에서 20분 가열 • 20lbs(파운드): 126.5℃에서 15분 가열 • 의료기구, 유리류, 금속류, 미용기구, 약액 등에 사용함
무가열에 의한 방법	자외선	• 290~320nm의 파장을 조사하는 방법 • 공기, 식품, 기구 및 용기 등에 사용함
	방사선	• 코발트나 세슘 등의 감마선을 이용한 방법 • 식품, 약품 등에 사용함
	세균 여과법	• 약제, 혈청 등 열에 불안정한 액체류에 주로 이용하는 방법 • 여과기로 걸러 미생물을 분리하여 제거하는 방법으로, 바이러스에는 부적합함
	초음파 살균법	8,800cycle/sec 음파의 교반효과를 이용한 미생물 살균 방법

참고 **건열 멸균과 습열 멸균**
• 건열 멸균: 고온에서 변형이나 파괴되지 않는 기구를 멸균하는 데 사용. 온도가 높을수록 멸균 시간이 짧아짐. 고온에서 효과적
• 습열 멸균: 건열 멸균에 비해 낮은 온도에서 짧은 시간으로 멸균이 가능. 능률적이고 효과적

참고 **수증기 소독**
소독법으로 수증기를 이용하는 이유는 쉽게 열을 방출하고 미세한 공간까지 침투성이 높으며 비용이 저렴하기 때문임

용어 **초음파의 교반효과**
액체끼리 또는 액체에 소량의 분체 등이 분산, 혼합하여 균일화되는 것

③ 화학적 소독법 빈출

소독제에 의한 방법	석탄산	• 일반적으로 3%의 수용액을 사용하며 10분 이상 담가둠 • 독성이 있어 인체에는 잘 사용하지 않으나 소독제의 살균력 평가 지표로 주로 사용함 • 고온일수록 소독력이 우수하나 금속 부식성이 있고 포자에는 효과가 없음 • 고무제품, 의류, 가구 등의 소독에 사용함
	크레졸	• 일반적으로 3%의 수용액을 사용하며, 석탄산 소독력의 2배 효과가 있음 • 피부 자극성이 없으나 강한 냄새가 나는 단점이 있음 • 손 소독 시 1~2%의 농도로 사용하고, 3%는 주로 미용실 실내나 바닥 소독에 사용함
	에탄올	• 70% 에탄올의 살균력이 가장 강하며, 포자 형성 세균에는 살균효과가 없음 • 칼, 가위 등의 금속제품, 유리제품 소독에 사용함
	승홍	• 독성이 강해 0.1%의 수용액을 사용하고, 금속 부식성이 강하므로 금속제 기구 및 식기류, 상처가 있는 피부에 부적합함 • 무색, 무취이며 온도가 높을수록 살균력이 강해짐
	염소	• 살균력이 강하고 자극성과 부식성이 있어 상수 또는 하수의 소독에 주로 사용함 • 차아염소산칼슘(클로로칼키)과 같은 식품용 살균제를 이용하여 채소와 같은 식품을 소독함 • 자극적인 냄새가 나고, 잔류효과가 크며 저렴함
	과산화수소	• 3%의 수용액을 사용하며, 살균, 탈취 및 표백에 효과적임 • 자극성이 적어 피부 상처 부위나 구내염, 인두염, 입안 세척 등에 사용함
	생석회	• 산화칼슘을 98% 이상 함유한 백색의 분말로 하수, 오수, 오물, 토사물, 분변, 화장실 등에 사용함 • 포자 형성 세균에는 효과가 없음
	포르말린	• 포름알데하이드 36%의 수용액으로, 온도가 높을수록 소독력이 강함 • 고무제품, 금속기구, 플라스틱 등의 소독에 사용함
	머큐로크롬	• 2%의 수용액을 사용하며, 자극성이 없으나 살균력이 약함 • 피부 점막이나 상처 소독에 사용함
가스에 의한 방법	에틸렌 옥사이드 (E.O)	• 50~60℃의 저온에서 멸균처리하며, 비용이 많이 드는 단점이 있으나 멸균 후 보존 기간이 고압 증기 멸균법에 비해 길어 장기 보존이 가능함 • 폭발 위험을 감소시키기 위해 이산화탄소 또는 프레온을 혼합하여 사용하고, 사용 후 반드시 환기가 필요함 • 플라스틱, 고무장갑 소독에 사용함
	포름알데하이드	• 단백질과의 반응성이 매우 뛰어나 살균제, 시체 방부제, 토양 살균제로 사용함 • 무색의 가연성 기체로 냄새가 강하고 자극성이 있어 피부 사용에 부적합함 • B형간염 바이러스에 효과가 있음
	오존	• 반응성이 높고 산화작용이 강해 물의 살균에 사용함 • 높은 습도보다 건조한 공기에서 안정적임

용어 **석탄산 계수**
5% 농도의 석탄산을 사용하여 장티푸스균에 대한 살균력을 각종 소독제와 비교하여 소독제의 효능을 표시한 것으로, 어떤 소독제의 석탄산 계수가 2.0이면 살균력이 석탄산의 2배임을 의미함

기타 방법	역성비누	• 양이온성 계면활성제의 일종으로 0.01~0.1%의 농도로 사용하고, 세정력은 떨어지나, 무해, 무자극, 무독성으로 침투력과 살균력이 강함 • 물에 잘 녹고 흔들면 거품이 나며, 수지, 기구, 식기 및 손 소독에 사용함
	약용비누	• 비누에 석탄산, 살리실산, 황 등의 약제를 혼합한 것임 • 손 소독, 의료 또는 위생용으로 사용함

2 미생물 총론

(1) 미생물의 정의와 역사

① 미생물의 정의

육안으로 구분되지 않는 0.1mm 이하의 미세한 생물체의 총칭으로, 단일세포 또는 균사로 구성되어 있음

② 미생물의 크기 [빈출]

곰팡이 > 효모 > 스피로헤타 > 세균 > 리케차 > 바이러스 순

③ 미생물의 역사 [빈출]

17~18세기 보일(Boyle), 레벤 훅(Leeuwen Hook), 스팔란자니(Spallanzani)에 의해 발견되었고, 19세기에 미생물학이 발전됨

루이 파스퇴르	저온 멸균법, 간헐 멸균법, 고압 증기 멸균법, 건열 멸균법 등을 고안하고, 포도주와 맥주의 발효, 광견병 백신, 견사병의 병원체, 면양의 탄저병 예방법 등을 개발함
로버트 코흐	세균의 순수배양법, 결핵균, 콜레라균 등을 발견하여 세균학의 기초를 확립함
리스터	화학적 소독법으로 페놀을 환부에 응용함
쉼멜부시	외과용 재료에 증기 소독법을 적용함
언더우드	고압 멸균기를 고안하였고, 자비 소독 시 탄산나트륨을 첨가하여 살균력을 증대시키는 방법을 고안함

(2) 미생물의 번식 환경

① 산소의 유무
- 호기성 세균: 산소가 있어야 살 수 있는 세균을 총칭함
- 편성호기성 세균: 반드시 산소가 있어야만 살 수 있는 세균 ⓔ 결핵균, 초산균 등이 있음
- 혐기성 세균: 산소를 필요로 하지 않는 세균 ⓔ 파상풍균, 클로스트리듐균이 있음
- 통성혐기성 세균: 산소 유·무에 관계 없이 살 수 있는 세균 ⓔ 포도상구균, 살모넬라, 장티푸스균·파라티푸스균, 병원성 대장균 등

② 최적의 온도
- 저온균(psychrotroph): 10~20℃
- 중온균(mesophile): 20~45℃
- 고온균(thermophile): 45~60℃

③ 수소이온농도

pH 5.0~8.5(5.0 이하에서는 발육이 저하됨)

(3) 미생물의 분류

곰팡이	발효식품이나 항생물질에 이용되는 미생물로, 최적의 온도는 0~25℃임
효모	맥주, 포도주, 메주 등의 발효식품이나 제빵에 이용되는 미생물로, 최적의 온도는 20~30℃임
리케차	주요 질환에는 큐열, 참호열, 발진티푸스, 발진열 등이 있음
바이러스	주요 질환에는 홍역, 뇌염, 폴리오, 간염, 인플루엔자 등이 있음
세균	구균(둥근 모양), 간균(긴 막대 모양), 나선균(나선 모양)
원생동물 (원충류)	• 1개의 세포로 구성되어 있으며 운동성이 있음 • 아메바성 이질, 말라리아의 병원충

> **참고** 미생물의 종류
>
> | 병원성 미생물 | 질병이 생기는 병원성 미생물 |
> |---|---|
> | 비병원성 미생물 | 병원성이 없는 미생물 |

(3) 유익한 미생물
술, 간장, 된장 등의 발효식품을 만드는 데 필요한 미생물 ⓔ 젖산균, 유산균, 효모균, 곰팡이균 등

(4) 미생물의 증식 곡선
① 잠복기: 미생물의 생장이 나타나지 않는 시기
② 대수기: 세포 수가 증가하는 시기
③ 정지기: 세균 수가 최대치를 나타내는 시기
④ 사멸기: 미생물의 수가 점점 줄어드는 시기

> **참고** 미생물의 증식 곡선
>
>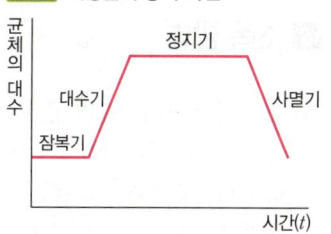

3 병원성 미생물

(1) 병원성 미생물의 특성
① 전파 시 질병이 생기는 미생물로, 증식과 생존을 통해 병원균이 매개물로 전파됨
② 사람에게는 무생물로 증식하여 감염병을 일으킴
③ 분변과 분비물에 의한 전파력이 높음

(2) 병원성 미생물의 종류 〔빈출〕
① 바이러스: 미생물 중 가장 작은 크기로, 세균 여과기로 여과되지 않고 오직 생체세포에서만 증식하며, RNA 또는 DNA를 가지고 있음

동물 바이러스	폴리오 바이러스, 폭스 바이러스 등
식물 바이러스	토바코 모자이크 바이러스 등
세균 바이러스	박테리오파지 등

② 세균(박테리아): 바이러스보다 크지만 육안으로 볼 수 없어 현미경으로 관찰해야 하는 가장 작은 단세포 생물임

구균(둥근 모양)	포도상구균, 연쇄상구균, 임균, 수막염균 등
간균(긴 막대 모양)	탄저균, 파상풍균, 결핵균, 나균, 디프테리아균 등
나선균(나선 모양)	매독균, 렙토스피라균, 콜레라균 등

③ 리케차: 세균과 바이러스의 중간 크기로, 운동성이 없고 진핵 생물체의 세포 내에 기생함

발진티푸스 리케차	유행성 발진티푸스
발진열 리케차	발진열

> **참고** 세균의 형태
>
> | 구균 | 쌍구균 | |
> |---|---|---|
> | | 연쇄상구균 | |
> | | 포도상구균 | |
> | 간균 | | |
> | 나선균 | | |

반점열 리케차	로키산 홍반열
지중해열 리케차	부톤네즈열
콕시엘라부르네티	Q열
쯔쯔가무시	쯔쯔가무시증

④ 진균(Fungi): 광합성을 하지 못하고 운동성이 없는 미생물임

표재성 진균증	무좀, 칸디다증
피하성 진균증	스포로트리쿰증
심재성 진균증	히스토프라즈마증, 분아균증

⑤ 원생동물(Protozoa)과 클라미디아(Chlamydia)

원생동물	말라리아, 아메바성 이질, 아프리카 수면병 등
클라미디아	트라코마, 앵무병, 서혜 림프 육아종 등

4 소독 방법

(1) 소독제의 구비 조건 [빈출]
① 살균력이 강해 생물학적 작용을 충분히 발휘할 수 있을 것
② 미량으로 효과가 클 것
③ 효과가 빠르고 소요 시간이 짧을 것
④ 소독 대상(물품)에 부식성, 표백성이 없고 안정성이 있을 것
⑤ 경제적이고 사용 방법이 간편할 것
⑥ 독성이 적고 사용자의 인체에 무해할 것
⑦ 냄새가 강하지 않을 것
⑧ 수돗물을 사용하여 소독제를 희석할 경우 물의 경도에 주의해야 함

(2) 소독 시 주의사항 [빈출]
① 소독할 대상물에 따라 적당한 소독제를 선택하여 사용법을 지켜 사용해야 함
② 미생물의 종류와 소독, 살균 또는 멸균 목적과 방법, 시간을 고려하여 사용해야 함
③ 소독액은 미리 만들어 놓지 말고 필요한 양만큼 소량씩 새로 만들어 사용해야 함
④ 소독제는 서늘하고 햇빛이 들지 않는 곳에 밀폐하여 보관해야 함
⑤ 소독제는 유통기한 내에 사용해야 함

(3) 대상물에 따른 소독 방법 [빈출]

대소변, 배설물, 토사물	소각법, 석탄산수, 크레졸수, 생석회 등
의류, 침구류, 모직물	일광 소독, 증기 소독, 자비 소독, 석탄산수, 크레졸수 등
유리류(초자 기구), 목죽제품, 도자기류	증기 소독, 자비 소독, 석탄산수, 크레졸수 등
플라스틱, 고무, 가죽제품	석탄산수, 에틸렌옥사이드, 포르말린수, 역성비누 등
병실	석탄산수, 크레졸수, 포르말린수 등
환자	석탄산수, 크레졸수, 승홍수, 역성비누 등
화장실, 쓰레기통, 하수구	석탄산수, 크레졸수, 생석회 등

참고 소독작용에 영향을 미치는 요인

온도↑	소독효과 ↑
접촉 시간↑	소독효과 ↑
농도↑	소독효과 ↑
유기물질↑	소독효과 ↓

참고 물의 경도
- 물의 세기로, 경도가 높으면 경수, 낮으면 연수라고 함
- 경수로 소독제를 희석할 때에는 농도를 높이거나 연수로 만들어 사용해야 함

5 분야별 위생·소독

(1) 경대(시술용 테이블)
① 작업 후 경대와 바닥에 떨어진 모발을 바로바로 쓸어내어 청결을 유지함
② 펌제, 염색제 등 제품이 묻으면 바로 닦아내어 청결을 유지함
③ 70% 에탄올을 이용하여 소독함

(2) 가위
① 70% 에탄올을 이용하여 가윗날이 상하지 않도록 유의하여 소독함
② 고압 증기 멸균기 사용 시 소독 전 가위의 이물질(모발, 먼지 등)을 물이나 수건 등을 사용하여 제거하고 소독포(거즈)에 싸서 소독함
③ 70% 알코올 용액에 20분간 침수 소독함

(3) 레이저, 면도날
① 고객에게 사용 시 소독된 일회용 날을 사용하며, 재사용해서는 안 됨
② 날을 갈아 끼우는 부분은 틈새가 있어 소독 상태가 불완전하게 되는 경우가 있어 주의해야 함

(4) 클리퍼
① 작업 후 덧날을 분리하여 남아 있는 이물질을 제거하고 70% 알코올 용액을 적신 솜으로 닦아 소독함
② 소독 후 건조시키고 기름칠을 하여 보관함

(5) 빗류
① 미온수에 세제, 샴푸 등을 풀어 빗을 담근 후 세척하여 이물질을 제거하고, 물기를 닦은 후 자외선 소독기로 소독함
② 플라스틱 재질의 빗은 열에 변형되기 쉽고, 소독용액에 오래 담가둔 빗은 휘어지는 경우가 있으므로 주의해야 함
③ 털이 있는 브러시는 세정 후 털이 아래로 향하게 한 다음 응달에서 말림

(6) 타월(수건)
① 펌제, 염모제 등 제품을 사용한 타월과 세안용으로 사용한 타월은 분리해서 세탁해야 함
② 세탁 시 세제와 염소 계통의 소독약을 첨가하여 세탁함
③ 자비 소독법 또는 세탁하여 일광 소독 후 사용함

(7) 가운
① 섬유 재질: 세탁 시 세제와 염소 계통의 소독약을 첨가하여 세탁하고 일광 소독 후 사용함
② 비닐 재질: 샴푸·펌·염색용 케이프는 손세탁을 하여 그늘진 곳에서 건조함

(8) 기타
① 펌용 로드, 세팅롤, 고무줄, 페이퍼 등: 약액이 남아 있지 않게 깨끗이 세척함
② 펌용 고무장갑, 스펀지: 약액이 남아 있지 않게 깨끗이 세척한 후 그늘진 곳에서 건조함
③ 핀과 클립: 70% 알코올 용액에 20분간 침수 소독하거나 70% 알코올 용액을 적신 솜으로 닦아 소독함

출제 예상문제 A

1 소독의 정의 및 분류

01
병원성 또는 비병원성 미생물과 포자까지 전부 제거하여 감염력을 없애는 것은?
① 방부 ② 멸균
③ 살균 ④ 소독

> 방부: 병원성 미생물의 발육을 제거하거나 정지시키는 것으로, 음식의 부패나 발효를 방지하는 것임

02
인체에 유해한 병원성 미생물의 생활력을 파괴 또는 제거하여 감염의 위험성을 없애는 것으로 포자까지는 작용하지 않는 것은?
① 살균 ② 방부
③ 소독 ④ 멸균

> 살균: 생활력을 가진 미생물을 물리적·화학적 방법으로 제거하여 감염력을 없애는 것으로, 포자는 잔존할 수 있음

03
소독력의 세기로 옳은 것은?
① 멸균 > 소독 > 살균 > 방부
② 방부 > 소독 > 살균 > 멸균
③ 방부 > 살균 > 소독 > 멸균
④ 멸균 > 살균 > 소독 > 방부

> 포자까지 모두 제거하는 멸균이 가장 강하고, 미생물의 발육을 제거하거나 정지하는 방부가 가장 약함

04
소독의 기전이 아닌 것은?
① 산화작용 ② 탈수작용
③ 표백작용 ④ 가수분해작용

> 소독의 기전: 산화작용, 균체 단백의 응고, 균체 효소의 불활성화 작용, 가수분해작용, 탈수작용, 중금속염의 형성, 핵산에 작용, 세포막의 삼투성 변화 작용

05
소독에 영향을 미치는 인자가 아닌 것은?
① 온도 ② 수분
③ 풍향 ④ 시간

> 소독은 온도, 수분, 시간에 따라 소독효과가 달라짐

06
다음 설명에 해당하는 소독 방법은?

> • 살균효과는 없으나 균수를 감소시킨다.
> • 일차적으로 청결하게 세척하는 소독 방법이다.

① 자연 소독법 - 희석
② 화학적 소독법 - 희석
③ 물리적 소독법 - 한랭
④ 자연 소독법 - 한랭

> 자연 소독법 중 한랭은 세균의 발육을 저지시키지만, 사멸되지는 않음

07
화염 멸균법에 대한 설명으로 옳지 않은 것은?
① 소독 대상의 표면을 불꽃으로 직접 태운다.
② 물리적 소독법인 건열 멸균법에 해당한다.
③ 금속류, 유리류, 도자기류에 사용한다.
④ 오염된 가운, 수건, 쓰레기, 환자의 배설물 등에 사용한다.

> 소각 소독법: 병원체를 불꽃으로 태워 멸균하는 방법으로, 오염된 가운, 수건, 쓰레기, 환자의 배설물 등 재생가치가 없는 물품에 사용함

08
건열 멸균기를 이용하여 소독 시 알맞은 온도와 시간은?
① 170℃, 30분~1시간
② 170℃, 1~2시간
③ 270℃, 30분~1시간
④ 270℃, 1~2시간

> 건열 멸균법: 건열 멸균기(Dry Heat Sterilizer)를 이용하여 170℃에서 1~2시간 멸균하는 방법으로, 금속류, 유리류, 도자기류, 주사기, 분말 등에 사용함

| 정답 | 01 ② | 02 ③ | 03 ④ | 04 ③ | 05 ③ | 06 ① | 07 ④ | 08 ② |

09
다음 설명에 해당하는 소독 방법은?

- 100℃의 끓는 물에서 15~20분간 가열하는 방법이다.
- 유리류, 소형기구, 도자기류, 수건 등에 적용한다.
- 소독효과를 높이기 위해 탄산나트륨(1~2%) 등을 넣어 주기도 한다.

① 자비 소독법 ② 저온 소독법
③ 유통 증기 소독법 ④ 고압 증기 멸균법

자비(열탕) 소독법은 습열 멸균법으로, 아포형성균, B형간염 바이러스에는 부적합함

10
고압 증기 멸균법에 대한 설명으로 옳지 않은 것은?

① 물리적 소독법 중 습열 멸균법의 한 종류이다.
② 미생물뿐만 아니라 포자까지 멸균시키는 방법이다.
③ 의료기구, 유리류, 금속류, 고무제품, 미용기구, 약액 등에 사용한다.
④ 200~235℃의 수증기를 사용한다.

고압 증기 멸균법은 100~135℃의 수증기로 미생물뿐만 아니라 포자까지 멸균시키는 방법으로, 가장 빠르고 효과적인 방법임

11
다음 설명에 해당하는 멸균법은?

- 무가열 멸균법의 한 종류이다.
- 약제, 혈청 등 열에 불안정한 액체류에 주로 이용하는 방법이다.
- 미생물을 분리하여 제거하는 방법으로, 바이러스에는 부적합하다.

① 세균 여과법 ② 초음파 살균법
③ 방사선 조사법 ④ 자외선 조사법

- 초음파 살균법: 8,800cycle/sec 음파의 교반효과를 이용한 미생물 살균 방법임
- 방사선 조사법: 코발트나 세슘 등의 감마선을 이용한 방법으로, 식품, 약품 등에 사용함
- 자외선 조사법: 290~320nm의 파장을 조사하는 방법으로, 공기, 식품, 기구 및 용기 등에 사용함

12
장티푸스균에 대한 살균력을 각종 소독제와 비교하여 소독제의 효능을 표시한 것은?

① 승홍수 계수 ② 에탄올 계수
③ 크레졸 계수 ④ 석탄산 계수

석탄산 계수: 5% 농도의 석탄산을 사용하여 장티푸스균에 대한 살균력을 각종 소독제와 비교하여 소독제의 효능을 표시한 것으로, 어떤 소독제의 석탄산 계수가 2.0이면 살균력이 석탄산의 2배임을 의미함

13
다음 설명에 해당하는 소독제는?

- 일반적으로 3%의 수용액을 사용한다.
- 석탄산 소독력의 2배 효과가 있다.
- 피부 자극성이 없으나 강한 냄새가 나는 단점이 있다.

① 크레졸 ② 염소
③ 생석회 ④ 석탄산

- 염소: 살균력이 강하고 자극성과 부식성이 있어 상수 또는 하수의 소독에 주로 사용하며, 자극적인 냄새가 나고 잔류효과가 크며 저렴함
- 생석회: 산화칼슘을 98% 이상 함유한 백색의 분말로, 하수, 오수, 오물, 토사물, 분변, 화장실 등에 사용하며, 포자 형성 세균에는 효과가 없음
- 석탄산: 독성이 있어 인체에는 잘 사용하지 않으나 소독제의 살균력 평가 지표로 주로 사용함

14
독성이 강해 0.1%의 수용액을 사용하고 금속 부식성이 강하므로 금속제 기구 및 식기류, 상처가 있는 피부에 부적합한 무색, 무취의 소독제는?

① 에탄올 ② 승홍
③ 과산화수소 ④ 포르말린

- 에탄올: 70% 에탄올의 살균력이 가장 강하며, 포자 형성 세균에는 살균 효과가 없으며, 칼, 가위, 유리제품에 사용함
- 과산화수소: 3%의 수용액을 사용하고, 살균, 탈취 및 표백에 효과적이며, 자극성이 적어 피부 상처 부위나 구내염, 인두염, 입안 세척 등에 사용함
- 포르말린: 포름알데하이드 36%의 수용액으로, 온도가 높을수록 소독력이 강하고, 고무제품, 금속기구, 플라스틱 등의 소독에 사용함

15
가스에 의한 멸균법이 아닌 것은?
① 에틸렌옥사이드   ② 머큐로크롬
③ 포름알데하이드   ④ 오존

> 소독제에 의한 방법: 머큐로크롬

2 미생물 총론

16
미생물의 종류 중 질병이 생기는 미생물을 총칭하는 것은?
① 비병원성 미생물   ② 병원성 미생물
③ 바이러스   ④ 리케차

> 비병원성 미생물: 병원성이 없는 미생물

17
저온 멸균법, 고압 증기 멸균법 등을 고안하고, 포도주와 맥주의 발효 방법과 광견병 백신, 면양의 탄저병 예방법 등을 개발한 사람은?
① 로버트 코흐(Robert Koch)
② 쉼멜부시(Schimmel Busch)
③ 리스터(J. Lister)
④ 루이 파스퇴르(Louis Pasteur)

> - 로버트 코흐: 세균의 순수배양법, 결핵균, 콜레라균 등을 발견하여 세균학의 기초를 확립함
> - 쉼멜부시: 외과용 재료에 증기 소독법을 적용함
> - 리스터: 화학적 소독법으로 페놀을 환부에 응용함

18
자비 소독 시 탄산나트륨을 첨가하여 살균력을 증대시키는 방법을 고안한 사람은?
① 리스터(J. Lister)
② 언더우드(W. Underwood)
③ 루이 파스퇴르(Louis Pasteur)
④ 로버트 코흐(Robert Koch)

> - 리스터: 화학적 소독법으로 페놀을 환부에 응용함
> - 루이 파스퇴르: 저온 멸균법, 간헐 멸균법, 고압 증기 멸균법, 건열 멸균법 등을 고안하고, 포도주와 맥주의 발효, 광견병 백신, 견사병의 병원체, 면양의 탄저병 예방법 등을 개발함
> - 로버트 코흐: 세균의 순수배양법, 결핵균, 콜레라균 등을 발견하여 세균학의 기초를 확립함

19
미생물의 특징으로 옳지 않은 것은?
① 곰팡이 – 발효 식품이나 항생물질에 이용되는 미생물로, 최적의 온도는 0~25℃이다.
② 리케차 – 구균(둥근 모양), 간균(긴 막대 모양), 나선균(나선 모양)으로 나뉜다.
③ 효모 – 맥주, 포도주, 메주 등의 발효식품이나 제빵에 이용되는 미생물로, 최적의 온도는 20~30℃이다.
④ 원생동물 – 1개의 세포로 구성되어 있으며, 운동성이 있다.

> 리케차: 세균과 바이러스의 중간 크기로, 운동성이 없고, 진핵 생물체의 세포 내에 기생하며, 큐열, 참호열, 발진티푸스, 발진열 등을 일으키는 미생물

20
주요 질환이 홍역, 뇌염, 폴리오, 간염, 인플루엔자인 미생물은?
① 바이러스   ② 리케차
③ 세균   ④ 효모

> - 리케차: 세균과 바이러스의 중간 크기로, 운동성이 없고, 진핵 생물체의 세포 내에 기생하며, 큐열, 참호열, 발진티푸스, 발진열 등을 일으키는 미생물
> - 세균: 구균(둥근 모양), 간균(긴 막대 모양), 나선균(나선 모양)으로 분류
> - 효모: 맥주, 포도주, 메주 등의 발효식품이나 제빵에 이용되는 미생물

21
미생물이 성장하기 가장 좋은 pH는?
① pH 1~3   ② pH 3~6
③ pH 5~8   ④ pH 8~11

> 미생물의 성장에 영향을 미치는 요인: 온도, 산소, 수소이온농도(pH 5~8.5)

22
미생물의 크기 순서가 옳은 것은?
① 바이러스 > 효모 > 스피로헤타 > 세균
② 바이러스 > 스피로헤타 > 세균 > 리케차
③ 스피로헤타 > 세균 > 리케차 > 바이러스
④ 스피로헤타 > 리케차 > 세균 > 바이러스

> 미생물의 크기: 곰팡이 > 효모 > 스피로헤타 > 세균 > 리케차 > 바이러스

| 정답 | 15 ② | 16 ② | 17 ④ | 18 ② | 19 ① | 20 ① | 21 ③ | 22 ③ |

23
미생물의 증식 곡선에 대한 설명으로 옳지 <u>않은</u> 것은?
① 잠복기 – 미생물의 생장이 나타나지 않는 시기
② 사멸기 – 미생물의 수가 점점 줄어드는 시기
③ 대수기 – 세포 수가 증가하는 시기
④ 정지기 – 미생물의 생장이 정지되고 포자를 생성하는 시기

> 정지기: 세균 수가 최대치를 나타내는 시기

3 병원성 미생물

24
병원성 미생물의 특성으로 옳지 <u>않은</u> 것은?
① 감염 시 질병이 생기는 미생물로, 증식과 생존을 통해 병원균이 매개물로 전파된다.
② 분변과 분비물에 의한 전파력이 높다.
③ 미생물 중 가장 작은 크기로, 세균 여과기로 여과되지 않고, 오직 생체세포에서만 증식한다.
④ 사람에게는 무생물로 증식하여 감염병을 일으킨다.

> 바이러스: 미생물 중 가장 작은 크기로, 세균 여과기로 여과되지 않고, 오직 생체세포에서만 증식함

25
다음 설명에 해당하는 미생물은?

> - 광합성을 하지 못하고 운동성이 없는 미생물이다.
> - 무좀, 칸디다증, 스포로트리쿰증, 히스토프라즈마증 등 질병의 원인이다.

① 원생동물　　② 진균
③ 리케차　　　④ 클라미디아

> - 원생동물: 말라리아, 아메바성 이질, 아프리카 수면병 등
> - 리케차: 유행성 발진티푸스, 발진열, 로키산 홍반열 등
> - 클라미디아: 트라코마, 앵무병, 서혜 림프 육아종 등

26
세균 중 구균(둥근 모양)이 <u>아닌</u> 것은?
① 디프테리아균　　② 포도상구균
③ 수막염균　　　　④ 연쇄상구균

> 간균(긴 막대 모양): 탄저균, 파상풍균, 결핵균, 나균, 디프테리아균 등

27
리케차에 의한 감염병이 <u>아닌</u> 것은?
① 유행성 발진티푸스
② 쯔쯔가무시증
③ 발진열
④ 폴리오

> 동물 바이러스: 폴리오 바이러스, 폭스 바이러스 등

28
클라미디아에 의한 질병의 종류가 <u>아닌</u> 것은?
① 서혜 림프 육아종　　② 앵무병
③ 트라코마　　　　　　④ 부톤네즈열

> 지중해열 리케차: 부톤네즈열

4 소독 방법

29
소독작용에 영향을 미치는 요인으로 옳지 <u>않은</u> 것은?
① 온도↑ / 소독효과↑
② 접촉시간↑ / 소독효과↑
③ 농도↑ / 소독효과↓
④ 유기물질↑ / 소독효과↓

> 농도↑ / 소독효과↑

30
소독제의 구비 조건으로 옳지 <u>않은</u> 것은?
① 효과가 빠르고 소요 시간이 긴 것
② 살균력이 강해 생물학적 작용을 충분히 발휘할 수 있을 것
③ 독성이 적고 사용자의 인체에 무해할 것
④ 소독 대상(물품)에 부식성, 표백성이 없고 안정성이 있을 것

> 소독제의 구비 조건: 효과가 빠르고 소요 시간이 짧을 것, 미량으로 효과가 클 것, 경제적이고 사용 방법이 간편할 것, 냄새가 강하지 않을 것

| 정답 | 23 ④　24 ③　25 ②　26 ①　27 ④　28 ④　29 ③　30 ①

31
소독제 사용 시 주의사항으로 옳지 <u>않은</u> 것은?
① 소독액은 필요한 양만큼 소량씩 미리 만들어두고 사용한다.
② 소독제는 서늘하고 햇빛이 들지 않는 곳에 밀폐하여 보관한다.
③ 소독할 대상물에 따라 적당한 소독제를 선택하여 사용법을 지켜 사용한다.
④ 미생물의 종류와 소독, 살균 또는 멸균 목적과 방법, 시간을 고려하여 사용한다.

소독제 사용 시 주의사항: 소독액은 미리 만들어 놓지 말고 필요한 양만큼 소량씩 새로 만들어 사용하고 유통기한 내에 사용함

32
대소변, 배설물, 토사물 등에 적합한 소독 방법은?
① 증기 소독 ② 자비 소독
③ 일광 소독 ④ 소각법

소각법 외에도 석탄산수, 크레졸수, 생석회 등을 이용한 소독 방법이 있음

33
증기 소독, 자비 소독, 석탄산수, 크레졸수 등의 소독 방법을 적용하는 대상물은?
① 침구류 ② 플라스틱
③ 유리류 ④ 하수구

유리류(초자 기구), 목죽제품, 도자기류 등

5 분야별 위생·소독

34
가위의 위생·소독으로 옳지 <u>않은</u> 것은?
① 고압 증기 멸균기 사용 시 소독포(거즈)에 싸서 소독한다.
② 70% 에탄올을 이용하여 가윗날이 상하지 않도록 유의하여 소독한다.
③ 소독 전 가위의 이물질(모발, 먼지 등)을 물이나 수건 등을 사용하여 제거한다.
④ 30% 알코올 용액에 20분간 침수 소독한다.

70% 알코올 용액에 20분간 침수 소독함

35
레이저의 위생·소독으로 옳은 것은?
① 날을 갈아 끼우는 부분은 틈새가 있어 소독 상태가 불완전하게 되는 경우가 있어 주의해야 한다.
② 고객에게 작업 시 소독된 일회용 날을 사용하며 소독 후 재사용한다.
③ 미온수에 20분간 침수 소독한다.
④ 자비 소독 후 기름칠을 하여 보관한다.

고객에게 작업 시 소독된 일회용 날을 사용하며, 재사용해서는 안 됨

36
클리퍼의 위생·소독으로 옳지 <u>않은</u> 것은?
① 소독 후 완전 건조한 상태에서 기름칠을 하여 보관한다.
② 작업 후 덧날을 분리하여 남아 있는 이물질을 제거해야 한다.
③ 70% 알코올 용액을 적신 솜으로 닦아 소독한다.
④ 30% 알코올 용액을 적신 솜으로 닦아 소독한다.

클리퍼, 가위 등 소독 시 70%의 알코올 용액이 효과적임

37
빗의 위생·소독으로 옳지 <u>않은</u> 것은?
① 미온수에 세제, 샴푸 등을 풀어 빗을 담근 후 세척하여 이물질을 제거한다.
② 플라스틱 빗은 고압 증기 멸균법이 효과적이다.
③ 물기를 닦은 후 자외선 소독기로 소독한다.
④ 플라스틱 재질의 빗은 열에 변형되기 쉬우므로 주의해야 한다.

플라스틱 재질의 빗은 열에 약하므로 고온의 소독 방법은 피해야 함

38
가운의 위생·소독으로 옳지 <u>않은</u> 것은?
① 섬유 재질은 세탁 시 세제와 염소 계통의 소독약을 첨가하여 세탁한다.
② 섬유 재질은 세탁하여 일광 소독 후 사용한다.
③ 비닐 재질의 가운은 기계세탁으로 청결한 상태를 유지한다.
④ 샴푸·펌·염색용 케이프는 손세탁하여 그늘진 곳에서 건조한다.

비닐 재질의 경우 수분이 흡수되지 않아 기계세탁보다 손세탁을 하여 청결을 유지함

CHAPTER 03

공중위생관리법규

합격 TIP 공중위생관리법규는 출제 빈도가 다소 높고 암기할 내용이 많은 부분입니다. 중요한 키워드를 위주로 암기하고, 기출문제에 자주 출제된 내용 위주로 살펴보도록 합니다.

1 목적 및 정의

(1) 「공중위생관리법」의 목적
이 법은 공중이 이용하는 영업의 위생관리 등에 관한 사항을 규정함으로써 위생 수준을 향상시켜 국민의 건강증진에 기여함을 목적으로 함

(2) 용어의 정의
① 공중위생영업: 다수인을 대상으로 위생관리서비스를 제공하는 영업으로서 숙박업·목욕장업·이용업·미용업·세탁업·건물위생관리업을 말함
② 이용업: 손님의 머리카락 또는 수염을 깎거나 다듬는 등의 방법으로 손님의 용모를 단정하게 하는 영업을 말함
③ 미용업: 손님의 얼굴, 머리, 피부 및 손톱·발톱 등을 손질하여 손님의 외모를 아름답게 꾸미는 다음의 영업을 말함

일반미용업	파마·머리카락 자르기·머리카락 모양내기·머리피부 손질·머리카락 염색·머리감기, 의료기기나 의약품을 사용하지 아니하는 눈썹손질을 하는 영업
피부미용업	의료기기나 의약품을 사용하지 아니하는 피부상태분석·피부관리·제모(除毛)·눈썹손질을 하는 영업
네일미용업	손톱과 발톱을 손질·화장(化粧)하는 영업
화장·분장 미용업	얼굴 등 신체의 화장, 분장 및 의료기기나 의약품을 사용하지 아니하는 눈썹손질을 하는 영업

2 영업의 신고 및 폐업

(1) 영업의 신고 빈출
① 공중위생영업을 하고자 하는 자는 공중위생영업의 종류별로 보건복지부령이 정하는 시설 및 설비를 갖추고 시장·군수·구청장에게 신고하여야 함
② 영업시설 및 설비기준을 위반한 미용업자는 시·도지사 또는 시장·군수·구청장이 공중위생영업자에게 즉시 그 개선을 명하거나 6개월의 범위에서 기간을 정하여 개선을 명하여야 하며 개선명령에 위반한 자는 300만 원 이하의 과태료에 처함

참고 영업의 신고 제출서류 빈출
- 영업신고서
- 영업시설 및 설비개요서
- 교육수료증
- 면허증 원본

이·미용업 설비기준	• 공중위생영업장은 독립된 장소이거나 공중위생영업 외의 용도로 사용되는 시설 및 설비와 분리(벽, 층) 또는 구획(칸막이, 커튼)으로 구분되어야 함 • 미용업을 2개 이상 함께 하는 경우로서 각각의 영업에 필요한 시설 및 설비 기준을 모두 갖추고 있으며, 각각의 시설이 선·줄 등으로 서로 구분될 수 있는 경우에는 별도로 분리 또는 구획하지 않음 • 그 밖에 보건복지부장관이 인정하는 경우에는 분리 또는 구획하지 않음 • 이·미용기구는 소독을 한 기구와 소독을 하지 않은 기구를 구분하여 보관할 수 있는 용기를 비치해야 함 • 소독기·자외선 살균기 등 미용기구를 소독하는 장비를 갖추어야 함 • 이용업은 영업소 안에 별실 그 밖에 이와 유사한 시설을 설치해서는 안 됨

③ 보건복지부령이 정하는 중요사항을 변경하고자 하는 때에도 시장·군수·구청장에게 신고하여야 함

변경신고사항 빈출	• 영업소의 명칭 또는 상호 • 영업장 면적의 3분의 1 이상의 증감 • 미용업 업종 간 변경 또는 업종의 추가	• 영업소의 주소(소재지) • 대표자의 성명 또는 생년월일

(2) 영업의 폐업 빈출

① 공중위생영업의 신고를 한 자는 공중위생영업을 폐업한 날부터 20일 이내에 시장·군수·구청장에게 신고하여야 함
② 시장·군수·구청장은 공중위생영업자가 「부가가치세법」 제8조에 따라 관할 세무서장에게 폐업신고를 하거나 관할 세무서장이 사업자등록을 말소한 경우에는 보건복지부령으로 정하는 바에 따라 신고사항을 직권으로 말소할 수 있음
③ 시장·군수·구청장은 제3항의 직권말소를 위하여 필요한 경우 관할 세무서장에게 공중위생영업자의 폐업 여부에 대한 정보 제공을 요청할 수 있고, 이 경우 요청을 받은 관할 세무서장은 「전자정부법」 제36조 제1항에 따라 공중위생영업자의 폐업 여부에 대한 정보를 제공하여야 함
④ 신고의 방법 및 절차 등에 관하여 필요한 사항은 보건복지부령으로 정함

> **참고 영업의 폐업**
> 영업정지 등의 기간 중에는 폐업신고를 할 수 없음

(3) 영업의 승계

① 공중위생영업자가 그 공중위생영업을 양도하거나 사망한 때 또는 법인의 합병이 있는 때에는 그 양수인·상속인 또는 합병 후 존속하는 법인이나 합병에 의하여 설립되는 법인은 그 공중위생영업자의 지위를 승계함
② 이용업 또는 미용업의 신고를 한 자의 사망으로 면허를 소지하지 아니한 자가 상속인이 된 경우에는 그 상속인은 상속받은 날부터 3개월 이내에 시장·군수·구청장에게 폐업신고를 하여야 함
③ 「민사집행법」에 의한 경매, 「채무자 회생 및 파산에 관한 법률」에 의한 환가나 「국세징수법」·「관세법」 또는 「지방세징수법」에 의한 압류재산의 매각 그 밖에 이에 준하는 절차에 따라 공중위생영업 관련시설 및 설비의 전부를 인수한 자는 이 법에 의한 그 공중위생영업자의 지위를 승계함
④ 이용업 또는 미용업의 경우에는 면허를 소지한 자에 한하여 공중위생영업자의 지위를 승계할 수 있음
⑤ 공중위생영업자의 지위를 승계한 자는 1개월 이내에 보건복지부령이 정하는 바에 따라 시장·군수 또는 구청장에게 신고하여야 함

3 영업자 준수사항

(1) 미용업 [빈출]
① 의료기구와 의약품을 사용하지 아니하는 순수한 화장 또는 피부미용을 할 것
② 미용기구는 소독을 한 기구와 소독을 하지 아니한 기구로 분리하여 보관하고, 면도기는 1회용 면도날만을 손님 1인에 한하여 사용할 것. 이 경우 미용기구의 소독기준 및 방법은 보건복지부령으로 정함
③ 미용사면허증을 영업소 안에 게시할 것

(2) 이용업
① 이용기구는 소독을 한 기구와 소독을 하지 아니한 기구로 분리하여 보관하고, 면도기는 1회용 면도날만을 손님 1인에 한하여 사용할 것. 이 경우 이용기구의 소독기준 및 방법은 보건복지부령으로 정함
② 이용사면허증을 영업소 안에 게시할 것
③ 이용업소 표시등을 영업소 외부에 설치할 것

> **참고** 공중위생영업자의 불법 카메라 설치 금지
> 공중위생영업자는 영업소에 「성폭력범죄의 처벌 등에 관한 특례법」제14조 제1항에 위반되는 행위에 이용되는 카메라나 그 밖에 이와 유사한 기능을 갖춘 기계장치를 설치해서는 아니 됨

4 면허

(1) 면허발급 [빈출]
① 이·미용사 면허발급 조건: 다음에 해당하는 자로서 보건복지부령이 정하는 바에 의하여 시장·군수·구청장의 면허를 받아야 함
- 전문대학 또는 이와 같은 수준 이상의 학력이 있다고 교육부장관이 인정하는 학교에서 이용 또는 미용에 관한 학과를 졸업한 자
- 「학점인정 등에 관한 법률」제8조에 따라 대학 또는 전문대학을 졸업한 자와 같은 수준 이상의 학력이 있는 것으로 인정되어 이용 또는 미용에 관한 학위를 취득한 자
- 고등학교 또는 이와 같은 수준의 학력이 있다고 교육부장관이 인정하는 학교에서 이용 또는 미용에 관한 학과를 졸업한 자
- 초·중등교육법령에 따른 특성화고등학교, 고등기술학교나 고등학교 또는 고등기술학교에 준하는 각종 학교에서 1년 이상 이용 또는 미용에 관한 소정의 과정을 이수한 자
- 「국가기술자격법」에 의한 이용사 또는 미용사의 자격을 취득한 자

② 이·미용사 면허발급 결격사유
- 피성년후견인
- 정신질환자(단, 전문의가 이용사 또는 미용사로서 적합하다고 인정하는 사람은 제외)
- 공중의 위생에 영향을 미칠 수 있는 감염병환자로서 보건복지부령이 정하는 자
- 마약 기타 대통령령으로 정하는 약물 중독자
- 면허가 취소된 후 1년이 경과되지 아니한 자

③ 면허증을 발급받은 사람은 다른 사람에게 그 면허증을 빌려주어서는 아니 되고, 누구든지 그 면허증을 빌려서는 아니되며, 행위를 알선하여도 아니 됨

(2) 면허증 재발급 신청 사유 [빈출]
① 면허증을 잃어버렸을 때
② 면허증이 헐어 못 쓰게 되었을 때
③ 면허증의 기재사항에 변경이 있을 때

(3) 면허취소 빈출

① 시장·군수·구청장은 이용사 또는 미용사가 다음에 해당하는 때에는 그 면허를 취소하거나 6개월 이내의 기간을 정하여 그 면허의 정지를 명할 수 있음
- 면허발급의 결격사유에 해당하게 된 때
- 면허증을 다른 사람에게 대여한 때
- 「국가기술자격법」에 따라 자격이 취소된 때
- 「국가기술자격법」에 따라 자격정지처분을 받은 때(「국가기술자격법」에 따른 자격정지처분 기간에 한정함)
- 이중으로 면허를 취득한 때(나중에 발급받은 면허를 말함)
- 면허정지처분을 받고도 그 정지 기간 중에 업무를 한 때
- 「성매매알선 등 행위의 처벌에 관한 법률」이나 「풍속영업의 규제에 관한 법률」을 위반하여 관계 행정기관의 장으로부터 그 사실을 통보받은 때

② 제1항의 규정에 의한 면허취소·정지처분의 세부적인 기준은 그 처분의 사유와 위반의 정도 등을 감안하여 보건복지부령으로 정함

5 업무

(1) 업무 범위

① 이용사 또는 미용사의 면허를 받은 자가 아니면 이용업 또는 미용업을 개설하거나 그 업무에 종사할 수 없음. 다만, 이용사 또는 미용사의 감독을 받아 이용 또는 미용 업무의 보조를 행하는 경우 면허 없이 종사할 수 있음

② 이용사 및 미용사의 업무 범위와 이용·미용의 업무보조 범위에 관하여 필요한 사항은 보건복지부령으로 정함
- 2016년 6월 1일 이후 미용사(일반)자격을 취득한 자로서 미용사 면허를 받은 자: 파마·머리카락자르기·머리카락모양내기·머리피부손질·머리카락염색·머리감기, 의료기기나 의약품을 사용하지 아니하는 눈썹손질
- 미용사(피부)자격을 취득한 자로서 미용사 면허를 받은 자: 의료기기나 의약품을 사용하지 아니하는 피부상태분석·피부관리·제모·눈썹손질
- 미용사(네일)자격을 취득한 자로서 미용사 면허를 받은 자: 손톱과 발톱의 손질 및 화장
- 미용사(메이크업)자격을 취득한 자로서 미용사 면허를 받은 자: 얼굴 등 신체의 화장·분장 및 의료기기나 의약품을 사용하지 아니하는 눈썹손질

③ 이용·미용의 업무보조 범위
- 이용·미용 업무를 위한 사전 준비에 관한 사항
- 이용·미용 업무를 위한 기구·제품 등의 관리에 관한 사항
- 영업소의 청결 유지 등 위생관리에 관한 사항
- 그 밖에 머리감기 등 이용·미용 업무의 보조에 관한 사항

(2) 업무 장소 제한 빈출

이용 및 미용의 업무는 영업소 외의 장소에서 행할 수 없음. 다만, 보건복지부령이 정하는 다음의 특별한 사유가 있는 경우에는 그러하지 아니함

① 질병·고령·장애나 그 밖의 사유로 영업소에 나올 수 없는 자에 대하여 이용 또는 미용을 하는 경우

② 혼례나 그 밖의 의식에 참여하는 자에 대하여 그 의식 직전에 이용 또는 미용을 하는 경우
③ 사회복지시설에서 봉사활동으로 이용 또는 미용을 하는 경우
④ 방송 등의 촬영에 참여하는 사람에 대하여 그 촬영 직전에 이용 또는 미용을 하는 경우
⑤ 특별한 사정이 있다고 시장·군수·구청장이 인정하는 경우

6 행정지도감독

(1) 보고 및 출입·검사
① 시·도지사 또는 시장·군수·구청장은 공중위생관리상 필요하다고 인정하는 때에는 공중위생영업자에 대하여 필요한 보고를 하게 하거나 소속 공무원으로 하여금 영업소·사무소 등에 출입하여 공중위생영업자의 위생관리 의무이행 등에 대하여 검사하게 하거나 필요에 따라 공중위생영업장부나 서류를 열람하게 할 수 있음
② 시·도지사 또는 시장·군수·구청장은 공중위생영업자의 영업소에 설치가 금지되는 카메라나 기계장치가 설치되었는지를 검사할 수 있으며, 이 경우 공중위생영업자는 특별한 사정이 없으면 검사에 따라야 함
③ 시·도지사 또는 시장·군수·구청장은 관할 경찰관서의 장에게 협조를 요청할 수 있고 영업소에 대하여 검사 결과에 대한 확인증을 발부할 수 있음
④ 관계 공무원은 그 권한을 표시하는 증표를 지녀야 하며, 관계인에게 이를 내보여야 함

용어 시·도지사
특별시장·광역시장·도지사

(2) 영업의 제한
시·도지사는 공익상 또는 선량한 풍속을 유지하기 위하여 필요하다고 인정하는 때에는 공중위생영업자 및 종사원에 대하여 영업시간 및 영업행위에 관한 필요한 제한을 할 수 있음 (2025년 7월 31일부터 시장·군수·구청장도 영업을 제한할 수 있게 됨)

(3) 위생지도 및 개선명령
시·도지사 또는 시장·군수·구청장은 다음 중 어느 하나에 해당하는 자에 대하여 보건복지부령으로 정하는 바에 따라 기간을 정하여 그 개선을 명할 수 있음
① 공중위생영업의 종류별 시설 및 설비기준을 위반한 공중위생영업자
② 위생관리 의무 등을 위반한 공중위생영업자

(4) 영업소의 폐쇄 빈출
① 시장·군수·구청장은 공중위생영업자가 다음 중 어느 하나에 해당하면 6개월 이내의 기간을 정하여 영업의 정지 또는 일부 시설의 사용중지를 명하거나 영업소 폐쇄 등을 명할 수 있음
- 영업신고를 하지 아니하거나 시설과 설비기준을 위반한 경우
- 변경신고를 하지 아니한 경우
- 지위승계신고를 하지 아니한 경우
- 공중위생영업자의 위생관리 의무 등을 지키지 아니한 경우
- 불법 카메라나 기계장치를 설치한 경우
- 영업소 외의 장소에서 이용 또는 미용 업무를 한 경우
- 보고를 하지 아니하거나 거짓으로 보고한 경우 또는 관계 공무원의 출입, 검사 또는 공중위생영업 장부 또는 서류의 열람을 거부·방해하거나 기피한 경우

- 개선명령을 이행하지 아니한 경우
- 「성매매알선 등 행위의 처벌에 관한 법률」, 「풍속영업의 규제에 관한 법률」, 「청소년보호법」, 「아동·청소년의 성보호에 관한 법률」, 「의료법」 또는 「마약류 관리에 관한 법률」을 위반하여 관계 행정기관의 장으로부터 그 사실을 통보받은 경우

② 시장·군수·구청장은 다음 중 어느 하나에 해당하는 경우에는 영업소 폐쇄를 명할 수 있음
- 영업정지처분을 받고도 그 영업정지 기간에 영업을 한 경우
- 공중위생영업자가 정당한 사유 없이 6개월 이상 계속 휴업하는 경우
- 공중위생영업자가 「부가가치세법」 제8조에 따라 관할 세무서장에게 폐업신고를 하거나 관할 세무서장이 사업자 등록을 말소한 경우
- 공중위생영업자가 영업을 하지 아니하기 위하여 영업시설의 전부를 철거한 경우

③ 행정처분의 세부기준은 그 위반행위의 유형과 위반 정도 등을 고려하여 보건복지부령으로 정함

④ 시장·군수·구청장은 공중위생영업자가 영업소폐쇄명령을 받고도 계속하여 영업을 하는 때에는 관계 공무원으로 하여금 해당 영업소를 폐쇄하기 위하여 다음의 조치를 하게 할 수 있고, 신고를 하지 아니하고 공중위생영업을 하는 경우에도 또한 같음
- 해당 영업소의 간판 기타 영업표지물의 제거
- 해당 영업소가 위법한 영업소임을 알리는 게시물 등의 부착
- 영업을 위하여 필수불가결한 기구 또는 시설물을 사용할 수 없게 하는 봉인

⑤ 시장·군수·구청장은 봉인을 한 후 봉인을 계속할 필요가 없다고 인정되는 때와 영업자등이나 그 대리인이 해당 영업소를 폐쇄할 것을 약속하는 때 및 정당한 사유를 들어 봉인의 해제를 요청하는 때에는 그 봉인을 해제할 수 있고, 게시물 등의 제거를 요청하는 경우에도 또한 같음

(5) 과징금 처분 빈출

① 시장·군수·구청장은 영업정지가 이용자에게 심한 불편을 주거나 그 밖에 공익을 해할 우려가 있는 경우에는 영업정지 처분에 갈음하여 1억 원 이하의 과징금을 부과할 수 있음. 다만, 불법 카메라 설치, 「성매매알선 등 행위의 처벌에 관한 법률」, 「아동·청소년의 성보호에 관한 법률」, 「풍속영업의 규제에 관한 법률」 제3조 각 호의 어느 하나, 「마약류 관리에 관한 법률」 또는 이에 상응하는 위반행위로 인하여 처분을 받게 되는 경우를 제외함

② 과징금을 부과하는 위반행위의 종별·정도 등에 따른 과징금의 금액 등에 관하여 필요한 사항은 대통령령으로 정함

③ 시장·군수·구청장은 과징금을 납부하여야 할 자가 납부기한까지 이를 납부하지 아니한 경우에는 대통령령으로 정하는 바에 따라 과징금 부과처분을 취소하고, 영업정지 처분을 하거나 「지방행정제재·부과금의 징수 등에 관한 법률」에 따라 이를 징수함

④ 시장·군수·구청장이 부과·징수한 과징금은 해당 시·군·구에 귀속됨

⑤ 시장·군수·구청장은 과징금의 징수를 위하여 필요한 경우에는 다음의 사항을 기재한 문서로 관할 세무관서의 장에게 과세정보의 제공을 요청할 수 있음
- 납세자의 인적사항
- 사용 목적
- 과징금 부과기준이 되는 매출금액

(6) 행정제재처분효과의 승계
① 공중위생영업자가 그 영업을 양도하거나 사망한 때 또는 법인의 합병이 있는 때에는 종전의 영업자에 대하여 행한 행정제재처분의 효과는 그 처분기간이 만료된 날부터 1년간 양수인·상속인 또는 합병 후 존속하는 법인에 승계됨
② 공중위생영업자가 그 영업을 양도하거나 사망한 때 또는 법인의 합병이 있는 때에는 종전의 영업자에 대하여 진행 중인 행정제재처분 절차를 양수인·상속인 또는 합병 후 존속하는 법인에 대하여 속행할 수 있음
③ 양수인이나 합병 후 존속하는 법인이 양수하거나 합병할 때 그 처분 또는 위반사실을 알지 못한 경우에는 그러하지 아니함

(7) 같은 종류의 영업 금지
① 불법 카메라 설치, 「성매매알선 등 행위의 처벌에 관한 법률」·「아동·청소년의 성보호에 관한 법률」·「풍속영업의 규제에 관한 법률」·「청소년 보호법」 또는 「마약류 관리에 관한 법률」을 위반하여 폐쇄명령을 받은 자(법인인 경우에는 그 대표자를 포함함)는 폐쇄명령을 받은 후 2년이 경과하지 아니한 때에는 같은 종류의 영업을 할 수 없음
② 「성매매알선 등 행위의 처벌에 관한 법률」 등 외의 법률을 위반하여 폐쇄명령을 받은 자는 그 폐쇄명령을 받은 후 1년이 경과하지 아니한 때에는 같은 종류의 영업을 할 수 없음
③ 「성매매알선 등 행위의 처벌에 관한 법률」 등의 위반으로 폐쇄명령이 있은 후 1년이 경과하지 아니한 때에는 누구든지 그 폐쇄명령이 이루어진 영업장소에서 같은 종류의 영업을 할 수 없음
④ 「성매매알선 등 행위의 처벌에 관한 법률」 등 외의 법률의 위반으로 폐쇄명령이 있은 후 6개월이 경과하지 아니한 때에는 누구든지 그 폐쇄명령이 이루어진 영업장소에서 같은 종류의 영업을 할 수 없음

(8) 이용업소 표시등의 사용제한
누구든지 시·군·구에 이용업 신고를 하지 아니하고 이용업소 표시등을 설치할 수 없음

참고 이용업소 표시등

(9) 위반사실 공표
시장·군수·구청장은 행정처분이 확정된 공중위생영업자에 대한 처분 내용, 해당 영업소의 명칭 등 처분과 관련한 영업 정보를 대통령령으로 정하는 바에 따라 공표하여야 함

(10) 청문 [빈출]
보건복지부장관 또는 시장·군수·구청장은 다음 중 어느 하나에 해당하는 처분을 하려면 청문을 하여야 함
① 이용사와 미용사의 면허취소 또는 면허정지
② 영업정지명령, 일부 시설의 사용중지명령 또는 영업소 폐쇄명령

7 업소 위생등급

(1) 위생서비스수준의 평가
① 시·도지사는 공중위생영업소(관광숙박업 제외)의 위생관리수준을 향상시키기 위하여 위생서비스평가계획을 수립하여 시장·군수·구청장에게 통보하여야 함
② 시장·군수·구청장은 평가계획에 따라 관할 지역별 세부평가계획을 수립한 후 공중위생영업소의 위생서비스수준을 평가하여야 함

③ 시장·군수·구청장은 위생서비스평가의 전문성을 높이기 위하여 필요하다고 인정하는 경우에는 관련 전문기관 및 단체로 하여금 위생서비스평가를 실시하게 할 수 있음
④ 위생서비스평가의 주기·방법, 위생관리등급의 기준 기타 평가에 관하여 필요한 사항은 보건복지부령으로 정함

(2) 위생관리등급 공표
① 시장·군수·구청장은 보건복지부령이 정하는 바에 의하여 위생서비스평가의 결과에 따른 위생관리등급❼을 해당 공중위생영업자에게 통보하고 이를 공표하여야 함
② 공중위생영업자는 제1항의 규정에 의하여 시장·군수·구청장으로부터 통보받은 위생관리등급의 표지를 영업소의 명칭과 함께 영업소의 출입구에 부착할 수 있음
③ 시·도지사 또는 시장·군수·구청장은 위생서비스평가의 결과 위생서비스의 수준이 우수하다고 인정되는 영업소에 대하여 포상을 실시할 수 있음
④ 시·도지사 또는 시장·군수·구청장은 위생서비스평가의 결과에 따른 위생관리등급별로 영업소에 대한 위생감시를 실시하여야 하며, 이 경우 영업소에 대한 출입·검사와 위생감시의 실시주기 및 횟수 등 위생관리등급별 위생감시 기준은 보건복지부령으로 정함

> **참고** 위생관리등급의 구분
> • 최우수 업소: 녹색등급
> • 우수 업소: 황색등급
> • 일반관리대상 업소: 백색등급

(3) 공중위생감시원 [빈출]
① 규정에 의한 관계 공무원의 업무를 행하게 하기 위하여 특별시·광역시·도 및 시·군·구(자치구에 한함)에 공중위생감시원을 둠
② 공중위생감시원의 자격·임명·업무범위 기타 필요한 사항은 대통령령으로 정함
③ 다음 중 어느 하나에 해당하는 소속 공무원 중에서 공중위생감시원을 임명함
  • 위생사 또는 환경기사 2급 이상의 자격증이 있는 사람
  • 「고등교육법」에 따른 대학에서 화학·화공학·환경공학 또는 위생학 분야를 전공하고 졸업한 사람 또는 법령에 따라 이와 같은 수준 이상의 학력이 있다고 인정되는 사람
  • 외국에서 위생사 또는 환경기사의 면허를 받은 사람
  • 1년 이상 공중위생 행정에 종사한 경력이 있는 사람
④ 시·도지사 또는 시장·군수·구청장은 위에 해당하는 사람만으로는 공중위생감시원의 인력확보가 곤란하다고 인정되는 때에는 공중위생 행정에 종사하는 사람 중 공중위생 감시에 관한 교육훈련을 2주 이상 받은 사람을 공중위생 행정에 종사하는 기간 동안 공중위생감시원으로 임명할 수 있음
⑤ 공중위생감시원의 업무
  • 시설 및 설비의 확인
  • 공중위생영업 관련 시설 및 설비의 위생상태 확인·검사, 공중위생영업자의 위생관리의무 및 영업자준수사항 이행 여부의 확인
  • 위생지도 및 개선명령 이행 여부의 확인
  • 공중위생영업소의 영업의 정지, 일부 시설의 사용중지 또는 영업소 폐쇄명령 이행 여부의 확인
  • 위생교육 이행 여부의 확인

(4) 명예공중위생감시원
① 시·도지사는 공중위생의 관리를 위한 지도·계몽 등을 행하게 하기 위하여 명예공중위생감시원을 둘 수 있음

② 명예공중위생감시원의 자격 및 위촉방법, 업무범위 등에 관하여 필요한 사항은 대통령령으로 정함
③ 명예공중위생감시원은 시·도지사가 다음에 해당하는 자 중에서 위촉함
- 공중위생에 대한 지식과 관심이 있는 자
- 소비자단체, 공중위생관련 협회 또는 단체의 소속 직원 중에서 당해 단체 등의 장이 추천하는 자

④ 명예공중위생감시원(명예감시원)의 업무
- 공중위생감시원이 행하는 검사대상물의 수거 지원
- 법령 위반행위에 대한 신고 및 자료 제공
- 그 밖에 공중위생에 관한 홍보·계몽 등 공중위생관리업무와 관련하여 시·도지사가 따로 정하여 부여하는 업무

⑤ 시·도지사는 명예감시원의 활동지원을 위하여 예산의 범위 안에서 시·도지사가 정하는 바에 따라 수당 등을 지급할 수 있음
⑥ 명예감시원의 운영에 관하여 필요한 사항은 시·도지사가 정함

(5) 공중위생영업자 단체

공중위생영업자는 공중위생과 국민보건의 향상을 기하고 그 영업의 건전한 발전을 도모하기 위하여 영업의 종류별로 전국적인 조직을 가지는 영업자 단체를 설립할 수 있음

> **참고** 업무 위탁
> 보건복지부장관은 대통령령이 정하는 바에 의하여 관계 전문기관에 업무의 일부를 위탁할 수 있음

8 위생교육 빈출

① 공중위생영업자는 매년 1회 위생교육을 받아야 함
② 영업신고를 하고자 하는 자는 미리 위생교육을 받아야 하고, 보건복지부령으로 정하는 부득이한 사유(천재지변, 본인의 질병사고, 단체의 사정 등)로 미리 교육을 받을 수 없는 경우에는 영업개시 후 6개월 이내에 위생교육을 받을 수 있음
③ 위생교육을 받아야 하는 자 중 영업에 직접 종사하지 아니하거나 2군데 이상의 장소에서 영업을 하는 자는 종업원 중 영업장별로 공중위생에 관한 책임자를 지정하고 그 책임자로 하여금 위생교육을 받게 하여야 함
④ 위생교육은 보건복지부장관이 허가한 단체 또는 공중위생영업자 단체가 실시할 수 있음
⑤ 위생교육의 방법·절차 등에 관하여 필요한 사항은 보건복지부령으로 정함
⑥ 위생교육을 빋은 자가 위생교육을 받은 날부터 2년 이내에 위생교육을 받은 업종과 같은 업종의 영업을 하려는 경우에는 해당 영업에 대한 위생교육을 받은 것으로 봄

9 벌칙

(1) 벌칙 빈출

1년 이하의 징역 또는 1천만 원 이하의 벌금	• 영업·폐업신고를 하지 아니한 자 • 영업정지명령 또는 일부 시설의 사용중지명령을 받고도 그 기간 중에 영업을 하거나 그 시설을 사용한 자 또는 영업소 폐쇄명령을 받고도 계속하여 영업을 한 자

6개월 이하의 징역 또는 500만 원 이하의 벌금	• 변경신고를 하지 아니한 자 • 공중위생영업자의 지위를 승계한 자로서 신고를 하지 아니한 자 • 건전한 영업질서를 위하여 공중위생영업자가 준수하여야 할 사항을 준수하지 아니한 자
300만 원 이하의 벌금	• 다른 사람에게 이용사 또는 미용사의 면허증을 빌려주거나 빌린 사람 • 이용사 또는 미용사의 면허증을 빌려주거나 빌리는 것을 알선한 사람 • 면허의 취소 또는 정지 중에 이용업 또는 미용업을 한 사람 • 면허를 받지 않고 이용업 또는 미용업을 개설하거나 그 업무에 종사한 사람

(2) 양벌규정

법인의 대표자나 법인 또는 개인의 대리인, 사용인, 그 밖의 종업원이 그 법인 또는 개인의 업무에 관하여 위반행위를 하면 그 행위자를 벌하는 외에 그 법인 또는 개인에게도 해당 조문의 벌금형을 과함. 다만, 법인 또는 개인이 그 위반행위를 방지하기 위하여 해당 업무에 관하여 상당한 주의와 감독을 게을리 하지 아니한 경우에는 그러하지 아니함

(3) 과태료 빈출

300만 원 이하	• 규정에 의한 보고를 하지 아니하거나 관계 공무원의 출입·검사 기타 조치를 거부·방해 또는 기피한 자 • 공중위생영업의 종류별 시설 및 설비기준의 위반 및 위생관리 의무 등의 위반에 의한 개선명령에 위반한 자 • 이용업 신고를 하지 아니하고 이용업소 표시등을 설치한 자
200만 원 이하	• 이용업소의 위생관리 의무를 지키지 아니한 자 • 미용업소의 위생관리 의무를 지키지 아니한 자 • 영업소 외의 장소에서 이용 또는 미용업무를 행한 자 • 위생교육을 받지 아니한 자

참고 **과태료 부과·징수**
대통령령으로 정하는 바에 따라 보건복지부장관 또는 시장·군수·구청장이 부과·징수함

10 미용업 행정처분 기준 빈출

위반행위	행정처분 기준			
	1차 위반	2차 위반	3차 위반	4차 이상 위반
가. 영업신고를 하지 않거나 시설과 설비기준을 위반한 경우				
1) 영업신고를 하지 않은 경우	영업장 폐쇄명령			
2) 시설 및 설비기준을 위반한 경우	개선명령	영업정지 15일	영업정지 1개월	영업장 폐쇄명령
나. 변경신고를 하지 않은 경우				
1) 신고를 하지 않고 영업소의 명칭 및 상호, 미용업 업종 간 변경을 하였거나 영업장 면적의 3분의 1 이상을 변경한 경우	경고 또는 개선명령	영업정지 15일	영업정지 1개월	영업장 폐쇄명령
2) 신고를 하지 않고 영업소의 소재지를 변경한 경우	영업정지 1개월	영업정지 2개월	영업장 폐쇄명령	
다. 지위승계신고를 하지 않은 경우	경고	영업정지 10일	영업정지 1개월	영업장 폐쇄명령
라. 공중위생영업자의 위생관리 의무 등을 지키지 않은 경우				
1) 소독을 한 기구와 소독을 하지 않은 기구를 각각 다른 용기에 넣어 보관하지 않거나 1회용 면도날을 2인 이상의 손님에게 사용한 경우	경고	영업정지 5일	영업정지 10일	영업장 폐쇄명령

2) 피부미용을 위하여 「약사법」에 따른 의약품 또는 「의료기기법」에 따른 의료기기를 사용한 경우	영업정지 2개월	영업정지 3개월	영업장 폐쇄명령	
3) 점빼기·귓볼뚫기·쌍꺼풀수술·문신·박피술 그 밖에 이와 유사한 의료행위를 한 경우	영업정지 2개월	영업정지 3개월	영업장 폐쇄명령	
4) 미용업 신고증 및 면허증 원본을 게시하지 않거나 업소 내 조명도를 준수하지 않은 경우	경고 또는 개선명령	영업정지 5일	영업정지 10일	영업장 폐쇄명령
5) 3가지 이상의 미용서비스를 제공하면서 개별 미용서비스의 최종 지급가격 및 전체 미용서비스의 총액에 관한 내역서를 이용자에게 미리 제공하지 않은 경우	경고	영업정지 5일	영업정지 10일	영업정지 1개월
마. 불법 카메라나 기계장치를 설치한 경우	영업정지 1개월	영업정지 2개월	영업장 폐쇄명령	
바. 각 호의 어느 하나에 해당하는 면허정지 및 면허취소 사유에 해당하는 경우				
1) 피성년후견인, 정신질환자, 감염병환자, 약물 중독자인 경우	면허취소			
2) 면허증을 다른 사람에게 대여한 경우	면허정지 3개월	면허정지 6개월	면허취소	
3) 「국가기술자격법」에 따라 자격이 취소된 경우	면허취소			
4) 「국가기술자격법」에 따라 자격정지처분을 받은 경우(「국가기술자격법」에 따른 자격정지처분 기간에 한정한다)	면허정지			
5) 이중으로 면허를 취득한 경우(나중에 발급받은 면허를 말한다)	면허취소			
6) 면허정지처분을 받고도 그 정지 기간 중 업무를 한 경우	면허취소			
사. 영업소 외의 장소에서 미용 업무를 한 경우	영업정지 1개월	영업정지 2개월	영업장 폐쇄명령	
아. 보고를 하지 않거나 거짓으로 보고한 경우 또는 관계 공무원의 출입, 검사 또는 공중위생영업 장부 또는 서류의 열람을 거부·방해하거나 기피한 경우	영업정지 10일	영업정지 20일	영업정지 1개월	영업장 폐쇄명령
자. 개선명령을 이행하지 않은 경우	경고	영업정지 10일	영업정지 1개월	영업장 폐쇄명령
차. 「성매매알선 등 행위의 처벌에 관한 법률」, 「풍속영업의 규제에 관한 법률」, 「청소년 보호법」, 「아동·청소년의 성보호에 관한 법률」, 또는 「의료법」을 위반하여 관계 행정기관의 장으로부터 그 사실을 통보받은 경우				
1) 손님에게 성매매알선 등 행위 또는 음란행위를 하게 하거나 이를 알선 또는 제공한 경우	영업소: 영업정지 3개월	영업소: 영업장 폐쇄명령		
	미용사: 면허정지 3개월	미용사: 면허취소		
2) 손님에게 도박 그 밖에 사행행위를 하게 한 경우	영업정지 1개월	영업정지 2개월	영업장 폐쇄명령	
3) 음란한 물건을 관람·열람하게 하거나 진열 또는 보관한 경우	경고	영업정지 15일	영업정지 1개월	영업장 폐쇄명령
4) 무자격안마사로 하여금 안마사의 업무에 관한 행위를 하게 한 경우	영업정지 1개월	영업정지 2개월	영업장 폐쇄명령	
카. 영업정지처분을 받고도 그 영업정지 기간에 영업을 한 경우	영업장 폐쇄명령			
타. 공중위생영업자가 정당한 사유 없이 6개월 이상 계속 휴업하는 경우	영업장 폐쇄명령			
파. 공중위생영업자가 「부가가치세법」 제8조에 따라 관할 세무서장에게 폐업신고를 하거나 관할 세무서장이 사업자 등록을 말소한 경우	영업장 폐쇄명령			
하. 공중위생영업자가 영업을 하지 않기 위하여 영업시설의 전부를 철거한 경우	영업장 폐쇄명령			

출제 예상문제 A

1 목적 및 정의

01
공중이 이용하는 영업의 위생관리 등에 관한 사항을 규정함으로써 위생 수준을 향상시켜 국민의 건강증진에 기여함을 목적으로 하는 법은?
① 「공중위생관리법」 ② 「부가가치세법」
③ 「전자정부법」 ④ 「지방세징수법」

- 「부가가치세법」: 과세 요건 및 절차를 규정함
- 「전자정부법」: 행정업무의 전자적 처리를 위한 기본원칙, 절차와 추진방법 등을 규정함
- 「지방세징수법」: 지방세를 부과, 징수하기 위한 법률

02
미용업의 정의로 옳은 것은?
① 손톱과 발톱을 손질·화장(化粧)하는 영업
② 손님의 머리카락 또는 수염을 깎거나 다듬는 등의 방법으로 손님의 용모를 단정하게 하는 영업
③ 손님의 얼굴, 머리, 피부 및 손톱·발톱 등을 손질하여 손님의 외모를 아름답게 꾸미는 영업
④ 의료기기나 의약품을 사용하지 아니하는 피부상태분석·피부관리·제모·눈썹손질을 하는 영업

- 네일미용업: 손톱과 발톱을 손질·화장하는 영업
- 이용업: 손님의 머리카락 또는 수염을 깎거나 다듬는 등의 방법으로 손님의 용모를 단정하게 하는 영업
- 피부미용업: 의료기기나 의약품을 사용하지 아니하는 피부상태분석·피부관리·제모·눈썹손질을 하는 영업

2 영업의 신고 및 폐업

03
미용업소를 하고자 하는 자가 설비를 갖추고 영업의 신고를 해야 하는 대상은?
① 동사무소 ② 시장·군수·구청장
③ 시·도지사 ④ 보건복지부

영업의 신고 및 폐업 등 공중위생영업의 신고는 시장·군수·구청장에게 함

04
영업의 변경신고 중 보건복지부령이 정하는 중요사항의 항목으로 옳지 않은 것은?
① 영업소의 명칭 또는 상호
② 정직원의 성명 또는 생년월일
③ 영업소의 소재지
④ 미용업 업종 간 변경

대표자의 성명 또는 생년월일, 영업장 면적의 3분의 1 이상의 증감 등의 중요사항을 변경하고자 하는 때에는 시장·군수·구청장에게 신고하여야 함

05
공중위생영업의 폐업 시 며칠 이내로 신고해야 하는가?
① 5일 ② 10일
③ 20일 ④ 30일

공중위생영업의 신고를 한 자는 공중위생영업을 폐업한 날부터 20일 이내에 시장·군수·구청장에게 신고해야 함

06
영업의 승계에 대한 내용으로 옳지 않은 것은?
① 공중위생영업자가 사망한 때 그 양수인·상속인은 공중위생영업자의 지위를 승계할 수 있다.
② 「민사집행법」에 의한 경매나 「지방세징수법」에 의한 압류재산의 매각 절차에 따라 공중위생영업 관련 시설 및 설비의 전부를 인수한 자는 지위를 승계할 수 있다.
③ 미용업의 경우 면허를 소지한 자에 한하여 지위를 승계할 수 있다.
④ 지위를 승계한 자는 6개월 이내에 보건복지부령이 정하는 바에 따라 시장·군수 또는 구청장에게 신고하여야 한다.

지위를 승계한 자는 1개월 이내에 보건복지부령이 정하는 바에 따라 시장·군수 또는 구청장에게 신고하여야 함

정답 | 01 ① 02 ③ 03 ② 04 ② 05 ③ 06 ④

3 영업자 준수사항

07
미용업자의 준수사항으로 옳지 않은 것은?
① 의료기구와 의약품을 사용한 순수한 화장 또는 피부미용을 해야 한다.
② 미용기구는 소독을 한 기구와 소독을 하지 아니한 기구로 분리하여 보관한다.
③ 미용사면허증을 영업소 안에 게시한다.
④ 면도기는 1회용 면도날만을 손님 1인에 한하여 사용한다.

> 의료기구와 의약품을 사용하지 아니하는 순수한 화장 또는 피부미용을 할 것

08
미용업자의 준수사항으로 옳은 것은?
① 면도기는 하루에 한 번 날을 갈아 끼워 타인에게 사용한다.
② 미용기구의 소독기준 및 방법은 대통령령으로 정한다.
③ 카메라나 그 밖에 이와 유사한 기능을 갖춘 기계장치를 설치해서는 아니 된다.
④ 미용업소 표시등을 영업소 외부에 설치한다.

> • 미용업: 미용기구는 소독을 한 기구와 소독을 하지 아니한 기구로 분리하여 보관하고, 면도기는 1회용 면도날만을 손님 1인에 한하여 사용할 것. 이 경우 미용기구의 소독기준 및 방법은 보건복지부령으로 정함. 미용사면허증을 영업소 안에 게시할 것
> • 이용업: 이용업소 표시등을 영업소 외부에 설치할 것

4 면허

09
미용사 면허를 받을 수 없는 자는?
① 「국가기술자격법」에 의한 이용사 또는 미용사의 자격을 취득한 자
② 교육부장관이 인정하는 학교에서 이용 또는 미용에 관한 학과를 수료한 자
③ 대학 또는 전문대학을 졸업한 자와 같은 수준 이상의 학력이 있는 것으로 인정되어 미용에 관한 학위를 취득한 자
④ 교육부장관이 인정하는 학교에서 이용 또는 미용에 관한 학과를 졸업한 자

> 고등학교 또는 이와 같은 수준의 학력이 있다고 교육부장관이 인정하는 학교에서 이용 또는 미용에 관한 학과를 졸업한 자가 미용사 면허를 받을 수 있음

10
미용사 면허를 받을 수 있는 자는?
① 면허가 취소된 후 1년이 경과된 자
② 공중의 위생에 영향을 미칠 수 있는 감염병환자
③ 마약 기타 대통령령으로 정하는 약물 중독자
④ 정신질환자

> 면허가 취소된 후 1년이 경과되지 아니한 자는 면허를 받을 수 없음

11
미용사 면허가 취소될 수 있는 사유로 옳지 않은 것은?
① 성매매알선 행위의 처벌을 받았을 때
② 면허증을 잃어버린 후 재교부 받은 자가 잃어버린 면허증을 찾아 반납하였을 때
③ 면허증을 다른 사람에게 대여한 때
④ 면허정지처분을 받고도 그 정지 기간 중에 업무를 한 때

> 면허취소: 면허발급의 결격사유에 해당하게 된 때, 자격이 취소된 때 등

5 업무

12
영업소 외의 장소에서 미용업을 행할 수 있는 사유로 옳지 않은 것은?
① 질병·고령·장애나 그 밖의 사유로 영업소에 나올 수 없는 자에 대하여 이용 또는 미용을 하는 경우
② 사회복지시설에서 봉사활동으로 이용 또는 미용을 하는 경우
③ 혼례나 그 밖의 의식에 참여하는 자에 대하여 그 의식 직전에 이용 또는 미용을 하는 경우
④ 홈서비스를 예약한 고객이 있는 경우

> 특별한 사정이 있다고 시장·군수·구청장이 인정하는 경우 영업소 외의 장소에서 미용업을 행할 수 있음

13
2016년 6월 1일 이후 미용사(일반)자격을 취득한 자로서 미용사 면허를 받은 자의 업무 범위가 아닌 것은?
① 머리카락염색   ② 머리카락자르기
③ 제모   ④ 눈썹손질

> 미용사(피부): 의료기기나 의약품을 사용하지 아니하는 피부상태분석·피부관리·제모·눈썹손질

| 정답 | 07 ① 08 ③ 09 ② 10 ① 11 ② 12 ④ 13 ③

14
미용의 업무보조 범위로 옳지 않은 것은?

① 영업소의 청결 유지 등 위생관리
② 미용 업무를 위한 기구·제품 등의 관리
③ 미용 업무를 위한 사전 준비
④ 머리감기, 머리카락자르기, 머리카락염색 등의 작업

> 머리감기 등 미용 업무의 보조에 관한 사항이 미용의 업무보조 범위에 해당함

6 행정지도감독

15
행정지도감독을 위한 보고 및 출입·검사의 내용으로 옳은 것은?

① 행정지도감독관은 공중위생영업장부나 서류를 열람할 수 없다.
② 공중위생영업자는 행정지도감독관의 검사에 따르지 않아도 된다.
③ 행정지도감독관은 관할 경찰관서의 장에게 협조 요청을 할 수 없다.
④ 행정지도감독관은 설치가 금지되는 카메라나 기계장치가 설치되었는지 검사할 수 있다.

> 특별시장·광역시장·도지사 또는 시장·군수·구청장은 공중위생관리상 필요하다고 인정하는 때에는 공중위생영업자에 대하여 필요한 보고를 하게 하거나 소속 공무원으로 하여금 영업소·사무소 등에 출입하여 공중위생영업자의 위생관리 의무이행 등에 대하여 검사하게 하거나 필요에 따라 공중위생영업장부나 서류를 열람하게 할 수 있음. 공중위생영업자는 특별한 사정이 없으면 검사에 따라야 하며, 관할 경찰관서에 협조 요청을 할 수 있음

16
영업소 폐쇄에 대한 내용으로 옳지 않은 것은?

① 혼례식장에서 미용 업무를 한 경우
② 지위승계신고를 하지 아니한 경우
③ 공중위생영업자의 위생관리 의무 등을 지키지 아니한 경우
④ 영업소 외의 장소에서 이용 또는 미용 업무를 한 경우

> 영업소 폐쇄: 영업신고를 하지 아니하거나 시설과 설비기준을 위반한 경우, 변경신고를 하지 아니한 경우, 불법 카메라나 기계장치를 설치한 경우, 개선명령을 이행하지 아니한 경우 등

17
영업소 폐쇄 명령을 받고도 계속하여 영업을 하는 때 이에 대한 조치 방법으로 옳지 않은 것은?

① 해당 영업소의 간판 기타 영업표지물의 제거
② 면허증 원본 압수
③ 해당 영업소가 위법한 영업소임을 알리는 게시물 등의 부착
④ 영업을 위하여 필수불가결한 기구 또는 시설물을 사용할 수 없게 하는 봉인

> 시장·군수·구청장은 공중위생영업자가 영업소폐쇄명령을 받고도 계속하여 영업을 하는 때에는 관계 공무원으로 하여금 해당 영업소를 폐쇄하기 위하여 표지물 제거, 게시물 부착, 기구 봉인 등을 할 수 있음

18
시장·군수·구청장은 영업정지가 이용자에게 심한 불편을 주거나 그 밖에 공익을 해할 우려가 있는 경우 영업정지 처분에 갈음하여 1억 원 이하로 부과할 수 있는 것은?

① 과태료   ② 범칙금
③ 과징금   ④ 세금

> • 과태료: 형벌의 성질을 가지지 않는 법령위반에 대하여 부과·징수하는 돈
> • 범칙금: 범죄처벌법, 도로교통법규 등을 위반했을 때 부과하는 벌금
> • 세금: 국가를 유지하고 국민생활의 발전을 위해 소득의 일부를 국가에 납부하는 돈

19
같은 종류의 영업을 할 수 없는 경우는?

① 과징금 처분이 있은 후 1년이 경과하지 않은 경우
② 영업소의 설비기준을 위반한 경우
③ 「성매매알선 등 행위의 처벌에 관한 법률」 등을 위반하여 폐쇄명령을 받은지 2년이 경과하지 않은 경우
④ 지위승계신고를 하지 않은 경우

> 불법 카메라 설치, 「성매매알선 등 행위의 처벌에 관한 법률」, 「아동·청소년의 성보호에 관한 법률」, 「풍속영업의 규제에 관한 법률」 또는 「청소년 보호법」을 위반하여 폐쇄를 받은 자는 폐쇄명령을 받은 후 2년이 경과하지 아니한 때에는 같은 종류의 영업을 할 수 없음

정답 | 14 ④ 15 ④ 16 ① 17 ② 18 ③ 19 ③

20
청문을 실시해야 하는 경우에 해당하지 <u>않는</u> 것은?
① 일부 시설의 사용중지명령
② 면허취소 또는 정지
③ 과징금 납부
④ 영업소 폐쇄명령

> 청문을 실시하는 경우
> • 이용사와 미용사의 면허취소 또는 면허정지
> • 영업정지명령, 일부 시설의 사용중지명령 또는 영업소 폐쇄명령

7 업소 위생등급

21
위생관리등급의 구분이 옳은 것은?
① 최우수 업소 - 녹색등급
② 우수 업소 - 녹색등급
③ 최우수 업소 - 황색등급
④ 일반관리대상 업소 - 황색등급

> • 우수 업소: 황색등급
> • 일반관리대상 업소: 백색등급

22
위생서비스수준의 평가 내용으로 옳지 <u>않은</u> 것은?
① 시·도지사는 공중위생영업소의 위생관리수준을 향상시키기 위하여 위생서비스평가계획을 수립하여 시장·군수·구청장에게 통보하여야 한다.
② 시장·군수·구청장은 평가계획에 따라 관할 지역별 세부평가계획을 수립한 후 공중위생영업소의 위생서비스수준을 평가하여야 한다.
③ 시장·군수·구청장은 위생서비스평가의 전문성을 높이기 위하여 필요하다고 인정하는 경우에는 관련 전문기관 및 단체로 하여금 위생서비스평가를 실시하게 할 수 있다.
④ 위생서비스평가의 주기·방법, 위생관리등급의 기준 기타 평가에 관하여 필요한 사항은 대통령령으로 정한다.

> 위생서비스평가의 주기·방법, 위생관리등급의 기준 기타 평가에 관하여 필요한 사항은 보건복지부령으로 정함

23
공중위생감시원의 자격으로 옳지 <u>않은</u> 것은?
① 「고등교육법」에 따른 대학에서 화학·화공학·환경공학 또는 위생학 분야를 전공하고 졸업한 사람
② 위생사 또는 환경기사 1급 이상의 자격증이 있는 사람
③ 외국에서 위생사 또는 환경기사의 면허를 받은 사람
④ 1년 이상 공중위생 행정에 종사한 경력이 있는 사람

> 위생사 또는 환경기사 2급 이상의 자격증이 있는 사람

24
공중위생감시원의 업무로 옳지 <u>않은</u> 것은?
① 공중위생영업소의 영업의 정지, 일부 시설의 사용중지 또는 영업소 폐쇄명령 이행 여부의 확인
② 면허취소 또는 정지
③ 위생지도 및 개선명령 이행 여부의 확인
④ 시설 및 설비의 확인

> 공중위생영업 관련 시설 및 설비의 위생상태 확인·검사, 공중위생영업자의 위생관리의무 및 영업자준수사항 이행 여부의 확인, 위생교육 이행 여부의 확인

25
명예공중위생감시원의 업무로 옳은 것은?
① 위생지도 및 개선명령 이행 여부의 확인
② 공중위생영업소의 영업의 정지, 일부 시설의 사용중지 또는 영업소 폐쇄명령 이행 여부의 확인
③ 법령 위반행위에 대한 신고 및 자료 제공
④ 불법 카메라 설치 확인

> 공중위생감시원이 행하는 검사대상물의 수거 지원, 공중위생에 관한 홍보·계몽 등 공중위생관리업무와 관련하여 시·도지사가 따로 정하여 부여하는 업무

8 위생교육

26
위생교육의 내용으로 옳지 않은 것은?
① 영업신고를 하고자 하는 자는 미리 위생교육을 받아야 한다.
② 공중위생영업자는 매년 2회 이상 위생교육을 받아야 한다.
③ 보건복지부령으로 정하는 부득이한 사유로 미리 교육을 받을 수 없는 경우에는 영업개시 후 6개월 이내에 위생교육을 받을 수 있다.
④ 2군데 이상의 장소에서 영업을 하는 자는 종업원 중 영업장별로 공중위생에 관한 책임자를 지정하고 그 책임자로 하여금 위생교육을 받게 하여야 한다.

공중위생영업자는 매년 1회 위생교육을 받아야 함

27
위생교육의 내용으로 옳은 것은?
① 위생교육의 방법·절차 등에 관하여 필요한 사항은 보건복지부령으로 정한다.
② 위생교육은 시장·군수·구청장이 허가한 단체가 실시할 수 있다.
③ 보건복지부령으로 정하는 부득이한 사유로 미리 교육을 받을 수 없는 경우에는 영업개시 후 3개월 이내에 위생교육을 받을 수 있다.
④ 공중위생영업자는 매월 위생교육을 받아야 한다.

• 위생교육은 보건복지부장관이 허가한 단체가 실시할 수 있음
• 보건복지부령으로 정하는 부득이한 사유로 미리 교육을 받을 수 없는 경우에는 영업개시 후 6개월 이내에 위생교육을 받을 수 있음
• 공중위생영업자는 매년 위생교육을 받아야 함

9 벌칙

28
1년 이하의 징역 또는 1천만 원 이하의 벌금에 처할 수 있는 경우는?
① 다른 사람에게 이용사 또는 미용사의 면허증을 빌려주거나 빌린 사람
② 공중위생영업자의 지위를 승계한 자로서 신고를 하지 아니한 자
③ 변경신고를 하지 아니한 자
④ 영업·폐업 신고를 하지 아니한 자

영업정지명령 또는 일부 시설의 사용중지명령을 받고도 그 기간 중에 영업을 하거나 그 시설을 사용한 자 또는 영업소 폐쇄명령을 받고도 계속하여 영업을 한 자

29
6개월 이하의 징역 또는 500만 원 이하의 벌금에 처할 수 있는 경우는?
① 영업·폐업 신고를 하지 아니한 자
② 이용사 또는 미용사의 면허증을 빌려주거나 빌리는 것을 알선한 사람
③ 건전한 영업질서를 위하여 공중위생영업자가 준수하여야 할 사항을 준수하지 아니한 자
④ 면허를 받지 아니하고 이용업 또는 미용업을 개설하거나 그 업무에 종사한 사람

① 1년 이하의 징역 또는 1천만 원 이하의 벌금
②, ④ 300만 원 이하의 벌금

30
300만 원 이하의 벌금에 처할 수 있는 경우에 해당하지 않는 것은?
① 공중위생영업자의 지위를 승계한 자로서 신고를 하지 아니한 자
② 면허를 받지 아니하고 이용업 또는 미용업을 개설하거나 그 업무에 종사한 사람
③ 면허의 취소 또는 정지 중에 이용업 또는 미용업을 한 사람
④ 이용사 또는 미용사의 면허증을 빌려주거나 빌리는 것을 알선한 사람

공중위생영업자의 지위를 승계한 자로서 신고를 하지 아니한 자는 6개월 이하의 징역 또는 500만 원 이하의 벌금에 처할 수 있음

31
법인의 대표자나 법인 또는 개인의 대리인, 사용인, 그 밖의 종업원이 그 법인 또는 개인의 업무에 관하여 위반행위를 하면 그 행위자를 벌하는 외에 그 법인 또는 개인에게도 해당 조문의 벌금형을 과하는 것은?
① 벌칙　　　　　　② 양벌규정
③ 과태료　　　　　④ 과징금

• 벌칙: 법규 위반 행위에 대한 제재로서 형벌이나 행정벌을 과할 것을 정하는 규정
• 과징금: 국가가 국민에게 부과·징수하는 금전 중에서 조세를 제외한 총칭

32
300만 원 이하의 과태료에 처할 수 있는 경우에 해당하지 않는 것은?

① 보고를 하지 아니하거나 관계 공무원의 출입·검사 기타 조치를 거부·방해 또는 기피한 자
② 미용업소의 위생관리 의무를 지키지 아니한 자
③ 공중위생영업의 종류별 시설 및 설비기준의 위반 및 위생관리 의무 등의 위반에 의한 개선명령에 위반한 자
④ 이용업 신고를 하지 아니하고 이용업소 표시등을 설치한 자

200만 원 이하의 과태료: 미용업소의 위생관리 의무를 지키지 아니한 자

33
200만 원 이하의 과태료에 처할 수 있는 경우는?

① 이용업 신고를 하지 아니하고 이용업소 표시등을 설치한 자
② 관계 공무원의 출입·검사 기타 조치를 거부·방해 또는 기피한 자
③ 영업소 외의 장소에서 이용 또는 미용업무를 행한 자
④ 영업·폐업신고를 하지 아니한 자

이용업소의 위생관리 의무를 지키지 아니한 자, 미용업소의 위생관리 의무를 지키지 아니한 자, 위생교육을 받지 아니한 자

10 미용업 행정처분 기준

34
영업신고를 하지 않은 경우 1차 위반의 행정처분 기준은?

① 개선명령
② 영업정지 15일
③ 영업정지 1개월
④ 영업장 폐쇄명령

영업신고를 하지 않고 영업을 한 경우 개선명령이나 영업정지 없이 바로 폐쇄명령 처분이 진행됨

35
소독을 한 기구와 소독을 하지 않은 기구를 각각 다른 용기에 넣어 보관하지 않은 경우 2차 위반의 행정처분 기준은?

① 경고
② 영업정지 5일
③ 영업정지 10일
④ 영업정지 1개월

• 1차: 경고
• 3차: 영업정지 10일
• 4차 이상: 영업장 폐쇄명령

36
미용업 신고증 및 면허증 원본을 게시하지 않거나 업소 내 조명도를 준수하지 않은 경우 3차 위반의 행정처분 기준은?

① 영업장 폐쇄명령
② 영업정지 5일
③ 영업정지 10일
④ 경고 또는 개선명령

• 1차: 경고 또는 개선명령
• 2차: 영업정지 5일
• 4차 이상: 영업장 폐쇄명령

37
불법 카메라나 기계장치를 설치한 경우 1차 위반의 행정처분 기준은?

① 영업정지 1개월
② 영업정지 2개월
③ 영업정지 10일
④ 경고 또는 개선명령

• 2차: 영업정지 2개월
• 3차: 영업장 폐쇄명령

38
면허증을 다른 사람에게 대여한 경우 2차 위반의 행정처분 기준은?

① 영업정지 2개월
② 영업정지 3개월
③ 면허정지 3개월
④ 면허정지 6개월

• 1차: 면허정지 3개월
• 3차: 면허취소

39
영업소에서 손님에게 성매매알선 등 행위 또는 음란행위를 하게 하거나 이를 알선 또는 제공한 경우 2차 위반의 행정처분 기준은?

① 영업정지 3개월
② 영업장 폐쇄명령
③ 면허정지 3개월
④ 면허취소

• 1차: 영업정지 3개월
• 미용사는 면허취소임

| 정답 | 32 ② 33 ③ 34 ④ 35 ② 36 ④ 37 ① 38 ④ 39 ②

공개 기출문제

2011년 제1회 공개 기출문제
2011년 제2회 공개 기출문제
2011년 제4회 공개 기출문제
2011년 제5회 공개 기출문제

공개 기출문제 | 2011년 제1회

해설

01 다음 중 콜드 퍼머넌트 웨이브 시술 시 두발에 부착된 제1액을 씻어 내는 데 가장 적합한 린스는?
① 에그 린스(Egg Rinse)
② 산성 린스(Acid Rinse)
③ 레몬 린스(Lemon Rinse)
④ **플레인 린스(Plain Rinse)**

01 헤어스타일링 > 베이직 헤어펌
플레인 린스: 와인딩을 한 상태에서 미온수로 헹구는 과정으로 두발의 펌 1액의 잔여물을 제거하여 펌 2액의 약액작용을 효과적으로 하기 위한 목적으로 사용되며, 중간린스라고도 함

02 퍼머넌트 웨이브 시술 중 테스트 컬(Test Curl)을 하는 목적으로 가장 적합한 것은?
① 2액의 작용 여부를 확인하기 위해서이다.
② 굵은 모발, 혹은 가는 두발에 로드가 제대로 선택되었는지 확인하기 위해서이다.
③ 산화제의 작용이 미묘하기 때문에 확인하기 위해서이다.
④ **정확한 프로세싱 시간을 결정하고 웨이브 형성 정도를 조사하기 위해서이다.**

02 헤어스타일링 > 베이직 헤어펌
• 테스트 컬은 와인딩된 로드를 풀어 웨이브의 형성 상태를 확인하는 것으로, 오버 프로세싱 또는 언더 프로세싱에 따라 펌의 완성도가 달라짐
• 오버 프로세싱: 적정 시간보다 오래 방치했을 경우를 말하며 젖어 있을 때에만 웨이브의 결과가 좋음
• 언더 프로세싱: 적정 시간보다 짧게 방치했을 경우를 말하며 컬이 느슨하게 나오고 쉽게 풀림

03 스트로크 커트(Stroke Cut) 테크닉에 사용하기 가장 적합한 것은?
① 리버스 시저스(Reverse Scissors)
② 미니 시저스(Mini Scissors)
③ 직선날 시저스(Cutting Scissors)
④ **곡선날 시저스(R-scissors)**

03 헤어커트 > 기초 헤어커트
• 리버스 가위: 두발 끝을 가볍게 커트하기 용이하게 한쪽 날이 레이저로 되어 있음
• 미니 가위: 4~5인치 정도로 크기가 작아 정밀한 커트에 용이함
• 직선날 가위: 일반적으로 가장 많이 사용하는 가위의 형태로, 두발을 커트하고 모양을 내는 데 사용함

04 다음 중 가는 로드를 사용한 콜드 퍼머넌트 직후에 나오는 웨이브로 가장 가까운 것은?
① **내로우 웨이브(Narrow Wave)**
② 와이드 웨이브(Wide Wave)
③ 섀도 웨이브(Shadow Wave)
④ 호리존탈 웨이브(Horizontal Wave)

04 헤어스타일링 > 베이직 헤어펌
• 내로우 웨이브: 로드의 직경이 가는 것으로 와인딩하며 웨이브가 극단적으로 곱슬곱슬한 펌이 됨
• 와이드 웨이브: 웨이브가 뚜렷하게 보이는 것으로 내로우와 섀도의 중간 정도로 형성됨
• 섀도 웨이브: 웨이브가 느슨하게 형성되어 웨이브의 리지가 뚜렷하게 보이지 않음

05 두발의 양이 많고, 굵은 경우 와인딩과 로드의 관계가 옳은 것은?
① 스트랜드를 크게 하고, 로드의 직경도 큰 것을 사용
② **스트랜드를 적게 하고, 로드의 직경도 작은 것을 사용**
③ 스트랜드를 크게 하고, 로드의 직경도 작은 것을 사용
④ 스트랜드를 적게 하고, 로드의 직경도 큰 것을 사용

05 헤어스타일링 > 베이직 헤어펌
- 기본적으로 섹션의 폭(스트랜드)과 로드의 직경을 동일하게 하고 두발의 양과 굵기에 따라 섹션과 로드를 다르게 함
- 두발의 양(모량)이 적고 가는 두발인 경우: 섹션 폭은 크게, 로드의 직경도 큰 것을 선택함

06 손톱을 자르는 기구는?
① 큐티클 푸셔(Cuticle Pusher)
② 큐티클 니퍼즈(Cuticle Nippers)
③ 네일 파일(Nail File)
④ **네일 니퍼즈(Nail Nippers)**

06 2025 미용사(일반) 출제 범위 아님

07 두발을 탈색한 후 초록색으로 염색하고 얼마 동안의 기간이 지난 후 다시 다른 색으로 바꾸고 싶을 때 보색 관계를 이용하여 초록색의 흔적을 없애려면 어떤 색을 사용하면 좋은가?
① 노란색
② 오렌지색
③ **적색**
④ 청색

07 헤어컬러&헤어전문제품 > 베이직 헤어컬러 및 마무리
- 보색: 색상환에서 서로 마주보고 있는 색으로 혼합 시 무채색이 되는 것을 말함
- 노란색의 보색: 보라색
- 오렌지색(주황)의 보색: 파란색(청색)

08 헤어린스의 목적과 관계없는 것은?
① 두발의 엉킴 방지
② 모발의 윤기 부여
③ **이물질 제거**
④ 알칼리성을 약산성화

08 헤어샴푸&두피·모발 관리 > 헤어샴푸와 헤어케어
샴푸: 두피와 두발에 있는 이물질을 제거하고, 모근 강화와 두발 성장에 도움을 주는 모든 미용 시술의 기초 작업임

09 화장법으로는 흑색과 녹색의 두 가지 색으로 윗 눈꺼풀에 악센트를 넣었으며, 붉은 찰흙에 사프란을 조금씩 섞어서 볼에 붉게 칠하고 입술연지로도 사용한 시대는?
① 고대 그리스
② 고대 로마
③ **고대 이집트**
④ 중국 당나라

09 미용의 이해 > 미용의 이해
- 고대 그리스: 후두부에 포인트를 둔 묶은 머리로 키프로스풍 머리형을 함
- 고대 로마: 그리스 시대의 머리형을 표방함, 오일이나 향수로 윤기를 줌
- 중국 당나라: 현종이 그리게 한 열 가지의 아름다운 눈썹 화장에 대한 그림인 십미도가 미인을 평가하는 기준이 됨

10 현대 미용에 있어서 1920년대에 최초로 단발머리를 함으로써 우리나라 여성들의 머리형에 혁신적인 변화를 일으키게 된 계기가 된 사람은?

① 이숙종
② **김활란**
③ 김상진
④ 오엽주

10 미용의 이해 〉 미용의 이해
- 이숙종: 높은 머리
- 김상진: 현대 미용학원 설립
- 오엽주: 서울 화신백화점 내에 화신미용원 개원

11 업스타일을 시술할 때 백코밍의 효과를 크게 하고자 세모난 모양의 파트로 섹션을 잡는 것은?

① 스퀘어 파트
② **트라이 앵귤러 파트**
③ 카우릭 파트
④ 렉탱귤러 파트

11 헤어스타일링 〉 기초 드라이
- 스퀘어 파트, 렉탱귤러 파트: 직사각형으로 나눔
- 카우릭 파트: 두정부 가마를 기준으로 방사상으로 두발의 흐름에 따라 나눔

12 원랭스의 정의로 가장 적합한 것은?

① 두발의 길이에 단차가 있는 상태의 커트
② **완성된 두발을 빗으로 빗어내렸을 때 모든 두발이 하나의 선상으로 떨어지도록 자르는 커트**
③ 전체의 머리 길이가 똑같은 커트
④ 머릿결을 맞추지 않아도 되는 커트

12 헤어커트 〉 기초 헤어커트
- 원랭스 커트는 층 없이 동일 선상으로 커트하여 두발을 빗어내렸을 때 길이가 같아지는 것으로 네이프의 길이가 짧고 톱으로 갈수록 길어지는 특징을 가짐
- 단차가 있는 커트는 그래쥬에이션, 레이어 커트임
- 전체의 머리 길이가 똑같은 커트는 유니폼 레이어 커트임

13 고객이 추구하는 미용의 목적과 필요성을 시각적으로 느끼게 하는 과정은 어디에 해당하는가?

① 소재 파악
② 구상
③ 제작
④ **보정**

13 미용의 이해 〉 미용의 이해
- 소재 파악: 소재란 고객의 신체 일부분을 말하며, 소재의 특성을 파악해야 함(두발, 체형 등)
- 구상: 고객의 의견과 소재에 알맞은 디자인을 연구하고 계획해야 함
- 제작: 구상한 디자인을 표현하는 단계로 미용사의 재능이 발휘됨

14 완성된 두발선 위를 가볍게 다듬어 커트하는 방법은?

① 테이퍼링(Tapering)
② 틴닝(Thinning)
③ **트리밍(Trimming)**
④ 싱글링(Shingling)

14 헤어커트 〉 기초 헤어커트
- 테이퍼링: 가위와 레이저를 이용한 질감 처리 방법으로 커트된 모발 선이 자연스러움
- 틴닝: 두발의 길이는 유지하고 두발의 양(숱)만 감소함
- 싱글링: 쇼트 헤어커트 방법 중 하나임

15 플랫 컬의 특징을 가장 잘 표현한 것은?
① 컬의 루프가 두피에 대하여 0도 각도로 평평하고 납작하게 형성된 컬을 말한다.
② 일반적인 컬 전체를 말한다.
③ 루프가 반드시 90도 각도로 두피 위에 세워진 컬로 볼륨을 내기 위한 헤어스타일에 주로 이용된다.
④ 두발의 끝에서부터 말아온 컬을 말한다.

15 헤어스타일링 > 기초 드라이
- 스탠드 업 컬: 루프가 두피에 90°로 세워진 컬로, 볼륨을 내기 위해 사용함
- 스컬프쳐 컬: 모발 끝이 루프의 중심이 되는 컬

16 다음의 눈썹에 대한 설명 중 틀린 것은?
① 눈썹은 눈썹머리, 눈썹산, 눈썹꼬리로 크게 나눌 수 있다.
② 눈썹산의 표준 형태는 전체 눈썹의 1/2 되는 지점에 위치하는 것이다.
③ 눈썹산이 전체 눈썹의 1/2 되는 지점에 위치해 있으면 볼이 넓게 보이게 된다.
④ 수평상 눈썹은 긴 얼굴을 짧게 보이게 할 때 효과적이다.

16 2025 미용사(일반) 출제 범위 아님
눈썹산은 눈썹 길이의 2/3 되는 지점에 위치하는 것이 좋음

17 레이저(Razor)에 대한 설명 중 가장 거리가 먼 것은?
① 셰이핑 레이저를 이용하여 커팅하면 안정적이다.
② 초보자는 오디너리 레이저를 사용하는 것이 좋다.
③ 솜털 등을 깎을 때 외곡선상의 날이 좋다.
④ 녹이 슬지 않게 관리를 한다.

17 헤어커트 > 기초 헤어커트
- 셰이핑 레이저: 안전커버가 장착되어 있어 초보가 사용하기 적합함
- 오디너리 레이저: 칼날 전체를 사용하여 빠르고 섬세한 작업이 가능하여 숙련자가 사용하기 적합함

18 이마의 양쪽 끝과 턱의 끝 부분을 진하게, 뺨 부분을 엷게 화장하면 가장 잘 어울리는 얼굴형은?
① 삼각형 얼굴
② 원형 얼굴
③ 사각형 얼굴
④ 역삼각형 얼굴

18 2025 미용사(일반) 출제 범위 아님
역삼각형 얼굴형은 부드러운 얼굴선을 연출하기 위해 각진 부분은 진하게 음영 처리하고, 뺨 부분은 밝게 처리하여 전체적으로 부드러운 형태로 변화시켜야 함

19 다공성 모발에 대한 사항 중 틀린 것은?
① 다공성모란 두발의 간충 물질이 소실되어 두발 조직 중에 공동이 많고 보습작용이 적어져서 두발이 건조해지기 쉬우므로 손상모를 말한다.
② 다공성모는 두발이 얼마나 빨리 유액을 흡수하느냐에 따라 그 정도가 결정된다.
③ 다공성의 정도에 따라서 콜드웨이빙의 프로세싱 타임과 웨이빙의 용액의 정도가 결정된다.
④ 다공성의 정도가 클수록 모발의 탄력이 적으므로 프로세싱 타임을 길게 한다.

19 헤어스타일링 > 베이직 헤어펌
손상모: 다공성이 큰 모발은 펌제의 흡수가 빠르므로 프로세싱 타임을 짧게 함

20 언더 메이크업을 가장 잘 설명한 것은?

① 베이스 컬러라고도 하며 피부색과 피부결을 정돈하여 자연스럽게 해 준다.
② 유분과 수분, 색소의 양과 질, 제조 공정에 따라 여러 종류로 구분된다.
③ 효과적인 보호막을 결정해 주며 피부의 결점을 감추려 할 때 효과적이다.
④ **파운데이션이 고루 잘 펴지게 하며 화장이 오래 잘 지속되게 해 주는 작용을 한다.**

20 2025 미용사(일반) 출제 범위 아님
언더 메이크업(메이크업 베이스): 피부결을 정돈시키고 파운데이션의 밀착력을 높여 메이크업이 오래 지속되게 해 주는 작용을 함

21 다음 중 특별한 장치를 설치하지 아니한 일반적인 경우에 실내의 자연적인 환기에 가장 큰 비중을 차지하는 요소는?

① 실내외 공기 중 CO_2의 함량의 차이
② 실내외 공기의 습도 차이
③ **실내외 공기의 기온 차이 및 기류**
④ 실내외 공기의 불쾌지수 차이

21 공중위생관리 〉 공중보건
• 이산화탄소(CO_2): 실내 공기오염지표로 사용
• 불쾌지수: 기온과 습도에 따라 느끼는 불쾌감의 정도

22 비타민 결핍증인 불임증 및 생식 불능과 피부의 노화 방지작용 등과 가장 관계가 깊은 것은?

① 비타민 A
② 비타민 B 복합체
③ **비타민 E**
④ 비타민 D

22 미용의 이해 〉 피부의 이해
• 비타민 A: 피부각화의 정상화, 피지 분비를 촉진시키는 기능과 관계 있고, 결핍 시 야맹증, 피부 건조, 과다 시 탈모 등의 증상이 나타남
• 비타민 B 복합체: 비타민 B군은 수용성 비타민들로 면역·신경계 기능 강화, 피부색과 근육 건강을 유지하고, 결핍 시 무기력과 피로감, 우울, 근육통 등이 나타남
• 비타민 D: 자외선에 의해 합성되고, 결핍 시 골다공증, 구루병, 골연화증이 나타남

23 환경오염의 발생요인인 산성비의 가장 주요한 원인과 산성비의 산도는?

① 이산화탄소, pH 5.6 이하
② **아황산가스, pH 5.6 이하**
③ 염화불화탄소, pH 6.6 이하
④ 탄화수소, pH 6.6 이하

23 공중위생관리 〉 공중보건
질소산화물과 아황산가스(SO_2)는 산성비의 주요 원인이며, 산성비는 pH가 5.6 이하임

24 세계보건기구(WHO)에서 규정된 건강의 정의를 가장 적절하게 표현한 것은?

① 육체적으로 완전히 양호한 상태
② 정신적으로 완전히 양호한 상태
③ 질병이 없고 허약하지 않은 상태
④ **육체적, 정신적, 사회적 안녕이 완전한 상태**

24 공중위생관리 〉 공중보건
세계보건기구에서 정의한 건강이란 단순히 질병이 없거나 허약하지 않은 상태만을 의미하는 것이 아니라, 신체적·정신적·사회적으로 모두 안녕한 상태를 말함

25 주로 7~9월 사이에 많이 발생되며, 어패류가 원인이 되어 발병, 유행하는 식중독은?
① 포도상구균 식중독
② 살모넬라균 식중독
③ 보툴리누스균 식중독
④ **장염비브리오균 식중독**

25 공중위생관리 > 공중보건
- 포도상구균: 육류 및 가공식품, 우유, 치즈 등에서 발생함
- 살모넬라균: 감염된 사람, 개, 고양이, 가축·가금류의 식육, 가금류의 알 등에서 감염됨
- 보툴리누스균: 통조림, 레토르트 식품을 통해 발생

26 돼지와 관련이 있는 질환 및 기생충으로 거리가 먼 것은?
① 유구조충
② 살모넬라증
③ 일본뇌염
④ **발진티푸스**

26 공중위생관리 > 공중보건
유구조충은 중간 숙주인 돼지에 의해 전파되며 돼지에 의해 살모넬라증, 일본뇌염, 탄저, 렙토스피라증 등의 질환이 생김

27 한 국가나 지역사회의 건강 수준을 나타내는 지표로서 대표적인 것은?
① 질병이환률
② **영아사망률**
③ 신생아사망률
④ 조사망률

27 공중위생관리 > 공중보건
보건 수준을 비교하는 데 사용되는 대표적인 3대 지표: 영아사망률, 비례사망지수, 평균수명

28 위생해충의 구제방법으로 가장 효과적이고 근본적인 방법은?
① 성충구제
② 살충제 사용
③ 유충구제
④ **발생원 제거**

28 공중위생관리 > 공중보건
파리, 모기, 바퀴, 이, 벼룩 등의 위생해충을 구제(박멸)하는 방법은 분무 소독, 연막 소독 등의 방법이 있으나, 발생원을 제거하는 것이 가장 효과적임

29 파리에 의해 주로 전파될 수 있는 감염병은?
① 페스트
② **장티푸스**
③ 사상충증
④ 황열

29 공중위생관리 > 공중보건
파리에 의해 장티푸스, 콜레라, 이질, 결핵, 파라티푸스, 트라코마 등이 전염됨

30 기온 측정 등에 관한 설명 중 틀린 것은?
① 실내에서는 통풍이 잘 되는 직사광선을 받지 않은 곳에 매달아 놓고 측정하는 것이 좋다.
② 평균기온은 높이에 비례하여 하강하는데, 고도 11,000m 이하에서는 보통 100m당 0.5~0.7도 정도이다.
③ 측정할 때 수은주 높이와 측정자의 눈의 높이가 같아야 한다.
④ **정상적인 날의 하루 중 기온이 가장 낮을 때는 밤 12시경이고, 가장 높을 때는 오후 2시경이 일반적이다.**

> **30** 공중위생관리 > 공중보건
> 기온이 가장 낮을 때에는 지표면을 데우기 전인 일출 직후이고, 기온이 가장 높을 때에는 오후 2~3시경임

31 고압 멸균기를 사용하여 소독하기에 가장 적합하지 않은 것은?
① 유리기구
② 금속기구
③ 약액
④ **가죽제품**

> **31** 공중위생관리 > 소독
> 플라스틱, 고무, 가죽제품은 석탄산수, 에틸렌옥사이드, 포르말린수, 역성비누 등으로 소독함

32 다음 중 소독의 정의를 가장 잘 표현한 것은?
① 미생물의 발육과 생활을 제지 또는 정지시켜 부패 또는 발효를 방지할 수 있는 것
② **병원성 미생물의 생활력을 파괴 또는 멸살시켜 감염 또는 증식력을 없애는 조작**
③ 모든 미생물의 생활력을 파괴 또는 멸살 또는 파괴시키는 조작
④ 오염된 미생물을 깨끗이 씻어내는 작업

> **32** 공중위생관리 > 소독
> 소독은 인체에 유해한 병원성 미생물의 생활력을 파괴 또는 제거하여 감염의 위험성을 없애는 것으로, 포자까지는 작용하지 않음

33 병원성 미생물이 일반적으로 증식이 가장 잘 되는 pH의 범위는?
① 2.0~3.0
② 3.5~4.5
③ 4.0~5.0
④ **6.5~7.5**

> **33** 공중위생관리 > 소독
> • 병원성 미생물이 증식이 가장 잘 되는 pH 범위는 5.0~8.5임
> • pH 5.0 이하일 경우 병원성 미생물의 발육이 저하됨

34 다음 중 일회용 면도기를 사용함으로서 예방 가능한 질병은?(단, 정상적인 사용의 경우를 말한다.)
① 옴(개선)병
② 일본뇌염
③ **B형간염**
④ 무좀

> **34** 공중위생관리 > 공중보건
> 면도기를 재사용하면 B형간염의 우려가 있음

35 소독약의 살균력 지표로 가장 많이 이용되는 것은?
① 알코올
② 크레졸
③ **석탄산**
④ 포름알데하이드

35 공중위생관리 > 소독
석탄산은 독성이 있어 인체에는 잘 사용하지 않으나, 소독제의 살균력 평가 지표로 주로 사용함

36 산소가 있어야만 잘 성장할 수 있는 균은?
① **호기성균**
② 혐기성균
③ 통기혐기성균
④ 호혐기성균

36 공중위생관리 > 소독
- 호기성균은 산소가 있는 환경에서 사는 세균으로, 산소분압이 높아지면 활동이 활발해지며, 이를 이용한 식품포장 방법이 밀봉임
- 혐기성균은 산소를 필요로 하지 않는 세균임

37 다음 중 화학적 살균법이라고 할 수 없는 것은?
① **자외선 살균법**
② 알코올 살균법
③ 염소 살균법
④ 과산화수소 살균법

37 공중위생관리 > 소독
자외선 살균법
- 200~290nm의 파장을 조사하는 방법으로 무가열에 의한 멸균법에 해당함
- 공기, 식품, 기구 및 용기 등에 사용함

38 소독약의 구비 조건에 해당하지 않는 것은?
① 높은 살균력을 가질 것
② 인체에 해가 없어야 할 것
③ 저렴하고 구입과 사용이 간편할 것
④ **기름, 알코올 등에 잘 용해되어야 할 것**

38 공중위생관리 > 소독
소독제의 구비 조건
- 살균력이 강하여 생물학적 작용을 충분히 발휘할 수 있을 것
- 미량으로 효과가 클 것
- 효과가 빠르고 소요 시간이 짧을 것
- 소독 대상(물품)에 부식성, 표백성이 없고 안정성이 있을 것
- 경제적이고 사용 방법이 간편할 것
- 독성이 적고 사용자의 인체에 무해할 것
- 냄새가 강하지 않을 것

39 다음 중 세균의 단백질 변성과 응고작용에 의한 기전을 이용하여 살균하고자 할 때 주로 이용되는 방법은?
① **가열**
② 희석
③ 냉각
④ 여과

39 공중위생관리 > 소독
단백질은 가열하면 응고되어 세균의 기능이 상실됨

40 소독액을 표시할 때 사용하는 단위로 용액 100mL 속에 용질의 함량을 표시하는 수치는?
① 푼
② **퍼센트**
③ 퍼밀리
④ 피피엠

40 공중위생관리 〉 소독
- 퍼센트(%) = $\dfrac{용질(소독약)}{용액(물+소독약)} \times 100$
- 퍼밀리(‰) = $\dfrac{용질(소독약)}{용액(물+소독약)} \times 1,000$
- 피피엠(ppm) = $\dfrac{용질(소독약)}{용액(물+소독약)} \times 1,000,000$

41 피부의 구조 중 진피에 속하는 것은?
① 과립층
② 유극층
③ **유두층**
④ 기저층

41 미용의 이해 〉 피부의 이해
- 진피: 유두층, 망상층
- 표피: 각질층, 투명층, 과립층, 유극층, 기저층

42 안면의 각질 제거를 용이하게 하는 것은?
① 비타민 C
② 토코페롤
③ **AHA**
④ 비타민 E

42 미용의 이해 〉 피부의 이해
- 비타민 C: 미백
- 비타민 E(토코페롤): 항산화 기능

43 피부의 산성도가 외부의 충격으로 파괴된 후 자연재연되는 데 걸리는 최소한의 시간은?
① 약 1시간 경과 후
② **약 2시간 경과 후**
③ 약 3시간 경과 후
④ 약 4시간 경과 후

43 미용의 이해 〉 피부의 이해
알칼리 중화능: 세안으로 피부의 산성보호막이 일시적으로 제거되어도 약 2시간 정도 지나면 다시 회복되는 능력으로, 회복 시간은 피부유형마다 차이가 있음

44 다음 중 결핍 시 피부 표면이 경화되어 거칠어지는 주된 영양물질은?
① **단백질과 비타민 A**
② 비타민 D
③ 탄수화물
④ 무기질

44 미용의 이해 〉 피부의 이해
- 단백질은 피부를 구성하는 주성분임
- 비타민 A는 노화예방을 하며, 결핍 시 야맹증, 피부건조, 과다 시 탈모 등의 증상이 나타남

45 세포분열을 통해 새롭게 손발톱을 생산해 내는 곳은?
① 조체
② **조모**
③ 조소피
④ 조하막

45 2025 미용사(일반) 출제 범위 아님
조모(조기질)는 손톱 뿌리 밑에서 세포분열을 통해 손톱을 생산해 내는 부분을 말함

46 피부색소의 멜라닌을 만드는 색소형성세포는 어느 층에 위치하는가?
① 과립층
② 유극층
③ 각질층
④ **기저층**

46 미용의 이해 > 피부의 이해
기저층에 멜라닌(형성)세포와 각질형성세포가 존재하며, 세포분열에 의해 위쪽으로 이동함

47 한선(땀샘)의 설명으로 틀린 것은?
① 체온을 조절한다.
② 땀은 피부의 피지막과 산성막을 형성한다.
③ 땀을 많이 흘리면 영양분과 미네랄을 잃는다.
④ **땀샘은 손, 발바닥에는 없다.**

47 미용의 이해 > 피부의 이해
- 손바닥과 발바닥에는 에크린선이 특히 많이 분포되어 있음
- 피지선은 손·발바닥을 제외한 전신에 분포되어 있음

48 다음 중 피부의 면역기능에 관계하는 것은?
① 각질형성세포
② **랑게르한스세포**
③ 말피기세포
④ 머켈세포

48 미용의 이해 > 피부의 이해
- 랑게르한스세포: 유극층에 대부분 존재하며, 피부의 면역기능을 함
- 각질형성세포: 세포분열을 통해 새로운 세포를 만들어 내며 기저층에 위치함
- 머켈세포: 촉각을 감지하는 세포로, 기저층에 위치함

49 세안용 화장품의 구비조건으로 부적당한 것은?
① **안정성 – 물이 묻거나 건조해지면 형과 질이 잘 변해야 한다.**
② 용해성 – 냉수나 온탕에 잘 풀려야 한다.
③ 기포성 – 거품이 잘 나고 세정력이 있어야 한다.
④ 자극성 – 피부를 자극시키지 않고 쾌적한 방향이 있어야 한다.

49 미용의 이해 > 화장품 분류
안정성: 변질, 변색, 변취 등 오염이 없어야 함

50 영업소 외에서의 이용 및 미용업무를 할 수 없는 경우는?
① **관할 소재동지역 내에서 주민에게 이·미용을 하는 경우**
② 질병, 기타의 사유로 인하여 영업소에 나올 수 없는 자에 대하여 미용을 하는 경우
③ 혼례나 기타 의식에 참여하는 자에 대하여 그 의식의 직전에 미용을 하는 경우
④ 특별한 사정이 있다고 인정하여 시장·군수·구청장이 인정하는 경우

50 공중위생관리 > 공중위생관리법규
방송 등의 촬영에 참여하는 사람에 대하여 그 촬영 직전에 이용 또는 미용을 하는 경우 등과 같이 보건복지부령이 정하는 특별한 사유에 해당할 경우에는 영업소 외의 장소에서 행할 수 있음

51 이·미용사의 면허를 받을 수 없는 자는?
① 전문대학에서 이용 또는 미용에 관한 학과를 졸업한 자
② 교육부장관이 인정하는 이·미용고등학교를 졸업한 자
③ **교육부장관이 인정하는 고등기술학교에서 6개월 수학한 자**
④ 「국가기술자격법」에 의한 이·미용사 자격취득자

51 공중위생관리 〉 공중위생관리법규
초·중등교육법령에 따른 특성화고등학교, 고등기술학교나 고등학교 또는 고등기술학교에 준하는 각종 학교에서 1년 이상 이용 또는 미용에 관한 소정의 과정을 이수한 자가 면허를 발급받을 수 있음

52 다음 중 이·미용업 영업자가 변경신고를 해야 하는 것을 모두 고른 것은?

ㄱ. 영업소의 소재지
ㄴ. 영업소 바닥의 면적의 3분의 1 이상의 증감
ㄷ. 종사자의 변동사항
ㄹ. 영업자의 재산변동사항

① ㄱ
② **ㄱ, ㄴ**
③ ㄱ, ㄴ, ㄷ
④ ㄱ, ㄴ, ㄷ, ㄹ

52 공중위생관리 〉 공중위생관리법규
변경신고사항
• 영업소의 소재지
• 영업장 면적의 3분의 1 이상의 증감
• 영업소의 명칭 또는 상호
• 대표자의 성명 또는 생년월일
• 미용업 업종 간 변경 또는 업종의 추가

53 세포의 분열증식으로 모발이 만들어지는 곳은?
① **모모세포**
② 모유두
③ 모구
④ 모소피

53 헤어샴푸&두피·모발 관리 〉 두피·모발 관리
모모세포: 모유두에서 영양을 공급받아 세포분열하여, 모표피, 모피질, 모수질로 분화되어 모근을 형성함

54 시장·군수·구청장이 영업정지가 이용자에게 심한 불편을 주거나 그 밖에 공익을 해할 우려가 있는 경우에 영업정지처분에 갈음한 과징금을 부과할 수 있는 금액기준은?
① 3천만 원 이하
② 1천만 원 이하
③ **1억 원 이하**
④ 3억 원 이하

54 공중위생관리 〉 공중위생관리법규
• 기존 3천만 원 이하에서 1억 원 이하로 개정됨
• 1억 원 이하의 과징금을 부과할 수 있지만, 불법 카메라 설치, 「성매매알선 등 행위의 처벌에 관한 법률」, 「아동·청소년의 성보호에 관한 법률」, 「풍속영업의 규제에 관한 법률」 또는 이에 상응하는 위반행위로 인하여 처분을 받게 되는 경우를 제외함

55 영업자의 지위를 승계한 자는 몇 개월 이내에 시장·군수·구청장에게 신고를 하여야 하는가?
① **1개월**
② 2개월
③ 6개월
④ 12개월

55 공중위생관리 〉 공중위생관리법규
공중위생영업자의 지위를 승계한 자는 1개월 이내에 보건복지부령이 정하는 바에 따라 시장·군수 또는 구청장에게 신고해야 함

56 이·미용사면허증을 분실하여 재교부를 받은 자가 분실한 면허증을 찾았을 때 취하여야 할 조치로 옳은 것은?
① 시·도지사에게 찾은 면허증을 반납한다.
② 시장·군수·구청장에게 찾은 면허증을 반납한다.
③ **본인이 모두 소지하여도 무방하다.**
④ 재교부받은 면허증을 반납한다.

> **56** 공중위생관리 > 공중위생관리법규
> 법령 개정으로 반납하지 않아도 됨

57 이용사 또는 미용사의 면허를 받지 아니한 자 중 이용사 또는 미용사 업무에 종사할 수 있는 자는?
① 이·미용 업무에 숙달된 자로 이·미용사 자격증이 없는 자
② 이·미용사로서 업무정지처분 중에 있는 자
③ **이·미용업소에서 이·미용사의 감독을 받아 이·미용 업무를 보조하고 있는 자**
④ 「학원 설립·운영에 관한 법률」에 의하여 설립된 학원에서 3개월 이상 이용 또는 미용에 관한 강습을 받은 자

> **57** 공중위생관리 > 공중위생관리법규
> 이·미용사의 면허를 받은 자가 아니면 이용업 또는 미용업을 개설하거나 그 업무에 종사할 수 없음. 다만, 이용사 또는 미용사의 감독을 받아 이용 또는 미용 업무의 보조를 행하는 경우 면허 없이 종사할 수 있음

58 이·미용업소의 조명시설은 얼마 이상이어야 하는가?
① 50럭스
② **75럭스**
③ 100럭스
④ 125럭스

> **58** 미용의 이해 > 미용의 이해
> 이·미용업소의 실내 조명은 75럭스(Lux) 이상을 유지해야 함

59 다음 위법사항 중 가장 무거운 벌칙기준에 해당하는 자는?
① **신고를 하지 아니하고 영업한 자**
② 변경신고를 하지 아니하고 영업한 자
③ 면허정지처분을 받고 그 정지 기간 중 업무를 행한 자
④ 관계 공무원 출입, 검사를 거부한 자

> **59** 공중위생관리 > 공중위생관리법규
> • 영업·폐업신고를 하지 아니한 자: 1년 이하의 징역 또는 1천만 원 이하의 벌금
> • 변경신고를 하지 아니하고 영업한 자: 6개월 이하의 징역 또는 500만 원 이하의 벌금
> • 면허정지처분을 받고 그 정지 기간 중 업무를 행한 자: 300만 원 이하의 벌금
> • 관계 공무원 출입, 검사를 거부한 자: 300만 원 이하의 과태료

60 이·미용업 영업자가 위생교육을 받지 아니한 때에 과태료를 부과할 수 있는 금액기준은?
① **200만 원 이하**
② 300만 원 이하
③ 500만 원 이하
④ 1천만 원 이하

> **60** 공중위생관리 > 공중위생관리법규
> 200만 원 이하의 과태료
> • 이·미용업소의 위생관리 의무를 지키지 아니한 자
> • 영업소 외의 장소에서 이용 또는 미용업무를 행한 자
> • 위생교육을 받지 아니한 자

공개 기출문제 | 2011년 제2회

01 물에 적신 모발을 와인딩한 후 퍼머넌트 웨이브 1제를 도포하는 방법은?

① 워터래핑
② 슬래핑
③ 스파이럴 랩
④ 크로키놀 랩

02 한국 현대 미용사에 대한 설명 중 옳은 것은?

① 경술국치 이후 일본인들에 의해 미용이 발달했다.
② 1933년 일본인이 우리나라에 처음으로 미용원을 열었다.
③ 해방 전 우리나라 최초의 미용교육기관은 정화고등기술학교이다.
④ 오엽주씨가 화신백화점 내에 미용원을 열었다.

03 퍼머 제1액 처리에 따른 프로세싱 중 언더 프로세싱의 설명으로 틀린 것은?

① 언더 프로세싱은 프로세싱 타임 이상으로 제1액을 두발에 방치한 것을 말한다.
② 언더 프로세싱일 때에는 두발의 웨이브가 거의 나오지 않는다.
③ 언더 프로세싱일 때에는 처음에 사용한 솔루션보다 약한 제1액을 다시 사용한다.
④ 제1액의 처리 후 두발의 테스트컬로 언더 프로세싱 여부가 판명된다.

04 헤어 컬러링 기술에서 만족할 만한 색채효과를 얻기 위해서는 색채의 기본적인 원리를 이해하고 이를 응용할 수 있어야 하는데, 색의 3속성 중의 명도만을 갖고 있는 무채색에 해당하는 것은?

① 적색
② 황색
③ 청색
④ 백색

| 해 설 |

01 헤어스타일링 > 베이직 헤어펌
워터래핑은 젖은 두발에 와인딩한 다음 펌 1액을 도포하는 것을 말함

02 미용의 이해 > 미용의 이해
- 1933년 오엽주가 서울 화신백화점 내에 화신미용원 개원
- 1952년에 권정희가 정화고등기술학교 설립

03 헤어스타일링 > 베이직 헤어펌
- 오버 프로세싱: 적정 프로세싱 타임 이상으로 오래 방치했을 때를 말하며, 두발이 젖어 있을 때에만 웨이브가 나와 보이고 건조시키면 웨이브가 잘 안 나오는 현상을 보임
- 언더 프로세싱: 적정 시간보다 짧게 방치한 경우를 말하며, 웨이브가 디자인한 것보다 잘 안 나오고 쉽게 풀림

04 헤어컬러&헤어전문제품 > 베이직 헤어컬러 및 마무리
무채색: 흰색, 회색, 검정색처럼 밝고 어두운 정도로 구분되는 색으로, 명도만을 가지고 있음

05 아이론의 열을 이용하여 웨이브를 형성하는 것은?
① 마샬 웨이브
② 콜드 웨이브
③ 핑거 웨이브
④ 섀도 웨이브

05 헤어스타일링 > 기초 드라이
1875년 프랑스의 마샬 그라또우가 아이론의 열을 이용한 웨이브인 마샬 웨이브를 창안함

06 다음 중 산성 린스의 종류가 아닌 것은?
① 레몬 린스
② 비니거 린스
③ 오일 린스
④ 구연산 린스

06 헤어샴푸&두피·모발 관리 > 헤어샴푸와 헤어케어
오일 린스: 올리브유 등을 따뜻한 물에 섞어 두발을 헹구어 내는 것으로, 유성 린스에 속함

07 다음 중 블런트 커트와 같은 의미인 것은?
① 클럽 커트
② 싱글링
③ 클리핑
④ 트리밍

07 헤어커트 > 기초 헤어커트
블런트 커트는 커트의 형태를 만들 때 길이를 제거하기 위해 사용하는 것으로, 클럽 커트라고도 함

08 브러시 세정법으로 옳은 것은?
① 세정 후 털은 아래로 하여 양지에서 말린다.
② 세정 후 털은 아래로 하여 응달에서 말린다.
③ 세정 후 털은 위로 하여 양지에서 말린다.
④ 세정 후 털은 위로 하여 응달에서 말린다.

08 공중위생관리 > 소독
빗류는 미온수에 세제, 샴푸 등을 풀어 빗을 담가 세척 후 물기를 닦은 다음 자외선 소독기로 소독하고, 털이 있는 브러시는 세정 후 털이 아래로 향하게 한 다음 응달에서 말림

09 콜드 퍼머넌트 시 제1액을 바르고 비닐캡을 씌우는 이유로 거리가 가장 먼 것은?
① 체온으로 솔루션의 작용을 빠르게 하기 위하여
② 제1액의 작용이 두발 전체에 골고루 행하여지게 하기 위하여
③ 휘발성 알칼리의 휘산작용을 방지하기 위하여
④ 두발을 구부러진 형태 대로 정착시키기 위하여

09 헤어스타일링 > 베이직 헤어펌
두발을 구부러진 형태대로 정착시키기 위해서는 펌제 2제를 사용하여 절단된 시스틴 결합을 새롭게 재결합시켜야 함

10 미용의 특수성에 해당하지 <u>않는</u> 것은?
① 자유롭게 소재를 선택한다.
② 시간적 제한을 받는다.
③ 손님의 의사를 존중한다.
④ 여러 가지 조건에 제한을 받는다.

10 미용의 이해 〉 미용의 이해
미용의 특수성: 시간적 제한, 소재 선정의 제한, 의사 표현의 제한, 부용예술로서의 제한, 미적 효과의 고려

11 염모제로서 헤나를 처음으로 사용했던 나라는?
① 그리스
② 이집트
③ 로마
④ 중국

11 미용의 이해 〉 미용의 이해
이집트: 약 5000년 전 고대 미용의 시초로 서양 최초로 화장을 하고 가발 착용과 나뭇가지를 이용한 퍼머넌트 웨이브를 연출함

12 빗의 보관 및 관리에 관한 설명 중 옳은 것은?
① 빗은 사용 후 소독액에 계속 담가 보관한다.
② 소독액에서 빗을 꺼낸 후 물로 닦지 않고 그대로 사용해야 한다.
③ 증기 소독은 자주 해주는 것이 좋다.
④ 소독액은 석탄산수, 크레졸 비누액 등이 좋다.

12 헤어커트 〉 기초 헤어커트
보통 빗은 빗살 사이에 남아 있는 머리카락을 제거한 다음 보관하지만, 오염이 심할 경우 석탄산수, 크레졸 비누액, 역성비누 등을 사용하여 소독한 다음 물로 헹군 후 물기를 제거하여 보관함

13 유기합성 염모제에 대한 설명 중 <u>틀린</u> 것은?
① 유기합성 염모제 제품은 알칼리성의 제1액과 산화제인 제2액으로 나누어진다.
② 제1액은 산화염료가 암모니아수에 녹아 있다.
③ 제1액의 용액은 산성을 띠고 있다.
④ 제2액은 과산화수소로서 멜라닌색소의 파괴와 산화염료를 산화시켜 발색시킨다.

13 헤어컬러&헤어전문제품 〉 베이직 헤어컬러 및 마무리
유기합성 염모제는 가장 일반적인 염모제로, 제1액은 염료와 알칼리제로 구성되어 있음

14 비듬이 없고 두피가 정상적인 상태일 때 실시하는 것은?
① 댄드러프 스캘프 트리트먼트
② 오일리 스캘프 트리트먼트
③ 플레인 스캘프 트리트먼트
④ 드라이 스캘프 트리트먼트

14 헤어샴푸&두피·모발 관리 〉 헤어샴푸와 헤어케어
• 댄드러프: 비듬성 두피에 사용
• 오일리: 지성 두피에 사용
• 드라이: 건성 두피에 사용

15 땋거나 스타일링하기에 쉽도록 3가닥 혹은 1가닥으로 만들어진 헤어피스는?
① 웨프트
② 스위치
③ 폴
④ 위글렛

15 업스타일&가발&익스텐션 > 가발 헤어스타일
• 웨프트: 머리카락이 줄에 일렬로 이어 붙어 있는 것임
• 폴: 짧은 길이의 두발을 길게 보이기 위해 사용함
• 위글렛: 두부의 어느 한 부분에 볼륨을 주기 위해 컬이 있는 상태로 사용함

16 다음 중 옳게 짝지어진 것은?
① 아이론 웨이브 – 1830년 프랑스의 무슈 끄로샤트
② 콜드 웨이브 – 1936년 영국의 스피크먼
③ 스파이럴 퍼머넌트 웨이브 – 1925년 영국의 조셉 메이어
④ 크로키놀식 웨이브 – 1875년 프랑스의 마샬 그라또우

16 미용의 이해 > 미용의 이해
• 아이론 웨이브: 1875년 프랑스의 마샬 그라또우
• 스파이럴 웨이브: 1905년 영국의 찰스 네슬러
• 크로키놀식 웨이브: 1925년 독일의 조셉 메이어
• 1830년 프랑스의 무슈 끄로샤트: 프랑스의 일류 미용사로 아폴로 노트 머리형 창안

17 헤어스타일 또는 메이크업에서 개성미를 발휘하기 위한 첫 단계는?
① 구상
② 보정
③ 소재의 확인
④ 제작

17 미용의 이해 > 미용의 이해
미용의 절차: 소재 파악 → 구상 → 제작 → 보정

18 두정부의 가마로부터 방사상으로 나눈 파트는?
① 카우릭 파트
② 이어 투 이어 파트
③ 센터 파트
④ 스퀘어 파트

18 헤어스타일링 > 기초 드라이
• 이어 투 이어 파트: 양쪽의 E.P와 T.P를 연결한 가르마
• 센터 파트: 전두부의 헤어라인 중심(C.P)에서 두정부를 향한 직선의 중앙 가르마(5:5 파트)
• 스퀘어 파트: 이마의 양쪽 끝과 두정부에서 이마와 헤어라인에 수평이 되도록 직사각형으로 나누는 가르마

19 컬의 목적으로 가장 옳은 것은?
① 텐션, 루프, 스템을 만들기 위해
② 웨이브, 볼륨, 플러프를 만들기 위해
③ 슬라이싱, 스퀘어, 베이스를 만들기 위해
④ 세팅, 뱅을 만들기 위해

19 헤어스타일링 > 기초 드라이
컬의 목적: 모발에 움직임(웨이브)과 볼륨감을 주고, 모발 끝에 변화(플러프)를 주기 위함

20 저온폭로에 의한 건강장애는?
① 동상 – 무좀 – 전신체온 상승
② 참호족 – 동상 – 전신체온 하강
③ 참호족 – 동상 – 전신체온 상승
④ 동상 – 기억력 저하 – 참호족

20 공중위생관리 〉 공중보건
저온폭로에 의한 건강장애: 전신체온 하강, 참호족과 침수족, 동상, 알레르기 반응, 상기도 손상, 피로증상, 작업능률의 저하 등

21 간흡충(간디스토마)의 제1중간 숙주는?
① 다슬기
② 쇠우렁이
③ 피라미
④ 게

21 공중위생관리 〉 공중보건
· 다슬기: 폐흡충(폐디스토마)의 제1중간 숙주
· 피라미: 피라미, 붕어와 같은 민물고기들은 간디스토마의 제2중간 숙주
· 게, 가재: 폐흡충(폐디스토마)의 제2중간 숙주

22 납중독과 가장 거리가 먼 증상은?
① 빈혈
② 신경마비
③ 뇌중독증상
④ 과다행동장애

22 공중위생관리 〉 공중보건
납중독의 초기 증상: 식욕부진, 빈혈, 신경근육의 마비, 변비, 복통, 불면증, 두통, 뇌중독증상(정신착란, 혼수 등)

23 코의 화장법으로 좋지 <u>않은</u> 방법은?
① 큰 코는 전체가 드러나지 않도록 코 전체를 다른 부분보다 연한 색으로 펴 바른다.
② 낮은 코는 코의 양측 면에 세로로 진한 크림파우더 또는 다갈색의 아이새도를 바르고 콧등에 엷은 색을 바른다.
③ 코끝이 둥근 경우 코끝의 양측 면에 진한 색을 펴 바르고 코끝에는 엷은 색을 펴 바른다.
④ 너무 높은 코는 코 전체에 진한 색을 펴 바른 후 양측 면에 엷은 색을 바른다.

23 2025 미용사(일반) 출제 범위 아님
큰 코의 경우 코 전체가 축소되어 보일 수 있도록 다른 부분보다 어두운 색으로 펴 바름

24 발생 또는 유행 시 24시간 이내에 신고하고 발생을 계속 감시할 필요가 있는 감염병은?
① 말라리아
② 콜레라
③ 디프테리아
④ 유행성 이하선염

24 공중위생관리 〉 공중보건
제3급 감염병: 발생 또는 유행 시 24시간 이내에 신고하고 발생을 계속 감시할 필요가 있는 감염병으로, 말라리아, 파상풍, B형간염 등이 있음

25 수질오염의 지표로 사용하는 '생화학적 산소요구량'을 나타내는 용어는?
① BOD
② DO
③ COD
④ SS

25 공중위생관리 〉 공중보건
• DO: 물속에 녹아 있는 산소의 양(용존산소량)
• COD: 화학적 산소요구량
• SS: 부유물질

26 국가의 건강 수준을 나타내는 지표로서 가장 대표적으로 사용하고 있는 것은?
① 인구증가율
② 조사망률
③ 영아사망률
④ 질병발생률

26 공중위생관리 〉 공중보건
보건 수준을 비교하는 데 사용되는 대표적인 3대 지표: 영아사망률, 비례사망지수, 평균수명

27 지역사회에서 노인층 인구에 가장 적절한 보건교육방법은?
① 신문
② 집단교육
③ 개별접촉
④ 강연회

27 공중위생관리 〉 공중보건
노인층 인구에 가장 적절한 보건교육방법은 개별접촉으로, 만 65세 이상 독거노인 가구나 75세 이상 노인 부부 가구 등을 중심으로 가정방문 서비스를 함

28 예방접종에서 생균제제를 사용하는 것은?
① 장티푸스
② 파상풍
③ 결핵
④ 디프테리아

28 공중위생관리 〉 공중보건
생균백신: 두창, 탄저, 광견병, 결핵, 황열, 폴리오, 홍역

29 다음 식중독 중에서 치명률이 가장 높은 것은?
① 살모넬라증
② 포도상구균 중독
③ 연쇄상구균 중독
④ 보툴리누스균 중독

29 공중위생관리 〉 공중보건
• 보툴리누스균: 식중독 중 치명률(25%)이 가장 높은 신경 독소임
• 살모넬라균: 발병률이 75% 정도로 매우 높으나, 치명률은 낮음

30 다음 중 파리가 전파할 수 있는 소화기계 감염병은?
① 페스트
② 일본뇌염
③ 장티푸스
④ 황열

30 공중위생관리 〉 공중보건
파리에 의한 소화기계 감염병: 콜레라, 장티푸스, 이질, 파라티푸스

31 소독의 정의로서 옳은 것은?
① 모든 미생물 일체를 사멸하는 것
② 모든 미생물을 열과 약품으로 완전히 죽이거나 또는 제거하는 것
③ **병원성 미생물의 생활력을 파괴하여 죽이거나 또는 제거하여 감염력을 없애는 것**
④ 균을 적극적으로 죽이지 못하더라도 발육을 저지하고 목적하는 것을 변화시키지 않고 보존하는 것

31 공중위생관리 〉 소독
소독의 정의: 인체에 유해한 병원성 미생물의 생활력을 파괴 또는 제거하여 감염의 위험성을 없애는 것으로, 포자까지는 작용하지 않는 것을 말함

32 AIDS나 B형간염 등과 같은 질환의 전파를 예방하기 위한 이·미용기구의 가장 좋은 소독방법은?
① **고압 증기 멸균기**
② 자외선 소독기
③ 음이온성 계면활성제
④ 알코올

32 공중위생관리 〉 소독
고압 증기 멸균법은 100~135℃의 수증기로 미생물뿐만 아니라 포자까지 멸균시키는 방법으로, 가장 빠르고 효과적인 방법임

33 일반적으로 사용되는 소독용 알코올의 적정 농도는?
① 30%
② **70%**
③ 50%
④ 100%

33 공중위생관리 〉 소독
70% 알코올 용액에 20분간 담가 둠

34 다음 중 이·미용사의 손을 소독하려 할 때 가장 알맞은 것은?
① **역성비누액**
② 석탄산수
③ 포르말린수
④ 과산화수소수

34 공중위생관리 〉 소독
역성비누는 양이온성 계면활성제의 일종으로 세균력은 떨어지나 무해, 무자극, 무독성으로 물에 잘 녹고 거품이 나며, 수지, 기구, 식기 및 손 소독에 사용함

35 다음 중 음용수 소독에 사용되는 약품은?
① 석탄산
② **액체염소**
③ 승홍
④ 알코올

35 공중위생관리 〉 소독
염소는 살균력이 강하고 자극성과 부식성이 있어 상수 또는 하수의 소독에 주로 사용함

36 소독에 영향을 미치는 인자가 아닌 것은?
① 온도
② 수분
③ 시간
④ **풍속**

36 공중위생관리 〉 소독
소독에 영향을 미치는 인자: 온도, 수분, 시간

37 소독법의 구비 조건에 <u>부적합한</u> 것은?
① 장시간에 걸쳐 소독의 효과가 서서히 나타나야 한다.
② 소독 대상물에 손상을 입혀서는 안 된다.
③ 인체 및 가축에 해가 없어야 한다.
④ 방법이 간단하고 비용이 적게 들어야 한다.

37 공중위생관리 〉소독
소독제의 구비 조건
• 효과가 빠르고 소요 시간이 짧을 것
• 미량으로 효과가 클 것
• 경제적이고 사용 방법이 간편할 것
• 냄새가 강하지 않을 것
• 독성이 적고 인체에 무해할 것

38 소독제의 살균력 측정검사의 지표로 사용되는 것은?
① 알코올
② 크레졸
③ 석탄산
④ 포르말린

38 공중위생관리 〉소독
석탄산: 독성이 있어 인체에는 잘 사용하지 않으나 소독제의 살균력 평가 지표로 주로 사용함

39 화장실, 하수도, 쓰레기통 소독에 가장 적합한 것은?
① 알코올
② 연소
③ 승홍수
④ 생석회

39 공중위생관리 〉소독
생석회: 산화칼슘을 98% 이상 함유한 백색의 분말로, 하수, 오수, 오물, 토사물, 분변, 화장실 등에 사용하며, 포자 형성 세균에는 효과가 없음

40 상처 소독에 적당치 <u>않은</u> 것은?
① 과산화수소
② 요오드딩크제
③ 승홍수
④ 머큐로크롬

40 공중위생관리 〉소독
승홍수: 승홍의 0.1% 수용액으로 독성이 강하여 단백질을 응고하고 금속을 부식시키므로 금속제 기구 및 식기류, 상처가 있는 피부에는 사용하지 않음

41 생명력이 없는 상태의 무색, 무핵층으로서 손바닥과 발바닥에 주로 있는 층은?
① 각질층
② 과립층
③ 투명층
④ 기저

41 미용의 이해 〉피부의 이해
투명층: 얇고 투명한 무핵의 편평세포층으로, 손바닥이나 발바닥에 존재함

42 천연보습인자(NMF)에 속하지 <u>않는</u> 것은?
① 아미노산
② 암모니아
③ 젖산염
④ 글리세린

42 미용의 이해 〉피부의 이해
천연보습인자는 각질층에 존재하는 수분 물질로, 건조함을 막아주며, 아미노산(40%), 피롤리돈 카르복시산(12%), 젖산(7%), 요소(7%), 암모니아(1.5%) 등으로 구성되어 있음

43 즉시 색소침착작용을 하는 광선으로 인공 선탠에 사용되는 것은?
① UVA
② UVB
③ UVC
④ UVD

43 미용의 이해 〉 피부의 이해
- UVA: 장파장이며, 색소침착의 원인으로 인공 선탠에 사용됨
- UVB: 홍반, 수포와 같은 일광화상과 색소침착을 유발함
- UVC: 단파장이며, 살균작용이 있어 바이러스나 박테리아를 제거하기 위해 사용되기도 하지만, 인체에 영향을 줄 경우 피부암의 원인이 됨

44 갑상선의 기능과 관계 있으며 모세혈관 기능을 정상화시키는 것은?
① 칼슘
② 인
③ 철분
④ **요오드**

44 미용의 이해 〉 피부의 이해
요오드(I): 갑상선 호르몬 성분으로, 모세혈관 기능의 정상화, 탈모 예방 등에 관여함

45 피부의 생리작용 중 지각작용은?
① 피부 표면에 수증기가 발산한다.
② 피부에는 땀샘, 피지선 모근은 피부생리작용을 한다.
③ **피부 전체에 퍼져 있는 신경에 의해 촉각, 온각, 냉각, 통각 등을 느낀다.**
④ 피부의 생리작용에 의해 생긴 노폐물을 운반한다.

45 미용의 이해 〉 피부의 이해
지각기능은 오감각기 중 하나로, 자극을 받으면 피부 내에 있는 감각소체에 의하여 촉각, 온각, 냉각, 통각 등의 지각을 느낌

46 교원섬유(Collagen)와 탄력섬유(Elastin)로 구성되어 있어 강한 탄력성을 지니고 있는 곳은?
① 표피
② **진피**
③ 피하조직
④ 근육

46 미용의 이해 〉 피부의 이해
진피는 피부의 대부분인 약 90%를 차지하며, 교원섬유와 탄력섬유의 섬유성 단백질과 무정형의 점다당질로 구성되어 있음

47 자외선의 영향으로 인한 부정적인 효과는?
① **홍반반응**
② 비타민 D 형성
③ 살균효과
④ 강장효과

47 미용의 이해 〉 피부의 이해
홍반은 여러 가지 자극에 의해 모세혈관이 충혈된 상태로, 자외선 중 UVB에 의해 홍반반응이 생김

48 피부에서 땀과 함께 분비되는 천연 자외선 흡수제는?
① **우로칸산**
② 글리콜산
③ 글루탐산
④ 레틴산

48 미용의 이해 > 피부의 이해
에크린선에서 분비되는 약산성 물질인 땀은 피지보호막을 형성하여 세균의 번식을 억제하고 우로칸산의 성분이 자외선으로부터 어느 정도 피부를 보호함

49 광노화와 거리가 먼 것은?
① 피부 두께가 두꺼워진다.
② 섬유아세포 수의 양이 감소한다.
③ **콜라겐이 비정상적으로 늘어난다.**
④ 점다당질이 증가한다.

49 미용의 이해 > 피부의 이해
섬유아세포 수가 감소하여 콜라겐 생성이 저하되며, UVA는 진피층까지 도달하여 콜라겐과 엘라스틴을 변성시켜 광노화와 주름, 탄력 저하의 원인이 됨

50 피지분비와 가장 관계가 있는 호르몬은?
① 에스트로겐
② 프로게스테론
③ 인슐린
④ **안드로겐**

50 미용의 이해 > 피부의 이해
남성호르몬인 안드로겐과 테스토스테론이 피지선을 자극하여 피지 생성을 증가시킴

51 이용 및 미용업 영업자의 지위를 승계한 자가 관계 기관에 신고를 해야 하는 기간은?
① 1년 이내
② 3개월 이내
③ 6개월 이내
④ **1개월 이내**

51 공중위생관리 > 공중위생관리법규
지위를 승계한 자는 1개월 이내에 보건복지부령이 정하는 바에 따라 시장·군수 또는 구청장에게 신고해야 함

52 이용업 및 미용업은 다음 중 어디에 속하는가?
① **공중위생영업**
② 위생관련영업
③ 위생처리업
④ 위생관리용역업

52 공중위생관리 > 공중위생관리법규
공중위생영업은 다수인을 대상으로 위생관리서비스를 제공하는 영업으로서 숙박업·목욕장업·이용업·미용업·세탁업·건물위생관리업을 말함

53 다음 ( ) 안에 알맞은 내용은?

> 이·미용업 영업자가 「공중위생관리법」을 위반하여 관계 행정기관의 장의 요청이 있는 때에는 ( ) 이내의 기간을 정하여 영업의 정지 또는 일부시설의 사용중지 혹은 영업소 폐쇄 등을 명할 수 있다.

① 3개월
② **6개월**
③ 1년
④ 2년

53 공중위생관리 〉 공중위생관리법규
시장·군수·구청장은 6개월 이내의 기간을 정하여 영업의 정지 또는 일부 시설의 사용중지를 명하거나 영업소 폐쇄 등을 명할 수 있음

54 이·미용업소 내 반드시 게시하여야 할 사항으로 옳은 것은?
① 요금표 및 준수사항만 게시하면 된다.
② 이·미용업 신고증만 게시하면 된다.
③ 이·미용업 신고증 및 면허증 사본, 요금표를 게시하면 된다.
④ **이·미용업 신고증, 면허증 원본, 요금표를 게시하여야 한다.**

54 공중위생관리 〉 공중위생관리법규
- 미용업 신고증 및 면허증 원본을 게시하지 않을 경우: 1차 경고 또는 개선명령, 2차 영업정지 5일, 3차 영업정지 10일, 4차 영업장 폐쇄명령
- 최종 지급가격을 미리 제공하지 않을 경우: 1차 경고, 2차 영업정지 5일, 3차 영업정지 10일, 4차 영업정지 1개월

55 다음 중 이·미용사의 면허정지를 명할 수 있는 자는?
① 행정안전부 장관
② 시·도지사
③ **시장·군수·구청장**
④ 경찰서장

55 공중위생관리 〉 공중위생관리법규
시장·군수·구청장은 이·미용사의 면허를 취소하거나 6개월 이내의 기간을 정하여 그 면허의 정지 또는 취소를 명할 수 있음

56 이·미용 영업소에서 1회용 면도날을 손님 2인에게 사용한 때의 1차 위반 시 행정처분은?
① 시정명령
② 개선명령
③ **경고**
④ 영업정지 5일

56 공중위생관리 〉 공중위생관리법규
소독을 한 기구와 소독을 하지 않은 기구를 각각 다른 용기에 넣어 보관하지 않거나 1회용 면도날을 2인 이상의 손님에게 사용한 경우 1차 위반 시 경고 처분을 받음

57 관련법상 이·미용사의 위생교육에 대한 설명 중 옳은 것은?
① 위생교육 대상자는 이·미용업 영업자이다.
② 위생교육 대상자에는 이·미용사의 면허를 가지고 이·미용업에 종사하는 모든 자가 포함된다.
③ 위생교육은 시·군·구청장만이 할 수 있다.
④ 위생교육 시간은 분기당 4시간으로 한다.

57 공중위생관리 〉 공중위생관리법규
- 위생교육을 받아야 하는 자 중 영업에 직접 종사하지 아니하거나 2군데 이상의 장소에서 영업을 하는 자는 종업원 중 영업장별로 공중위생에 관한 책임자를 지정하고 그 책임자로 하여금 위생교육을 받게 하여야 함
- 위생교육은 보건복지부장관이 허가한 단체 또는 공중위생영업자 단체가 실시할 수 있음
- 공중위생영업자는 매년 위생교육을 받아야 함

58 다음 중 이·미용사의 면허를 받을 수 없는 자는?
① 전문대학의 이·미용에 관한 학과를 졸업한 자
② 교육인적자원부장관이 인정하는 고등기술학교에서 1년 이상 이·미용에 관한 소정의 과정을 이수한 자
③ 「국가기술자격법」에 의한 이·미용사의 자격을 취득한 자
④ 외국의 유명 이·미용학원에서 2년 이상 기술을 습득한 자

58 공중위생관리 〉 공중위생관리법규
- 전문대학 또는 이와 같은 수준 이상의 학력이 있다거나 고등학교 또는 이와 같은 수준의 학력이 있다고 교육부장관이 인정하는 학교에서 이용 또는 미용에 관한 학과를 졸업한 자
- 「학점인정 등에 관한 법률」에 따라 대학 또는 전문대학을 졸업한 자와 같은 수준 이상의 학력이 있는 것으로 인정되어 이용 또는 미용에 관한 학위를 취득한 자
- 초·중등교육법령에 따른 특성화고등학교, 고등기술학교나 고등학교 또는 고등기술학교에 준하는 각종학교에서 1년 이상 이용 또는 미용에 관한 소정의 과정을 이수한 자
- 「국가기술자격법」에 의한 이용사 또는 미용사의 자격을 취득한 자

59 신고를 하지 않고 영업소 명칭(상호)을 바꾼 경우에 대한 1차 위반 시의 행정처분은?
① 주의
② 경고 또는 개선명령
③ 영업정지 15일
④ 영업정지 1개월

59 공중위생관리 〉 공중위생관리법규
- 1차 위반: 경고 또는 개선명령
- 2차 위반: 영업정지 15일
- 3차 위반: 영업정지 1개월
- 4차 위반: 영업장 폐쇄명령

60 다음 중 과태료 처분 대상에 해당되지 않는 자는?
① 관계 공무원의 출입·검사 등 업무를 기피한 자
② 영업소 폐쇄명령을 받고도 영업을 계속한 자
③ 이·미용업소 위생관리 의무를 지키지 아니한 자
④ 위생교육 대상자 중 위생교육을 받지 아니한 자

60 공중위생관리 〉 공중위생관리법규
영업소 폐쇄명령을 받고도 계속하여 영업을 한 자는 1년 이하의 징역 또는 1천만 원 이하의 벌금에 처함

공개 기출문제 | 2011년 제4회

01 다음 용어의 설명으로 틀린 것은?
① 버티컬 웨이브(Vertical Wave): 웨이브 흐름이 수평
② 리세트(Reset): 세트를 다시 마는 것
③ 호리존탈 웨이브(Horizontal Wave): 웨이브 흐름이 가로 방향
④ 오리지널 세트(Original Set): 기초가 되는 최초의 세트

02 핑거 웨이브(Finger Wave)와 관계 없는 것은?
① 세팅로션, 물, 빗
② 크레스트(Crest), 리지(Ridge), 트로프(Trough)
③ 포워드비기닝(Forward Beginning), 리버스비기닝(Reverse Beginning)
④ 테이퍼링(Tapering), 싱글링(Shingling)

03 스캘프 트리트먼트(Scalp Treatment)의 시술과정에서 화학적 방법과 관련 없는 것은?
① 양모제
② 헤어토닉
③ 헤어크림
④ 헤어 스티머

04 빗(Comb)의 손질법에 대한 설명으로 틀린 것은?(단, 금속 빗은 제외한다.)
① 빗살 사이의 때는 솔로 제거하거나, 심한 경우는 비눗물에 담근 후 브러시로 닦고 나서 소독한다.
② 증기 소독과 자비 소독 등 열에 의한 소독과 알코올 소독을 해 준다.
③ 빗을 소독할 때는 크레졸수, 역성비누액 등이 이용되며, 세정이 바람직하지 않은 재질은 자외선으로 소독한다.
④ 소독용액에 오랫동안 담가두면 빗이 휘어지는 경우가 있어 주의하고 끄집어낸 후 물로 헹구고 물기를 제거한다.

| 해설 |

01 헤어스타일링 > 기초 드라이
버티컬(Vertical) 웨이브: 웨이브의 리지(Ridge)가 수직 방향으로 형성된 것

02 헤어스타일링 > 기초 드라이
• 테이퍼링: 가위와 레이저를 이용한 질감 처리 방법임
• 싱글링: 커트 작업 시 모발을 손으로 잡지 않고, 가위와 빗을 이용하여 아래에서 위쪽으로 올라갈수록 길어지게 커트하는 방법임
• 핑거 웨이브: 세팅로션 또는 물을 이용하여 모발을 적신 후 세팅 빗과 손가락에 의해 형성된 웨이브

03 헤어샴푸&두피·모발 관리 > 헤어샴푸와 헤어케어
헤어 스티머(스팀기, 미스트기): 미립자의 수증기를 이용하여 각질, 노폐물 등을 불려 쉽게 제거하고, 부족한 수분을 공급함

04 공중위생관리 > 소독
빗류: 미온수에 세제, 샴푸 등을 풀어 빗을 담근 후 세척하여 이물질을 제거하고, 물기를 닦은 후 자외선 소독기로 소독함. 플라스틱 재질의 빗은 열에 변형되기 쉬우므로 주의해야 함

05 다음 중 헤어블리치에 관한 설명으로 **틀린** 것은?
① 과산화수소는 산화제이고, 암모니아수는 알칼리제이다.
② 헤어블리치는 산화제의 작용으로 두발의 색소를 엷게 한다.
③ 헤어블리치제는 과산화수소에 암모니아수 소량을 더하여 사용한다.
④ **과산화수소에서 방출된 수소가 멜라닌색소를 파괴시킨다.**

05 헤어컬러&헤어전문제품 〉 베이직 헤어컬러 및 마무리
과산화수소: 산소를 발생시켜 모발 내 멜라닌색소를 파괴하여 옥시멜라닌화 시킴

06 네일 에나멜(Nail Enamel)에 함유된 주된 필름 형성제는?
① 톨루엔(Toluent)
② 메타크릴산(Methacrylic Acid)
③ **니트로셀룰로오즈(Nitro Cellulose)**
④ 라놀린(Lanoline)

06 2025 미용사(일반) 출제 범위 아님
• 톨루엔: 휘발성 유기용매
• 메타크릴산: 합성수지 접착제
• 라놀린: 유성원료

07 두발이 지나치게 건조해 있을 때나 두발의 염색에 실패했을 때의 가장 적합한 샴푸 방법은?
① 플레인 샴푸
② **에그 샴푸**
③ 약산성 샴푸
④ 토닉 샴푸

07 헤어샴푸&두피 · 모발 관리 〉 헤어샴푸와 헤어케어
에그 샴푸: 계란을 사용하여 두발을 마사지한 다음 샴푸하는 것으로, 흰자는 세정작용이 있어 비듬, 때, 노폐물 제거에 용이하며, 노른자는 영양과 광택을 부여함

08 미용의 과정이 바른 순서로 나열된 것은?
① **소재 파악 → 구상 → 제작 → 보정**
② 소재 파악 → 보정 → 구상 → 제작
③ 구상 → 소재 파악 → 제작 → 보정
④ 구상 → 제작 → 보정 → 소재 파악

08 미용의 이해 〉 미용의 이해
• 소재: 소재는 고객의 신체 일부분을 말하며, 소재의 특성을 파악해야 함
• 구상: 고객의 의견과 소재에 알맞은 디자인을 연구하고 계획함
• 제작: 구상한 디자인을 표현하는 단계로, 미용사의 재능이 발휘됨
• 보정: 제작이 완성된 후 전체적인 스타일을 수정, 보완하는 마무리 단계로, 고객 만족 여부를 확인함

09 다음 중 커트를 하기 위한 순서로 가장 옳은 것은?
① **위그 → 수분 조절 → 빗질 → 블로킹 → 슬라이스 → 스트랜드**
② 위그 → 수분 조절 → 빗질 → 블로킹 → 스트랜드 → 슬라이스
③ 위그 → 수분 조절 → 슬라이스 → 빗질 → 블로킹 → 스트랜드
④ 위그 → 수분 조절 → 스트랜드 → 빗질 → 블로킹 → 슬라이스

09 헤어커트 〉 기초 헤어커트
위그(두발)의 수분 함량을 조절하고 골고루 빗질한 후 블로킹(디자인을 만들기 위해서 크게 구획을 나누는 것) 및 슬라이스(두발을 커트하기 위해 얇게 가른 선으로 스트랜드를 만들어 커트를 진행함

10 첩지에 대한 내용으로 틀린 것은?

① 첩지의 모양은 봉과 개구리 등이 있다.
② 첩지는 조선시대 사대부의 예장 때 머리 위 가르마를 꾸미는 장식품이다.
③ **왕비는 은 개구리첩지를 사용하였다.**
④ 첩지는 내명부나 외명부의 신분을 밝혀주는 중요한 표시이기도 했다.

10 미용의 이해 〉 미용의 이해
왕비는 도금한 용첩지를 사용하였고, 비와 빈은 봉첩지를 사용하였음

11 레이어드 커트(Layered Cut)의 특징이 아닌 것은?

① **커트라인이 얼굴 정면에서 네이프라인과 일직선인 스타일이다.**
② 두피 면에서의 모발의 각도를 90도 이상으로 커트한다.
③ 머리형이 가볍고 부드러워 다양한 스타일을 만들 수 있다.
④ 네이프라인에서 톱 부분으로 올라가면서 모발의 길이가 점점 짧아지는 커트이다.

11 헤어커트 〉 기초 헤어커트
레이어드(레이어) 커트: 머리 끝단에 층이 지게 자른 머리 모양을 말함

12 두발 커트 시 두발 끝 1/3 정도를 테이퍼링하는 것은?

① 노멀 테이퍼링
② 딥 테이퍼링
③ **엔드 테이퍼링**
④ 보스 사이드 테이퍼

12 헤어커트 〉 기초 헤어커트
• 노멀 테이퍼링: 두발 끝 1/2 정도를 테이퍼링함
• 딥 테이퍼링: 두발 끝 2/3 정도를 테이퍼링함

13 시스테인 퍼머넌트에 대한 설명으로 틀린 것은?

① 아미노산의 일종인 시스테인을 사용한 것이다.
② **환원제로 티오글리콜산염이 사용된다.**
③ 모발에 대한 잔류성이 높아 주의가 필요하다.
④ 연모, 손상모의 시술에 적합하다.

13 헤어스타일링 〉 베이직 헤어펌
시스테인: 사람의 두발, 새의 깃털을 원료로 가수분해하여 추출한 것에 시스틴을 환원시켜 수소(H)를 첨가한 것임

14 영구 염모제에 대한 설명 중 틀린 것은?

① 제1액의 알칼리제로는 휘발성이라는 점에서 암모니아가 사용된다.
② **제2제인 산화제는 모피질 내로 침투하여 수소를 발생시킨다.**
③ 제1제 속의 알칼리제가 모표피를 팽윤시켜 모피질 내 인공색소와 과산화수소를 침투시킨다.
④ 모피질 내의 인공색소는 큰 입자의 유색 염료를 형성하여 영구적으로 착색된다.

14 헤어컬러&헤어전문제품 〉 베이직 헤어컬러 및 마무리
산화제: 제1제의 알칼리제와 혼합되어 산소를 방출하고 멜라닌색소를 파괴하여 모발의 명도를 높이고 염료를 산화시켜 착·발색시킴

15 두피 타입에 알맞은 스캘프 트리트먼트(Scalp Treatment)의 시술방법의 연결이 틀린 것은?
① 건성 두피 – 드라이 스캘프 트리트먼트
② 지성 두피 – 오일리 스캘프 트리트먼트
③ **비듬성 두피 – 핫 오일 스캘프 트리트먼트**
④ 정상 두피 – 플레인 스캘프 트리트먼트

> **15** 헤어샴푸&두피·모발 관리 > 헤어샴푸와 헤어케어
> 비듬성 두피: 각질층의 건조 또는 각질세포의 이상증식으로 비듬이 쌓이고, 가려움이 동반되는 두피로, 비듬 전용 제품(댄드러프)을 사용하여 스캘프 트리트먼트를 진행해야 함

16 샴푸제의 성분이 아닌 것은?
① 계면활성제
② 점증제
③ 기포 증진제
④ **산화제**

> **16** 헤어샴푸&두피·모발 관리 > 헤어샴푸와 헤어케어
> 샴푸제의 대표 성분: 계면활성제, 기포 증진제, 점증제, 금속이온봉쇄제, pH 조절제 등

17 파운데이션 사용 시 양볼은 어두운 색으로, 이마 상단과 턱의 하부는 밝은 색으로 표현하면 좋은 얼굴형은?
① 긴형
② **둥근형**
③ 사각형
④ 삼각형

> **17** 2025 미용사(일반) 출제 범위 아님
> 둥근형은 얼굴을 길어 보이게 하기 위해 양 옆의 어두운 컬러를 사용하여 볼륨감을 낮추고, 상단과 턱의 하부는 밝은 컬러를 사용함

18 가위에 대한 설명 중 틀린 것은?
① 양날의 견고함이 동일해야 한다.
② 가위의 길이나 무게가 미용사의 손에 맞아야 한다.
③ **가위 날이 반듯하고 두꺼운 것이 좋다.**
④ 협신에서 날 끝으로 갈수록 약간 내곡선인 것이 좋다.

> **18** 헤어커트 > 기초 헤어커트
> 가위: 두발을 커트하는 데 사용하는 도구로, 길이는 4~8인치 정도로 다양하며, 크기가 작을수록 정밀한 커트에 용이함

19 모발의 측쇄 결합으로 볼 수 없는 것은?
① 시스틴 결합(Cystine Bond)
② 염 결합(Salt Bond)
③ 수소 결합(Hydrogen Bond)
④ **폴리펩티드 결합(Poly Peptide Bond)**

> **19** 헤어샴푸&두피·모발 관리 > 두피·모발 관리
> • 주쇄 결합: 펩타이드 결합이라고도 하며, 화학적인 처리에도 영향을 적게 받는 강한 결합임
> • 측쇄 결합: 주쇄 결합 사이를 가로로 연결하는 결합으로, 시스틴 결합, 염(이온) 결합, 수소 결합이 있음

20 두발에서 퍼머넌트 웨이브의 형성과 직접 관련이 있는 아미노산은?

① 시스틴(Cystine)
② 알라닌(Alanine)
③ 멜라닌(Melanin)
④ 티로신(Tyrosine)

20 헤어스타일링 〉 베이직 헤어펌
퍼머넌트 웨이브는 시스틴 결합의 원리를 이용한 것으로, 제1제는 주성분인 알칼리 성분에 의해 모표피가 팽윤하고 연화되며 환원제의 성분 중 수소(H)가 시스틴 결합을 절단함

21 수질오염을 측정하는 지표로서 물에 녹아 있는 유리산소를 의미하는 것은?

① 용존산소(DO)
② 생화학적 산소요구량(BOD)
③ 화학적 산소요구량 (COD)
④ 수소이온농도(pH)

21 공중위생관리 〉 공중보건
- BOD: 하수오염의 대표 지표로, 물 속의 유기물질이 호기성 미생물에 의해 분해될 때 필요한 산소요구량
- COD: 물 속의 오염물질이 산화제에 의해 분해될 때 필요한 산소요구량
- pH: 수소이온농도로 물 속에 산성 또는 알칼리성 오염물질의 유입을 판단하는 지표임

22 14세 이하 인구가 65세 이상 인구의 2배를 초과하는 인구 구성형은?

① 피라미드형
② 종형
③ 항아리형
④ 별형

22 공중위생관리 〉 공중보건
- 종형: 14세 이하 인구가 65세 이상 인구의 2배로, 출생률과 사망률이 낮은 이상적인 인구형임
- 항아리형: 출생률이 사망률보다 낮아 평균수명이 높은 선진국형임
- 별형: 생산인구(15~49세)가 유입되는 도시형으로, 생산인구가 전체 인구의 50% 이상임

23 보건행정에 대한 설명으로 가장 올바른 것은?

① 공중보건의 목적을 달성하기 위해 공공의 책임하에 수행하는 행정활동
② 개인보건의 목적을 달성하기 위해 공공의 책임하에 수행하는 행정활동
③ 국가 간의 질병 교류를 막기 위해 공공의 책임하에 수행하는 행정활동
④ 공중보건의 목적을 달성하기 위해 개인의 책임하에 수행하는 행정활동

23 공중위생관리 〉 공중보건
보건행정: 공중보건의 목적(국민의 수명 연장, 질병 예방 등)을 달성하기 위하여 보건과 행정을 하나로 묶은 공적인 행정활동을 말함

24 콜레라 예방접종은 어떤 면역방법인가?

① 인공수동면역
② 인공능동면역
③ 자연수동면역
④ 자연능동면역

24 공중위생관리 〉 공중보건
- 자연능동면역: 감염병에 감염된 이후 형성되는 면역
- 인공능동면역: 예방접종으로 얻는 면역
- 자연수동면역: 모체의 태반이나 수유를 통해 얻는 면역
- 인공수동면역: 다른 사람의 혈청 또는 항체 주사 후 획득한 면역

25 기생충의 인체 내 기생 부위 연결이 잘못된 것은?
① 구충증 – 폐
② 간흡충증 – 간의 담도
③ 요충증 – 직장
④ 폐흡충 – 폐

25 공중위생관리 > 공중보건
- 선충류: 주로 소화기, 근육, 혈액 등에 기생(회충, 요충, 십이지장충(=구충), 편충, 말레이사상충)
- 흡충류: 주로 간, 폐 등에 기생(간흡충, 폐흡충, 요코가와흡충)
- 조충류: 주로 소화기관에 기생(유구조충, 무구조충, 광절열두조충)

26 다음 중 불량 조명에 의해 발생되는 직업병이 아닌 것은?
① 안정피로
② 근시
③ 근육통
④ 안구진탕증

26 2025 미용사(일반) 출제 범위 아님
근육통의 원인은 근육의 과다 사용 또는 부상, 스트레스 등으로 나타남

27 주로 여름철에 발병하며 어패류 등의 생식이 원인이 되어 복통, 설사 등의 급성위장염 증상을 나타내는 식중독은?
① 포도상구균 식중독
② 병원성 대장균 식중독
③ 장염비브리오 식중독
④ 보툴리누스균 식중독

27 공중위생관리 > 공중보건
- 포도상구균: 위경련, 구토, 미열, 설사 등이 발생하며, 원인은 육류 및 가공식품, 우유, 치즈, 버터 등으로 식품 취급 전에 손을 깨끗이 씻고, 조리 기구를 청결히 하며 남은 음식은 5℃ 이하에 냉장 보관하면 예방할 수 있음
- 병원성 대장균: 생간, 육회 등을 덜 익혀 먹거나 오염된 조리도구를 사용할 경우 생김
- 보툴리누스균: 식중독 중 치명률(25%)이 가장 높은 신경 독소로, 통조림, 레토르트 식품을 섭취하는 사람들에게 생김

28 다음 중 비타민(Vitamin)과 그 결핍증의 연결이 틀린 것은?
① Vitamin B_2 – 구순염
② Vitamin D – 구루병
③ Vitamin A – 야맹증
④ Vitamin C – 각기병

28 미용의 이해 > 피부의 이해
- 비타민 C: 뼈, 인대, 연골 등 신체의 결합조직 형성과 기능 유지에 도움을 주고 항산화와 미백효과가 있으며, 면역기능과 모세혈관 강화에 도움을 줌. 결핍 시 괴혈병, 잇몸출혈, 빈혈 등이 나타날 수 있음
- 각기병: 비타민 B_1 결핍으로 생김

29 일반적으로 돼지고기 생식에 의해 감염될 수 없는 것은?
① 유구조충
② 무구조충
③ 선모충
④ 살모넬라

29 공중위생관리 > 공중보건
무구조충: 소 → 사람

30 실내에 다수가 밀집한 상태에서 실내 공기의 변화는?
① 기온 상승 – 습도 증가 – 이산화탄소 감소
② 기온 하강 – 습도 증가 – 이산화탄소 감소
③ **기온 상승 – 습도 증가 – 이산화탄소 증가**
④ 기온 상승 – 습도 감소 – 이산화탄소 증가

30 공중위생관리 〉 공중보건
실내에 다수가 밀집한 상태인 경우, 기온이 상승하고 습도 및 이산화탄소가 증가함. 이런 경우 두통이나 현기증이 생기는 군집독 현상을 일으킬 수 있음

31 고압 증기 멸균법에서 20파운드(lbs)의 압력에서는 몇 분간 처리하는 것이 가장 적절한가?
① 40분
② 30분
③ **15분**
④ 5분

31 공중위생관리 〉 소독
- 10lbs(파운드): 115.5℃에서 30분 가열
- 15lbs(파운드): 121.5℃에서 20분 가열
- 20lbs(파운드): 126.5℃에서 15분 가열

32 광견병의 병원체는 어디에 속하는가?
① 세균(Bacteria)
② **바이러스(Virus)**
③ 리케차(Rickettsia)
④ 진균(Fungi)

32 공중위생관리 〉 소독
광견병의 병원체는 바이러스이며, 바이러스는 미생물 중 가장 작은 크기로 세균 여과기로 여과되지 않고, 오직 생체세포에서만 증식함

33 다음 중 열에 대한 저항력이 커서 자비 소독법으로 사멸되지 않는 균은?
① 콜레라균
② 결핵균
③ 살모넬라균
④ **B형간염 바이러스**

33 공중위생관리 〉 소독
자비(열탕) 소독법: 100℃의 끓는 물에서 15~20분간 가열하는 방법으로, 유리류, 소형기구, 도자기류, 수건 등에 적용함. 소독효과를 높이기 위해 탄산나트륨(1~2%), 붕소(2%), 석탄산(5%), 크레졸 비누액(2~3%) 등을 넣어 주기도 함. 아포형성균, B형간염 바이러스에는 부적합함

34 레이저(Razor) 사용 시 헤어살롱에서 교차 감염을 예방하기 위해 주의할 점이 아닌 것은?
① 매 고객마다 새로 소독된 면도날을 사용해야 한다.
② **면도날을 매번 고객마다 갈아 끼우기 어렵지만, 하루에 한 번은 반드시 새 것으로 교체해야만 한다.**
③ 레이저 날이 한 몸체로 분리가 안 되는 경우 70% 알코올을 적신 솜으로 반드시 소독 후 사용한다.
④ 면도날을 재사용해서는 안 된다.

34 공중위생관리 〉 소독
레이저를 이용하여 고객에게 작업 시 소독된 일회용 날을 사용하며, 재사용해서는 안 됨. 날을 갈아 끼우는 부분은 틈새가 있어 소독 상태가 불완전하게 되는 경우가 있으므로 주의해야 함

35 손 소독과 주사할 때 피부 소독 등에 사용되는 에틸알코올(Ethylalcohol)은 어느 정도의 농도에서 가장 많이 사용되는가?
① 20% 이하
② 60% 이하
③ 70~80%
④ 90~100%

35 공중위생관리 > 소독
- 손가락, 주사 부위의 피부 소독에 사용하는 소독용 알코올은 70%에서 살균력이 가장 강하므로 소독용 알코올은 70~80%로 사용함
- 가위, 클리퍼의 덧날도 70% 알코올을 사용함

36 이·미용업소에서 일반적 상황에서의 수건 소독법으로 가장 적합한 것은?
① 석탄산 소독
② 크레졸 소독
③ 자비 소독
④ 적외선 소독

36 공중위생관리 > 소독
타월(수건): 펌제, 염모제 등의 제품을 사용한 타월과 세안용으로 사용한 타월은 분리해서 세탁해야 함, 세탁 시 세제와 염소 계통의 소독약을 첨가하여 세탁함, 자비 소독법 또는 세탁하여 일광 소독 후 사용함

37 이·미용업소에서 B형간염의 전염을 방지하려면 다음 중 어느 기구를 가장 철저히 소독하여야 하는가?
① 수건
② 머리빗
③ 면도칼
④ 클리퍼(전동형)

37 공중위생관리 > 공중보건
B형간염: B형간염 바이러스에 감염되어 발생하는 간의 염증성 질환이며, 면도날, 주사기 등을 다수의 사람에게 사용 시 감염될 수 있음

38 소독제의 살균력을 비교할 때 기준이 되는 소독약은?
① 요오드
② 승홍
③ 석탄산
④ 알코올

38 공중위생관리 > 소독
석탄산: 일반적으로 3%의 수용액을 사용하며, 독성이 있어 인체에는 잘 사용하지 않으나 소독제의 살균력 평가 지표로 주로 사용함, 고온일수록 소독력이 우수하나 금속 부식성이 있고, 포자에는 효과가 없음, 고무 제품, 의류, 가구 등의 소독에 사용함

39 3%의 크레졸 비누액 900mL를 만드는 방법으로 옳은 것은?
① 크레졸 원액 270mL에 물 630mL를 가한다.
② 크레졸 원액 27mL에 물 873mL를 가한다.
③ 크레졸 원액 300mL에 물 600mL를 가한다.
④ 크레졸 원액 200mL에 물 700mL를 가한다.

39 공중위생관리 > 소독
- 크레졸: 일반적으로 3%의 수용액을 사용하며, 석탄산 소독력의 2배 효과가 있음, 피부 자극성이 없으나 강한 냄새가 남, 손 소독 시 1~2%의 농도로 사용하고, 3%는 주로 미용실 실내나 바닥 소독에 사용함
- 총용량(900mL) × 농도(0.03) = 액(27mL)

40 소독약의 구비 조건으로 틀린 것은?
① 값이 비싸고 위험성이 없다.
② 인체에 해가 없으며 취급이 간편하다.
③ 살균하고자 하는 대상물을 손상시키지 않는다.
④ 살균력이 강하다.

40 공중위생관리 〉 소독
소독제는 경제적이고 안정성이 있어야 함

41 다음 중 피부의 각질, 털, 손톱, 발톱의 구성 성분인 케라틴을 가장 많이 함유한 것은?
① 동물성 단백질
② 동물성 지방질
③ 식물성 지방질
④ 탄수화물

41 미용의 이해 〉 피부의 이해
케라틴: 각질, 털, 손톱, 발톱 등 상피구조의 기본을 형성하는 단백질이며, 동물성 단백질에 가장 많이 함유되어 있음

42 노화 피부의 특징이 아닌 것은?
① 노화 피부는 탄력이 없고 수분이 없다.
② 피지분비가 원활하지 못하다.
③ 주름이 형성되어 있다.
④ 색소침착 불균형이 나타난다.

42 미용의 이해 〉 피부의 이해
• 피지선의 기능 저하로 피부에 윤기가 없고 건조함이 심해짐
• 콜라겐의 양과 질이 감소하여 진피층이 얇아지고 탄력이 저하되므로 주름이 생김
• 멜라닌세포 수가 감소하여 자외선에 대한 방어능력이 떨어져 색소침착 불균형이 나타나거나 색소침착이 증가할 수 있음

43 피부진균에 의하여 발생하며 습한 곳에서 발생빈도가 가장 높은 것은?
① 모낭염
② 족부백선
③ 봉소염
④ 티눈

43 미용의 이해 〉 피부의 이해
백선: 사상균성 진균이 원인이며, 피부 각질이 벗겨지고 가려움증이 동반됨. 종류에는 두부백선, 족부백선, 체부백선, 수부백선이 있음

44 기미를 악화시키는 주요한 원인이 아닌 것은?
① 경구피임약의 복용
② 임신
③ 자외선 차단
④ 내분비 이상

44 미용의 이해 〉 피부의 이해
기미: 좌우대칭으로 분포하며, 눈 밑이나 광대뼈 부위에 나타나는 갈색의 반점임. 여성호르몬인 에스트로겐이 증가하는 임신, 피임약 복용, 자외선이 원인임

45 다음 중 피지선과 가장 관련이 깊은 질환은?
① 사마귀
② 주사(Rosacea)
③ 한관종
④ 백반증

45 미용의 이해 〉 피부의 이해
주사: 코 주변의 모세혈관이 확장되어 코를 중심으로 양 볼 쪽으로 붉어지는 증상으로, 주로 40~50대에 발생하며, 습관적 음주 또는 피지선의 염증이 원인임

46 박하(Peppermint)에 함유된 시원한 느낌으로 혈액순환 촉진 성분은?
① 자일리톨(Xylitol)
② **멘톨(Menthol)**
③ 알코올(Alcohol)
④ 마조람 오일(Majoram Oil)

46 미용의 이해 > 피부의 이해
- 자일리톨: 천연 감미료
- 알코올: 유기 화합물
- 마조람 오일: 에센셜 오일

47 다음 중 표피에 존재하며, 면역과 가장 관계가 깊은 세포는?
① 멜라닌세포
② **랑게르한스세포**
③ 머켈세포
④ 섬유아세포

47 미용의 이해 > 피부의 이해
- 멜라닌세포: 피부색을 결정하는 역할을 함
- 머켈세포: 촉각세포로 주로 기저층 부근에 위치함
- 섬유아세포: 콜라겐과 기질의 전구체로, 콜라겐세포를 만듦

48 다음 중 필수 아미노산에 속하지 않는 것은?
① 트립토판
② 트레오닌
③ 발린
④ **알라닌**

48 미용의 이해 > 피부의 이해
필수 아미노산: 체내에서 합성되지 않으므로 식품으로 섭취해야 하는 아미노산으로, 종류에는 아이소루신, 류신, 라이신, 메티오닌, 페닐알라닌, 트레오닌, 트립토판, 발린, 히스티딘, 아르기닌이 있음

49 AHA(Alpha Hydroxy Acid)에 대한 설명으로 틀린 것은?
① 화학적 필링
② 글리콜산, 젖산, 주석산, 능금산, 구연산
③ **각질세포의 응집력 강화**
④ 미백작용

49 미용의 이해 > 화장품 분류
아하(AHA): 화학적 산성 성분으로, 각질제거용 화장품으로 사용함. 주름을 완화하고 피부의 탄력, 보습, 피부 톤 정리 등 거친 피부결을 매끄럽게 가꾸어 줌

50 다음 정유(Essential Oil) 중에서 살균, 소독작용이 가장 강한 것은?
① **타임 오일(Thyme Oil)**
② 주니퍼 오일(Juniper Oil)
③ 로즈마리 오일(Rosemary Oil)
④ 클라리세이지 오일(Clarysage Oil)

50 미용의 이해 > 화장품 분류
- 주니퍼 오일: 독소 배출을 도움
- 로즈마리 오일: 두뇌활동 활성화를 도움
- 클라리세이지 오일: 여성호르몬의 균형을 도움

51 영업신고를 하지 아니하고 영업소의 소재지를 변경한 때 행정처분은?
① 경고
② 면허정지
③ 면허취소
④ **영업장 폐쇄명령**

> **51** 공중위생관리 > 공중위생관리법규
> 신고를 하지 않고 영업소의 소재지를 변경한 경우
> • 1차 위반: 영업정지 1개월
> • 2차 위반: 영업정지 2개월
> • 3차 위반: 영업장 폐쇄명령

52 이·미용업에 있어 청문을 실시하여야 하는 경우가 아닌 것은?
① 면허취소처분을 하고자 하는 경우
② 면허정지처분을 하고자 하는 경우
③ 일부시설의 사용중지처분을 하고자 하는 경우
④ **위생교육을 받지 아니하여 1차 위반한 경우**

> **52** 공중위생관리 > 공중위생관리법규
> 청문을 실시하는 경우
> • 이용사와 미용사의 면허취소 또는 면허정지
> • 영업정지명령, 일부 시설의 사용중지명령 또는 영업소 폐쇄명령

53 이·미용업소에서의 면도기 사용에 대한 설명으로 가장 옳은 것은?
① **1회용 면도날만을 손님 1인에 한하여 사용**
② 정비용 면도기를 손님 1인에 한하여 사용
③ 정비용 면도기를 소독 후 계속 사용
④ 매 손님마다 소독한 정비용 면도기 교체 사용

> **53** 공중위생관리 > 공중위생관리법규
> 소독을 한 기구와 소독을 하지 않은 기구를 각각 다른 용기에 넣어 보관하지 않거나 1회용 면도날을 2인 이상의 손님에게 사용한 경우
> • 1차 위반: 경고
> • 2차 위반: 영업정지 5일
> • 3차 위반: 영업정지 10일
> • 4차 위반: 영업장 폐쇄명령

54 부득이한 사유가 없는 한 공중위생영업소를 개설할 자는 언제 위생교육을 받아야 하는가?
① 영업개시 후 2개월 이내
② 영업개시 후 1개월 이내
③ **영업개시 전**
④ 영업개시 후 3개월 이내

> **54** 공중위생관리 > 공중위생관리법규
> 영업신고를 하고자 하는 자는 미리 위생교육을 받아야 하고, 보건복지부령으로 정하는 부득이한 사유로 미리 교육을 받을 수 없는 경우에는 영업개시 후 6개월 이내에 위생교육을 받을 수 있음

55 다음 중 공중위생영업을 하고자 할 때 필요한 것은?
① 허가
② 통보
③ 인가
④ **신고**

> **55** 공중위생관리 > 공중위생관리법규
> 공중위생영업을 하고자 하는 자는 공중위생영업의 종류별로 보건복지부령이 정하는 시설 및 설비를 갖추고 시장·군수·구청장에게 신고하여야 함

56 공중위생영업자가 준수하여야 할 위생관리기준은 다음 중 어느 것으로 정하고 있는가?
① 대통령령
② 국무총리령
③ 고용노동부령
④ **보건복지부령**

56 공중위생관리 〉 공중위생관리법규
- 위생관리등급의 기준: 보건복지부령
- 위생서비스평가계획 수립: 시·도지사
- 위생서비스수준 평가: 시장·군수·구청장

57 이용 또는 미용의 면허가 취소된 후 계속하여 업무를 행한 자에 대한 벌칙사항은?
① 6개월 이하의 징역 또는 300만 원 이하의 벌금
② 500만 원 이하의 벌금
③ **300만 원 이하의 벌금**
④ 200만 원 이하의 벌금

57 공중위생관리 〉 공중위생관리법규
300만 원 이하의 벌금
- 다른 사람에게 이용사 또는 미용사의 면허증을 빌려주거나 빌린 사람
- 이용사 또는 미용사의 면허증을 빌려주거나 빌리는 것을 알선한 사람
- 면허의 취소 또는 정지 중에 이용업 또는 미용업을 한 사람
- 면허를 받지 아니하고 이용업 또는 미용업을 개설하거나 그 업무에 종사한 사람

58 이·미용영업자에게 과태료를 부과·징수할 수 있는 처분권자에 해당되지 <u>않는</u> 자는?
① **시·지도사**
② 시장
③ 군수
④ 구청장

58 공중위생관리 〉 공중위생관리법규
- 기존 시장·군수·구청장에서 보건복지부장관 또는 시장·군수·구청장으로 개정됨
- 과태료는 대통령령으로 정하는 바에 따라 보건복지부장관 또는 시장·군수·구청장이 부과·징수함

59 대통령령이 정하는 바에 의하여 관계 전문기관 등에 공중위생관리 업무의 일부를 위탁할 수 있는 자는?
① 시, 도지사
② 시장·군수·구청장
③ **보건복지부장관**
④ 보건소장

59 공중위생관리 〉 공중위생관리법규
공중위생관리법 제18조에 따라 보건복지부장관은 대통령령이 정하는 바에 의하여 관계 전문기관에 그 업무의 일부를 위탁할 수 있음

60 이·미용사의 면허증을 재교부받을 수 있는 자는 다음 중 누구인가?
① 「공중위생관리법」의 규정에 의한 명령을 위반한 자
② 간질병자
③ 면허증을 다른 사람에게 대여한 자
④ **면허증이 헐어 못 쓰게 된 자**

60 공중위생관리 〉 공중위생관리법규
면허증 재발급 신청사유
- 면허증을 잃어버렸을 때
- 면허증이 헐어 못 쓰게 되었을 때
- 면허증의 기재사항에 변경이 있을 때

공개 기출문제 | 2011년 제5회

01 주로 짧은 헤어스타일의 헤어커트 시 두부 상부에 있는 두발은 길고 하부로 갈수록 짧게 커트해서 두발의 길이에 작은 단차가 생기게 한 커트 기법은?
① 스퀘어 커트(Square Cut)
② 원랭스 커트(One Length Cut)
③ 레이어 커트(Layer Cut)
④ **그라데이션 커트(Gradat Cut)**

| 해설 |

01 헤어커트 > 기초 헤어커트
그래쥬에이션 커트의 형태

02 한국의 고대 미용의 발달사를 설명한 것 중 <u>틀린</u> 것은?
① **헤어스타일(모발형)에 관해서 문헌에 기록된 고구려 벽화는 없었다.**
② 헤어스타일(모발형)은 신분의 귀천을 나타냈다.
③ 헤어스타일(모발형)은 조선 시대 때 쪽진머리, 큰머리, 조짐머리가 성행하였다.
④ 헤어스타일(모발형)에 관해서 삼한 시대에 기록된 내용이 있다.

02 미용의 이해 > 미용의 이해
고구려의 미용은 무용총이나 쌍영총 등의 벽화에서 알 수 있음

03 미용의 필요성으로 가장 거리가 <u>먼</u> 것은?
① 인간의 심리적 욕구를 만족시키고 생산의욕을 높이는 데 도움을 주므로 필요하다.
② 미용의 기술로 외모의 결점 부분까지도 보완하여 개성미를 연출해 주므로 필요하다.
③ **노화를 전적으로 방지해 주므로 필요하다.**
④ 현대 생활에서는 상대방에게 불쾌감을 주지 않는 것이 중요하므로 필요하다.

03 미용의 이해 > 미용의 이해
미용의 목적
- 표시적 목적: 사회적 신분이나 계급, 결혼 유무, 성별 등을 구분
- 본능적 목적: 개인 또는 종족 보존을 위한 본능적인 성적매력 표현
- 신앙적 목적: 주술적 또는 종교적인 표현 방법
- 사회적 목적: 단정한 용모로 타인에게 좋은 인상을 남기기 위함
- 미적 목적: 노화를 예방하고 아름다움을 지속하기 위함

04 프라이머의 사용 방법이 <u>아닌</u> 것은?
① **프라이머는 한 번만 바른다.**
② 주요 성분은 메타크릴릭산(Methacrylic Acid)이다.
③ 피부에 닿지 않게 조심해서 다루어야 한다.
④ 아크릴 볼이 잘 접착되도록 자연 손톱에 바른다.

04 2025 미용사(일반) 출제 범위 아님
프라이머는 자연 손톱의 유·수분을 제거하기 위해 최소량만 바르지만, 반드시 한 번만 발라야 하는 것은 아님

05 동물의 부드럽고 긴 털을 사용한 것이 많고 얼굴이나 턱에 붙은 털이나 비듬 또는 백분을 떨어내는 데 사용하는 브러시는?

① 포마드 브러시
② 쿠션 브러시
③ **페이스 브러시**
④ 롤 브러시

05 2025 미용사(일반) 출제 범위 아님

페이스 브러시: 피부에 직접 닿는 브러시로, 부드러운 천연모를 주로 사용함

06 누에고치에서 추출한 성분과 난황 성분을 함유한 샴푸제로서 모발에 영양을 공급해 주는 샴푸는?

① 산성 샴푸(Acid Shampoo)
② 컨디셔닝 샴푸(Conditioning Shampoo)
③ **프로테인 샴푸(Protein Shampoo)**
④ 드라이 샴푸(Dry Shampoo)

06 헤어샴푸&두피·모발 관리 〉 헤어샴푸와 헤어케어

- 산성 샴푸: pH 4.5 정도이며 손상된 두발이나 염색 두발에 적합함
- 컨디셔닝 샴푸: 손상 회복 샴푸임
- 드라이 샴푸(파우더 드라이 샴푸): 산성 백토에 탄산마그네슘, 카오린, 붕사 등을 섞은 분말을 두피에 뿌려 사용함

07 전체적인 머리 모양을 종합적으로 관찰하여 수정·보완시켜 완전히 끝맺도록 하는 것은?

① 통칙
② 제작
③ **보정**
④ 구상

07 미용의 이해 〉 미용의 이해

- 소재 파악: 소재란 고객의 신체 일부분으로, 소재의 특성을 파악함
- 구상: 고객의 의견과 소재에 알맞은 디자인을 연구하고 계획함
- 제작: 구상한 디자인을 표현하는 단계로, 미용사의 재능이 발휘됨
- 보정: 제작이 완성된 후 전체적인 스타일을 수정, 보완하는 마무리 단계로, 고객 만족 여부를 확인함

08 과산화수소(산화제) 6%의 설명이 맞는 것은?

① 10볼륨
② **20볼륨**
③ 30볼륨
④ 40볼륨

08 헤어컬러&헤어전문제품 〉 베이직 헤어컬러 및 마무리

과산화수소(2제 구성 성분): 산소를 발생시켜 모발 내 멜라닌색소를 파괴하여 옥시멜라닌화시킴
- 3%: 10Volume
- 6%: 20Volume
- 9%: 30Volume
- 12%: 40Volume
- 15%: 50Volume

09 헤어세트용 빗의 사용과 취급방법에 대한 설명 중 틀린 것은?

① 두발의 흐름을 아름답게 매만질 때에는 빗살이 고운살로 된 세트빗을 사용한다.
② 엉킨 두발을 빗을 때에는 빗살이 얼레살로 된 얼레빗을 사용한다.
③ 빗은 사용 후 브러시로 털거나 비눗물에 담가 브러시로 닦은 후 소독하도록 한다.
④ **빗의 소독은 손님 약 5인에게 사용했을 때 1회씩 하는 것이 적합하다.**

09 헤어커트 〉 기초 헤어커트

소독은 손님 1인에게 사용했을 때 바로 하는 것이 적합함

10 마샬 웨이브 시술에 관한 설명 중 틀린 것은?
① 프롱은 아래쪽, 그루브는 위쪽을 향하도록 한다.
② 아이론의 온도는 120~140℃를 유지시킨다.
③ 아이론을 회전시키기 위해서는 먼저 아이론을 정확하게 쥐고 반대쪽에 45° 각도로 위치시킨다.
④ 아이론의 온도가 균일할 때 웨이브가 일률적으로 완성된다.

10 헤어스타일링 > 기초 드라이
마샬 웨이브 방법: 그루브가 위에 있고 프롱이 아래에 있는 상태에서 그루브 핸들을 엄지손가락으로 잡고 로드 핸들을 잡은 약지와 소지를 움직여 사용함. 아이론을 식힐 때 45°로 비틀어 빼는 경우는 있음

11 모발의 결합 중 수분에 의해 일시적으로 변형되며, 드라이어의 열을 가하면 다시 재결합되어 형태가 만들어지는 결합은?
① s-s 결합
② 펩타이드 결합
③ 수소 결합
④ 염 결합

11 헤어샴푸&두피 · 모발 관리 > 두피 · 모발 관리
- 시스틴 결합: 두 개의 황(S) 원자 사이에 형성되며, 화학적 반응을 일으키는 것을 이용하여 퍼머넌트 웨이브를 함
- 염(이온) 결합: 폴리펩타이드 내의 아미노산 중 음극(-)을 띤 화학기와 양극(+)을 띤 화학기 사이의 정전기적 결합

12 다음 중 염색 시술 시 모표피의 안정과 염색의 퇴색을 방지하기 위해 가장 적합한 것은?
① 샴푸(Shampoo)
② 플레인 린스(Plain Rinse)
③ 알칼리 린스(Akali Rinse)
④ 산성균형 린스(Acid Balanced Rinse)

12 헤어샴푸&두피 · 모발 관리 > 헤어샴푸와 헤어케어
- 샴푸: 샴푸제나 비누 등을 이용하여 두피와 두발에 묻은 각종 이물질을 깨끗하게 제거하기 위해 사용됨
- 플레인 린스(중간 린스): 물로 두발을 헹구는 것으로 헤어펌 시술 중 펌1제를 씻어내기 위해 사용됨
- 알칼리 린스: 헤어펌과 염색 시술 전 모발을 팽윤시켜 빠른 작용을 위해 사용됨

13 원형 얼굴을 기본형에 가깝도록 하기 위한 각 부위의 화장법으로 맞는 것은?
① 얼굴의 양 관자놀이 부분을 화사하게 해준다.
② 이마와 턱의 중간부는 어둡게 해준다.
③ 눈썹은 활모양이 되지 않도록 약간 치켜 올린 듯하게 그린다.
④ 콧등은 뚜렷하고 자연스럽게 뻗어 나가도록 어둡게 표현한다.

13 2025 미용사(일반) 출제 범위 아님
둥근 얼굴형은 양쪽 이마 부분과 턱 끝에 어둡게 섀딩을 주고, 코가 길어보이도록 이마에서 코 끝을 향해 밝게 하이라이트를 주어야 함

14 두부 라인의 명칭 중에서 코의 중심을 통해 두부 전체를 수직으로 나누는 선은?
① 정중선
② 측중선
③ 수평선
④ 측두선

14 미용의 이해 > 미용의 이해
- 측중선: T.P와 E.P에서 수직으로 내린 선
- 수평선: E.P의 높이에서 수평으로 2등분하는 선
- 측두선: F.S.P에서 측중선까지 연결한 선

15 다음 중 스퀘어 파트에 대하여 설명한 것은?

① 이마의 양쪽은 사이드 파트를 하고, 두정부 가까이에서 얼굴의 두발이 난 가장자리와 수평이 되도록 모나게 가르마를 타는 것
② 이마의 양각에서 나누어진 선이 두정부에서 함께 만난 세모꼴의 가르마를 타는 것
③ 사이드(Side) 파트로 나눈 것
④ 파트의 선이 곡선으로 된 것

15 헤어스타일링 > 기초 드라이
스퀘어 파트

16 헤어 샴푸의 목적과 가장 거리가 먼 것은?

① 두피와 두발에 영양을 공급
② 헤어트리트먼트를 쉽게 할 수 있는 기초
③ 두발의 건전한 발육 촉진
④ 청결한 두피와 두발을 유지

16 헤어샴푸&두피·모발 관리 > 헤어샴푸와 헤어케어
헤어 샴푸의 목적
- 두피와 두발의 세정
- 샴푸 시 적당한 자극으로 혈액순환을 촉진하여 모근 강화와 두발 성장에 도움을 줌
- 모든 미용 시술의 기초 작업으로 두발 손질을 용이하게 함

17 건강 모발의 pH 범위는?

① pH 3~4
② pH 4.5~5.5
③ pH 6.5~7.5
④ pH 8.5~9.5

17 미용의 이해 > 피부의 이해
- 피부의 이상적인 pH는 4.5~6.5임
- 건강한 모발의 pH는 4.5~5.5임

18 옛 여인들의 머리 모양 중 뒤통수에 낮게 머리를 땋아 틀어 올리고 비녀를 꽂은 머리 모양은?

① 민머리
② 얹은머리
③ 풍기명식 머리
④ 쪽진 머리

18 미용의 이해 > 미용의 이해
쪽(쪽진)머리

 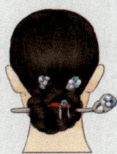

19 다음은 모발의 구조와 성질을 설명한 내용이다. 맞지 않는 것은?

① 두발은 주요 부분을 구성하고 있는 모표피, 모피질, 모수질 등으로 이루어졌으며, 주로 탄력성이 풍부한 단백질로 이루어져 있다.
② 케라틴은 다른 단백질에 비하여 유황의 함유량이 많은데, 황(S)은 시스틴(Cystine)에 함유되어 있다.
③ 시스틴 결합(-S-S)은 알칼리에는 강한 저항력을 갖고 있으나 물, 알코올, 약산성이나 소금류에 대해서 약하다.
④ 케라틴의 폴리펩타이드는 쇠사슬 구조로서, 두발의 장축방향(長軸方向)으로 배열되어 있다.

19 헤어샴푸&두피·모발 관리 > 두피·모발 관리
시스틴 결합은 물, 알코올, 약산성이나 소금류에는 강한 저항력을 가지고 있으나, 알칼리에는 매우 약한 성질을 지님

20 펌 2액의 취소산 염류의 농도로 맞는 것은?
① 1~2%
② **3~5%**
③ 6~7.5%
④ 8~9.5%

20 헤어스타일링 〉 베이직 헤어펌
취소산(브롬산) 염류
- '냄새가 난다.'는 취소(Br)의 뜻으로 취소산 염류라고도 함
- 중화 속도가 느려 두 번 도포해야 함
- 시스테인 펌에 주로 사용함
- 적정 농도는 3~5%임

21 고기압 상태에서 올 수 있는 인체 장애는?
① 안구 진탕증
② **잠함병**
③ 레이노이드병
④ 섬유증식증

21 공중위생관리 〉 공중보건
잠함병: 고압 환경에서 빠른 시간 안에 혈압이 보통 기압으로 돌아오면서 생기는 여러 가지 장애로, 잠수부나 해녀에게서 많이 발생함

22 접촉자의 색출 및 치료가 가장 중요한 질병은?
① **성병**
② 암
③ 당뇨병
④ 일본뇌염

22 공중위생관리 〉 공중보건
성병은 법정감염병의 한 종류로, 성 접촉에 의해 감염되고, 세균의 침입으로 합병증을 유발하므로 접촉자 색출 및 치료가 중요함

23 다음 기생충 중 산란과 동시에 감염능력이 있으며 건조에 저항성이 커서 집단감염이 가장 잘 되는 기생충은?
① 회충
② 십이지장충
③ 광절열두조충
④ **요충**

23 공중위생관리 〉 공중보건
- 회충: 대변을 통해 배출되며, 불결한 손, 파리에 의한 음식물 오염 등으로 감염됨
- 십이지장충: 토양이나 풀 또는 채소를 통해 경피, 경구에 침입하여 감염됨
- 광절열두조충: 물벼룩 → 담수어 → 사람으로 감염됨

24 보건행정의 정의에 포함되는 내용과 가장 거리가 먼 것은?
① 국민의 수명연장
② 질병예방
③ 공적인 행정활동
④ **수질 및 대기보전**

24 공중위생관리 〉 공중보건
보건행정이란 공중보건의 목적(국민의 수명연장, 질병예방 등)을 달성하기 위하여 보건과 행정을 하나로 묶은 공적인 행정활동을 말함

25 생화학적 산소요구량(BOD)과 용존산소량(DO)의 값은 어떤 관계가 있는가?
① BOD와 DO는 무관하다.
② BOD가 낮으면 DO는 낮다.
③ **BOD가 높으면 DO는 낮다.**
④ BOD가 높으면 DO도 높다.

25 공중위생관리 > 공중보건
- BOD: 하수오염의 대표 지표로, BOD가 높으면 오염도가 높음
- DO: 물에 녹아 있는 산소의 양으로, BOD가 높으면 DO가 낮음

26 장티푸스, 결핵, 파상풍 등의 예방접종은 어떤 면역인가?
① **인공능동면역**
② 인공수동면역
③ 자연능동면역
④ 자연수동면역

26 공중위생관리 > 공중보건
- 능동면역: 항원의 자극에 의하여 항체가 생성되는 것
  - 자연능동면역: 감염병에 감염된 후 형성되는 면역
  - 인공능동면역: 예방접종으로 얻는 면역
- 수동면역: 다른 숙주에 의해 면역체를 받아 면역력이 생성되는 것
  - 자연수동면역: 모체의 태반이나 수유를 통해 얻는 면역
  - 인공수동면역: 다른 사람의 혈청 또는 항체 주사 후 획득한 면역

27 식품을 통한 식중독 중 독소형 식중독은?
① **포도상구균 식중독**
② 살모넬라균에 의한 식중독
③ 장염비브리오균 식중독
④ 병원성 대장균 식중독

27 공중위생관리 > 공중보건
- 감염형: 살모넬라균, 장염비브리오균, 병원성 대장균
- 독소형: 보툴리누스균, 황색포도상구균, 장구균, 웰치균

28 야간작업의 폐해가 아닌 것은?
① 주야가 바뀐 부자연스러운 생활
② 수면 부족과 불면증
③ **피로회복 능력 강화와 영양 저하**
④ 식사시간, 습관의 파괴로 소화불량

28 2025 미용사(일반) 출제 범위 아님
야간작업의 폐해로 인해 피로회복 능력 저하와 영양 저하, 수면 장애, 산재 사고 발생의 증가가 나타날 수 있음

29 일반적으로 이·미용업소의 실내 쾌적 습도 범위로 가장 알맞은 것은?
① 10~20%
② 20~40%
③ **40~70%**
④ 70~90%

29 공중위생관리 > 공중보건
- 기온(실내 쾌적 기온): 18±2℃
- 기습(쾌적 기습): 40~70%
- 기류(바람): 0.2~0.3m/sec(실내)

30 다음 중 환경보전에 영향을 미치는 공해 발생원인으로 관계가 먼 것은?

① 실내의 흡연
② 산업장 폐수방류
③ 공사장의 분진 발생
④ 공사장의 굴착작업

30 공중위생관리 〉 공중보건
- 환경보전: 자연환경을 오염시키거나 훼손하지 않도록 유지하는 것
- 공해 발생원인: 공장의 폐수 및 폐유 방류, 자동차의 배기가스, 공사장의 분진 발생, 벌목 등

31 소독과 멸균에 관련된 용어 해설 중 틀린 것은?

① 살균: 생활력을 가지고 있는 미생물을 여러 가지 물리·화학적 작용에 의해 급속히 죽이는 것을 말한다.
② 방부: 병원성 미생물의 발육과 그 작용을 제거하거나 정지시켜서 음식물의 부패나 발효를 방지하는 것을 말한다.
③ 소독: 사람에게 유해한 미생물을 파괴시켜 감염의 위험성을 제거하는 비교적 강한 살균작용으로 세균의 포자까지 사멸하는 것을 말한다.
④ 멸균: 병원성 또는 비병원성 미생물 및 포자를 가진 것을 전부 사멸 또는 제거하는 것을 말한다.

31 공중위생관리 〉 소독
소독: 인체에 유해한 병원성 미생물의 생활력을 파괴 또는 제거하여 감염의 위험성을 없애는 것으로, 포자까지는 작용하지 않음

32 이상적인 소독제의 구비 조건과 거리가 먼 것은?

① 생물학적 작용을 충분히 발휘할 수 있어야 한다.
② 빨리 효과를 내고 살균 소요 시간이 짧을수록 좋다.
③ 독성이 적으면서 사용자에게도 자극성이 없어야 한다.
④ 원액 혹은 희석된 상태에서 화학적으로는 불안정된 것이어야 한다.

32 공중위생관리 〉 소독
소독제의 구비 조건
- 살균력이 강하여 생물학적 작용을 충분히 발휘할 수 있을 것
- 미량으로 효과가 클 것
- 효과가 빠르고 소요 시간이 짧을 것
- 소독 대상(물품)에 부식성, 표백성이 없고 안정성이 있을 것
- 경제적이고 사용 방법이 간편할 것
- 독성이 적고 사용자의 인체에 무해할 것
- 냄새가 강하지 않을 것

33 소독약 10mL를 용액(물) 40mL에 혼합시키면 몇 %의 수용액이 되는가?

① 2%
② 10%
③ 20%
④ 50%

33 공중위생관리 〉 소독

$$농도(\%) = \frac{용질\ 10}{용액(용질\ 10 + 용매\ 40)} \times 100$$

34 건열 멸균법에 대한 설명 중 **틀린** 것은?
① 드라이 오븐(Dry Oven)을 사용한다.
② 유리제품이나 주사기 등에 적합하다.
③ 젖은 손으로 조작하지 않는다.
④ 110~130℃에서 1시간 내에 실시한다.

34 공중위생관리 〉 소독
건열 멸균법: 건열 멸균기를 이용하여 170℃에서 1~2시간 멸균하는 방법으로, 금속류, 유리류, 도자기류, 주사기, 분말 등에 사용함

35 이·미용업소에서 종업원이 손을 소독할 때 가장 보편적이고 적당한 것은?
① 승홍수
② 과산화수소
③ 역성비누
④ 석탄수

35 공중위생관리 〉 소독
역성비누: 양이온성 계면활성제의 일종으로, 0.01~0.1%의 농도로 사용하고, 세정력은 떨어지나 무해, 무자극, 무독성으로 침투력과 살균력이 강함, 물에 잘 녹고, 흔들면 거품이 나며, 수지, 기구, 식기 및 손 소독에 사용함

36 살균력이 좋고 자극성이 적어서 상처 소독에 많이 사용되는 것은?
① 승홍수
② 과산화수소
③ 포르말린
④ 석탄산

36 공중위생관리 〉 소독
• 승홍수: 금속 부식성이 강하므로 금속제 기구 및 식기류, 상처가 있는 피부에 부적합함
• 포르말린: 고무제품, 금속기구, 플라스틱 등의 소독에 사용함
• 석탄산: 독성이 있어 인체에는 잘 사용하지 않으나 고무제품, 의류, 가구 등의 소독에 사용함

37 다음 중 음용수의 소독에 사용되는 소독제는?
① 표백분
② 염산
③ 과산화수소
④ 요오드팅크

37 공중위생관리 〉 소독
표백분은 염소 가스를 흡수시켜 얻어지는 물질로 음용수 소독에 사용됨

38 다음 중 음료수의 소독방법으로 가장 적당한 방법은?
① 일광 소독
② 자외선 등 사용
③ 염소 소독
④ 증기 소독

38 공중위생관리 〉 소독
염소
• 살균력이 강하고 자극성과 부식성이 있어 상수 또는 하수의 소독에 주로 사용함
• 자극적인 냄새가 나고, 잔류효과가 크며, 저렴함

39 이·미용실의 기구(가위, 레이저) 소독으로 가장 적당한 약품은?
① 70~80%의 알코올
② 100~200배 희석 역성비누
③ 5% 크레졸비누액
④ 50%의 페놀액

39 공중위생관리 〉 소독
가위나 레이저는 70% 알코올 용액에 20분간 침수 소독함

40 소독작용에 영향을 미치는 요인에 대한 설명으로 틀린 것은?
① 온도가 높을수록 소독효과가 크다.
② 유기물질이 많을수록 소독효과가 크다.
③ 접촉 시간이 길수록 소독효과가 크다.
④ 농도가 높을수록 소독효과가 크다.

40 공중위생관리 〉 소독

온도↑	소독효과↑
접촉 시간↑	소독효과↑
농도↑	소독효과↑
유기물질↑	소독효과↓

41 다음 중 탄수화물, 지방, 단백질 3가지를 지칭하는 것은?
① 구성 영양소
② 열량 영양소
③ 조절 영양소
④ 구조 영양소

41 미용의 이해 〉 피부의 이해
- 구성 영양소: 단백질, 무기질, 지방, 물, 탄수화물 (1% 미만)
- 조절 영양소: 단백질, 무기질, 비타민, 물

42 다음 중 기초화장품의 주된 사용 목적에 속하지 않는 것은?
① 세안
② 피부정돈
③ 피부보호
④ 피부채색

42 미용의 이해 〉 화장품 분류
- 기초화장품의 사용 목적: 세안·세정·청결효과, 피부정돈·보호·영양공급효과
- 색조화장품의 사용 목적: 매끄러운 피부 표현효과, 색조효과

43 상피조직의 신진대사에 관여하며 각화 정상화 및 피부재생을 돕고 노화방지에 효과가 있는 비타민은?
① 비타민 C
② 비타민 E
③ 비타민 A
④ 비타민 K

43 미용의 이해 〉 피부의 이해
- 비타민 C: 뼈, 인대, 연골 등 신체의 결합조직 형성과 기능 유지에 도움을 주며, 항산화와 미백효과가 있음
- 비타민 E: 항산화 기능이 있어 활성산소로부터 세포를 보호하여 노화를 예방하고 호르몬 생성, 생식기능 및 면역기능 강화에 도움을 줌
- 비타민 K: 혈액응고에 관여하여 지혈작용을 도움

44 다음 중 일반적으로 건강한 모발의 상태는?

① 단백질 10~20%, 수분 10~15%, pH 2.5~4.5
② 단백질 20~30%, 수분 70~80%, pH 4.5~5.5
③ 단백질 50~60%, 수분 25~40%, pH 7.5~8.5
④ **단백질 70~80%, 수분 10~15%, pH 4.5~5.5**

44 미용의 이해 〉 피부의 이해
- 모발의 주성분은 80~90%가 케라틴이라는 경단백질이며, 10~15%의 수분과 1~8%의 지질, 3% 미만의 멜라닌색소임
- 모발은 유해한 외부환경으로부터 피부를 보호함
- 하루 평균 0.2~0.5mm 정도 자라며, 수명은 3~6년임
- 건강한 모발의 pH는 4.5~5.5임

45 다음 중 글리세린의 가장 중요한 작용은?

① 소독작용
② **수분 유지작용**
③ 탈수작용
④ 금속염 제거작용

45 미용의 이해 〉 화장품 분류
글리세린(보습제): 피부 건조를 막아 피부를 촉촉하고 유연하게 유지해 주는 성분임

46 다음 중 멜라닌색소를 함유하고 있는 부분은?

① 모표피
② **모피질**
③ 모수질
④ 모유두

46 헤어샴푸&두피·모발 관리 〉 두피·모발 관리
- 모표피: 모발의 가장 바깥쪽으로 10~15%를 차지하고, 외부의 물리적, 화학적 자극으로부터 보호하는 역할을 함
- 모수질: 모발의 가장 안쪽에 위치하며, 연모나 미성숙한 모발의 경우 없을 수 있음
- 모유두: 모모세포에게 영양분을 전달하여 모발의 생성과 성장에 기여함

47 피지선의 활성을 높여주는 호르몬은?

① **안드로겐**
② 에스트로겐
③ 인슐린
④ 멜라닌

47 미용의 이해 〉 피부의 이해
- 피지선은 진피층에 위치하고 있으며, 모낭샘이라고도 함
- 남성호르몬인 안드로겐은 피지분비를 증가시키고, 여성호르몬인 에스트로겐은 피지분비를 억제함

48 다음 중 식물성 오일이 아닌 것은?

① 아보카도 오일
② 피마자 오일
③ 올리브 오일
④ **실리콘 오일**

48 미용의 이해 〉 화장품 분류
- 식물성 오일: 올리브·피마자·포도씨·로즈힙 오일
- 동물성 오일: 난황·에뮤·밍크·라놀린 오일
- 광물성 오일: 파라핀, 바셀린
- 합성 오일: 실리콘 오일

49 피부의 기능이 아닌 것은?

① 피부는 강력한 보호작용을 지니고 있다.
② 피부는 체온의 외부 발산을 막고 외부 온도 변화가 내부로 전해지는 작용을 한다.
③ 피부는 땀과 피지를 통해 노폐물을 분비, 배설한다.
④ 피부도 호흡한다.

49 미용의 이해 〉 피부의 이해
피부는 땀 분비 조절과 혈관 확장 및 수축 등으로 외부열을 차단하거나 내부열의 발산을 막는 체온 조절 기능이 있음

50 여러 가지 꽃향이 혼합된 세련되고 로맨틱한 향으로 아름다운 꽃다발을 안고 있는 듯 화려하면서도 우아한 느낌을 주는 향수의 타입은?

① 싱글 플로럴(Single Floral)
② 플로럴 부케(Floral Bouquet)
③ 우디(Woody)
④ 오리엔탈(Oriental)

50 2025 미용사(일반) 출제 범위 아님
- 싱글 플로럴: 한 가지의 꽃에서 느껴지는 단일 향임
- 우디: 향나무, 박달나무 등 차분하면서 신선한 나무 향임
- 오리엔탈: 동양적인 느낌의 무겁고 중후한 향임

51 「공중위생관리법」에서 규정하고 있는 공중위생영업의 종류에 해당되지 않는 것은?

① 이 · 미용업
② 건물위생관리업
③ 학원영업
④ 세탁업

51 공중위생관리 〉 공중위생관리법규
공중위생영업: 다수인을 대상으로 위생관리서비스를 제공하는 영업으로, 숙박업 · 목욕장업 · 이용업 · 미용업 · 세탁업 · 건물위생관리업을 말함

52 영업소 외의 장소에서 이 · 미용 업무를 행할 수 있는 경우가 아닌 것은?

① 질병으로 영업소에 나올 수 없는 경우
② 결혼식 등의 의식 직전인 경우
③ 손님의 간곡한 요청이 있을 경우
④ 시장 · 군수 · 구청장이 인정하는 경우

52 공중위생관리 〉 공중위생관리법규
- 질병 · 고령 · 장애나 그 밖의 사유로 영업소에 나올 수 없는 자에 대하여 이용 또는 미용을 하는 경우
- 혼례나 그 밖의 의식에 참여하는 자에 대하여 그 의식 직전에 이용 또는 미용을 하는 경우
- 사회복지시설에서 봉사활동으로 이용 또는 미용을 하는 경우
- 방송 등의 촬영에 참여하는 사람에 대하여 그 촬영 직전에 이용 또는 미용을 하는 경우
- 특별한 사정이 있다고 시장 · 군수 · 구청장이 인정하는 경우

53 영업자의 지위를 승계한 자로서 신고를 하지 아니하였을 경우 해당하는 처벌기준은?

① 1년 이하의 징역 또는 1천만 원 이하의 벌금
② 6개월 이하의 징역 또는 500만 원 이하의 벌금
③ 200만 원 이하의 벌금
④ 100만 원 이하의 벌금

53 공중위생관리 > 공중위생관리법규
6개월 이하의 징역 또는 500만 원 이하의 벌금
- 변경신고를 하지 아니한 자
- 공중위생업자의 지위를 승계한 자로서 신고를 하지 아니한 자
- 건전한 영업질서를 위하여 공중위생영업자가 준수하여야 할 사항을 준수하지 아니한 자

54 공익상 또는 선량한 풍속 유지를 위하여 필요하다고 인정하는 경우에 이·미용업의 영업시간 및 영업행위에 관한 필요한 제한을 할 수 있는 자는?

① 관련 전문기관 및 단체장
② 보건복지부장관
③ 시·도지사
④ 시장·군수·구청장

54 공중위생관리 > 공중위생관리법규
시·도지사는 공익상 또는 선량한 풍속을 유지하기 위하여 필요하다고 인정하는 때에는 공중위생영업자 및 종사원에 대하여 영업시간 및 영업행위에 관한 필요한 제한을 할 수 있음
④ 2025년 7월 31일부터 시장·군수·구청장도 영업을 제한할 수 있게 됨

55 다음 중 이·미용사 면허를 취득할 수 <u>없는</u> 자는?

① 면허취소 후 1년 경과자
② 독감환자
③ 마약중독자
④ 전과기록자

55 공중위생관리 > 공중위생관리법규
면허 결격사유
- 피성년후견인
- 정신질환자(다만, 전문의가 이용사 또는 미용사로서 적합하다고 인정하는 사람은 제외)
- 공중의 위생에 영향을 미칠 수 있는 감염병환자로서 보건복지부령이 정하는 자
- 마약 기타 대통령령으로 정하는 약물 중독자
- 면허가 취소된 후 1년이 경과되지 아니한 자

56 처분기준이 2백만 원 이하의 과태료가 <u>아닌</u> 것은?

① 규정을 위반하여 영업소 이외 장소에서 이·미용업무를 행한 자
② 위생교육을 받지 아니한 자
③ 위생 관리 의무를 지키지 아니한 자
④ 관계 공무원의 출입·검사·기타 조치를 거부·방해 또는 기피한 자

56 공중위생관리 > 공중위생관리법규
200만 원 이하의 과태료
- 이용업소의 위생관리 의무를 지키지 아니한 자
- 미용업소의 위생관리 의무를 지키지 아니한 자
- 영업소 외의 장소에서 이용 또는 미용업무를 행한 자
- 위생교육을 받지 아니한 자
④의 경우, 300만 원 이하의 과태료에 해당함

57 다음 중 이·미용사 면허를 받을 수 없는 경우에 해당하는 것은?
① 전문대학 또는 동등 이상의 학력이 있다고 교육부장관이 인정하는 학교에서 이용 또는 미용에 관한 학과 졸업자
② **교육부장관이 인정하는 인문계 학교에서 6개월 이상 이·미용에 대해 교육을 받은 자**
③ 「국가기술자격법」에 의한 이·미용사자격을 취득한 자
④ 교육부장관이 인정한 고등기술학교에서 1년 이상 이·미용에 관한 소정의 과정을 이수한 자

57 공중위생관리 〉 공중위생관리법규
- 전문대학 또는 이와 같은 수준 이상의 학력이 있다고 교육부장관이 인정하는 학교에서 이용 또는 미용에 관한 학과를 졸업한 자
- 고등학교 또는 이와 같은 수준의 학력이 있다고 교육부장관이 인정하는 학교에서 이용 또는 미용에 관한 학과를 졸업한 자
- 초·중등교육법령에 따른 특성화고등학교, 고등기술학교나 고등학교 또는 고등기술학교에 준하는 각종학교에서 1년 이상 이용 또는 미용에 관한 소정의 과정을 이수한 자

58 이·미용기구의 소독기준 및 방법을 정한 것은?
① 대통령령
② **보건복지부령**
③ 환경부령
④ 보건소령

58 공중위생관리 〉 공중위생관리법규
미용기구는 소독을 한 기구와 소독을 하지 아니한 기구로 분리하여 보관하고, 면도기는 1회용 면도날을 손님 1인에 한하여 사용할 것. 이 경우 미용기구의 소독기준 및 방법은 보건복지부령으로 정함

59 이·미용업자의 준수사항 중 틀린 것은?
① 소독한 기구와 하지 아니한 기구는 각각 다른 용기에 넣어 보관할 것
② 조명은 75럭스 이상 유지되도록 할 것
③ **신고증과 함께 면허증 사본을 게시할 것**
④ 1회용 면도날은 손님 1인에 한하여 사용할 것

59 공중위생관리 〉 공중위생관리법규
미용업 신고증 및 면허증 원본을 영업소 내에 게시해야 함

60 「공중위생관리법」상의 위생교육에 대한 설명 중 옳은 것은?
① **위생교육 대상자는 이·미용업 영업자이다.**
② 위생교육 대상자는 이·미용사이다.
③ 위생교육 시간은 매년 8시간이다.
④ 위생교육은 「공중위생관리법」 위반자에 한하여 받는다.

60 공중위생관리 〉 공중위생관리법규
공중위생영업자는 매년 1회 위생교육을 받아야 하며, 시간은 3시간으로 함

에듀윌이 너를 지지할게

ENERGY

끝을 맺기를 처음과 같이하면 실패가 없다.
마지막에 이르기까지
처음과 마찬가지로 주의를 기울이면
어떤 일도 해낼 수 있을 것이다.

– 노자

HAIR DRESSER

비공개 기출 복원문제

신규 문제공략	**제1회** 비공개 기출 복원문제
	제2회 비공개 기출 복원문제
	제3회 비공개 기출 복원문제
	제4회 비공개 기출 복원문제
	제5회 비공개 기출 복원문제
	제6회 비공개 기출 복원문제

비공개 기출 복원문제 | 제1회

신규 문제 공략으로 한방 합격!

 ◀ 모바일로 풀어보기

01 투베르쿨린 반응검사에서 양성반응이 나오는 감염병은?
① 탄저
② 결핵
③ 인플루엔자
④ 간염

02 염색 시 일반적으로 많이 사용하는 과산화수소의 %는?
① 3%
② 6%
③ 9%
④ 12%

03 미용도구의 소독 방법으로 옳은 것은?
① 커트 빗은 세척 후 자외선 소독기를 사용한다.
② 롤 브러시는 고압 증기 멸균기를 사용하여 소독한다.
③ 클리퍼는 사용 후 머리카락을 제거한 다음 승홍수로 소독한다.
④ 면도날은 재사용해도 되므로 여러 번 사용 후 버린다.

04 중온성 세균이 관찰되는 온도는?
① 10~15℃
② 25~40℃
③ 50~60℃
④ 65~75℃

05 채소와 과일의 소독으로 올바른 것은?
① 일광 소독
② 열탕 소독
③ 알코올 소독
④ 염소 소독

| 해설 |

01 공중위생관리 〉 공중보건
- PPD(투베르쿨린 반응검사)로 결핵균 감염 여부를 확인할 수 있음
- 결핵은 인수공통감염병으로 투베르쿨린(tuberculin) 반응검사 및 X선 촬영으로 조기에 감염 여부를 알 수 있음

02 헤어컬러&헤어전문제품 〉 베이직 헤어컬러 및 마무리
- 3%(10볼륨): 주로 백모 커버, 톤 다운, 세임 톤 작업에 사용함
- 6%(20볼륨): 알칼리(암모니아) 28%와 함께 가장 많이 사용하는 산화제 농도임
- 9%(30볼륨): 모발의 명도를 2~3레벨 정도 많이 올릴 수 있으므로 주의가 필요함
- 12%(40볼륨): 두피 화상의 위험이 있으므로 주의가 필요함

03 공중위생관리 〉 소독
- 롤 브러시: 석탄산수, 크레졸 비누액, 역성비누 등을 사용하여 소독한 후 물로 헹구고 물기를 제거한 다음 보관해야 함
- 클리퍼: 사용 후 이물질을 제거하고 70% 알코올 용액을 적신 솜으로 닦아 소독함
- 면도날, 레이저: 소독된 일회용 날을 사용하며, 재사용해서는 안 됨

04 공중위생관리 〉 소독
- 저온균: 10~20℃
- 중온균: 20~45℃
- 고온균: 45~60℃

05 공중위생관리 〉 소독
염소 소독: 차아염소산칼슘(클로로칼키)과 같은 식품용 살균제로 가장 많이 사용하며 사용 후 흐르는 물에 충분히 세척함

06 퍼머넌트 웨이브가 잘 나오지 않는 경우가 아닌 것은?

① 오버 프로세싱을 한 경우
② 두발이 경모이거나 저항성모인 경우
③ 펌을 하기 전에 비누로 샴푸를 하여 두발에 금속염이 형성된 경우
④ 와인딩을 할 때 텐션을 주어 말았을 경우

06 헤어스타일링(펌, 드라이) 〉 베이직 헤어펌
- 오버 프로세싱을 한 경우 두발이 젖어 있을 때만 웨이브가 나와 보이고, 건조시키면 웨이브가 잘 나오지 않음
- 모질이 단단한 경모나 저항성모인 경우 환원작용이 잘 되지 않아 시스테인보다 강한 티오글리콜산을 사용해야 함
- 펌을 하기 전(프레 샴푸)에는 중성 샴푸제나 약알칼리성 샴푸제를 사용함

07 인구 증가에 대한 내용으로 옳은 것은?

① 전입인구 – 전출인구
② 자연 증가 + 사회 증가
③ 출생인구 – 사망인구
④ 유입인구 – 유출인구

07 공중위생관리 〉 공중보건
- 인구 증가=자연 증가+사회 증가
- 자연 증가=출생인구－사망인구
- 사회 증가=전입인구－전출인구

08 유화의 설명으로 올바르지 않은 것은?

① O/W는 수중유형으로 물에 오일이 분산되어 있는 형태이다.
② W/O는 유중수형으로 오일에 물이 분산되어 있는 형태이다.
③ W/O/W는 다중유화로 유화 입자 속에 또 다른 입자가 있는 상태이다.
④ 계면활성제의 막대 모양은 물과 친한 성질을 가지고 있다.

08 미용의 이해 〉 화장품 분류

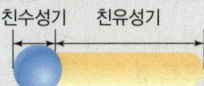

계면활성제의 분자 구조에서 막대 모양은 기름과 친화성이 있는 부분으로 친유성기(소수성기)를 지니고 있음

09 지성 피부의 설명으로 틀린 것은?

① 스팀타올을 사용하여 불순물 제거와 수분을 공급한다.
② 표피 각질층의 두께가 두꺼워지고 진피의 두께는 얇아진다.
③ 레몬 아로마 오일을 사용하여 관리한다.
④ 살이 쪄서 퉁퉁해지면 피지가 과다하게 생성된다.

09 미용의 이해 〉 피부의 이해

내인성 노화의 경우 각질층의 두께는 두꺼워지고 진피의 두께는 얇아지며, 탄력 저하로 모공 수축이 잘 되지 않아 모공이 커 보임

10 가위의 각도를 45~90도로 하여 두발을 많이 자를 때 사용하는 것은?

① 쇼트 스트로크
② 미디엄 스트로크
③ 딥 스트로크
④ 롱 스트로크

10 헤어커트 〉 기초 헤어커트
- 쇼트 스트로크: 커트 동작 시 가위 각도가 0~10° 정도임
- 미디엄 스트로크: 커트 동작 시 가위 각도가 10~45° 정도임
- 롱 스트로크: 커트 동작 시 가위 각도가 45~90° 정도임

11 에드워드 윈슬로우가 주장한 공중보건학의 정의가 아닌 것은?
① 질병 치료
② 수명 연장
③ 신체적 효율 증진
④ 정신적 효율 증진

11 공중위생관리 > 공중보건
윈슬로우는 공중보건학이란 조직적이고 체계적인 지역사회의 노력을 통해 질병을 예방하고 수명을 연장하여 신체적·정신적 효율을 증진시키는 기술이며 과학이라고 주장하였음

12 퍼머넌트 웨이브의 설명으로 올바르지 않은 것은?
① 오버 프로세싱을 하면 두발이 젖어 있을 때에만 웨이브가 나와 보인다.
② 펌 시술 전에 원하는 스타일보다 1~2cm 길게 커트한다.
③ 펌을 한 후 세척할 때는 반드시 샴푸를 해야 한다.
④ 와인딩을 한 상태에서 미온수로 헹구는 것을 중간 린스라고 부른다.

12 헤어스타일링(펌, 드라이) > 베이직 헤어펌
펌 후 세척 시 산성 린스를 사용하여 미온수에 깨끗하게 헹굼

13 모발 끝에서부터 루프 중심으로 동그랗게 말아가는 컬은?
① 플랫 컬
② 리프트 컬
③ 스컬프쳐 컬
④ 롱 스템 컬

13 헤어스타일링(펌, 드라이) > 기초 드라이
• 플랫 컬(Flat Curl): 루프가 두피에 0°로 눕혀진 컬로 볼륨을 내지 않음
• 리프트 컬(Lift Curl): 루프가 두피에 45°로 세워진 컬로, 적당한 볼륨을 내거나 스탠드 업 컬과 플랫 컬을 연결할 때 사용함
• 롱 스템(Long Stem) 롤러 컬: 후방 45°의 각도로 와인딩한 것으로 볼륨이 가장 적고 컬의 움직임이 큼

14 좋은 아이론을 선택하기 위한 조건이 아닌 것은?
① 프롱과 그루브의 크기가 같아야 한다.
② 프롱과 그루브가 구부러져 있어야 한다.
③ 프롱과 그루브 접촉면 사이가 잘 맞물려 있어야 한다.
④ 프롱과 그루브 표면이 거칠지 않아야 한다.

14 헤어스타일링(펌, 드라이) > 기초 드라이
• 프롱과 그루브의 접촉면이 거칠거나 요철이 없이 부드러워야 함
• 비틀리거나 구부러져 있지 않아야 함
• 열이 고르게 전달돼야 함

15 면역력을 높이는 비타민이 아닌 것은?
① 비타민 C
② 비타민 D
③ 비타민 E
④ 비타민 K

15 미용의 이해 > 피부의 이해
비타민 K: 혈액응고에 관여하여 지혈작용을 도움

16 미용사가 받아야 하는 위생교육의 시간은?
① 1시간
② 2시간
③ 3시간
④ 4시간

16 공중위생관리 〉 공중위생관리법규
이·미용 영업자는 매년 3시간의 위생교육을 받아야 함

17 머리카락을 뒤에서 앞으로 감아올려 끝을 전두부 가운데에서 맺은 머리는?
① 첩지머리
② 트레머리
③ 큰머리
④ 대수머리

17 미용의 이해 〉 미용의 이해
- 첩지머리: 궁중에서 예장 시 가르마 중앙에 첩지를 얹고 양쪽으로 땋아 머리 뒤에 묶어 쪽을 진 형태
- 큰머리: 어여머리라고 불리며 주로 왕비나 공주 등이 하는 가체를 얹은 머리 형태
- 대수머리: 궁중의 대례 의식용 머리 형태

18 모발 손상이 심해 잘 엉킬 때 사용하며 가장 일반적인 린스는?
① 플레인 린스
② 약용 린스
③ 크림 린스
④ 컬러 린스

18 헤어샴푸&두피·모발 관리 〉 헤어샴푸와 헤어케어
- 크림린스: 가장 일반적인 린스로 대전 방지, 유연성(부드러움), 빗질의 용이함 등의 효과가 있음
- 플레인 린스: 헤어펌 시술 중 펌1제를 씻어내기 위해 사용함
- 약용 린스: 비듬, 가려움증, 두피 질환에 효과적임
- 컬러 린스: 샴푸 전까지 일시적으로 두발의 색을 강조하거나 보완하는 효과를 줌

19 건강보험에 관한 설명으로 틀린 것은?
① 1989년에 전 국민에게 적용되었다.
② 저소득층 암환자는 의료비를 지원받을 수 있다.
③ 건강보험 가입자는 의료비 전액을 지원받을 수 있다.
④ 국내에 거주하는 국민은 건강보험의 가입자가 된다.

19 공중위생관리 〉 공중보건
건강보험은 과도한 의료비로 인한 가계 부담을 덜어주기 위해 환자가 부담한 건강보험 본인 부담금이 개인별 상한액을 초과하는 경우 그 초과금액을 건강보험공단에서 부담하는 제도임

20 모발 탈색 시 멜라닌이 파괴되면서 보이는 색을 순서대로 나열한 것은?
① 검정 – 적갈색 – 빨강 – 노랑
② 갈색 – 빨강 – 검정 – 오렌지
③ 검정 – 빨강 – 파랑 – 회색
④ 검정 – 갈색 – 오렌지 – 파랑

20 헤어샴푸&두피·모발 관리 〉 두피·모발 관리
두발의 멜라닌색소는 유멜라닌과 페오멜라닌으로 구분되고 입자가 큰 유멜라닌부터 파괴되어 흑색 – 갈색 – 적갈색 – 붉은색 – 황색이 나타남

21 미용 역사의 설명으로 옳지 <u>않은</u> 것은?
① 중국에서는 연지를 덧바르는 홍장을 하였다.
② 이집트 시대의 가발 유행은 대표적인 1명의 인물에서 시작되었다.
③ 현종 때 미의 기준은 열 종류의 눈썹 모양인 십미도로 하였다.
④ 고려 시대에 안면용 화장품의 일종인 면약을 사용하였다.

21 미용의 이해 〉 미용의 이해
이집트의 가발은 더위를 막기 위한 목적으로 남녀 모두 착용하였고 왕족, 귀족, 제사장들이 주로 착용하였음

22 퍼머넌트 웨이브제의 설명으로 옳지 <u>않은</u> 것은?
① 2액은 산화작용에 의해 시스틴 재결합을 한다.
② 1액은 환원작용을 하는 알칼리제이다.
③ 1액은 멜라닌색소를 밝게 만들 수 있다
④ 1액과 2액을 사용하는 것은 2욕식 퍼머넌트이다.

22 헤어스타일링(펌, 드라이) 〉 베이직 헤어펌
2액(산화제)에는 과산화수소와 브롬산 염류가 있고 그 중 과산화수소가 멜라닌색소를 산화시켜 두발의 색을 밝게 만듦

23 피부의 면역 과민반응으로 어린아이에게서 많이 생기는 피부질환은?
① 건선
② 아토피
③ 대상포진
④ 열성홍반

23 미용의 이해 〉 피부의 이해
• 건선: 만성 염증성 피부질환으로 은백색의 비늘로 덮여 있고, 홍반성 구진 및 판이 형성됨
• 대상포진: 수포성 발진과 심한 통증이 동반되며 연령이 높을수록 발생빈도가 높음
• 열성홍반: 열에 장기간 지속적으로 노출된 후 나타나는 그물 모양의 붉은 반점

24 퍼머넌트 웨이브를 하기 위해 사용하는 시스테인의 설명으로 <u>틀린</u> 것은?
① 비휘발성으로 두발에 잔류할 수 있다.
② 공기에 장시간 노출되면 시스틴으로 변화된다.
③ 단백질을 구성하는 아미노산이 들어 있다.
④ 시스테인의 주성분은 티오글리콜산이다.

24 헤어스타일링(펌, 드라이) 〉 베이직 헤어펌
시스테인: 사람의 두발, 새의 깃털을 원료로 가수분해하여 추출한 것에 시스틴을 환원시켜 수소(H)를 첨가한 것

25 보건사업의 범위에 속하지 <u>않는</u> 것은?
① 산업발전
② 모자보건
③ 감염병 관리
④ 식품위생

25 공중위생관리 〉 공중보건
보건사업의 범위

환경관리 분야	환경위생, 식품위생, 환경오염, 산업보건
질병관리 분야	감염병 관리, 비감염병 관리, 기생충 관리, 역학
보건관리 분야	보건관계 기록의 보존, 보건교육, 모자보건, 보건행정, 학교보건, 가족계획, 의료보장제도, 약물남용

26 화장수에 대한 설명으로 올바르지 <u>않은</u> 것은?
① 아스트린젠트는 알코올이 주성분이다.
② 지성 피부에는 수렴화장수를 사용하면 좋다.
③ 건성 피부에는 유연화장수를 사용해야 한다.
④ 유연화장수는 모공을 수축시켜 준다.

26 미용의 이해 > 화장품 분류
- 수렴: 진정과 수축을 의미하는 것으로, 화장품을 통한 피부진정 및 모공수축의 기능을 하는 것을 뜻함
- 유연: 피부 유연을 의미하는 것으로, 화장품으로 피부 건조를 막아 피부를 촉촉하게 하는 것을 뜻함

27 그라데이션 커트의 설명으로 올바르지 <u>않은</u> 것은?
① 자연 시술 각도와 두상 시술 각도 모두 사용하여 커트할 수 있다.
② 층이 없이 일정하게 자른 커트이다.
③ 네이프에서 백으로 올라가며 점점 길어지게 커트한다.
④ 두발의 길이에 변화를 주어 무게감이 점차 증가한다.

27 헤어커트 > 기초 헤어커트
층이 없는 커트는 원랭스 커트임

28 이·미용업자의 변경 신고사항에 해당되지 <u>않는</u> 것은?
① 영업소의 주소가 변경됐을 경우
② 대표자의 성명 또는 생년월일이 변경됐을 경우
③ 영업소의 간판이 변경됐을 경우
④ 영업장 면적의 3분의 1이상이 변경됐을 경우

28 공중위생관리 > 공중위생관리법규
변경 신고사항
- 영업소의 소재지
- 영업장 면적의 3분의 1 이상의 증감
- 영업소의 명칭 또는 상호
- 대표자의 성명 또는 생년월일
- 미용업 업종 간 변경 또는 업종의 추가

29 탈색한 두발이나 염색시술로 인해 건조해진 두발에 사용하는 샴푸는?
① 플레인 샴푸
② 약용 샴푸
③ 에그 샴푸
④ 드라이 샴푸

29 헤어샴푸&두피·모발 관리 > 헤어샴푸와 헤어케어
- 플레인 샴푸: 일반적인 샴푸제
- 약용 샴푸: 항균성이 있어 비듬이나 가려움증, 피지 과다 분비를 방지함
- 에그 샴푸: 달걀을 사용하는 샴푸로 지나치게 건조한 두발, 염색·탈색으로 인해 손상된 두발에 효과적임
- 드라이 샴푸: 물을 사용하지 않는 샴푸제

30 고열과 구역질을 동반한 감염병으로 바퀴벌레와 파리에 의해 전파되기도 하며 경구로 전염되는 감염병이 <u>아닌</u> 것은?
① 이질
② 콜레라
③ 장티푸스
④ 말라리아

30 공중위생관리 > 공중보건
말라리아: 모기를 매개로 감염됨

31 화장품을 사용하는 이유로 올바르지 <u>않은</u> 것은?
① 피부 트러블을 예방하고 치료하기 위함이다.
② 용모의 단점을 가리고 장점을 증가시키기 위함이다.
③ 피부의 건강을 유지 또는 증진시키기 위함이다.
④ 노화를 예방하기 위함이다.

> **31** 미용의 이해 〉 화장품 분류
> 화장품은 인체를 청결, 미화하여 매력을 더하고 용모를 밝게 변화시키거나 피부, 모발의 건강을 유지 또는 증진하기 위해 사용하며 인체에 대한 작용이 경미해야 함

32 노화의 가설이 <u>아닌</u> 것은?
① 유리기설
② 유전자설
③ 자기중독설
④ 산소부족설

> **32** 미용의 이해 〉 피부의 이해
> 노화의 가설에서는 소모설(유리기설, 교차 결합설, 스트레스 이론 등), 유전자설, 신경내분비계조절설, 말단소립자설, 자기중독설 등이 있으며, 산소부족설은 암의 발생 원인을 산소 부족에서 찾는 암의 가설 중 하나임

33 청문의 사유로 올바르지 <u>않은</u> 것은?
① 성매매알선 등의 행위로 영업장 폐쇄명령을 받은 경우
② 공중위생영업의 시설 및 설비기준을 위반하여 개선명령을 받은 경우
③ 영업신고를 하지 않은 경우
④ 불법 카메라나 기계장치를 설치한 경우

> **33** 공중위생관리 〉 공중위생관리법규
> 청문은 이용사와 미용사의 면허취소 또는 면허정지, 영업정지명령, 일부 시설의 사용중지명령 또는 영업소 폐쇄명령에 해당하는 처분을 하려면 청문을 실시해야 함

34 미디엄 스트로크 커트 동작 시 올바른 가위의 각도에 해당하는 것은?
① 10~45°
② 0~5°
③ 55~95°
④ 100~135°

> **34** 헤어커트 〉 기초 헤어커트
> 미디엄 스트로크: 커트 동작시 가위 각도가 10~45° 정도임

35 페놀 소독력의 2배 효과가 있으며 주로 미용실 실내나 바닥 소독에 사용하는 것은?
① 석탄산
② 에탄올
③ 크레졸
④ 생석회

> **35** 공중위생관리 〉 소독
> 크레졸은 석탄산(페놀) 소독력의 2배 효과가 있으며 피부 자극성이 없으나 강한 냄새가 나는 단점이 있음

36 살균력을 다른 소독제와 비교할 수 있는 기준으로 사용하는 것은?

① 염소 계수
② 석탄산 계수
③ 오존 계수
④ 크레졸 계수

36 공중위생관리 〉 소독
석탄산 계수는 5% 농도의 석탄산을 사용하여 장티푸스균에 대한 살균력을 각종 소독제와 비교하여 소독제의 효능을 표시한 것임

37 메이크업에 사용되는 안료의 종류가 아닌 것은?

① 마이카
② 구연산
③ 산화철
④ 카올린

37 미용의 이해 〉 화장품 분류
구연산은 금속이온봉쇄로, 금속이온으로 인한 화장품의 변색 및 산화를 방지함

38 염색 후 새로 자라난 모발을 염색모 색상에 맞춰 재염색하는 것은?

① 블리치 터치 다운
② 블리치 터치 업
③ 다이 터치 다운
④ 다이 터치 업

38 헤어컬러&헤어전문제품 〉 베이직 헤어컬러 및 마무리
- 다이 터치 업: 염색 후 새로 자라난 신생모를 염색 색상과 맞춰서 재염색하는 방법
- 블리치 터치 업: 염색 또는 탈색 후 새로 자라난 신생모를 탈색(블리치)으로 명도를 높이는 방법

39 미생물의 크기 순서가 올바르게 나열된 것은?

① 바이러스 > 리케차 > 세균 > 효모
② 바이러스 > 세균 > 스피로헤타 > 곰팡이
③ 곰팡이 > 세균 > 리케차 > 바이러스
④ 세균 > 효모 > 리케차 > 바이러스

39 공중위생관리 〉 소독
미생물의 크기는 '곰팡이 > 효모 > 스피로헤타 > 세균 > 리케차 > 바이러스' 순서임

40 인간이 온도를 느낄 수 있는 이유가 아닌 것은?

① 기체
② 기온
③ 기류
④ 기습

40 공중위생관리 〉 공중보건
체감온도(감각온도): 인간이 기온, 기습, 기류 등을 통해 감각으로 느끼는 온도

41 가위와 같은 금속제품의 소독에 적합한 소독제로 올바른 것은?
① 에탄올
② 승홍수
③ 석탄산
④ 생석회

41 공중위생관리 〉 소독
- 승홍수: 금속 부식성이 강하므로 금속제 기구 및 식기류, 상처가 있는 피부에 부적합함
- 석탄산: 금속 부식성이 있어 고무제품, 의류, 가구 등의 소독에 사용함
- 생석회: 하수, 오수, 오물, 토사물, 분변, 화장실 등에 사용함

42 샴푸에 음이온 계면활성제를 사용하는 이유로 올바르지 않은 것은?
① 세정작용이 우수하기 때문이다.
② 기포형성 작용이 우수하기 때문이다.
③ 살균, 소독작용이 우수하기 때문이다.
④ 유화작용이 우수하기 때문이다.

42 헤어샴푸&두피·모발관리 〉 헤어샴푸와 헤어케어
살균, 소독작용이 있는 것은 양이온성 계면활성제임

43 퍼머넌트 웨이브 시 특수 활성제가 필요한 모발은?
① 손상모
② 발수성모
③ 염색모
④ 연모

43 헤어스타일링(펌, 드라이) 〉 베이직 헤어펌
발수성모는 버진 헤어에서 많이 보이며, 모표피에 지방분이 많아 수분을 밀어내는 성질이 강해 약액의 침투가 어렵기 때문에 특수 활성제가 필요함

44 와인딩 기법의 명칭과 설명이 올바르지 않은 것은?
① 쿠션 와인딩 – 층이 많은 모발을 와인딩 시 페이퍼를 패널 위에 올려놓고 와인딩하는 방법
② 스파이럴 와인딩 – 두발이 겹치지 않게 회전하면서 와인딩하는 방법
③ 인 컬 와인딩 – 얼굴 안쪽으로 컬이 형성되게 와인딩하는 방법
④ 크로키놀 와인딩 – 로드가 섹션 베이스의 절반에 위치하게 와인딩하는 방법

44 헤어스타일링(펌, 드라이) 〉 베이직 헤어펌
- 크로키놀 와인딩: 가장 일반적인 기법으로, 두발의 끝부터 시작해서 두피 쪽으로 와인딩하는 방법임
- 로드가 섹션 베이스의 절반에 위치한 것은 하프 오프 베이스라 함

45 사업장에 필수로 비치해야 하는 서류로 올바른 것은?
① 메뉴와 가격표
② 주민등록등본
③ 영업시설 설비개요서
④ 미용사면허증

45 공중위생관리 〉 공중위생관리법규
미용업자는 미용사면허증을 영업소 안에 게시해야 함

46 자신 무게의 100~1,000배 이상의 수분을 함유할 수 있어 보습작용으로 뛰어난 효과가 있는 화장품의 원료로 사용되는 것은?
① 레이크
② 히알루론산
③ 아하
④ 아줄렌

46 미용의 이해 > 화장품 분류
- 레이크: 염료에 칼슘 등을 첨가하여 불용화시킨 색소로 립스틱, 블러셔 등에 사용됨
- 아하: 화학적 산성 성분으로 각질제거용 화장품에 사용됨
- 아줄렌: 캐모마일에서 추출하며 진정, 보습작용을 함

47 공중보건영업의 개업 시 필요한 서류가 아닌 것은?
① 주민등록등본
② 미용사면허증
③ 영업신고서
④ 설비개요서

47 공중위생관리 > 공중위생관리법규
영업의 신고 제출서류
- 영업신고서
- 영업시설 및 설비개요서
- 교육수료증
- 면허증 원본

48 여드름 진정효과가 있는 성분으로 올바른 것은?
① 레티놀
② 토코페롤
③ 티트리
④ 콜라겐

48 미용의 이해 > 화장품 분류
- 레티놀: 상피세포의 형성에 관여하여 노화예방 비타민이라고 불림
- 토코페롤: 항산화 기능이 있어 활성산소로부터 세포를 보호함
- 콜라겐: 세포조직 결합 및 지탱, 주름 개선, 탄력을 부여함

49 얼굴형에 따른 헤어스타일 연출 방법으로 올바른 것은?
① 장방형 – 전두부를 낮게 하고 양 사이드의 볼륨을 높임
② 사각형 – 전두부의 뱅을 높게 하고 양 사이드의 볼륨을 낮춤
③ 삼각형 – 전두부의 뱅을 넓게 하고 상부와 하부에 볼륨감을 줌
④ 마름모형 – 전두부의 뱅을 크게 하고 센터 파트를 함

49 업스타일&가발&익스텐션 > 베이직 업스타일
- 사각형: 곡선적(웨이브)인 헤어 디자인을 진행함
- 삼각형: 넓은 뱅 연출과 측두부에 볼륨감을 줌
- 마름모형: 사이드 파트를 하고 상부와 하부에 볼륨감을 줌

50 원발진에 속하지 않는 것은?
① 농포
② 홍반
③ 결절
④ 균열

50 미용의 이해 > 피부의 이해
균열은 진피 상부층까지 좁고 깊게 갈라진 틈을 말하며, 피부의 탄력성과 신축성 감소로 나타나는 속발진임

51 캐리어 오일에 속하지 <u>않는</u> 것은?
① 호호바 오일
② 아보카도 오일
③ 코코넛 오일
④ 라벤더 오일

51 미용의 이해 〉 화장품 분류
라벤더 오일은 에센셜 오일로 화상, 습진, 상처 재생, 진정, 스트레스, 불면증 완화에 사용됨

52 헤어 업스타일을 결정하는 요인이 <u>아닌</u> 것은?
① 버진 헤어
② 짧은 목
③ 오목한 얼굴 측면
④ 삼각형의 얼굴형

52 업스타일&가발&익스텐션 〉 베이직 업스타일
업스타일 시 얼굴형, 얼굴 측면 형, 목의 형태에 따라 스타일의 형태를 결정함

53 센터 파트 핑거 웨이브 시술 시 적절한 뱅의 수는?
① 2개
② 3개
③ 4개
④ 5개

53 헤어스타일링(펌, 드라이) 〉 기초 드라이
핑거 웨이브란 세팅로션 또는 물을 이용하여 모발을 적신 후 세팅 빗과 손가락에 의해 형성된 웨이브를 말하며 적절한 뱅의 수는 4개임

54 조선시대에 사람의 머리카락으로 만든 가체를 사용하지 <u>않은</u> 머리는?
① 쪽진머리
② 큰머리
③ 얹은머리
④ 조짐머리

54 미용의 이해 〉 미용의 이해
쪽(진)머리: 뒤통수에 낮게 머리를 튼 형태

55 헤어 컬링 시 1개의 컬을 만들 양만큼 두발을 얇게 갈라 잡는 것은?
① 롤링
② 슬라이싱
③ 와인딩
④ 세팅

55 헤어스타일링(펌, 드라이) 〉 기초 드라이
• 롤링: 원통형의 롤러나 빗을 이용해 모발에 자연스럽고 부드러운 웨이브를 연출하는 것을 말함
• 와인딩: 퍼머넌트 웨이브 로드를 이용해 모발을 말아 웨이브를 만드는 것을 말함
• 세팅: 모발형을 만들어 마무리하는 것을 말함

56 소화기계의 감염을 일으키는 병원체가 아닌 것은?
① 바이러스
② 세균
③ 리케차
④ 진균

57 모발의 기능이 아닌 것은?
① 배출
② 저장
③ 보호
④ 감각

58 재생가치가 없는 오염된 가운, 수건, 쓰레기, 환자의 배설물 등에 사용하는 소독법으로 병원체를 태워 멸균하는 방법은?
① 화염 멸균법
② 소각 소독법
③ 고압 증기 멸균법
④ 방사선 살균법

59 두발의 길이를 짧게 하지 않으며 전체적으로 두발 숱을 감소시키는 방법은?
① 틴닝
② 클리핑
③ 트리밍
④ 싱글링

60 남, 여 모두가 외모에 관심이 많아 화장을 하였고 향수, 향료 등 화장품을 제조하여 사용하였으며, 여성의 경우 가체를 사용하는 장발 처리 기술이 뛰어나 주채장식머리를 하거나 쪽을 틀었던 시대는?
① 삼한 시대
② 신라 시대
③ 백제 시대
④ 고구려 시대

56 공중위생관리 〉 공중보건
- 세균: 장티푸스, 콜레라, 세균성 이질, 파라티푸스, 파상열
- 바이러스: 폴리오, 유행성 간염
- 리케차: Q열
- 원충류: 아메바성 이질

57 헤어샴푸&두피·모발관리 〉 두피·모발관리
모발의 기능: 보호, 배출, 감각, 장식 등

58 공중위생관리 〉 소독
- 화염 멸균법: 소독 대상의 표면을 불꽃으로 직접 태워 멸균하는 방법으로 금속류, 유리류, 도자기류 등에 사용함
- 고압 증기 멸균법: 수증기로 미생물뿐만 아니라 포자까지 멸균시키는 가장 빠르고 효과적인 방법으로 의료기구, 유리류, 금속류에 사용함
- 방사선 살균법: 코발트나 세슘 등의 감마선을 이용한 방법으로 식품, 약품 등에 사용함

59 헤어커트 〉 기초 헤어커트
- 클리핑: 손상된 모발 끝이나 불필요하게 삐져나온 모발 끝을 잘라내어 정리하는 것임
- 트리밍: 커트가 완성된 후 두발 선을 최종적으로 정리하는 것임
- 싱글링: 가위와 빗을 이용하여 아래에서 위쪽으로 올라갈수록 길어지게 커트하는 방법으로, 쇼트 헤어 커트의 방법 중 하나임

60 미용의 이해 〉 미용의 이해
- 삼한 시대: 철기 시대로 접어들면서 철기 장신구들이 발전하고 머리 형태로 신분의 차이를 나타낸 최초의 시대
- 백제 시대: 일본에 화장품 제조 기술과 화장법을 전수하였을 정도로 미의식과 미용 문화가 발달함
- 고구려 시대: 무용총이나 쌍영총 등의 벽화를 통해 알 수 있으며, 입술과 볼은 붉게 하고 눈썹은 가늘고 둥근 형태를 즐겨함

정답표(제1회)

01	②	02	②	03	①	04	②	05	④	06	④	07	②	08	④	09	②	10	④
11	①	12	③	13	③	14	③	15	④	16	③	17	②	18	③	19	③	20	①
21	②	22	②	23	②	24	④	25	①	26	②	27	②	28	③	29	③	30	④
31	①	32	③	33	②	34	③	35	③	36	②	37	②	38	④	39	③	40	①
41	①	42	③	43	②	44	②	45	④	46	②	47	①	48	③	49	③	50	④
51	②	52	①	53	②	54	①	55	②	56	④	57	②	58	②	59	①	60	②

비공개 기출 복원문제 | 제2회

최신 기출문제 풀이는 필수!

◀ 모바일로 풀어보기

01 슬리더링 커트에 대한 설명으로 옳은 것은?
① 슬리더링 커트는 샤기 헤어스타일에 적합하다.
② 틴닝 가위를 이용한 질감 처리 커트 방법이다.
③ 가위를 모근부에서 닫고 두발 끝쪽으로 갈 때 벌리도록 한다.
④ 슬리더링 커트 시 두발의 길이가 점차 짧아진다.

해설

01 헤어커트 〉 기초 헤어커트
- 슬리더링이란 일반적인 가위로 모발의 길이는 변화하지 않고 질감 처리(숱처리)만 하는 커트 기법으로, 모근을 향해 움직일 때에는 가위를 닫으면서 모발을 자르고, 모발 끝으로 갈 때에는 가위를 벌리면서 자름
- 샤기 헤어스타일에 적합한 것은 스트로크 커트임

02 다공성모에 대한 설명으로 옳지 않은 것은?
① 다공성모는 수분을 밀어내는 성질을 가지고 있다.
② 모발 손상의 척도가 된다.
③ 퍼머넌트 웨이브 시 과연화되기 쉽다.
④ 다공성모는 쉽게 건조된다.

02 헤어샴푸&두피·모발 관리 〉 두피·모발 관리
- 다공성모는 염색, 탈색, 펌 등의 화학 처리로 인해 머리카락의 피질층을 채우고 있는 간충물질이 소실되어 모발 조직 중에 빈 공간이 많아지는 것을 말함
- 건강모는 모표피가 규칙적이므로 염·탈색제, 펌제가 과다하게 흡수되지 않으나, 손상모는 모표피가 열려 있어 과다 흡수되어 심하게 손상될 우려가 있음

03 톱(Top) 부분에 특별한 효과를 줄 때 사용하는 헤어피스는?
① 폴
② 캐스케이드
③ 스위치
④ 위글렛

03 업스타일&가발&익스텐션 〉 가발 헤어스타일
- 폴: 짧은 길이의 두발을 길게 보이게 하기 위해 사용함
- 캐스케이드: 폭포수처럼 풍성하고 긴 헤어스타일을 원할 때 사용함
- 스위치: 1~3가닥으로 땋거나 스타일링하기 쉽게 만들어짐

04 드라이 스캘프 트리트먼트와 관련 없는 것은?
① 글리세린
② 벤젠
③ 아미노산
④ 히알루로닉애씨드

04 헤어샴푸&두피·모발 관리 〉 헤어샴푸와 헤어케어
- 건성 두피에 사용하는 드라이 스캘프 트리트먼트에는 보습제 성분이 들어감
- 보습제: 글리세린, 아미노산, 히알루로닉애씨드

05 프레 커트에 대한 설명으로 옳지 않은 것은?
① 펌 시술에서의 프레 커트는 와인딩하기 편하게 커트한다.
② 퍼머넌트 웨이브 시술 전에 손상된 모발 끝을 커트한다.
③ 퍼머넌트 웨이브 시술 전에 원하는 스타일보다 1~2cm 길게 커트한다.
④ 두발의 길이를 디자인할 길이에 맞추어 커트한다.

05 헤어커트 〉 기초 헤어커트
프레 커트는 퍼머넌트 웨이브 등의 본처리 전에 하는 커트 방법임

06 블런트 커트 기법에 해당하는 것은?
① 테이퍼링
② 스트로크 커트
③ 레이어드 커트
④ 틴닝

06 헤어커트 〉 기초 헤어커트
블런트 커트는 커트의 형태(원랭스, 그래쥬에이션, 레이어 등)를 만들 때 사용하는 커트 용어로, 길이만 제거하기 때문에 부피감은 줄어들지 않음

07 컬의 줄기 부분으로 베이스(Base)에서 피벗(Pivot) 포인트까지의 부분에 해당하는 것은?
① 스템
② 루프
③ 융기점
④ 엔드 오브 컬

07 헤어스타일링 〉 기초 드라이
- 루프: 컬이 말린 부분을 말함
- 융기점: 정상과 골이 교차되는 지점(리지)을 말함
- 엔드 오브 컬: 컬의 가장 끝(모발 끝) 부분을 말함

08 시스틴 함량이 적고 기계적 작용에 약한 큐티클 층은?
① 에피큐티클(Epicuticle)
② 엑소큐티클(Exocuticle)
③ 엔도큐티클(Endocuticle)
④ A 큐티클(A-cuticle)

08 헤어샴푸&두피·모발 관리 〉 두피·모발 관리
- 엑소큐티클(외표피): 시스틴 함량이 많음
- 엔도큐티클(내표피): 세포막 복합체(CMC: Cell Membrane Complex)가 모피질과 모표피를 접착시킴

09 퍼머넌트 웨이브 시술 시 테스트 컬(Test Curl)을 하는 목적으로 가장 적합한 것은?
① 2액의 작용 여부를 확인하기 위해
② 로드가 제대로 선택되었는지 확인하기 위해
③ 애프터 커트를 결정하기 위해
④ 웨이브의 형성 정도를 조사하기 위해

09 헤어스타일링 〉 베이직 헤어펌
테스트 컬
- 와인딩된 로드를 풀어 웨이브의 형성 상태를 확인하는 것
- 웨이브가 디자인한 것보다 나오지 않았을 경우(언더 프로세싱) 방치 시간을 조금 더 두고, 웨이브가 디자인한 것보다 강하게 나왔을 경우 굵은 로드로 교체함

10 화학 약품을 이용한 콜드 웨이브를 창안한 사람은?
① 찰스 네슬러
② J.B 스피크먼
③ 조셉 메이어
④ 마샬 그라또우

10 헤어스타일링 〉 베이직 헤어펌
- 찰스 네슬러: 스파이럴식 퍼머넌트 웨이브를 창안함
- 조셉 메이어: 크로키놀식 퍼머넌트 웨이브를 창안함
- 마샬 그라또우: 열을 이용한 마샬 웨이브를 창안함

11 린스제를 사용하지 않고 미지근한 물로 헹구어 내는 것은?

① 컬러 린싱
② 산성 린싱
③ 플레인 린싱
④ 알칼리 린싱

11 헤어샴푸&두피·모발 관리 〉 헤어샴푸와 헤어케어
- 컬러 린싱: 샴푸 전까지 일시적으로 두발의 색을 강조하거나 보완하는 효과를 줌
- 산성 린싱: pH 3~4 정도의 산성으로 화학적 시술 후에 알칼리 성분을 중화시키는 목적으로 사용됨
- 알칼리 린싱: 경모나 발수성모 등 모표피가 단단한 모발의 연화를 돕기 위해 사용됨

12 오리지널 세트의 주요한 요소에 해당되지 않는 것은?

① 콤 아웃
② 파팅
③ 셰이핑
④ 컬링

12 헤어스타일링 〉 기초 드라이
- 콤 아웃: 리세트의 주요 요소로, 빗으로 스타일을 마무리하는 방법임
- 오리지널 세트: 헤어 파팅, 셰이핑, 컬링, 롤링, 웨이빙
- 리세트: 브러시 아웃(아웃 브러싱), 콤 아웃, 백콤(백코밍)

13 루프가 두피에 45° 각도로 세워진 컬로 적당한 볼륨을 낼 때 사용하는 것은?

① 포워드 컬
② 스탠드 업 컬
③ 리버스 컬
④ 리프트 컬

13 헤어스타일링 〉 기초 드라이
- 포워드 컬: 귓바퀴 방향으로 말리는 컬
- 스탠드 업 컬: 루프가 두피에 90°로 세워진 컬
- 리버스 컬: 귓바퀴 반대 방향으로 말리는 컬

14 레이어 커트(Layer Cut) 시술의 특징으로 옳은 것은?

① 네이프에서 톱 부분으로 올라가면서 모발의 길이가 점점 길어진다.
② 두발이 겹치는 부분이 있어 무게감이 있다.
③ 전체적으로 층이 골고루 나타난다.
④ 90° 이하의 낮은 시술 각도로 커트한다.

14 헤어커트 〉 기초 헤어커트
레이어 커트
- 네이프에서 톱 부분으로 올라가면서 모발의 길이가 점점 짧아짐
- 두발이 겹치는 부분이 없어 무게감이 없음
- 90° 이상 높은 시술 각도로 커트함

15 과립형으로 모발의 흑색, 갈색, 적갈색 등을 나타내는 것은?

① 페오멜라닌
② 유멜라닌
③ 티로신
④ 티로시나아제

15 헤어샴푸&두피·모발 관리 〉 두피·모발 관리
- 페오멜라닌: 분사형 멜라닌색소로, 황색, 밝은 적색 등을 나타내며, 백인종에게 많음
- 티로신: 산화작용으로 멜라닌색소를 형성하는 아미노산
- 티로시나아제: 멜라닌색소를 생성하는 효소

16 물리적인 힘에 영향을 받는 결합으로 수분에 의해 절단되었다가 건조하면 재결합되는 성질을 이용하여 드라이나 아이론의 컬을 만드는 결합은?

① 수소 결합
② 시스틴 결합
③ 염 결합
④ 펩타이드 결합

16 헤어샴푸&두피·모발 관리 〉 두피·모발 관리
- 시스틴 결합: 두 개의 황(S) 원자 사이에 형성되며, 화학적 반응을 일으키는 것을 이용하여 퍼머넌트 웨이브를 함
- 염(이온) 결합: 폴리펩타이드 내의 아미노산 중 음극(-)을 띤 화학기와 양극(+)을 띤 화학기 사이의 정전기적 결합을 말함
- 펩타이드 결합(주쇄 결합): 아미노산이 세로로 결합한 것으로 화학적인 처리에도 영향을 적게 받는 강한 결합

17 피지에 대한 설명으로 옳지 않은 것은?

① 모발에 정전기를 방지한다.
② 천연보호막 역할을 한다.
③ 모발에 윤기를 준다.
④ 남성보다 여성의 피지 분비가 활발하다.

17 헤어샴푸&두피·모발 관리 〉 두피·모발 관리
피지: 피지샘에서 피지를 만들어 모발을 따라 배출하며, 모발의 윤기를 부여하고 정전기를 방지하며, 여성보다 남성의 피지 분비가 활발함

18 두피 손상의 원인이 아닌 것은?

① 수면 부족
② 브러싱
③ 잦은 염색과 탈색
④ 강한 자외선

18 헤어샴푸&두피·모발 관리 〉 두피·모발 관리
브러싱: 엉킨 모발을 풀어주고 두피의 혈액순환에 도움을 줌(단, 과도한 브러싱은 두피와 모발에 강한 마찰을 가해 손상을 줄 수 있음)

19 스캘프펀치(워터펀치)를 이용하여 두피·모발을 관리하는 이유로 가장 적합한 것은?

① 두피·모발의 산성도와 알칼리도를 정확하게 확인하기 위해
② 온열작용으로 두피 제품의 흡수를 높여주기 위해
③ 미립자의 수증기를 이용하여 부족한 수분을 공급하기 위해
④ 각질, 노폐물, 미세먼지 등을 효과적으로 제거하기 위해

19 헤어샴푸&두피·모발 관리 〉 두피·모발 관리
- 스캘프펀치(워터펀치): 물의 파동을 이용하여 두피와 모공의 각질, 노폐물, 미세먼지 등을 제거하며, 혈액순환을 돕고 영양물질 흡수를 촉진함
- pH 측정기: 두피·모발의 산성도와 알칼리도를 확인함
- 적외선램프: 온열작용으로 모세혈관 확장, 혈액순환 촉진, 두피 제품의 흡수를 높여줌
- 스팀기(미스트기): 미립자의 수증기를 이용하여 각질과 노폐물 등을 불려 쉽게 제거하고, 부족한 수분을 공급함

20 건강 보균자에 대한 설명으로 옳은 것은?

① 질병에 걸린 후 치료가 되었으나 몸 안에 병원균이 남아있는 사람
② 병원체에 감염되었으나 질병의 증상이 전혀 없는 사람
③ 감염된 증상이 있고 병원체를 배출하는 사람
④ 감염은 되었으나 자각증상이 미미한 사람

20 공중위생관리 〉 공중보건
- 건강 보균자: 병원체에 감염은 되었으나 감염된 증상이 없고 병원체를 배출하는 사람으로, 감염병 관리가 가장 어려운 경우임
- 회복기 보균자: 질병에 걸린 후 치료가 되었으나 몸 안에 병원균이 남아있는 사람
- 잠복기 보균자: 병원체에 감염되었으나 질병의 증상이 아직 나타나지 않은 사람

21 대표적인 대기오염의 측정지표는?
① 아황산가스
② 질소산화물
③ 오존
④ 일산화탄소

21 공중위생관리 > 공중보건
아황산가스(SO_2): 대기오염의 측정지표이며, 산성비와 스모그의 원인 물질로, 식물의 엽록소를 파괴함

22 하수의 오염지표로 주로 이용하는 것은?
① COD
② BOD
③ DO
④ 대장균

22 공중위생관리 > 공중보건
- COD: 물속의 오염물질이 산화제에 의해 분해될 때 필요한 산소요구량
- DO: 물에 녹아 있는 산소의 양
- 대장균군: 분변성 오염의 지표로, 상수(음용수)의 일반적인 오염지표로 사용함

23 감염형 식중독에 속하는 것은?
① 보툴리누스 식중독
② 웰치균 식중독
③ 황색포도상구균 식중독
④ 살모넬라균 식중독

23 공중위생관리 > 공중보건
- 감염형: 살모넬라균, 장염비브리오균, 병원성 대장균
- 독소형: 보툴리누스, 황색포도상구균, 장구균, 웰치균

24 수은 중독에 의한 질환으로 메틸수은에 오염된 조개 및 어패류 섭취 시 발생되는 질환은?
① 장구균 식중독
② 장염비브리오균 식중독
③ 미나마타병
④ 이타이이타이병

24 공중위생관리 > 공중보건
- 장구균 식중독: 사람이나 동물의 분변에 의해 2차 오염된 식품 섭취 시 발생함
- 장염비브리오균 식중독: 7~9월에 주로 발생하며 어패류가 주원인임
- 이타이이타이병: 카드뮴에 의한 지하수의 오염으로 생기는 질환임

25 장티푸스에 대한 설명으로 옳은 것은?
① 주로 파리에 의해 전파된다.
② 제1급 법정 감염병으로 분류된다.
③ 세계적으로 가장 많이 이환되는 질병이다.
④ 호흡기계 감염병으로 일종의 열병이다.

25 공중위생관리 > 공중보건
장티푸스: 수인성 감염병으로 경구 감염되며, 제2급 법정 감염병으로 분류되고, 주로 파리에 의해 전파되며, 고열, 식욕 감퇴, 피부발진 증상을 보임

26 하수에서 용존산소가 매우 낮음을 의미하는 바는?
① 물의 오염도가 높다.
② 수생식물이 잘 자란다.
③ 음용수로 섭취가 가능하다.
④ 하수의 BOD가 낮다.

26 공중위생관리 〉 공중보건
하수의 용존산소량은 DO를 말하며, DO가 낮으면 BOD(생화학적 산소요구량)가 높아지는데, BOD가 높으면 물의 오염도가 높다고 봄

27 출생 후 4주 이내에 예방접종을 실시하는 감염병은?
① 홍역
② 결핵
③ 일본뇌염
④ 유행성 이하선염

27 공중위생관리 〉 공중보건
결핵: 출생 후 4주 이내에 예방접종을 실시하며, 감염 시 기침, 객혈, 흉통이 발생함

28 생산인구가 유입되는 도시형으로, 생산인구가 전체 인구의 50% 이상을 차지하는 인구 구성 형태는?
① 피라미드형
② 항아리형
③ 종형
④ 별형

28 공중위생관리 〉 공중보건
- 피라미드형: 출생률과 사망률이 높은 인구형으로, 14세 인구가 65세 이상 인구의 2배를 초과함
- 항아리형: 출생률이 사망률보다 낮아 평균수명이 높은 선진국형임
- 종형: 14세 이하 인구가 65세 이상 인구의 2배로 출생률과 사망률이 낮은 이상적인 인구형임

29 음용수(상수)의 일반적인 오염지표로 사용하는 것은?
① 수소이온농도
② 대장균군
③ 용존산소량
④ 부유물질

29 공중위생관리 〉 공중보건
대장균군: 분변성 오염의 지표로, 상수(음용수)의 일반적인 오염지표로 사용하며, 병원성 미생물의 존재 가능성을 알 수 있음

30 보건위생, 방역, 의정, 약정, 생활보호, 여성복지, 장애인 및 사회보장에 관한 사무를 관장하는 행정조직은?
① 보건복지부
② 식품의약품안전처
③ 보건소
④ 시청

30 공중위생관리 〉 공중보건
중앙 보건조직은 보건복지부에서 관장하며, 보건위생, 방역, 의정, 약정, 생활보호, 자활 지원, 여성복지, 아동, 노인, 장애인 및 사회보장에 관한 사무를 관장함

31 고무제품, 의류, 가구 등의 소독에 사용하는 석탄산 수용액의 적절한 농도는?
① 0.3%
② 1%
③ 3%
④ 6%

31 공중위생관리 〉 소독
석탄산: 일반적으로 3%의 수용액을 사용하며, 독성이 있어 인체에는 잘 사용하지 않으나 소독제의 살균력 평가 지표로 주로 사용함. 고온일수록 소독력이 우수하나 금속 부식성이 있고, 포자에는 효과가 없음. 고무제품, 의류, 가구 등의 소독에 사용함

32 살균에 대한 설명으로 옳은 것은?

① 포자까지 전부 제거한다.
② 멸균보다 소독력의 세기가 세다.
③ 미생물의 발육을 정지시켜 부패를 방지한다.
④ 미생물을 물리적·화학적 방법으로 제거하여 감염력을 없앤다.

32 공중위생관리 > 소독
- 살균: 생활력을 가진 미생물을 물리적·화학적 방법으로 제거하여 감염력을 없애는 것으로, 포자는 잔존할 수 있음
- 멸균: 병원성 또는 비병원성 미생물과 포자까지 전부 제거하여 감염력을 없애는 것
- 방부: 병원성 미생물의 발육을 제거하거나 정지시켜 음식의 부패나 발효를 방지하는 것

33 건열 멸균기를 사용하는 소독 시 올바른 방법은?

① 170℃에서 1~2시간 멸균
② 170℃에서 3~4시간 멸균
③ 270℃에서 1~2시간 멸균
④ 270℃에서 3~4시간 멸균

33 공중위생관리 > 소독
건열 멸균법
- 건열 멸균기(Dry Heat Sterilizer)를 이용하여 170℃에서 1~2시간 멸균하는 방법
- 금속류, 유리류, 도자기류, 주사기, 분말 등에 사용함

34 세균의 포자까지 사멸시킬 수 있는 것은?

① 음이온 계면활성제
② 포르말린
③ 역성비누
④ 에탄올

34 공중위생관리 > 소독
포르말린: 포름알데하이드 36%의 수용액으로, 온도가 높을수록 소독력이 강하고, 고무제품, 금속기구, 플라스틱 등의 소독에 사용함

35 산화칼슘을 98% 이상 함유한 백색의 분말로 하수, 오수, 오물, 토사물, 분변, 화장실 등에 사용하며, 포자 형성 세균에는 효과가 없는 것은?

① 생석회
② 머큐로크롬
③ 석탄산
④ 포름알데하이드

35 공중위생관리 > 소독
- 머큐로크롬: 2%의 수용액을 사용하며, 자극성은 없으나 살균력이 약하고, 피부 점막이나 상처 소독에 사용함
- 석탄산: 일반적으로 3%의 수용액을 사용하며, 독성이 있어 인체에는 잘 사용하지 않으나, 소독제의 살균력 평가 지표로 주로 사용함
- 포름알데하이드: 단백질과의 반응성이 매우 뛰어나 살균제, 시체 방부제, 토양 살균제로 사용함

36 저온 멸균법, 고압 증기 멸균법 등을 고안하고 광견병 백신, 탄저병 예방법 등을 개발한 사람은?

① 로버트 코흐(Robert Koch)
② 루이 파스퇴르(Louis Pasteur)
③ 쉼멜부시(Schimmel Busch)
④ 언더우드(W. Underwood)

36 공중위생관리 > 소독
- 로버트 코흐(Robert Koch): 세균의 순수배양법, 결핵균, 콜레라균 등을 발견하여 세균학의 기초를 확립함
- 쉼멜부시(Schimmel Busch): 외과용 재료에 증기 소독법을 적용함
- 언더우드(W. Underwood): 고압 멸균기를 고안하였고, 자비 소독 시 탄산나트륨을 첨가하여 살균력을 증대시키는 방법을 고안함

37 대소변, 토사물 등 배설물의 소독방법으로 옳지 않은 것은?
① 크레졸수
② 석탄산수
③ 소각법
④ 자비 소독법

37 공중위생관리 〉 소독
- 대소변, 배설물, 토사물 소독 방법: 소각법, 석탄산수, 크레졸수, 생석회 등
- 자비(열탕) 소독법은 100℃의 끓는 물에서 15~20분간 가열하는 방법으로, 유리류, 소형기구, 도자기류, 수건 등에 적용함

38 물리적인 소독방법이 아닌 것은?
① 생석회 소독법
② 소각 소독법
③ 자비 소독법
④ 유통 증기 소독법

38 공중위생관리 〉 소독
생석회
- 화학적 소독법
- 산화칼슘을 98% 이상 함유한 백색의 분말로 하수, 오수, 오물, 토사물, 분변, 화장실 등에 사용함
- 포자 형성 세균에는 효과가 없음

39 독성이 강하여 0.1% 수용액을 사용하고, 금속에 부식성이 강하여 금속제 기구 및 식기류, 상처가 있는 피부에 부적합한 소독제는?
① 에탄올
② 과산화수소
③ 승홍
④ 크레졸

39 공중위생관리 〉 소독
승홍
- 화학적 소독법
- 독성이 강하고 금속에 부식성이 강함
- 무색, 무취이고, 온도가 높을수록 살균력이 강해짐

40 소독 시 주의사항으로 옳지 않은 것은?
① 소독액은 미리 만들어 놓고 필요한 만큼 소량씩 사용한다.
② 미생물의 종류와 소독, 살균 또는 멸균 목적과 방법, 시간을 고려하여 사용한다.
③ 소독제는 시늘하고 햇빛이 들지 않는 곳에 밀폐하여 보관한다.
④ 소독제는 유통기한 내에 사용한다.

40 공중위생관리 〉 소독
소독액은 미리 만들어 놓지 말고 필요한 양만큼 소량씩 새로 만들어 사용해야 함

41 진피에 해당되는 것은?
① 기저층
② 유두층
③ 유극층
④ 과립층

41 미용의 이해 〉 피부의 이해
- 표피: 각질층, 투명층, 과립층, 유극층, 기저층
- 진피: 유두층, 망상층

42 표피의 구조에 관한 설명으로 옳지 <u>않은</u> 것은?
① 투명층은 손바닥이나 발바닥에 존재하며, 투명하게 보이는 반유동성 물질인 세라마이드가 존재한다.
② 각질층에는 건조를 막아주는 수용성 물질인 NMF가 존재한다.
③ 과립층에는 케라토히알린이 존재한다.
④ 기저층은 핵이 존재하며 세포분열을 한다.

42 미용의 이해 〉 피부의 이해
투명층에는 투명하게 보이는 반유동성 물질인 엘라이딘이 존재함

43 피부노화의 원인인 활성산소를 억제하는 작용이 있는 항산화 비타민이 <u>아닌</u> 것은?
① 비타민 A
② 비타민 C
③ 비타민 D
④ 비타민 E

43 미용의 이해 〉 피부의 이해
항산화 작용을 하는 비타민
• 비타민 A
• 비타민 C
• 비타민 E

44 머켈세포에 관한 설명으로 옳은 것은?
① 주로 과립층에 존재한다.
② 면역을 담당하는 세포이다.
③ 자외선을 받으면 활성화된다.
④ 신경섬유의 말단과 연결되어 있다.

44 미용의 이해 〉 피부의 이해
머켈세포
• 신경섬유의 말단과 연결되어 있는 촉각수용체
• 기저층 부위에 위치해 있음

45 피부관리를 위한 피부분석 후 고객카드를 적는 방법으로 옳은 것은?
① 피부유형은 수시로 변하므로 매회 피부관리 전에 피부분석을 하고 기록을 한다.
② 첫 방문 시 한 번만 문진법, 시진법, 촉진법, 기기를 이용하여 세심하게 피부분석을 한다.
③ 첫 번째 관리 전 상담을 통한 분석을 하고 마지막 관리 후 다시 한 번 피부분석을 한다.
④ 첫 번째 관리 전, 관리 중간 그리고 마지막 관리 후 피부분석을 하면서 개선된 상태를 보여 준다.

45 미용의 이해 〉 피부의 이해
피부 상태는 내부 요인과 외부 환경에 의해 수시로 변하므로 매회마다 피부분석을 해야 함

46 아포크린선에 관한 설명으로 옳지 <u>않은</u> 것은?
① 약산성의 맑은 액체로 혈액에서 만들어져 배출된다.
② 개인의 체취를 만들며 단백질 함유량이 많아 부패하면 악취가 발생한다.
③ 사춘기 이후에 주로 발달한다.
④ 겨드랑이, 항문 주위, 생식기 등 특정 부위에만 존재한다.

46 미용의 이해 〉 피부의 이해
약산성의 무색, 무취의 맑은 액체로, 혈액에서 만들어지는 것은 에크린선임

47 표피 수분 부족 피부에 관한 설명으로 옳지 않은 것은?

① 수분 유지 기능이 저하되어 수분 손실량이 증가하는 피부이다.
② 수분과 유분 부족이 원인이므로 영양공급제품 위주로 사용해 준다.
③ 연령에 관계없이 발생할 수 있는 피부이다.
④ 표피성 잔주름의 형성이 특징이다.

47 미용의 이해 〉 피부의 이해
표피 수분 부족 피부는 수분 부족이 원인이므로 보습 위주의 관리가 필요한 피부유형임

48 건강한 손톱에 관한 설명으로 옳지 않은 것은?

① 매끄럽고 광택이 나며 노란빛을 띠어야 한다.
② 단단하고 탄력이 있어야 한다.
③ 뿌리와 끝부분이 강하게 부착되어 있어야 한다.
④ 둥근 아치모양을 형성해야 한다.

48 미용의 이해 〉 피부의 이해
건강한 손톱의 색은 연한 핑크빛이며 반투명함

49 파장이 길며 홍반을 유발하지 않으므로 선탠 시 활용되는 자외선은?

① UVA
② UVB
③ UVC
④ UVD

49 미용의 이해 〉 피부의 이해
- UVA: 장파장이며, 색소침착의 원인으로 인공 선탠에 사용됨
- UVB: 홍반, 수포와 같은 일광화상과 색소침착을 유발함
- UVC: 단파장이며, 살균작용이 있어 바이러스나 박테리아를 제거하기 위해 사용되기도 하지만, 인체에 영향을 줄 경우 피부암의 원인이 됨

50 속발진에 해당되지 않는 것은?

① 미란
② 반흔
③ 태선화
④ 대수포

50 미용의 이해 〉 피부의 이해
- 속발진: 인설(비듬), 찰상, 균열, 가피, 미란, 궤양, 반흔, 위축, 태선화, 켈로이드
- 원발진: 반점, 면포, 구진, 농포, 결절, 낭종, 종양, 홍반, 팽진, 소수포, 대수포

51 이·미용업 영업신고를 할 때 필요한 서류가 아닌 것은?

① 영업시설 및 설비개요서
② 교육수료증
③ 면허증 원본
④ 이·미용사 이력서

51 공중위생관리 〉 공중위생관리법규
영업의 신고 제출서류
- 영업신고서
- 영업시설 및 설비개요서
- 교육수료증
- 면허증 원본

52 청문을 실시하는 사항이 <u>아닌</u> 것은?
① 공중위생영업의 폐쇄처분 후 그 기간이 끝난 경우에 실시한다.
② 공중위생영업소의 영업정지명령처분이 있는 경우에 실시한다.
③ 일부 시설의 사용중지명령처분이 있는 경우에 실시한다.
④ 미용사의 면허를 취소할 경우에 실시한다.

52 공중위생관리 〉 공중위생관리법규
청문을 실시하는 경우
- 이용사와 미용사의 면허취소 또는 면허정지
- 영업정지명령, 일부 시설의 사용중지명령 또는 영업소 폐쇄명령

53 미용업소에서 성매매 알선 또는 제공 시 영업소에 대한 1차 위반 행정처분은?
① 영업정지 1개월
② 영업정지 3개월
③ 영업정지 6개월
④ 영업장 폐쇄명령

53 공중위생관리 〉 공중위생관리법규
- 1차: 영업정지 3개월
- 2차: 영업장 폐쇄명령

54 영업자의 지위를 승계한 경우 누구에게 신고하여야 하는가?
① 세무소
② 보건복지부
③ 시·도지사
④ 시장·군수·구청장

54 공중위생관리 〉 공중위생관리법규
공중위생영업자의 지위를 승계한 자는 1개월 이내에 보건복지부령이 정하는 바에 따라 시장·군수 또는 구청장에게 신고하여야 함

55 위생교육에 대한 설명으로 옳지 <u>않은</u> 것은?
① 공중위생영업자는 매년 위생교육을 받아야 한다.
② 영업신고를 하고자 하는 자는 미리 위생교육을 받아야 한다.
③ 부득이한 사유로 미리 교육을 받을 수 없는 경우에는 영업개시 후 3개월 이내에 위생교육을 받을 수 있다.
④ 위생교육의 방법·절차 등에 관하여 필요한 사항은 보건복지부령으로 정한다.

55 공중위생관리 〉 공중위생관리법규
부득이한 사유로 미리 교육을 받을 수 없는 경우에는 영업개시 후 6개월 이내에 위생교육을 받을 수 있음

56 1년 이하의 징역 또는 1천만 원 이하의 벌금에 처하는 자는?
① 다른 사람에게 이용사 또는 미용사의 면허증을 빌려주거나 빌린 사람
② 영업·폐업신고를 하지 아니한 자
③ 면허의 취소 또는 정지 중에 이용업 또는 미용업을 한 사람
④ 면허를 받지 아니하고 이용업 또는 미용업을 개설하거나 그 업무에 종사한 사람

56 공중위생관리 〉 공중위생관리법규
영업·폐업신고를 하지 아니한 자와 영업정지명령 또는 일부 시설의 사용중지명령을 받고도 그 기간 중에 영업을 하거나 그 시설을 사용한 자 또는 영업소 폐쇄명령을 받고도 계속하여 영업을 한 자는 1년 이하의 징역 또는 1천만 원 이하의 벌금에 처함

57 미용업 신고증 및 면허증 원본을 게시하지 않은 경우의 2차 위반 행정처분은?
① 개선명령
② 영업정지 5일
③ 영업정지 10일
④ 면허정지

57 공중위생관리 〉 공중위생관리법규
- 1차: 경고 또는 개선명령
- 2차: 영업정지 5일
- 3차: 영업정지 10일
- 4차: 영업장 폐쇄명령

58 명예공중위생감시원의 업무가 아닌 것은?
① 위생지도 및 개선명령 이행 여부의 확인
② 공중위생감시원이 행하는 검사대상물의 수거 지원
③ 법령 위반행위에 대한 신고 및 자료 제공
④ 공중위생에 관한 홍보·계몽 등 공중위생관리업무와 관련하여 시·도지사가 따로 정하여 부여하는 업무

58 공중위생관리 〉 공중위생관리법규
위생지도 및 개선명령 이행 여부의 확인은 공중위생감시원의 업무임

59 보건복지부령이 정하는 특별한 사유로 영업소 외의 장소에서 행할 수 있는 경우에 해당하지 않는 것은?
① 질병·고령·장애나 그 밖의 사유로 영업소에 나올 수 없는 자에 대하여 이용 또는 미용을 하는 경우
② 방송 등의 촬영에 참여하는 사람에 대하여 그 촬영 직전에 이용 또는 미용을 하는 경우
③ 혼례나 그 밖의 의식에 참여하는 자에 대하여 그 의식 직전에 이용 또는 미용을 하는 경우
④ 특별한 사정이 있다고 세무서장이 인정하는 경우

59 공중위생관리 〉 공중위생관리법규
특별한 사정이 있다고 시장·군수·구청장이 인정하는 경우가 해당함

60 불법카메라나 기계장치를 설치한 경우 1차 위반 행정처분은?
① 경고
② 영업정지 1개월
③ 영업정지 2개월
④ 영업정지 3개월

60 공중위생관리 〉 공중위생관리법규
- 1차: 영업정지 1개월
- 2차: 영업정지 2개월
- 3차: 영업장 폐쇄명령

정답표(제2회)

01	③	02	①	03	④	04	②	05	④	06	③	07	①	08	①	09	④	10	②
11	③	12	①	13	②	14	③	15	②	16	①	17	④	18	②	19	④	20	②
21	①	22	②	23	②	24	③	25	①	26	①	27	②	28	④	29	②	30	①
31	③	32	④	33	①	34	②	35	①	36	②	37	④	38	①	39	③	40	①
41	②	42	①	43	③	44	④	45	①	46	①	47	②	48	①	49	①	50	④
51	④	52	①	53	②	54	④	55	③	56	②	57	②	58	①	59	④	60	②

비공개 기출 복원문제 | 제3회

▶ 모바일로 풀어보기

01 탈색 작업에 사용되는 2제(산화제)의 과산화수소에 대한 설명으로 옳은 것은?

① 3% 산화제는 주로 멋내기 작업에 사용한다.
② 6% 산화제는 모발의 명도를 2~3레벨 올릴 수 있다.
③ 9% 과산화수소의 산소 방출량은 30볼륨이다.
④ 12% 과산화수소의 산소 방출량은 50볼륨이다.

| 해설

01 헤어컬러&헤어전문제품 > 베이직 헤어컬러 및 마무리
- 3%: 주로 백모 커버, 톤 다운, 세임 톤 작업에 사용함
- 6%: 주로 멋내기 작업에 사용하며, 모발의 명도를 1~2레벨 올릴 수 있음
- 12%: 산소 방출량은 40볼륨임
- 15%: 산소 방출량은 50볼륨임

02 셰이핑 레이저의 장점으로 옳은 것은?

① 덧날이 있어 초보자가 사용하기 적당하다.
② 많은 모발을 한번에 커트할 수 있다.
③ 드라이 커트 시 모발 손상을 줄일 수 있다.
④ 블런트 커트 시 활용도가 높다.

02 헤어커트 > 기초 헤어커트
- 오디너리 레이저: 덧날이 없어 셰이핑 레이저보다 많은 모량을 커트할 수 있어 빠른 커트가 가능하고, 숙련자가 사용하기 적합함
- 셰이핑 레이저: 초보자가 사용하기 적합함

03 퍼머넌트 웨이브 형성이 가장 어려운 모발은?

① 버진 헤어
② 손상모
③ 저항성모
④ 파상모

03 헤어스타일링 > 베이직 헤어펌
저항성모: 모표피가 촘촘하게 밀착되어 있어 약제가 흡수되기 힘든 모발로, 프로세싱 타임을 길게 두거나 티오글리콜산 펌제를 사용함

04 핀컬펌을 할 때 사용하지 않는 방향은?

① 클록와이즈 와인드 컬(Clockwise Wind Curl)
② 카운터 클록와이즈 와인드 컬(Counter Clockwise Wind Curl)
③ 포워드 컬(Forward Curl)
④ 호리존탈 컬(Horizontal Curl)

04 헤어스타일링 > 기초 드라이
- 클록와이즈 와인드 컬(Clockwise Wind Curl): 시계 방향으로 말리는 컬
- 카운터 클록와이즈 와인드 컬(Counter Clockwise Wind Curl): 시계 반대 방향으로 말리는 컬
- 포워드 컬(Forward Curl): 귓바퀴 방향으로 말리는 컬
- 리버스 컬(Reverse Curl): 귓바퀴 반대 방향으로 말리는 컬

05 다음 그림 중 이사도라 커트의 형태로 옳은 것은?

①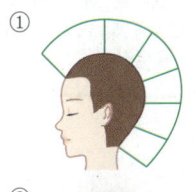
②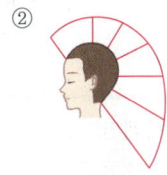
③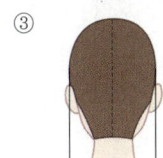
④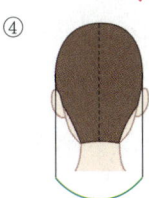

05 헤어커트 〉 기초 헤어커트

- 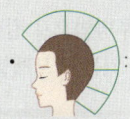 : 유니폼(세임) 레이어 커트
-  : 인크리스 레이어 커트
-  : 스파니엘 커트

06 헤나를 처음 사용한 나라는?
① 이집트
② 그리스
③ 중국
④ 프랑스

06 미용의 이해 〉 미용의 이해
이집트는 헤나라는 나무의 잎을 진흙에 개어 두발에 발라 염모제(붉은색, 갈색)로 사용함

07 우리나라의 옛 여인의 머리 모양 중 앞머리를 양쪽으로 틀어 올린 머리형은?
① 대수머리
② 쌍계머리
③ 새앙머리
④ 얹은머리

07 미용의 이해 〉 미용의 이해
- 대수머리: 궁중의 대례 의식용 머리 형태
- 새앙머리: 어린 상궁이나 상류계급 규수들이 하던 머리로, 머리카락을 두 갈래로 땋고 다시 틀어 올려 아래 위 두 덩이로 잡아맨 형태
- 얹은머리(둘레머리): 다리를 머리에 둘러 얹은 커다란 머리 형태

08 뱅과 플러프에 대한 설명으로 옳은 것은?
① 페이지 보이 플러프: 모발 끝이 갈고리 모양으로 한 번 구부러졌다가 다시 원형으로 끝나는 형태
② 라운드 플러프: 모발 끝이 오리의 꼬리처럼 위로 구부러진 형태
③ 플러프 뱅: 가르마 가까이 작게 낸 뱅
④ 프렌치 뱅: 컬이 부드럽고 자연스러운 볼륨을 주는 뱅

08 헤어스타일링 〉 기초 드라이
- 라운드 플러프: 모발 끝이 원형 또는 반원형의 형태
- 덕 테일 플러프: 모발 끝이 오리의 꼬리처럼 위로 구부러진 형태
- 플러프 뱅: 컬이 부드럽고 자연스러운 볼륨을 주는 뱅
- 프린지 뱅: 가르마 가까이에 작게 낸 뱅
- 프렌치 뱅: 뱅 부분의 모발을 위로 빗어 올려 모발 끝을 부풀린 뱅

09 핫오일 샴푸에 대한 설명으로 옳은 것은?
① 염색 후 사용하는 샴푸방법으로 컬러의 지속력을 높인다.
② 염색 후 두피에 남아 있는 염모제를 제거하기 위해 따뜻한 오일을 사용하여 샴푸한다.
③ 식물성 오일을 따뜻하게 데워 두피와 두발에 충분히 침투시킨 후 플레인 샴푸로 세척하는 방법이다.
④ 동물성 오일을 따뜻하게 데워 두피를 2~3분간 마사지하고 알칼리성 샴푸로 세척하는 방법이다.

09 헤어샴푸&두피·모발 관리 〉 헤어샴푸와 헤어케어
핫오일 샴푸: 식물성 오일(아몬드유, 올리브유 등)을 따뜻하게 데워 두피와 두발에 충분히 침투시킨 후 플레인 샴푸로 세척하는 것을 말함

10 샤기 커트를 할 때 제일 빠르게 시술할 수 있는 도구는?
① 셰이핑 레이저
② 오디너리 레이저
③ 미니 가위
④ 틴닝 가위

10 헤어커트 〉 기초 헤어커트
오디너리 레이저: 한번에 많은 모발을 커트할 수 있으며, 샤기 커트와 같이 층이 많은 커트에 적합함

11 계면활성제 중 살균력이 있는 것은?
① 양이온성 계면활성제
② 음이온성 계면활성제
③ 비이온성 계면활성제
④ 양쪽성 계면활성제

11 헤어샴푸&두피·모발 관리 〉 헤어샴푸와 헤어케어
양이온성 계면활성제: 항균성, 살균·소독작용, 대전방지효과가 있음

12 핑거 웨이브(Finger Wave)의 주요 3대 요소에 해당되지 <u>않는</u> 것은?
① 크레스트
② 밴딩
③ 리지
④ 트로프

12 헤어스타일링 〉 기초 드라이
핑거 웨이브: 웨이브와 핀컬이 조합된 일반적인 형태를 말하며, 웨이브는 크레스트(정상), 리지(융기점), 트로프(골)의 3요소를 갖춰야 함

13 알칼리성 샴푸제의 pH로 가장 적합한 것은?
① pH 3.5~4.5
② pH 5.5~6.5
③ pH 7.5~8.5
④ pH 10.5~11.5

13 헤어샴푸&두피·모발 관리 〉 헤어샴푸와 헤어케어
• 알칼리성 샴푸제: pH 7.5~8.5 정도로, 일반적으로 사용하는 합성세제로 세정력이 가장 강함
• 산성 샴푸제: pH 4.5~6 정도
• 중성 샴푸제: pH 7 정도

14 두발의 구조 중 퍼머넌트 웨이브 또는 염색이 주로 이루어지는 부분은?

① 모표피
② 모수질
③ 모근
④ 모피질

14 헤어샴푸&두피·모발 관리 〉 두피·모발 관리
모피질: 모발의 85~90%를 차지하고, 모발의 유연성, 탄력성 등 물리적인 특성과 화학적 특성(펌, 염색 등)에 관여함

15 두피 상태에 따른 스캘프 트리트먼트 방법으로 옳지 <u>않은</u> 것은?

① 지성 비듬성 두피: 2~3일에 한 번 건성 두피용 샴푸로 샴푸한다.
② 지성 두피: 매일 샴푸를 하며 세정에 중점을 두고 관리해야 한다.
③ 민감성 두피: 두피 진정용 토닉을 사용한다.
④ 탈모 두피: 토닉과 영양 앰플을 사용하여 두피에 영양 공급을 한다.

15 헤어샴푸&두피·모발 관리 〉 두피·모발 관리
지성 비듬성 두피: 비듬 전용 샴푸를 사용하여 과도하게 분비된 피지를 조절해 주고, 비듬균을 살균·소독하며, 주 2~3회 두피 스케일링과 마사지를 하여 적절한 유·수분을 공급하는 데 관리의 초점을 둠

16 모발을 여러 가닥으로 땋아 만든 헤어피스의 명칭은?

① 위그
② 웨프트
③ 스위치
④ 위글렛

16 업스타일&가발&익스텐션 〉 가발 헤어스타일
• 위그: 두부 전체를 덮는 가발을 말함
• 웨프트: 머리카락이 줄에 일렬로 이어 붙어 있는 것을 말함
• 위글렛: 두부의 어느 한 부위에 볼륨을 주기 위해 사용함

17 퍼머넌트 웨이브 시술 시 웨이브의 크기를 결정하는 가장 큰 요소는?

① 환원제
② 밴드
③ 로드
④ 엔드 페이퍼

17 헤어스타일링 〉 베이직 헤어펌
퍼머넌트 로드: 웨이브 굵기와 종류에 따라 호수와 로드 모양이 다르며, 웨이브의 크기를 결정함

18 두발 끝이 컬의 중심이 되는 컬은?

① 메이폴 컬
② 스컬프쳐 컬
③ 리프트 컬
④ 스탠드 업 컬

18 헤어스타일링 〉 기초 드라이
• 메이폴 컬: 모근이 루프의 중심이 되고, 모발 끝이 루프의 바깥쪽에 위치함
• 리프트 컬: 루프가 두피에 45°로 세워진 컬
• 스탠드 업 컬: 루프가 두피에 90°로 세워진 컬

19 싱싱 커트에 대한 설명으로 옳은 것은?

① 젖은 두발에 커트하는 방법이다.
② 퍼머넌트 웨이브 시술 전에 하는 커트 방법이다.
③ 모발을 태워 커트하는 방법이다.
④ 가위 끝을 45° 정도로 비스듬히 하여 커트하는 방법이다.

19 헤어커트 〉 기초 헤어커트
• 웨트 커트: 젖은 두발에 커트하는 방법
• 프레 커트: 퍼머넌트 웨이브 등의 시술 전에 하는 커트 방법
• 나칭: 가위 끝을 약 45° 정도로 비스듬히 하여 커트하는 방법

20 미용사의 개인위생에 유의하여야 할 사항과 관련이 없는 것은?
① 비만관리
② 구강위생
③ 복장
④ 청결

20 미용의 이해 > 미용 위생 관리
미용사는 미용 서비스 제공 시 고객과 가까운 위치에서 업무를 수행하므로 고객에게 청결하고 상쾌한 느낌을 주기 위해 자신의 복장과 체취 및 구취를 위생적으로 관리할 필요가 있음

21 세계보건기구의 약자로 옳은 것은?
① COD
② BOD
③ MPO
④ WHO

21 공중위생관리 > 공중보건
세계보건기구: 보건·위생 분야의 국제적인 협력을 위해 설립한 UN 전문기구로, WHO(World Health Organization)라 불림

22 국가의 건강 수준을 나타내는 대표적인 지표는?
① 조기검진률
② 영아사망률
③ 건강검진률
④ 평균수명률

22 공중위생관리 > 공중보건
영아사망률: 국가의 건강 수준을 나타내는 지표로, 출산아 1,000명당 1세 이전에 사망하는 아기 수를 나타낸 지수를 말함

23 국내 암 중 사망률이 가장 높은 암은?
① 위암
② 췌장암
③ 폐암
④ 간암

23 공중위생관리 > 공중보건
국내 암 사망률 순위
- 1위: 폐 및 기관, 기관지
- 2위: 간 및 간내 담관
- 3위: 결장, 직장 및 항문
- 4위: 위
- 5위: 췌장

24 고압 환경에서 빠른 시간 안에 보통 기압으로 돌아오면서 생기는 장애로 잠수부나 해녀들에게 많이 발생하는 것은?
① 잠함병
② 고혈압
③ 부종
④ 군집독

24 공중위생관리 > 공중보건
군집독: 환기가 불량한 좁은 공간에 많은 사람들이 밀집해 있으면 실내 기후가 물리적·화학적으로 변화하면서 불쾌감, 두통, 현기증 등이 생기는 현상

25 수은 중독으로 생기는 질환은?
① 미나마타병
② 탄저병
③ 파상풍
④ 이타이이타이병

25 공중위생관리 > 공중보건
- 탄저병: 양모, 모피공장의 오염된 공기 등으로 감염됨
- 파상풍: 녹슨 못이나 토양을 통해 감염됨
- 이타이이타이병: 카드뮴에 의한 지하수의 오염으로 생기는 질환임

26 7~9월 사이에 주로 발생되며, 어패류가 주 원인이 되는 감염형 식중독균은?

① 황색포도상구균
② 장염비브리오균
③ 장구균
④ 웰치균

26 공중위생관리 〉 공중보건
- 황색포도상구균: 청결하지 않은 상태에서 조리된 음식 섭취 시 감염될 수 있음
- 장구균: 사람의 대장에 항상 있어 위생지표세균으로 이용되고 있음
- 웰치균: 사람의 분변, 수육 제품이 원인임

27 질병관리를 위한 역학의 역할로 적절하지 않은 것은?

① 질병의 원인 규명
② 질병의 발생과 유행 감시
③ 질병의 예방과 치료
④ 지역사회의 질병 규모 파악

27 공중위생관리 〉 공중보건
역학은 질병의 치료가 아닌 질병 예방과 관리에 기여하기 위한 학문임

28 모기에 의한 감염병이 아닌 것은?

① 일본뇌염
② 말라리아
③ 장티푸스
④ 뎅기열

28 공중위생관리 〉 공중보건
장티푸스: 파리, 바퀴벌레에 의한 감염병

29 질병에 걸린 후 증상이 회복되거나 치료가 되었어도 몸 안에 병원체를 지니고 있는 경우는?

① 비활성 보균자
② 건강 보균자
③ 잠복기 보균자
④ 회복기 보균자

29 공중위생관리 〉 공중보건
- 건강 보균자: 병원체에 감염은 되었으나 감염된 증상이 없고 병원체를 배출하는 사람으로, 감염병 관리가 가장 어려운 경우임
- 잠복기 보균자: 병원체에 감염되었으나 질병의 증상이 없는 경우임

30 호흡기계 감염병 중 볼거리라고 부르고, 주로 어린이에게 발생하며, 비말, 직접접촉을 통해 감염되는 것은?

① 유행성 이하선염
② 디프테리아
③ 결핵
④ 백일해

30 공중위생관리 〉 공중보건
- 디프테리아: 심한 인후염을 일으키고 독소를 분비하여 신경염이 발생함
- 결핵: 기침, 객혈, 흉통이 발생함
- 백일해: 심한 기침이 발생함

31 후천성면역결핍증(AIDS)은 감염병 예방법상 어디에 속하는 법정 감염병인가?

① 제1급 법정 감염병
② 제2급 법정 감염병
③ 제3급 법정 감염병
④ 제4급 법정 감염병

31 공중위생관리 > 공중보건
- 제1급 감염병: 치명률이 높거나 집단 발생의 우려가 큰 SARS, MERS, 페스트, 두창, 신종인플루엔자 등과 같은 것으로 발생 또는 유행 즉시 신고하고 음압격리가 필요한 감염병임
- 제2급 감염병: 전파 가능성을 고려하여 발생 또는 유행 시 24시간 이내에 신고, 격리가 필요한 감염병으로 결핵, 수두, 콜레라, 장티푸스, A형간염 등이 있음
- 제3급 감염병: 발생 또는 유행 시 24시간 이내에 신고하고 발생을 계속 감시할 필요가 있는 감염병으로 파상풍, B형간염, 일본뇌염, 말라리아 등이 있음
- 제4급 감염병: 유행 여부를 조사하기 위하여 표본감시 활동이 필요한 감염병으로 회충, 요충, 임질 등과 같은 것으로 7일 이내에 신고함

32 오염된 면도날, 주사기 등으로 인해 감염이 잘 되는 만성 감염병은?

① B형간염
② 행네일
③ 퍼로우
④ 오니코크립토시스

32 공중위생관리 > 공중보건
- B형간염: 제3급 법정 감염병으로 B형간염 바이러스에 감염되어 발생하는 간의 염증성 질환이며, 면도날, 주사기 등을 다수의 사람에게 사용 시 감염될 수 있음
- 행네일, 퍼로우, 오니코크립토시스는 네일의 병변임

33 금속 소독에 사용하지 않는 소독제는?

① 석탄산
② 에탄올
③ 포르말린
④ 역성비누

33 공중위생관리 > 소독
석탄산은 고온일수록 소독력이 우수하나 금속 부식성이 있고, 포자에는 효과가 없음, 고무제품, 의류, 가구 등의 소독에 사용함

34 습열 멸균과 건열 멸균에 대한 설명으로 옳은 것은?

① 건열 멸균은 습열 멸균보다 아포 소독에 효과적이다.
② 건열 멸균은 저온에서 효과적이다.
③ 습열 멸균이 건열 멸균보다 능률적이고 효과적이다.
④ 습열 멸균은 저온에서 고온까지 소독효과가 높다.

34 공중위생관리 > 소독
- 건열 멸균: 고온에서 변형이나 파괴되지 않는 기구를 멸균하는 데 사용, 온도가 높을수록 멸균 시간이 짧아짐, 고온에서 효과적
- 습열 멸균: 건열 멸균에 비해 낮은 온도에서 짧은 시간으로 멸균이 가능, 능률적이고 효과적

35 혈청이나 백신, 약제 등 열에 불안정한 액체의 멸균에 주로 사용되는 멸균법은?

① 방사선 멸균법
② 초음파 멸균법
③ 여과 멸균법
④ 자외선 멸균법

35 공중위생관리 > 소독
여과 멸균법(세균 여과법)
- 약제, 혈청 등 열에 불안정한 액체류에 주로 이용하는 방법
- 여과기로 걸러 미생물을 분리하여 제거하는 방법으로, 바이러스에는 부적합함

36 미용업소의 쓰레기통, 바닥, 화장실 등의 소독에 가장 적합한 것은?
① 염소
② 에탄올
③ 포르말린
④ 생석회

36 공중위생관리 〉 소독
- 화장실, 쓰레기통, 하수구는 석탄산수, 크레졸수, 생석회 등을 이용함
- 염소: 상수 또는 하수의 소독에 사용함
- 에탄올: 칼, 가위, 유리제품 소독에 사용함
- 포르말린: 고무제품, 금속기구, 플라스틱 소독에 사용함

37 소독력의 세기로 옳은 것은?
① 소독 〉 살균 〉 멸균 〉 방부
② 멸균 〉 살균 〉 소독 〉 방부
③ 멸균 〉 소독 〉 살균 〉 방부
④ 방부 〉 살균 〉 소독 〉 멸균

37 공중위생관리 〉 소독
병원성 미생물과 포자까지 전부 제거하는 멸균의 소독력이 가장 세고, 미생물의 발육을 제거하거나 정지만 시키는 방부가 가장 약함

38 크레졸의 소독력은 석탄산의 몇 배인가?
① 2배
② 3배
③ 4~5배
④ 8~10배

38 공중위생관리 〉 소독
크레졸
- 일반적으로 3%의 수용액을 사용하며, 석탄산보다 2배 정도로 소독력이 우수함
- 피부 자극성이 없으나, 강한 냄새가 남
- 손 소독 시 1~2%의 농도로 사용하고, 3%는 주로 미용실 실내나 바닥 소독에 사용함

39 석탄산 계수 3.0이 의미하는 바는?
① 살균력이 석탄산과 같다.
② 살균력이 석탄산의 0.3배이다.
③ 살균력이 석탄산의 3분의 2이다.
④ 살균력이 석탄산의 3배이다.

39 공중위생관리 〉 소독
석탄산 계수: 5% 농도의 석탄산을 사용하여 장티푸스균에 대한 살균력을 각종 소독제와 비교하여 소독제의 효능을 표시한 것으로, 어떤 소독제의 석탄산 계수가 3.0이면 살균력이 석탄산의 3배임을 의미함

40 에탄올에 의한 소독 대상물로 가장 적절한 것은?
① 쓰레기통
② 플라스틱
③ 고무
④ 가위

40 공중위생관리 〉 소독
에탄올: 70% 에탄올의 살균력이 가장 강하며, 포자 형성 세균에는 살균효과가 없고, 칼, 가위, 유리제품에 사용함

41 캐리어 오일에 해당하지 <u>않는</u> 것은?
① 로즈힙 오일
② 실리콘 오일
③ 올리브 오일
④ 카렌듈라 오일

41 미용의 이해 > 화장품 분류
캐리어 오일
- 아로마(에센셜) 오일을 희석하여 사용하는 오일로, 식물성 오일을 말함
- 호호바 오일(피부 친화성이 좋고 쉽게 산화되지 않음), 올리브 오일, 맥아 오일, 아보카도 오일, 코코넛 오일 등이 있음
- 석유를 정제해서 얻은 물질인 미네랄 오일, 실리콘 오일은 해당하지 않음

42 자외선의 파장 중 가장 짧지만 강하고 위험한 파장은?
① UVA
② UVB
③ UVC
④ UVD

42 미용의 이해 > 피부의 이해
- UVA: 장파장이며, 색소침착의 원인으로 인공 선탠에 사용됨
- UVB: 홍반, 수포와 같은 일광화상과 색소침착을 유발함
- UVC: 단파장이며, 살균작용이 있어 바이러스나 박테리아를 제거하기 위해 사용되기도 하지만, 인체에 영향을 줄 경우 피부암의 원인이 됨

43 수용성 비타민에 해당하는 것은?
① 비타민 A
② 비타민 K
③ 비타민 C
④ 비타민 E

43 미용의 이해 > 피부의 이해
- 수용성 비타민: 비타민 B_1, 비타민 B_2, 비타민 B_3, 비타민 B_6, 비타민 B_7, 비타민 B_9, 비타민 B_{12}, 비타민 C, 비타민 P
- 지용성 비타민: 비타민 A, 비타민 D, 비타민 E, 비타민 K

44 아포크린선에 대한 설명으로 옳지 <u>않은</u> 것은?
① 단백질 함유량이 많아 박테리아균에 의해 부패되면 악취가 발생한다.
② 피지선과 함께 개인의 체취를 만들어낸다.
③ 입술과 생식기를 제외한 전신에 분포되어 있다.
④ 사춘기 이후에 주로 발달하며, 갱년기 이후는 퇴화되어 분비가 감소한다.

44 미용의 이해 > 피부의 이해
- 아포크린선: 겨드랑이, 유두 주위, 배꼽 주위, 생식기, 항문 주위 등 특정 부위에만 존재함
- 에크린선: 입술과 생식기를 제외한 전신에 분포되어 있음

45 피부 진피층에 많이 함유되어 있는 보습 성분은?
① 히알루론산
② 섬유아세포
③ 엘라이딘
④ 세라마이드

45 미용의 이해 > 피부의 이해
- 섬유아세포: 콜라겐과 기질의 전구체로, 콜라겐 세포를 만듦
- 엘라이딘: 투명층에 존재하는 반유동성 단백질 성분의 물질로, 수분 침투를 막고 피부를 윤기 있게 해줌
- 세라마이드: 각질층에 존재하며, 각질세포의 주성분인 각질세포간 지질의 약 50%를 구성하고 수분 증발을 억제하며 각질층을 견고하게 유지함

46 천연보습인자에 해당하지 않는 것은?

① 글리세린
② 아미노산
③ 우레아
④ 소듐PCA

46 미용의 이해 〉 화장품 분류
- 천연보습인자(NMF): 아미노산, 소듐PCA, 락틱애씨드, 우레아 등
- 폴리올: 글리세린, 프로필렌글라이콜, 부틸렌글라이콜, 솔비톨 등
- 고분자중합체: 히알루로닉애씨드, 폴리에틸렌글리콜, 폴리글루타믹애씨드 등

47 피부의 각화주기로 옳은 것은?

① 4주
② 6주
③ 8주
④ 12주

47 미용의 이해 〉 피부의 이해

피부의 각화과정: 기저층에 존재하는 각질형성세포가 세포분열을 하면서 각질층에 도착한 후 각질세포가 되어 떨어져 나가는 과정으로, 세포 교체주기는 약 4주임

48 피부의 층 중 특히 손바닥과 발바닥에 분포하는 층은?

① 투명층
② 각질층
③ 과립층
④ 유극층

48 미용의 이해 〉 피부의 이해
- 각질층: 표피의 가장 바깥층으로 외부 자극으로부터 보호하는 장벽 역할을 함
- 과립층: 무핵층으로, 본격적인 각질화가 일어남
- 유극층: 표피 중 가장 두꺼운 층이며 5~10층의 다각형 유핵세포층임

49 다양한 크기를 지닌 부종성 융기로 수분 내에 갑자기 생성되었다가 사라지는 것은?

① 비립종
② 두드러기
③ 주사
④ 한관종

49 미용의 이해 〉 피부의 이해
- 비립종: 1~2mm 크기의 백색 구진 형태의 각질세포 덩어리로, 눈 아래 모공과 땀구멍에 주로 발생함
- 주사: 코 주변의 모세혈관이 확장되어 코를 중심으로 양 볼 쪽으로 붉어지는 증상임
- 한관종: 땀샘의 입구 이상으로 피지 분비가 막혀 생성됨

50 피부의 광노화 현상에 대한 설명으로 옳은 것은?

① 피지선의 기능 저하로 피부에 윤기가 없어진다.
② 땀샘의 기능 저하로 체온조절기능이 저하된다.
③ 콜라겐의 양과 질이 감소하여 진피층이 얇아진다.
④ 멜라닌세포의 수가 증가하며 자외선으로 인한 색소침착이 나타난다.

50 미용의 이해 〉 피부의 이해

광노화(외인성 노화) 현상
- 자연노화가 아니므로 진피층의 두께가 얇아지지 않음
- 자외선으로부터 피부를 보호하기 위해 표피의 각질층이 두꺼워짐
- 피부 건조와 탄력 저하 및 모세혈관 확장이 동반되기도 함
- 멜라닌세포의 수가 증가하며 자외선으로 인한 색소침착이 나타남
- 섬유아세포 수가 감소하여 콜라겐 생성이 저하되며, UVA는 진피층까지 도달하여 콜라겐과 엘라스틴을 변성시켜 주름이 깊게 나타남

51 면허를 이중 취득한 자에 대한 행정처분으로 옳은 것은?

① 영업장 폐쇄
② 영업정지
③ 나중에 발급받은 면허의 정지
④ 나중에 발급받은 면허의 취소

51 공중위생관리 〉 공중위생관리법규
면허취소
- 면허발급의 결격사유에 해당하게 된 때
- 면허증을 다른 사람에게 대여한 때
- 「국가기술자격법」에 따라 자격이 취소된 때
- 「국가기술자격법」에 따라 자격정지처분을 받은 때
- 이중으로 면허를 취득한 때(나중에 발급받은 면허)
- 면허정지처분을 받고도 그 정지 기간 중에 업무를 한 때
- 「성매매알선 등 행위의 처벌에 관한 법률」이나 「풍속영업의 규제에 관한 법률」을 위반하여 관계 행정기관의 장으로부터 그 사실을 통보받은 때

52 행정처분이 확정된 공중위생영업자에 대한 처분과 관련한 영업 정보는 누가 정하는 바에 따라 공표하는가?

① 대통령령
② 시장·군수·구청장
③ 보건복지부장관
④ 동사무소장

52 공중위생관리 〉 공중위생관리법규
위반사실 공표
시장·군수·구청장은 행정처분이 확정된 공중위생영업자에 대한 처분 내용, 해당 영업소의 명칭 등 처분과 관련한 영업 정보를 대통령령으로 정하는 바에 따라 공표하여야 함

53 공중위생영업에 해당하지 <u>않는</u> 것은?

① 세탁업
② 미용업
③ 의료용구판매업
④ 숙박업

53 공중위생관리 〉 공중위생관리법규
공중위생영업: 숙박업, 목욕장업, 이용업, 미용업, 세탁업, 건물위생관리업을 말함

54 미용업을 하는 자는 보건복지부령이 정하는 중요사항 변경이 있을 때 변경신고를 하여야 하는데, 변경신고를 하지 않았을 때의 벌칙 기준은?

① 1개월 이하의 징역 또는 100만 원 이하의 벌금
② 3개월 이하의 징역 또는 300만 원 이하의 벌금
③ 6개월 이하의 징역 또는 500만 원 이하의 벌금
④ 1년 이하의 징역 또는 1천만 원 이하의 벌금

54 공중위생관리 〉 공중위생관리법규
6개월 이하의 징역 또는 500만 원 이하의 벌금
- 변경신고를 하지 아니한 자
- 공중위생영업자의 지위를 승계한 자로서 신고를 하지 아니한 자
- 건전한 영업질서를 위하여 공중위생영업자가 준수하여야 할 사항을 준수하지 아니한 자

55 공중위생감시원의 자격으로 옳은 것은?

① 이용사 또는 미용사 자격증이 있는 사람
② 위생사 또는 환경기사 2급 이상의 자격증이 있는 사람
③ 소비자단체, 공중위생관련 협회 또는 단체의 소속직원 중에서 당해 단체 등의 장이 추천하는 자
④ 공중위생에 대한 지식과 관심이 있는 자

55 공중위생관리 〉 공중위생관리법규
공중위생감시원의 자격
- 위생사 또는 환경기사 2급 이상의 자격증이 있는 사람
- 「고등교육법」에 따른 대학에서 화학·화공학·환경공학 또는 위생학 분야를 전공하고 졸업한 사람 또는 법령에 따라 이와 같은 수준 이상의 학력이 있다고 인정되는 사람
- 외국에서 위생사 또는 환경기사의 면허를 받은 사람
- 1년 이상 공중위생 행정에 종사한 경력이 있는 사람

56 이·미용의 시설 및 설비의 개선명령을 위반한 자의 과태료 기준은?

① 100만 원 이하의 과태료
② 200만 원 이하의 과태료
③ 300만 원 이하의 과태료
④ 500만 원 이하의 과태료

56 공중위생관리 〉 공중위생관리법규

300만 원 이하의 과태료 처분
• 보고를 하지 아니하거나 관계 공무원의 출입·검사 기타 조치를 거부·방해 또는 기피한 자
• 공중위생 영업의 종류별 시설 및 설비기준의 위반 및 위생관리의무 등의 위반에 의한 개선명령에 위반한 자
• 이용법 신고를 하지 아니하고 이용업소 표시등을 설치한 자

57 공중위생관리법규상 위생관리등급의 구분이 아닌 것은?

① 녹색 등급
② 적색 등급
③ 백색 등급
④ 황색 등급

57 공중위생관리 〉 공중위생관리법규

위생관리등급의 구분
• 최우수 업소: 녹색등급
• 우수 업소: 황색등급
• 일반관리대상 업소: 백색등급

58 미용사가 위생교육을 받지 않았을 시의 과태료는?

① 100만 원 이하의 과태료
② 200만 원 이하의 과태료
③ 300만 원 이하의 과태료
④ 500만 원 이하의 과태료

58 공중위생관리 〉 공중위생관리법규

200만 원 이하의 과태료 처분
• 이용업소의 위생관리 의무를 지키지 아니한 자
• 미용업소의 위생관리 의무를 지키지 아니한 자
• 영업소 외의 장소에서 이용 또는 미용업무를 행한 자
• 위생교육을 받지 아니한 자

59 면허정지처분을 받고도 그 정지 기간 중 업무를 한 경우 1차 위반 행정처분은?

① 영업정지 1개월
② 영업정지 3개월
③ 영업정지 6개월
④ 면허취소

59 공중위생관리 〉 공중위생관리법규

면허정지처분을 받고도 그 정지 기간 중 업무를 한 경우 면허취소의 행정처분을 받음

60 영업소에서 점빼기, 귓볼뚫기, 문신 등 이와 유사한 의료행위를 한 경우 2차 위반 행정처분은?

① 면허취소
② 영업정지 3개월
③ 영업정지 6개월
④ 영업장 폐쇄명령

60 공중위생관리 〉 공중위생관리법규

점빼기·귓볼뚫기·쌍꺼풀수술·문신·박피술 그 밖에 이와 유사한 의료행위를 한 경우
• 1차 위반: 영업정지 2개월
• 2차 위반: 영업정지 3개월
• 3차 위반: 영업장 폐쇄명령

정답표(제3회)

01	③	02	①	03	③	04	④	05	④	06	①	07	②	08	①	09	③	10	②
11	①	12	②	13	①	14	④	15	①	16	③	17	③	18	②	19	③	20	①
21	④	22	②	23	③	24	①	25	①	26	②	27	③	28	③	29	③	30	①
31	③	32	①	33	①	34	③	35	③	36	④	37	②	38	①	39	④	40	④
41	②	42	①	43	③	44	③	45	①	46	①	47	①	48	④	49	②	50	④
51	④	52	①	53	①	54	③	55	③	56	③	57	②	58	②	59	④	60	②

비공개 기출 복원문제 | 제4회

최신 기출문제 풀이는 필수!

 ◀ 모바일로 풀어보기

01 수돗물을 사용하여 소독제를 희석할 경우 주의해야 할 것은?
① 물의 온도
② 물의 취도
③ 물의 탁도
④ 물의 경도

| 해설 |

01 공중위생관리 〉소독
- 물의 경도: 물의 세기로, 경도가 높으면 경수, 낮으면 연수라고 함
- 수돗물은 경도를 유발하는 칼슘, 마그네슘이 함유되어 있어 소독제를 수돗물에 아무 처리 없이 희석하면 소독제보다 양전하(+)를 띤 칼슘이 음전하(-)를 가진 병원균과 먼저 결합하여 중화시키게 되므로 양전하(+)를 띤 소독약이 균체에 접촉하는 것을 방해하여 소독력이 저하됨
- 경수로 소독제를 희석할 때에는 농도를 높이거나 연수로 만들어 사용해야 함

02 고려 시대 미용의 특징으로 옳지 <u>않은</u> 것은?
① 장식용 빗이 성행하여 전대모빗, 자개장식빗 등을 사용하였다.
② 모다발을 심홍색 갑사로 만든 댕기로 묶거나 작은 비녀를 꽂아 쪽진 머리와 비슷한 모양을 하였다.
③ 면약을 사용하고 두발 염색을 하였다.
④ 귀부녀들은 쓰개와 족두리, 화관으로 머리장식을 하였다.

02 미용의 이해 〉미용의 이해
전대모빗, 자개장식빗은 통일신라 시대의 왕족과 귀족들이 사용함

03 T존 부위나 코 주위에 산화된 피지가 쌓여 번들거림이 쉽게 눈에 띄어 세안에 신경써야 하는 계절은?
① 봄
② 여름
③ 가을
④ 겨울

03 미용의 이해 〉피부의 이해
하루 피지 분비량은 1~2g이며, 외부로 분출이 원활하지 않을 경우 여드름의 원인으로 작용하기도 하며, 여름에는 피지 분비가 많아져 다른 계절보다 세안에 더욱 신경써야 함

04 이·미용영업소가 영업정지명령 기간에 영업을 한 때의 벌칙사항은?
① 1년 이하의 징역 또는 1천만 원 이하의 벌금
② 1년 이하의 징역 또는 3백만 원 이하의 벌금
③ 3년 이하의 징역 또는 1천만 원 이하의 벌금
④ 3년 이하의 징역 또는 5백만 원 이하의 벌금

04 공중위생관리 〉공중위생관리법규
1년 이하의 징역 또는 1천만 원 이하의 벌금
- 영업·폐업신고를 하지 아니한 자
- 영업정지명령 또는 일부 시설의 사용중지명령을 받고도 그 기간 중에 영업을 하거나 그 시설을 사용한 자 또는 영업소 폐쇄명령을 받고도 계속하여 영업을 한 자

05 공중위생영업에 해당하지 않는 것은?

① 세탁업
② 위생관리업
③ 미용업
④ 숙박업

05 공중위생관리 > 공중위생관리법규
공중위생영업: 다수인을 대상으로 위생관리서비스를 제공하는 영업으로, 숙박업, 목욕장업, 이·미용업, 세탁업, 건물위생관리업을 말함

06 블리치 파우더의 구성 성분 중 1제에 관한 설명으로 옳은 것은?

① 모표피를 팽윤시킨다.
② 산소를 발생시켜 멜라닌색소를 파괴한다.
③ 농도를 맞춰 발림성이 좋게 한다.
④ 두발에 색을 입힌다.

06 헤어컬러&헤어전문제품 > 베이직 헤어컬러 및 마무리
- 블리치 파우더(탈색제) 1제의 구성 성분 중 알칼리제는 표피를 팽윤시켜 탈색제가 모피질까지 침투할 수 있도록 하고, 과산화수소의 산화작용을 활발하게 촉진시킴
- 과산화수소(2제)는 산소를 발생시켜 모발 내 멜라닌 색소를 파괴하여 옥시멜라닌화시키고, 탈색제의 농도를 조절함

07 염색을 해서 다공성이 된 두발에 퍼머넌트를 했을 때 주의해야 할 것은?

① 콜드퍼머넌트 1제를 차가운 것으로 선택한다.
② 2제를 따뜻하게 데워 이용한다.
③ 정상모보다 1제의 프로세싱 타임을 짧게 둔다.
④ 정상모보다 2제의 처리 시간을 길게 둔다.

07 헤어스타일링 > 베이직 헤어펌
다공성 모발(손상모): 모피질의 간충물질이 빠져나가 보습작용을 하기 어려워 펌 시술 후 건조해지기 쉬우며, 펌제의 흡수가 빨라 프로세싱 타임을 짧게 해야 함

08 미용작업 시 자세로 옳지 않은 것은?

① 앉아서 작업할 때에는 어깨와 등을 구부리지 않는다.
② 정상 시력을 가진 사람의 작업 명시 거리는 25cm 정도가 적당하다.
③ 서서 작업하는 경우 근육의 부담을 줄일 수 있게 전체적인 신체 밸런스를 고려한다.
④ 시술자의 심장 높이보다 작업 대상이 낮게 있어야 작업하기 편하다.

08 미용의 이해 > 미용의 이해
미용사의 올바른 작업 자세
- 작업 대상은 미용사의 심장 높이가 적당함
- 몸의 체중을 양다리에 골고루 분산시켜 안정된 자세를 취함
- 샴푸 시 발을 약 6인치(15cm) 정도 벌려야 함

09 공중위생관리를 지도하거나 계몽하기 위해 소비자 단체 등의 전문 인력을 활용한 명예공중위생감시원의 위촉대상자가 아닌 것은?

① 공중위생에 대한 지식과 관심이 있는 자
② 공중위생 행정 관련 공무원
③ 공중위생 관련 협회의 직원 중 공중위생에 대한 관심과 지식을 보유한 자
④ 소비자단체장이 추천하는 자

09 공중위생관리 > 공중위생관리법규
명예공중위생감시원은 다음 조건에 맞는 자로 시·도지사가 위촉함
- 공중위생에 대한 지식과 관심이 있는 자
- 소비자단체, 공중위생 관련 협회 또는 단체의 소속직원 중에서 해당 단체 등의 장이 추천하는 자

10 피부유형에 따른 화장품 사용이 옳지 않은 것은?
① 민감성 피부 – 진정효과가 있고 무색, 무취, 무알코올 화장품을 사용한다.
② 건성 피부 – 피부에 유·수분을 공급할 수 있는 화장품을 사용한다.
③ 여드름 피부 – 티로시나아제를 억제하는 비타민 C가 함유된 화장품을 사용한다.
④ 복합성 피부 – T존과 U존에 각각 다른 화장품을 사용한다.

10 미용의 이해 > 피부의 이해
여드름 피부
• 약산성 클렌징으로 청결을 유지하고 피지 분비를 억제시키는 성분의 여드름 전용 제품을 사용함
• 세정력이 강한 알칼리성 세안제를 사용하지 않고, 세안 후 얼굴이 당길 경우 수분크림이나 에센스를 사용함

11 지역사회의 보건 수준을 나타내는 가장 대표적인 지표는?
① 영아사망률
② 인구당 의사 수
③ 평균수명
④ 인구증가율

11 공중위생관리 > 공중보건
영아사망률
국가의 보건 수준이나 생활 수준을 나타내는 데 가장 많이 이용되는 지표임

$$영아사망률 = \frac{연간\ 생후\ 1년\ 미만\ 사망아\ 수}{연간\ 출생아\ 수} \times 1,000$$

12 펌 시술 시 제1제를 도포한 다음 화학반응을 위해 방치하는 프로세싱 타임은?
① 5~15분
② 10~15분
③ 20~25분
④ 20~30분

12 헤어스타일링 > 베이직 헤어펌
콜드 펌의 일반적인 프로세싱 타임: 10~15분 정도

13 다음 중 성격이 다른 하나는?
① 화이트닝 크림
② 나이트 크림
③ 염모제
④ 화이트 태닝 크림

13 미용의 이해 > 화장품 분류
기능성 화장품
• 피부: 미백, 주름 개선, 곱게 태워주는 기능, 자외선으로부터 보호, 여드름성 피부 완화(인체세정용), 피부장벽 기능 회복, 튼살로 인한 붉은 선을 엷게 하는 데 도움을 주는 화장품
• 모발: 모발의 색상 변화(일시적 제품 제외), 탈모 증상 완화에 도움(물리적으로 모발을 굵게 보이게 하는 제품 제외), 체모 제거(물리적으로 제거하는 제품 제외)에 도움을 주는 화장품

14 이·미용업소의 시설 및 설비 기준으로 적합한 것은?
① 자외선 살균기와 같은 소독 장비를 갖추어야 한다.
② 응접장소와 작업장소를 구획하는 경우에는 반드시 칸막이가 있어야 하며, 전체 면적의 3분의 2 이상을 불투명하게 해야 한다.
③ 탈의실, 욕실 및 샤워기를 설치해야 한다.
④ 영업소 안에 분리된 별실을 설치하면 안 된다.

14 공중위생관리 〉 공중위생관리법규
미용업의 영업신고 시 갖추어야 할 설비 기준
• 소독을 한 미용기구와 소독을 하지 않은 미용기구를 구분하여 보관할 수 있는 용기
• 소독기·자외선 살균기 등 미용도구를 소독하는 장비

15 기생충과 중간 숙주의 연결이 옳지 않은 것은?
① 유구조충 – 채소
② 무구조충 – 소
③ 폐흡충 – 가재, 게
④ 간흡충 – 잉어, 붕어

15 공중위생관리 〉 공중보건
유구조충 – 돼지

16 외부 충격으로부터 완충작용을 하여 피부를 보호하는 것은?
① 멜라닌의 수
② 모공과 한선
③ 피하지방
④ 각질층의 두께

16 미용의 이해 〉 피부의 이해
피하지방층의 지방세포: 영양분을 저장하며 체온과 탄력을 유지하고 외부 충격으로부터 보호함

17 미용의 특수성과 거리가 먼 것은?
① 미용은 부용예술이다.
② 고객의 요구가 반영된다.
③ 소재를 자유롭게 선택하여 미용사 자신의 독특한 구상을 표현한다.
④ 미용은 정적 예술로 미적 효과를 나타낸다.

17 미용의 이해 〉 미용의 이해
미용은 고객의 의사(요구)가 미용사의 의견보다 우선돼야 하고, 고객의 신체를 대상으로 하므로 소재 선정에 제한이 있는 부용예술로서 고객의 직업과 나이 등에 맞는 미적 효과를 고려해서 작업해야 함

18 「공중위생관리법」상 미용업의 신체 범위를 가장 잘 나타낸 것은?
① 손, 얼굴, 머리
② 얼굴, 피부, 머리
③ 얼굴, 손, 발, 머리
④ 피부, 머리

18 공중위생관리 〉 공중위생관리법규
미용업: 손님의 얼굴, 머리, 피부 및 손톱·발톱 등을 손질하여 손님의 외모를 아름답게 꾸미는 영업을 말함

19 예방접종으로 획득되는 면역의 종류는?
① 인공수동면역
② 인공능동면역
③ 자연수동면역
④ 자연능동면역

19 공중위생관리 〉 공중보건
- 인공수동면역: 다른 사람의 혈청 또는 항체 주사 후 획득한 면역
- 자연수동면역: 모체의 태반이나 수유를 통해 얻는 면역
- 자연능동면역: 감염병에 감염된 이후 형성되는 면역

20 이·미용사의 면허증을 분실하였을 때 재발급 신청은 누구에게 하는가?
① 시장·군수·구청장
② 시·도지사
③ 보건복지부장관
④ 협회장

20 공중위생관리 〉 공중위생관리법규
이·미용사는 면허증의 기재사항에 변경이 있을 때, 면허증을 잃어버렸을 때 또는 면허증이 헐어 못 쓰게 되었을 경우 면허증의 재발급 신청서를 작성하여 시장·군수·구청장에게 제출하여야 함

21 석탄산의 소독작용과 관련 없는 것은?
① 균체 단백질 응고작용
② 균체 효소의 불활성화 작용
③ 가수분해 작용
④ 세포막의 삼투성 변화작용

21 공중위생관리 〉 소독
가수분해 작용: 강산, 강알칼리, 열탕수

22 미용업소에서 사용한 쓰레기 중 재활용이 되지 않는 품목은?
① 머리카락
② 종이류
③ 고무장갑
④ 펌 1제의 빈 용기

22 미용의 이해 〉 미용 위생 관리
폐기물 중 재활용이 되지 않는 품목: 식물성 폐기물, 비닐 코팅된 종이, 머리카락 등

23 세정제에 대한 설명으로 옳지 않은 것은?
① 일반적인 비누는 알칼리성으로 피부의 산도(pH 4.5~5.5)에 영향을 미치게 된다.
② 피부노화의 원인인 활성산소로부터 피부를 보호하기 위해서는 비타민 E가 첨가된 기능성 세정제를 사용한다.
③ 세정 및 청결을 위해 사용하는 것으로 피부의 생리적 균형에 영향을 미지지 않는 제품으로 사용해야 한다.
④ 세정제는 피지선에서 분비되는 피지와 피부장벽의 구성 요소인 지질 성분을 제거하기 위해 사용된다.

23 미용의 이해 〉 피부의 이해
건강한 피부는 세라마이드, 콜레스테롤, 지방산 등의 지질 성분이 촘촘히 배열되어 있는 것이므로 피부장벽이 무너지면 피부가 건조하고 민감해짐

24 산화염모제와 6% 산화제를 사용하여 염색을 할 때 이에 대한 설명으로 옳지 않은 것은?

① 모발의 명도를 1~2레벨 올린다.
② 모발 손상이 있다.
③ 모발 색을 밝게 하지 못한다.
④ 시간적 제약을 받는다.

24 헤어컬러&헤어전문제품 > 베이직 헤어컬러 및 마무리
6% 산화제는 명도를 1~2레벨 올릴 수 있으므로 산화염모제와 혼합하면 모발의 색을 밝게 할 수 있음

25 포르말린, 석탄산, 크레졸과 같은 소독제의 주요 원리는?

① 단백질 변성
② 수분 변성
③ 탄수화물 변성
④ 지방질 변성

25 공중위생관리 > 소독
석탄산, 크레졸, 포르말린, 알코올, 승홍은 균체원형질 중 단백질 변성에 의해 소독되며, 우리가 흔히 사용하는 손소독제도 알코올(에탄올)이 60~70% 함유되어 있어 단백질 변성과 탈수작용에 의해 소독됨

26 화장품의 피부흡수에 대한 설명으로 옳지 않은 것은?

① 분자량이 높은 것보다 낮은 것이 흡수가 잘 된다.
② 지용성 성분이 수용성 성분보다 흡수율이 높다.
③ 분자량 800 이하의 지용성 성분이 흡수가 잘 된다.
④ 분자량 800 이하의 수용성 고분자가 흡수가 잘 된다.

26 미용의 이해 > 화장품 분류
화장품은 분자량 800 이하의 지용성 성분이 피부에 잘 흡수되고, 수용성 고분자의 경우 피부 흡수가 거의 되지 않음

27 핑거 웨이브(Finger Wave) 모양에 대한 설명으로 옳지 않은 것은?

① 스월 웨이브: 물결이 소용돌이 치는 듯한 웨이브
② 덜 웨이브: 리지가 뚜렷하지 않고 느슨한 웨이브
③ 로우 웨이브: 리지가 낮은 웨이브
④ 올 웨이브: 센터 파트형의 가르마가 있는 웨이브

27 헤어스타일링 > 기초 드라이
올 웨이브: 가르마가 없이 만든 웨이브

28 다음 질병 중 미생물의 크기가 가장 작은 것에 속하지 않는 것은?

① 발진티푸스
② 일본뇌염
③ 폴리오
④ 광견병

28 공중위생관리 > 공중보건
• 일본뇌염, 폴리오, 광견병은 모두 바이러스에 해당함
• 이의 흡혈로 생기는 발진티푸스는 리케차로, 바이러스에 비해 크기가 큼

29 공중위생감시원을 둘 수 있는 곳을 모두 고른 것은?

㉠ 특별시 ㉡ 광역시 ㉢ 도 ㉣ 읍, 면, 동

① ㉠, ㉣
② ㉠, ㉡, ㉢
③ ㉡, ㉢
④ ㉠, ㉡, ㉢, ㉣

29 공중위생관리 〉 공중위생관리법규
- 공중위생감시원은 특별시장, 광역시장, 시·도지사, 시장·군수·구청장이 임명함

30 플랫 컬(Flat Curl)에 대한 설명으로 옳은 것은?
① 두발의 끝에서부터 루프 중심으로 말아온 컬을 말한다.
② 루프가 두피에 90°로 세워진 컬로 볼륨을 내기 위한 헤어스타일 연출로 사용한다.
③ 루프가 두피에 0° 각도로 납작하게 눕혀진 컬을 말한다.
④ 핀 컬(Pin Curl)이라고도 부른다.

30 헤어스타일링 〉 기초 드라이
- 스컬프쳐 컬: 두발의 끝에서부터 루프 중심으로 말아온 컬을 말함
- 스탠드 업 컬: 루프가 두피에서 90°로 세워진 컬을 말함
- 메이폴 컬: 핀 컬이라고도 함

31 다음 빈칸에 들어갈 내용을 순서대로 나열한 것은?

세계보건기구(WHO)는 전 세계에 6개 지역사무처와 150개 국가사무소를 두고 있다. 그중 우리나라는 ( )지역, 북한은 ( )지역에 소속되어 있다.

① 서태평양, 동남아시아
② 서태평양, 서태평양
③ 아메리카, 동지중해
④ 동남아시아, 아메리카

31 공중위생관리 〉 공중보건
- 세계보건기구는 서태평양, 동남아시아, 동지중해, 유럽, 아메리카, 아프리카 등에 지역사무처가 있음
- 우리나라는 1949년 8월 17일 65번째 정회원국으로 가입하였으며, 서태평양지역위원회에 소속되어 있고, 북한은 1973년 5월 19일에 유엔전문기구로서 최초로 가입하였으며, 동남아시아지역위원회에 소속되어 있음

32 플라스틱과 고무장갑의 소독으로 가장 적합한 것은?
① E.O 가스 멸균법
② 고압 증기 멸균법
③ 자비 소독법
④ 오존

32 공중위생관리 〉 소독
- 고압 증기 멸균법: 의료기구, 유리류, 금속류, 고무제품, 미용기구, 약액 등에 사용함
- 자비 소독법: 유리류, 소형기구, 도자기류, 수건 등에 적용함
- 오존: 물의 살균에 사용함

33 레이어 커트의 특징으로 옳은 것은?
① 두발 절단면의 외형이 수평으로 나타난다.
② 전체적으로 층이 골고루 나타난다.
③ 슬라이스는 사선 45°로 한다.
④ 블로킹은 주로 4등분으로 한다.

33 헤어커트 〉 기초 헤어커트
- 평행 보브 커트: 원랭스 커트 중 하나로 두발 절단면의 외형이 수평으로 나타남
- 그래쥬에이션 커트: 슬라이스는 사선 45°로 함
- 원랭스 커트: 블로킹은 주로 4등분으로 함

34 공중위생영업소의 위생관리수준을 향상시키기 위하여 위생서비스 평가계획을 수립하는 자는?
① 대통령
② 보건복지부장관
③ 시·도지사
④ 공중위생관련협회 또는 단체

34 공중위생관리 〉 공중위생관리법규
시·도지사는 공중위생영업소(관광숙박업 제외)의 위생관리수준을 향상시키기 위해 위생서비스평가계획을 수립하여 시장·군수·구청장에게 통보하여야 함

35 미생물 중 크기가 가장 작은 것은?
① 세균
② 곰팡이
③ 리케차
④ 바이러스

35 공중위생관리 〉 공중보건
- 크기는 바이러스＜리케차＜세균＜진균 순임
- 곰팡이는 진균에 속함

36 뱅(Bang)에 대한 설명으로 옳지 않은 것은?
① 플러프 뱅 – 부드럽고 자연스럽게 플러프하게 볼륨을 낸 뱅
② 롤 뱅 – 롤을 이용하여 둥글게 말아진 뱅
③ 프렌치 뱅 – 풀 혹은 웨이브로 만든 뱅
④ 프린지 뱅 – 가르마 가까이에 작게 낸 뱅

36 헤어스타일링 〉 기초 드라이
- 프렌치 뱅: 뱅 부분의 모발을 위로 빗어 올려 모발 끝을 부풀린 뱅
- 웨이브 뱅: 풀 웨이브 또는 하프 웨이브를 앞이마에 만든 뱅

37 특수머리의 종류에 해당하지 않은 것은?
① 콘로우
② 브레이즈
③ 드레드 릭
④ 웨프트

37 업스타일&가발&익스텐션 〉 헤어 익스텐션
웨프트: 헤어피스 종류 중 하나로, 머리카락이 줄에 일렬로 이어 붙어 있는 모양을 하고 있음

38 비교적 다른 소독에 비해 약한 소독으로 물체의 노출된 겉면만 소독되는 것은?
① UVC 소독
② 알코올 소독
③ 고압 증기
④ 건열 멸균법

38 공중위생관리 〉 소독
UVC(200~290nm): 자연 소독법으로, 살균효과는 약하지만 세균의 발육을 저지하거나 균 수를 줄일 수 있음

39 영업장에 걸어 두어야 할 것이 아닌 것은?
① 영업자의 건강진단서
② 가격표
③ 미용업 신고증
④ 영업자의 면허증 원본

39 공중위생관리 > 공중위생관리법규
- 지급가격 및 총액에 관한 내역서를 미리 제공하지 않을 경우 1차 경고에 처함
- 미용업 신고증, 면허증 원본을 게시하지 않을 경우 1차 경고 또는 개선명령에 처함

40 「공중위생관리법」상 이·미용기구의 소독기준 및 방법으로 옳지 않은 것은?
① 크레졸 소독: 크레졸 3% 수용액에 10분 이상 담가둔다.
② 열탕 소독: 섭씨 100℃ 이상의 물속에 10분 이상 끓여준다.
③ 석탄산수 소독: 석탄산 3%, 물 97%의 수용액에 10분 이상 담가둔다.
④ 건열 멸균소독: 섭씨 100℃ 이상의 건조한 열에 10분 이상 쐬어준다.

40 공중위생관리 > 소독
건열 멸균소독: 170℃ 이상의 건조한 열에 1~2시간 이상 쐬어줌

41 염색을 한 두발에 가장 적합한 샴푸제는?
① 프로테인 샴푸제
② 논 스트리핑 샴푸제
③ 댄드러프 샴푸제
④ 핫오일 샴푸제

41 헤어샴푸&두피·모발 관리 > 헤어샴푸와 헤어케어
- 논 스트리핑 샴푸제: 손상모나 염색 모발용임
- 프로테인 샴푸제: 단백질이 함유된 샴푸로, 다공성 모에 적합함
- 댄드러프 샴푸제: 약용 샴푸로, 비듬 예방을 함
- 핫오일 샴푸제: 건조한 두피와 두발에 유분을 공급함

42 공중위생업소를 개설하고자 할 경우 원칙상 위생교육은 언제 받아야 하는가?
① 영업신고 전에 미리 받는다.
② 영업 후 3개월 이내
③ 영업 후 6개월 이내
④ 영업 후 1년 이내

42 공중위생관리 > 공중위생관리법규
위생교육은 영업신고 전에 받아야 하지만 천재지변, 본인의 질병·사고, 업무상 국외출장 등의 사유로 교육을 받을 수 없는 경우, 교육을 실시하는 단체의 사정 등으로 미리 교육을 받기 불가능한 경우에는 영업신고를 한 후 6개월 이내에 위생교육을 받을 수 있음

43 여드름을 유발하지 않는 논코메도제닉(Noncomedogenic) 화장품의 성분은?
① 올렌산
② 미네랄 오일
③ 솔비톨
④ 세테아릴 알코올

43 미용의 이해 > 피부의 이해
논코메도제닉: 화장품이 모공 속으로 침투하여 여드름과 같은 트러블을 유발하지 않는 것으로, 솔비톨, 콜라겐, 글리세린, 호호바 오일 등의 성분이 있음

44 고객이 원하는 염색으로 하기 위해 컬러 차트를 보면서 사전 작업을 할 때 고려해야 하는 것으로 옳지 <u>않은</u> 것은?

① 두발의 길이
② 두발의 질
③ 두발의 손상 정도
④ 자연모발의 색

44 헤어컬러&헤어전문제품 > 베이직 헤어컬러 및 마무리
- 염색 사전 작업 시에는 두발의 질, 손상 정도, 자연 모발의 색을 고려해야 함
- 사전 준비 작업으로 패치 테스트, 모발 연화, 스트랜드 테스트가 필요함

45 커트 시 커팅 포인트보다 벗어나게 끌어당겨 그 모양이 삼각형이 되는 것은?

① 온 더 베이스
② 사이드 베이스
③ 오프 더 베이스
④ 프리 베이스

45 헤어커트 > 기초 헤어커트
오프 더 베이스

46 수용성 비타민의 명칭이 옳은 것은?

① 비타민 B_{12} – 나이아신(Niacin)
② 비타민 B_6 – 피리독신(Pyridoxine)
③ 비타민 B_2 – 티아민(Thiamine)
④ 비타민 B_1 – 리보플라빈(Riboflavin)

46 미용의 이해 > 피부의 이해
- 비타민 B_{12} – 코발라민(Cobalamin)
- 비타민 B_3 – 나이아신(Niacin)
- 비타민 B_2 – 리보플라빈(Riboflavin)
- 비타민 B_1 – 티아민(Thiamine)

47 빗이나 브러시 등의 소독 방법으로 가장 적합한 것은?

① 세제를 풀어 세척한 후 자외선 소독기에 넣는다.
② 5%의 크레졸로 닦는다.
③ 자비 소독법으로 소독한다.
④ 70% 알코올로 닦는다.

47 공중위생관리 > 소독
- 빗이나 브러시 등의 소독 방법: 미온수에 세제, 샴푸 등을 풀어 담근 후 세척하여 이물질을 제거하고, 물기를 닦은 후 자외선 소독기로 소독함
- 크레졸: 크레졸수는 3% 수용액이 적절함
- 자비 소독법: 타월 소독에 적합함
- 70% 알코올: 클리퍼, 핀, 클립 소독에 적합함

48 위생교육에 대한 설명으로 옳지 <u>않은</u> 것은?

① 공중위생영업자는 매년 위생교육을 받아야 한다.
② 위생교육시간은 3시간으로 한다.
③ 위생교육에 관한 기록을 1년 이상 보관해야 한다.
④ 위생교육을 받지 아니한 자는 200만 원 이하의 과태료에 처한다.

48 공중위생관리 > 공중위생관리법규
위생교육을 수료한 자에게 수료증을 교부하고, 교육실시 결과를 교육 후 1개월 이내에 시장·군수·구청장에게 통보하여야 하며, 수료증 교부대장 등 교육에 관한 기록을 2년 이상 보관·관리해야 함

49 공중보건 사업의 최소 단위는?
① 지역사회
② 직장 단위
③ 가족 단위
④ 노약자 및 소외계층

49 공중위생관리 〉 공중보건
공중보건 사업의 최소 단위는 지역사회이고, 대상은 지역사회의 전체 주민으로 함

50 아이론 시술에 관한 설명으로 옳은 것은?
① 아이론이 뜨거울 때 두 개의 손잡이를 잡고 회전시켜 식힌다.
② 아이론의 온도는 160~180℃가 적당하다.
③ 프롱은 위쪽, 그루브는 아래쪽을 향하게 하고 작업한다.
④ 프롱은 아래쪽, 그루브는 위쪽을 향하게 하고 잡는다.

50 헤어스타일링 〉 기초 드라이
마샬 웨이브 시술 시 아이론의 온도는 건강모일 경우 120~150℃가 적당하며, 아이론의 프롱은 아래쪽, 그루브는 위쪽을 향하게 하고 잡음

51 샴푸에 대한 설명으로 옳지 않은 것은?
① 미용시술을 하기 위한 기초적인 작업이다.
② 두피를 자극하여 혈액순환을 좋게 하며 모근을 강화시켜 준다.
③ 두피 및 두발의 더러움을 씻어 청결하게 한다.
④ 두발을 윤기 있고 엉키지 않게 한다.

51 헤어샴푸&두피·모발 관리 〉 헤어샴푸와 헤어케어
린스: 두발의 표면을 보호하고, 두발을 윤기 있게 하여 엉키지 않게 함

52 비말전염과 관련 있는 것은?
① 모기
② 피로
③ 상처
④ 광밀집

52 공중위생관리 〉 공중보건
비말: 기침, 재채기, 대화를 할 때 침이나 콧물과 같은 비교적 입자가 큰 분비물로, 밀폐된 공간, 가까운 위치에서 전염될 가능성이 큼

53 화장품 제조 기술에 대한 설명으로 옳지 않은 것은?
① 유화 - 물에 오일이 계면활성제에 의해 우윳빛으로 백탁화된 상태
② 분산 - 물 또는 오일에 미세한 고체 입자가 계면활성제에 의해 균일하게 혼합된 상태
③ 유용화 - 물에 다량의 오일이 계면활성제에 의해 현탁하게 혼합된 상태
④ 가용화 - 물에 소량의 오일이 계면활성제에 의해 투명하게 용해되어 있는 상태

53 미용의 이해 〉 화장품 분류
화장품 3대 제조 기술
• 유화
• 가용화
• 분산

54 전체적으로 두상 시술각을 90°로 들어 올려 커트를 하는 것은?
① 유니폼 레이어
② 하이 레이어
③ 인크리스 레이어
④ 디크리싱 그래쥬에이션

54 헤어커트 〉 기초 헤어커트
- 하이 레이어: 층이 극단적으로 심하게 난 형태
- 인크리스 레이어: 두상 시술각 90° 이상 들어 커트하여 네이프에서 톱 부분으로 갈수록 점차 두발의 길이가 짧아지면서 층이 많아짐
- 디크리싱 그래쥬에이션: 그래쥬에이션의 커트 기법 중 하나로, 층이 후두부 쪽으로 갈수록 감소함

55 스캘프 트리트먼트에 관한 설명으로 옳지 <u>않은</u> 것은?
① 두발에 유분 및 수분을 부여한다.
② 두피의 생리기능을 높여준다.
③ 두발을 깨끗하게 해준다.
④ 두발의 성장을 촉진한다.

55 헤어샴푸&두피·모발 관리 〉 두피·모발 관리
두발을 깨끗하게 세정하는 것은 샴푸이며, 스캘프 트리트먼트는 두피와 두발을 적당하게 자극하여 혈액순환을 촉진하며, 모근 강화와 두발 성장에 도움을 줌

56 페이스(Face) 파우더의 주요 사용 목적은?
① 파운데이션의 번들거림을 낮추기 위해
② 파운데이션 대용으로 사용하기 위해
③ 주름살을 감추고 탄력을 주기 위해
④ 주근깨, 기미와 같은 피부 잡티를 감추기 위해

56 미용의 이해 〉 화장품 분류
분말(가루) 타입의 페이스 파우더는 피부화장 마무리 단계에서 파운데이션의 번들거림을 완화하기 위해 사용함

57 다음 중 화장품 인체사용 범위가 다양한 것은?
① 헤어에센스
② 파운데이션
③ 데오드란트
④ 클렌징 오일

57 미용의 이해 〉 화장품 분류
- 데오드란트: 화장품과 의약외품에 모두 속하지만, 그 사용 범위는 다름
- 화장품: 인체 냄새 방지, 체취를 제거하는 제품
- 의약외품: 땀 발생 억제, 겨드랑이 냄새 방지 제품

58 염색에서 사용하는 용어에 대한 설명으로 옳지 <u>않은</u> 것은?

① 리터치 – 염색 후 새로 자란 부분을 염색하는 것
② 버진 염색 – 처음 염색을 하는 두발
③ 버진 헤어 – 화학적 시술을 하지 않은 자연 그대로의 두발
④ 보색 중화 – 모발의 기존 색을 색상환의 반대쪽 색으로 만드는 작업

58 헤어컬러&헤어전문제품 > 베이직 헤어컬러 및 마무리

보색 중화: 두발에 남아 있는 잔여 색상을 색상환의 반대색을 이용하여 제거하는 작업

59 한국미용의 역사에서 면약을 사용하고 두발 염색을 최초로 했던 시대는?

① 삼한 시대
② 삼국 시대
③ 고려 시대
④ 조선 시대

59 미용의 이해 > 미용의 이해

- 고려 시대에 사용한 면약의 정확한 성분은 알려지지 않으나 안면용 화장품의 일종으로 얼굴을 부드럽고 하얗게 만드는 미백효과를 겸한 피부 보호제라 할 수 있음
- 고려 시대의 화장은 기녀를 중심으로 분대 화장(짙은 화장)을 하고 여염집 여인들은 비분대 화장(엷은 화장)을 하였음

60 색소침착작용을 이용하여 인공 선탠에 사용되는 광선은?

① UVA
② UVB
③ UVC
④ UVD

60 미용의 이해 > 피부의 이해

- UVA: 장파장이며, 색소침착의 원인으로 인공 선탠에 사용됨
- UVB: 홍반, 수포와 같은 일광화상과 색소침착을 유발함
- UVC: 단파장이며, 살균작용이 있어 바이러스나 박테리아를 제거하기 위해 사용되기도 하지만, 인체에 영향을 줄 경우 피부암의 원인이 됨

정답표(제4회)

01	④	02	①	03	②	04	①	05	②	06	①	07	③	08	④	09	②	10	③
11	②	12	②	13	②	14	①	15	①	16	③	17	③	18	②	19	②	20	①
21	③	22	①	23	④	24	①	25	①	26	④	27	④	28	①	29	②	30	③
31	①	32	①	33	②	34	①	35	④	36	③	37	①	38	①	39	①	40	④
41	④	42	①	43	①	44	①	45	①	46	②	47	①	48	③	49	①	50	④
51	④	52	④	53	①	54	①	55	③	56	①	57	③	58	④	59	③	60	①

비공개 기출 복원문제 | 제5회

최신 기출문제 풀이는 필수!

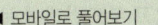
◀ 모바일로 풀어보기

01 원발진에 해당하지 않는 것은?
① 반점
② 티눈
③ 면포
④ 결절

| 해설 |

01 미용의 이해 〉 피부의 이해
원발진: 반점, 면포, 구진, 농포, 결절, 낭종, 종양, 홍반, 팽진, 소수포, 대수포 등이 있음

02 가족계획사업과 가장 관계가 깊은 지표는?
① 인구증가율
② 평균수명
③ 조출생률
④ 예방접종률

02 공중위생관리 〉 공중보건
조출생률: 국가나 특정 지역의 출산 수준을 나타내는 기본적인 지표로, 연간 총출생아 수를 당해 연도의 총인구(한 해의 중간인 7월1일)로 나눈 것에 1,000을 곱한 것을 말함

03 리프트 컬(Lift Curl)에 대한 설명으로 옳은 것은?
① 두피에 0°로 눕혀진 컬
② 두피에 45°로 세워진 컬
③ 두피에 90°로 세워진 컬
④ 모발 끝이 루프의 중심이 되는 컬

03 헤어스타일링 〉 기초 드라이
• 플랫 컬: 루프가 두피에 0°로 눕혀진 컬
• 스탠드 업 컬: 루프가 두피에 90°로 세워진 컬
• 스컬프쳐 컬: 모발 끝이 루프의 중심이 되는 컬

04 다음 그림과 같은 모양의 커트 명칭은?

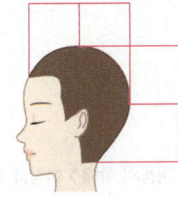 

① 인크리스 레이어
② 원랭스
③ 유니폼 레이어
④ 스퀘어 레이어

04 헤어커트 〉 기초 헤어커트
• 인크리스 레이어 • 원랭스

 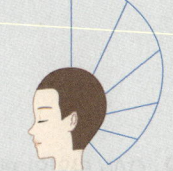

• 유니폼(세임) 레이어

05 스킵 웨이브(Skip Wave)의 특징과 가장 거리가 먼 것은?
① 폭이 넓고 부드럽게 흐르는 웨이브를 만들 때 사용한다.
② 퍼머넌트로 인하여 웨이브가 지나치게 나온 머리에는 효과가 없다.
③ 펌 웨이브가 과도하게 나와 수정할 때 많이 사용한다.
④ 웨이브와 웨이브 사이에 핀컬을 교차하면서 만드는 스타일이다.

05 헤어스타일링 〉 기초 드라이
스킵 웨이브: 핑거 웨이브와 핀컬이 교대로 조합된 형태로, 폭이 넓고 부드럽게 흐르는 웨이브를 만들 때 사용함. 퍼머넌트 웨이브를 수정할 때 사용하지는 않음

06 블로 드라이를 하기 위한 적당한 온도는?
① 60~90℃
② 70~100℃
③ 90~120℃
④ 120~150℃

06 헤어스타일링 〉 기초 드라이
일반적인 두발에 사용하는 온도: 블로 드라이는 60~90℃, 아이론은 120~150℃가 적당함

07 이·미용업소의 시설 및 설비 기준으로 적합한 것은?
① 소독한 기구와 소독하지 않은 기구는 구분하여 보관한다.
② 자외선 살균기와 같은 소독기구의 설치는 필수 사항이 아니다.
③ 밀폐된 별실을 2개 이상 둘 수 있다.
④ 영업장과 영업 외의 용도로 사용되는 시설은 반드시 벽으로 구분되어야 한다.

07 공중위생관리 〉 공중위생관리법규
- 이·미용기구는 소독을 한 기구와 소독을 하지 않은 기구를 구분하여 보관할 수 있는 용기를 비치해야 함
- 소독기·자외선 살균기 등 미용기구를 소독하는 장비를 갖추어야 함
- 이용업은 영업소 안에 별실 그 밖에 이와 유사한 시설을 설치해서는 안 됨
- 공중위생영업장은 독립된 장소이거나 공중위생영업 외의 용도로 사용되는 시설 및 설비와 분리(벽, 층) 또는 구획(칸막이, 커튼)으로 구분되어야 함

08 아이론의 열을 이용하여 웨이브를 형성하는 것은?
① 마샬 웨이브
② 스파이럴 웨이브
③ 섀도 웨이브
④ 크로키놀식 웨이브

08 헤어스타일링 〉 기초 드라이
- 스파이럴 웨이브: 세로나 사선으로 와인딩하여 나온 웨이브
- 섀도 웨이브: 크레스트가 뚜렷하지 않고 굽실거리는 정도의 웨이브
- 크로키놀식 웨이브: 가장 일반적으로 와인딩하는 기법으로, 두발의 끝에서부터 말아 올라가는 방법

09 O/W 타입의 제품으로 가장 적합한 것은?
① 콜드 크림
② 클렌징 크림
③ 클렌징 오일
④ 클렌징 로션

09 미용의 이해 〉 화장품 분류
O/W 타입: 수중유형으로 물에 오일이 분산되어 있는 형태로, 로션, 에센스 등이 있음

10 두발이 손상되어 다공성이 되었을 때 사용하기 적절한 케라틴 단백질로 된 샴푸제는?

① 플레인 샴푸제
② 약산성 샴푸제
③ 프로테인 샴푸제
④ 약용 샴푸제

10 헤어샴푸&두피·모발 관리 > 헤어샴푸와 헤어케어
- 플레인 샴푸제: 일반적인 샴푸제임
- 약산성 샴푸제: pH 4.5~6 정도이며 손상된 두발이나 염색 두발에 적합함
- 약용 샴푸제: 댄드러프 샴푸로 비듬 방지 성분이 있는 항비듬성 샴푸제임

11 대기오염 물질이 아닌 것은?

① 일산화탄소(CO)
② 황산화물(SO_x)
③ 이산화탄소(CO_2)
④ 질소산화물(NO_x)

11 공중위생관리 > 공중보건
대기오염 물질
- 가스상 물질: 일산화탄소(CO), 질소산화물(NO_x), 황산화물(SO_x) 등
- 입자상 물질: 먼지, 매연, 연무 등

12 기생충과 숙주의 관계로 옳지 않은 것은?

① 폐디스토마 – 잉어, 피라미
② 간디스토마 – 쇠우렁이, 잉어
③ 요코가와흡충 – 은어, 숭어
④ 광절열두조충 – 송어, 연어

12 공중위생관리 > 공중보건
- 폐디스토마(폐흡충)의 숙주: 다슬기, 가재, 게 등
- 간디스토마(간흡충): 쇠우렁이, 붕어, 잉어 등
- 요코가와흡충: 다슬기, 은어, 숭어, 황어 등
- 광절열두조충: 물벼룩, 연어, 송어, 농어 등

13 소독에 대한 설명으로 옳은 것은?

① 미생물을 사멸하여 무균 상태로 만드는 것을 말한다.
② 병원성 미생물의 생활력을 파괴 또는 제거하여 감염의 위험성을 없애는 것이다.
③ 모든 미생물을 전부 사멸시키는 것을 말한다.
④ 미생물의 발육과 작용을 억제시켜 부패 및 발효를 방지시키는 것이다.

13 공중위생관리 > 소독
- 소독: 인체에 유해한 병원성 미생물의 생활력을 파괴 또는 제거하여 감염의 위험성을 없애는 것으로 포자까지는 작용하지 않음
- 멸균: 모든 미생물을 제거하여 무균 상태로 만드는 것
- 방부: 병원성 미생물의 발육을 제거하거나 정지시켜 음식의 부패나 발효를 방지하는 것

14 아이들에게 잘 생기는 피부질환은?

① 아토피 피부염
② 여드름
③ 대상포진
④ 켈로이드

14 미용의 이해 > 피부의 이해
- 여드름: 주로 사춘기 때 많이 발생함
- 대상포진: 수포성 발진과 심한 통증이 동반되며 연령이 높을수록 발생빈도가 높음
- 켈로이드: 피부 상처가 치유되면서 결합조직이 비정상적으로 과다 증식되어 원래 상처보다 크게 표면 위로 융기된 흉터

15 고압 증기 멸균법에 관한 설명으로 옳은 것은?

① 아포를 포함한 모든 미생물을 완전히 사멸시킬 수 있다.
② 포자는 사멸되지 않는다.
③ 90~100℃의 수증기를 사용한다.
④ 식기, 조리기구, 행주 등에 사용한다.

15 공중위생관리 〉 소독
고압 증기 멸균법
- 고온(100~135℃)의 수증기로 미생물뿐만 아니라 포자까지 멸균시킴
- 가장 빠르고 효과적임
- 의료기구, 유리류, 금속류 등에 사용함
- 멸균 과정에서 잔여 독성물질이 발생하지 않음

16 신생아가 태어나서 처음 접하는 예방접종은?

① DPT
② MMR
③ PPD
④ BCG

16 공중위생관리 〉 공중보건
- DPT(디프테리아, 백일해, 파상풍): 생후 2, 4, 6개월
- MMR(홍역, 볼거리, 풍진): 생후 12~15개월 1차, 만 4~6세 2차
- PPD(투베르쿨린 반응검사): 결핵균 감염 여부를 확인할 수 있는 검사
- BCG(결핵): 생후 1개월(4주) 이내

17 영업소의 폐쇄명령을 받고도 계속하여 영업을 하는 때 영업소를 폐쇄하기 위해 관계 공무원이 행할 수 있는 조치가 아닌 것은?

① 위법한 영업소의 간판 기타 영업표지물의 제거
② 위법한 영업소임을 알리는 게시물 등의 부착
③ 영업을 위한 시설물을 사용할 수 없게 하는 봉인
④ 영업정지명령

17 공중위생관리 〉 공중위생관리법규
시장·군수·구청장은 공중위생영업자가 영업소 폐쇄명령을 받고도 계속하여 영업을 하는 때에는 관계 공무원으로 하여금 해당 영업소를 폐쇄하기 위하여 ①②③에 해당하는 조치를 하며, 공중위생영업의 신고 및 폐업신고를 하지 않고 영업을 하는 경우에도 같은 조치를 취함

18 손상모에 매직스트레이트 헤어펌을 하려고 할 때 아이론기의 적당한 온도는?

① 60~90℃
② 160~180℃
③ 120~140℃
④ 180~200℃

18 헤어스타일링 〉 매직스트레이트 헤어펌
- 블로 드라이의 적정 온도: 60~90℃
- 건강모: 160~180℃
- 저항성모: 180~200℃

19 지성 피부의 특징으로 옳은 것은?

① 모공이 적고 피부결이 섬세하다.
② 피지선 기능 이상으로 세균 감염이 잘 된다.
③ 모공이 크고 불규칙하여 거칠어 보인다.
④ 수분이 유분보다 부족해서 부분적으로 각질과 비듬이 생긴다.

19 미용의 이해 〉 피부의 이해
지성 피부의 특징
- 모공이 크고 불규칙하며 열려 있는 상태임
- 외부 자극에 대한 저항력이 크므로 쉽게 민감해지지 않음
- 피지선이 발달된 피부로, 피지막이 두꺼워 표면이 번들거림
- 두꺼워진 각질로 모공이 막혀 블랙헤드와 화이트헤드가 쉽게 발생함
- 피부 조직이 두꺼우므로 잔주름이나 표정주름이 눈에 잘 띄지 않음
- 피지 분비량이 많은 젊은 층이나 남성들에게 많이 나타나는 유형임

20 언더 프로세싱(Under Processing)된 두발에 해당하는 그림은?

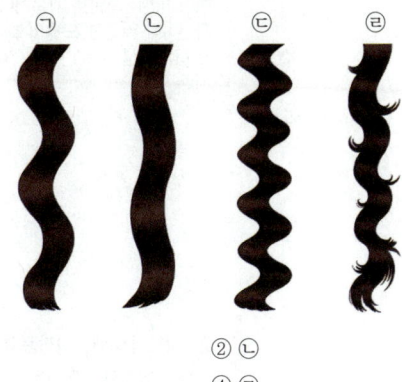

① ㉠   ② ㉡
③ ㉢   ④ ㉣

20 헤어스타일링 〉베이직 헤어펌
㉠ 적당한 프로세싱으로 웨이브의 형태가 매끄럽고 탄력이 있음
㉡ 언더 프로세싱: 웨이브의 형태가 느슨함
㉢ 오버 프로세싱: 젖었을 때 웨이브가 보이고 건조되면 웨이브가 늘어짐
㉣ 오버 프로세싱: 두발의 끝이 갈라지고 다공성인 상태

21 사용한 가위와 레이저에 대한 소독으로 적당한 것은?
① 3% 크레졸 비누액
② 70~80%의 알코올
③ 100~200배 희석 역성비누
④ 70% 과산화수소

21 공중위생관리 〉소독
- 크레졸: 3% 수용액을 사용하여 미용실의 실내, 바닥을 소독함
- 역성비누: 0.01~0.1%의 농도(100~10배)로 수지, 기구, 식기, 손 소독을 함
- 과산화수소: 3% 수용액을 사용하며 자극성이 적어 피부 상처 부위나 구내염, 인두염, 입안 세척 등에 사용함

22 향수 원액에 알코올을 많이 넣은 순서대로 나열한 것은?
① 오데퍼퓸 〉오데코롱 〉퍼퓸 〉오데토일렛
② 퍼퓸 〉오데토일렛 〉오데코롱 〉오데퍼퓸
③ 오데코롱 〉오데토일렛 〉오데퍼퓸 〉퍼퓸
④ 샤워코롱 〉퍼퓸 〉오데코롱 〉오데퍼퓸

22 미용의 이해 〉화장품 분류
- 향수는 향수 원액이 적을 수록 알코올의 비율은 많고 부향률이 낮음
- 향수의 부향률이 낮은 것은 '샤워코롱 〉오데코롱 〉오데토일렛 〉오데퍼퓸 〉퍼퓸' 순임

23 위생서비스평가 결과에 따른 위생관리등급은 누구에게 통보하여야 하는가?
① 보건복지부장관
② 시장·군수·구청장
③ 시·도지사
④ 해당 공중위생영업자

23 공중위생관리 〉공중위생관리법규
공중위생업소의 서비스 수준을 2년에 한 번씩 평가하여 최우수 업소(녹색등급)를 선정하고, 이를 해당 공중위생영업자에게 통보하고 이를 공표해야 함

24 우리나라 「근로기준법」상 보건상 유해하거나 위험한 사업에 종사하지 못하는 대상은?
① 임산부와 18세 미만인 자
② 산후 1년 6개월이 지나지 않은 여성
③ 13세 미만의 어린이
④ 18세 미만의 여성

24 공중위생관리 〉공중보건
「근로기준법」상 사업주는 임신 중이거나 산후 1년이 지나지 아니한 여성(임산부)과 18세 미만자를 도덕상 또는 보건상 유해·위험한 사업에 종사하지 못하도록 함

25 컬(Curl)을 만드는 데 필요한 요소가 아닌 것은?
① 루프의 크기
② 스템
③ 헤어 셰이핑
④ 헤어 파팅

25 헤어스타일링 〉 기초 드라이
헤어 파팅: 모발을 가르거나 나누는 것으로, 헤어 디자인이나 얼굴형, 모발의 흐름 등에 따라 다양한 종류로 나누어짐

26 화장품의 사용 목적에 대한 설명으로 옳지 않은 것은?
① 인체를 청결하게 하고 용모를 변화시키기 위해 사용한다.
② 인체의 매력을 증진시킨다.
③ 인체에 약리작용을 하여 피부치료에 효과적이다.
④ 피부와 두발을 보호하고 건강하게 유지하기 위해 사용한다.

26 미용의 이해 〉 화장품 분류
인체에 약리적인 영향을 주어 치료하는 것은 의약품의 사용 목적임

27 이·미용실의 실내 소독으로 가장 적절한 것은?
① 크레졸 비누액
② 포르말린
③ 70% 에탄올
④ 승홍수

27 공중위생관리 〉 소독
• 포르말린: 고무제품, 금속기구, 플라스틱 등의 소독에 사용함
• 70% 에탄올: 칼, 가위, 유리제품에 사용함
• 승홍수: 금속 부식성이 강하므로 금속제 기구 및 식기류, 상처가 있는 피부에 부적합함

28 테트로도톡신 독소가 들어 있는 것은?
① 버섯
② 감자
③ 복어
④ 고둥

28 공중위생관리 〉 공중보건
• 버섯: 무스카린
• 감자: 솔라닌
• 고둥: 테트라민

29 군집독의 가장 큰 원인은?
① 기온 하강
② 공기의 이화학적 조성 변화
③ 대기오염
④ 질소의 증가

29 공중위생관리 〉 공중보건
군집독: 환기가 불량한 좁은 공간에 많은 사람들이 밀집해 있으면 실내 기후가 물리적·화학적으로 변화하면서 불쾌감, 두통, 현기증 등이 생기는 현상임

30 바이러스에 대한 설명으로 옳지 않은 것은?
① 모양은 대체적으로 동그랗다.
② 단백질 유전자인 RNA 또는 DNA를 가지고 있다.
③ 전자현미경으로 관찰할 수 있다.
④ 스스로 번식할 수 없고, 살아 있는 세포에서 증식한다.

30 공중위생관리 〉 소독
모든 바이러스는 RNA 또는 DNA 중 하나의 핵산만을 가지고 있는 세상에서 가장 작은 미생물로, 전자현미경으로만 관찰할 수 있으며, 그 모양은 구형, 막대형, 나선형을 하고 있고, 살아 있는 세포에서만 증식함

31 다음 빈칸에 들어갈 커트 명칭이 순서대로 나열된 것은?

> 퍼머넌트를 시술하기 전에 먼저 (　　　　)를 하고, 퍼머넌트가 끝나고 난 후 (　　　　)으로 손상된 모발이나 불필요하게 삐져나온 두발을 가볍게 잘라 준다.

① 애프터 커트(After-cut), 슬라이싱(Slicing)
② 애프터 커트(After-cut), 테이퍼링(Tapering)
③ 프레 커트(Pre-cut), 트리밍(Trimming)
④ 프레 커트(Pre-cut), 틴닝(Thinning)

31 헤어커트 〉 기초 헤어커트
• 슬라이싱: 두발의 표면을 따라 미끄러지듯 커트함
• 테이퍼링: 커트된 모발 선을 자연스럽게 하는 기법으로, 테이퍼링할수록 두발의 끝이 점점 붓 끝처럼 가늘어짐
• 틴닝: 틴닝 가위를 이용한 질감 처리 기법으로, 두발의 길이에는 변화 없이 모량만 감소함

32 미용영업소가 아닌 장소에서 미용시술을 할 수 있는 경우에 해당하지 않는 것은?
① 병원에 입원하여 영업소에 나올 수 없는 경우
② 방송 등의 촬영에 참여하는 경우
③ 시장·군수·구청장이 인정하는 경우
④ 고객의 간곡한 부탁이 있을 경우

32 공중위생관리 〉 공중위생관리법규
영업소 외의 장소에서 이·미용시술을 할 수 있는 경우
• 혼례나 그 밖의 의식에 참여하는 자에 대하여 그 의식 직전에 이용 또는 미용을 하는 경우
• 사회복지시설에서 봉사활동으로 이용 또는 미용을 하는 경우
• 특별한 사정이 있다고 시장·군수·구청장이 인정하는 경우

33 고객과 상담 시 주의사항으로 옳은 것은?
① 고객이 말하기 전에 문제점을 미리 예측하여 고객을 편안하게 한다.
② 시술이 끝나면 고객이 스타일을 유지하기 위한 모발 관리, 손상 방지 등 고객이 알아야 하는 사항 등을 조언해 준다.
③ 고객은 미용 시술에 대한 전 과정을 알고 있을 필요가 없기 때문에 시술자의 판단에 따라 중요하다고 생각하는 부분만 설명한다.
④ 고객이 자신의 문제를 말하는 것이 부끄러울 수 있으므로 고객의 표정을 보면서 예측한다.

33 미용의 이해 〉 고객 응대 서비스
• 고객이 말하기 전에 고객의 문제를 다 안다고 추정하지 않아야 함
• 고객은 자신의 문제를 말하는 것이 부끄러울 수 있기 때문에 편안한 분위기와 공감대를 형성하여 상담해야 함
• 고객상담 및 미용 시술의 전 과정은 고객의 신뢰와 의지가 필요하기 때문에 거짓이나 과장된 표현은 하지 않음
• 고객의 스타일 유지, 모발 관리, 두피 관리, 손상 방지 등을 위해 고객이 따라야 할 사항 등에 관해 조언함

34 퍼머넌트 웨이브 시 작용하는 주요 결합은?
① 염 결합
② 펩타이드 결합
③ 수소 결합
④ 시스틴 결합

34 헤어스타일링 〉 베이직 헤어펌
- 염 결합(이온 결합): 폴리펩타이드 내의 아미노산 중 음극(−)을 띤 화학기와 양극(+)을 띤 화학기 사이의 정전기적 결합
- 펩타이드 결합: 아미노산을 세로로 결합한 것으로 화학적인 처리에도 영향을 적게 받는 강한 결합
- 수소 결합: 수분에 의해 절단되었다가 건조하면 재결합되는 성질로 이를 이용하여 드라이와 아이론을 함

35 보디용 화장품에 해당하지 않는 것은?
① 샤워젤
② 배스 오일
③ 데오드란트
④ 헤어에센스

35 미용의 이해 〉 화장품 분류
헤어에센스는 모발용 화장품으로 분류됨

36 스캘프 트리트먼트의 목적과 관련 없는 것은?
① 두피 질환을 개선하고 치료한다.
② 혈액순환을 도와 두피의 생리기능을 높인다.
③ 두피나 두발에 유·수분을 공급한다.
④ 두발의 성장을 촉진한다.

36 헤어샴푸&두피·모발 관리 〉 두피·모발 관리
스캘프 트리트먼트의 목적
- 두피를 청결(먼지, 비듬 등을 제거)하게 함
- 두발 성장을 촉진함
- 두발에 윤기를 부여함
- 모근에 자극을 주어 탈모를 예방함

37 「화장품법」상 기능성 화장품에 해당하지 않는 것은?
① 미백에 도움을 주는 제품
② 주름 개선에 도움을 주는 제품
③ 여드름 치료에 도움을 주는 제품
④ 자외선으로부터 피부를 보호하는 데 도움을 주는 제품

37 미용의 이해 〉 화장품 분류
기능성 화장품
- 피부: 미백, 주름 개선, 곱게 태워주는 기능, 자외선으로부터 보호, 여드름성 피부 완화(인체세정용), 피부장벽 기능 회복, 튼살로 인한 붉은 선을 엷게 하는 데 도움을 주는 화장품
- 모발: 모발의 색상 변화(일시적 제품 제외), 탈모 증상 완화에 도움(물리적으로 모발을 굵게 보이게 하는 제품 제외), 체모 제거(물리적으로 제거하는 제품 제외)에 도움을 주는 화장품

38 공중위생영업을 하고자 하는 자는 시설 및 설비를 갖추고 누구에게 신고해야 하는가?
① 시장·군수·구청장
② 시·도지사
③ 보건복지부장관
④ 관련 전문기관 및 단체장

38 공중위생관리 〉 공중위생관리법규
공중위생영업을 하고자 하는 자는 공중위생영업의 종류별로 보건복지부령이 정하는 시설 및 설비를 갖추고 시장·군수·구청장에게 신고하여야 함

39 병원체가 바이러스에 해당하는 것은?
① 결핵
② 폴리오
③ 발진열
④ 파상풍

39 공중위생관리 〉 공중보건
- 결핵, 파상풍: 세균이 병원체임
- 발진열: 리케차가 병원체임

40 모발을 물에 적셔 빗과 손가락으로 만드는 웨이브는?
① 마샬 웨이브
② 섀도 웨이브
③ 와이드 웨이브
④ 핑거 웨이브

40 헤어스타일링 〉 기초 드라이
- 마샬 웨이브: 마샬 아이론의 열을 이용하여 일시적으로 만들어 낸 웨이브
- 섀도 웨이브: 크레스트가 뚜렷하지 않고 약하게 굽실거리는 정도의 웨이브
- 와이드 웨이브: 크레스트가 어느 정도 뚜렷한 웨이브

41 퍼머넌트 웨이브의 원리를 설명한 내용으로 틀린 것은?
① 1액은 환원작용으로 수소(H)가 시스틴 결합을 절단한다.
② 2액은 산화작용으로 황(S)이 시스틴 결합을 재결합한다.
③ 1액의 주성분인 알칼리제가 모표피를 팽윤시킨다.
④ 2액의 주성분인 과산화수소가 산소(O)를 발생시킨다.

41 헤어스타일링 〉 베이직 헤어펌
1액 환원제 성분 중 수소(H)에 의해 시스틴 결합이 절단되는데, 이는 2액 산화제의 성분 중 산소(O)가 수소(H)와 만나 시스틴이 재결합하여 웨이브가 된다.

42 소독용으로 사용하는 승홍수의 적합한 농도는?
① 0.1~0.4%
② 2~4%
③ 5~7%
④ 70%

42 공중위생관리 〉 소독
승홍수: 독성이 강해 0.1%의 수용액을 사용하고 금속 부식성이 강하여 금속제 기구 및 식기류, 상처가 있는 피부에 부적합함

43 위생교육에 대한 내용으로 옳지 않은 것은?
① 위생교육을 받은 자가 위생교육을 받은 날부터 3년 이내에 위생교육을 받은 업종과 같은 업종의 영업을 하려는 경우에는 해당 영업에 대한 위생교육을 받은 것으로 본다.
② 영업신고 전에 위생교육을 받아야 하는 자 중 천재지변, 본인의 질병, 교육을 실시하는 단체의 사정 등으로 미리 교육을 받기 불가능한 경우 경우에는 영업신고를 한 후 6개월 이내에 위생교육을 받을 수 있다.
③ 위생교육의 내용은 「공중위생관리법」 및 관련 법규, 소양교육(친절 및 청결에 관한 사항을 포함한다), 기술교육, 그 밖에 공중위생에 관하여 필요한 내용으로 한다.
④ 위생교육실시 단체는 교육교재를 편찬하여 교육 대상자에게 제공하여야 한다.

43 공중위생관리 〉 공중위생관리법규
위생교육을 받은 자가 위생교육을 받은 날부터 2년 이내에 위생교육을 받은 업종과 같은 업종의 영업을 하려는 경우에는 해당 영업에 대한 위생교육을 받은 것으로 봄

44 자외선의 파장 길이가 짧은 순서대로 나열한 것은?

① UVA – UVC – UVB
② UVC – UVB – UVA
③ UVA – UVB – UVC
④ UVB – UVC – UVA

44 미용의 이해 > 피부의 이해
- UVA: 320~400nm로 가장 긴 파장으로 진피층까지 도달함
- UVB: 290~320nm로 표피의 기저층 또는 진피의 상부층까지 도달함
- UVC: 200~290nm로 오존층(O_3)에서 대부분 흡수됨

45 산소의 유무와 상관없이 생육과 번식이 가능한 세균은?

① 혐기성 세균
② 호기성 세균
③ 편성호기성 세균
④ 통성혐기성 세균

45 공중위생관리 > 소독
- 혐기성 세균: 산소를 필요로 하지 않는 세균으로 파상풍균, 클로스트리듐균이 있음
- 호기성 세균: 산소가 있어야 살 수 있는 세균을 총칭함
- 편성호기성 세균: 반드시 산소가 있어야만 살 수 있는 세균으로 결핵균, 초산균 등이 있음
- 통성혐기성 세균: 산소가 있든 없든 살 수 있는 세균으로 포도상구균, 장티푸스균·파라티푸스균, 대장균 등이 있음

46 바이러스성 피부질환이 아닌 것은?

① 사마귀
② 수두
③ 백선
④ 단순포진

46 미용의 이해 > 피부의 이해
백선(무좀): 사상균성 진균이 원인이며, 피부 각질이 벗겨지고 가려움증이 동반됨

47 미용작업 시 올바른 자세로 거리가 먼 것은?

① 샴푸 시 발을 약 6인치 정도 벌린다.
② 작업 대상이 심장 높이보다 높게 있어야 한다.
③ 작업 명시 거리는 눈에서 25cm 정도로 유지한다.
④ 몸의 체중을 양다리에 골고루 분산시켜 안정된 자세로 한다.

47 미용의 이해 > 미용의 이해
미용사의 올바른 작업 자세
- 작업 대상은 미용사의 심장 높이가 적당함
- 의자에 앉아 작업할 시 엉덩이를 의자 뒤에 밀착시키고, 등을 곧게 폄

48 보건 상태의 측정지표로 α-index 값에 대한 설명으로 옳은 것은?

① 0.1에 가까울수록 보건 수준이 높다.
② 0.3에 가까울수록 보건 수준이 높다.
③ 1.0에 가까울수록 보건 수준이 높다.
④ 10에 가까울수록 보건 수준이 높다.

48 공중위생관리 > 공중보건
- α-index = 영아 사망자 수/신생아 사망자 수
- 1에 가까울수록 선천성 원인에 의해 사망한 것으로 보며, 선진국일수록 1에 가까운 지표를 보임

49 화장품의 4대 품질 조건에 대한 설명으로 옳지 <u>않은</u> 것은?

① 안전성 – 피부나 두발 등 인체에 대한 자극, 알레르기, 독성이 없어야 한다.
② 사용성 – 사용이 편리하고, 피부에 매끄럽게 잘 발리고 스며들어야 한다.
③ 안정성 – 변질, 변색, 변취 등 오염이 없어야 한다.
④ 유효성 – 질병 치료 및 진단에 사용할 수 있어야 한다.

49 미용의 이해 〉 화장품 분류
- 유효성: 적절한 보습, 미백, 세정, 노화 억제, 자외선 차단 등을 부여해야 함
- 질병 치료는 의약품에 해당함

50 가위에 대한 설명으로 옳지 <u>않은</u> 것은?

① 전강 가위로 블런트 커트를 한다.
② 대부분의 가위는 착강 가위이다.
③ 가위의 전체가 특수강으로 만들어진 것을 전강 가위라고 한다.
④ 착강 가위의 경우 협신부는 연강으로 되어 있고, 날은 특수강으로 되어 있다.

50 헤어커트 〉 기초 헤어커트
블런트 커트는 커트의 형태(원랭스, 그래쥬에이션, 레이어 등)를 만들 때 길이만 제거하는 것을 말하므로 가위의 재질과 관련 없음

51 피부암을 발생시키는 자외선은?

① UVA
② UVB
③ UVC
④ UVD

51 미용의 이해 〉 피부의 이해
- UVA: 장파장이며, 색소침착의 원인으로 인공 선탠에 사용됨
- UVB: 홍반, 수포와 같은 일광화상과 색소침착을 유발함
- UVC: 단파장이며, 살균작용이 있어 바이러스나 박테리아를 제거하기 위해 사용되기도 하지만, 인체에 영향을 줄 경우 피부암의 원인이 됨

52 멸균에 대한 설명으로 옳은 것은?

① 포자와 아포를 포함한 모든 미생물을 제거하는 것을 말한다.
② 포자까지는 제거하지 못하지만 인체에 유해한 병원성 미생물을 죽이거나 약화시켜 감염력이나 증식력을 줄인다.
③ 미생물을 물리적·화학적 방법으로 제거하여 감염력을 없애는 것으로 포자는 남아 있을 수 있다.
④ 병원성 미생물의 발육을 제거하거나 정지시키는 것으로 음식의 부패나 발효를 방지한다.

52 공중위생관리 〉 소독
②는 소독, ③은 살균, ④는 방부에 대한 설명임

53 물속에 존재하는 금속이온이 화장품을 변색, 침전시키는 것을 막기 위해 첨가하는 물질은?

① 금속이온봉쇄제
② 가용화제
③ 증점제
④ pH조절제

53 미용의 이해 〉 화장품 분류
- 가용화제: 계면활성제의 성질을 이용하여 빛을 통과시킬 수 있는 투명한 액체로 만들어 주는 물질
- 증점제: 점도를 증가하기 위해 첨가하는 물질
- pH조절제: pH 유지 및 제품 안정화를 위해 첨가하는 물질

54 산성 린스에 해당하지 <u>않는</u> 것은?

① 비니거 린스(Vinegar Rinse)
② 레몬 린스(Lemon Rinse)
③ 오일 린스(Oil Rinse)
④ 구연산 린스(Citric Acid Rinse)

54 헤어샴푸&두피·모발 관리 〉헤어샴푸와 헤어케어

오일 린스: 올리브유 등을 따뜻한 물에 섞어 두발을 헹구어 내는 방법으로, 유성 린스제의 종류에 해당함

55 건성 피부의 특징으로 옳지 <u>않은</u> 것은?

① 피부 조직이 얇으므로 색소침착이 쉽게 생긴다.
② 각질층의 수분이 20% 이하로 부족하다.
③ 피부가 얇아 피부결이 섬세하게 보이고 모공이 작다.
④ 주름이 생기기 쉽다.

55 미용의 이해 〉피부의 이해

건성 피부: 유전적 또는 후천적 원인에 의해 표피의 수분 함유량이 10% 이하로 부족할 경우를 말함

56 산화염료의 1제의 구성 성분 중 알칼리제의 역할은?

① 명도에 영향을 줌
② 채도에 영향을 줌
③ 멜라닌색소 파괴
④ 팽윤작용

56 헤어컬러&헤어전문제품 〉베이직 헤어컬러 및 마무리

• 알칼리제는 모발을 팽윤시켜 색소 침투가 쉽게 도움
• 1제의 산화염료: 명도에 영향을 줌
• 1제의 색소 중간체: 채도에 영향을 줌
• 2제의 과산화수소: 알칼리제와 혼합되어 산소를 방출하고 멜라닌색소를 파괴하여 모발의 명도를 높임

57 미생물의 크기가 작은 순서대로 나열한 것은?

① 바이러스 - 리케차 - 세균
② 세균 - 바이러스 - 리케차
③ 리케차 - 세균 - 바이러스
④ 세균 - 리케차 - 바이러스

57 공중위생관리 〉소독

미생물의 크기
곰팡이〉효모〉스피로헤타〉세균〉리케차〉바이러스

58 헤어 셰이핑 브러시에 대한 설명으로 옳은 것은?
① 브러싱을 할수록 비듬과 각질이 생긴다.
② 크레졸, 알코올로 소독한다.
③ 흐트러진 머리를 정리할 때 사용한다.
④ 브러시의 길이가 길면 좋다.

58 헤어스타일링 > 기초 드라이
헤어 셰이핑은 모발의 흐름(결), 모양(직선, 곡선 등)을 만드는 것으로 헤어 셰이핑 시 빗은 흐트러진 모발을 정리하기 용이한 것으로 사용함

59 우리나라 고대 미용사에 대한 설명으로 옳지 <u>않은</u> 것은?
① 고구려 시대 여인은 여러 가지의 두발 형태가 있었다.
② 두발 형태가 계급에 상관없이 자유로웠다.
③ 신라 시대의 여인들은 금, 은, 옥, 비단으로 꾸민 가체를 사용하였다.
④ 백제 시대의 기혼녀는 두발을 틀어 올리고, 미혼자는 땋아 늘어뜨려 댕기로 묶었다.

59 미용의 이해 > 미용의 이해
두발의 형태는 사회적 신분이나 계급, 결혼 유무, 성별 등을 구분하는 것으로 사용되어 왔음

60 다음 질병 중 병원소의 성격이 <u>다른</u> 것은?
① 보툴리눔독소증
② 발진티푸스
③ 야토병
④ 살모넬라증

60 공중위생관리 > 공중보건
- 동물 병원소: 보툴리눔독소증(소, 양), 야토병(토끼), 살모넬라증(소, 돼지, 고양이, 말, 쥐)
- 곤충 병원소: 발진티푸스(이)

정답표(제5회)

01 ②	02 ③	03 ②	04 ④	05 ③	06 ①	07 ①	08 ①	09 ④	10 ③
11 ③	12 ①	13 ②	14 ①	15 ④	16 ④	17 ④	18 ①	19 ③	20 ②
21 ②	22 ③	23 ②	24 ①	25 ④	26 ②	27 ②	28 ③	29 ②	30 ①
31 ②	32 ④	33 ②	34 ④	35 ④	36 ①	37 ②	38 ①	39 ②	40 ④
41 ②	42 ①	43 ②	44 ②	45 ④	46 ④	47 ②	48 ②	49 ②	50 ①
51 ③	52 ①	53 ①	54 ③	55 ②	56 ④	57 ①	58 ③	59 ②	60 ②

비공개 기출 복원문제 | 제6회

최신 기출문제 풀이는 필수!

▶ 모바일로 풀어보기

01 보건적 실내온도와 습도는?
① 병실 19℃, 70%
② 병실 25℃, 70%
③ 침실 18℃, 80%
④ 거실 21℃, 80%

02 식중독균 중 호염성 성질을 가지고 있는 것은?
① 장염비브리오균
② 황색포도상구균
③ 병원성 대장균
④ 살모넬라

03 이·미용사가 같은 면허를 이중으로 취득했을 경우 법적 행정처분 사항은?
① 6개월 이내의 면허정지
② 처음에 발급받은 면허취소
③ 나중에 발급받은 면허취소
④ 300만 원 이하의 벌금

04 BCG 백신은 어떤 질병을 예방하기 위해 접종하는가?
① 백일해
② 결핵
③ 폴리오
④ 홍역

05 핑거 웨이브 모양에 대한 설명으로 옳지 않은 것은?
① 스월 웨이브: 물결이 소용돌이치는 듯한 웨이브
② 로우 웨이브: 리지가 낮은 웨이브
③ 덜 웨이브: 리지가 뚜렷하지 않고 느슨한 웨이브
④ 하이 웨이브: 큰 움직임을 보는 듯한 웨이브

| 해 설 |

01 공중위생관리 〉 공중보건
보건적 실내온도와 습도
- 병실 21±2℃, 침실 15±1℃, 거실 18±2℃
- 쾌적한 습도는 40~70%이며, 15℃(70~80%), 18~20℃(60~70%), 24℃ 이상(40~60%)임

02 공중위생관리 〉 소독
- 호염성: 염분이 있는 곳에서 살아가는 세균으로, 장염비브리오균이 있음
- 황색포도상구균·병원성 대장균, 살모넬라: 통성혐기성 세균

03 공중위생관리 〉 공중위생관리법규
이중으로 면허를 취득한 때에는 나중에 발급받은 면허만 취소됨

04 공중위생관리 〉 공중보건
- 디프테리아, 백일해, 파상풍(DPT): 생후 2, 4, 6개월에 접종
- 폴리오(소아마비): 생후 2, 4, 6 개월
- 홍역, 볼거리, 풍진(MMR): 생후 12~15개월 1차, 만 4~6세 2차

05 헤어스타일링 〉 기초 드라이
- 하이 웨이브: 리지가 높은 웨이브
- 스윙 웨이브: 큰 움직임을 보는 듯한 웨이브

06 마샬 아이론으로 만든 마샬 웨이브가 시작된 연도는?
① 1905년
② 1830년
③ 1875년
④ 1925년

06 미용의 이해 〉 미용의 이해
- 1905년: 찰스 네슬러의 스파이럴식 퍼머넌트 웨이브
- 1830년: 무슈 끄로샤트의 아폴로 노트 머리형
- 1925년: 조셉 메이어의 크로키놀식 히트 퍼머넌트 웨이브

07 레이어 커트를 만들기 위해 사용하는 각도는?
① 45°
② 90°
③ 0°
④ 60°

07 헤어커트 〉 기초 헤어커트
- 45°: 그래쥬에이션 커트의 기본 각도
- 0°: 원랭스 커트의 각도
- 60°: 그래쥬에이션 커트의 중간 시술각

08 실내공기 오염지표로 사용하는 것은?
① SO_2
② CO
③ CO_2
④ O_2

08 공중위생관리 〉 공중보건
공기의 주요 성분인 질소(N_2), 산소(O_2), 아르곤(Ar), 이산화탄소(CO_2) 중 이산화탄소를 실내공기 오염지표로 사용함

09 레이어 커트의 특징으로 옳지 않은 것은?
① 톱 길이가 길고 네이프 길이가 짧다.
② 두발이 겹치는 부분이 없어 무게감이 가볍다.
③ 전체적으로 층이 골고루 나타난다.
④ 90° 이상 높은 시술 각도로 커트한다.

09 헤어커트 〉 기초 헤어커트
톱 길이가 길고 네이프 길이가 짧은 것은 원랭스의 특징임

10 법인의 대표자 또는 법인 및 개인의 대리인, 사용인 기타 종업원이 그 법인 또는 개인의 업무에 관하여 벌금형에 행하는 위반행위를 하였을 때 행위자를 처벌하는 외에 그 법인 또는 개인에 대하여도 해당 조문의 벌금형을 과하는 것은?
① 과징금
② 과태료
③ 벌금
④ 양벌규정

10 공중위생관리 〉 공중위생관리법규
- 과징금: 행정법상 의미를 이행하지 않거나 위반한 자에게 행정기관이 부과하는 것으로, 공익을 해할 우려가 있는 경우에는 영업정지처분에 갈음하여 1억 원 이하의 과징금 등이 있음
- 과태료: 법령 위반에 대해 가해지는 금전벌로, 200 또는 300만 원 이하의 과태료가 있음
- 벌금: 「형법」과 「형사소송법」에 의한 형벌로, 전과기록이 남는 것으로, 1년 이하의 징역 또는 1천만 원 이하의 벌금 등이 있음

11 콤 아웃에 대한 설명으로 옳은 것은?
① 빗을 이용해 원하는 모양의 헤어스타일로 매만지는 기법이다.
② 빗을 베이스(모근)쪽을 향해 빗질하여 모발을 세우는 기법이다.
③ 브러시로 표현되지 않는 부분을 빗으로 마무리하는 기법이다.
④ 브러시를 이용하여 모발을 가지런히 빗어 마무리하는 기법이다.

11 헤어스타일링 > 기초 드라이
②는 백코밍, ③은 코밍, ④는 브러싱에 대한 설명임

12 산성 린스에 관한 설명으로 옳은 것은?
① 퍼머넌트 웨이브 전에 사용한다.
② 탈색이 되므로 장기간 사용을 금한다.
③ 퍼머넌트 웨이브 제1제를 씻어내기 위해 사용한다.
④ 살균과 소독작용이 있다.

12 헤어샴푸&두피·모발 관리 > 헤어샴푸와 헤어케어
• 산성 린스: 펌 시술 전에는 사용하지 않음
• 플레인 린스(중간 린스): 퍼머넌트 웨이브 제제를 씻어내기 위해 사용함
• 약용 린스: 살균과 소독작용이 있음

13 군집독의 해결 방안으로 가장 적절한 것은?
① 습도 조절
② 환기
③ 실내온도 조절
④ 이산화탄소 공급

13 공중위생관리 > 공중보건
군집독: 환기가 불량한 좁은 공간에 많은 사람들이 밀집해 있으면 실내 기후가 물리·화학적으로 변화하면서 불쾌감, 두통, 현기증 등이 생기는 현상임

14 빠른 시간에 커트를 할 수 있는 레이저(Razor)에 대한 설명으로 옳지 않은 것은?
① 레이저의 날 등과 날 끝이 균일한 것이 좋다.
② 레이저 어깨의 두께가 일정한 것이 좋다.
③ 날은 약간 비틀어 있는 것이 좋다.
④ 날 선이 대체로 둥근 곡선으로 된 것이 좋다.

14 헤어커트 > 기초 헤어커트
레이저
• 반드시 웨트 커트로 해야 함
• 가벼운 질감 처리나 두발 끝을 가늘게 하기 용이함
• 솜털 등을 깎을 때에는 외곡선상의 오디너리 레이저가 좋음

15 위그와 헤어피스에 대한 설명으로 옳지 않은 것은?
① 헤어스타일의 다양한 변화를 위해서는 헤어피스를 사용한다.
② 인모는 물로 세척하지 않는다.
③ 위그는 전체 가발, 헤어피스는 부분 가발을 말한다.
④ 헤어피스는 자주 샴푸하여 청결을 유지한다.

15 업스타일&가발&익스텐션 > 가발 헤어스타일
헤어피스: 두피 상태에 따라 착용 기간이 15~25일 정도인데, 인모는 2~4주에 한 번, 인조모는 3개월에 한 번 세척이 필요함

16 조선 시대 머리 형태가 아닌 것은?
① 대수머리
② 쪽머리
③ 높은 머리
④ 조짐머리

16 미용의 이해 > 미용의 이해
높은 머리: 1920년대(현대) 이숙종 여사로 인해 유행한 머리 형태임

17 표피에 있으며 면역 기능에 관여하고 있는 세포는?
① 멜라닌형성세포
② 랑게르한스세포
③ 각질형성세포
④ 머켈세포

17 미용의 이해 > 피부의 이해
- 멜라닌(형성)세포: 피부색을 결정하는 중요한 역할을 함
- 각질형성세포: 각질세포로 각화과정(Keratinization)을 통해 교체됨
- 머켈세포: 촉각세포로 주로 기저층 부근에 위치함

18 공중위생영업소의 위생서비스 수준 평가주기는?
① 1년
② 2년
③ 5년
④ 6년

18 공중위생관리 > 공중위생관리법규
- 공중위생업소의 위생서비스 수준을 2년에 한 번씩 평가하여 최우수 업소(녹색등급)를 선정하고 이를 공중위생영업자에게 통보하고 공표함
- 위생서비스 수준 평가는 시장·군수·구청장이 함

19 헤어토닉의 사용 방법으로 적절한 것은?
① 헤어토닉 사용 후에 4시간 정도는 샴푸를 하지 않는다.
② 손상된 모발에 영양이 공급될 수 있도록 두발 끝에 꼼꼼히 바른다.
③ 두피에 과다하게 묻었을 경우 모공이 막힐 수 있으므로 주의해서 도포한다.
④ 적당량을 손바닥 위에 덜어 두발 표면에 고르게 바른다.

19 헤어컬러&헤어전문제품 > 헤어전문제품
헤어토닉: 대표적인 양모·육모제로 모근부에 영양을 공급하여 두발을 건강하게 자라게 해주고 탈모를 예방하는 제품으로, 두발이 아닌 두피에 사용함

20 이·미용 소독 중 습열 멸균법에 해당하지 않는 것은?
① 열탕 소독법
② 저온 소독법
③ 자외선 소독법
④ 고압 증기 멸균법

20 공중위생관리 > 소독
자외선 소독법, 방사선 소독법, 세균 여과법, 초음파 살균법은 무가열 멸균법에 해당함

21 퍼머넌트 웨이브 제2제의 명칭이 아닌 것은?
① 산화제
② 중화제
③ 정착제
④ 프로세싱 솔루션

21 헤어스타일링 > 베이직 헤어펌
프로세싱 솔루션: 제1제인 환원제를 말함

제6회 **389**

22 영업소 폐쇄명령을 받은 후 영업을 계속하였을 때 이에 대한 조치 내용으로 옳은 것은?

① 출입자 통제
② 강제 폐쇄집행
③ 간판이나 기타 영업표지물의 제거
④ 출입금지구역 표시

22 공중위생관리 〉 공중위생관리법규
폐쇄명령 이후 계속 영업을 했을 때 관계 공무원이 할 수 있는 조치로는 해당 영업소의 간판 기타 영업표지물을 제거하거나, 위법한 영업소임을 알리는 게시물 등을 부착하거나, 영업을 위하여 필수불가결한 기구 또는 시설물을 사용할 수 없게 하는 봉인을 하는 것이 있음

23 두발 염색 후 원하는 색으로 나오지 않아 중화시키는 것을 무엇이라고 하는가?

① 리터치
② 보색 중화
③ 중화작업
④ 유화

23 헤어컬러&헤어전문제품 〉 베이직 헤어컬러 및 마무리
- 리터치: 염색한 후 다시 자라난 두발에 염색하는 것
- 중화작업: 펌 2제를 중화제, 뉴트럴라이저, 산화제, 정착제 등으로 부름
- 유화: 염색 시 원하는 색상이 나왔을 때 샴푸 전 두발과 두피에 잔류하는 알칼리제를 제거하는 작업

24 승홍에 대한 설명으로 옳지 않은 것은?

① 독성이 없어 손 소독에 적합하다.
② 금속을 부식시키는 성질이 있다.
③ 피부소독에는 0.1%의 수용액을 사용한다.
④ 유리, 사기, 에나멜 그릇 등의 소독에 적합하다.

24 공중위생관리 〉 소독
승홍: 독성이 강하지만, 염화칼륨을 첨가하면 자극성이 완화되며, 금속제 기구 및 식기류, 상처가 있는 피부에 부적합하고, 무색, 무취이며, 온도가 높을수록 살균력이 강해짐

25 약산성으로 되어 있어 피부에 사용하기 적합한 비누의 pH는?

① pH 7
② pH 4
③ pH 9
④ pH 2

25 미용의 이해 〉 피부의 이해
피부의 이상적인 pH는 4.5~6.5 정도이고, 일반적인 비누는 알칼리성으로 pH 9가 넘어 세정력이 강해 피부를 보호하는 산성보호막까지 제거하기 때문에 피부와 비슷한 약산성(pH 약 3~5) 비누가 적합함

26 신징(Singeing)의 목적으로 옳지 않은 것은?

① 갈라진 두발로부터 영양물질이 흘러나오는 것을 막는다.
② 온열 자극으로 두부의 혈액순환을 돕는다.
③ 한꺼번에 많은 양을 잘라낸다.
④ 불필요한 두발을 제거한다.

26 헤어커트 〉 기초 헤어커트
신징: 머리카락의 끝을 불꽃으로 태워 모양을 다듬는 것을 말함

27 머리카락의 색이 노랑색이나 밝은 적색이 되기 위해 필요한 것은?

① 멜라노사이트(Melanocyte)
② 시스틴 결합(Cystin Bond)
③ 유멜라닌(Eumelanin)
④ 페오멜라닌(Pheomelanin)

27 헤어샴푸&두피·모발 관리 〉 두피·모발 관리
- 멜라노사이트: 멜라닌(형성)세포
- 시스틴 결합: 퍼머넌트 웨이브의 주요 원리임
- 유멜라닌: 모발의 색상 중 흑색과 갈색, 적갈색을 구현함

28 세정 및 케어제품에 해당하지 <u>않는</u> 것은?

① 헤어샴푸
② 헤어린스
③ 헤어트리트먼트
④ 헤어토닉

28 헤어컬러&헤어전문제품 〉 헤어전문제품
헤어토닉: 양모·육모용 제품으로 두피와 두발에 영양을 공급해 주는 것을 목적으로 함

29 「공중위생관리법」에서 규정하고 있는 미용업자의 준수사항으로 옳은 것은?

① 1회용 도구를 사용한 후에는 소독을 한 다음 재사용한다.
② 면허증 원본을 영업소 안에 걸어둔다.
③ 소독제는 많이 만들어 놓고 사용할 때마다 덜어 사용한다.
④ 손님이 사용하는 수건에서는 악취가 나면 안 된다.

29 공중위생관리 〉 공중위생관리법규
미용업자의 준수사항
- 미용기구는 소독을 한 기구와 소독을 하지 아니한 기구로 분리하여 보관할 것
- 면도기는 1회용 면도날만을 손님 1인에 한하여 사용할 것
- 면허증을 영업소 안에 게시할 것

30 다음 빈칸 ㉠~㉣에 들어갈 내용으로 옳지 <u>않은</u> 것은?

> 공중위생영업소의 (㉠)관리 수준을 향상하여 서비스의 질적 향상 도모 및 (㉡)과 삶의 질 향상에 기여하기 위해 공중위생서비스평가(㉢)가 수립하고 이에 필요한 모든 사항은 (㉣)으로 정한다.

① ㉠ – 공중위생
② ㉡ – 국민건강
③ ㉢ – 시장
④ ㉣ – 보건복지부령

30 공중위생관리 〉 공중위생관리법규
시·도지사가 공중위생영업소의 평가계획을 수립하고 시장·군수·구청장에게 통보해야 함

31 자외선 살균에 대한 설명으로 옳은 것은?

① 노출된 부위만 소독된다.
② 짧은 시간에 소독된다.
③ 액체의 표면은 통과하지 못한다.
④ 투과력이 매우 강해 효과적인 살균법이다.

31 공중위생관리 〉 소독
자외선 멸균법: 290~320nm의 파장을 조사하는 방법으로, 공기, 식품, 기구, 용기 등에 사용하고 자외선의 액체 투과율은 수중의 부유물질 존재에 따라 달라짐

32 미용의 의의로 옳지 <u>않은</u> 것은?

① 항상 아름다움을 유지해야 한다.
② 인간의 심리적인 욕구를 충족시켜 준다.
③ 복식과 함께 용모에 물리적, 화학적 행위를 한다.
④ 시대의 흐름에 맞춰 개발한다.

32 미용의 이해 〉 미용의 이해
미용의 의의
- 심신을 개선하고 외적 용모를 다루는 응용과학의 한 분야로, 시대의 흐름에 맞춰 새롭게 개발되어야 함
- 미용은 그 시대의 문화와 풍속을 구성하는 중요한 요소로 복식과 관련 없음

33 화장품의 경피흡수와 관련 없는 것은?

① 모공과 한공을 통해 흡수한다.
② 각질세포를 통해 직접 흡수하지 못한다.
③ 각질층의 세포 사이사이를 통과해서 흡수한다.
④ 피부 부속기관은 피부 표면적의 0.1%를 차지하므로 이를 통한 피부 흡수량은 매우 적다.

33 미용의 이해 〉 피부의 이해
피부의 경피흡수의 경로: 각질세포 자체를 통해 표피와 진피, 모세혈관으로 흡수됨

34 탄수화물의 최종 분해 단위는?

① 아미노산
② 포도당
③ 글리세롤
④ 지방산

34 미용의 이해 〉 피부의 이해
- 아미노산: 단백질
- 글리세롤, 지방산: 지방

35 향수의 부향률이 낮은 것부터 순서대로 나열한 것은?

① 오데코롱 〈 오데토일렛 〈 오데퍼퓸 〈 퍼퓸
② 오데코롱 〈 퍼퓸 〈 오데퍼퓸 〈 오데토일렛
③ 오데코롱 〈 오데토일렛 〈 퍼퓸 〈 오데퍼퓸
④ 오데코롱 〈 오데퍼퓸 〈 오데토일렛 〈 퍼퓸

35 미용의 이해 〉 화장품 분류
- 오데코롱: 부향률 약 3~5%
- 오데토일렛: 부향률 약 6~8%
- 오데퍼퓸: 부향률 약 9~12%
- 퍼퓸: 부향률 약 15~30%

36 핑거 웨이브의 3대 요소가 <u>아닌</u> 것은?

① 크레스트
② 리지
③ 트로프
④ 루프

36 헤어스타일링 〉 기초 드라이
- 컬의 3대 요소: 베이스, 스템, 루프
- 웨이브의 3요소: 크레스트(정상), 리지(융기점), 트로프(골)

37 소독제의 평가 기준으로 사용되는 것은?

① 승홍
② 알코올
③ 석탄산
④ 과산화수소

37 공중위생관리 〉 소독
석탄산: 일반적으로 3%의 수용액을 사용하며, 독성이 있어 인체에는 잘 사용하지 않으나 소독제의 살균력 평가 지표로 주로 사용함

38 시대적으로 가장 늦게 발표된 미용 기술은?

① 마샬 그라또우의 마샬 웨이브
② 찰스 네슬러의 스파이럴식 퍼머넌트 웨이브
③ 조셉 메이어의 크로키놀식 히트 퍼머넌트 웨이브
④ J.B 스피크먼의 콜드 웨이브

38 미용의 이해 〉 미용의 이해
- 마샬 그라또우의 마샬 웨이브: 1875년
- 찰스 네슬러의 스파이럴식 퍼머넌트 웨이브: 1905년
- 조셉 메이어의 크로키놀식 히트 퍼머넌트 웨이브: 1925년
- J.B 스피크먼의 콜드 웨이브: 1936년

39 바이러스에 대한 설명으로 옳은 것은?

① 스스로 번식할 수 없고, 살아 있는 세포에서 증식한다.
② 단백질 유전자인 RNA와 DNA를 모두 가지고 있다.
③ 크기는 리케차보다 크고 세균보다 작다.
④ 광학현미경으로 관찰할 수 있다.

39 공중위생관리 〉 소독
바이러스: RNA 또는 DNA를 모두 가지고 있고 전자현미경으로만 관찰할 수 있는 세상에서 가장 작은 미생물이며, 살아 있는 세포에서만 증식함

40 각질세포에 관한 설명으로 옳지 않은 것은?

① 점차 편평해진다.
② 수분이 없어진다.
③ 기저층에서 만들어진다.
④ 지질 성분과 연결되어 피부 보호를 한다.

40 미용의 이해 〉 피부의 이해
각질세포: 표피의 제일 아래층인 기저층에서 만들어져 유극층 → 과립층 → 각질층으로 차츰 올라가면서 수분이 약 20~30% 정도 줄어들고, 모양 또한 점차 납작하게 편평해짐

41 두발을 전체적으로 진한 녹색으로 염색한 후 새로 자란 두발에 염색을 하는 것은?

① 리터치
② 영구적 염색
③ 스트랜드 테스트
④ 패치 테스트

41 헤어컬러&헤어전문제품 〉 베이직 헤어컬러 및 마무리
- 영구적 염색: 색상이 4~6주 이상 지속되는 영구 염모제로 염색한 것
- 스트랜드 테스트: 원하는 색상이 모발에 잘 표현되는지 여부와 소요 시간을 확인하기 위해 목덜미 안쪽 모발에 확인함
- 패치 테스트: 염색 전 알레르기 반응을 확인하기 위한 것으로 염색약을 귀 뒤나 팔 안쪽에 동전 크기만큼 바르고 24~48시간 후의 반응을 확인함

42 좋은 가위의 선택 방법으로 옳은 것은?

① 만곡도가 큰 것이 좋다.
② 날이 두껍고 협신 부위가 무거운 것이 커트 시 안정적이다.
③ 협신에서 날 끝이 내곡선상으로 된 것이 좋다.
④ 양날의 견고함이 동일하지 않아도 된다.

42 헤어커트 〉 기초 헤어커트
좋은 가위는 양날의 견고함이 같고 협신에서 날 끝으로 자연스럽게 구부러진 내곡선의 형태가 좋으며 가위의 무게, 길이 등이 시술자가 사용하기에 불편함이 없어야 함

43 다음 위법사항 중 가장 무거운 벌칙에 해당하는 것은?

① 면허정지 중에 영업을 할 경우
② 신고를 하지 않고 영업을 할 경우
③ 건전한 영업질서를 위하여 공중위생영업자가 준수하여야 할 사항을 준수하지 않았을 경우
④ 면허를 받지 않고 미용업을 개설할 경우

43 공중위생관리 〉 공중위생관리법규
- 면허정지 중에 영업을 할 경우: 300만 원 이하의 벌금에 처함
- 신고를 하지 않고 영업을 할 경우: 1년 이하의 징역 또는 1천만 원 이하의 벌금에 처함
- 건전한 영업질서를 위하여 공중위생영업자가 준수하여야 할 사항을 준수하지 않았을 경우: 6개월 이하의 징역 또는 500만 원 이하의 벌금에 처함
- 면허를 받지 않고 미용업을 개설할 경우: 300만 원 이하의 벌금에 처함

44 식품을 보관할 경우 저장방법의 온도로 적당한 것은?

① 냉동 −5~0℃
② 저온 0~5℃
③ 중온 60~70℃
④ 고온 70~95℃

44 공중위생관리 〉 공중보건
- 대부분의 세균은 10℃ 이하의 온도에서 번식이 어렵고, −10℃ 이하에서는 번식하지 않음
- 저온저장: −2~10℃ 범위로 저장(10℃ 이상은 상온저장이라 함)
- 냉동저장: −18℃ 이하로 저장

45 신진대사를 촉진하기 위해 베이퍼라이저(Vaporizer)를 사용하고 청소하지 않았을 때 생기는 물때(석회)를 방지하기 위해 사용하는 것은?

① 식초
② 소금
③ 염소
④ 정제수

45 공중위생관리 〉 소독
베이퍼라이저는 열을 가해 증기를 만드는 기계로, 수돗물을 사용하면 수돗물에 있는 칼슘과 마그네슘으로 인해 하얀 석회가루가 생기므로 이를 방지하기 위해 정제수를 사용함

46 UVA의 파장 범위로 알맞은 것은?

① 290~320nm
② 320~400nm
③ 400~700nm
④ 200~290nm

46 미용의 이해 〉 피부의 이해
- UVB: 290~320nm
- 가시광선: 380~780nm
- UVC: 200~290nm

47 스트랜드 끝에서 2/3 지점을 테이퍼링(Tapering)하는 것은?

① 딥 테이퍼링
② 노멀 테이퍼링
③ 엔드 테이퍼링
④ 미듐 테이퍼링

47 헤어커트 〉 기초 헤어커트
- 노멀 테이퍼링: 스트랜드의 1/2 지점에서 함
- 엔드 테이퍼링: 스트랜드의 1/3 지점에서 함

48 200만 원 이하의 과태료에 해당하지 않는 것은?

① 관계 공무원의 출입·검사 기타 조치를 거부·방해 또는 기피한 자
② 이·미용업소의 위생관리 의무를 지키지 아니한 자
③ 영업소 외의 장소에서 이용 또는 미용업무를 행한 자
④ 위생교육을 받지 아니한 자

48 공중위생관리 〉 공중위생관리법규
보고를 하거나 아니하거나 관계 공무원의 출입·검사 기타 조치를 거부·방해 또는 기피한 자: 300만 원 이하의 과태료에 해당함

49 남성형 탈모증의 주요 원인이 되는 호르몬은?

① 코티손(Cortisone)
② 에스트라디올(Estradiol)
③ 안드로겐(Androgen)
④ 에스트로겐(Estrogen)

49 헤어샴푸&두피·모발 관리 > 두피·모발 관리
- 코티손: 부신피질에서 얻는 호르몬작용을 하는 스테로이드
- 에스트라디올: 여성호르몬의 일종인 스테로이드 호르몬
- 에스트로겐: 여성호르몬으로 에스트로겐이 줄어들고 안드로겐이 늘어나면 여성형 탈모를 유발함

50 플러프 뱅(Fluff Bang)에 관한 설명으로 옳은 것은?

① 포워드 롤을 이용하여 둥글게 굴린 뱅이다.
② 컬이 부드럽고 자연스러운 볼륨을 주는 뱅이다.
③ 뱅 부분의 모발을 위로 업해서 모발 끝을 부풀린 뱅이다.
④ 가르마 가까이에 작게 낸 뱅이다.

50 헤어스타일링 > 기초 드라이
- 롤 뱅(Roll Bang): 포워드 롤을 이용하여 둥글게 굴린 뱅
- 프렌치 뱅(French Bang): 뱅 부분의 모발을 위로 빗어 올려 모발 끝을 부풀린 뱅
- 프린지 뱅(Fringe Bang): 가르마 가까이에 작게 낸 뱅

51 이·미용업소에 출입하여 공중위생관리에 대한 필요한 보고 등을 검사할 수 있는 자가 아닌 것은?

① 시·도지사
② 구청장
③ 시장
④ 보건복지부장관

51 공중위생관리 > 공중위생관리법규

특별시장·광역시장·도지사(시·도지사) 또는 시장·군수·구청장은 공중위생관리상 필요하다고 인정하는 때에는 공중위생영업자에 대하여 필요한 보고를 하게 하거나 소속 공무원으로 하여금 영업소·사무소 등에 출입하여 공중위생영업자의 위생관리 의무이행 등에 대하여 검사하게 하거나 필요에 따라 공중위생영업장부나 서류를 열람하게 할 수 있음

52 세포의 성장과 신경안정, 면역기능을 강화하는 역할을 하는 영양소로 가장 적합한 것은?

① 비타민
② 단백질
③ 탄수화물
④ 무기질

52 미용의 이해 > 피부의 이해
비타민의 기능 및 특징
- 인체 신진대사의 보조역할을 함
- 세포성장을 촉진하고 면역 기능을 강화함
- 인체에서 합성되지 않으므로 음식이나 영양제로 섭취를 해야 하는 유기화합물임(비타민 D만 피부에서 합성됨)
- 에너지를 생산하는 영양소의 대사과정을 위한 효소의 조효소임
- 수용성과 지용성으로 나뉨

53 블런트 커트(Blunt Cut)의 특징으로 옳지 않은 것은?
① 두발의 끝이 가볍다.
② 입체감을 내기 쉽다.
③ 잘린 부분이 선명하다.
④ 길이만 제거한다.

53 헤어커트 > 기초 헤어커트
블런트 커트의 특징
• 커트 형태를 만들 때 사용함
• 두발 손상이 적음
• 클럽 커트(Club Cut)라고도 함

54 한선에 관한 설명으로 옳지 않은 것은?
① 에크린선과 아포크린선이 있다.
② 아포크린선은 입술과 손바닥에 있다.
③ 체온조절을 한다.
④ 산도의 붕괴 시 심한 냄새를 동반할 수 있다.

54 미용의 이해 > 피부의 이해
• 에크린선: 손바닥, 발바닥, 이마에 가장 많이 분포되어 있음
• 입술에는 모공, 피지선, 땀샘이 없음

55 생화학적 산소요구량을 측정하는 것으로 수질오염의 지표로 사용하는 것은?
① CO_2
② 대장균 수
③ DO
④ BOD

55 공중위생관리 > 공중보건
• CO_2: 실내공기의 오염지표
• 대장균 수: 상수(음용수)의 일반적인 오염지표
• DO: 물속에 녹아 있는 산소의 양으로, BOD가 높으면 DO는 낮아져 오염도가 높음을 의미함

56 미백작용과 관련 있는 비타민은?
① 비타민 A
② 비타민 D
③ 비타민 C
④ 비타민 E

56 미용의 이해 > 피부의 이해
• 비타민 A: 노화예방, 피부 각화의 정상화, 피지 분비 기능 촉진으로, 결핍 시 야맹증, 피부 건조, 과다 시 탈모 등이 나타남
• 비타민 D: 칼슘과 인의 대사 조절, 자외선에 의해 피부에 합성되고, 결핍 시 면역력 저하, 피부염, 골다공증, 구루병 등이 나타남
• 비타민 E: 항산화 기능이 있어 활성산소로부터 세포를 보호하여 노화를 예방하고, 결핍 시 피부 건조와 노화, 불임과 같은 증상이 나타남

57 지역사회 보건 수준을 비교할 때 사용되는 지표가 아닌 것은?
① 질병치료율
② 영아사망률
③ 평균수명
④ 조사망률

57 공중위생관리 > 공중보건
• 지역사회의 보건 수준 지표: 영아사망률, 모성사망률, 조사망률, 평균수명, 비례사망지수 등
• 세계보건기구에서는 조사망률, 평균수명, 비례사망지수를 3대 건강지표로 추천함

58 이·미용업소에서 공기 중 비말전염으로 가장 쉽게 옮겨질 수 있는 감염병은?

① 장티푸스
② 트라코마
③ 인플루엔자
④ B형간염

58 공중위생관리 〉 공중보건
- 장티푸스: 파리, 바퀴벌레, 식품이나 물 등에 의해 감염되는 제2급 감염병임
- 트라코마: 환자의 눈곱과 같은 분비물 접촉이나 환자가 사용한 수건을 깨끗하게 소독하지 않았을 때 발생할 수 있음
- B형간염: 이·미용업소에서 소독하지 않은 면도기를 통해 주로 전염됨

59 용질 5g이 수용액 400mL에 녹았을 때 약 몇 %의 용액이 되는가?

① 1.25%
② 20%
③ 2.5%
④ 2%

59 공중위생관리 〉 소독
5g(5mL)+400mL=405mL, 즉 405mL 안에 5g이 들어가 있는 것으로 5÷405×100=1.2345, 즉 약 1.25%가 됨

60 시대적 순서대로 옳게 나열한 것은?

① 찰스 네슬러 – 조셉 메이어 – J.B 스피크먼 – 마샬 그라또우
② 마샬 그라또우 – 찰스 네슬러 – 조셉 메이어 – J.B 스피크먼
③ 조셉 메이어 – J.B 스피크먼 – 마샬 그라또우 – 찰스 네슬러
④ J.B 스피크먼 – 마샬 그라또우 – 조셉 메이어 – 찰스 네슬러

60 미용의 이해 〉 미용의 이해
- 1875년 프랑스의 마샬 그라또우
- 1905년 영국의 찰스 네슬러
- 1925년 독일의 조셉 메이어
- 1936년 영국의 J.B 스피크먼

정답표(제6회)

01	①	02	①	03	③	04	②	05	④	06	③	07	②	08	③	09	①	10	④
11	①	12	②	13	②	14	①	15	④	16	③	17	②	18	②	19	①	20	③
21	④	22	②	23	②	24	①	25	②	26	③	27	④	28	②	29	②	30	③
31	①	32	③	33	②	34	③	35	①	36	④	37	③	38	②	39	①	40	④
41	③	42	③	43	②	44	②	45	④	46	②	47	①	48	①	49	③	50	②
51	④	52	①	53	①	54	②	55	①	56	③	57	②	58	③	59	①	60	②

에듀윌이
너를
지지할게
ENERGY

끝이 좋아야 시작이 빛난다.

— 마리아노 리베라(Mariano Rivera)

**2026 에듀윌 일반(헤어)미용사 필기
1주끝장+무료특강**

발 행 일	2025년 10월 27일 초판
저　　자	최묘선, 이희아, 이성내
펴 낸 이	양형남
개　　발	정상욱, 허유진, 김규리
펴 낸 곳	(주)에듀윌
등록번호	제25100-2002-000052호
주　　소	08378 서울특별시 구로구 디지털로34길 55코오롱싸이언스밸리 2차 3층
I S B N	979-11-360-3942-2(13590)

* 이 책의 무단 인용·전재·복제를 금합니다.

www.eduwill.net
대표전화 1600-6700

여러분의 작은 소리
에듀윌은 크게 듣겠습니다.

본 교재에 대한 여러분의 목소리를 들려주세요.
공부하시면서 어려웠던 점, 궁금한 점,
칭찬하고 싶은 점, 개선할 점, 어떤 것이라도 좋습니다.

에듀윌은 여러분께서 나누어 주신 의견을
통해 끊임없이 발전하고 있습니다.

에듀윌 도서몰 book.eduwill.net
- 부가학습자료 및 정오표: 에듀윌 도서몰 → 도서자료실
- 교재 문의: 에듀윌 도서몰 → 문의하기 → 교재(내용, 출간) / 주문 및 배송